高等学校教材

塑料成型加工与模具

第二版

黄虹　编

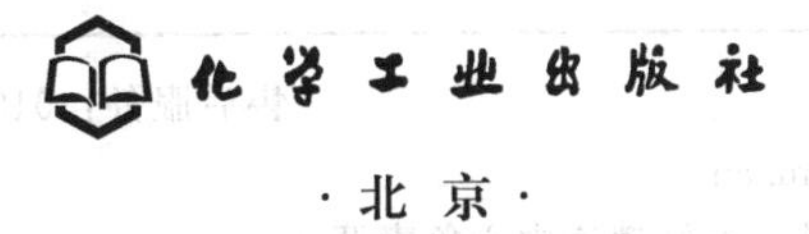

·北京·

本书为高等学校教材。内容包括塑料成型的理论基础（概论、塑料成型理论基础、塑料制件的设计原则）；注射成型工艺及模具设计（注射成型工艺、注射模概述、注射模浇注系统、注射模成型零部件设计、注射模的导向及脱模机构设计、侧向分型与抽芯机构设计、注射模温度调节系统、注射模新技术的应用、注射模的设计步骤及材料选用）；其他塑料成型工艺及模具设计（热固性塑料的模塑成型、塑料的其他成型方法）。

本书可作为材料专业学生的教材，对相关业的工程、科技人员也有一定参考价值。

图书在版编目（CIP）数据

塑料成型加工与模具/黄虹编. —2版. —北京：化学工业出版社，2008.12（2021.9重印）
高等学校教材
ISBN 978-7-122-03797-8

Ⅰ.塑… Ⅱ.黄… Ⅲ.①塑料成型-工艺-高等学校-教材②塑料模具-设计-高等学校-教材 Ⅳ.TQ320.66

中国版本图书馆CIP数据核字（2008）第150997号

责任编辑：杨　菁　　　　文字编辑：李　玥
责任校对：凌亚男　　　　装帧设计：史利平

出版发行：化学工业出版社（北京市东城区青年湖南街13号　邮政编码100011）
印　　装：涿州市般润文化传播有限公司
787mm×1092mm　1/16　印张19　字数499千字　　2021年9月北京第2版第11次印刷

购书咨询：010-64518888　　　　售后服务：010-64518899
网　　址：http://www.cip.com.cn
凡购买本书，如有缺损质量问题，本社销售中心负责调换。

定　　价：49.00元

第二版前言

本教材第一版自2003年3月由化学工业出版社出版以来，经过6次重印，发行数近3万册。在此期间，被中国兵工高校教材工作研究会评为优秀教材，重庆工学院评为优秀教材。

本教材根据普通高等院校材料成型与控制工程专业的高素质应用型创新人才培养目标，以“强化理论基础，提升实践能力，突出创新精神，优化综合素质”为宗旨，对该教材第一版进行了修订。它保持了第一版教材的基本结构，以塑料成型理论基础、工艺过程和模具设计为三大主线，讲述和讨论了塑料注射成型，热固性塑料的压缩成型和压注成型，热塑性塑料的挤出成型，中空塑件的成型，真空和压缩空气成型的原理、工艺和模具设计。与第一版相比，本教材在以下几方面作了改进：

1. 在教材编排上作了一定调整，采用了国际通用的章节表达形式，使教材体系更为新颖和清晰；将个别章节顺序进行了调整，使结构更完善和更系统。

2. 根据本教材第一版的教学实践和同学们的基础知识情况，对问题的阐述、相关内容等作了一些修改，力求更加确切、简洁明了、深入浅出、语言通顺流畅、全书内容融会贯通。

3. 对教材内容（包括文、图、表、公式）作了一定增删。引用了新的国家标准，将热流道技术归纳到注射模浇注系统章节内，增加和替换了一些图，增加了一些必要的公式，更改了一些文、图、表和公式中的错误等。

4. 全书配套了多媒体课件，以新的教学方式为教师提供方便，需要者请与出版社联系。多媒体课件中，动画部分由江南大学郁文娟副教授、顾燕老师制作。

本教材可供高等院校材料成型与控制工程专业本科高年级学生及研究生学习使用，也可供高分子材料与工程专业、机械设计与制造专业本科学生学习使用，还可供从事塑料成型加工工艺与模具设计人员参考。通过对该教材的学习，使读者达到既能对塑料成型基础理论有较深理解，在专业知识上有所掌握，又能在实践方面得到指导，能独立设计塑料成型工艺和塑料成型模具，并具备一定的塑料制品设计能力的水平。

本教材第二版修订工作由重庆工学院黄虹教授策划并完成。硕士研究生谭安平、刘伟、王海民、邱方军，本科生钟超、禹万波等参加了绘制图表等工作，重庆工学院胡亚民教授担任主审，在此一并表示感谢。

编　者

2008年11月

第一版前言

高分子材料科学是现代自然科学的结晶，是物质科学中的新科学和增长点。高分子材料科学的问世改变了20世纪的物质文明，推动了人类社会的进步。高分子材料已在人们的衣食住行和国防建设、生态环境等众多领域得到广泛应用，并为新世纪的物质文明谱写着更丰富的篇章。

高分子材料通常包括塑料、合成橡胶和合成纤维。作为高分子材料之一的塑料，由于原料丰富，制造方便、加工容易、质地优良、轻巧耐用、用途广泛和投资效益显著，目前世界上的体积产量已经赶上和超过了钢铁，成为人类使用的主要材料。世界各国都非常重视塑料工业的发展，其低成本、高效益为制造业带来了巨大的财富。中国改革开放后的经济高速增长也包含了突飞猛进的塑料工业的巨大贡献。

塑料工业是一个复杂的系统，是集原材料、加工工艺、制造设备和成型模具等一系列科技产业为一体的高科技产业。目前，中国的塑料工业的总体水平与其他先进国家相比还有一定差距，还需要大力推进这门新兴学科及其产业的科技进步和基础建设，重视开展相应的基础性研究和应用研究，并进一步加强对塑料工业急需的专业技术人才的培养。

本书根据普通高等院校材料成型与控制工程专业的教学计划和教学大纲编写而成，并将塑料成形工艺与模具设计有机结合，供高等院校材料成型与控制工程专业高年级学生学习使用，也可供高分子材料与工程专业、机械设计与制造专业以及从事塑料成型加工工艺与模具设计人员参考。通过该教材的学习，既能对基础理论有较深理解、专业上有所掌握，又在实践方面得到指导，能独立设计塑料成型工艺和塑料成型模具，并具备一定的塑料制品设计能力。

本书共分三篇。

第1篇为塑料成型的理论基础。主要阐述塑料与成型加工有关的各种性质、塑料制件的结构设计，为学习认识其性质和塑件的成型工艺与模具的设计打下基础。

第2篇为注射成型工艺及模具设计。由于注射成型应用广泛，是机械制造、汽车、摩托车、家用电器、电子通信、建筑、仪器仪表、医药器材和日用品等行业的塑料制件的主要成型方法。因此，本书重点对注射成型的工艺与模具设计进行较系统、全面的讨论、分析、研究。

第3篇为其他塑料成型工艺及模具设计。介绍了热固性塑料的压缩成型和压注成型、热塑性塑料的挤出成型、中空塑件的成型、真空和压缩空气成型的工艺与模具设计，使读者对塑料的成型加工有一个全面的了解与认识。

本书由华中理工大学李德群教授编写第1章、第10章和第14章，重庆工学院黄虹副教授编写第2章、第5章、第6章、第11章和第12章，广东工业大学曾湘云副教授编写第3章，郑州大学曹宏深教授编写第4章，江苏大学陈嘉真教授编写第7章和第9章，江苏大学李学军副教授编写第8章，华东理工大学徐佩弦教授编写第13章，全书由重庆工学院黄虹副教授主编，重庆工学院胡亚民教授主审。

本书出版过程中还得到化学工业出版社和重庆工学院教材科等单位的关心及大力支持，在这里一并表示最诚挚的感谢。

由于受个人视野和专业范围所限，难免存在不足与谬误，敬请批评指正。

编　者

2003 年 3 月

目　录

第1篇　塑料成型的理论基础

第2篇　注射成型工艺及模具设计

第 3 篇 其他塑料成型工艺及模具设计

第1篇

塑料成型的理论基础

第1章　概　　论

1.1　塑料及其应用

塑料是以高分子聚合物为主要成分，并在加工为制品的某阶段可流动成型的材料。所谓高分子聚合物，是指由成千上万个结构相同的小分子单体通过加聚或缩聚反应形成的长链大分子。它既存在于大自然中（称为天然树脂），又能够用化学方法人工制取（称为合成树脂）。合成树脂是塑料的主体，在合成树脂中加入某些添加剂，如稳定剂、填料、增塑剂、润滑剂、着色剂等，可以得到各种性能的塑料品种。由于添加剂所占比例较小，塑料的性能主要取决于合成树脂的性能。

塑料具有特殊的物理力学性能和化学稳定性能，以及优良的成型加工性能。塑料的这种独特性能归根于高分子聚合物的巨大的相对分子质量。一般的低分子物质的相对分子质量仅为几十至几百，如一个水分子仅含一个氧原子和两个氢原子，水的相对分子质量为18，而一个高分子聚合物的分子含有成千上万个原子，相对分子质量可达到几万乃至几十万、几百万。原子之间具有很大的作用力，分子之间的长链会蜷曲缠绕。这些缠绕在一起的分子既可互相吸引又可互相排斥，使塑料产生了弹性。高分子聚合物在受热时不像一般低分子物质那样有明显的熔点，从长链的一端加热到另一端需要时间，即需要经历一段软化的过程，因此塑料便具有可塑性。高分子聚合物与低分子物质的重要区别还在于高分子聚合物没有精确、固定的相对分子质量。同一种高分子聚合物的相对分子质量的大小并不一样，因此只能采用平均相对分子质量来描述。例如，低密度聚乙烯的平均相对分子质量为2.5万～15万，高密度聚乙烯的平均相对分子质量为7万～30万。

高分子聚合物常用来制造合成树脂、合成橡胶和合成纤维。这三大合成材料成了20世纪材料工业的一个重要支柱。其中，合成树脂的产量最大，应用最广。

1.1.1　塑料的组成

塑料是以合成树脂为主要成分，并根据不同需要而添加不同添加剂所组成的混合物。

(1) 合成树脂　合成树脂是塑料的主要成分，所以它决定了塑料的基本性能。在塑料制件中，合成树脂应成为连续相，其作用在于将各种添加剂黏结成一个整体，从而使塑料具有一定的物理力学性能。在成型加工中，由合成树脂与所加的添加剂配制成的塑料还应有良好的成型工艺性能。合成树脂是人们模仿天然树脂的成分，并克服了产量低、性能不理想的缺点，用化学方法人工制取的各种树脂。最初制造合成树脂的原料为农副产品，以后改用煤，20世纪60年代以后则主要采用石油和天然气。

(2) 稳定剂　塑料在受热及紫外线、氧的作用下会逐渐老化。因此，在大多数塑料中都要添加稳定剂，用以减缓或阻止塑料在加工和使用过程中的分解变质。根据稳定剂作用的不同，又分为热稳定剂、抗氧化剂和紫外线吸收剂等。各种塑料由于内部结构不同，老化机理不一样，所用的稳定剂也就不同。例如，有机锡化合物常用作聚氯乙烯的热稳定剂，酚类及胺类有机物常用作抗氧化剂，羟基类衍生物、苯甲酸酯类及炭黑等常用作紫外线吸收剂。稳定剂的用量一般为塑料的0.3%～0.5%。

(3) 填料　填料包括填充剂和增强剂。为了降低塑料成本，有时在合成树脂中掺入一些廉价的填充剂，或者是为了改进塑料的性能，如塑料的硬度、刚度、冲击韧度、电绝缘性、耐热性、成型收缩率等都可通过添加相应的填充剂得到改善。最常用的填充剂是碳酸钙、硫酸钙和硅酸盐等，也有木粉、石棉等。增强剂是一类自身强度很高的纤维组织材料，加入塑料之中能显著增大其拉伸强度和弯曲强度。典型品种有玻璃纤维、棉、麻等，性能特殊的还有碳纤维、陶瓷纤维、硼纤维及其单晶纤维。以玻璃纤维和玻璃布作增强剂的塑料俗称玻璃钢。填料的用量通常为塑料组成的40%以下。

(4) 增塑剂　增塑剂用来提高塑料成型加工时的可塑性和增进制件的柔软性。常用的增塑剂是一些高沸点的液态有机化合物或低熔点的固态有机化合物。理想的增塑剂，必须在一定范围内能与合成树脂很好地相容，并具有良好的耐热、耐光、不燃性及无毒等性能。增塑剂的加入会降低塑料的稳定性、介电性能和力学强度。塑料的老化现象就是由增塑剂中的某些挥发物质逐渐从塑料制品中逸出而产生的。因此，在塑料中应尽量地减少增塑剂的含量。大多数塑料一般不添加增塑剂，只有软质聚氯乙烯含有大量的增塑剂，其增塑剂的含量可高达50%。

(5) 润滑剂　润滑剂对塑料的表面起润滑作用，防止熔融的塑料在成型过程中黏附在成型设备或模具上。添加润滑剂还可改进塑料熔体的流动性能，同时也可以提高制品表面的光亮度。常用的润滑剂有硬脂酸及其盐类等。润滑剂的用量通常小于1%。

(6) 着色剂　合成树脂的本色都是白色半透明或无色透明的。在工业生产中常利用着色剂来增加塑料制品的色彩。一般要求着色剂的着色力强、色泽鲜艳、耐热、耐光。常用的着色剂有有机颜料和矿物颜料两类。有机颜料，如有机柠檬黄、颜料蓝、炭黑等；矿物颜料，如铬黄、氧化铬、铝粉末等。

(7) 固化剂　在热固性塑料成型时，有时要加入一种可以使合成树脂完成交联反应而固化的物质。例如，在酚醛树脂中加入六亚甲基四胺，在环氧树脂中加入乙二胺或顺丁烯二酸酐等。这类添加剂称为固化剂或交联剂。

根据不同的用途，在塑料中还可增添一些其他的添加剂。例如，阻燃剂可降低塑料的燃烧性，发泡剂可制成泡沫塑料等。

塑料还可以像金属那样制成“合金”，即把不同品种、不同性能的塑料用机械的方法均匀掺合在一起（共混改性），或者将不同单体的塑料经过化学处理得到新性能的塑料（聚合改性）。例如，ABS塑料就是由丙烯腈、丁二烯、苯乙烯三种单体共聚制成的三元共聚物。

1.1.2　塑料的分类

目前，塑料品种已达300多种，常见的约30多种。我们可根据塑料的制造方法、成型工艺及其用途将它们进行分类。

(1) 按制造方法分类　合成树脂的制造方法主要是根据有机化学中的两种反应：聚合反应和缩聚反应。

聚合反应是将许多低分子单体（如从煤和石油中得到的乙烯、苯乙烯、甲醛等的分子）化合成高分子聚合物的化学反应。在此反应过程中没有低分子物质析出。这种反应既可在同一种物质的分子间进行（其反应产物称为聚合体），也可以在不同物质的分子间进行（其反应产物称为共聚体）。

缩聚反应也是将相同的或不相同的低分子单体化合成高分子聚合物的化学反应，但是在此反应过程中有低分子物质（如水、氨、氯化氢等）析出。

因此，可将塑料划分成聚合树脂和缩聚树脂两类。

（2）按成型性能分类　根据成型工艺性能，塑料可分为热塑性塑料和热固性塑料两类。热塑性塑料主要由聚合树脂制成，热固性塑料大多数是以缩聚树脂为主，加入各种添加剂制成。

热塑性塑料的特点是受热后软化或熔融，此时可成型加工，冷却后固化，再加热仍可软化。热固性塑料在开始受热时也可以软化或熔融，但是一旦固化成型就不会再软化。此时，即使加热到接近分解的温度也无法软化，而且也不会溶解在溶剂中。

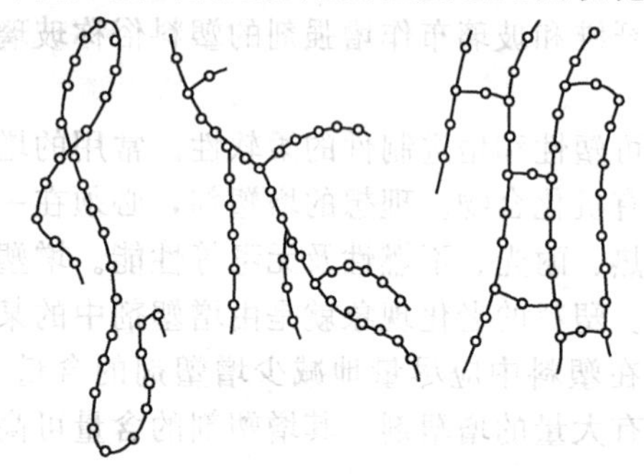

图 1-1　高分子物质的结构示意

塑料的这种热塑或热固的特性，可以从分子的结构特征来解释。一般低分子物质的分子呈球状，而高分子物质的结构，有的像长链，有的像树枝，还有的呈网状。这些结构使得塑料具有热塑或热固的特性。高分子物质的结构示意如图 1-1 所示。

热塑性塑料的分子结构呈链状或树枝状，常称为线型聚合物。这些分子通常相互缠绕但并不连接在一起，受热后具有可塑性。热塑性塑料又可分为无定形塑料和结晶形塑料两类。属于结晶形的常用塑料如聚乙烯、聚丙烯、聚酰胺（尼龙）等；属于无定形的常用塑料如聚苯乙烯、聚氯乙烯、ABS 等。

热固性塑料在加热开始时也具有链状或树枝状结构，但在受热后这些链状或树枝状分子逐渐结合成网状结构（称为交联反应），成为既不熔化又不溶解的物质，常称为体型聚合物。由于分子的链与链之间产生了化合反应，所以当再次加热时这类塑料便不能软化。由此可见，热固性塑料的耐热变形性能比热塑性塑料好。常见的热固性塑料有酚醛、脲醛、三聚氰胺甲醛、不饱和聚酯等。

（3）按用途分类　按照用途塑料又可分为通用塑料、工程塑料以及特殊用途的塑料等。通用塑料是指用途最广泛、产量最大、价格最低廉的塑料。现在世界公认的通用塑料有聚乙烯（PE）、聚丙烯（PP）、聚苯乙烯（PS）、聚氯乙烯（PVC）、酚醛（PF）和氨基塑料六大类，它们的产量约占世界塑料总产量的 80%。工程塑料是指那些可用作工程材料的塑料，主要有丙烯腈-丁二烯-苯乙烯共聚物（ABS）、聚酰胺（PA）、聚甲醛（POM）、聚碳酸酯（PC）、聚苯醚（PPO）、聚砜（PSF）及各种增强塑料。

随着塑料应用范围的不断扩大，通用塑料和工程塑料之间的界线越来越难划分。例如，聚氯乙烯（PVC）作为耐腐蚀材料已大量用于化工机械中，按用途分类，它又属于工程塑料。

1.1.3　塑料的性能和用途

不同品种的塑料具有不同的性能和用途，综合起来，塑料具有以下性能及用途。

（1）质量轻　一般塑料的密度与水相近，大约是钢密度的 $\frac{1}{6}\sim\frac{1}{8}$。虽然塑料的密度小，但它的力学强度比木材、玻璃、陶瓷等要高得多，有些塑料在强度上甚至可与钢铁媲美。这对于要求减轻自重的车辆、船舶和飞机有着特别重要的意义。由于质量轻，塑料特别适合制造轻巧的日用品和家用电器零件。

（2）比强度高　如果按单位质量来计算材料的抗拉强度（称为比强度），则塑料并不逊于金属，有些塑料，如工程塑料、碳纤维增强塑料等，还远远超过金属。所以，一般塑料除制造日常用品外，还可用于工程机械中。纤维增强塑料可用作负载较大的结构零件。塑料零件在运输工具中所占比例越来越大，目前，在小轿车中塑料的质量约占整车质量的1/10，而在宇宙飞船中塑料的体积约占飞船总体积的1/2。

(3) 耐化学腐蚀能力强　塑料对酸、碱、盐等化学物质的腐蚀均有抵抗能力。其中，聚四氟乙烯是化学性能最稳定的塑料，它的化学稳定性超过了所有的已知材料（包括金与铂）。最常用的耐腐蚀材料为硬聚氯乙烯，它可以耐浓度达90%的浓硫酸、各种浓度的盐酸和碱液，被广泛用来制造化工管道及容器。

(4) 绝缘性能好　塑料对电、热、声都有良好的绝缘性能，被广泛地用来制造电绝缘材料、绝缘保温材料以及隔音吸音材料。塑料的优越电气绝缘性能和极低的介电损耗性能，可以与陶瓷和橡胶媲美。除用作绝缘材料外，现又制造出半导体塑料、导电导磁塑料等，它们对电子工业的发展具有独特的意义。

(5) 光学性能好　塑料的折射率较高，并且具有很好的光泽。不加填充剂的塑料大都可以制成透光性良好的制品，如有机玻璃、聚苯乙烯、聚碳酸酯等都可制成晶莹透明的制品。目前，这些塑料已广泛地用来制造玻璃窗、罩壳、透明薄膜以及光导纤维材料。

(6) 加工性能好、经济效益显著　塑料具有容易成型、成型加工周期短的特性，将塑料做成塑料制件，所需专用设备投资少，能耗低。特别是与金属制件加工相比，加工工序少，成型周期短，加工过程中的边角废料多数可回收再用。如果以单位体积计算，生产塑料制件的费用仅为有色金属的1/10，因此塑料制件的总体经济效益显著。

应该指出的是，塑料也存在着一些缺点，在应用中受到一定的限制。一般塑料的刚性差，如尼龙的弹性模量约为钢铁的1/100。塑料的耐热性差，在长时间工作的条件下一般使用温度在100℃以下，在低温下易开裂。塑料的热导率只有金属的$\frac{1}{200}$～$\frac{1}{600}$，这对加热和散热而言是一个缺点。若长期受载荷作用，即使温度不高，塑料也会渐渐产生塑性流动，即产生“蠕变”现象。塑料易燃烧，在光和热作用下性能容易变坏，发生老化现象。所以，在选择塑料时要注意扬长避短。

1.2 塑料的加工适应性

温度对于塑料的加工有着重要的影响。随着加工温度的逐渐升高，塑料将经历玻璃态、高弹态、黏流态直至分解。处于不同状态下的塑料表现出不同的性能，这些性能在很大程度上决定了塑料对加工的适应性。下面以热塑性塑料为例说明在各种状态下塑料与加工方法的关系。

图1-2为热塑性塑料的弹性模量E、形变率$\dot{\gamma}$与温度θ的曲线关系。从图中可见，处于玻璃化温度θ_g以下的塑料为坚硬的固体。由于弹性模量高、形变率小，故在玻璃态塑料不宜进行大变形加工，但可进行车、铣、刨、钻等机械切削加工。在θ_g以下的某一温度，塑料受力易发生断裂破坏，这一温度称为脆化温度θ_s。它是材料使用的下限温度。

在θ_g以上的高弹态，塑料的弹性模量显著减小，形变能力大大增强。对于无定形塑料在高弹态靠近聚合物流动或软化的黏流温度θ_f一侧的区域内，材料的黏性很大，某些塑料可进行真空成型、压力成型、压延和弯曲成型等。由于此时的形变是可逆的，为了得到符合形状尺寸要求的制品，在加工中把制品温度迅速冷却到θ_g以下的温度是这类加工过程的关键。对于结晶形塑料，当外力大于材料的屈服点时，可在θ_g至熔点温度θ_m的区域内进行薄膜或纤维的拉伸。此时θ_g是大多数塑料加工的最低温度。

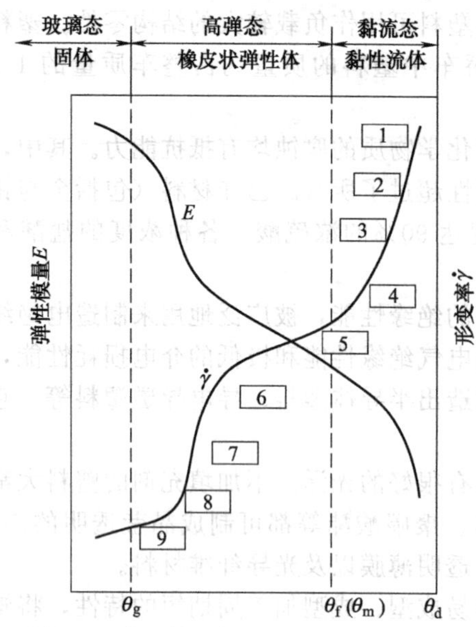

图 1-2 热塑性塑料的状态与加工的关系

1—熔融纺丝；2—注射；3—薄膜吹塑；4—挤出成型；5—压延成型；6—中空成型；7—真空和压力成型；8—薄膜和纤维热拉伸；9—薄膜和纤维冷拉伸

高弹态的上限温度是 θ_f。由 θ_f（或者 θ_m）开始，塑料呈黏流态。通常将呈黏流态的塑料称为熔体。在 θ_f 以上不高的温度范围内常进行压延、挤出和吹塑成型等。在比 θ_f 高的温度下，塑料的弹性模量降低到最低值，较小的外力就能引起熔体宏观流动。此时在形变中主要是不可逆的黏性变形。塑料在冷却后能够将形变永久保持下去。因此，在这个温度范围内常进行熔融纺丝、注射、挤出和吹塑等加工。但是过高的温度容易使制品产生溢料、翘曲等弊病，当温度高到分解温度 θ_d 时还会导致塑料分解，以致降低制品的物理力学性能或者引起制品外观不良。因此，θ_f 与 θ_d 一样都是塑料进行加工的重要参考温度。

1.3 塑料的主要成型方法

塑料的成型方法很多，下面列举其中六种主要的成型方法。

（1）注射成型　塑料的注射成型又称注塑成型。该方法采用注射成型机将粒状的塑料连续输入到注射成型机料筒中受热并逐渐熔融，使其成黏性流动状态，由料筒中的螺杆或柱塞推至料筒端部。通过料筒端部的喷嘴和模具的浇注系统将熔体注入闭合的模具中，充满后经过保压和冷却，使制件固化定型，然后开启模具取出制件。注射成型主要用于热塑性塑料，现在也用于热固性塑料。注射成型的生产是周期性的。注射成型在塑料制件成型中占有很大比例，世界上塑料成型模具产量中半数以上是注射模具。

（2）挤出成型　挤出成型又称挤塑成型。该方法与注射成型的原理类似，将粒状塑料在挤出机的料筒中完成加热和加压过程，熔体经过装在挤出机机头上的成型口模挤出，然后冷却定型，借助牵引装置拉出，成为具有一定横截面形状的连续制件，如管、棒、板及异型材制件等。挤出成型是热塑性塑料的主要成型方法之一。除了成型加工外，该法还用于塑料的混炼加工，如着色、填充、共混等皆可通过挤出造粒工序来完成。

（3）中空成型　中空成型又称吹塑成型。它是制造中空制件和管筒形薄膜的方法。该法先用挤出机或注射机挤出或注射出管筒形状的熔融坯料，然后将此坯料放入吹塑模具内，向坯料内吹入压缩空气，使中空的坯料均匀膨胀直至紧贴模具内壁，冷却定型后开启模具取出中空制件。在工业生产中，如瓶、桶、球、壶、箱一类的热塑性塑料制件均可用此法制造。若将从挤出机中连续不断挤出的熔融塑料管内趁热通入压缩空气，把管筒胀大撑薄，然后冷却定型，可以得到管形薄膜，将其截断可热封制袋，也可将其纵向剖开成为塑料薄膜。

（4）压缩成型　压缩成型又称压制成型。该法把由上、下模（或凸、凹模）组成的模具安装在压力机的上、下模板之间，将塑料原料直接加在敞开的模具型腔内，再将模具闭合，塑料粒料（或粉料、预制坯料）在受热和受压的作用下充满闭合的模具型腔，固化定型后得到塑料制件。此法主要用于热固性塑料。

（5）压注成型　压注成型又称传递成型。与压缩成型一样，压注成型也是热固性塑料成型的主要方法之一。该法将塑料粒料或坯料装入模具的加料室内，在受热、受压下熔融的塑料通过模具加料室底部的浇注系统（流道与浇口）充满闭合的模具型腔，然后固化成型。该法适用于形状复杂或带有较多嵌件的热固性塑料制件。

（6）固相成型　固相成型的特点是使塑料在低于熔融温度以下成型，在成型过程中塑料没有明显的流动状态。该法多用于塑料板材的二次成型加工，如真空成型、压缩空气成型和压力成型等。固相成型原来多用于薄壁制件的成型加工，现已能用于制造厚壁制件。

塑料的成型方法除了以上列举的六种外，还有压延成型、浇铸成型、滚塑成型、泡沫成型等。本书着重叙述在机械、汽车、摩托车、电子、轻工工业中应用最广泛的注射成型工艺及模具，同时也扼要地介绍塑料的其他主要成型方法，以期读者在掌握注射成型方法的基础上对塑料的主要成型方法有一个完整的概念。

习题与思考

1-1　什么是合成树脂？什么是塑料？为什么塑料能得到日益广泛的应用？

1-2　什么是热塑性塑料和热固性塑料？两者在本质上有何区别？

1-3　试述热塑性塑料的状态与加工的关系？

1-4　热塑性塑料的主要成型方法有哪些？热固性塑料的主要成型方法有哪些？

第2章　塑料成型理论基础

塑料成型是将塑料原材料转变为所需形状和性能的塑料制件的一门工程技术。为了获得合格的塑料制件，必须对塑料的成型工艺特性及其在成型过程中表现出来的物理化学行为有足够的认识。

2.1　聚合物的流变学性质

研究物质变形与流动的科学称为流变学。由于聚合物的各种成型方法都必须依靠聚合物自身的变形和流动来实现，所以也就相应产生了聚合物流变学这样一门科学。它主要研究聚合物材料在外力作用下产生的应力、应变和应变速率等力学现象与自身黏度之间的关系，以及影响这些关系的各种因素，如聚合物的分子结构、相对分子质量的大小及其分布、温度和压力等。在塑料成型生产中，研究聚合物流变学的目的主要是为了应用其理论，正确地选择和确定比较合理的工艺条件，以及利用这些理论设计合理的塑料成型系统和模具结构。

2.1.1　牛顿流动规律

流体在管道内流动时，可呈现层流和湍流两种不同的流动状态。层流也称为“黏性流动”或“流线流动”，其特征是流体的质点沿着平行于流道轴线的方向相对运动，与边壁等距离的液层以同一速度向前移动，不存在任何宏观的层间质点运动，因而所有质点的流线均相互平行，这种情况如图2-1（a）所示。湍流又称“紊流”，其特征是流体的质点除向前运动外，还在主流动的横向上作无规则的任意运动，质点的流线呈紊乱状态，这种情况如图2-1（b）所示。

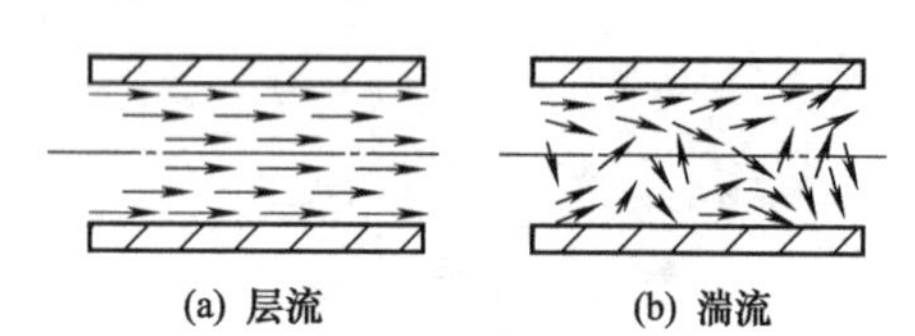

图2-1　流体质点在管内的流线

英国物理学家雷诺（Reynold）首先给出了流体的流动状态由层流转变为湍流的条件为：

$$Re=\frac{Dv\rho}{\eta}>Re_c$$

式中　Re——雷诺数，为一无量纲的数群；

D——管道直径；

ρ——流体的密度；

v——流体的流速；

η——流体的剪切黏度；

Re_c——临界雷诺数，其值与流道的断面形状和流道壁的表面粗糙度等有关，对于光滑的金属圆管，$Re_c=2000\sim2300$。

由于Re与流体的流速成正比，与其黏度成反比，所以流体的流速越小、黏度越大就越不容易呈现湍流状态。大多数聚合物熔体，在成型时的流动都有很高的黏度，加之成型时的流速都不允许过高，故其流动时的Re值总远小于Re_c，一般不大于10。故可将它们的流动视为层流流动状态。

大多数低分子流体以切变方式流动时，其切应力与剪切速率间存在线性关系，通常将符合这种关系的流体称为牛顿流体。聚合物熔体的流动行为远比低分子流体的流动复杂，除极少数几种外，绝大多数聚合物流体在塑料成型条件下的流动行为与牛顿流体不符。凡流体以切变方式流动但其切应力与剪切速率之间呈非线性关系者，均称为非牛顿流体。

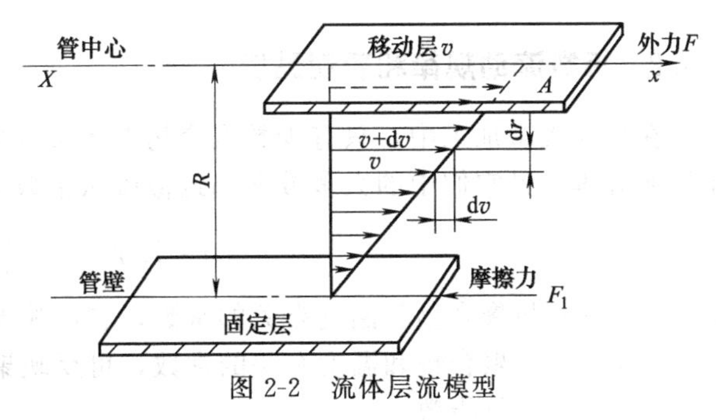

图 2-2　流体层流模型

为了研究以切变方式流动流体的性质，可将这种流体的流动看做许多层彼此相邻的薄液层沿外力作用的方向进行相对滑移。图 2-2 为流体层流模型。图中，F 为外部作用于整个流体的恒定剪切力；A 为向两端延伸的液层面积；F_1 为流体流动时所产生的摩擦阻力。在达到稳态流动后，F 与 F_1 两力大小相等而方向相反，即 $F=-F_1$。单位面积上受到的剪切力称为切应力，通常以 τ 表示，其单位是 Pa，因而有 $\tau=F/A=-F_1/A$。

在恒定切应力作用下，流体的切应变表现为液层以均匀的速度沿剪切力作用的方向移动，但液层间存在黏性阻力（即内摩擦力）和流道壁对液层移动的阻力（即外摩擦力），使相邻液层之间在前进方向上出现速度差。流道中心的阻力最小，故中心处液层的移动速度最大。流道壁附近的液层因同时受到流体的内摩擦和壁面外摩擦的双重作用，因而移动速度最小。若假定紧靠流道壁的液层对壁面无滑移，则这一液层的流动速度为零。当径向距离为 $\mathrm{d}r$ 的两液层移动速度分别为 v 和（$v+\mathrm{d}v$）时，$\mathrm{d}v/\mathrm{d}r$ 就是速度梯度。但由于液层的移动速度 v 等于液层沿切应力作用方向（即图 2-2 中 x 轴正向）的移动距离 $\mathrm{d}x$ 与相应的移动时间 $\mathrm{d}t$ 之比，即 $v=\mathrm{d}x/\mathrm{d}t$，故速度梯度可表示为：

$$\mathrm{d}v/\mathrm{d}r=\frac{\mathrm{d}(\mathrm{d}x/\mathrm{d}t)}{\mathrm{d}r}=\frac{\mathrm{d}(\mathrm{d}x/\mathrm{d}r)}{\mathrm{d}t}$$

在上式中，($\mathrm{d}x/\mathrm{d}r$) 表示径向距离为 $\mathrm{d}r$ 的两液层在 $\mathrm{d}t$ 时间内相对移动距离，这就是切应力作用下流体所产生的切应变 γ，即 $\gamma=\mathrm{d}x/\mathrm{d}r$。考虑到液体在流道内的流动速度 v 随半径 r 的增大而减小，上式又可改写为：

$$\dot{\gamma}=\frac{\mathrm{d}\gamma}{\mathrm{d}t}=-\frac{\mathrm{d}v}{\mathrm{d}r} \tag{2-1}$$

式中　$\dot{\gamma}$——单位时间内流体所产生的切应变，通常称为剪切速率（又称形变率），s^{-1}。

由于剪切速率与速度梯率二者在数值上相等，在进行流动分析时，常用前者代替后者。对于牛顿流体，切应力与剪切速率之间的关系可用下式表示，该式称为牛顿流体的流变方程：

$$\tau=\eta\frac{\mathrm{d}v}{\mathrm{d}r}=\eta\frac{\mathrm{d}\gamma}{\mathrm{d}t}=\eta\dot{\gamma} \tag{2-2}$$

式中　η——比例常数，称为牛顿黏度或绝对黏度（以下简称黏度），Pa·s。

比例常数 η 是牛顿流体本身所固有的性质，其值大小表征牛顿流体抵抗外力引起流动变形的能力。通常 η 越大，液体的黏稠性越大，故剪切变形和流动越不容易发生，一般都需要比较大的切应力，如果 η 越小，情况就刚好相反。虽然牛顿流动规律是针对低分子液体提出的，但在注射成型中，也有少数聚合物熔体的黏度对剪切速率不敏感，所以经常也把它们近似视为牛顿流体。这些聚合物熔体包括聚碳酸酯、氯乙烯-偏二氯乙烯共聚物和聚对苯二甲酸乙二酯等。

2.1.2　指数流动规律和表观黏度

在塑料成型加工中，只有少数聚合物熔体服从牛顿流动规律，而大多数聚合物熔体都是非牛顿流体，且它们中的大多数又都近似服从指数流动规律，即

$$\tau=K\dot{\gamma}^{n}=K\left(\frac{dv}{dr}\right)^{n} \tag{2-3}$$

式中　K——与聚合物和温度有关的常数，它反映聚合物熔体的黏稠性，称为稠度系数；

　　　n——与聚合物和温度有关的常数，可反映聚合物熔体偏离牛顿性质的程度，称为非牛顿指数。

比较牛顿流动规律，上式可改写为：

流动方程
$$\tau=\eta_a\dot{\gamma} \tag{2-4}$$

流变方程
$$\eta_a=K\dot{\gamma}^{n-1} \tag{2-5}$$

以上两式中　η_a——聚合物熔体的表观黏度（或非牛顿黏度）。

η_a与η的力学性质相同，但η_a表征的是非牛顿流体（服从指数流动规律）在外力作用下抵抗切变形的能力。并且由于非牛顿流体的流动规律比较复杂，表观黏度除与流体本身性质以及温度有关之外，还受剪切速率影响，这就意味着外力大小及其作用的时间也能改变流体的黏稠性。

在指数流动规律中，非牛顿指数n和稠度系数K均可由试验测定。其中$n=1$时，$\eta_a=K=\eta$，这就意味着非牛顿流体转变为牛顿流体，所以，n值可以用来反映非牛顿流体偏离牛顿性质的程度。当$n\neq1$时，绝对值$|1-n|$越大，流体的非牛顿性越强，剪切速率对表观黏度的影响越强。很明显，在其他条件一定时，K值越大，流体的黏稠性也就越大，切变形和流动困难，需要较大的切应力作用。

在聚合物流变学理论中，凡是服从指数流动规律的非牛顿流体，统称为黏性液体。根据非牛顿指数n的取值不同，黏性液体包括三种类型：当$n<1$时，称为假塑性液体；当$n>1$时，称为膨胀性液体；当$n=1$但是只有切应力达到或超过一定值后才能流动时，称为宾汉液体。在注射成型中，除了热固性聚合物和少数热塑性聚合物外，大多数聚合物熔体均具有近似假塑性液体的流变学性质，下面将予以详述。属于膨胀性液体和宾汉液体的主要是一些固体含量较高的聚合物悬浮液（糊状聚合物）以及带有凝胶结构的聚合物溶液。此外，还有极少数含有固体物质（如各种填料和结晶体等）的聚合物熔体。图2-3和图2-4分别给出了

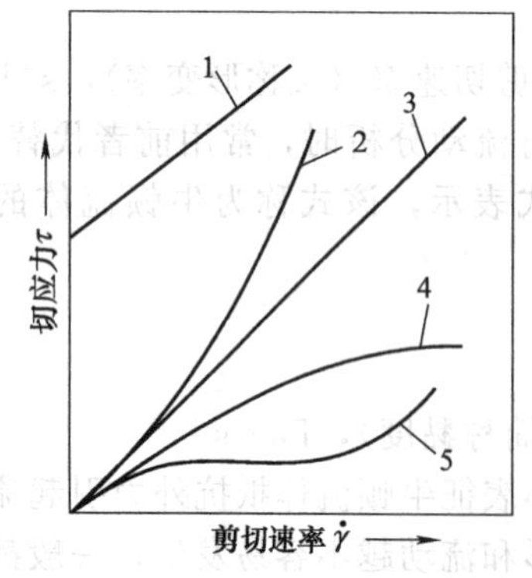

图2-3　不同类型流体的流动曲线

1—宾汉液体；2—膨胀性液体；3—牛顿液体；4—假塑性液体；5—复合型流体

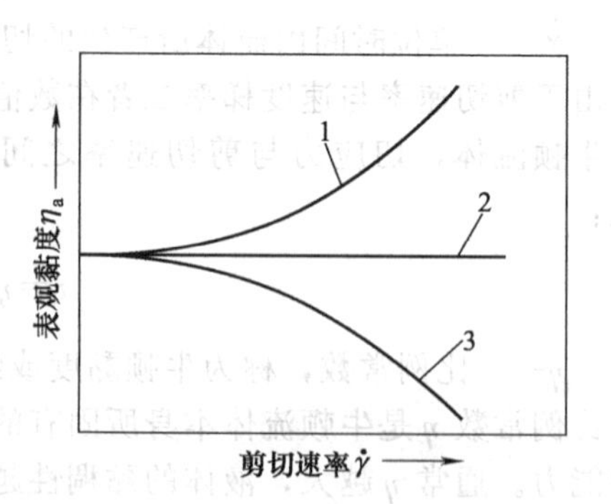

图2-4　不同类型流体的流变曲线

1—膨胀性液体；2—牛顿流体；3—假塑性液体

不同类型流体的流动曲线（τ-$\dot{\gamma}$）和流变曲线（η_a-$\dot{\gamma}$），从这两个图中可以观察到三种不同的黏性液体以及牛顿流体的流动规律特征和流变性特点。由于膨胀性液体和宾汉液体基本上与注射、挤出等成型无关，本书不予阐述。

指数流动规律还可表示为：

$$\dot{\gamma}=k\tau^m \tag{2-6}$$

式中　k——与聚合物和温度有关的常数，可反映聚合物熔体的流动性，称为流动系数；

m——与聚合物和温度有关的常数，$m=\frac{1}{n}$，称为流动指数。

上式中 k 称为流动系数的主要原因是其他条件一定时，k 值越大，相同的切应力引起的剪切速率越大，有利于聚合物变形和流动。很显然，这与式（2-3）中的稠度系数 K 的力学意义刚好相反，二者的关系为：

$$k=\left(\frac{1}{K}\right)^{\frac{1}{n}} \tag{2-7}$$

或

$$K=\left(\frac{1}{k}\right)^{n} \tag{2-8}$$

比较以上两式可知，n 值变化时，k 的变化幅度比 K 大，故在有的文献中多用 k 而少用 K。

将式（2-5）中的 K 和 n 分别换为 k 和 m，可得表观黏度 η_a 的另一种表达形式，即：

$$\eta_a=k^{-\frac{1}{m}}\dot{\gamma}^{\frac{1-m}{m}} \tag{2-9}$$

2.1.3　假塑性液体的流变学性质及有关问题

（1）假塑性液体的流变学性质　假塑性液体的非牛顿指数 $n<1$，通常约为 0.25～0.67（m 约为 1.5～4.0），但剪切速率较大时，n 值可降至 0.20（m 达到 5.0）。在注射成型中，绝大多数热塑性聚合物熔体都近似具有假塑性液体的流变学性质，它们包括聚乙烯、聚氯乙烯、聚甲基丙烯酸甲酯、聚丙烯、ABS、聚苯乙烯、高抗冲聚苯乙烯、线形聚酯、热塑性弹性体（TPE）等。

为了阐述假塑性液体的流变学性质，有必要事先说明一个问题，就是前面所述的各种黏性液体的非牛顿性都有前提条件，即剪切速率不能太大，也不能太小，否则，这些黏性液体也会出现牛顿性质，如图 2-5 所示。其中，液体在低剪切速率（$\dot{\gamma}=1\sim10^2\,s^{-1}$）作用下呈现牛顿性质的区域Ⅰ（剪切速率区间）称为零切牛顿黏度区，相应的黏度叫做零切牛顿黏度（或零切黏度），记作 η_0；液体在高剪切速率（$\dot{\gamma}\geqslant10^6\,s^{-1}$）作用下呈现牛顿性质的区域Ⅲ称为极限黏度区，相应的黏度叫做极限牛顿黏度（或极限黏度），记作 η_∞。由于注射成型所用的剪切速率通常为 $10^3\sim10^5\,s^{-1}$，一般都位于非牛顿性的中等剪切速率区Ⅱ，所以前面所讲的非牛顿性质，均是对此区域而言。至于Ⅰ区和Ⅲ区，因与注射成型关系不大，本书不予讨论，故在此之前或以后涉及的流变学性质以及流动曲线和流变曲线，如无说明，均以中等剪切速率为限。

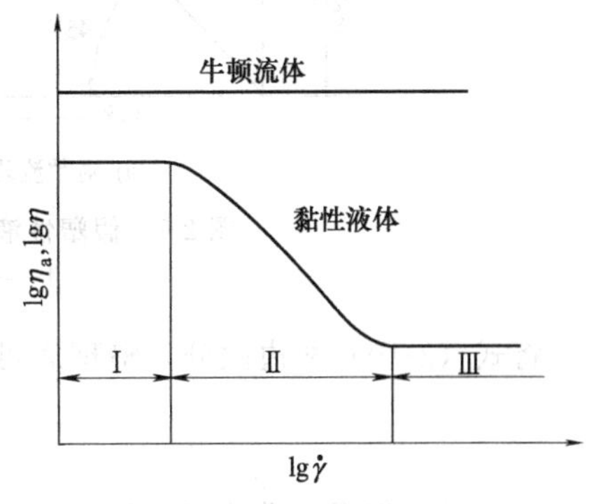

图 2-5　黏性液体在不同剪切速率范围内的对数流变曲线

Ⅰ—低剪切速率区（零切黏度区）；
Ⅱ—中等剪切速率区（非牛顿区）；
Ⅲ—高剪切速率区（极限黏度区）
注：Ⅰ、Ⅲ区域均呈牛顿性质

为了了解假塑性液体的流变学性质，首先需要讨论这种液体的流动曲线和流变曲线。图 2-6 是根据式（2-4）和式（2-5）作出的理论流动曲线和流变曲

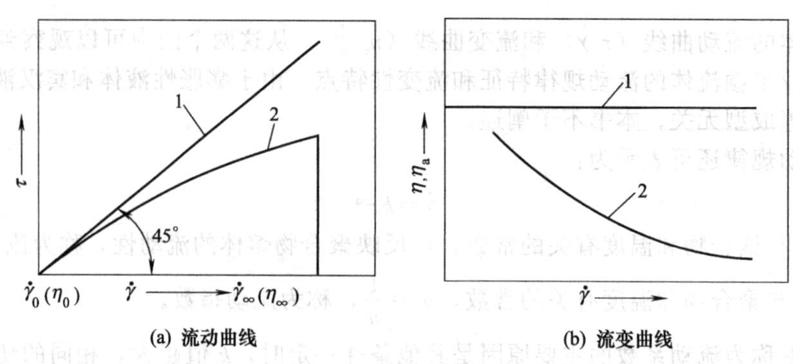

图 2-6　假塑性液体的流动曲线和流变曲线

1—牛顿流体；2—假塑性液体

线。从图 2-6（a）不仅可以看出切应力和剪切速率的指数曲线关系，而且还能看到这条曲线从低剪切速率牛顿性区域进入中等剪切速率非牛顿性区域时，曲线向下凹的图形逐渐偏离牛顿流动曲线，这与某些固体材料的塑性变形曲线形状相似，但实际性质属于聚合物黏性流动，因此按照已经形成的习惯，将此现象类比作一种假象塑性流动，于是相应出现了“假塑性”这样一个名词。为了能在线性条件下比较方便地讨论流动曲线和流变曲线，经常需要将它们的坐标改写成对数形式，故有：

对数流动方程　$$\ln\tau=\ln K+n\ln\dot{\gamma} \tag{2-10}$$

对数流变方程　$$\ln\eta_a=\ln K+(n-1)\ln\dot{\gamma} \tag{2-11}$$

或　$$\ln\eta_a=\frac{1}{n}\ln K+\left(1-\frac{1}{n}\right)\ln\tau \tag{2-12}$$

与对数方程相应的直线型流动曲线和流变曲线如图 2-7 所示。

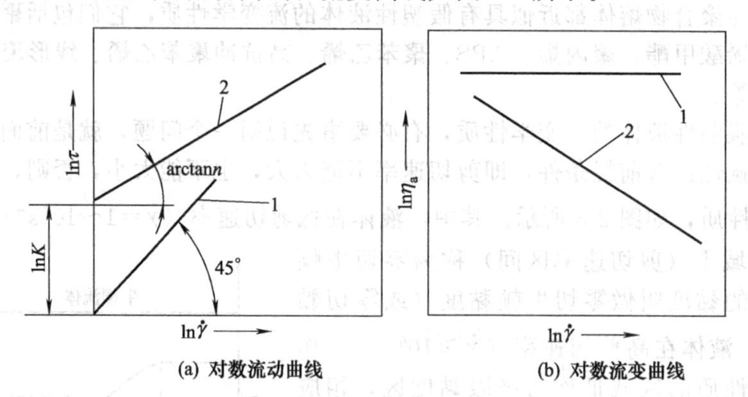

图 2-7　假塑性液体的对数流动曲线与对数流变曲线

1—牛顿流体；2—假塑性液体

将式（2-10）两边微分，整理后可得：

$$n=\frac{\mathrm{d}\ln\tau}{\mathrm{d}\ln\dot{\gamma}}=\tan\alpha \tag{2-13}$$

从此式可以看出非牛顿指数实际上等于对数流动曲线的斜率，这从几何方面显示了 n 值能够反映非牛顿程度的流变学意义。

图 2-8 和图 2-9 分别给出了由试验得到的几种聚合物的流变曲线（其中图 2-9 为对数坐标），将它们分别与图 2-6（b）和图 2-7（b）比较，实验曲线与理论曲线的变化趋势基本相似，这说明指数流动规律对于假塑性液体基本上是适合的。

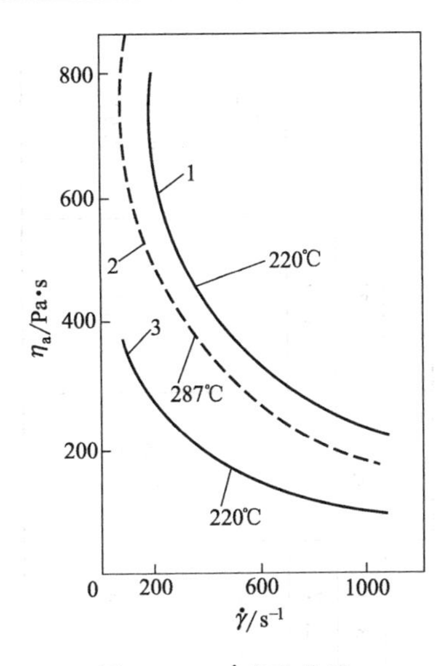

图 2-8　η_a-$\dot{\gamma}$实验曲线

1，2—MI=0.7g/10min 的聚乙烯；

3—中等硬度醋酸纤维素

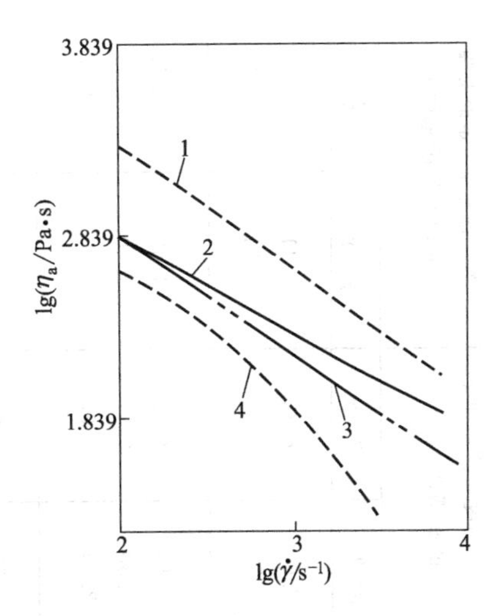

图 2-9　η_a-$\dot{\gamma}$对数实验曲线

1—聚甲基丙烯酸甲酯（200℃）；2—高密度聚乙烯（MI=0.96g/10min，190℃）；3—醋酸纤维素（190℃）；4—聚苯乙烯（204℃）

综上所述，假塑性液体的流变学性质表现如下：在中等剪切速率区域，变形和流动所需要的切应力随剪切速率变化，并呈指数规律增大；变形和流动所受到的黏滞阻力，即液体的表观黏度随剪切速率变化，并呈指数规律减小。这种现象称为假塑性液体的“剪切稀化”效应。

由于大多数热塑性聚合物都具有假塑性液体的流变学性质，所以聚合物熔体在注射成型中发生剪切稀化效应是一个普遍现象。生产中的关键在于如何恰当地控制各种因素，以便能使剪切稀化效应保持在一个合理范围内。换句话说，就是生产中必须根据聚合物的结构性能，选择最佳注射温度、注射压力、注射速度以及模具结构等加工条件，以保证聚合物熔体不致因黏度过大而影响流动成型，同时也不会因黏度过小而影响制品的成型质量。

聚合物熔体剪切稀化效应起源于聚合物的大分子结构和它的变形能力。当熔体进行假塑性流动时，如果增大剪切速率，无疑就是增大了熔体内的切应力，于是大分子链从其聚合网络结构中解缠、伸长和滑移的运动加剧，链段的位移（高弹变形）相对减小，分子间的范德华力（静电引力）也将逐渐减弱，故熔体内自由空间增加，黏稠性减小，整个体系趋于稀化，从而在宏观上呈现出表观黏度减小的力学性质。

（2）聚合物熔体黏度对剪切速率的依赖性　虽然大部分聚合物的熔体黏度都与剪切速率有关，但因为分子结构和性能方面的差异，导致它们的黏度变化对于剪切速率具有不同的依赖性。例如，表 2-1 用定温下剪切速率相差 10 倍时的黏度比值 $\lambda_{\dot{\gamma}}$ 表征熔体黏度对剪切速率的依赖性，并用 $\lambda_{\dot{\gamma}}$ 代表熔体对剪切速率的敏感性指标。很显然，$\lambda_{\dot{\gamma}}$ 越大，熔体黏度的变化对剪切速率的依赖性越强。目前对各种聚合物，尚不能按照它们相对于 $\dot{\gamma}$ 的敏感性进行分类，但根据生产经验可以认为表 2-1 中 $\lambda_{\dot{\gamma}}$ 较小的聚酰胺、共聚甲醛和聚碳酸酯等属于对剪切速率不敏感的材料，并经常把它们的熔体作为牛顿流体看待，而其他塑料因 $\lambda_{\dot{\gamma}}$ 较大，对 $\dot{\gamma}$ 比较敏感，均可视为假塑性液体。

显而易见，在注射成型中，若要通过调整剪切速率的方法来控制聚合物的熔体黏度时，只能针对那些黏度对于剪切速率敏感的聚合物。否则不会达到预期目的，但在这种情况下，可以利用一些对其更为敏感的因素（如温度等）进行控制。然而，如果熔体黏度对于剪切速

表 2-1 部分聚合物熔体对剪切速率和温度的敏感性

聚合物	类别	熔体指数 MI/(g/10min)	熔体温度 θ_1/℃	在温度 θ_1 和给定剪切速率 $\dot{\gamma}$ 下的黏度 $\eta_a/10^2$Pa·s		熔体温度 θ_2/℃	在温度 θ_2 和给定剪切速率 $\dot{\gamma}$ 下的黏度 $\eta_a/10^2$Pa·s		定温下黏度对剪切速率的敏感性 $\lambda_{\dot{\gamma}}$		剪切速率 $\dot{\gamma}$ 一定时黏度对温度的敏感性 λ_θ	
				$\dot{\gamma}_1=10^2s^{-1}$	$\dot{\gamma}_2=10^3s^{-1}$		$\dot{\gamma}_1=10^2s^{-1}$	$\dot{\gamma}_2=10^3s^{-1}$	$\theta=\theta_1$	$\theta=\theta_2$	$\dot{\gamma}=\dot{\gamma}_1$	$\dot{\gamma}=\dot{\gamma}_2$
高密度聚乙烯	挤出级	0.2	150	38.0	5.0	190	27.0	4.0	7.60	6.75	1.41	1.25
	注射级	4.0	150	11.0	3.1	190	8.2	2.4	3.55	3.42	1.34	1.29
低密度聚乙烯	挤出级	0.3	150	34.0	6.0	190	21.0	5.1	5.15	4.12	1.62	1.29
		2.0	150	18.0	4.0	190	9.0	2.3	4.50	3.91	2.00	3.91
	注射级	2.0	150	5.8	2.0	190	2.0	0.75	2.90	2.67	2.90	2.67
聚丙烯	—	1.0	190	21.0	3.8	230	14.0	3.0	5.53	4.67	1.50	1.27
		4.0	190	8.0	1.8	230	4.3	1.2	4.44	3.58	1.86	1.50
聚氯乙烯	软质	—	150	62.0	9.0	190	31.0	6.2	6.89	5.00	2.00	1.45
	硬质	—	150	170.0	20.0	190	60.0	10.0	8.50	6.00	2.83	2.00
聚苯乙烯	—	—	200	—	1.8	240	—	1.1	—	—	—	1.64
聚碳酸酯	—	—	230	80.0	21.0	270	17.0	6.2	3.81	2.74	4.71	3.39
共聚甲醛	注射级	9.0	180	8.0	3.0	220	5.1	2.4	2.67	2.13	1.57	1.25
聚甲基丙烯酸甲酯	—	—	200	—	11.0	240	—	2.7	—	—	—	4.07
聚酰胺	PA-6 注射级	—	240	2.9	1.75	280	1.1	0.8	1.66	1.38	2.61	2.19
	PA-66 注射级	—	270	2.6	1.70	310	0.55	0.47	1.53	1.17	4.73	3.62

注：1. 表中 $\lambda_{\dot{\gamma}}=\eta_a(\dot{\gamma}=10^2s^{-1})/\eta_a(\dot{\gamma}=10^3s^{-1})$，$\lambda_\theta=\eta_a(\theta_1)/\eta_a(\theta_2)$。

2. 表中所列聚合物均为指定产品，数据仅供参考。

率非常敏感，控制起来也不容易，这就要求生产时必须严格控制注射机螺杆的转速并尽量使注射压力、注射速度保持稳定，否则，任何微小的剪切速率变化都会导致黏度显著改变，从而无法保证制品的成型质量。此外，如果注射成型工艺允许熔体黏度可以在很大的剪切速率范围内变化，则应根据流变曲线选择对黏度影响既不太大也不太小的剪切速率进行操作，这样可以避免出现上述控制问题。

2.1.4　影响聚合物流变学性质的因素

2.1.4.1　聚合物结构和其他组分对黏度的影响

(1) 分子结构　聚合物的分子结构对黏度影响比较复杂。一般说来，大分子链柔顺性较大的聚合物，链间的缠结点多，链的解缠、伸长和滑移困难，熔体流动时的非牛顿性强；而对于链的刚硬性和分子间吸引力比较大的聚合物，熔体黏度对温度的敏感性增加，非牛顿性减弱，提高成型温度有利于改善流动性能，属于这类性质的聚合物有聚碳酸酯、聚苯乙烯、聚酰胺和聚对苯二甲酸乙二酯等。

聚合物大分子中存在支链结构时，对黏度也有影响，并且支链长度越大，支化程度越高，对黏度影响越显著。具体表现为支化程度提高，黏度增大，流动性降低。出现这种现象的原因可以理解为支链越长，支化程度越高，则它们与附近其他大分子链缠结越紧，从而导致变形和流动困难。如果聚合物大分子中存在长支链，还会增大熔体黏度对于剪切速度的敏感性，当零切黏度 η_0 相同时，有长支链的熔体进入非牛顿区域的临界剪切速率比没有支链的熔体低。但是，对有些聚合物，支链对黏度的影响远比上述情况复杂，需要针对具体情况考虑问题。此外，大分子含有较大的侧基时，会使聚合物内的自由空间增大，从而使得熔体黏度对压力和温度的敏感性提高，聚甲基丙烯酸甲酯和聚苯乙烯等都有这种情况。

(2) 相对分子质量　聚合物相对分子质量比较大时，大分子链段会有所加长，大分子链重心移动减慢，链段间相对位移被抵消的机会增多，链的柔顺性加大，缠结点增多，解缠、伸长和滑移困难，一般都需要较大的剪切速率和较长的剪切作用时间，故熔体黏度以及黏度对剪切速率的敏感性（或非牛顿性）也都会因此而增大。

实验表明，聚合物熔体在低剪切速率下的零切黏度 η_0 与它的重均相对分子质量 $\overline{M}_W$ 具有下述关系，即

$$\eta_0 = C_0 \overline{M}_W^a \tag{2-14}$$

或

$$\lg\eta_0 = \lg C_0 + a\lg\overline{M}_W \tag{2-15}$$

以上两式中　C_0——与聚合物和温度有关的常数；

a——与重均相对分子质量有关的常数。

相对分子质量对黏度的影响在塑料成型中非常重要。通常，塑料成型工艺都要求聚合物熔体必须具有较好的流动性，所以相对分子质量大的聚合物经常会因黏度过大出现成型问题。如果碰到这些问题需要解决，可以在聚合物中添加一些低分子物质（如增塑剂等），以减小相对分子质量并降低黏度值，促使流动性得到改善。

(3) 相对分子质量分布　聚合物内大分子之间相对分子质量的差异叫做相对分子质量分布（过去称为分子量分布），差异越大分布越宽，反之分布越窄。聚合物相对分子质量分布的宽窄，经常用重均相对分子质量 $\overline{M}_W$ 和数均相对分子质量 $\overline{M}_N$（将总质量相对于分子数平均而获得的相对分子质量）的比值 $\overline{M}_W/\overline{M}_N$ 表示，该比值小于 5 时表示分布较窄，反之则表示分布较宽。

在塑料成型中，相对分子质量分布对黏度的影响经常体现在制品质量方面。聚合物的相

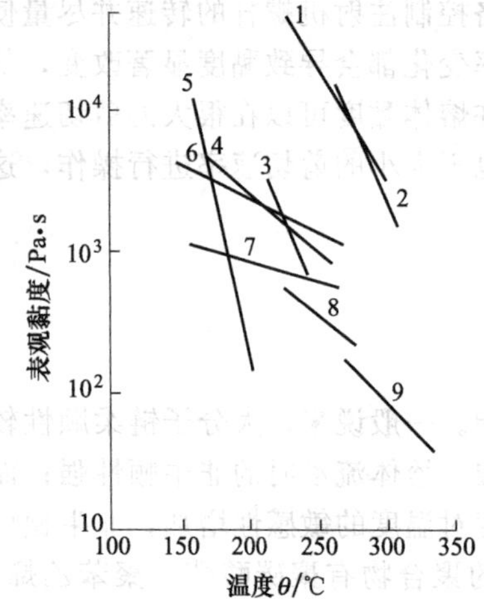

图 2-10 聚合物熔体黏度与温度的关系

1—聚苯乙烯；2—聚碳酸酯（4MPa）；3—聚甲基丙烯酸甲酯；4—聚丙烯；5—醋酸纤维素；6—高密度聚乙烯（4MPa）；7—聚甲醛；8—聚酰胺；9—聚对苯二甲酸乙二酯

对分子质量分布比较宽时，虽然能呈现黏度小、流动性好的特点，但成型出的制品性能比较差。欲提高制品性能，需要尽量减少聚合物中的低分子物质，并尽量使用相对分子质量分布较窄的物料。

（4）助剂　为了保证使用性能或加工需要，多数聚合物都要添加一些助剂才能使用。这些助剂包括各种填充剂、增塑剂、润滑剂、稀释剂、着色剂、稳定剂和改性剂等。一般情况下，聚合物中添加其他助剂后，大分子之间的相互作用力会发生变化，熔体黏度也将发生改变。例如，在各种添加助剂中，增塑剂和润滑剂能明显地降低熔体黏度，而多数填充剂则提高黏度，其影响可用下式表示：

$$\frac{\eta_2}{\eta_1}=1+2.5\varphi_B+14.1\varphi_B^2 \tag{2-16}$$

式中　η_1、η_2——分别是聚合物填充前和填充后的黏度；

φ_B——填充剂的体积分数。

但对于一些很细的填充剂，如亚硫酸钙和二氧化硅等，上式不成立，因为它们降低熔体黏度。

2.1.4.2　温度对黏度的影响

由于聚合物大分子的热运动与温度有关，所以和大分子热运动相关的黏度问题必然受温度影响。在聚合物成型过程中，这种影响与剪切速率对黏度的影响同等重要。

一般来讲，聚合物温度升高以后，其体积将会膨胀，大分子之间的自由空间随之增大，彼此间的范德华力减小，从而有利于大分子变形和流动，即黏度下降。聚合物熔体黏度与温度的关系如图 2-10 所示。温度对聚合物黏度的影响可用以下两个方程描述。

牛顿流体
$$\eta=\eta_0\exp\left[\frac{E}{R}\left(\frac{\theta_0-\theta}{\theta_0\theta}\right)\right] \tag{2-17}$$

非牛顿流体
$$K=K_0\exp\left[\frac{E}{R}\left(\frac{\theta_0-\theta}{\theta_0\theta}\right)\right] \tag{2-18}$$

式中　η——牛顿黏度；

K——稠度系数；

θ_0、θ——分别是聚合物在初始状态和终止状态下的热力学温度；

η_0、K_0——分别是聚合物在初始状态下的牛顿黏度和稠度系数；

R——通用气体常数，$R\approx8.32\text{J}/(\text{mol}\cdot\text{K})$；

E——聚合物的黏流活化能。

以上两式中的黏流活化能 E 与聚合物品种有关，可由试验测定（参见表 2-2）。有关实验研究已经表明，低温条件下 E 会随温度改变发生较大变化，但在高温（≥玻璃化温度＋100℃）条件下近似为常数。若在高温下对上面两式取对数后微分，可以发现：

$$\frac{1}{\eta}\times\frac{d\eta}{d\theta}=-\frac{E}{R\theta^2} \tag{2-19}$$

$$\frac{1}{K}\times\frac{dK}{d\theta}=-\frac{E}{R\theta^2} \tag{2-20}$$

表 2-2 部分聚合物活化能值 E

聚合物	测试温度范围/℃	E/(kJ/mol)	聚合物	测试温度范围/℃	E/(kJ/mol)
PE(F 702,MI=6.58g/10min)	153～254	41.17	PC	300	52.75
PE(G 201,MI=1.51g/10min)	154～258.5	41.32	PA-6	220～257	68.99
PE(F 101,MI=0.24g/10min)	222～325	43.17	HDPE(JⅢ)	170～200	40.44
PP(S 701,MI=1.5g/10min)	188～284	43.21	PP(2600)	190～220	49.95
PP(F 401,MI=2.61g/10min)	179～282.5	45.89	PP(2410)	190～220	46.64
PP(J 300,MI=1.08g/10min)	222～325	43.17	PP(油海牌)	185～230	41.30
PP(F 600,MI=8.50g/10min)	189～295	52.88	SPVC(绝缘)	170～200	102.37
PET	268～284	62.01	SPVC(透明)	170～200	47.02
PS	227	92.10	HPVC(8336)	170～190	234.92

这一结果表明，E 值对聚合物黏度和温度之间的关系有影响，即 E 值比较大的聚合物熔体，其黏度相对于温度的变化率也比较大，或者说黏度对温度变化比较敏感。因此，判定聚合物黏度对温度的敏感程度时，可将 E 值作为一个参考指标。

聚合物黏度对温度的敏感程度还可以用温度敏感性指标 λ_θ表示。λ_θ指剪切速率一定时同一聚合物温差等于 40℃时的黏度比值，部分聚合物的 λ_θ可参见表 2-1。

需要指出，以上讨论均未考虑时间因素。实际上，任何聚合物在成型温度下长期受热时，都会产生不同程度的降解，从而导致熔体黏度下降，所以在制订注射成型工艺时，必须考虑聚合物在机筒内的塑化时间以及注射时间的长短。

一般来讲，聚合物黏度对温度的敏感性比对剪切速率的敏感性强烈，但这并不意味着任何情况下都能通过升温来降低黏度或提高流动性。例如，对于表 2-1 和表 2-2 中一些 λ_θ值、E 值小的聚合物来讲，因为它们的熔体黏度的敏感性较差，若在成型生产中只凭升温来提高其流动性，往往是一种错误的工艺手段。这是因为尽管温度可以升高很多，但黏度却下降有限，同时热能损耗增加，降解趋势增强，最终导致生产成本提高、制品质量变差。从对比角度看，注射成型生产中依靠升温降低熔体黏度以改善流动性的工艺控制方法，主要适用于黏度对剪切速率不太敏感或其熔体服从牛顿流动规律的聚合物。但使用这种方法时应当注意，如果聚合物熔体黏度对温度非常敏感，则要求注射机和模具都必须具有精度很高的温度调节系统，否则，成型过程中机筒、喷嘴或模具中任何微小的温度变化，都有可能使聚合物熔体黏度发生大的改变，从而影响制品成型质量的稳定性。

2.1.4.3 压力对黏度的影响

由于聚合物大分子长链结构复杂，自由状态下堆砌密度很低，相互之间具有较大的自由空间，所以在空间三维等值的静水压力作用下，大分子之间的自由空间会被压缩减小，大分子链将相互接近，彼此之间的作用也会加强，于是宏观上将表现出体积收缩（表 2-3）或比容减小，同时流动阻力也会随之增大。因此，可以认为，聚合物在成型过程中，如果成型压力增大，其熔体所受的静水压力也会随之提高，伴随着熔体体积收缩，其黏度数值也将会增大，见图 2-11。

表 2-3 压力对聚合物熔体体积的影响

聚合物	受压温度/℃	加压/MPa	体积收缩率/%
聚甲基丙烯酸甲酯	150	常压增至 70	3.6
低密度聚乙烯	150	常压增至 70	5.5
聚酰胺-66	300	常压增至 70	3.5
聚苯乙烯	150	常压增至 70	5.1

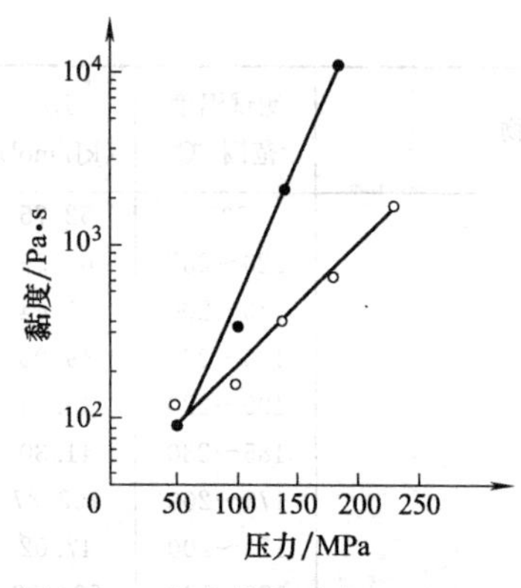

图 2-11 聚合物的黏度-压力关系
○—聚乙烯；●—聚苯乙烯

聚合物熔体在高压下产生的体积收缩可用体积压缩率表示，即有：

$$k=\frac{\Delta V}{V_0}\times 100\%=\frac{\Delta v}{v_0}\times 100\% \tag{2-21}$$

式中 k——体积压缩率；

ΔV、Δv——分别是加压后的体积变化和比体积变化；

V_0、v_0——分别是初始体积和初始比体积。

根据 Eyring 等提出的“熔体空穴理论”，聚合物黏度和成型压力之间的关系可用以下两个方程表示。

牛顿流体 $$\eta=\eta_0 e^{\beta(p-p_0)} \tag{2-22}$$

非牛顿流体 $$K=K_0 e^{\beta(p-p_0)} \tag{2-23}$$

其中 $$\beta=\frac{V}{R\theta} \tag{2-24}$$

式中 η——牛顿黏度；

K——稠度系数；

p_0、p——分别是初始压力和终止压力；

η_0、K_0——分别是初始状态下的牛顿黏度和稠度系数；

β——压缩系数，与聚合物有关；

V——包容熔体的流道或模腔容积；

R——通用气体常数，$R\approx 8.32$J/(mol·K)；

θ——热力学温度。

考虑压力对熔体黏度的影响时，还应注意黏度对压力的敏感性会因聚合物不同而异。例如切应力一定时，将作用于熔体的压力从 56MPa 提高到 182MPa，高密度聚乙烯的黏度能增加 5.7 倍，而聚苯乙烯则可高达 135 倍，故后者的黏度对压力变化表现出的敏感性远远大于前者。通常可以认为，所有条件相同时，聚合物熔体的压缩率越大，其黏度对压力的敏感性越强。由于各种聚合物的熔体黏度对压力的敏感性不同，所以在注射成型时，单纯依靠增大注射压力来提高熔体流量或充模能力的方法并不十分恰当，因为过高的注射压力往往会使注射机产生过多的能耗和过大的机件磨损。如果生产中需要解决这类问题，可以针对具体情况使用前面已经提到过的温度与压力等效原理，通过提高温度降低黏度来增大流量，以改善充模流动情况。反过来说，对于需要增大黏度而又不宜采用降温措施的场合，则可以考虑采用提高压力的方法解决。例如，将某些聚合物的注射压力增大 98MPa 时，能得到注射温度下降 30～55℃时的黏度。因此，在注射成型中考虑压力对黏度的影响时，需要解决的关键问题在于如何综合考虑生产的经济性、设备和模具的可靠性以及塑件的质量等因素，以确保成型工艺能有最佳的注射压力和注射温度。

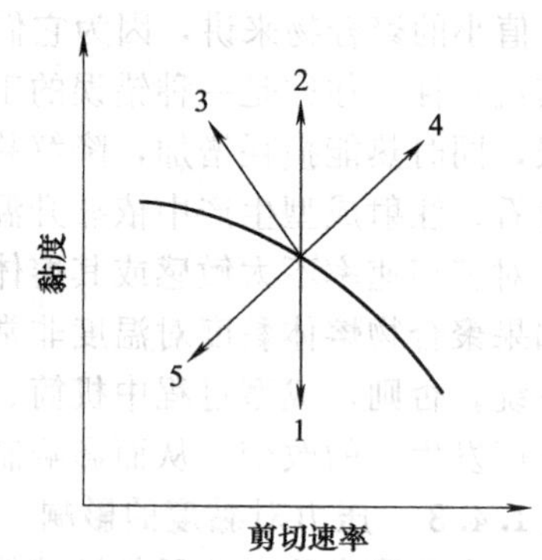

图 2-12 各种因素对聚合物熔体黏度的影响
1—温度；2—压力；3—相对分子质量；4—填充剂；5—增塑剂或溶剂

关于以上各种因素对聚合物黏度的影响，可以简单地用图 2-12 概括起来，其中箭头表示黏度增大或减小的方向。

2.1.5 流体在简单几何形状导管内的流动分析

塑料的重要成型技术，如挤出、注射和压注成型等，均依靠聚合物熔体在成型设备和成型模具的管道或模腔中的流动而实现物料的输送与造型。因此，通过对聚合物熔体在流道中流动规律分析，能够为测定熔体的流变性能和处理成型过程中的工艺与工程问题提供依据。

由于熔体流动时存在内部黏滞阻力和管道壁的摩擦阻力，这将使流动过程中出现明显的压力降和速度分布的变化；导管截面形状和尺寸若有改变，也会引起熔体中的压力、流速分布和体积流率的变化；所有这些变化，对成型设备需提供的功率和生产效率及聚合物的成型工艺性等都会产生不可忽视的影响。聚合物熔体在简单几何形状管道中的流动分析目前已有比较满意的方法。下面主要讨论流体在等截面圆形和狭缝形两种管道中的流动。

为了简化分析计算，假定所讨论的聚合物熔体是牛顿流体或服从指数定律的假塑性流体，这两种流体在正常情况下进行等温的稳态层流，并假定熔体不可压缩，流动时流层在管道壁面上无滑移，管道为无限长。尽管聚合物熔体在实际成型过程中的流动并不完全符合上述的各种假设条件，但实践证明，引进这些假设对流动过程的分析与计算结果不会引起过大的偏差。

2.1.5.1　等截面圆形管道中的流动

具有等截面的圆形管道，是许多成型设备和成型模具中常见的一种流道形式，如注射机的喷嘴孔、模具中的浇道和浇口以及挤出棒材和单丝的口模通道等。与其他几何形状的通道相比，等截面圆形通道具有形状简单、易于制造加工、熔体在其中受压力梯度作用仅产生一维剪切流动等优点。

(1) 切应力计算　如果聚合物熔体在半径为 R 的等截面圆管中的流动符合上述假设条件，取距离管中心为 r、长为 L 的流体圆柱单元（见图 2-13），当其在压力梯度（$\Delta p/L$）的推动下移动时，将受到相邻液层阻止其移动的摩擦力作用，在达到稳态层流后，作用在圆柱单元上的推动力和阻力必处于平衡状态，其推动力为压力降与圆柱体横截面积（πr^2）的乘积，而其阻力则等于切应力（τ）与圆柱体表面积（$2\pi rL$）的乘积，因此等式 $\Delta p(\pi r^2)=\tau(2\pi rL)$成立，由此等式可得到：

$$\tau=\frac{r\Delta p}{2L} \tag{2-25}$$

对于紧靠管壁处的液层有 $r=R$，因此管壁处切应力为：

$$\tau_R=\frac{R\Delta p}{2L} \tag{2-26}$$

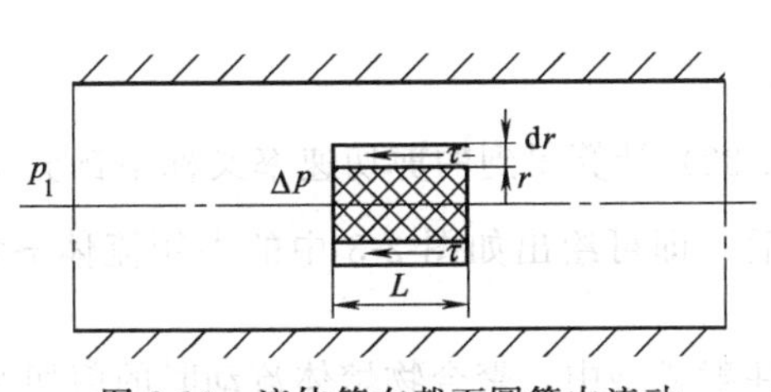

图 2-13　流体等在截面圆管中流动

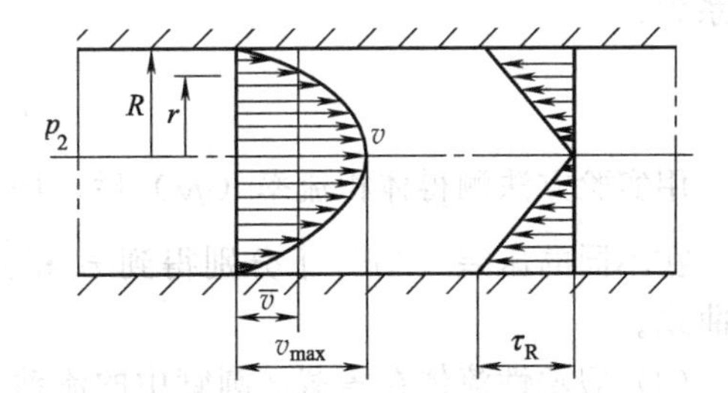

图 2-14　流体在等截面圆管中流动时的速度和应力分析

由式（2-25）和式（2-26）可以看出，任一液层的切应力（τ）与其到圆管中心轴线的距离（r）和管长方向上的压力梯度（$\Delta p/L$）均成正比，在管道中心处（$r=0$）的切应力为零，而在管壁处（$r=R$）的切应力达到最大值，切应力在圆管半径上的分布如图 2-14 所示。

由于以上切应力的计算并未指明流体的性质，可见管道内液层的切应力与流体的性质无关，因而式（2-25）和式（2-26）对牛顿流体和非牛顿流体均适用。如前所述，在不同的剪切速率范围内，聚合物熔体可以呈现牛顿流体的流动行为，也可以呈现假塑性流体的流动特性。

(2) 牛顿流体在等截面圆管中的流动　牛顿流体的切应力与剪切速率符合式 (2-2) 所表达的关系，将式 (2-2) 与式 (2-25) 联立即可得到：

$$\dot{\gamma}=\frac{r\Delta p}{2\eta L} \tag{2-27}$$

由上式可以看出，牛顿流体的剪切速率也与液层的半径成正比，在管中心处为零，在管壁处达到最大值：

$$\dot{\gamma}_{\mathrm{R}}=\frac{R\Delta p}{2\eta L} \tag{2-28}$$

将式 (2-27) 和式 (2-1) 联立，经过积分即可求得牛顿流体流动时沿圆管半径方向的速度分布：

$$v=\int_0^v \mathrm{d}v=-\frac{\Delta p}{2\eta L}\int_R^r r\,\mathrm{d}r=\frac{\Delta p}{4\eta L}(R^2-r^2) \tag{2-29}$$

由式 (2-29) 可以看出，牛顿流体在压力梯度作用下流动时，沿圆管半径方向的速度分布为抛物线形的二次曲线，如图 2-14 所示。

流体流过圆管任一截面时的体积流率 (q_V) 为：

$$q_V=\int_0^R 2\pi r\,v\,\mathrm{d}r \tag{2-30}$$

将式 (2-29) 代入式 (2-30) 并积分即可得到：

$$q_V=\frac{\pi R^4\Delta p}{8\eta L} \tag{2-31}$$

$$\Delta p=\frac{8\eta L q_V}{\pi R^4} \tag{2-32}$$

式 (2-31) 就是有名的泊肃叶-哈根方程。当牛顿流体的绝对黏度和压力降为已知时，由式 (2-31) 可得到体积流率与等截面圆管几何尺寸的关系，这为分析成型设备的管道尺寸对生产率的影响提供了理论依据。此外，由式 (2-31) 还可通过测定已知几何尺寸等截面圆管的体积流率计算流体的牛顿黏度。

将式 (2-28) 与式 (2-32) 联立，可得到牛顿型流体在管壁处的剪切速率与体积流率的关系为：

$$\dot{\gamma}=\frac{4q_V}{\pi R^3} \tag{2-33}$$

用实验方法测得体积流率 (q_V) 后，用式 (2-33) 计算得到的剪切速率又称牛顿剪切速率，在不同的压差 (Δp) 下分别得到 τ_{R} 和 $\dot{\gamma}_{\mathrm{R}}$ 值后，即可绘出如图 2-3 中的牛顿流体 τ-$\dot{\gamma}$ 流动曲线。

(3) 假塑性流体在等截面圆管中的流动　在注射成型中，聚合物熔体流动时的剪切速率都比较高，一般在 $10^3\sim10^5\,\mathrm{s}^{-1}$ 范围内。如前所述，聚合物熔体在较高剪切速率下的流动规律可用指数函数方程式 (2-3) 表示，故在分析这种流体在等截面圆管中的流动特性时应引入非牛顿性指数 n 或 m，以便导出假塑性流体在等截面圆管中流动时各参量的关系式，因指数函数方程本身是半经验的，以该方程为依据推导出的结果显然也应具有半经验的性质。

比较式 (2-3) 和式 (2-25) 可以得到 $r\Delta p/2L=K\,\dot{\gamma}^n$ 的关系式，经移项整理后，可得任一半径处的剪切速率：

$$\dot{\gamma}=\left(\frac{r\Delta p}{2KL}\right)^{\frac{1}{n}} \tag{2-34}$$

由上式可以看出，假塑性流体在等截面圆管中流动时的剪切速率，随圆管半径的$\frac{1}{n}$次方变化，在圆管中心处（$r=0$）剪切速率为零，而在管壁处（$r=R$）达到最大值：

$$\dot{\gamma}_{\mathrm{R}}=\left(\frac{R\Delta p}{2KL}\right)^{\frac{1}{n}} \tag{2-35}$$

联立式$\dot{\gamma}=-\frac{\mathrm{d}v}{\mathrm{d}r}$与式（2-34）即可得到：

$$\mathrm{d}v=-\left(\frac{r\Delta p}{2KL}\right)^{\frac{1}{n}}\mathrm{d}r \tag{2-36}$$

积分上式可得假塑性流体在等截面圆管内半径方向上速度分布的表达式：

$$v_r=\frac{n}{n+1}\left(\frac{\Delta p}{2KL}\right)^{\frac{1}{n}}\left(R^{\frac{n+1}{n}}-r^{\frac{n+1}{n}}\right) \tag{2-37}$$

将式（2-37）对 r 作整个圆截面的积分，即可得到假塑性流体在等截面圆管中流动时的体积流率（q_V）的计算式：

$$q_V=\int_0^R 2\pi r v_r\mathrm{d}r=\frac{\pi n}{3n+1}\left(\frac{\Delta p}{2KL}\right)^{\frac{1}{n}}R^{\frac{3n+1}{n}} \tag{2-38}$$

式（2-38）是对假塑性流体在等截面圆管中的流动进行分析的最重要的关系式，有假塑性流体基本方程之称。用此方程可分别导出假塑性流体在等截面圆管内流动时的平均流速和压力降的表达式，以及用于流变性能测试的关系式。为此将式（2-38）两边各除以圆管的截面积即可得到平均流速：

$$\bar{v}=\frac{q_V}{\pi R^2}=\frac{n}{3n+1}\left(\frac{\Delta p}{2KL}\right)^{\frac{1}{n}}R^{\frac{n+1}{n}} \tag{2-39}$$

将式（2-38）重排，即可得压力降（Δp）的表达式：

$$\Delta p=\frac{2KL}{R}\left[\frac{(3n+1)q_V}{\pi n R^3}\right]^n \tag{2-40}$$

将式（2-38）两边取自然对数后，即可得到测定假塑性流体流变特性参数 n 和 K 的关系式：

$$\ln q_V=\frac{1}{n}\ln\Delta p+\ln\left[\frac{\pi n}{3n+1}\left(\frac{1}{2KL}\right)^{\frac{1}{n}}R^{\frac{3n+1}{n}}\right] \tag{2-41}$$

用毛细管流变仪测定聚合物熔体的流变特性参数时，在已知毛细管的几何尺寸后，可认为式（2-41）右边第二项为常数，用此毛细管通过改变压力差（Δp）测得不同的体积流率（q_V）值后，再用多个 $\ln q_V$ 对 $\ln\Delta p$ 作图得一直线，由该直线的斜率（$1/n$）可求得流动行为指数（n），随后将求得的 n 值代入式（2-40）或式（2-41），即可计算得到稠度（K）值。用这种方法得到的 n 和 K 值，比仅用两组 Δp 和 q_V 值代入式（2-40）求得的值有更高的精确度。

将式（2-38）和式（2-35）联立，可以得到假塑性流体在等截面圆管内流动时管壁处剪切速率（$\dot{\gamma}$）的表达式：

$$\dot{\gamma}=\left(\frac{3n+1}{n}\right)\frac{q_V}{\pi R^3} \tag{2-42}$$

为了查阅方便，将上面各式汇总列于表 2-4。

在假塑性流体的流变性测定中，只要已知毛细管的半径 R 和长度 L，并已测得体积流率 q_V 和求得 n 值，其切应力即可由式（2-26）计算，对应的剪切速率用式（2-42）计算，借助多次改变 Δp 值以测出多组 τ_{R} 和 $\dot{\gamma}_{\mathrm{R}}$，再以 τ_{R} 对 $\dot{\gamma}_{\mathrm{R}}$ 作图，即可得到图 2-3 中假塑性液体的 τ-$\dot{\gamma}$

表 2-4 牛顿和非牛顿流体计算式汇总

项　目	牛顿流体计算式	符合指数函数的非牛顿流体的计算式
切应力	$\tau=\frac{r\Delta p}{2L}$	$\tau=\frac{r\Delta p}{2L}$
管壁处切应力	$\tau_R=\frac{R\Delta p}{2L}$	$\tau_R=\frac{R\Delta p}{2L}$
剪切速率	$\dot{\gamma}=\frac{r\Delta p}{2\eta L}$	$\dot{\gamma}=\left(\frac{r\Delta p}{2KL}\right)^{\frac{1}{n}}$
管壁处剪切速率	$\dot{\gamma}=\frac{4q_V}{\pi R^3}$	$\dot{\gamma}=\left(\frac{3n+1}{n}\right)\frac{q_V}{\pi R^3}$
管道中流速	$v=\frac{\Delta p}{4\eta L}(R^2-r^2)$	$v=\frac{n}{n+1}\left(\frac{\Delta p}{2KL}\right)^{\frac{1}{n}}(R^{\frac{n+1}{n}}-r^{\frac{n+1}{n}})$
体积流率	$q_V=\frac{\pi R^4\Delta p}{8\eta L}$	$q_V=\frac{\pi n}{3n+1}\left(\frac{\Delta p}{2KL}\right)^{\frac{1}{n}}R^{\frac{3n+1}{n}}$
管道中的压力降	$\Delta p=\frac{8\eta L q_V}{\pi R^4}$	$\Delta p=\frac{2KL}{R}\left[\frac{(3n+1)q_V}{\pi n R^3}\right]^n$

流动曲线。此时流动曲线方程为：

$$\frac{R\Delta p}{2L}=K\left(\frac{3n+1}{4n}\times\frac{4q_V}{\pi R^3}\right)^n \tag{2-43}$$

假塑性流体的剪切速率有时也用计算牛顿流体剪切速率的式（2-33）求取，用这种近似计算方法得到的假塑性流体剪切速率称为非牛顿流体的“表观剪切速率”（$\dot{\gamma}_a$），故有$\dot{\gamma}_a=\frac{4q_V}{\pi R^3}$。许多工程文献中给出的符合指数函数的非牛顿流体的流动曲线，就是由管壁处最大切应力（τ_R）对（$4q_V/\pi R^3$）作图得到的，其关系式：

$$\frac{R\Delta p}{2L}=K'\left(\frac{4q_V}{\pi R^3}\right)^{n'} \tag{2-44}$$

式（2-44）中的K'和n'代表含意不同的另一种流体稠度和流动行为指数，对比式（2-43）和式（2-44）即可得出：

$$K'=K\left(\frac{3n+1}{4n}\right)^n\left(\frac{4q_V}{\pi R^3}\right)^{n-n'} \tag{2-45}$$

第一种特殊情形：当$n=n'$，且在$\frac{4q_V}{\pi R^3}$一段范围内保持不变，则：

$$K'=K\left(\frac{3n+1}{4n}\right)^n \tag{2-46}$$

符合此种情形时，由于$n=n'$及$K'=K\left(\frac{3n+1}{4n}\right)^n$，因此切应力-剪切速率曲线与$\frac{R\Delta p}{2L}$-$\frac{4q_V}{\pi R^3}$曲线几何形状相同，只是沿$\frac{4q_V}{\pi R^3}$轴上下平行移动而已，因而$K'$和$n'$可相应视作另一个稠度和流动行为指数，也称表观稠度与表观流动行为指数。

第二种特殊情形：当$n=n'=1$时，则$K'=K$，于是式（2-44）变为$\frac{R\Delta p}{2L}=K\frac{4q_V}{\pi R^3}$，即$\tau=K\dot{\gamma}$，也就成为牛顿流体的流动行为，也即牛顿黏性定律方程式，此处K就成为绝对黏度η。

【例 1】 某硬聚氯乙烯熔体在 190℃用毛细管流变仪（毛细管内径为 2.38mm，$L/D=8$）测得其流变参数如下：

最大切应力 $\frac{R\Delta p}{2L}/10^5\mathrm{Pa}$	表观剪切速率 $\frac{4q_V}{\pi R^3}\Big/\mathrm{s}^{-1}$	最大切应力 $\frac{R\Delta p}{2L}\Big/10^5\mathrm{Pa}$	表观剪切速率 $\frac{4q_V}{\pi R^3}\Big/\mathrm{s}^{-1}$
1.6	8.04	5.4	201
3.0	40.3	7.0	403

现不做端末效应等校正，试分别用算术坐标纸和对数坐标纸绘制最大切应力-表观剪切速率的关系图，也即 $\frac{R\Delta p}{2L}$-$\frac{4q_V}{\pi R^3}$ 的流动曲线，并进行初步分析。

解 ① 用算术坐标纸绘制最大切应力-表观剪切速率的关系为一曲线，向下凹，呈抛物线形，如图 2-15 所示。

② 再用对数坐标纸绘制最大切应力-表观剪切速率的关系图为一直线，如图 2-16 所示。

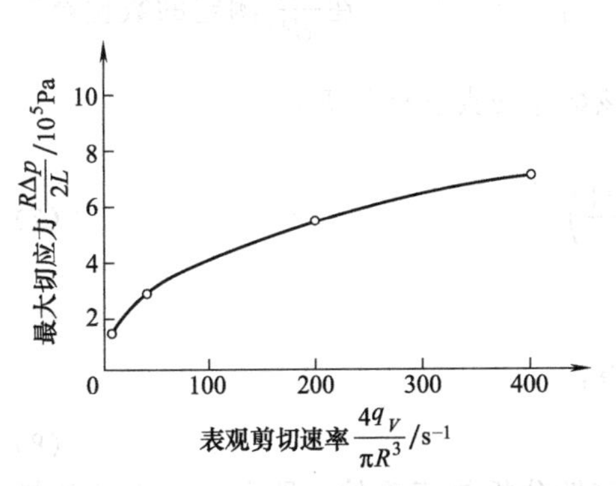

图 2-15　最大切应力与表观剪切速率的关系

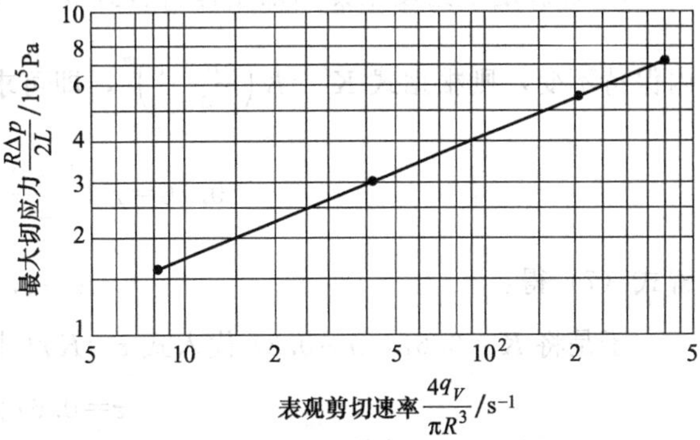

图 2-16　最大切应力与表观剪切速率的关系

③ 初步分析，从算术坐标图上看出最大切应力与表观剪切速率的相关图为一曲线，而且定性地看出呈抛物线形，并向下凹。这表明，上述硬聚氯乙烯熔体属非牛顿流体，而且属非牛顿中的假塑性流体。又在对数坐标图上看出最大切应力与表观剪切速率的相关图呈一直线，根据指数函数方程式的特征，即它在算术坐标图上为一抛物线，而在对数坐标图上呈一直线。用方程式表示如下：

$y=bx^n$　　算术坐标图上呈抛物线

$\ln y=n\ln x+\ln b$　　对数坐标图上呈直线

因此，上述硬聚氯乙烯熔体定性分析属符合指数函数方程式的假塑性牛顿流体。

【例 2】 根据【例 1】给出的某硬聚氯乙烯熔体在 190℃时的最大切应力和表观剪切速率数据，试求表观稠度系数 K' 和表观流动行为指数 n'，并建立 $\tau_R=K'\dot{\gamma}_a^{n'}$ 流动方程式。试进一步求稠度 K 和流动行为指数 n，并建立 $\tau=K\dot{\gamma}^n$ 流动方程式。

解 ① 式 $\tau_R=K'\dot{\gamma}_a^{n'}$ 表示如下：

$$\frac{R\Delta p}{2L}=K'\left(\frac{4q_V}{\pi R^3}\right)^{n'}$$

将【例 1】中数据任意取两对（因四点都在一直线上，故任意两点即可）代入式中：

$$7.0=K'(403)^{n'} \tag{1}$$

$$3.0=K'(40.3)^{n'} \tag{2}$$

将式（1）除以式（2），得：

$$\frac{7}{3}=(10)^{n'} \tag{3}$$

解式（3）得：$n'=0.37$

将 $n'=0.37$ 代入式（1）：

$$7.0=K'(403)^{0.37} \tag{4}$$

解式（4）得：$K'=0.76$

为校核 K' 值是否对，再将 $n'=0.37$ 代入式（2）：

$$3.0=K'(40.3)^{0.37} \tag{5}$$

解式（5），仍得：

$$K'=0.76$$

于是将 $K'=0.76$，$n'=0.37$ 代入式原方程即建立了下列流变方程式：

$$\frac{R\Delta p}{2L}=0.76\left(\frac{4q_V}{\pi R^3}\right)^{0.37} \tag{6}$$

② 现假定上述硬聚氯乙烯熔体符合式 $n=n'$ 即第一特殊情形，且在 $\frac{4q_V}{\pi R^3}$ 测定的数据范围内保持不变，则根据式 $K'=K\left(\frac{3n+1}{4n}\right)^n$，即可求出该熔体的真正稠度 K：

$$0.76=K\left(\frac{3\times0.37+1}{4\times0.37}\right)^{0.37} \tag{7}$$

解式（7）得：$K=0.67$

于是将 $K=0.67$，$n=0.37$ 代入式 $\tau=K\dot{\gamma}^n$ 中，得：

$$\tau=0.67\dot{\gamma}^{0.37} \tag{8}$$

通过【例 2】的计算，更加证实了【例 1】中的定性分析是正确的，即上述硬聚氯乙烯熔体属符合指数函数的假塑性非牛顿流体。它的最大切应力与表观剪切速率的指数式为 $\tau_R=0.76\dot{\gamma}_a^{0.37}$，而它的切应力与剪切速率的指数函数为 $\tau=0.67\dot{\gamma}^{0.37}$，$K'=0.76$，$K=0.67$，$n=n'=0.37<1$。

【例 3】 根据【例 1】中给出的某硬聚氯乙烯熔体在 190℃时的最大切应力与表观剪切速率数据，试求在该温度时，不同表观剪切速率下的表观黏度；并用对数坐标纸绘制表观黏度与表观剪切速率的关系图。

解 由式（2-32）得，该熔体在 190℃时的表观黏度：

$$\eta_a'=\frac{\frac{R\Delta p}{2L}}{\frac{4q_V}{\pi R^3}}=\frac{\tau_R}{\dot{\gamma}_a}$$

于是：

$$\dot{\gamma}_{a_1}=8.04\text{s}^{-1}\text{时，}\eta_{a_1}'=\frac{1.6}{8.04}=1.99\times10^{-1}\,(10^5\,\text{Pa}\cdot\text{s})$$

$$\dot{\gamma}_{a_2}=40.3\text{s}^{-1}\text{时，}\eta_{a_2}'=\frac{3.0}{40.3}=7.44\times10^{-2}\,(10^5\,\text{Pa}\cdot\text{s})$$

$$\dot{\gamma}_{a_3}=201\text{s}^{-1}\text{时，}\eta_{a_3}'=\frac{5.4}{201}=2.68\times10^{-2}\,(10^5\,\text{Pa}\cdot\text{s})$$

$$\dot{\gamma}_{a_4}=403\text{s}^{-1}\text{时，}\eta_{a_4}'=\frac{7.0}{403}=1.73\times10^{-2}\,(10^5\,\text{Pa}\cdot\text{s})$$

将上述计算所得结果列表如下：

表观黏度 $\eta_a/10^5\text{Pa}\cdot\text{s}$	表观剪切速率$\frac{4q_V}{\pi R^3}/\text{s}^{-1}$	表观黏度 $\eta_a/10^5\text{Pa}\cdot\text{s}$	表观剪切速率$\frac{4q_V}{\pi R^3}/\text{s}^{-1}$
1.99×10^{-1}	8.04	2.68×10^{-2}	201
7.44×10^{-2}	40.3	1.73×10^{-2}	403

将表中数据绘于对数坐标纸上，如图 2-17 所示。

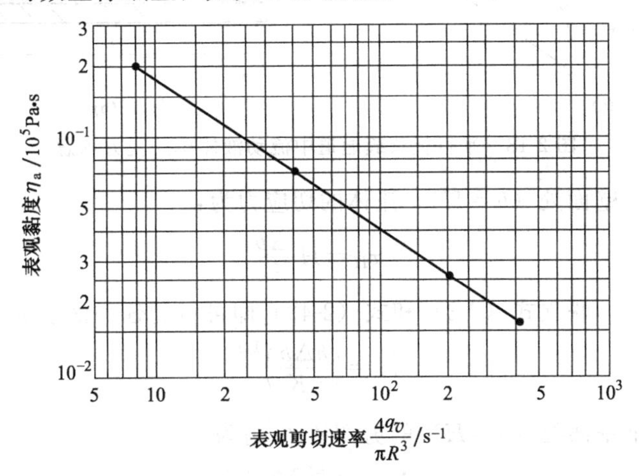

图 2-17　表观黏度与表观剪切速率的关系

假塑性流体的真实剪切速率$\dot{\gamma}_R$和表观剪切速率$\dot{\gamma}_a$可用下式进行换算：

$$\dot{\gamma}_R=\frac{3n+1}{4n}\dot{\gamma}_a \tag{2-47}$$

假塑性流体在等截面圆管中流动时的表观黏度（η_a）可用下式计算得到：

$$\eta_a=\frac{\tau_R}{\dot{\gamma}_R}=\left(\frac{n}{3n+1}\right)\frac{\pi R^4\Delta p}{2Lq_V} \tag{2-48}$$

但工程应用中为了简便，常用牛顿型流体绝对黏度的表达式（2-32）来近似计算假塑性流体的表观黏度。用式（2-48）和用式（2-32）两种方法计算得到的假塑性流体表观黏度，不仅数值不同，其意义也不相同，式（2-48）是以真实剪切速率为基准，而式（2-32）是以表观剪切速率为基准。在使用假塑性流体的 η_a-$\dot{\gamma}$流动曲线时应注意二者的差别。

2.1.5.2　平行板狭缝形通道内的流动

由两平行板构成的狭缝通道，是与等截面圆管同样简单的几何形状通道。若这种通道的宽与高之比大于 10，即可忽略高度方向上两侧壁表面对熔体流动的摩擦阻力，可以认为熔体在狭缝形通道内流动时只有上、下二平行表面的摩擦阻力的作用，因而流体的速度只在狭缝高度方向上有变化，这就使原为二维流动的流变学关系可以当作一维流动处理。

设平行板狭缝形通道的宽度为 W，高为 $2H$，在长度为 L 的一段上存在的压力差为 $\Delta p=p-p_0$；如果压力梯度（$\Delta p/L$）产生的推动力足以克服内外摩擦阻力，熔体即可由高压端向低压端流动。在狭缝形通道高度方向的中平面上、下对称地取一宽为 W、长为 L、高为 $2h$ 的长方体液柱单元，其在中平面一侧的高度为 h（见图 2-18）。液柱单元受到的推动力为 $F_1=2Wh\Delta p$，受到上、下两液层的摩擦阻力为 $F_2=2WL\tau_h$，τ_h为与中平面的距离为 h 的液层的切应力，在达到稳态流动后，推动力和摩擦力相等，因而有 $2WL\tau_h=2Wh\Delta p$，经化简后得：

$$\tau_h=h\Delta p/L \tag{2-49}$$

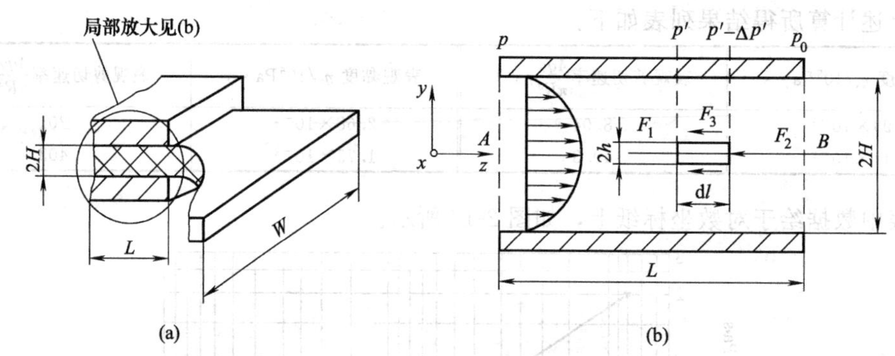

图 2-18 平行板狭缝通道中流动液体单元受力示意

在狭缝的上、下壁面处（$h=H$），流体的切应力为：

$$\tau_H = H\frac{\Delta p}{L} \tag{2-50}$$

对于假塑性流体，联立式（2-3）和式（2-49）即可得到任一液层的剪切速率：

$$\dot{\gamma}_h = \left(\frac{h\Delta p}{LK}\right)^{1/n} \tag{2-51}$$

在狭缝的上、下壁面处（$h=H$）的剪切速率$\dot{\gamma}_H$为：

$$\dot{\gamma}_H = \left(\frac{H\Delta p}{LK}\right)^{1/n} \tag{2-52}$$

由于$\dot{\gamma}_h = \mathrm{d}v/\mathrm{d}h$，将式（2-51）代入此式得：

$$\mathrm{d}v = -\left(\frac{\Delta p}{LK}\right)^{\frac{1}{n}} h^{\frac{1}{n}}\mathrm{d}h$$

经积分即可得到在平行板狭缝通道的高度方向上的速度分布表达式为：

$$v_h = \int_0^v \mathrm{d}v = -\int_H^h \left(\frac{\Delta p}{LK}\right)^{\frac{1}{n}} h^{\frac{1}{n}}\mathrm{d}h = \frac{n}{n+1}\left(\frac{\Delta p}{LK}\right)^{\frac{1}{n}}\left(H^{\frac{n+1}{n}} - h^{\frac{n+1}{n}}\right) \tag{2-53}$$

由式（2-53）可见，熔体在平行板狭缝通道中流动时，在狭缝的高度方向上的速度分布有抛物线形特征。

在整个狭缝通道的截面积上积分式（2-53），可以得到流体在平行板狭缝通道中流动时的体积流率（q_V）计算式：

$$q_V = 2\int_0^H v_h W\mathrm{d}h = \frac{2n}{2n+1}\left(\frac{\Delta p}{LK}\right)^{\frac{1}{n}}\left(WH^{\frac{2n+1}{n}}\right) \tag{2-54}$$

对于牛顿流体，将$n=1$和$K=\eta$代入式（2-54），即得牛顿流体在平行板狭缝通道中流动时的体积流率：

$$q_V = \frac{2WH^3\Delta p}{3\eta L} \tag{2-55}$$

式（2-54）和式（2-55）表明，流体通过平行板狭缝通道时，其体积流率随通道截面尺寸（W和H）和压力梯度（$\Delta p/L$）的增大而增大，随流体黏度的增大而减小。

将式（2-52）和式（2-54）联立，可以得到狭缝通道上、下壁面处剪切速率的另一表达式为：

$$\dot{\gamma}_H = \left(\frac{2n+1}{2n}\right)\left(\frac{q_V}{WH^2}\right) \tag{2-56}$$

式（2-56）表明，对于牛顿流体或已知n值的假塑性流体，在已知截面尺寸的平行板狭缝通道中流动时，只要测得体积流率即可计算得到上、下壁面的剪切速率。

2.1.6 热塑性聚合物流变曲线的应用

(1) 根据流变曲线确定合理的工艺参数　从试验得出的热塑性塑料聚合物熔体流变曲线可知，大多数熔体虽然具有一定的假塑性，但在较低和较高的剪切速率范围内，黏度的变化梯度（即对剪切速率的敏感性）不同。例如，在某种熔体指数 $MI=0.7g/10min$ 的聚乙烯流变曲线中，若将温度保持为220.5℃，则 $\dot{\gamma}$ 从 $2\times10^2 s^{-1}$ 增至 $4\times10^2 s^{-1}$ 时，表观黏度 η_a 可降低 $4.5\times10^2 Pa\cdot s$，而当 $\dot{\gamma}$ 从 $9\times10^2 s^{-1}$ 增至 $1.1\times10^3 s^{-1}$ 时，η_a 只能降低 $3.5Pa\cdot s$，所以在前一个剪切速率区域，$\dot{\gamma}$ 发生任何微小的变化都会使黏度出现很大的波动，这会给注射控制造成极大困难，即引起工艺条件不稳定、充模料流不稳定、制件密度不均、残余应力过大、收缩不均匀等一系列问题；但在后一个区域，通过改变剪切速率，又不能有效地改善流动性能，为此可以选择合理的注射压力和注射速度等工艺参数，使注射成型的剪切速率保持在前后两个区域之间。

(2) 根据流变曲线采用低温充模工艺　在热塑性塑料制件生产中，如能采用低温充模工艺，则对提高制件质量和缩短成型周期都有好处，所以目前塑料加工行业提倡采用低温充模工艺。低温充模工艺要依靠降低熔体温度、提高剪切速率的措施来实现，在此情况下，熔体的黏度或流动性均可保持在降温前的水平，所以不会发生成型问题和缺陷。例如，对一个要求在黏度等于 $4.8\times10^4 Pa\cdot s$ 下充模的聚丙烯制件可作如下分析：查阅有关流变曲线，若采用 $\dot{\gamma}=10^2 s^{-1}$ 的剪切速率时，欲达到上述黏度，需要把聚合物加热到245.8℃；然而，若将 $\dot{\gamma}$ 增大到 $10^3 s^{-1}$，则只要加热到204℃即可，所以采用后一种方法可以使熔体温度下降41.8℃，这样不仅能缩短制件成型后的冷却时间，提高生产率，而且还减少了生产中的能耗。

剪切速率的增大或减小，可通过调整注射速度或改变浇口截面尺寸等方法实现，如在模具中采用点浇口便是提高剪切速率的一个有效措施。

2.1.7 热固性聚合物的流变学性质

上述流变学性质，主要是针对热塑性聚合物而言，下面讨论热固性聚合物的问题。

一般来讲，热塑性聚合物的注射成型基本上是一个物理过程，即通过加热，使具有线型大分子结构的物料达到黏流态后成型，然后再通过冷却使制件固化。虽然成型过程中的聚合物性质可能会因局部降解或交联发生一些化学变化，但这些变化对聚合物整体的可模塑性影响并不很大，尤其不会使黏度发生不可逆转的改变。因此，热塑性聚合物可以反复多次加热熔融和冷却定型或对废料进行回收。

热固性聚合物的注射成型过程与热塑性聚合物不同，它除了发生物理变化外还伴随着化学变化。主要表现为加热不仅是为了使原来呈现线型大分子结构的预聚物熔融后能在压力作用下产生变形流动，并在模具中获得制品形状，而且还必须使充入模腔中的预聚物熔体能在一定温度下发生交联化学反应，以便它们能够固化定型为制品。热固性聚合物一经交联反应，其线型结构就会转变成体型结构，即使再加热，大分子也不会发生解缠和滑移，故黏度变得无限之大，从而也就永远失去了变形流动的能力。因此，热固性聚合物在注射成型过程中的黏度变化，与热塑性的情况有着本质差异，它的流变学性质主要指黏度随交联反应而发生的变化。

通常，热固性聚合物成型时的黏度虽然仍与剪切速率有关，但关系已不太大，对黏度的主要影响来自交联反应速度，即聚合物体系内产生的体型结构数量。由于交联反应速度依赖于加热时间和温度，所以它与聚合物黏度之间的关系常常需要用这两个参数描述。

当热固性聚合物的成型温度达到交联反应的临界值后，其黏度 η_s 与加热时间 t 的关系可用 Gibson 提出的经验公式表达，即

$$\eta_s = A_1 e^{at} \tag{2-57}$$

式中 A_1、a——与聚合物有关的常数。

在交联反应温度以上，热固性聚合物的黏度与其加热温度之间的关系可用体型结构的数量达到某一数值所需用的时间 t_J 表征，即

$$t_J = A_2 e^{-b\theta} \tag{2-58}$$

式中 A_2、b——与聚合物有关的常数；

θ——聚合物的温度。

综合加热时间和温度的影响，热固性聚合物的交联反应速度 v_1 可用下式定性表示，即

$$v_1 = Ae^{at+b\theta} \tag{2-59}$$

式中 A——与聚合物有关的常数。

分析式（2-57）～式（2-59）可知：

① 在交联反应温度以上，热固性聚合物的黏度随加热时间延长而增大，这是加热时间延长以后，交联反应速度增大、体型结构增多、聚合物分子链结构之间的连接力加强造成的结果；

② 在交联反应温度以上，随着温度升高，热固性聚合物完成交联反应需用的时间缩短，交联反应速度加快，热固性聚合物的黏度增大。

除了以上两点之外还应注意，聚合物发生交联反应时有放热现象，释放的热量对于加快交联反应以及增大聚合物黏度也有影响。

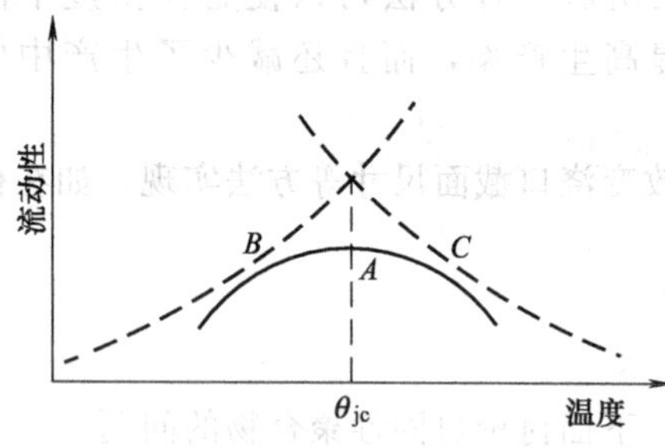

图 2-19　温度对热固性聚合物流动性的影响
A—流动曲线；B—黏度对流动性的影响曲线；
C—交联反应速度对流动性的影响曲线

由于聚合物的黏度与熔体的流动度互成倒数，故黏度的减小或增大分别意味着熔体流动性的提高和降低。图 2-19 根据温度对黏度的影响，定性地给出了温度与流动性的关系。在此图中，不仅可以直观地看到热固性聚合物在其交联反应温度 θ_{jc} 以上，流动性随温度的升高而降低，而且还可以看出，温度对流动性的影响具有阶段性，即温度达到交联反应要求的临界值之前，流动性随温升而提高。很显然，这一现象也可理解为温度对黏度的影响也具有阶段性。产生这种现象的原因在于聚合物尚未达到交联反应温度之前，内部很少产生体型结构，此时加热有助于大分子增加运动动能和变形松弛，变形滞后效应在聚合物体系内诱发的不平衡应力将会因此而减小，故聚合物进一步发生变形和流动的阻力比较小，所以黏度降低，流动性提高。

温度对热固性聚合物黏度的阶段性影响，对于制订注射成型工艺和设计模具都很重要，生产中的关键在于如何保证聚合物熔体在发生交联之前完成全部流动过程，只有这样才能得到较好的制品质量。为此，可以在交联反应温度以下调整选择一个最佳注射温度，以便熔体能在较低的黏度下流动，另外还要在交联反应温度以下调整选择一个最佳模温，使制品能在模腔中迅速经过交联而定型固化，这就是对热固性塑料进行注射成型生产时模具温度必须高于注射机机筒温度的原因。

热固性聚合物成型流动时的剪切作用对于黏度和流动性也有影响，但这种影响需要通过交联反应速度来体现。目前认为，提高切应力可使剪切速率增大，因此将会增加聚合物体系

内活性分子间的碰撞机会并产生较大的摩擦热，同时导致交联反应活化能降低，于是交联反应速度加快，黏度随之增大，流动性随之降低。

最后指出，在热固性聚合物的成型加工中，交联之前的熔体在流动过程中的取向、结晶以及熔体破裂等现象都很轻微，生产中不经常遇到这些问题。

2.2　聚合物熔体在模内的流动行为

聚合物熔体的变形和流动具有黏弹性质，其中的弹性行为对注射成型影响很大，常常会使熔体在模内流动时产生端末效应和失稳流动等问题，最终导致制件产生变形扭曲以及熔体破裂等成型缺陷。除了弹性效应外，有时还会因模具浇口的影响，使熔体在充模时发生喷射运动，如不解决这一问题，成型后制件还会出现表面粗糙以及产生表面疵瘢等缺陷。

2.2.1　端末效应

注射成型时，聚合物熔体经常需要通过截面大小不同的浇口和流道。当熔体经过流道截面变化的部位时，将会因界面的影响发生弹性收敛或膨胀运动，这些运动统称为端末效应。一般来讲，端末效应对于制件质量都是有害的，它可以导致制件变形扭曲、尺寸不稳定、内应力过大和力学性能降低等问题，因此必须想办法予以克服。端末效应分为入口效应和离模膨胀效应两种。

(1) 入口效应　聚合物熔体在管道入口端因出现收敛流动，使压力降突然增大的现象称为入口效应。管道入口区和出口区熔体的流动情况如图 2-20 所示。

熔体从大直径管道进入小直径管道，需经一定距离 L_e后稳态流动方能形成。L_e称为入口效应区长度，对于不同的聚合物和不同直径的管道，入口效应区长度并不相同。常用入口效应区长度 L_e与管道直径 D 的比值（L_e/D）来表征产生入口效应范围的大小。实验证明，在层流条件下，对牛顿型流体，L_e约为 $0.05DRe$；对非牛顿型的假塑性流体，L_e 在 $0.03\sim0.05DRe$ 的范围内，Re 为雷诺数。

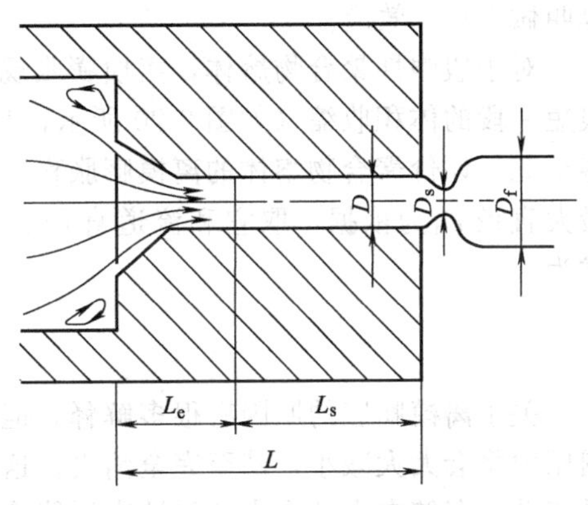

图 2-20　聚合物液体在管道入口区域和出口区域的流动

入口区压力降出现突然增大有两个方面的原因：其一是当聚合物以收敛方式进入小直径管时，为保持体积流率不变，必须调整熔体中各部分的流速才能适应管径突然减小的情况，这时除管道中心部分的熔体流速增大外，还需要靠近管壁处的熔体能以更高的速度移动，如果管壁处的流速仍然要保持为零就只有增大熔体内的速度梯度，才能满足调整流速的要求，因此只有消耗一定的能量才能增大速度梯度，加之随流速的增大，流体的动能也相应增大，这也使能量的消耗增多；其二是增大熔体内的剪切速率，将迫使聚合物大分子发展更大和更快的变形，使其能够沿流动方向更充分地伸展，而且这种方式的形变过程从入口端开始并在一定的流动距离内持续地进行，而为发展这种具有高弹特征的形变，需克服分子内和分子间的作用力，也要消耗一定的能量。以上两个方面的原因，都使熔体从大直径管进入小直径管时的能量消耗突增，从而在入口端的一定区域内产生较大的压力降。

按照式（2-31）和式（2-38）所表示的体积流率与压力降关系，在测得体积流率后计算压力降时，如果不考虑入口效应，所得结果往往偏低。因此，应将入口效应的额外压力降也包括在计算式中，才能得到比较符合实际的结果。为此需要对计算式进行修正，一种简单可行的办法是将入口端的额外压力降看成是与一段“相当长度”管道所引起的压力降相等。若用 eR 表示这个“相当长度”，即将有入口效应时熔体流过长度为 L 的管道的压力降，当作没有入口效应时熔体需流过长度为（$L+eR$）的管道的压力降。用“相当长度”修正后的圆截面管壁处的切应力若为 τ'_R，τ'_R 与修正前同一处的切应力 τ_R 之间有如下关系：

$$\tau'_R=\frac{R\Delta p}{2(L+eR)}=\frac{L}{L+eR}\tau_R \tag{2-60}$$

式中 R——等截面圆管的半径；

e——入口效应修正系数；

L——有入口效应区的管道长度。

由于 $\frac{L}{L+eR}<1$，故修正后的管壁处切应力小于修正前同一处的切应力，即 $\tau'_R<\tau_R$。

实验表明，各种聚合物熔体在变直径圆管内流动时，修正入口效应所引起额外压力降的“相当长度”，一般约为普通管径的1～5倍，并且随具体流动条件而改变。在设有确切实验数据的情况下，取 $6R$ 作为“相当长度”不会引起较大的计算误差。

生产中考虑入口效应的目的有两个。一是在必要时避免或减小入口效应，以保证制品的成型质量。另一个则是在确定注射压力时，除需要考虑所有流道（包括浇口）总长引起的压力损耗外，还要计入由入口效应引起的压力损失。

（2）离模膨胀效应　当聚合物熔体流出流道或浇口时，熔体发生体积膨胀的现象叫做离模膨胀效应，如图 2-20 所示。离模膨胀实际上是一种由弹性回复而引起的失稳流动，通常也叫做 Barus 效应。

对于假塑性聚合物熔体，离模膨胀现象有一个特征，即熔体刚刚脱离流道时，首先发生很短一段的体积收缩（如图 2-20 所示，收缩比 $D_s/D\approx0.7$），然后才能真正发生体积膨胀。鉴于此，评价聚合物熔体的离模膨胀程度时，不应考虑收缩部位，只能以膨胀后的熔体流柱最大直径 D_f 为依据，取它和流道直径 D 的比值作为标准，并称为离模膨胀比 B。其表达式为：

$$B=\frac{D_f}{D} \tag{2-61}$$

关于离模膨胀的原因有很多解释，但简单来讲可理解为聚合物熔体从流道中流出后，周围压力将会大大减小，甚至完全消失，这意味着聚合物内的大分子突然变得自由，因此，前段流动中存储在大分子中的弹性变形能将会释放出来，致使在流动变形中已经伸展开的大分子链重新恢复蜷曲，各分子链的间距随之增大，熔体在流道中形成的取向结构也将重新恢复到无序的平衡状态，这一系列变化也就必然导致聚合物内自由空间增大，于是体积相应发生膨胀。

影响离模膨胀的因素很多，但根据实验结果归纳为下面主要的几点。

① 黏度大（或相对分子质量高、相对分子质量分布窄）和非牛顿性强的聚合物熔体在流动过程中容易产生较大的弹性变形，且松弛过程也比较缓慢，故离模膨胀效应严重。

② 弹性模量大的聚合物在流动过程中产生的弹性变形小，离模膨胀效应会比较轻微一些。例如，弹性模量较大的聚酰胺、聚对苯二甲酸乙二酯等工程塑料，离模膨胀比只有 1.5 左右，而聚乙烯、聚丙烯和聚苯乙烯等通用塑料，因弹性模量小，离模膨胀比约为 1.5～2.8，甚至可达 3.0～4.5。

③ 增大切应力和剪切速率（不能超过极限值）时，聚合物熔体在流动过程中的弹性变

形也会随着增加，从而使离模膨胀效应加剧。

④ 在中等剪切速率范围内，降低温度不仅会增大入口效应和延长松弛时间，同时还会加剧离模膨胀效应。但当剪切速率超过稳定流动允许的极限剪切速率后，离模膨胀反而会随剪切速率增大而减小。

⑤ 增大流道直径和流道的长径比，以及减小流道入口处的收敛角，都能减小熔体流动过程中的弹性变形，从而减轻离模膨胀效应。例如，流道的长径比一般取 16 左右，如果过小，有可能使离模膨胀比增大。

2.2.2　失稳流动和熔体破裂

据前所述可以认为，假塑性聚合物熔体具有三个流变性能区域（见图 2-5）。在剪切速率很低的Ⅰ区（$\dot{\gamma}\approx1\sim10^2\,\mathrm{s}^{-1}$），被剪切作用破坏的大分子蜷曲和缠结结构有较长时间恢复，熔体呈牛顿性质，零切黏度 η_0 很高且保持不变（η_0 可达 $10^8\sim10^{12}\,\mathrm{Pa\cdot s}$），很难注射成型。为此，注射成型常常使用Ⅱ区内的中等剪切速率（$\dot{\gamma}=10^3\sim10^5\,\mathrm{s}^{-1}$），在这个区域的非牛顿性作用下，熔体的表观黏度 η_a 可比零切黏度 η_0 下降多个数量级（η_a 约为 $10^3\sim10^9\,\mathrm{Pa\cdot s}$），故能呈现较好的流动性。如果一味地追求低黏度，将剪切速率提高到Ⅲ区（$\dot{\gamma}\geqslant10^6\,\mathrm{s}^{-1}$）附近或Ⅲ区以上，熔体黏度虽然可以降到最小值（即极限黏度 η_∞），但大分子链会在极高的剪切速率作用下完全被拉直，继续变形就会呈现很大的弹性性质，导致流动无法保持为稳定的层流，熔体将陷入一种弹性紊乱状态，各点的流速将会互相干扰，通常将此现象称为失稳流动。引起失稳流动的切应力和剪切速率分别称为极限切应力和极限剪切速率（如表 2-5 所示）。聚合物熔体在失稳状态下通过模内的流道后，将会变得粗细不均，没有光泽，表面出现粗糙的鲨鱼皮症（图 2-21 右边三个图形）。在这种情况下，如果继续增大切应力或剪切速率，熔体将呈现波浪形、竹节形或周期螺旋形，更严重时将互相断裂成不规则的碎片或小圆柱块（图 2-21 左边三个图形），这种现象称为熔体破裂。

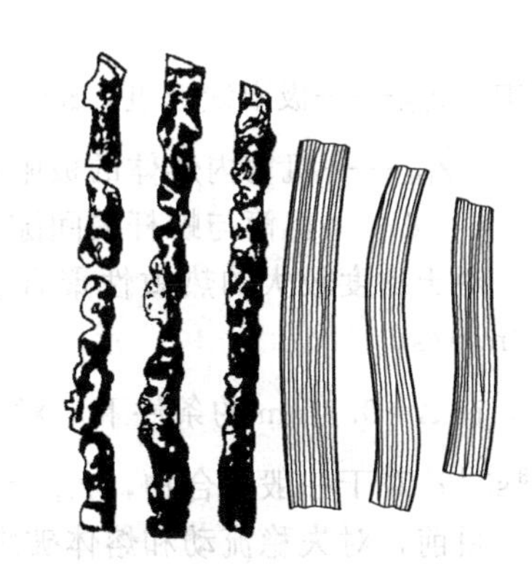

图 2-21　聚甲基丙烯酸甲酯失稳流动时的熔体概貌（170℃）

表 2-5　部分聚合物的极限切应力和极限剪切速率

聚合物	温度/℃	极限切应力/kPa	极限剪切速率/s^{-1}	聚合物	温度/℃	极限切应力/kPa	极限剪切速率/s^{-1}
低密度聚乙烯	158	57	140	聚苯乙烯	210	100	1000
	190	70	405	聚丙烯	180	100	250
	210	80	841		200	100	360
高密度聚乙烯	190	360	1000		240	100	1000
聚苯乙烯	170	80	50		260	100	1200
	190	90	300	聚酰胺-66	280	—	25000

弹性紊乱是聚合物出现失稳流动和熔体破裂的标志，为此定义出一个弹性雷诺数 Rre：

$$Rre=\dot{\gamma}\frac{\eta_a}{G}=\frac{\tau}{G} \tag{2-62}$$

式中 $\dot{\gamma}$——剪切速率，s^{-1}；

η_a——表观黏度，Pa·s；

G——切变模量，Pa；

τ——切应力，Pa。

利用弹性雷诺数可以判别聚合物熔体是否出现弹性紊乱或失稳流动。实验证明，大多数聚合物的 $Rre=4\sim8$，如聚乙烯为 6.4～6.9、聚苯乙烯为 7.1～7.7、聚甲基丙烯酸甲酯为 7.2。

应当指出，当熔体发生失稳流动时，一般不再具有假塑性性质，所以也不存在剪切稀化现象，与之相反倒是因熔体破裂而发生稠化（即黏度增大）。因此，熔体破裂时的黏度 η_f 也可用来表示失稳流动条件，通常：

$$\eta_f=0.025\eta_0 \tag{2-63}$$

注射成型中如果发生熔体破裂现象，可以通过调整改变熔体在注射机机筒内的线速度来解决。发生熔体破裂时的极限线速度为：

$$v_{lim}=\dot{\gamma}_{lim}\Delta \tag{2-64}$$

式中 v_{lim}——极限线速度，mm/s；

$\dot{\gamma}_{lim}$——机筒内熔体的极限剪切速率，s^{-1}；

Δ——机筒与螺杆的间隙，mm。

对于黏度较大的热敏性聚合物，$v_{lim}=180\sim350$mm/s、对于一般聚合物，$v_{lim}=500\sim800$mm/s。

在 $\Delta=0.3$mm 的条件下，对于黏度较大或具有热敏性的聚合物，$\dot{\gamma}_{lim}=(0.6\sim1.2)\times10^3s^{-1}$；对于一般聚合物，$\dot{\gamma}_{lim}=(1.7\sim2.7)\times10^3s^{-1}$。

目前，对失稳流动和熔体破裂的起因仍在进行探讨，根据大部分研究成果可知，失稳流动和熔体破裂受以下因素影响。

（1）分子结构　聚合物的相对分子质量和相对分子质量分布对失稳流动时的极限切应力有影响。通常随着相对分子质量增加和相对分子质量分布变窄，极限切应力减小。这是因为相对分子质量增加和相对分子质量分布变窄以后，熔体的非牛顿性增强，熔体的非牛顿性越强，弹性行为越突出，所以容易发生失稳流动。

（2）温度　提高温度可使失稳流动时的极限切应力和极限剪切速率提高，但温度对两者的影响程度不同。如图 2-22 所示，聚乙烯的极限剪切速率比极限切应力对温度变化敏感得多，在这种情况下，确定注射温度时，可用的下限往往需要根据极限切应力来确定，千万不能只从降低黏度的观点出发，单独凭借极限剪切速率允许的温度范围行事。否则，便有可能因切应力过大而使熔体出现失稳流动。

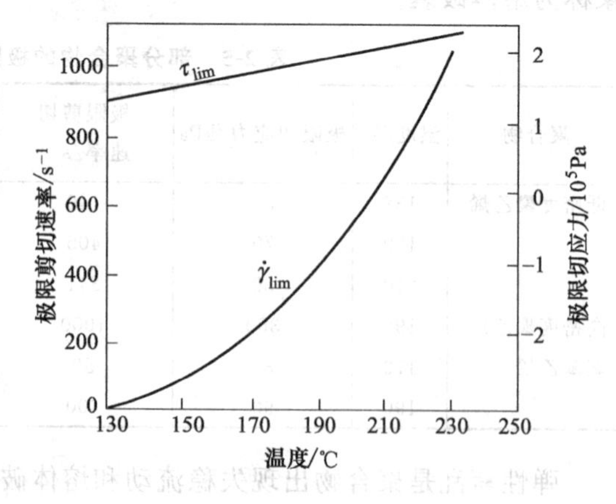

图 2-22　温度对聚乙烯熔体极限剪切速率和极限切应力的影响

（3）流道结构　在大截面流道向小截面流道的过渡处，减小流道的收敛角，并使过渡的表壁呈流线状时，可以提高失稳流动时的极限剪切速率。如图 2-23 所示，在这种结构尺寸下［图 2-23（a）］，流道的收敛角等于

的收敛角等于 90°，极限剪切速率约为 $6\times10^2 s^{-1}$；而在图 2-23（b）所示的结构中，因收敛角等于 15°～20°，并且截面变化部位出现一个中间过渡段，所以极限剪切速率可增至 $4\times10^4 s^{-1}$。在注射模中，从喷嘴到模腔之间有很多这样的类似情况，如果能选择恰当的收敛角及其过渡长度，将会对稳定熔体流动和提高注射速率起到重要作用。

2.2.3 聚合物熔体的充模流动

充模是指高温聚合物熔体在注射压力作用下，通过流道和浇口之后，在低温模腔内流动和成型的过程。影响聚合物熔体充模流动的因素很多，它们不仅与各种注射工艺参数有关，而且还受模具结构（如浇口截面尺寸和模腔形状等）的影响。在众多的影响因素中，充模流动是否平稳和连续，将直接影响到制件的取向、结晶等物理变化以及表面质量、形状尺寸和力学性能等问题。下面主要阐述浇口和模腔对充模流动的影响以及扩展流动的一些特点。

2.2.3.1 浇口和模腔对熔体充模流动的影响

聚合物熔体的充模流动是否平稳与连续，与浇口截面高度和模腔的深度（制件厚度）有很大关系，这是因为它们二者的相对比例直接决定了充模流动的初始情况（未考虑工艺条件影响）。通常，浇口的截面高度都很小，下面根据它相对于模腔深度的大小，分情况讨论充模流动问题。

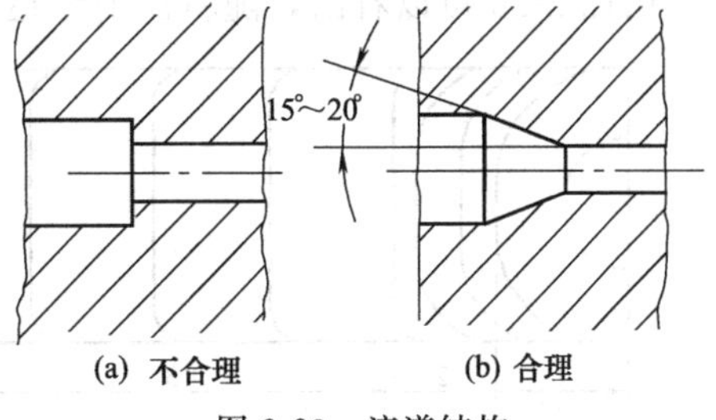

图 2-23 流道结构

(1) 浇口截面高度与模腔深度相差很大　这种情况经常出现在小浇口正好面对一个深的模腔的场合。在这种场合下，聚合物熔体通过浇口流入模腔时，容易产生喷射现象（或称射流），于是熔体将会进行高速充模。一般来讲，受离模膨胀影响，高速充模时的熔体很不稳定，熔体不仅表面粗糙，而且喷射出的熔体因流速过高，很容易发生破裂，即使不发生熔体破裂，先喷射出的熔体也会因速度减慢而阻碍后面的熔体流动，于是它们将在模腔内形成蛇形流［图 2-24（a）］。由于蛇形流的出现，成型后的制件将会因折叠而产生波纹状痕迹或表面疵瘢。

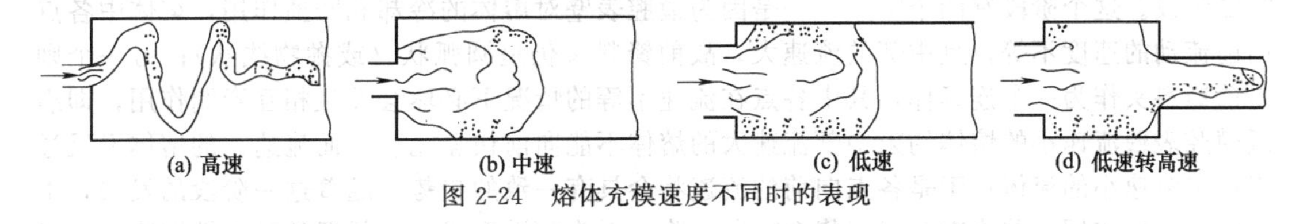

图 2-24 熔体充模速度不同时的表现

(2) 浇口截面高度与模腔深度相差不太大　这种情况出现在制件厚度不太大的场合。在这种场合下，熔体将以中速充模，熔体通过浇口后，出现喷射流动的可能性减小。若再适当地进行一些工艺调整（如降低注射速度、提高注射温度和模具温度等），则会使熔体进入模腔后出现一种比较平稳的扩展性运动（或称扩展流），如图 2-24（b）所示。

(3) 浇口截面高度与模腔深度接近　这种情况出现在制件厚度很小的场合。在这种场合下，熔体一般都不再会发生喷射，所以在浇口条件适当时，熔体能以低速平稳的扩展流动充模［图 2-24（c）］。但由于离模膨胀效应，熔体在浇口附近的模腔中仍会有一段不太稳定的流动。图 2-25 是用不同浇口注射出的扁平有机玻璃制品，因为浇口不同，图 2-25（a）和（b）分别出现扩展流动和喷射流动两种情况，很显然，前者的表面质量比后者好得多。

除上述三种情况外，如果在注射成型过程中，因为某些工艺条件的变化或模腔形状的影响，正在进行低速充模的熔体很有可能突然转变为高速，这时充模流动将会改变原有的扩展性质，而趋向成为一种类似蛇形流的不平稳流动[图2-24 (d)]。

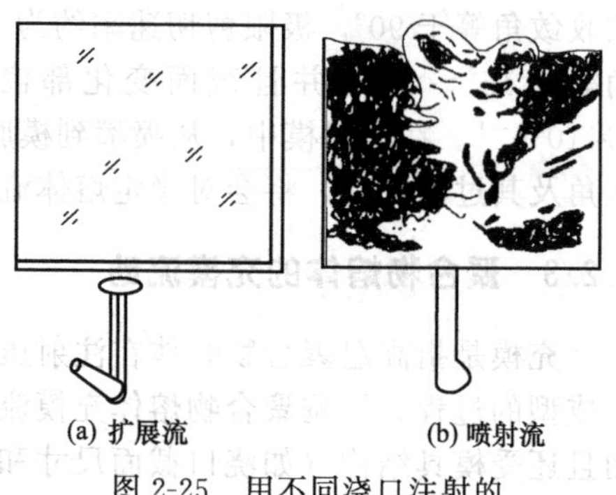

图 2-25　用不同浇口注射的聚甲基丙烯酸甲酯制品

2.2.3.2　扩展流动充模的特点

聚合物熔体在模腔内进行扩展流动时，熔体充模的流动应为层流流动，为了能了解充模的实际流动状况，可以在设定的注射条件下，采用逐渐增大注射量的方法进行一系列缺料注射，取出冷却后的制品试样，按顺序排列，然后观察试样流动边缘变化，便可分析出充模的实际流动状态。图 2-26 是由制品平面内的浇口注入模腔，且浇口的宽度远小于制品宽度，制品形状为长方形等厚的薄壁制品，浇口设在端部进行充模过程的实验，将所得系列试样排列起来。

由图 2-26 可以看出，随料流前缘运动特点的不同，可将整个充模运动过程相对地分成三个典型阶段：1 为起始阶段，相当于熔体流的开始部分，前锋料头呈辐射状流动；2 为圆弧状的中间过渡阶段；3 为以黏弹性熔膜为前锋料头的匀速运动的主阶段。

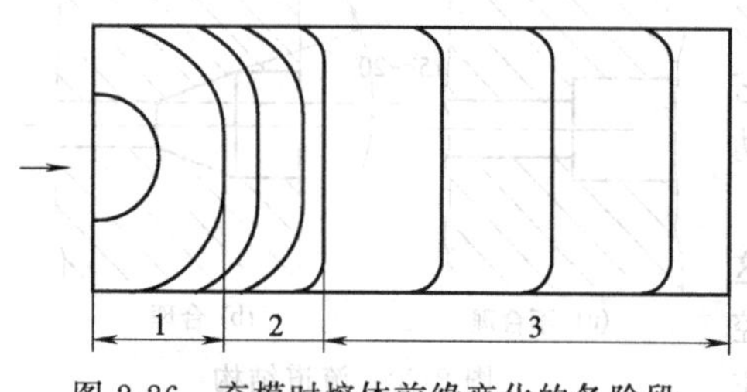

图 2-26　充模时熔体前缘变化的各阶段
1—起始阶段；2—过渡阶段；3—主阶段

在注射成型过程中，能够进行扩展流动的熔体一旦从浇口中流出，便会迅速地在模腔中形成一个流出源，然后从这个源头开始，向周围的模腔表壁进行扩展流动。从理论上讲，流出源的位置应处在模腔垂直断面的几何中心。由于从源头出发的熔体各点流向不一致，所以其前锋必然形成一个呈辐射状的圆弧形料头，这是扩展流动初期阶段的特征。随着初期阶段的发展，从流出源出发的熔体将和源头周围的模腔表壁接触，受模腔约束，熔体中各点的流向将逐渐转向模腔的前方，于是扩展流动进入第二阶段。这个阶段有两个特点：一是因为模腔表壁对熔体的冷却和摩擦作用，熔体中各点向前流动的速度不等，且中部的流速大，故前锋料头仍呈圆弧状（或抛物线状）；另一个则是前锋料头作为一个连续体，其中各点在流速不等的情况下必然会发生相互牵制作用，即靠近模腔表壁流速小的熔体约束中部流速大的熔体不能向前快速流动，而流速大的熔体又反过来拉曳流速小的流体；于是各点向前的流速将会具有一致的趋势。随着这一阶段的发展，由于空气界面作用，前锋料头温度将会有所下降，料头前沿形成一个低温的黏弹性熔膜区，料头内各点在熔膜的阻滞下，向前的流速将会保持一致。再接下去就是充模流动的最后一个阶段，即前锋料头匀速流动阶段。这个阶段的流动特点是：由于低温熔膜的阻滞，料头中部流速较大的熔体被迫沿着熔膜弧面而转向，形成一种类喷泉流动，于是前锋料头中的大分子将会产生垂直于模壁的取向结构；同时，由于低温模壁的冷却作用，取向大分子靠近模壁一端的活动性将会降低，而另一端的活动性基本上维持原状，因此大分子又将发生一定程度的扭动，最终导致前锋料头获得垂直取向结构的同时，水平方向又会形成波纹形状表面，但这个波纹状表面可被料头后面的熔体压力压平。鉴于这个特点可以认为，热塑性聚合物制件的成型是一个在低温熔膜阻滞作用下，熔体进行滞流移动的过程。图 2-27 是扩展流动变化过程及流速分布的模型。

2.2.3.3　熔体遇到障碍物时的充模流动

对于带有成型型芯或嵌件的模腔，熔体充模时料流沿流动方向一般分为两股，绕过障碍

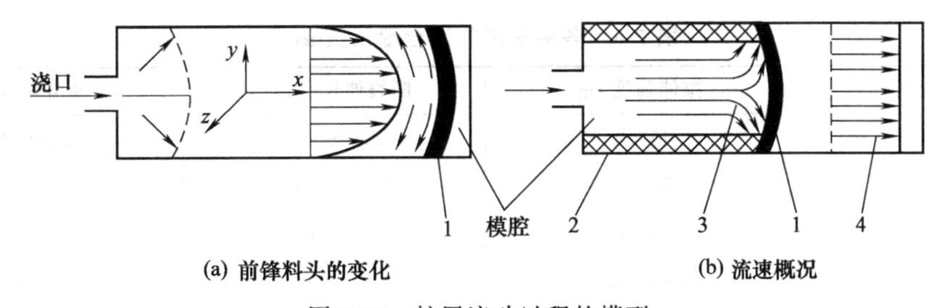

(a) 前锋料头的变化　　(b) 流速概况

图 2-27　扩展流动过程的模型

1—低温熔模；2—聚合物的冷固层；3—熔体流动方向；4—低温熔膜处的流速分布

物再汇合在一起，在熔体流汇合处常有熔接痕形成，而制品在该处强度则会降低，同时外观变坏，在模腔内聚合物熔体围绕不同断面形状障碍物流过时，速度变化与流动情况见图 2-28。由图可见，障碍物较好的断面形状是圆柱形，因为绕过圆柱形障碍物的熔体质点，其运动速度是逐渐升高和下降的，而且升降幅度最小。

两股熔体流准确地沿所围绕障碍物轮廓线前进，绕过障碍物的两股熔体流在离障碍物某一距离处汇合，在障碍物后面形成一个无熔体存在的封闭三角区。两股熔体流的前缘与障碍物壁三者之间所围成的这个三角区，矩形障碍物最明显，圆柱形较弱，而菱形几乎看不出来。三角区内无熔体存在是因为空气存在于其中，这不仅影响两股熔体流的熔合，而且在空气受到熔体流的强烈压缩而急剧放热时，会使周围的塑料焦化变黑。

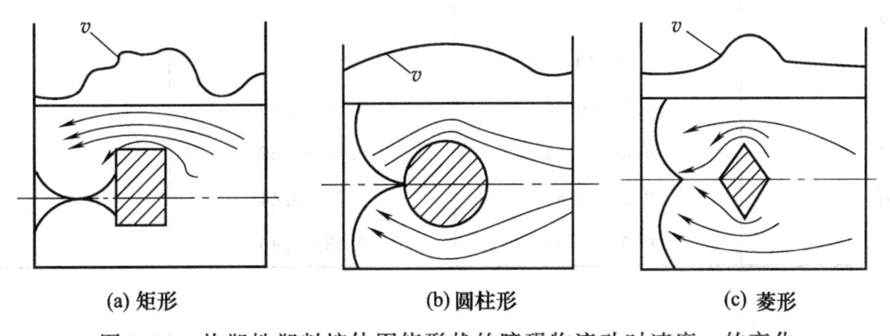

(a) 矩形　　(b) 圆柱形　　(c) 菱形

图 2-28　热塑性塑料熔体围绕形状的障碍物流动时速度 v 的变化

2.2.3.4　熔接痕

熔接痕又称熔合缝，是塑料制品中的一个区域，由彼此分离的塑料熔体相遇后熔合固化而形成的。熔合缝的力学性能低于塑件的其他区域，是整个塑件中的薄弱环节。熔合缝的强度通常就是塑料制件的强度。

塑料制件的几何构形复杂，模具型腔内塑料熔体分离成多股熔流是不可避免的。熔合缝形成的常见原因有以下几种。

① 模腔内型芯或安放的嵌件使熔体分流。

② 同一型腔有几个浇口。

③ 塑件的壁厚有变化。

④ 熔体喷射和蛇形流会引起波状折叠的熔合缝。

由于熔合缝区域存在 V 形表面裂纹、不良的取向、欠佳的熔合带，绝大多数塑料的熔合缝性能变差。熔合缝系数及 α_{KL} 是熔合缝区域强度与无缝材料强度之比。在理想的工艺条件和标准试验模具条件下，如以美国 ASTM D647 标准为例，各种塑料的熔合缝系数列于表 2-6。脆性无定形聚合物 α_{KL} 低于 0.6，结晶形聚合物 α_{KL} 大于 0.8，各种颗粒填料充填的塑料、聚合物的混合物，尤其是短玻璃纤维增强塑料，它们的 α_{KL} 值比纯聚合物低得多。一般而言，增强熔合缝处的厚度，有利于提高熔合缝强度。

表 2-6 各种塑料的熔合缝系数 α_{KL}

塑料材料	拉伸强度 α_{KL}	断裂伸长率 α_{KL}	冲击强度 α_{KL}
PS	0.45～0.65	0.30～0.55	0.25～0.65
SAN	0.50～0.64	0.40～0.52	0.20～0.48
PC	1.0	0.44～1.0	
ABS	0.90～0.98	0.80～0.90	0.50～0.80
PP	0.85～0.96	1.08～1.13	
POM	0.85～1.02	1.0	
PBT	0.96～1.02	0.75～1.08	
PET	0.98	1.0	
HIPS	0.85～0.89	0.30～0.50	
PS+20%GF	0.45～0.49	0.49～0.50	
PS+10%GF	0.85～0.87		
PS+20%GF	0.55～0.58		
PS+40%GF	0.47～0.51		
PP+30%滑石粉	0.34		
PP+20%云母	0.55		
PP+20%云母	0.40		
PP+20%GF	0.73～0.86	0.60～0.79	
PBT+20%GF	0.50～0.53	0.54～0.62	
PET+20%GF	0.24～0.49	0.27～0.44	
PPS+20%GF	0.24～0.28	0.33～0.40	

2.3 塑料成型过程中聚合物的物理变化

聚合物在塑料成型过程中发生的物理变化主要有结晶和取向，它们对制件的性能和质量的影响非常大，生产中经常需要调整某些工艺参数，才能很好地控制结晶和取向过程。

2.3.1 结晶

2.3.1.1 结晶的概念

对于某些固体材料，如果它们中的质点既是近程有序又是远程有序，则可将它们称为晶体材料，反之称为非晶体材料。在所有聚合物中，也可以分为结晶聚合物和非结晶聚合物两大类型，其中非结晶聚合物又叫做无定形聚合物。

聚合物结晶发生在高温熔体向低温固态转变的过程中，结晶和非结晶聚合物的主要区别在于分子链的构型（结构形态）在此过程中能否得到稳定规整的排列，如果可以则为结晶形，反之则为非结晶形。通常，分子结构简单、对称性高的聚合物从高温向低温转变时都能结晶，如聚乙烯、聚偏二氯乙烯和聚四氟乙烯等。除此之外，一些分子链节虽然较大，但分子之间作用力也很大的聚合物，当它们从高温向低温转变时也可以结晶，如聚酰胺、聚甲醛等。然而，对于分子链上有很大侧基的聚合物来说，一般都很难结晶，如聚苯乙烯、聚醋酸乙烯酯和聚甲基丙烯酸甲酯等。此外，分子链刚性大的聚合物也不能结晶，如聚砜、聚碳酸酯和聚苯醚等。

结晶聚合物与非结晶聚合物的物理力学性能以及注射成型工艺性能都有很大差异。例如，结晶聚合物一般都具有耐热性、非透明性和较高的强度，而非结晶聚合物刚好与此相反。后面将对两者差异进行阐述。

聚合物结晶态与低分子物质结晶态有很大区别，主要表现有晶体不整齐、结晶不完全、结晶速度慢和没有明晰的熔点等。对于大多数结晶聚合物，完全熔融的温度范围 θ_m（习惯上仍称熔点）为：

$$\theta_m = (1.5 \sim 2.0)\theta_g \tag{2-65}$$

其中，对称性高的聚合物取上限，反之取下限。

聚合物的结晶能力可用结晶速度反映。但应注意，即使具有很大结晶能力的聚合物，在外部条件不充分的情况下，也有可能出现很小的结晶速度，甚至不结晶。评定聚合物结晶形态的指标是晶体的形状、大小、等规度和结晶度等。通常，聚合物的结晶形状多为球晶，在高压力条件下也会生成纤维状晶体。

2.3.1.2　二次结晶和后结晶

由于聚合物的结晶速度很慢，结晶后期经常会发生一种叫做二次结晶的现象。所谓二次结晶，是指发生在初晶结构下不完善的部位，或是发生在初始结晶残留下的非晶区内的结晶现象。二次结晶的速度比初期结晶更慢，有时甚至需要数年或者数十年才能完成。除了二次结晶外，一些制件在成型后还会发生一种后结晶现象，这是聚合物成型时一部分来不及结晶的区域在成型后发生的继续结晶过程。后结晶常常在初晶的界面上生成并发展，促使聚合物内的晶体进一步长大。二次结晶和后结晶都会使制件的性能和尺寸在使用或储存中发生变化。为了避免这种现象，成型后可对制品进行退火热处理，以便在退火高温中加快二次结晶和后期结晶的速度，促使制件内的晶体结构尽快地趋于完善，这样才能有效地保证制件出厂时的性能和尺寸。

2.3.1.3　结晶对聚合物性能的影响

（1）密度　结晶意味着分子链已经排列成规整而紧密的构型，分子间作用力强，所以密度将随结晶程度的增大而提高。例如，结晶度为 70％的聚丙烯，密度 $\rho=0.896\text{g/cm}^3$；而结晶度提高到 95％时，$\rho=0.903\text{g/cm}^3$。

（2）拉伸强度　由于结晶以后聚合物大分子之间作用力增强，所以拉伸强度也将随着提高。例如，结晶度为 70％的聚丙烯，拉伸强度 $\sigma_b=27.5\text{MPa}$；而结晶度提高到 95％时，$\sigma_b=42\text{MPa}$。

（3）冲击韧度　结晶态聚合物因其分子链规整排列，冲击韧度均比非晶态时降低。例如，结晶度为 70％的聚丙烯，其缺口冲击韧度等于 15.2kJ/m^2；而结晶度提高到 95％时，冲击韧度减小到 4.86kJ/m^2。

（4）弹性模量　结晶态聚合物的弹性模量也比非晶态时小，如结晶度为 70％的聚丙烯，弹性模量为 4400MPa；而结晶度提高到 95％时，弹性模量下降到 980MPa。

（5）热性能　结晶有助于提高聚合物的软化温度和热变形温度。例如，结晶度为 70％的聚丙烯，载荷下的热变形温度为 124.9℃；而结晶度提高到 95％时，热变形温度可升至 151.1℃。

（6）脆性　结晶会使聚合物在注射模内的冷却时间缩短，使成型后的制品具有一定的脆性。例如，结晶度分别为 55％、85％和 95％的等规聚丙烯，脆化温度分别为 0℃、10℃和 22℃。

（7）翘曲　结晶后聚合物会因分子链规整排列而发生体积收缩，结晶程度越高，体积收缩越大。因此，结晶态制件会比非晶态制件更容易因收缩不均而发生翘曲，这是由于聚合物在模内结晶不均匀造成的结果。

(8) 表面粗糙度和透明度　结晶后的分子链规整排列会增加聚合物组织结构的致密性，制件表面粗糙度将因此而降低，但由于球晶会引起光波散射，透明度将会减小或丧失。由此而言，聚合物的透明性来自分子链的无定形排列。

2.3.1.4　结晶速度和结晶度

(1) 结晶速度　结晶速度反映结晶聚合物在外部条件作用下呈现出的结晶能力。当聚合物熔体从 θ_m 以上的高温冷却到 $\theta_m \sim \theta_g$ 温度后，结晶速度主要受温度影响，并且各种聚合物的结晶速度-温度曲线不仅彼此相似，而且曲线的变化趋势还与低分子物质的曲线雷同。这一现象说明，聚合物的结晶过程与低分子物质相似，即具有成核与生长两个阶段。通常，聚合物的均相成核速度随温度降低而增大，但晶体的生长速度却随温度降低而减小，所以各种结晶聚合物的结晶速度都有可能在某一温度下达到最大值，这个温度记作 $\theta_{c,max}$，可以用下面的经验公式估算：

$$\theta_{c,max} = (0.80 \sim 0.85)\theta_m \tag{2-66}$$

一般而言，即使能把温度始终控制为 $\theta_{c,max}$，但要使聚合物完成全部结晶过程，仍然需要很长时间。因此，生产中无法利用结晶完了的时间计算结晶速度，所以经常使用半结晶期 $t_{0.5}$（结晶度达到50%需用的时间）或结晶速度常数 $k(s^{-1})$ 作为评价结晶速度和结晶能力的指标。

$$k = \frac{\ln 2}{t_{0.5}^N} \tag{2-67}$$

式中　N——与成核机理及晶体生长速度有关的常数，称为Avrami指数，一般介于1～4之间。

表 2-7　部分聚合物的结晶参数

聚合物	密度/(g/cm³) 晶态	密度/(g/cm³) 非晶态	玻璃化温度/℃	熔点/℃	最大结晶速度时的温度/℃	半结晶期/s	结晶速度常数/s^{-1}	最大结晶速度时的球晶生长速度/(μm/min)
高密度聚乙烯	1.014	0.854	−80	136	—	0.044	49.5	2000
聚酰胺-66	1.220	1.069	45	264	150	0.416	1.65	1200
聚甲醛	1.056	1.215	−85	183	85	—	—	400
聚酰胺-6	1.230	1.084	45	228	145.6	5	0.14	200
等规聚丙烯	0.936	0.854	−20	180	65①	1.25	0.55	20
聚对苯二甲酸乙二酯	1.455	1.336	67	267	190	78	0.016	10
等规聚苯乙烯	1.120	1.052	100	240	175	185	0.0037	0.25
天然橡胶	1.00	0.91	−75	30	−25	—	0.00014	—

① 表示外推值。

表2-7列出了部分聚合物的结晶参数。从表中可以看出，高密度聚乙烯、聚酰胺和聚甲醛等具有很大的结晶能力，在注射成型中可以获得较大的结晶度；而聚对苯二甲酸乙二酯和等规聚苯乙烯的结晶能力较差，需要较长的结晶时间；对于天然橡胶而言，基本上没有结晶能力，这是因为橡胶分子柔性太大，相对分子质量太高，形成规整排列十分困难。

(2) 结晶度　结晶度指聚合物内结晶组织的质量（或体积）与聚合物总质量（或总体积）之比，主要用来表征聚合物的结晶程度。聚合物可能达到的最大结晶度与自身结构和外部条件（如温度等）有关，大多数聚合物的结晶度约为 10%～60%，但有些聚合物的结晶度也可能达到很高数值，如上面提到的聚丙烯，结晶度达 70%～95%，高密度聚乙烯和聚四氟乙烯的结晶度也能超过 90%。

2.3.1.5　影响结晶的因素

通常，聚合物在等温条件下的结晶称为静态结晶，但在大多数成型加工生产中都不使用等温条件，所以将非等温下的结晶过程称为动态结晶。在注射成型生产中，聚合物的动态结晶除受自身组织和结构的影响之外，还会受加热与冷却、应力和时间等工艺条件影响。

(1) 熔融温度和熔融时间　任何结晶聚合物都有可能在冷却过程中自发形核结晶。但是，结晶聚合物在其加热成型前的聚集态中，也都可能或多或少地存在一些结晶组织，当聚合物被加热到 θ_m 以上的熔融温度后，这些组织就有可能成为冷却结晶时异相成核的晶胚。但是，随着加热温度提高和加热时间延长，这些原存的结晶组织可能会被分子热运动破坏，于是异相成核的晶胚就会因此而减少或消失。据此而论，聚合物成型过程中的结晶将会表现两种主要方式：一种是在熔融温度很高、熔融时间很长的条件下，熔体中所有残存的结晶组织全部破坏，冷却结晶时只能靠过冷或过饱和产生晶核（这种现象称为自发形核或均相成核），然后再逐渐长大；另一种则是在熔融温度较低、熔融时间较短的条件下，依靠残存的结晶组织进行异相成核，然后再逐渐长大。一般来说，均相成核结晶速度慢、晶体尺寸大，而异相成核结晶速度快、晶体尺寸小并且均匀。所以，用较低的注射温度和较短的注射时间成型时，有利于促进异相成核结晶，并有助于提高制件的力学强度、热变形温度和耐磨性能。

(2) 冷却速度　影响聚合物结晶的各种外部因素中，冷却速度影响最大，常常可使结晶速度相差数倍甚至数十倍。热塑性聚合物注射成型时的冷却速度取决于熔体和模具之间的温差 $\Delta\theta$（也称为过冷度），当熔体温度一定时，$\Delta\theta$ 由模具温度 θ_M 决定，下面根据过冷度分三种情况讨论。

① 当模具温度 θ_M 与最大结晶速度温度 $\theta_{c,max}$ 接近时，过冷度小，冷却速度慢，通常称为缓冷。缓冷时的结晶特性类似等温静态结晶，即从均相成核开始，在制件中形成较大的球晶组织。在缓冷情况下，虽然可以获得较大的结晶度，但结晶组织会使制件发脆、强度降低，并且还会因为冷却程度不够而使制件扭曲变形。另外，缓冷时，冷却时间长，生产率低，所以生产中很少采用缓冷成型。

② 当 θ_M 比玻璃化温度 θ_g 低得多时，过冷度很大，冷却速度快，通常称为急冷。在急冷条件下，大分子链来不及规整排列，它们将在很大的过冷度下形成体积松散的无序结构，或者只是在厚度较大的中心部位形成一些微晶结构，导致制件因结晶不均而产生内应力，这是生产所不希望的，尤其对聚乙烯、聚丙烯和聚甲醛等结晶能力大、玻璃化温度低的制件不宜使用。

③ 如果把 θ_M 控制在 θ_g 以上不太高的温度范围时，则过冷度不会太大，结晶速度和制件的冷却速度也将适中，通常称为中速冷却。在这种情况下，聚合物熔体首先在模腔表壁处冷却并形成一个薄壳，然后结晶将从薄壳处开始，逐渐向制件内部发展，由于冷却薄壳可起一定的绝热作用，故制件内部熔体能在较长的时间内保持在结晶温度范围内，从而有利于促进制件内部结晶成核及晶体长大，同时也能提高制件内部的结晶度并促使晶态结构趋于完整。因此，中速冷却成型后的制件内结晶组织比较稳定，结晶应力较小，一般不会引起尺寸和形状的变化，生产周期也比缓冷时短，所以，生产中经常采用中速冷却成型，其方法是将模温控制在 θ_g 和 $\theta_{c,max}$ 之间。

综合上述三种情况以及目前的实验研究可以得出结论：随着冷却速度的提高，聚合物结晶时间缩短，结晶温度降低，结晶度减小，制件的密度也随着减小，如图 2-29 所示。

(3) 切应力和压力 注射成型时，聚合物熔体的流动与变形依靠切应力和剪切速率，大分子将沿着应力作用方向伸直并形成流动取向结构，取向结构对于结晶时的异相成核与晶体生长有诱发促进作用，因此，增大注射成型时的切应力或剪切速率，会使聚合物取向程度提高，促使聚合物结晶速度和结晶度增大。但是，如果切应力作用时间很长，变形松弛使取向结构减小或消失，则结晶速度又会减小。

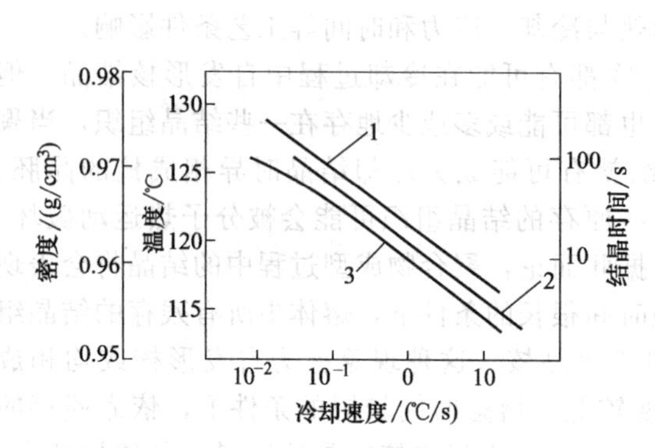

图 2-29 冷却速度对结晶的影响（材料 PE）

1—结晶时间；2—结晶温度；3—密度

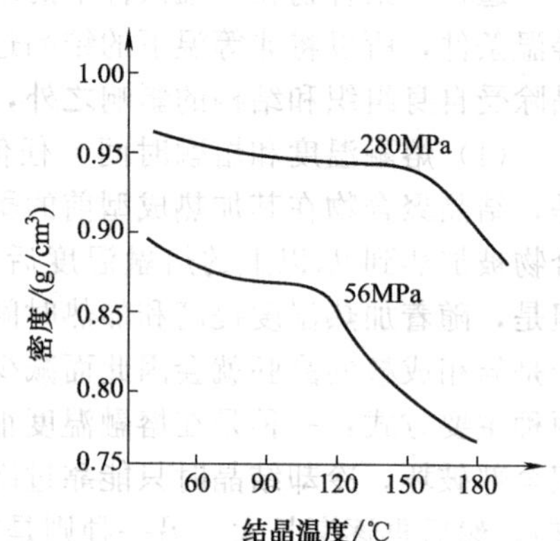

图 2-30 压力对结晶的影响（材料 PP）

注射压力和保压力对体积的压缩作用也会对结晶产生影响。一般来说，压力增大后，聚合物的结晶温度将会有所提高，结晶度将随之增大，密度相应增大（图 2-30）。

切应力和压力还会影响聚合物的结晶形态和结构。例如，使用螺杆式注射机时，因螺杆的旋转塑化作用，聚合物熔体会受到比较强烈的剪切，熔体中很难生成较大尺寸的球晶，结晶组织会被迅速粉碎成微细晶核，所以成型后制件的结晶组织比较均匀细密，而柱塞式注射机却无法达到这种效果。压力对结晶形态的影响表现为低压下容易生成大而完整的球晶，高压下容易生成小而不规则的球晶。

由上述可知，注射成型时，注射压力和注射速度以及注射机类型均通过切应力、剪切速率和压力等作用对结晶产生影响，所以，生产中应对这些问题和其他工艺因素进行综合考虑，否则将会出现不利于结晶或不利于成型的情况。例如，注射压力控制不当引起聚合物结晶温度上升时，即使此时注射温度仍然很高，成型流动也会由于提前结晶而受到较大的阻力，严重时还会因为早期形成过多的晶体而使熔体的流变性质发生转变，呈现出膨胀性液体的剪切增稠现象。

(4) 分子结构、低分子物质和固体杂质 聚合物大分子的链结构和相对分子质量是决定结晶和非结晶聚合物的主要因素，它们对结晶能力和结晶过程的影响很大。大分子链结构简单、分子链节小、支化程度低（主链上没有或只有少数支链）、分子化学结构对称、立体规整性好，以及大分子的刚柔性和分子间作用力适中等情况，均有利于提高结晶速度和结晶度。聚合物的相对分子质量对链段结构的重排运动有影响，相对分子质量大时，重排运动困难，结晶能力减小；反之，结晶能力增大。

聚合物中若添加低分子物质（如溶剂和增塑剂等）、水分子和固体杂质时，对结晶过程也有影响。例如，溶剂四氯化碳扩散进入聚合物后，能促使带有内应力作用的区域加快结晶过程。再如吸湿性大的聚酰胺等，吸入水分后也能起到加速制件表面结晶的作用。为了加速聚合物结晶，有时需要在聚合物中添加一些类似于晶核的固体物质，如炭黑、滑石粉、二氧化硅、氧化钛和聚合物粉末等，它们统称为成核剂，聚合物中加成核剂后能大幅度提高结晶速度。

2.3.2　取向

2.3.2.1　取向的概念

聚合物的大分子及其链段或结晶聚合物的微晶粒子在应力作用下形成的有序排列叫做取向结构。根据应力性质的不同，取向结构分为拉伸取向和流动取向两种类型。前者是由拉应力引起的，取向方位与应力作用方向一致，后者是在切应力作用下沿着熔体流动方向形成的。注射成型中，主要发生流动取向。

根据熔体流动性质不同，取向结构可分为单轴取向［图 2-31（a）］和多轴取向［或称平面取向，图 2-31（b）、（c）］。单轴取向时，取向的结构单元均沿着一个流动方向有序排列，而多轴取向时，结构单元可沿两个或两个以上的流动方向有序排列。根据熔体流动时各处温度分布和变化情况，取向结构又可分为等温取向和非等温取向。注射成型时，聚合物在机筒和喷嘴中的取向可视为等温取向，而在各种流道、浇口和模腔中的取向都是非等温取向。其中，浇道和浇口及模腔中的非等温取向对制件的表面质量和性能影响很大，是下面讨论的主要内容。

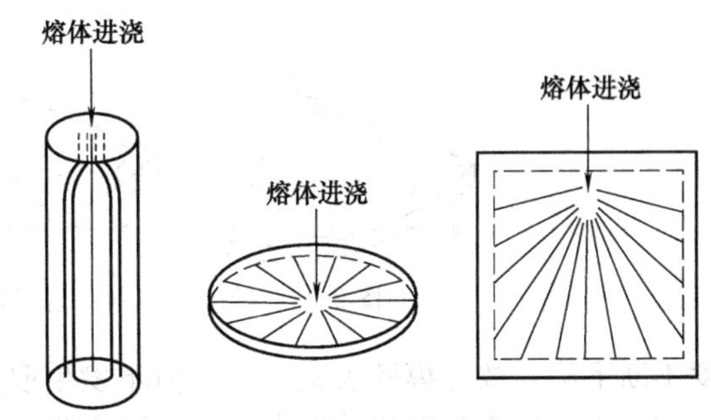

图 2-31　流动取向

2.3.2.2　注射成型时的流动取向机理

（1）聚合物的流动取向　聚合物熔体在模腔内的扩展流动模型如图 2-27 所示，下面根据这个模型的特点阐述聚合物的取向机理。

熔体从浇口流入模腔时，是充模流动的初级阶段，料流呈辐射状，所以形成平面取向结构。熔体与模腔表壁接触后，开始实现充模过程，在这个过程中，先与模腔表壁接触的熔体迅速冷却，形成一个来不及取向的薄壳，以后的熔体将在薄壳内流动。由于薄壳对熔体的摩擦作用，其附近的熔体流动阻力很大，熔体内会产生很大的切应力，所以大分子能在此处高度取向。与此同时，熔体中部所受摩擦作用最小，切应力也不太大，一般只能轻度取向。很明显，在中部熔体与薄壳附近熔体之间的过渡中，大分子取向程度中等，介乎于前面两种取向程度之间，如图 2-32 所示。至于熔体前锋处的取向情况，前面已有所述及，即由于料头前沿低温熔膜的阻滞作用，中部熔体会在熔膜处产生一种类似喷泉状的流动，所以形成垂直于模壁的取向结构。

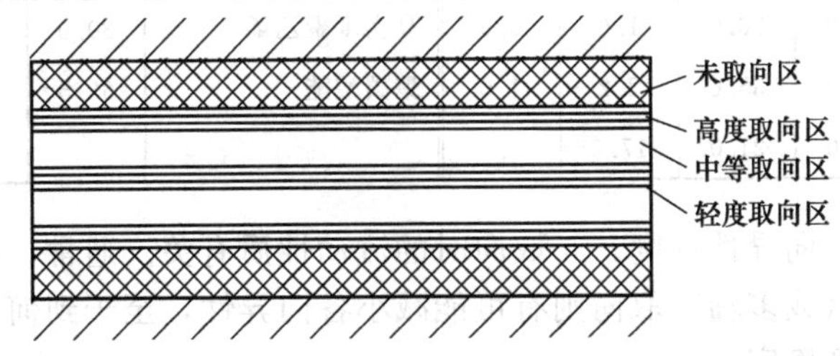

图 2-32　聚合物的取向结构

如果需要考虑聚合物在流动方向上取向程度的大小分布情况，可以这样理解：流动方向上任意一点的取向切应力，都与熔体的流动压力成正比，由于流动压力从浇口到熔体前锋逐渐减小，所以浇口处的取向程度最大，以后逐渐减小。另外，还需注意沿着流动方向，熔体

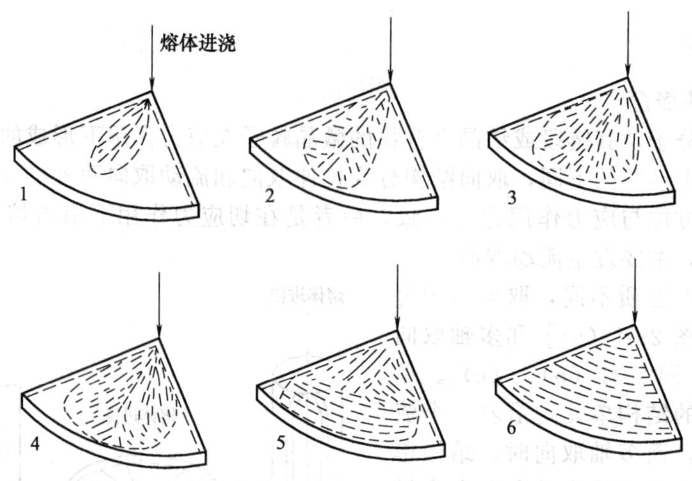

图 2-33　纤维状填料在扇形制品中的流动取向过程

温度不断下降，故与模腔表壁接触，但不发生取向的薄壳厚度也会逐渐增厚。

(2) 固体填充剂的流动取向　如果聚合物中添加有一些固体填充剂（如玻璃纤维、木粉和二硫化钼粉末等），则它们也会在注射成型过程中取向。一般来说，固体填充剂在模腔内的流动行为很复杂，但它们的取向结构总与流动方向保持一致。例如，注射如图 2-33 所示的扇形薄片制件时，熔体的流线从浇口处沿半径散开，在扇形模腔的中心部位流速最大，当熔体前锋到达模腔表壁被迫改变流向时，熔体转向两侧形成垂直于半径方向的流动，如果熔体中含有纤维状填充剂，它们也将随着流线改变流向，最后形成弓形排列，并在扇形制件的边缘部位排列得最为明显，所以成型后会出现比较复杂的平面状取向结构。

2.3.2.3　取向对聚合物性能的影响

对于聚合物来讲，取向是大分子及其链段的有序排列结构，取向后聚合物会呈现明显的各向异性，即在取向方位力学性能显著提高，而垂直于取向方位的力学性能显著下降。例如，在一般成型温度下得到的注射制件，流动方向的拉伸强度和冲击韧度分别是垂直方向上的 1～2.9 倍和 1～10 倍。表 2-8 是部分聚合物拉伸取向后的各向异性情况，虽然拉伸取向与流动取向应力性质不同，然而它们对力学性能的影响还是可以类比参考的。

表 2-8　部分聚合物纵向拉伸取向后的力学性能

聚合物	强度极限/MPa		伸长率/%		聚合物	强度极限/MPa		伸长率/%	
	纵向	横向	纵向	横向		纵向	横向	纵向	横向
聚苯乙烯	45.0	26.0	1.6	0.9	高密度聚乙烯	30.0	29.0	72.0	30.0
ABS	72.0	35.6	2.2	1.0	聚碳酸酯	65.5	65.0	—	—
高抗冲聚苯乙烯	23.0	21.0	17.0	3.0					

聚合物取向后的各向异性程度，与取向时的流动性质有关。通常，单轴取向后各向异性程度最明显，而双轴（或多轴）取向则有可能减小各向异性，至于到何种程度，需要由各个流动方向上的变形程度确定。

聚合物的取向还对它的其他性能有影响。例如，随着取向程度的提高，大分子之间的作用力不断增大，故聚合物的弹性模量提高，玻璃化温度 θ_g 上升（对于高度取向或结晶度高的聚合物，θ_g 能上升 25℃左右），线膨胀系数沿着取向方位增大，收缩率与取向程度成正比等。

2.3.2.4　注射成型时影响取向的因素

（1）温度　熔体温度 θ_R 和模具温度 θ_M 升高都会使取向程度下降。这是因为温度升高以后，虽然有利于熔体变形和流动，取向程度有可能增大，但聚合物内的解取向能力增长更快，两者作用的结果，常常是解取向的影响占优势，所以导致取向程度降低。所谓解取向，是指取向后的聚合物大分子在高温作用下，因布朗运动而恢复原来的蜷曲状态的能力。其中，大分子恢复原状的过程叫做大分子松弛。若要更加详细地考虑温度影响，可从以下两方面理解。

① 如果熔体温度 θ_R 很高，则意味着它与固化温度之间有很宽一个范围，大分子松弛时间因此而延长，故解取向能力加强，取向程度减小。

② 非结晶聚合物大分子的松弛时间指熔体温度 θ_R 下降到 θ_g 的过程，而结晶聚合物的松弛时间则为 θ_R 下降到 θ_m 的过程。因 $\theta_g<\theta_m$，很显然，前者的松弛时间大于后者，故在松弛过程中，结晶聚合物的冷却速度快，容易冻结大分子运动，因此能获得较高的取向程度。

（2）注射压力和保压力　提高注射压力和保压力能增大熔体中的切应力和剪切速率，有助于加速取向过程，使取向程度和制品密度提高。

（3）浇口冻结时间　熔体充满模腔停止流动后，在一定长的时间内分子热运动仍然比较剧烈，已经流动取向的结构单元很有可能被解取向。但是，采用大浇口时，熔体在浇口中冷却得较慢，浇口冻结较晚，流动过程将会延时，从而可在一定程度上弥补因大分子热运动而引起的解取向，尤其是在浇口附近，取向非常显著。

（4）模具温度　模具温度 θ_M 较低时，聚合物的大分子运动容易被冻结，故解取向能力减小，取向程度增大。

（5）充模速度　关于充模速度对取向过程的影响，可分为快速充模和慢速充模两种情况讨论。

① 快速充模时，因流速作用，制件表层附近可以得到高度取向，而内部则因为温度的下降比正常充模时慢得多，所以解取向能力增强，取向程度比表层附近轻微。

② 慢速充模时，熔体与周围界面（流道和模腔表壁等）的接触时间长，较多的热量会被模具带走，在同样的注射温度下与快速充模时相比，大分子松弛时间（相当于 $\theta_R\sim\theta_g$ 或 $\theta_R\sim\theta_m$ 温度区间）缩短，解取向能力下降，取向程度提高。另外，慢速充模时往往还需要较大的注射压力，故取向程度还将因此而进一步提高。

综合以上两种情况，可以得到与一般认识相反的结论，即在相同的注射温度条件下，就注射制品的取向而言，慢速充模会比快速充模得到比较强烈的取向结构。然而，就制品表层附近的取向而言，仍然是充模速度快时取向程度高。

除了以上几种影响取向的外部因素外，聚合物的一些物理性能也对取向有影响。例如，聚合物的比热容和结晶潜热大时，会使冷却速度减慢，解取向能力增强，取向程度减小。

2.3.3　残余应力

残余应力是由塑料熔体在模内的流动和冷却过程产生的。在注射和保压阶段，塑料受到不均衡的高剪切应力作用，诱导了隐藏在塑件内的残余应力，称为残余流动应力，简称残余应力。由于注射模具温度的不均匀性，更因模内塑件很快冷却固化，在温差作用下诱发了塑件的热应力，称为温度残余应力。

在一般情况下，塑件厚度的中性层附近的残余应力是拉伸应力，表层为压缩应力。由实验测得 PS 的残余应力可达 2MPa。PA-6 的表层残余压缩应力可达 6.5MPa，芯部拉伸应力达 3.5MPa。改性 PPO 表层残余压缩应力达 20MPa，芯部残余拉伸应力为 5MPa。

塑件越厚，温度残余应力越大，残余流动应力越小。残余应力分布还与流程和注射工艺条件有关。浇口附近区域有最高的残余应力。

塑件在模内冷却过程中，尽管取向和残余应力已经存在，但受到模壁的约束；在脱模后的冷却过程中没有受到约束，但会受到各种干扰。塑件壁厚上的拉应力和压缩应力，塑件各部位的内应力相互间会失去平衡。如图 2-34 所示矩形盒，由于型芯温度高于型腔，脱模后塑件的侧壁产生图中的变形。图 2-35 所示中心浇口圆板，由于取向使塑件的各个方向的收缩不一致，径向 OA 和 OB 有较大收缩，而周向 AB 收缩较小，使塑件产生翘曲变形。总之，塑件中某区域内应力超过材料的弹性极限应力，就会产生各种变形，降低了塑件的形状和尺寸精度。另外，如果塑件的残余应力超过材料的强度极限应力，制件表面会出现各种裂纹。

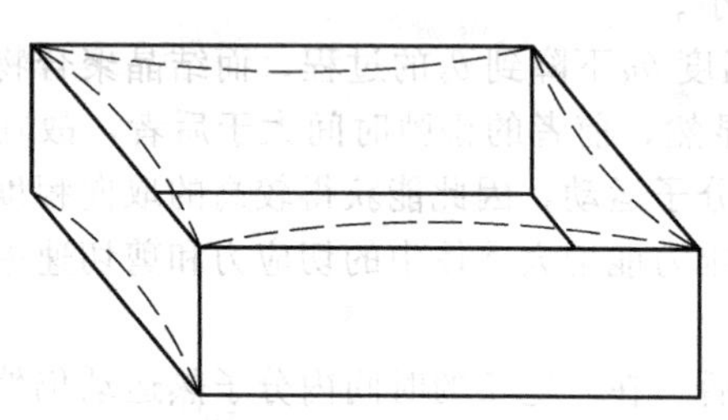
图 2-34 型芯温度高于型腔的矩形盒的翘曲变形

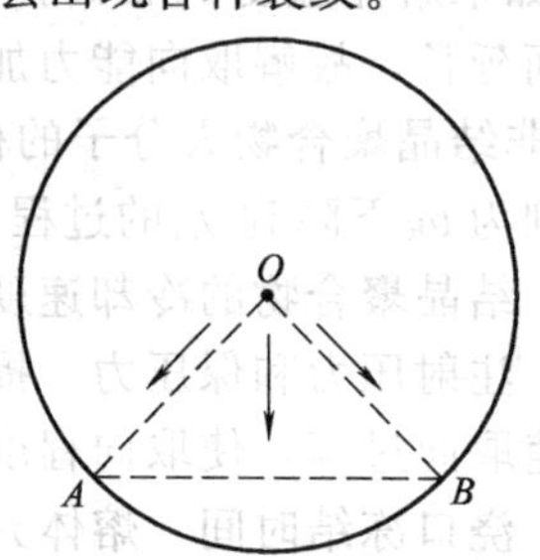

图 2-35 圆板的收缩与翘曲变形的关系

结晶形塑料制件有后期结晶，会有微量收缩。轴与孔的过盈压力装配、螺纹紧固时的压紧力，这些装配时的作用应力和残余应力相互叠加。在长期的负荷作用下，塑件的蠕变和松弛会诱导残余应力发生变化。在长期的这种环境条件下，温度变化会导致热应力波动。受载塑件都会引起内应力变化，甚至引起整体应力平衡破坏，使翘曲变形有所发展和恶化。

2.4 塑料成型过程中聚合物的化学反应

聚合物在塑料成型过程中发生的化学反应主要有降解和交联，它们与结晶和取向一样，也对制件的性能和质量具有重要影响。其中，交联反应是热固性聚合物成型的重要工艺过程，如无交联反应，热固性聚合物也就无法由线型结构转变为体型结构，制件也无法固化成型；但在热塑性聚合物成型中，一般都要避免不正常的交联反应，因为交联之后成型性能将会恶化。降解通常都是有害的，它会使制件的许多性能变差，也会使成型过程不易控制，在必要的情况下，也可以有意识地利用降解减小聚合物熔体的黏度，以改善它的流动和成型性能。

2.4.1 降解

2.4.1.1 降解的机理

塑料成型过程中的降解就是聚合物在高温、压力、氧气和水分等外部条件作用下发生的化学分解反应，它能导致聚合物分子链断裂、相对分子质量下降等一系列结构变化，并因此而使聚合物发生弹性消失、强度降低、黏度变化以及熔体发生紊流和制品表面粗糙、使用寿命减短等问题。

聚合物的降解过程一般都很复杂，根据化学反应性质而言，大致可以分为游离基链式降解和无规降解两大类型。

游离基链式降解实际上是一种解聚反应。它的特点是：注射成型时的热和力达到或超过聚合物化学键的能量时，大分子主链上的某些化学键就会断裂并生成初始游离基，然后通过产生活性中心、链转移、链减短和链终止等反应完成降解全过程，最终形成不同的降解产物，如线型降解产物、支链型降解产物和交联降解产物等。通常可以认为，游离基链式降解一般都从大分子中最弱的化学链开始，化学键的强度顺序依次为 C—F＞C—H（烯和烷）＞C—C（脂肪链）＞C—Cl。在聚合物主链中各种 C—C 链的强度顺序为：

$$\cdots\text{—C—C}^{*}\text{—C}\cdots > \cdots\text{C—}\underset{\text{C}}{\underset{|}{\text{C}^{*}}}\text{—C—}\cdots > \cdots\text{C—}\overset{\text{C}}{\overset{|}{\underset{\underset{\text{C}}{|}}{\text{C}^{*}}}}\text{—C}\cdots$$

以上自左至右带 * 号的碳原子分别称为“仲碳原子”、“叔碳原子”和“季碳原子”。一般来讲，聚合物大分子链中凡是与叔碳原子或季碳原子相邻的键都是不稳定键，受热时容易断裂和降解。例如，由于聚丙烯主链上含有叔碳原子，所以抗降解的稳定性比没有叔碳原子的聚乙烯差。

无规降解的特点是：主链无规则地发生断裂，降解反应逐步进行，每一步反应都具有独立性，反应过程生成的中间产物稳定，降解完成后聚合物的相对分子质量降低。无规降解往往发生在高温和聚合物含有微量水分或酸碱等杂质的场合，这是因为碳-杂链的键能较弱，在热和力的作用下很容易断裂降解，经常发生断裂的键位有 C—N、C—O、C—S、C—Si 等。

聚合物中如果存在某些杂质（如聚合过程中加入的引发剂、催化剂以及酸和碱等），或者在储运过程中吸收水分，混入各种化学和机械杂质时，它们都会对降解产生催化作用。例如，容易分解出游离基的杂质能够引起解聚反应，而水、酸、碱等极性物质能引起无规降解。

2.4.1.2　降解的种类

（1）热降解　塑料成型过程中，由于聚合物在高温下受热时间过长而引起的降解反应叫做热降解。热降解性质属于游离基链式解聚反应，反应速度随温度升高而加快。为了保证制品生产质量，塑料成型时必须将成型温度和加热时间控制在适当范围。从广义上讲，聚合物因加热温度过高所引起的热分解现象也属于热降解范围。一般情况下，热降解温度稍高于热分解温度。这是因为热分解刚刚开始时，只是聚合物中一些不稳定分子链遭到破坏，分子链并不马上随之断裂。因此，从塑料成型生产的可靠性出发，聚合物加热时的温度上限不能超过热分解温度（见表 2-9），所以生产中也常将热分解温度作为热稳定性温度。

表 2-9　常用聚合物的热分解温度

聚合物	θ_d/℃	聚合物	θ_d/℃	聚合物	θ_d/℃
聚乙烯	335～450	聚苯乙烯	300～400	聚甲醛	222
聚氯乙烯	200～300	聚酰胺-6	310～380	聚甲基丙烯酸甲酯	170～300

（2）氧化降解　聚合物在日常使用中，与空气中的氧气接触后，某些化学链较弱的部位经常产生极不稳定的过氧化结构，这种结构很容易分解产生游离基，从而导致聚合物发生解聚反应，这种因氧化而发生的降解叫做氧化降解。

如果没有热量和紫外线辐射作用，聚合物的氧化降解反应过程极为缓慢。但是，塑料成型必须在高温下实现，所以温度控制不当时，成型过程中的氧化降解将会在热作用下迅速加剧，生产中常常把这种高温下的快速氧化降解叫做热氧化降解。

聚合物结构不同，热氧化降解速度和降解产物也不相同。例如，饱和碳链聚合物的热氧化降解过程较慢，也不容易形成过氧物，但当主链上存在较弱的化学键时，形成过氧物的可能性增大，热氧化降解加速。又如，不饱和碳链聚合物因为主链上的双键容易氧化，所以它的热氧化降解速度比饱和碳链聚合物快得多。

聚合物的热氧化降解速度还与含氧量、加热温度和受热时间有关。一般情况下，含氧量增加、温度升高、受热时间延长以后，热氧化降解速度均能很快加大，所以成型时，必须严格控制成型温度和成型时间，避免聚合物因过热发生氧化降解。

(3) 水降解　如果聚合物的分子结构中含有容易被水解的碳-杂链基团（如酰氨基—CO—NH—、酯基—CO—O—、腈基 —C≡N、醚基—C—O—C—等）或容易被水解的聚合物氧化基团时，这些基团很容易在成型温度和压力下被聚合物中的水分分解，生产中将这种现象叫做水降解。如果上述的各种基团位于聚合物的主链上，则水降解之后的聚合物平均相对分子质量降低，制件力学性能变差；如果这些基团位于支链上，则水降解只会改变聚合物的部分化学组成，对相对分子质量和制品性能影响不大。为了避免成型时因水降解出现制件质量问题，应在成型前对成型物料采取必要的干燥措施，这对吸湿性很大的聚酯、聚醚和聚酰胺等原材料尤为重要。

(4) 应力降解　在塑料成型过程中，聚合物的分子链在一定的应力条件下也会发生断裂，并因此引起相对分子质量降低，通常把这种现象叫做应力降解，它也属于游离基链式降解性质。应力降解发生时，常常伴有热量释放，如果不能将这些热量及时扩散出去，也有可能同时发生热降解。

在塑料成型生产中，除了个别特殊情况外，一般都不希望发生应力降解。应力降解具有以下特性：聚合物的相对分子质量较大或大分子中含有不饱和双键时，容易发生应力降解；应力值越大，降解速度越快，最终生成的断裂分子链越短；应力数值一定时，分子链断裂的长度也一定，当全部分子链的断裂长度均已达到应力值允许的长度后，降解过程停止；提高温度或添加增塑剂可削弱应力降解趋势。

2.4.1.3　避免降解的措施

① 严格控制原材料的技术指标，避免因原材料不纯对降解发生催化作用。

② 生产前，应对成型物料进行预热干燥处理，严格控制含水量不超过工艺要求和制品性能要求的数值。例如，对聚酯、聚醚和聚酰胺等，含水量应降低到0.05%～0.2%以下。

③ 选择制订合理的成型工艺及参数，保证聚合物在不易降解的条件下成型。工艺参数的选择是否合理、工艺条件能否得到控制等问题，对热稳定性较差、成型温度接近分解温度的聚合物特别重要，为了尽可能避免降解的有害作用，这类聚合物可绘制成型温度范围图（见图 2-36），以便于确定正确、合理的工艺条件。

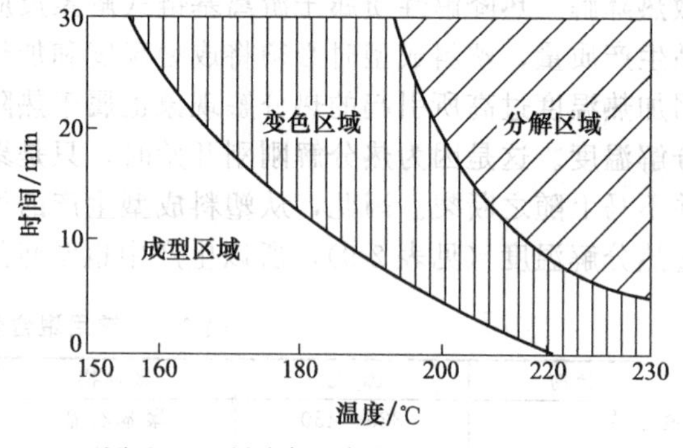

图 2-36　硬聚氯乙烯的成型温度范围

④ 成型设备和模具应有良好的结构状态，与聚合物接触的部位不应有死角或缝隙，流道长度要适中，加热和冷却系统应有灵敏度较高的显示装置，以保证良好的温度控制和冷却效率。

⑤ 对热、氧稳定性较差的聚合物，可考虑在配方中加入稳定剂和抗氧剂等，以提高聚合物的抗降解能力。

2.4.2　交联

聚合物由线型结构转变为体型结构的化学反应过程称为交联。经过交联后，聚合物的强度、耐热性、化学稳定性和尺寸稳定性均能比原来有所提高。在各种成型加工方法中，交联反应主要应用在热固性聚合物的成型固化过程中。对于热塑性聚合物，虽然采用一定的方法也能使它们产生交联反应，但一般都对流动和成型不利，而且影响制品性能。

仅从化学意义上讲，交联反应是聚合物分子链中带有的反应基团（如羟甲基等）或反应活点（不饱和键）与交联剂作用的结果。在聚合物成型生产中，交联一词常常用硬化或熟化两词代替。但是，所谓“硬化得好”或“硬化得完全”，并不意味着交联反应完全，而实际上是指成型固化过程中的交联反应发展到了一种最为适宜的程度。在这种程度下，制件能获得最佳的物理和力学性能。通常情况下，由于各种原因，聚合物很难完全交联，但硬化程度却可以彻底完成超过百分之百。因此，生产中常将硬化程度超过百分之百的情况称为过熟，反之则为欠熟。对于不同的热固性塑料，即使采用同一类型或同一品级的聚合物，如果添用的各种助剂不同，它们发生完全硬化时的交联反应程度也会有一定差异。

热固性聚合物不同时，它们的硬化方式（即交联反应过程）也不相同，但硬化速度都随温度升高而加快，最终完成的硬化程度与硬化过程持续的时间长短有关。硬化时间短时，制件容易欠熟（硬化不足），内部将会带有比较多的可溶性低分子物质，而且分子之间的结合也不强，因此导致制件的强度、耐热性、化学稳定性和绝缘性指标下降，热膨胀、后收缩、残余应力、蠕变量等数值增大，制件的表面缺少光泽，形状发生翘曲，甚至还会产生裂纹。如果制件上出现裂纹，不仅会促使上述各种性能进一步恶化，而且还会使吸水量显著增加。制件出现裂纹的原因，一方面可以从工艺条件或模具方面考虑，另一方面也可能是由聚合物与各种助剂的配比不当所引起。若将硬化时间过分延长，制件将会过熟（硬化程度过大）。过熟的制件性能也不好，如强度不高、发脆、变色、表面出现密集的小泡等，有时甚至会碳化或降解。制件过熟一般都是由成型条件不当引起的，主要原因可能是成型温度过高、模具内部有温差以及制件过大过厚等。

检查硬化程度的方法很多，但由于硬化后的制件溶解度很小，各种化学方法都难令人满意，故目前生产中多采用物理方法。常用的方法有脱模后硬度检测法、沸水试验法、萃取法、密度法、导电度检测法等。如有条件，也可采用超声波和红外线辐射法，其中以超声波方法为最好。

习题与思考

2-1　什么是牛顿流动定律、牛顿流体？

2-2　什么是非牛顿流体？什么是假塑性流体？η 与 η_a 本质有何不同？

2-3　描述假塑性流体的公式中，K、k、m、n 的意义及关系？

2-4　在宽广的剪切速率范围内，聚合物熔体的 η 与 $\dot{\gamma}$ 之间的关系会出现怎样的变化？

2-5　聚合物熔体的黏度随剪切速率的变化对塑料成型加工有何指导意义？

2-6　温度、压力和时间如何影响聚合物熔体的流动性？

2-7　牛顿与非牛顿流体在圆形管道、狭缝形管道中的切应力、剪切速率和体积流率的表达式。

2-8　一种聚合物熔体在 5MPa 压力作用下通过直径 2mm、长 12mm 的等截面圆形管道时，测得的体积流率为 0.072cm³/s。若该聚合物熔体的流变行为等同于牛顿流体，求管壁处的最大切应力、剪切速率和牛顿黏度。

2-9　一聚合物熔体以 1MPa 的压力降通过直径 2mm、长 8mm 的等截面圆管时，测得的体积流率为 0.05cm³/s，在温度不变的情况下以 5MPa 压力降测试时体积流率增大到 0.5cm³/s，试从以上测试结果分析该熔体在圆管中的流动是牛顿型还是非牛顿型，并建立表征这种聚合物熔体流动行为的流动方程。

2-10　挤出硬质 PVC 圆棒时，已知口模处料温为 177℃，口模直径为 30mm，口模长为 120mm，挤出速率为 8.0cm³/s，现不考虑端末效应，试求 PVC 熔体进入口模时的压力和 $r=0.5$MPa 时的黏度（见图 2-37）。

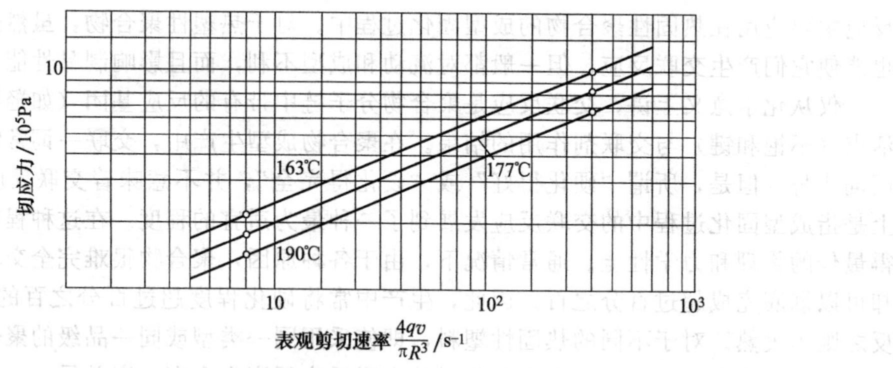

图 2-37　硬聚氯乙烯在不同温度时的流动曲线

2-11　将温度 235℃时密度为 0.78g/cm^3 的 PE 熔体挤出通道直径为 20mm、长度为 80mm 的圆柱形口模，质量流率为 50g/s，试计算模壁处真实的剪切速率和径入口改正的最大切应力（见图 2-38）。

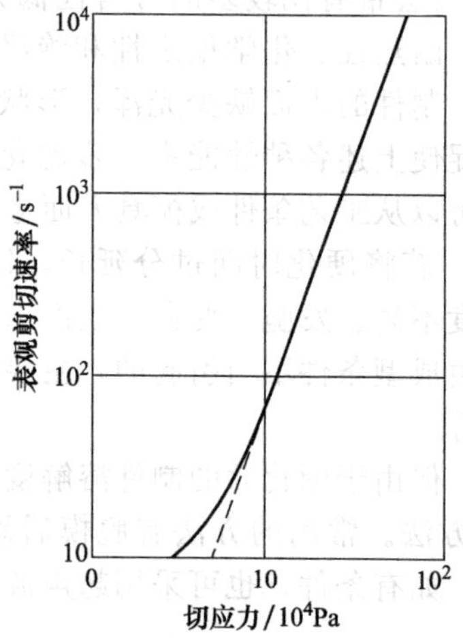

图 2-38　聚乙烯在 235℃的流动曲线

2-12　不稳定流动区压力降增大的原因是什么？如何校正？

2-13　聚合物熔体流出流道或浇口时会发生什么变化？影响离模膨胀的因素有哪些？

2-14　何为失稳流动？何为熔体破裂？如何克服？

2-15　试分析浇口截面尺寸对充模过程和塑件质量的影响。

2-16　喷射流动是怎样形成的？如何克服？

2-17　扩展流动充模的特点是什么？

2-18　何为聚合物结晶？聚合物结晶的特点与低分子物质的结晶有何不同？

2-19　结晶对聚合物性能有何影响？在塑料加工过程中有哪些因素影响结晶？

2-20　何为聚合物取向？取向对聚合物的性能有何影响？

2-21　何为熔合缝？熔合缝对塑件质量有何影响？

2-22　何为内应力？内应力的存在对塑件质量有何影响？

2-23　为什么有的聚合物热稳定性好，而有的热稳定性差？举例说明。

2-24　为什么热固性塑料制品出现过熟和欠熟都不好？

第3章 塑料制件的设计原则

塑料制件主要是根据使用要求进行设计。要想获得优质的塑件，塑件本身必须具有良好的结构工艺性，这样不仅可使成型工艺得以顺利进行，而且能得到最佳的经济效益。塑件的设计视塑料成型方法和塑料品种性能不同而有所差异。下面主要讨论塑件中产量最大的注射、压缩、压注成型塑件的设计，其他成型塑件的设计将在相应的章节中介绍。

塑件设计原则是在保证使用性能、物理性能、力学性能、电气性能、耐化学腐蚀性能和耐热性能等的前提下，尽量选用价格低廉和成型性能较好的塑料。同时还应力求结构简单、壁厚均匀、成型方便。在设计塑件时，还应考虑其模具的总体结构，使模具型腔易于制造，模具抽芯和推出机构简单。塑件形状有利于模具分型、排气、补缩和冷却。此外，在塑件成型以后尽量不再进行机械加工。

3.1 塑料制件的选材

塑料制件的选材应考虑以下几个方面，以判断是否能满足使用要求。

① 塑料的力学性能，如强度、刚性、韧性、弹性、弯曲性能、冲击性能以及对应力的敏感性。

② 塑料的物理性能，如对使用环境温度变化的适应性、光学特性、绝热或电气绝缘的程度、精加工和外观的完美程度等。

③ 塑料的化学性能，如对接触物（水、溶剂、油、药品）的耐性、卫生程度以及使用上的安全性等。

④ 必要的精度，如收缩率的大小及各向收缩率的差异。

⑤ 成型工艺性，如塑料的流动性、结晶性、热敏性等。

对于塑料材料的这些要求往往是通过塑料的特性表进行选择和比较的。表3-1给出常用塑料的特性以供参考。选出合格的材料后，再判断所选的材料是否满足制品的使用条件，最好是通过试样做试验。应指出的是，采用标准试样所得到的数据（如力学性能）并不能代替或预测制品在具体使用条件下的实际物理力学性能，只有当使用条件与测试条件相同时，试验才可靠。因此，最好是按照试验所形成的设想来制作原形模具，再通过原型模具生产的试验制品来确认目标值，这样会使塑料材料的选择更为准确。

现比较聚丙烯（PP）和高密度聚乙烯（HDPE）的使用特性和选择原则。

聚丙烯与高密度聚乙烯相比具有许多更优秀的性能，聚丙烯光泽性好，外观漂亮，由于收缩率较高密度聚乙烯小，制件细小部位的清晰度好，表面可制成皮革图案等。而高密度聚乙烯收缩率较大，制品表面的细微处难以模塑成型。聚丙烯的透明性也比高密度聚乙烯好，因此，要求透明的制品，如注射器和其他医疗器具、吹塑容器等均可选用聚丙烯。聚丙烯的尺寸稳定性也优于高密度聚乙烯，可采用聚丙烯制造较大平面的薄壁制品。聚丙烯的热变形温度高于高密度聚乙烯，因此可用于制造耐热性餐具。

但是，高密度聚乙烯的耐冲击性能比聚丙烯强，并且在低温下韧性也较好，因此高密度聚乙烯适合制造寒冷地区使用的货箱及冷藏室中使用的制品。高密度聚乙烯适应气候的能力优于聚丙烯，像啤酒瓶周转箱、室外垃圾箱等塑料制品均宜于采用高密度聚乙烯制造。

表 3-1 常用塑料特性一览

名称	成型性	机械加工性	耐冲击性	韧性	耐磨性	耐蠕变性	挠性	润滑性	透明性	耐候性	耐溶剂性	耐药性	耐燃性	热稳定性	耐寒性	耐湿性	尺寸稳定性	备注
聚乙烯	好	好	好		好		较好	较好			较好	较好			好	较好		价格低
聚丙烯	好	好	较好		较好		较好				较好	较好				较好		价格低
聚氯乙烯	好	较好			较好		较好		较好	较好		较好	较好			较好	较好	价格低
聚苯乙烯	好								较好							较好	较好	价格低
ABS	好	好	好	较好					较好							较好	较好	价格较低
聚碳酸酯	较好	好	好	好	较好	较好			较好	较好			较好	较好	较好		较好	
聚酰胺	较好	好	较好	好	好	较好				较好	较好		较好	较好	较好			
聚甲醛	较好	好	较好	好	好	较好	较好	较好			较好	较好		较好				
酚醛树脂	好	较好			较好	好		较好			较好		较好	较好	较好			好
尿素树脂	好				较好	好				较好	较好		较好		较好			好
环氧树脂	较好		较好	较好	较好	好	较好		较好	较好	较好			较好	较好			
聚氨酯	较好	较好	较好	较好	较好		较好		较好		较好				好	较好		

3.2 塑料制件的尺寸和精度

(1) 塑件的尺寸　塑件的总体尺寸主要取决于塑料品种的流动性。在一定的设备和工艺条件下，流动性好的塑料可以成型较大尺寸的塑件；反之，成型出的塑件尺寸较小。塑件外形尺寸还受成型设备的限制。从能源、模具制造成本和成型工艺条件出发，只要能满足塑件的使用要求，应将塑件设计得尽量紧凑、尺寸小巧一些。

(2) 塑件的尺寸精度　影响塑件尺寸精度的因素很多，如模具制造精度及其使用后的磨损，塑料收缩率的波动，成型工艺条件的变化，塑件的形状，飞边厚度的波动，脱模斜度及成型后塑件尺寸变化等。一般来讲，为了降低模具的加工难度和模具制造成本，在满足塑件使用要求的前提下应尽量把塑件尺寸精度设计得低一些。与金属零件一样，塑件也有公差要求。我国于 1993 年 6 月颁布了工程塑料模塑件尺寸公差国家标准（GB/T 14486—93），该标准划分公差等级的原则是根据塑料收缩特性值划分的。将常用材料分成四大类，见表 3-2。如某种材料的收缩特性值在 0～1%之间（如 PMMA、PC 等），则归为第一类材料，公差等级就可选择 MT2、MT3 和 MT5；如果在 1%～2%之间，则归为第二类材料，公差等级就可选择 MT3、MT4 和 MT6；以此类推。一般来讲，推荐使用“一般精度”，而要求较高者可选用“高精度”。未注公差尺寸采用比它的“一般精度”低两个公差系列的尺寸公差。MT1 级一般不采用，仅供设计精密塑件时参考。

国家标准的公差值按公差等级、尺寸分段列成表 3-3。该表将塑件尺寸 0～500mm 分为 25 个尺寸段，便于和模具设计与制造所使用的国家标准 GB/T 1800—1998 配合使用。表 3-3 中，A 行是由一个成型零件成型的尺寸，即不受模具活动部分影响的尺寸，见图 3-1 (a)；B 行是由两个或更多零件组合成型的尺寸，即受模具活动部分影响的尺寸，见图 3-1 (b)，由于组合会造成附加误差，其公差值较大。表 3-3 中，仅列有各种精度不同的公差数值，无配合关系，其上下偏差应根据使用要求进行分配。在一般情况下，孔采用单向正偏差，可取表中数值冠以“+”号；轴采用单向负偏差，取表中数值冠以“−”号，中心距尺寸取公差值之半冠以“±”号。

表 3-2　常用塑料分类和公差等级选用（GB/T 14486—93）

<table>
<tr><th rowspan="3">材料类别</th><th colspan="2">材 料 名 称</th><th rowspan="3">收缩特性值/%</th><th colspan="3">公差等级</th></tr>
<tr><th rowspan="2">代 号</th><th rowspan="2">模塑件材料</th><th colspan="2">注有公差</th><th rowspan="2">未注公差尺寸</th></tr>
<tr><th>高精度</th><th>一般精度</th></tr>
<tr><td>一</td><td>ABS
AS
EP
UF/MF
PC
PA
PPO
PPS
PS
PSU
硬 PVC
PMMA
PDAP
PETP
PBTP
PF</td><td>丙烯腈-丁二烯-苯乙烯三元共聚物
丙烯腈-苯乙烯共聚物
环氧树脂
脲醛塑料-三聚氰胺甲醛塑料(无机物填充)
聚碳酸酯
玻纤填充聚酰胺
聚苯醚
聚亚苯硫醚
聚苯乙烯
聚亚苯基砜
硬聚氯乙烯
聚甲基丙烯酸甲酯
聚邻苯二甲酸二烯丙酯
玻纤填充聚对苯二甲酸乙二醇酯
玻纤填充聚对苯二甲酸丁二醇酯
无机物填充酚醛塑料</td><td>0～1</td><td>MT2</td><td>MT3</td><td>MT5</td></tr>
<tr><td>二</td><td>CA
UF/MF
PA
PBTP
PETP
PF
POM
PP</td><td>醋酸纤维素
脲醛塑料-三聚氰胺甲醛塑料(有机物填充)
聚酰胺(无填料)
聚对苯二甲酸丁二醇酯
聚对苯二甲酸乙二醇酯
酚醛塑料(有机物填充)
聚甲醛(尺寸<150mm)
聚丙烯(无机物填充)</td><td>1～2</td><td>MT3</td><td>MT4</td><td>MT6</td></tr>
<tr><td>三</td><td>POM
PP</td><td>聚甲醛(尺寸≥150mm)
聚丙烯</td><td>2～3</td><td>MT4</td><td>MT5</td><td>MT7</td></tr>
<tr><td>四</td><td>PE
软 PVC</td><td>聚乙烯
软聚氯乙烯</td><td>3～4</td><td>MT5</td><td>MT6</td><td>MT7</td></tr>
</table>

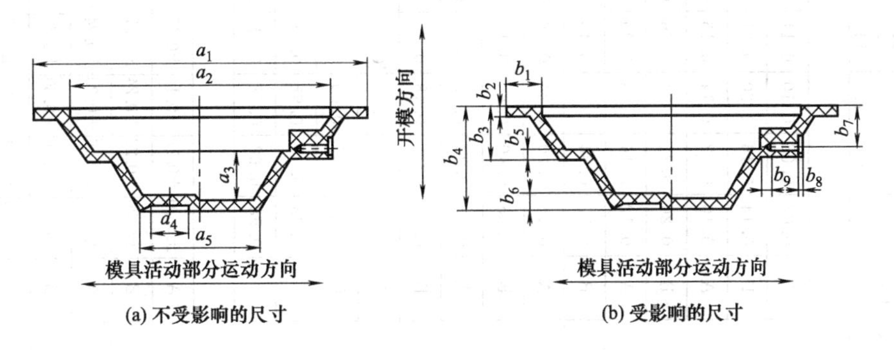

(a) 不受影响的尺寸　　(b) 受影响的尺寸

图 3-1　不受模具活动部分和受模具活动部分影响的尺寸

表 3-3 塑件尺寸公差表（GB/T 14486—93）/mm

公差等级	公差种类	基本尺寸																							
		0～3	3～6	6～10	10～14	14～18	18～24	24～30	30～40	40～50	50～65	65～80	80～100	100～120	120～140	140～160	160～180	180～200	200～225	225～250	250～280	280～315	315～355	355～400	400～450	450～500
标注公差的尺寸允许偏差																									
1	A	0.07	0.08	0.10	0.11	0.12	0.13	0.15	0.16	0.18	0.20	0.23	0.26	0.29	0.33	0.36	0.39	0.42	0.46	0.49	0.54	0.58	0.64	0.70	0.78	0.84
	B	0.14	0.16	0.20	0.21	0.22	0.23	0.25	0.26	0.28	0.30	0.33	0.36	0.39	0.43	0.46	0.49	0.52	0.56	0.59	0.64	0.68	0.74	0.80	0.88	0.94
2	A	0.10	0.12	0.14	0.16	0.18	0.20	0.22	0.24	0.26	0.30	0.34	0.38	0.42	0.46	0.50	0.54	0.60	0.66	0.70	0.76	0.84	0.92	1.00	1.10	1.20
	B	0.20	0.22	0.24	0.26	0.28	0.30	0.32	0.34	0.36	0.40	0.44	0.48	0.52	0.56	0.60	0.64	0.70	0.76	0.80	0.86	0.94	1.02	1.10	1.20	1.30
3	A	0.12	0.14	0.18	0.20	0.22	0.26	0.28	0.32	0.36	0.40	0.46	0.52	0.58	0.66	0.72	0.78	0.86	0.92	1.00	1.10	1.20	1.30	1.44	1.60	1.74
	B	0.32	0.34	0.38	0.40	0.42	0.46	0.48	0.52	0.56	0.60	0.66	0.72	0.78	0.86	0.92	0.98	1.06	1.12	1.20	1.30	1.40	1.50	1.64	1.80	1.94
4	A	0.16	0.20	0.24	0.28	0.30	0.34	0.38	0.42	0.48	0.56	0.64	0.72	0.84	0.94	1.04	1.14	1.24	1.36	1.48	1.62	1.78	1.96	2.20	2.40	2.60
	B	0.36	0.40	0.44	0.48	0.50	0.54	0.58	0.62	0.68	0.76	0.84	0.92	1.04	1.14	1.24	1.34	1.44	1.56	1.68	1.82	1.98	2.16	2.40	2.60	2.80
5	A	0.20	0.24	0.28	0.34	0.38	0.44	0.48	0.56	0.64	0.74	0.86	1.10	1.16	1.30	1.46	1.60	1.76	1.94	2.10	2.30	2.60	2.80	3.10	3.50	3.90
	B	0.40	0.44	0.48	0.54	0.58	0.64	0.68	0.76	0.84	0.94	1.06	1.30	1.36	1.50	1.66	1.80	1.96	2.14	2.30	2.50	2.80	3.00	3.30	3.70	4.10
6	A	0.26	0.32	0.40	0.48	0.54	0.62	0.70	0.80	0.94	1.10	1.28	1.48	1.72	1.96	2.20	2.40	2.60	2.90	3.20	3.50	3.80	4.30	4.70	5.30	5.80
	B	0.46	0.52	0.60	0.68	0.74	0.82	0.90	1.00	1.14	1.30	1.48	1.68	1.92	2.16	2.40	2.60	2.80	3.10	3.40	3.70	4.00	4.50	4.90	5.50	6.00
7	A	0.38	0.48	0.58	0.68	0.76	0.88	1.00	1.14	1.32	1.54	1.80	2.10	2.40	2.80	3.10	3.40	3.70	4.10	4.50	4.90	5.40	6.00	6.70	7.40	8.20
	B	0.58	0.68	0.78	0.88	0.96	1.08	1.20	1.34	1.52	1.74	2.00	2.30	2.60	3.00	3.30	3.60	3.90	4.30	4.70	5.10	5.60	6.20	6.90	7.60	8.40
未注公差的尺寸允许偏差																									
5	A	±0.10	±0.12	±0.14	±0.17	±0.19	±0.22	±0.24	±0.28	±0.32	±0.37	±0.43	±0.55	±0.58	±0.65	±0.73	±0.80	±0.88	±0.97	±1.05	±1.15	±1.30	±1.40	±1.55	±1.75	±1.95
	B	±0.20	±0.22	±0.24	±0.27	±0.29	±0.32	±0.34	±0.38	±0.42	±0.47	±0.53	±0.65	±0.68	±0.75	±0.83	±0.90	±0.98	±1.07	±1.15	±1.25	±1.40	±1.50	±1.65	±1.85	±2.05
6	A	±0.13	±0.16	±0.20	±0.24	±0.27	±0.31	±0.35	±0.40	±0.47	±0.55	±0.64	±0.74	±0.86	±0.98	±1.10	±1.20	±1.30	±1.45	±1.60	±1.75	±1.90	±2.15	±2.35	±2.65	±2.90
	B	±0.23	±0.26	±0.30	±0.34	±0.37	±0.41	±0.45	±0.50	±0.57	±0.65	±0.74	±0.84	±0.96	±1.08	±1.20	±1.30	±1.40	±1.55	±1.70	±1.85	±2.00	±2.25	±2.45	±2.75	±3.00
7	A	±0.19	±0.24	±0.29	±0.34	±0.38	±0.44	±0.50	±0.57	±0.66	±0.77	±0.90	±1.05	±1.20	±1.40	±1.55	±1.70	±1.85	±2.05	±2.25	±2.45	±2.70	±3.00	±3.35	±3.70	±4.10
	B	±0.29	±0.34	±0.39	±0.44	±0.48	±0.54	±0.60	±0.67	±0.76	±0.87	±1.00	±1.15	±1.30	±1.50	±1.65	±1.80	±1.95	±2.15	±2.35	±2.55	±2.80	±3.10	±3.45	±3.80	±4.20

注：A 为不受模具活动部分影响的尺寸；B 为受模具活动部分影响的尺寸。

3.3 塑料制件的表面质量

塑料制件的表面质量包括表面粗糙度和表观质量。塑件表面粗糙度的高低，主要与模具型腔表面的粗糙度有关。目前，注射成型塑件的表面粗糙度通常为 $R_a=0.02\sim1.25\mu m$，模腔表壁的表面粗糙度应为塑件的 1/2，即 $R_a=0.01\sim0.63\mu m$。

塑件的表观质量指的是塑件成型后的表观缺陷状态，如常见的缺料、溢料、飞边、凹陷、气孔、熔接痕、银纹、斑纹、翘曲与收缩、尺寸不稳定等。它是由塑件成型工艺条件、塑件成型原材料的选择、模具总体设计等多种因素造成的。成型时塑件出现的表观缺陷及其产生原因可参考附录 4 和附录 5。

3.4 塑料制件的结构设计

3.4.1 脱模斜度

由于塑件冷却后产生收缩，会紧紧包在凸模或成型型芯上，或由于黏附作用，塑件紧贴在凹模型腔内。为了便于脱模，防止塑件表面在脱模时划伤、擦毛等。在设计时塑件表面沿脱模方向应具有合理的脱模斜度，如图 3-2 所示。

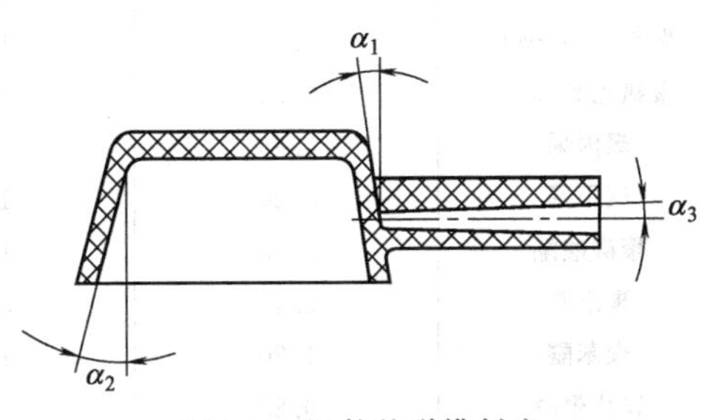

图 3-2 塑件的脱模斜度

塑件脱模斜度的大小，与塑料的性质、收缩率、摩擦因数、塑件壁厚和几何形状有关。硬质塑料比软质塑料脱模斜度大；形状较复杂或成型孔较多的塑件取较大的脱模斜度；塑件高度较大、孔较深，则取较小的脱模斜度；壁厚增加、内孔包紧型芯的力大，脱模斜度也应取大些。有时为了在开模时让塑件留在凹模内或型芯上，而有意将该边斜度减小或将斜度放大。

一般情况下，脱模斜度不包括在塑件公差范围内，否则在图样上应给予说明。在塑件图上标注时，内孔以小端为基准，斜度由放大的方向取得；外形以大端为基准，斜度由缩小的方向取得。表 3-4 列出了若干塑件的脱模斜度，可供设计时参考。

表 3-4 塑件常用的脱模斜度

制件材料		聚酰胺（通用）	聚酰胺（增强）	聚乙烯	聚甲基丙烯酸甲酯	聚苯乙烯	聚碳酸酯	ABS 塑料
脱模斜度	凹模（型腔）	20′～40′	20′～50′	20′～45′	35′～1°30′	35′～1°30′	35′～1°	40′～1°20′
	凸模（型芯）	25′～40′	20′～40′	25′～45′	30′～1°	30′～1°	30′～50′	35′～1°

3.4.2 壁厚

塑件应有一定的厚度才能满足使用时的强度和刚度要求，而且壁厚在脱模时还需承受脱模推力。壁厚应设计合理，壁太薄熔料充满型腔时的流动阻力大，会出现缺料现象；壁太厚塑件内部会产生气泡，外部易产生凹陷等缺陷，同时增加了成本；壁厚不均匀将造成收缩不一致，导致塑件变形或翘曲，在可能的条件下应使壁厚尽量均匀一致。

塑件的壁厚一般为1～4mm，大型塑件的壁可达8mm。表3-5和表3-6分别为热固性塑件与热塑性塑件壁厚参考值。

表3-5 热固性塑性的最小壁厚参考值/mm

压制深度	最小壁厚		
	胶木粉	电玉粉	玻璃纤维压塑粉
约40	0.7～1.5	0.9	1.5
>40～80	2～2.5	1.3～1.5	2.5～3.5
>80	5～6.5	3～3.5	6～8

表3-6 热塑性塑件的推荐壁厚和最小壁厚参考值/mm

塑料名称	最小壁厚	小型塑件推荐壁厚	一般塑件推荐壁厚	大型塑件推荐壁厚
聚苯乙烯	0.75	1.25	1.6	3.2～5.4
改性聚苯乙烯	0.75	1.25	1.6	3.2～5.4
聚甲基丙烯酸甲酯	0.80	1.50	2.2	4.0～6.5
聚乙烯	0.80	1.25	1.6	2.4～3.2
聚氯乙烯(硬)	1.15	1.60	1.8	3.2～5.8
聚氯乙烯(软)	0.85	1.25	1.5	2.4～3.2
聚丙烯	0.85	1.45	1.8	2.4～3.2
聚甲醛	0.80	1.40	1.6	3.2～5.4
聚碳酸酯	0.95	1.80	2.3	4.0～4.5
聚酰胺	0.45	0.75	1.6	2.4～3.2
聚苯醚	1.20	1.75	2.5	3.5～6.4
氯化聚醚	0.85	1.35	1.8	2.5～3.4

3.4.3 加强筋

加强筋的主要作用是在不增加壁厚的情况下，加强塑件的强度和刚度，避免塑件变形翘曲。此外，合理布置加强筋还可以改善充模流动，减少内应力，避免气孔、缩孔和凹陷等缺陷。

加强筋的厚度应小于塑件壁厚，并与壁用圆弧过渡。加强筋的形状尺寸如图3-3所示。若塑件壁厚为t，则加强筋高度$L=(1\sim3)t$，筋条宽$A=(1/4\sim1)t$，筋根过度圆角$R=(1/8\sim1/4)t$，收缩角$\alpha=2^\circ\sim5^\circ$，筋端部圆角$r=t/8$，当$t\leqslant2$mm，取加强筋厚度$A=t$。

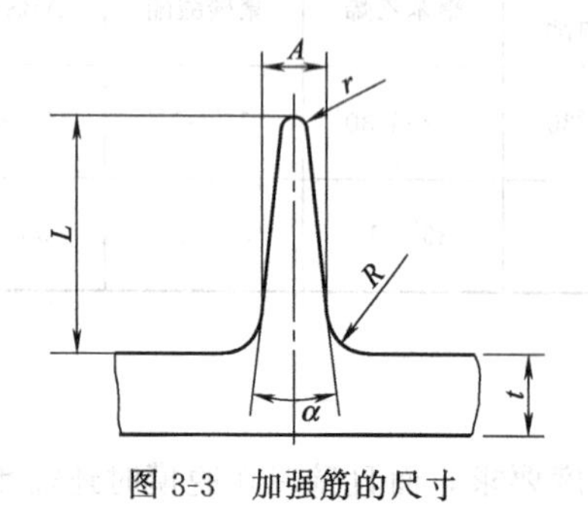

图3-3 加强筋的尺寸

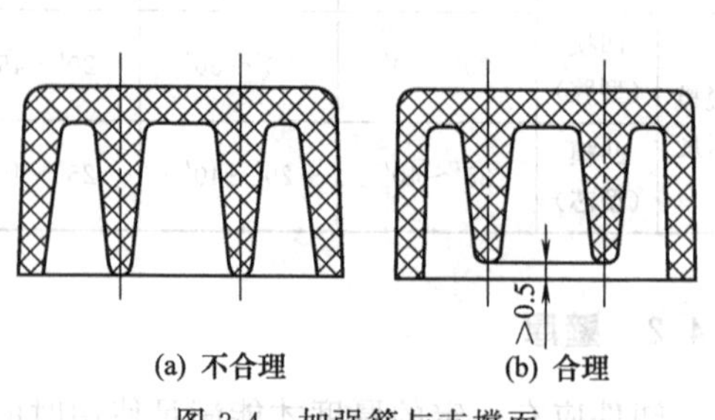

图3-4 加强筋与支撑面

加强筋端部不应与塑件支撑面平齐，而应缩进 0.5mm 以上，如图 3-4 所示。如果一个制件上需要设置许多加强筋，除应注意加强筋之间的中心距必须大于制件壁厚的两倍以上之外，还要使各条加强筋的排列相互错开，以防止收缩不均匀引起制品破裂。此外，各条加强筋的厚度应尽量相同或相近，这样可以防止因熔体局部集中而引起缩孔和气泡。例如，图 3-5 (a) 中的加强筋因排列不合理，在加厚集中的地方容易出现缩孔和气泡，为此，可以用图 3-5 (b) 所示的排列形式。

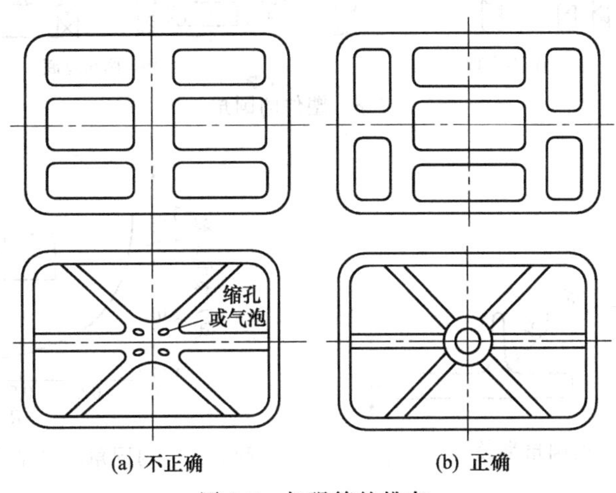

图 3-5 加强筋的排布

图 3-6 为采用加强筋改善制品壁厚与刚度的示例，图 3-6 (a) 为不合理，图 3-6 (b) 为合理。

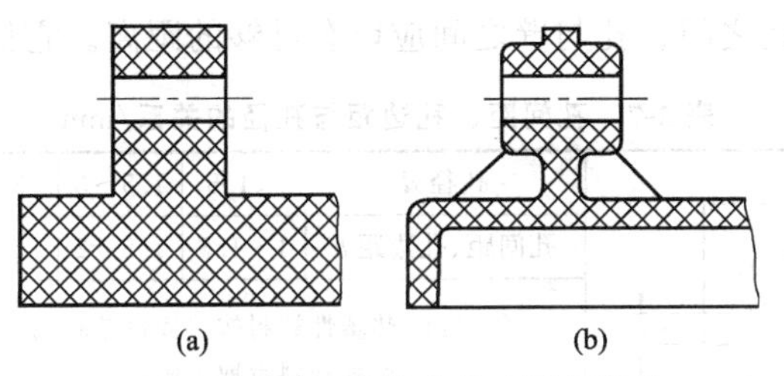

图 3-6 采用加强筋改善壁厚和刚度

3.4.4 支撑面

设计塑件的支撑面应充分保证其稳定性。不宜以塑件的整个底面作支撑面，因为塑件稍有翘曲或变形就会使底面不平。通常采用凸缘或凸台作为支撑面，如图 3-7 所示。

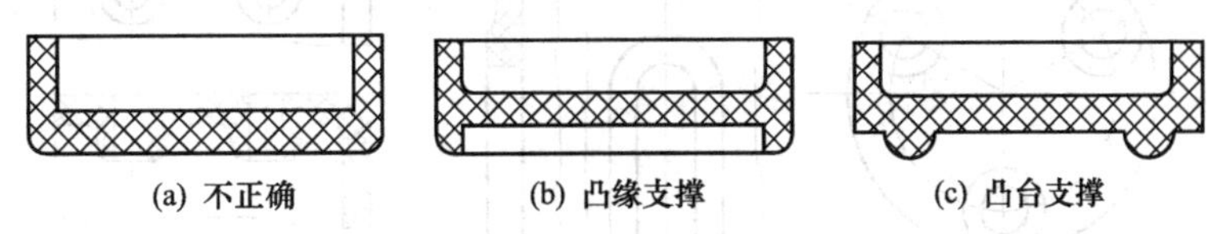

图 3-7 用凸缘或凸台作支撑面

3.4.5 圆角

对于塑件来说，除使用要求需要采用尖角之外，其余所有内外表面转弯处都应尽可能采用圆角过渡，以减少应力集中。图 3-8 (a) 所示是不合理的，图 3-8 (b) 改成了圆角过渡，设计就比较合理。这样不但使塑件强度高，塑料熔体在型腔中流动性好，而且美观，模具型腔也不易产生内应力和变形。

圆角半径的大小主要取决于塑件的壁厚，如图 3-9 所示，其尺寸可供设计时参考。

图 3-10 表示内圆角、壁厚与应力集中系数之间的关系，图中 R 为内圆角半径，t 为壁厚。由图可见，将 R/t 控制在 1/4～3/4 的范围内较为合理。

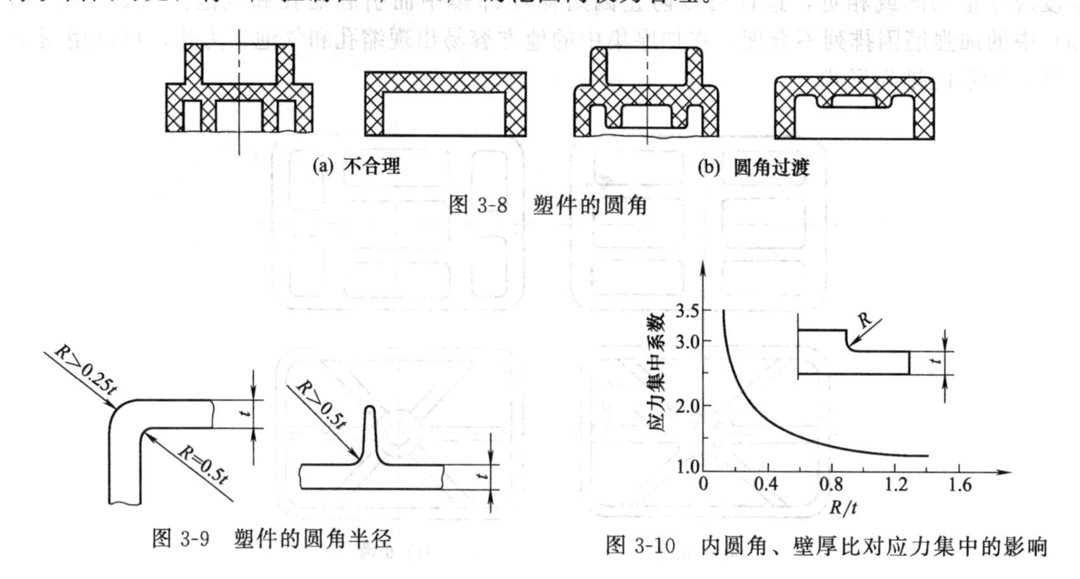

图 3-8 塑件的圆角

图 3-9 塑件的圆角半径

图 3-10 内圆角、壁厚比对应力集中的影响

3.4.6 孔的设计

塑件上常见的孔有通孔、盲孔、异形孔（形状复杂的孔）。原则上讲，这些孔均能用一定的型芯成型，但孔与孔之间、孔与壁之间应留有足够的距离。它们的关系如表 3-7 所示。

表 3-7 孔间距、孔边距与孔径的关系/mm

孔径 d	＜1.5	1.5～3	3～6	6～10	10～18	18～30
孔间距、孔边距 b	1～1.5	1.5～2	2～3	3～4	4～5	5～7

备注：1. 热塑性塑料按热固性塑料的 75%取值
2. 增强塑料宜取上限
3. 两孔径不一致时，则以小孔径查表

塑料制件上的固定用孔和其他受力孔周围可设计凸边来加强，如图 3-11 所示。

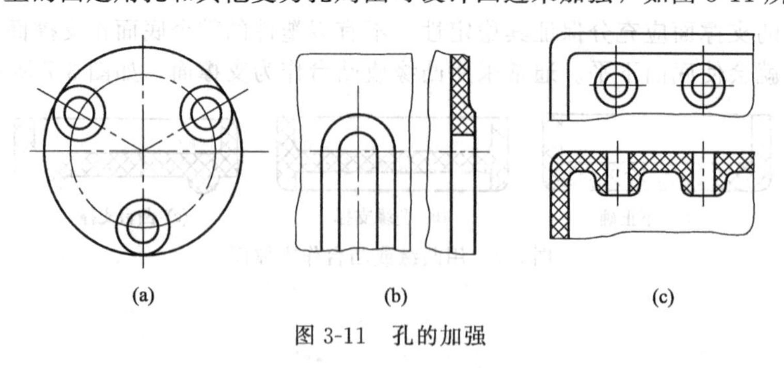

图 3-11 孔的加强

(1) 通孔 孔的成型方法与其形状和尺寸大小有关。一般有三种方法，如图 3-12 所示。图 3-12（a）为一端固定的型芯成型，用于较浅的孔成型。图 3-12（b）为对接型芯，用于较深的通孔成型，这种方法容易使上下孔出现偏心。图 3-12（c）为一端固定、一端导向支

撑，这种方法使型芯有较好的强度和刚度，又能保证同轴度，较为常用，但导向部分周围由于磨损易产生圆周纵向溢料 B。不论用何种方法固定的型芯成型，孔深均不能太大，否则型芯会弯曲。压缩成型时尤应注意通孔深度不得超过孔径的 4 倍。

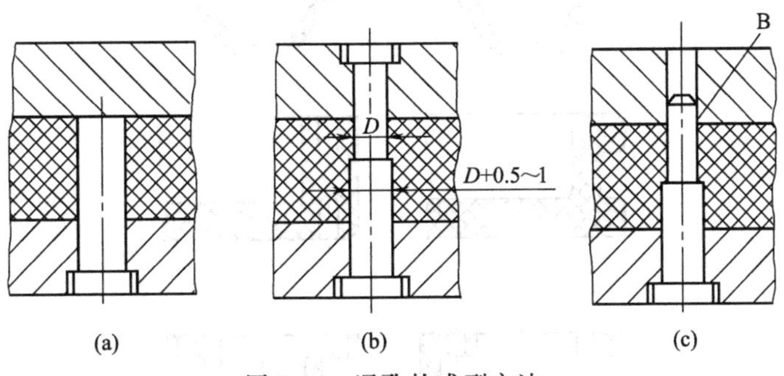

图 3-12　通孔的成型方法

（2）盲孔　盲孔只能用一端固定的型芯来成型，如果孔径较小深度又很大时，成型时型芯易于弯曲或折断。根据经验，注射成型或压注成型时，孔深度应不超过孔径的 4 倍。压缩成型时，孔深应不超过孔径的 2.5 倍。当孔径较小深度太大时，孔只能用成型后再机械加工的方法获得。

（3）异形孔　对于斜孔或复杂形状的孔，可参考图 3-13 所示的成型方法。

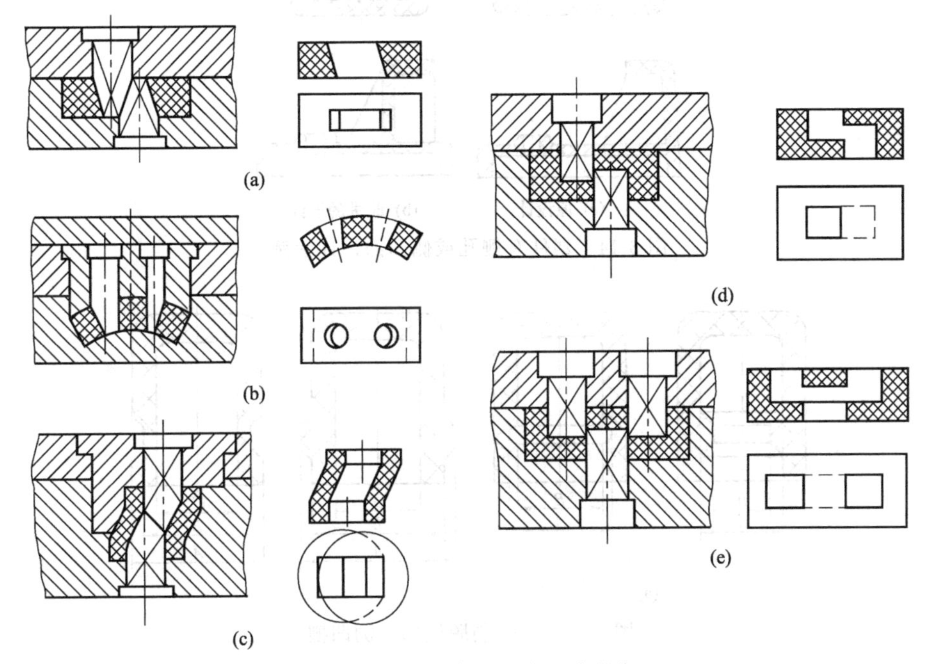

图 3-13　用拼合型芯成型异形孔

当塑件带有侧孔或侧凹时，成型模具就必须采用瓣合式结构或设置侧向分型与抽芯机构，从而使模具结构复杂化，因此，在不影响使用要求的情况下，塑件应尽量避免侧孔或侧凹结构。图 3-14 为带有侧孔或侧凹塑件的改进设计示例。

对于较浅的内侧凹槽或外侧凸台并带有圆角的制件，若制件在脱模温度下具有足够的弹性，则可采用强制脱模的方法将制件脱出，而不必采用组合型芯的方法。聚甲醛、聚乙烯、聚丙烯的塑料制件均可以带有如图 3-15 所示的可强制脱模的浅侧凹槽。图中，A 与 B 的关系应满足：

$$\frac{A-B}{B(C)}\times 100\%\leqslant 5\% \tag{3-1}$$

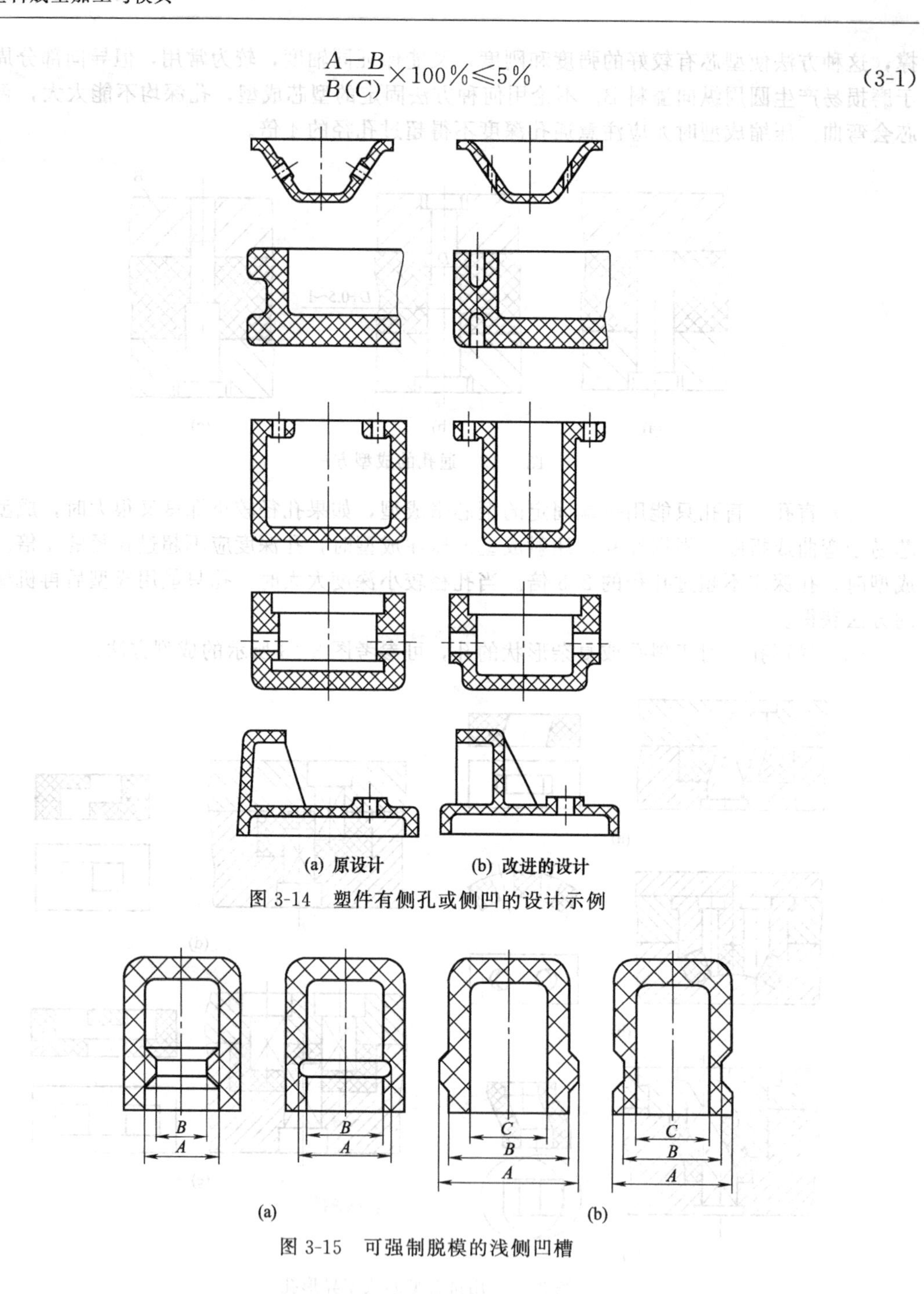

图 3-14 塑件有侧孔或侧凹的设计示例

图 3-15 可强制脱模的浅侧凹槽

3.4.7 螺纹设计

塑件上的螺纹既可以直接用模具成型，也可以在成型后用机械加工获得，对于需要经常装拆和受力较大的螺纹，应采用金属螺纹嵌件。

塑件上的螺纹，一般直径要求不小于 2mm，精度不超过 IT7 级，并选用螺距较大者。细牙螺纹尽量不采用直接成型，而是采用金属螺纹嵌件。

为了增加塑料螺纹的强度，防止最外圈螺纹崩裂或变形，其始端和末端均不应突然开始和结束，应有一过渡段。如图 3-16 所示，过渡段长度为 l，其数值按表 3-8 选取。

塑料螺纹与金属螺纹的配合长度应不大于螺纹直径的 1.5 倍（一般配合长度为 8～10 牙）。

在同一螺纹型芯或螺纹型环上有前后两段螺纹时，应使两段螺纹的旋向和螺距相同，如图 3-17（a）所示，否则无法使塑件从型芯或型环上拧下来。当螺距不等或旋向不同时，就要采用两段型芯或型环组合在一起的成型方法，成型后分别拧下来，如图 3-17（b）所示。

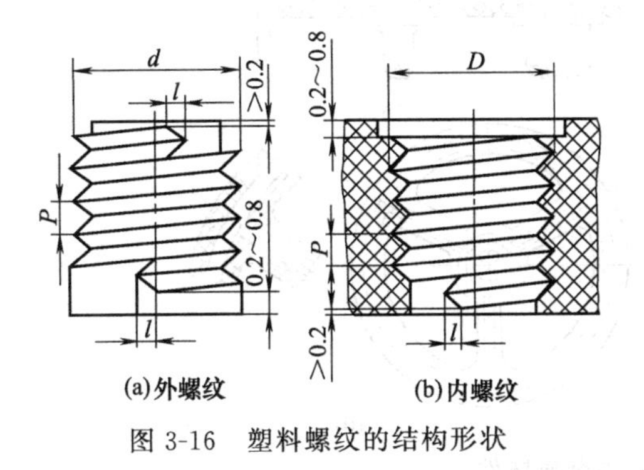

图 3-16　塑料螺纹的结构形状

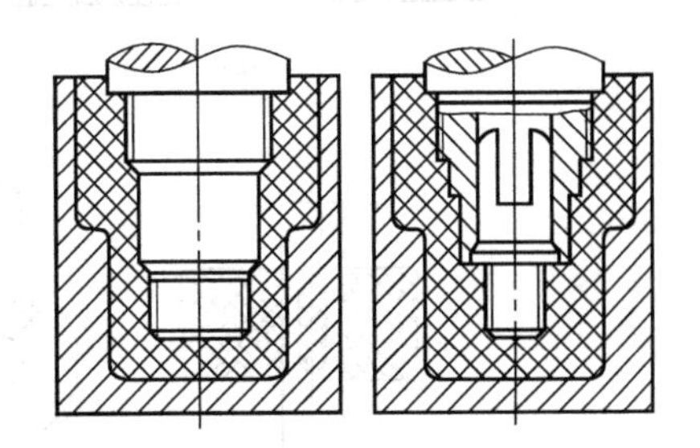

图 3-17　两段同轴螺纹

表 3-8　塑料螺纹始末端的过渡长度/mm

螺纹直径	螺　距 P		
	<0.5	0.5～1.0	>1.0
	始末端过渡长度 l		
≤10	1	2	3
>10～20	1	2	4
>20～34	2	4	6
>34～52	3	6	8
>52	3	8	10

3.4.8　嵌件设计

塑件内部镶嵌有金属、玻璃、木材、纤维、纸张、橡胶或已成型的塑件等称为嵌件。使用嵌件的目的在于提高塑件的强度，满足塑件某些特殊要求，如导电、导磁、耐磨和装配连接等。但使用嵌件往往使模具结构复杂化，成型周期延长，制造成本增加，难以实现自动化生产等问题。

金属是常用的嵌件材料，嵌件形式繁多。图 3-18 为几种常见的形式，图 3-18（a）为圆形嵌件；图 3-18（b）为带台阶圆柱形嵌件；图 3-18（c）为片状嵌件；图 3-18（d）为细杆状贯穿嵌件。

对带有嵌件的塑件，一般都是先设计嵌件，然后再设计塑件。设计嵌件时由于金属与塑料冷却时的收缩值相差较大，致使周围的塑料存在很大的内应力，如果设计不当，则会造成塑件的开裂，所以应选用与塑料收缩率相近的金属作嵌件，或使嵌件周围的塑料层厚度大于许用值，表 3-9 列出了嵌件周围塑料层的许用厚度，供设计时参考。嵌件的顶部也应有足够的塑料层厚度，否则会出现鼓泡或裂纹。同时嵌件不应带有尖角，以减少应力集中。对于大嵌件进行预热，使其温度接近塑料温度。同时嵌件上尽量不要有穿通的孔（如螺纹孔），以免塑料挤入孔内。

塑件中嵌件的形状应尽量满足成型要求，保证嵌件与塑料之间具有牢固的连接，以防受力脱出。图 3-19 所示为嵌件外形示例；图 3-20 所示为板片形嵌件与塑件的连接；图 3-21 所示为小型圆柱嵌件与塑件的连接，可供设计时参考。

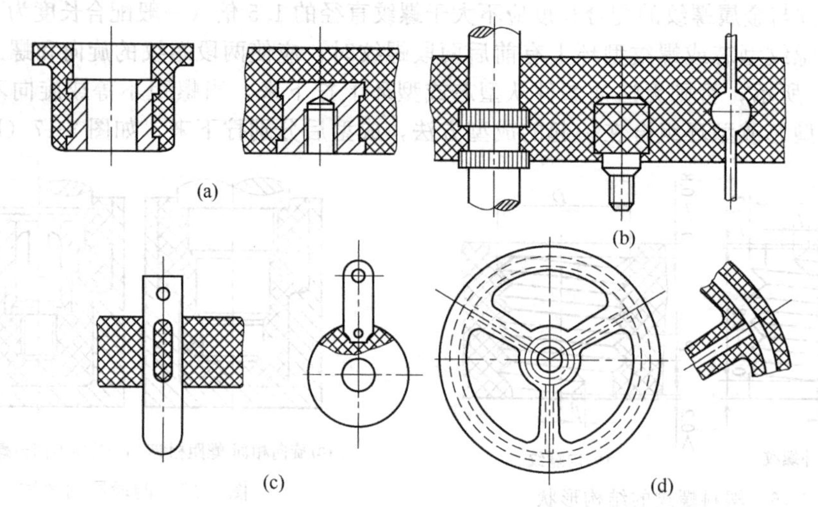

图 3-18 常见的几种金属嵌件

表 3-9 金属嵌件周围的塑料层厚度/mm

金属嵌件直径 D	周围塑料层最小厚度 C	顶部塑料层最小厚度 H
约 4	1.5	0.8
>4～8	2.0	1.5
>8～12	3.0	2.0
>12～16	4.0	2.5
>16～25	5.0	3.0

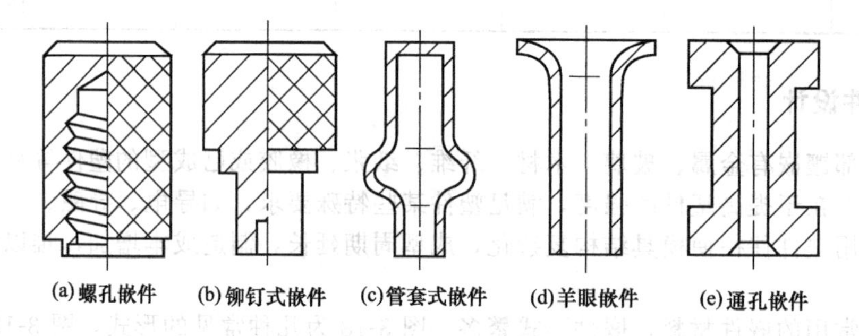

图 3-19 嵌件外形示例

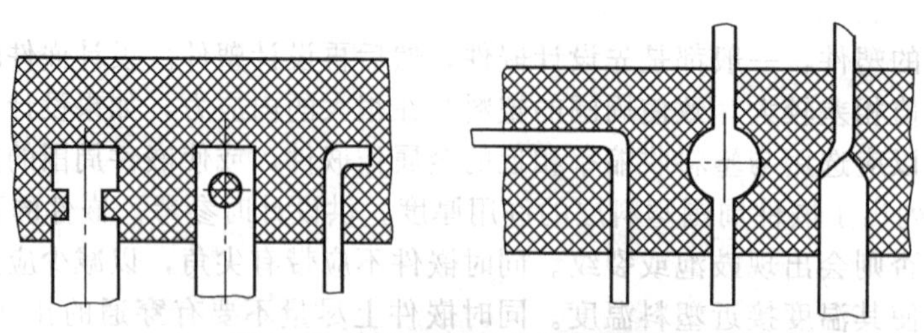

图 3-20 板片形嵌件与塑件的连接

为使嵌件镶嵌在塑件中，成型时可以将嵌件先放在模具中固定，然后注入塑料熔体加以成型。也可以把嵌件在塑料预压时先放在塑料中，然后模塑成型。对于某些特制嵌件（如电气元件），可在塑件成型以后再压入预制的孔槽中。不论用何种办法嵌入，都需要对嵌件进行可靠的定位，以保证尺寸精度。图 3-22 和图 3-23 为外螺纹嵌件和内螺纹嵌件在模内的固定方法。

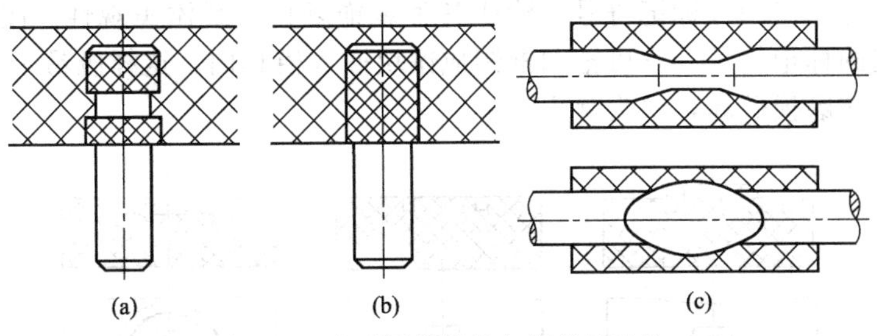

图 3-21　小型圆柱嵌件与塑件的连接

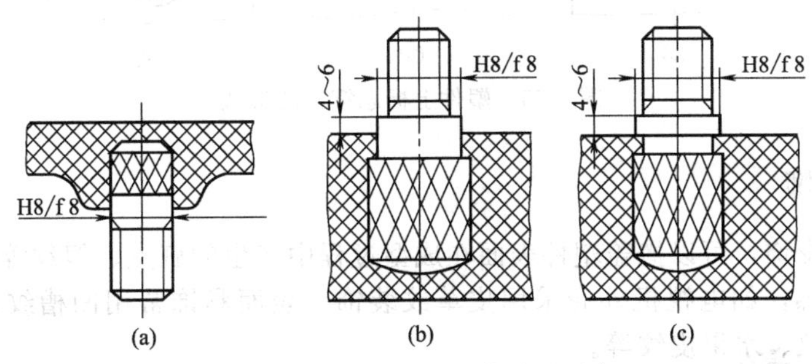

图 3-22　外螺纹嵌件在模内的固定

当嵌件过长或呈细长杆状时，应在模具内设支柱以免嵌件弯曲，但会在塑件上留下工艺孔，如图 3-24 所示。成型时为了使嵌件在塑料内牢固地固定而不被脱出，其嵌件表面可加工成沟槽、滚花，或制成各种特殊形状。

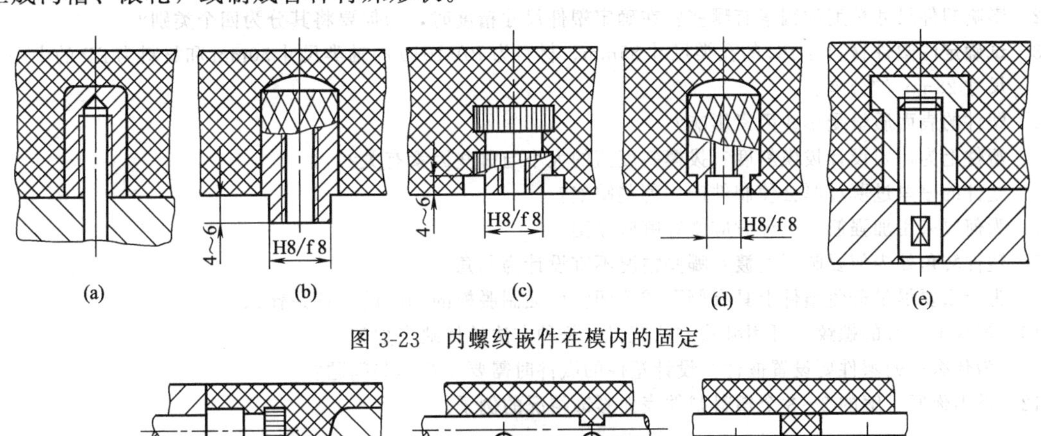

图 3-23　内螺纹嵌件在模内的固定

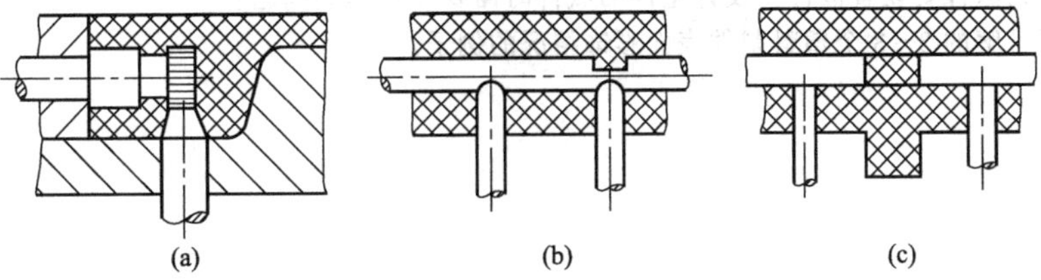

图 3-24　细长嵌件在模内支撑固定

3.4.9　标记符号

由于装潢或某些特殊要求，塑件上有时需要带有文字或图案标记的符号，如图 3-25 所示。符号应放在分型面的平行方向上，并有适当的斜度以便脱模。图 3-25（a）为标志符号在塑件上呈凸起状，在模具上即为凹形，加工容易，但凸起的标记符号容易被磨损。图 3-25（b）为标记符号在塑件中呈凹入状，在模具上即为凸起，用一般机械加工难以满足，需要用特殊加工工艺，但凹入标记符号可涂印各种装饰颜色，增添美观性。图 3-25（c）为在凹框内设置凸起的标记符号，它可把凹框制成镶块嵌入模具内，这样既易于加工，在使用时标记符号又不易被磨损破坏，最为常用。

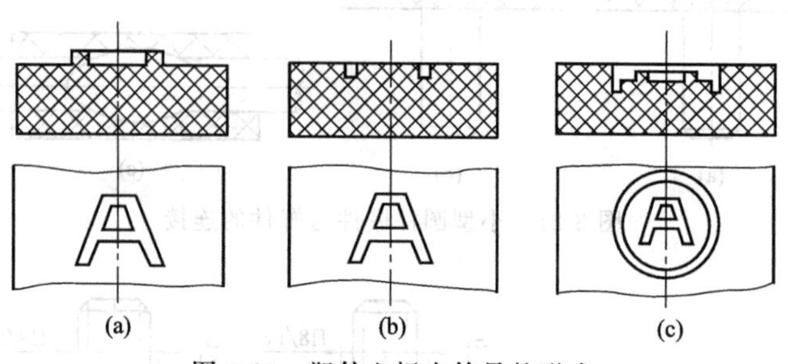

图 3-25 塑件上标志符号的形式

3.4.10 表面彩饰

塑件的表面彩饰，可以掩盖塑件表面在成型过程中产生的疵点、银纹等缺陷，同时增加了产品外观的美感，如电视机外壳采用皮革纹装饰。表面彩饰常用凹槽纹、皮革纹、菱形纹、芦饰纹、木纹、水果皮纹等。

目前对某些塑件常用彩印、胶印、丝印、喷镀漆等方法进行表面彩饰。

习题与思考

3-1 设计塑件时，为什么既要满足塑件的使用要求，又要满足塑件的结构工艺性？

3-2 影响塑件尺寸精度的因素有哪些？在确定塑件尺寸精度时，为何要将其分为四个类别？

3-3 试确定注塑件材料为 PC 的孔类尺寸 85mm、材料为 PA-1010 的轴类尺寸 50mm 和材料为 PP 的中心距尺寸 28mm 的公差。

3-4 塑件的表面质量受哪些因素影响？

3-5 塑件上为何要设计拔模斜度？拔模斜度值的大小与哪些因素有关？

3-6 塑件的壁厚过薄过厚会使制件产生哪些缺陷？

3-7 为何要采用加强筋？设计时应遵守哪些原则？

3-8 塑件转角处为何要圆弧过渡？哪些情况不宜设计为圆角？

3-9 为什么要尽量避免塑件上具有侧孔或侧凹？可强制脱模的侧凹的条件是什么？

3-10 塑件上带有的螺纹，可用哪些方法获得？每种方法的优缺点如何？

3-11 为什么有的塑件要设置嵌件？设计塑件的嵌件时需要注意哪些问题？

3-12 举出你所了解的 2～3 个塑料制件表面彩饰情况的例子。

第 2 篇

注射成型工艺及模具设计

第 4 章　注射成型工艺

在注射成型生产中，塑料原料、注射设备和注射所用的模具是三个必不可少的物质条件。要使这三者联系起来形成生产能力，就必须运用一定的技术方法。这种技术方法就叫做注射成型工艺。毫无疑问，对于一个以注塑制件为生产对象的塑料加工厂，其主要技术任务之一就是如何根据设备条件和塑料原料，正确地制订注射成型工艺规程以及合理地设计注射模具，以保证生产能够正常进行并具有较低的生产成本和较高的经济效益。

4.1　热塑性塑料的工艺性能

4.1.1　成型收缩

塑料制件从模具中取出发生尸寸收缩的特性称为塑料的收缩性。因为塑料制件的收缩不仅与塑料本身的热胀冷缩性质有关，而且还与模具结构及成型工艺条件等因素有关，故将塑料制件的收缩统称为成型收缩。

塑料成型收缩的大小可用塑料制件的实际收缩率 $S_{实}$ 表示，即：

$$S_{实}=\frac{a-b}{a}\times100\% \tag{4-1}$$

式中　a——成型温度时的制件尺寸；

b——常温时的制件尺寸。

由于成型温度时的制件尺寸无法测量，因此常采用常温时的型腔尺寸取代，故有：

$$S_{计}=\frac{c-b}{b}\times100\% \tag{4-2}$$

式中　c——常温时型腔尺寸；

$S_{计}$——塑料制件的计算收缩率。

当 $S_{计}$ 为已知时，可用 $S_{计}$ 来计算型腔尺寸（见第 7 章）。

塑料的收缩数据是以标准试样实测得到的。常用塑料的计算收缩率如表 4-1 和表 4-2 所示。

表 4-1　收缩率范围较小的塑料收缩率

塑料名称	收缩率/%	塑料名称	收缩率/%
聚苯乙烯	0.5～0.8	聚碳酸酯	0.5～0.8
硬聚氯乙烯	0.6～1.5	聚砜	0.4～0.8
聚甲基丙烯酸甲酯	0.5～0.7	ABS	0.3～0.8
有机玻璃(372)	0.5～0.9	氯化聚醚	0.4～0.6
半硬聚氯乙烯	1.5～2.0	注射酚醛	1.0～1.2
聚苯醚	0.5～1.0	醋酸纤维素	0.5～0.7

表 4-2 收缩率范围较大的塑料收缩率/%

<table>
<tr><th rowspan="2">塑料名称</th><th colspan="9">塑料制品壁厚/mm</th><th rowspan="2">制品高度方向的收缩率为水平方向的收缩率的百分比/%</th></tr>
<tr><th>1</th><th>2</th><th>3</th><th>4</th><th>5</th><th>6</th><th>7</th><th>8</th><th>>8</th></tr>
<tr><td rowspan="3">尼龙-1010</td><td colspan="2">0.5～1</td><td></td><td></td><td colspan="2">1.8～2</td><td colspan="2" rowspan="3">2～2.5</td><td rowspan="3">2.5～4</td><td rowspan="3">70</td></tr>
<tr><td></td><td colspan="2">1.1～1.3</td><td></td><td></td><td></td></tr>
<tr><td></td><td></td><td colspan="2">1.4～1.6</td><td></td><td></td></tr>
<tr><td>聚丙烯</td><td colspan="3">1～2</td><td colspan="2">2～2.5</td><td colspan="2">2.5～3</td><td colspan="2">—</td><td>120～140</td></tr>
<tr><td rowspan="2">低压聚乙烯</td><td colspan="3">1.5～2</td><td colspan="3" rowspan="2">2～2.5</td><td colspan="3" rowspan="2">2.5～3.5</td><td rowspan="2">110～150</td></tr>
<tr><td colspan="2">—</td><td></td></tr>
<tr><td>聚甲醛</td><td colspan="3">1～1.5</td><td colspan="3">1.5～2</td><td colspan="3">2～2.6</td><td>105～120</td></tr>
</table>

在实际成型时不仅不同品种的塑料收缩率不同，而且不同批次的同一品种塑料或者同一制件的不同部位的收缩率也经常不同，收缩率的变化受塑料品种、制品特征、成型条件以及模具结构等因素的影响，特别是浇口尺寸和位置的影响，因此制品的实际收缩率与设计模具时所选用的计算收缩率之间便存在着误差。在选取塑料的收缩率时应按制品的具体情况做具体分析，其一般的选择原则如下。

① 对于收缩率范围较小的塑料品种，可按收缩率的范围取中间值，此值称为平均收缩率。

② 对于收缩率范围较大的塑料品种，应根据塑件的形状，特别是根据塑件的壁厚来确定收缩率，对于壁厚者取上限，对于壁薄者取下限。

③ 塑件各部分尺寸的收缩率不尽相同，应根据实际情况加以选择。如图 4-1 所示的塑件的材料为尼龙-1010，壁厚为 4mm，查表 4-2 得知，其高度方向的收缩小于水平方向的收缩，其百分比为 70%，收缩率范围为 1.4%～1.6%，高度方向取平均收缩率 1.5%乘以比值 0.7，内径取大值 1.6%，外径取小值 1.4%，以留有试模后修正的余地。当设计人员对高精度塑料制件或者对某种塑料的收缩率缺乏精确的数据时，常采用这种留有修模余量的设计方法。

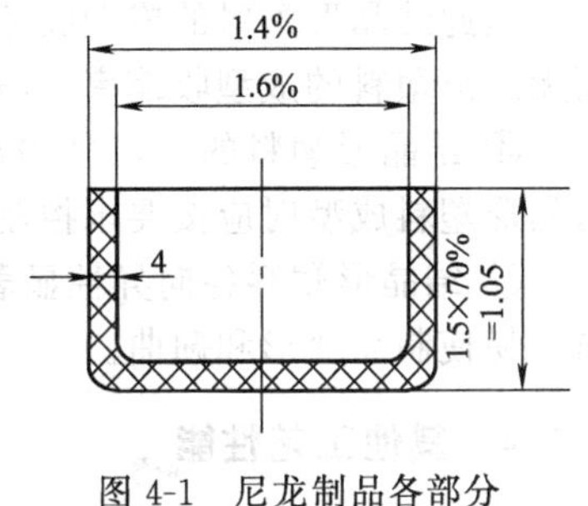

图 4-1 尼龙制品各部分尺寸的收缩率

④ 对于收缩率很大的塑料，可利用现有的或者材料供应部门提供的计算收缩率的图表来确定收缩率。在这种图表中一般考虑了影响收缩率的主要因素，因此可提供较为可靠的收缩率数据。也可以收集一些包括该塑料实际收缩率及相应的成型工艺条件等数据，然后用比较法进行估算。必要时应设计、制造一副试验模具，实测出在类似的成型条件下塑料的收缩率。

4.1.2 流动性

塑料的流动性是比较塑料成型加工难易的一项指标。与黏度一样，塑料的流动性不仅依赖于成型条件，而且还依赖于聚合物的性质。塑料的流动性一般可根据聚合物的相对分子质量、熔体指数、阿基米德螺旋线长度、表观黏度以及流动比（流程长度/制品壁厚）等一系列指标进行衡量。相对分子质量小、熔体指数高、螺旋线长度长、表观黏度小、流动比大则流动性好。

一般可将常用热塑性塑料的流动性分为三类。

① 流动性好的有尼龙、聚乙烯、聚苯乙烯、聚丙烯、醋酸纤维素。

② 流动性一般的有 ABS、有机玻璃、聚甲醛、聚氯醚。

③ 流动性差的有聚碳酸酯、硬聚氯乙烯、聚苯醚、氟塑料。

塑料的流动性也随成型工艺条件的改变而变化。例如，熔体成型温度高则流动性好（塑料品种不同对温度的敏感程度也不同），注射压力大则流动性好。模具结构也会影响流动性的大小。

模具设计时应根据所用塑料的流动性，选用合理的结构。成型时还可通过控制机筒温度、模具温度、注射压力及注射速率等因素来调节注射成型过程，以满足对制件质量的要求。

4.1.3 结晶性

在注射成型时结晶形塑料有如下特点。

① 结晶形塑料必须要加热至熔点温度以上才能达到软化状态。由于结晶熔解需要热量，因此结晶形塑料达到成型温度要比无定形塑料达到成型温度需要更多的热量。图 4-2 所示为结晶形塑料聚乙烯和无定形塑料聚苯乙烯的热容量随温度的变化图。从图中可以看到，聚乙烯熔融时要比聚苯乙烯熔融时消耗更多的热量。

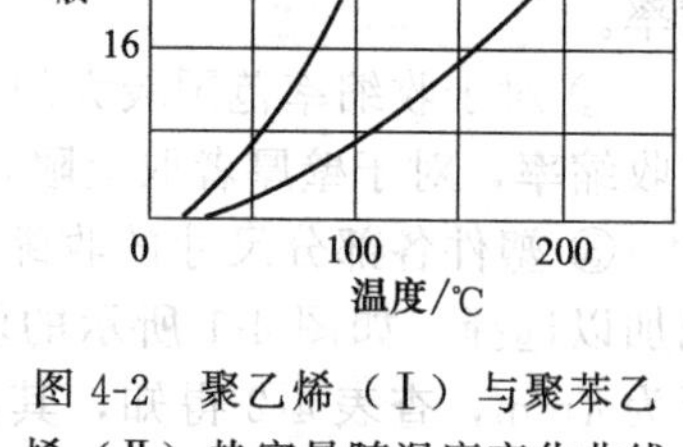

图 4-2 聚乙烯（Ⅰ）与聚苯乙烯（Ⅱ）热容量随温度变化曲线

② 制件在模内冷却时，结晶形塑料要比无定形塑料放出更多的热量，因此结晶形塑料在冷却时需要较长的冷却时间。

③ 由于结晶形塑料固态的密度与熔融时的密度相差较大，因此结晶形塑料的成型收缩率大，达到 0.5％～3.0％，而无定形塑料的成型收缩率一般为 0.4％～0.8％。

④ 结晶形塑料的结晶度与冷却速度密切相关，所以在结晶形塑料成型时应按要求控制好模具温度。

⑤ 结晶形塑料各向异性显著，内应力大。脱模后制品内未结晶的分子有继续结晶的倾向，易使制品变形和翘曲。

4.1.4 其他工艺性能

塑料的其他工艺性能包括塑料的热敏性、水敏性、应力敏感性、吸湿性、粒度以及塑料的各种热性能指标。

热敏性是指某些塑料（如硬聚氯乙烯、聚甲醛等）对热较为敏感，在高温下受热时间较长或浇口截面过小，剪切作用大时，料温增高易发生变色、降解的倾向。对于这类热敏性塑料，必须严格控制成型温度、模具温度、加热时间及其他成型工艺参数。

水敏性是指有的塑料（如聚碳酸酯等）即便含有少量水分，在高温和高压下也容易分解。对于这类水敏性塑料，在成型前必须加热干燥。

应力敏感性是指有的塑料对应力敏感，成型时质脆易裂。对于这类应力敏感性塑料，除了在原材料内加入添加剂提高抗裂性外，还应合理地设计制件和模具，并选择有利的成型条件，以减少内应力。

粒度是指塑料粒料的细度和均匀度。根据技术要求，各种塑料应有一定的技术指标。塑料的热性能指标常指塑料的比热容、热导率、热变形温度等。这些热性能指标对塑料成型都有一定的影响。例如，比热容高的塑料熔融时需要更多的热量，热变形温度高的塑料冷却时间可缩短，热导率低的塑料必须注意充分冷却等。

常用塑料的成型特性和成型条件及热性能等数据参见附录 2、附录 3 及本书中有关表格。

4.2　注射机的基本结构及规格

注射机为塑料注射成型所用的主要设备，按其外形可分为立式、卧式、直角式三种。

注射成型时注射模具安装在注射机的动模板和定模板上，由锁模装置合模并锁紧，塑料在料筒内加热塑化为熔融状态，由注射装置将塑料熔体注入模具型腔内，塑料制品固化冷却后由锁模装置开模，并由推出装置将制件推出。图 4-3 所示为卧式注射机外形。

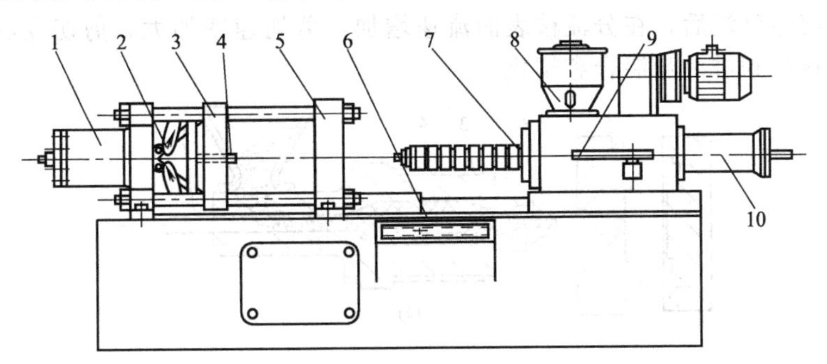

图 4-3　卧式注射机外形

1—锁模液压缸；2—锁模机构；3—动模板；4—推杆；5—定模板；6—控制台；7—料筒及加热器；8—料斗；9—定量供料装置；10—注射缸

根据注射机的工作过程，一般可将注射机分为以下几个部分。

(1) 注射装置　注射装置的主要作用是使固态的塑料颗粒均匀地塑化呈熔融状态，并以足够的压力和速度将塑料熔体注入闭合的模具型腔中。注射装置包括料斗、料筒、加热器、计量装置、螺杆（柱塞式注射机为柱塞和分流梭）及其驱动装置、喷嘴等部件。

(2) 锁模装置　锁模装置的作用有三点。第一是实现模具的开闭动作，第二是在成型时提供足够的夹紧力使模具锁紧，第三是开模时推出模内制件。锁模装置可以是机械式，也可以是液压式或者液压机械联合作用方式。推出机构也有机械式推出和液压式推出两种，液压式推出既有单点推出，又有多点推出。

(3) 液压传动和电器控制　液压传动和电器控制系统是保证注射成型按照预定的工艺要求（压力、速度、时间、温度）和动作程序准确进行而设置的。液压传动系统是注射机的动力系统，而电器控制系统则是控制各个动力液压缸完成开启、闭合、注射和推出等动作的系统。

4.2.1　注射机分类

注射机按外形特征可划分为如下三类。

(1) 立式注射机　立式注射机的注射装置和定模板设置在设备上部，而锁模装置、动模板、推出机构均设置在设备的下部。立式注射机的优点是设备占地面积小，模具装卸方便，安放嵌件和活动型芯简便可靠；缺点是不容易自动操作，只适用于小注射量的场合，一般注射量为 10～60cm^3。

(2) 卧式注射机　卧式注射机的注射装置和定模板在设备一侧，而锁模装置、动模板、推出机构均设置在另一侧。这是注射机最普通、最主要的形式。卧式注射机的主要优点是机体较矮，容易操作加料，制件推出后能自动落下，便于实现自动化操作；缺点是设备占地面积大，模具安装比较麻烦。

(3) 直角式注射机　这种注射机的注射装置为立式布置，锁模、顶出机构以及动模板、定模板按卧式排列，两者互为直角。直角式注射机适用于中心部分不允许留有挠口痕迹的塑件，缺点是加料比较困难，嵌件或活动型芯安放不便，只适用于小注射量的场合，注射量一般为 20～45cm³。

注射机也可以按塑料在料筒中的塑化方式分类，常用的有如下两种。

(1) 柱塞式注射机　柱塞式注射机如图 4-4 所示。柱塞是直径约为 20～100mm 的金属圆杆，在料筒内仅作往复运动，将熔融塑料注入模具。分流梭是装在料筒靠前端的中心部分，形如鱼雷的金属部件，其作用是将料筒内流经该处的塑料分流，厚度减薄，以加快热传递。同时塑料熔体分流后，在分流梭表面流速增加，剪切速率加大，剪切发热使料温升高、黏度下降，塑料得到进一步混合和塑化。

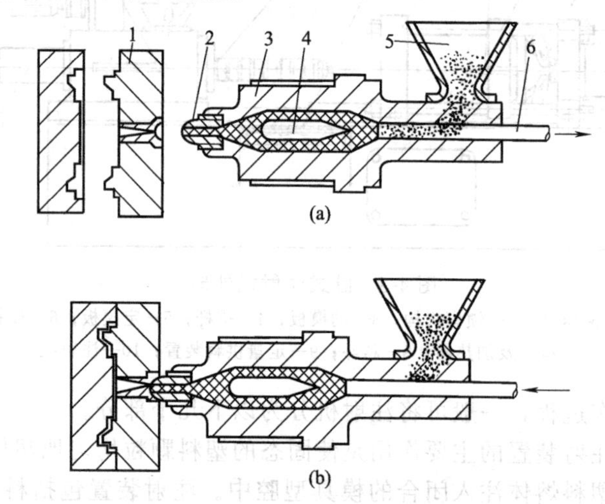

图 4-4　柱塞式注射机

1—注射模；2—喷嘴；3—料筒；4—分流梭；5—料斗；6—注射柱塞

由于塑料的导热性差，若料筒内塑料层过厚，塑料外层熔融塑化时，它的内层尚未塑化，若要等到内层熔融塑化，则外层就会因受热时间过长而分解。因此，柱塞式注射机的注射量不宜过大，一般为 30～60cm³，而且不宜用来成型流动性差、热敏性强的塑料制件。

(2) 螺杆式注射机　螺杆式注射机如图 4-5 所示。螺杆的作用是送料、压实、塑化与传压。当螺杆在料筒内旋转时，将料斗中的塑料卷入，并逐步将其压实、排气、塑化，并不断地将塑料熔体推向料筒前端，积存在料筒顶部与喷嘴之间，螺杆本身受到熔体的压力而缓缓后退。当积存的熔体达到预定的注射量时，螺杆停止转动。注射时螺杆在液压油缸的驱动下向前移动，将熔体注入模具。在螺杆式注射机中螺杆既可旋转又可前后移动，因而能够胜任塑料的塑化、混合和注射工作。

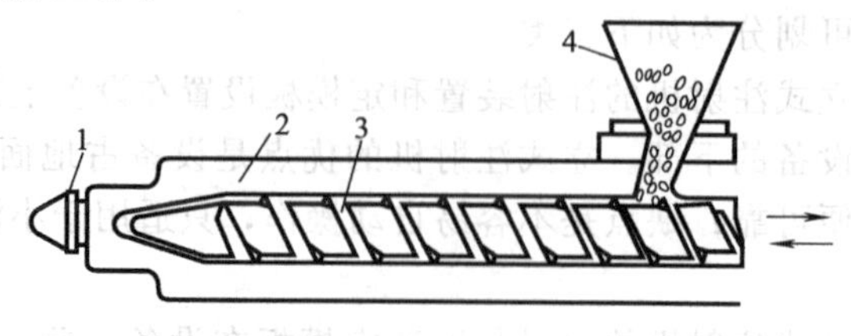

图 4-5　螺杆式注射机

1—喷嘴；2—料筒；3—螺杆；4—料斗

立式注射机和直角式注射机的结构为柱塞式，而卧式注射机的结构多为螺杆式。

4.2.2 注射机规格及主要技术参数

目前，注射机的规格各国尚无统一的标准，有的以注射量为主要参数，有的以锁模力为主要参数，但国际上趋于用注射容量/锁模力来表示注射机的主要特征。这里所指的注射容量是指注射压力为 100MPa 时的理论注射容量。

我国习惯上采用注射量来表示注射机的规格，如 XS-ZY-500，即表示注射机在无模具对空注射时的最大注射容量不低于 500cm³ 的螺杆式（Y）塑料（S）注射（Z）成型（X）机。

我国制定的注射机国家标准草案规定可以采用注射容量表示法和注射容量/锁模力表示法来表示注射机的型号。

注射机应注有较完整的技术参数，供用户选择和使用。注射机的主要技术参数包括注射、合模、综合性能三个方面，如公称注射量、螺杆直径及有效长度、注射行程、注射压力、注射速度、塑化能力、合模力、开模力、开模合模速度、开模行程、模板尺寸、推出行程、推出力、空循环时间、机器的功率、体积和质量等。

附录 6、附录 7 列出国产注射机的部分主要技术规格和装模尺寸等，供设计模具选择注射机时参考。

4.3 注射成型原理及其工艺过程

塑料注射成型的基本原理就是利用塑料的可挤压性和可模塑性，首先将松散的粒状或粒状成型物料从注射机的料斗送入高温的机筒内加热熔融塑化，使之成为黏流态熔体，然后在柱塞或螺杆的高压推动下，以很大的流速通过机筒前端的喷嘴注射进入温度较低的闭合模具中，经过一段保压冷却定型时间后，开启模具便可从模腔中脱出具有一定形状和尺寸的塑料制件。注射成型原理及其对应的生产工艺过程可分别用图 4-6 和图 4-7 表示。下面讨论注射成型生产工艺过程中的各个主要环节。

4.3.1 生产前的准备工作

为了使注射成型生产顺利进行和保证塑件质量，生产前需要进行原料预处理、清洗料筒、预热嵌件和选择脱模剂等一系列准备工作。

4.3.1.1 原料预处理

生产前对成型物料所要进行的预处理工作大体包括以下三项内容。

（1）分析检验成型物料的质量　根据注射成型对物料的工艺特性要求，检验物料的含水量、外观色泽、颗粒情况、有无杂质并测试其热稳定性、流动性和收缩率等指标。如果检测中出现问题，应及时解决。对于粉状物料，在注射成型前，经常还需要将其配制成粒状，因此其检验工作应放在配料后进行。

（2）着色　塑料着色就是一种往塑料成型物料中添加色料或着色剂，借助它们改变塑料原有的颜色或赋予塑料特殊光学性能的技术。着色剂按其在塑料中的分散能力，可分为染料和颜料两大类。染料具有着色力强、色彩鲜艳和色谱齐全的特点，但由于对热、光和化学药品的稳定性比较差，在塑料中较少应用。当塑料成型温度不高又希望制品透明时，可采用耐热性较好的蒽醌类和偶氮类染料。颜料是塑料的主要着色剂，按化学组成又分成无机颜料和有机颜料两种。无机颜料对热、光和化学药品的稳定性都比较高而且价格低廉，但色泽都不十分鲜艳，只能用于不透明塑料制件的着色。有机颜料的着色特性介于染料和无机颜料之

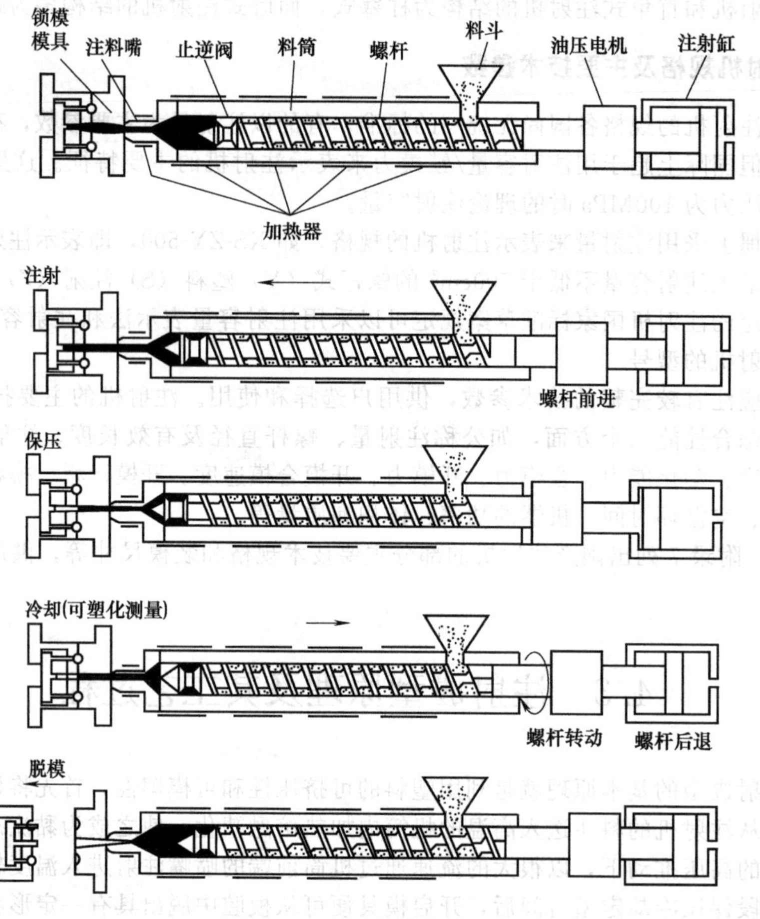

图 4-6 注射机的操作过程

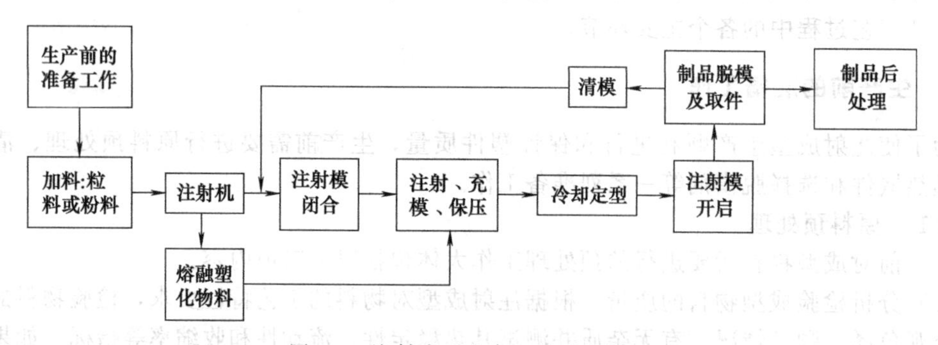

图 4-7 注射成型生产工艺过程循环

间，对热、光和化学药品的稳定性一般不及无机颜料，但所着色制件色彩较鲜艳，用这种颜料的低浓度着色可得到彩色的半透明制件。

粉状或粒状热塑性塑料的着色，可以用直接法和间接法两种工艺实现。直接法着色也称一步法着色或干法着色，其主要特点是将细粉状的着色剂与本色塑料简单掺混后即可直接用于成型，或经塑炼造粒后再用于成型。间接着色法又称为二步着色法或色母料着色法，主要特点是不直接用着色剂而用称为“色母料”的高颜料浓度的塑料粒子与本色塑料粒子按比例称量后放入混合机，经充分搅拌混合后放出送往成型设备使用。色母料着色法具有着色步骤简单、着色剂在物料中容易均匀分散，制件色泽鲜艳和无颜料粉尘造成环境污染等明显优点。此外，这种着色方法还能使采用热风料斗干燥着色粒料成为可能，因而有利于实现着色塑件成型过程的全自动化。由于色母料粒子与本色塑料粒子仅经过简单的混合，所用为无混炼功能或混炼功能很差的成型设备（如柱塞式注射机），当需要成型颜色均一性高的制品时，不能采用此法着色成型物料。

（3）预热干燥 对于吸湿性或黏水性强的成型物料（聚酰胺等），应根据注射成型工艺允许的含水量要求进行适当的预热干燥。目的是为了除去物料中过多的水分及挥发物，以防止成型后制品出现气泡和银纹等缺陷，同时也可以避免注射时发生水降解。对于吸湿性或黏水性不强的成型物料，如果包装储存较好，也可不必预热干燥。

预热干燥成型物料的方法很多，通常可在空气循环干燥箱中进行，但要注意放在干燥盘上的物料厚度以18～19mm左右为宜，最厚也不要超过30mm，以利于空气循环流通。对于多品种、小批量物料，也可采用循环热风、红外线及远红外线等较为简单的设备预热干燥。对于大批量物料可采用抽湿干燥机或采用负压沸腾干燥法。对于高温下易氧化变色的塑料（如聚酰胺等），可采用真空干燥法。除了上述方法外，还可采用料斗干燥工艺（见图4-8），这种方法不仅能使干燥设备与注射机相连，简化生产工序，而且还可防止吸湿性塑料再次吸湿。表4-3列出了部分热塑性塑料的吸水率与允许含水量。表4-4和表4-5分别列出了空气循环干燥箱和料斗干燥的工艺条件。

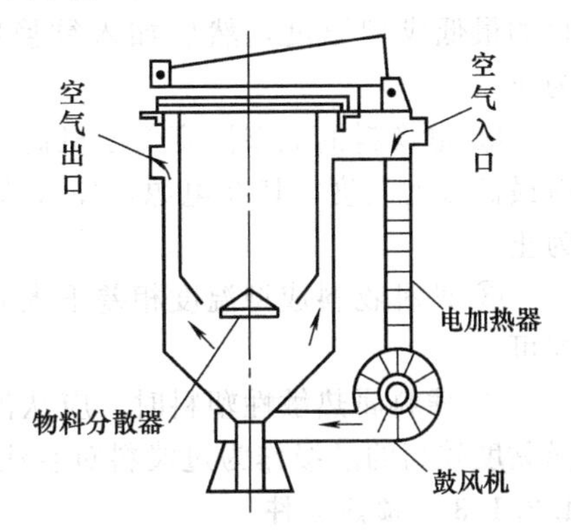

图4-8 料斗式干燥器

表4-3 热塑性塑料的吸水率与允许含水量

材料名称	吸水率/%	允许含水量/%	材料名称	吸水率/%	允许含水量/%
ABS	0.2～0.45	0.1	聚碳酸酯	0.24	0.02
聚甲醛	0.22～0.35	0.1	聚苯醚	0.07～0.2	0.05
有机玻璃	0.3～0.4	0.05	聚乙烯	<0.01	0.5
氯化聚醚	0.01	0.01	聚丙烯	<0.03	0.5
聚酰胺-66	1.5	0.2	聚砜	0.22	0.1
聚酰胺-6	1.3～1.9	0.2	聚苯乙烯	0.03～0.10	0.1
聚羟基醚	0.13	0.05	聚苯硫醚	0.02～0.08	0.1

表4-4 部分塑料在空气循环干燥箱中的干燥工艺条件

塑 料	温度/℃	时间/h	塑 料	温度/℃	时间/h
软聚氯乙烯	70～80	3～4	聚苯醚	95～110	2～4
硬聚氯乙烯	70～80	3～4	聚甲醛	110	2
聚碳酸酯	120	6～8	聚对苯二甲酸乙二醇酯	130	3～4
ABS	85～96	4～5	聚对苯二甲酸丁二醇酯	110～120	3～4
聚砜	120～140	3～4	聚甲基丙烯酸甲酯	90～95	6～8

表4-5 部分塑料在料斗中的干燥工艺条件

塑 料	温度/℃	时间/h	塑 料	温度/℃	时间/h
聚乙烯	70～80	1	聚碳酸酯	120	2～3
聚氯乙烯	65～75	1	聚甲基丙烯酸甲酯	70～85	2
聚苯乙烯	70～80	1	ABS	70～85	2
聚丙烯	70～80	1	AS	70～85	2
高冲击强度聚苯乙烯	70～80	1	纤维素塑料	70～90	2～3
聚酰胺	90～100	2.5～3.5			

4.3.1.2 清洗料筒

生产中如需要改变塑料品种、更换物料、调换颜色，或发现成型过程中出现了热分解或降解现象，均应对注射机的料筒进行清洗。通常，柱塞式机筒存料量大，必须将机筒拆卸清洗。对于螺杆式机筒，可采用对空注射法清洗。最近研制成功了一种机筒清洗剂，是一种粒状无色高分子热弹性材料，100℃时具有橡胶特性，但不熔融或黏结，将它通过机筒，可以像软塞一样把机筒内的残料带出，这种清洗剂主要适用于成型温度在180～280℃内的各种热塑性塑料以及中小型注射机。

采用对空注射清洗螺杆式机筒时，应注意下列事项。

① 欲换料的成型温度高于机筒内残料的成型温度时，应将机筒和喷嘴温度升高到欲换料的最低成型温度，然后加入欲换料或其回头料，并连续对空注射，直到全部残料除尽为止。

② 欲换料的成型温度低于机筒内残料的成型温度时，应将机筒和喷嘴温度升高到欲换料最高成型温度，切断电源，加入欲换料或其回头料后，连续对空注射，直到全部残料除尽为止。

③ 两种物料成型温度相差不大时，不必变更温度，先用回头料，后用欲换料对空注射即可。

④ 残料属热敏性塑料时，应从流动性好、热稳定性高的聚乙烯、聚苯乙烯等塑料中选择黏度较高的品级作为过渡料对空注射。

4.3.1.3 预热嵌件

对于有嵌件的塑料制件，由于金属与塑料两者的收缩率不同，嵌件周围的塑料容易出现收缩应力和裂纹。为了预防这种现象发生，成型前可对嵌件预热，减小它在成型时与塑料熔体的温差，避免或抑制嵌件周围的塑料产生较大的收缩应力和裂纹。

嵌件是否预热，视塑料性质和嵌件的种类及大小而定。对于分子链刚性大的塑料（如聚苯乙烯、聚苯醚、聚碳酸酯和聚砜等），一般均需预热嵌件，这是因为它们本身就很容易产生应力开裂。对于分子链柔顺性大的塑料，且嵌件较小时，可以不预热，原因在于小嵌件容易在模内加热，柔顺性大的塑料塑性好，不易开裂。预热嵌件的温度一般取110～130℃，并以不破坏嵌件表面镀层为限。对于铝、铜等有色金属嵌件，预热温度可提高到150℃。

4.3.1.4 选择脱模剂

注射成型生产中，有时需要对模腔进行清理或施加脱模剂，两者的目的都是为了使成型后的制件容易从模内脱出。常用的脱模剂有硬脂酸锌、液体石蜡（白油）和硅油等。除了硬脂酸锌不能用于聚酰胺外，上述三种脱模剂对于一般塑料均可使用，其中尤以硅油脱模效果最好，只要对模具施用一次，即可具有长效脱膜作用，但价格很贵。硬脂酸锌通常多用于高温模具，而液体石蜡多用于中低温模具。对于含有橡胶的软制品或透明制品不宜采用脱模剂，否则将影响制品的透明度。

4.3.2 注射成型原理及其工艺过程

完整的注射成型工艺过程可以分为塑化计量、注射充模和冷却定型三个阶段，下面分阶段阐述注射成型的工作原理。

4.3.2.1 塑化计量

(1) 塑化的概念 成型物料在注射机料筒内经过加热、压实以及混合等作用以后，由松散的粉状或粒状固体转变成连续的均化熔体的过程称为塑化。所谓均化包含四方面的内容，即物料经过塑化之后，其熔体内必须组分均匀、密度均匀、黏度均匀和温度分布均匀。只有这样，才能保证塑料熔体在下一阶段的注射充模过程中具有良好的流动性（包括可挤压性和可模塑性)，才有可能最终获得高质量的塑料制件。

(2) 计量　所谓计量是指能够保证注射机通过柱塞或螺杆，将塑化好的熔体定温、定压、定量地输出（即注射出）机筒所进行的准备动作，这些动作均需注射机控制柱塞或螺杆在塑化过程中完成。计量动作的准确性不仅与注射机控制系统的精度有关，而且还直接受机筒（即塑化室）和螺杆的几何要素及其加工质量影响。很显然，计量精度越高，能够获得高精度制品的可能性越大，因此在注射成型生产中应十分重视计量的作用。

(3) 塑化效果和塑化能力　塑化效果指物料转变成熔体之后的均化程度。塑化能力指注射机在单位时间内能够塑化的物料质量或体积。塑化效果的好坏及塑化能力的大小均与物料受热方式和注射机结构有关。

对于柱塞式注射机，物料在机筒内只能接受柱塞的推挤力，几乎不受剪切作用，塑化所用的热量，主要从外部装有加热装置的高温机筒上摄取。对于螺杆式注射机，螺杆在机筒内的旋转会对物料起到强烈的搅拌和剪切作用，导致物料之间进行剧烈摩擦，并因此而产生很大热量，故物料塑化时的热量既可同时来源于高温机筒和自身产生出的摩擦热，也可只凭摩擦热单独供给。通常，前面一种情况称为普通螺杆塑化，后面一种情况称为动力熔融。很显然，在动力熔融条件下，强烈的搅拌与剪切作用不仅有利于熔体中各组分混合均匀，而且还避免了波动的机筒温度对熔体温度的影响，故也有利于使熔体的黏度均匀和温度分布均匀，因此能够得到良好的塑化效果。与此相反，柱塞式注射机塑化物料时，既不能产生搅拌和剪切的混合作用，又受机筒温度波动的影响，故熔体的组分、黏度和温度分布的均化程度都比较低，所以其塑化效果既不如动力熔融，也不如介于中间状态的部分依靠机筒热量的普通螺杆塑化。图 4-9 所示为柱塞式和普通螺杆式（非动力熔融）注射机塑化相同物料时机筒中物料和熔体的温度分布曲线。由图中可以看出，用螺杆式注射机塑化物料时，喷嘴附近熔体的径向温度分布要比柱塞式注射机来得均匀，这就从实验角度证实了以上论述的正确性。

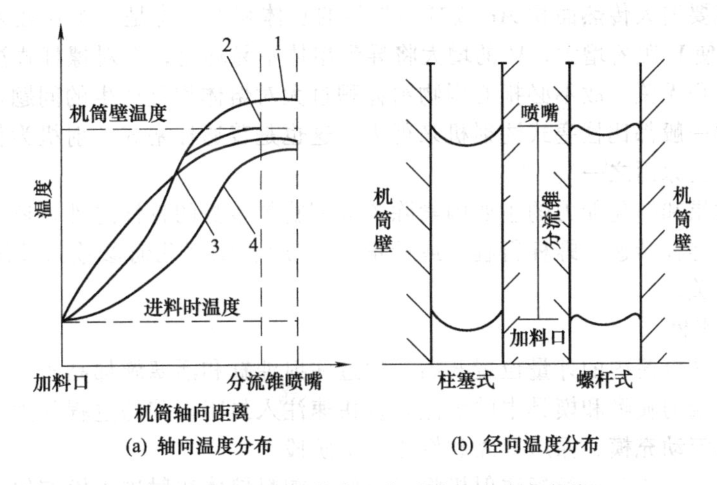

图 4-9　物料在机筒中塑化时的温度分布曲线

1—螺杆式注射机（剪切作用强烈）；2—螺杆式注射机（剪切作用平缓）；3—柱塞式注射机（靠近机筒壁）；4—柱塞式注射机（机筒中心部位）

不同结构的注射机，塑化能力也不相同，这可从下面两个公式看出。

柱塞式注射机的理论塑化能力为：

$$m_{PP}=\frac{3.6\alpha A_P^2\rho}{4K_t(5-\xi)V} \tag{4-3}$$

式中　m_{PP}——柱塞式注射机的塑化能力，kg/h；

α——热扩散率，m^2/h；

A_P——塑化物料的传热面积，与机筒内径和分流锥直径有关，m^2；

ρ——物料密度，kg/m^3；

K_t——热流动系数与加热系数 $E=\frac{\theta_R-\theta_0}{\theta_b-\theta_0}$ 有关，参见图 4-10，其中 θ_R 为熔体的平均温度，θ_0 为物料的初始温度，θ_b 为机筒内壁温度；

ξ——常数，无分流锥时 $\xi=1$，有分流锥时 $\xi=2$；

V——受热物料的总体积，m^3。

螺杆式注射机的理论塑化能力可用螺杆计量段对熔体的输送能力表示，即有：

$$m_{PS}=\frac{\pi^2 D^2 N h_m \sin\varphi\cos\varphi}{2}-\frac{\pi D h_m^3 \sin^2\varphi}{12\eta_m L_m}p_b \quad (4\text{-}4)$$

式中 m_{PS}——螺杆式注射机的塑化能力，cm^3/s；

D——螺杆的直径，cm；

N——螺杆转速，r/s；

h_m——螺杆计量段螺槽深度，cm；

φ——螺杆的螺旋升角，(°)；

η_m——熔体在计量段螺槽中的黏度，Pa·s；

L_m——计量段长度，cm；

p_b——塑化时熔体对螺杆产生的反向压力，通常称为背压，Pa。

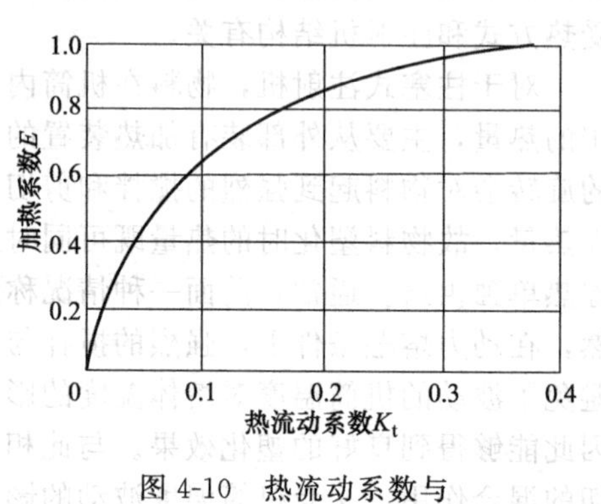

图 4-10 热流动系数与加热系数的关系

分析以上两式可知，柱塞式注射机的塑化能力同时与机筒结构和物料体积有关，若要提高塑化能力，需要增大传热面积 A_P 或减小物料的总体积 V，这是一个比较矛盾的问题，即增大 A_P 时常会使 V 跟着增大，V 的增大将导致熔体不易均化；但对螺杆式注射机来讲，塑化能力与物料体积无关，故不必担心因物料体积过大对熔体均化产生的问题，因此螺杆式注射机的塑化能力一般都比柱塞式注射机来得大，这也是普通柱塞式注射机为什么只能用来成型小型制品的主要原因之一。

影响塑化效果和塑化能力的主要因素除了成型物料本身的特性之外，还与机筒结构、机筒的加热温度、螺杆转速、螺杆行程（或计量段长度）、螺杆几何参数以及熔体对螺杆产生的背压等因素有关。

4.3.2.2 注射充模

柱塞或螺杆从机筒内的计量位置开始，通过注射油缸和活塞施加高压，将塑化好的塑料熔体经过机筒前端的喷嘴和模具中的浇注系统快速注入封闭模腔的过程称为注射充模。注射充模又可细分为流动充模、保压补缩和倒流三个阶段。

(1) 流动充模 流动充模指注射机将塑化好的塑料熔体注射进入模腔的过程。塑料熔体在注射过程中会遇到一系列的流动阻力，这些阻力一部分来自机筒、喷嘴、模具浇注系统和模腔表壁对熔体的外摩擦，另一部分则来自熔体自身内部产生的黏性内摩擦。为了克服流动阻力，注射机必须通过螺杆或柱塞向熔体施加很大的注射压力，因此，欲要掌握熔体的流动充模规律，必须了解注射压力在此过程中的变化特点以及与它相关的熔体温度、熔体流速和熔体充模特性等问题。

① 注射压力的变化。注射压力的变化可用注射成型的压力-时间曲线描述，如图 4-11 所示。在该图中，t_0 为柱塞或螺杆开始注射熔体的时刻；t_1 为熔体开始流入模腔的时刻；t_2 为熔体充满模腔的时刻。因此时间 $t_0\sim t_2$ 代表整个充模阶段，其中，$t_0\sim t_1$ 称为流动期；

$t_1 \sim t_2$ 称为充模期。

在流动期内，注射压力和喷嘴处的压力急剧上升，而模腔（浇口末端）的压力却近似等于零，故注射压力主要用来克服熔体在模腔以外的阻力。例如，t_1 时刻的压力差 $p_1 = p_{i_1} + p_{g_1}$ 代表熔体从机筒到喷嘴时所消耗的注射压力，而喷嘴压力 p_{g_1} 则代表熔体从喷嘴至模腔之间消耗的注射压力。

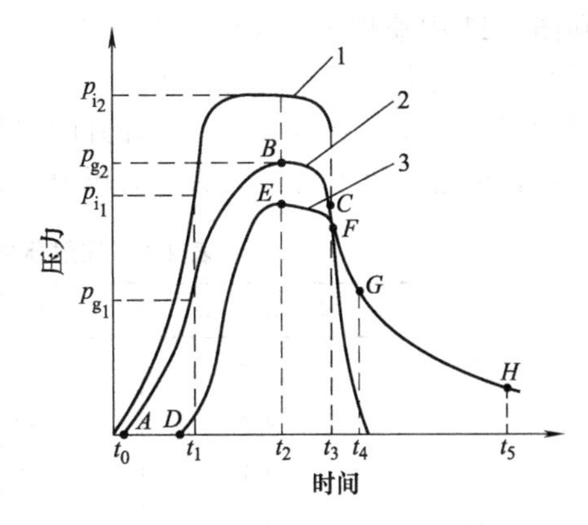

图 4-11　注射成型的压力-时间曲线
1—注射压力曲线；2—喷嘴（出料口）处的压力曲线；3—模腔（浇口末端）压力曲线

在充模期内，由于熔体流入模腔，模腔压力急剧上升，注射压力和喷嘴压力也会随之增加到最大值（或最大值附近），然后停止变化或平缓下降，这时注射压力对熔体起两方面作用，一是克服熔体在模腔内的流动阻力，二是对熔体进行一定程度的压实。

由上述可知，在流动充模阶段，注射压力随时间呈非线性变化，注射压力对熔体的作用必须充分，否则，熔体流动将会因阻力过大而中断，最终导致生产出现废品。

② 注射压力与熔体温度、熔体流速的关系。实验已经证明，注射压力在流动充模阶段受熔体的温度和流速影响，如图 4-12 所示。在这个图中，流速影响通过与它有关的剪切速率表征（流速梯度等于剪切速率）。由图可知，剪切速率一定时，压力-温度曲线分为三段，最左边的一段是熔体热分解区，注射压力会随温度升高迅速下降，不能在此区域注射成型；最右边一段是高弹变形占很大比例的流动区域，注射压力会随着温度降低迅速增大，也不适于注射成型；只有在最中间一段温度区域，曲线相对比较平缓，温度和注射压力都较适中，易于注射成型，在此区域内，温度升高有利于降低熔体黏度，注射压力可随之减小一定幅度。由图还可知，当温度一定时，随着剪切速度增大，注射压力也要增大，完全符合流体力学压力与流速的关系。但反推过来可以认为，当过大的注射压力引起很高的剪切速率时，熔体内的剪切摩擦热也会随之增大，因此很有可能引起热分解或热降解。另外，过大的剪切速率又很容易使熔体发生过度的剪切稀化，从而导致成型过程出现溢料飞边。

除了上述关系之外，注射压力对流动充模时喷嘴处的熔体温度也有影响。一般来说，在注射压力上升阶段，喷嘴处的熔体温度也会随着升高，如图 4-13 所示。图 4-13 中的 AC 段

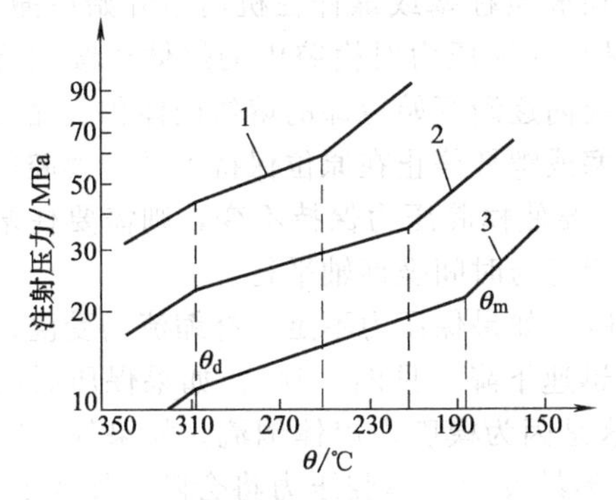

图 4-12　注射压力、熔体温度和剪切速率的关系
（MI=5g 的低密度聚乙烯）
1—$\dot{\gamma}=2.4\times10^5\text{s}^{-1}$；2—$\dot{\gamma}=3.5\times10^4\text{s}^{-1}$；
3—$\dot{\gamma}=1.2\times10^4\text{s}^{-1}$

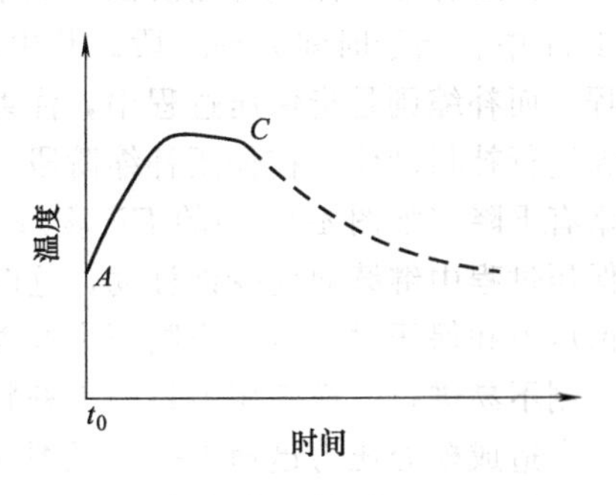

图 4-13　流动充模时喷嘴处的熔体温度

和图 4-11 中喷嘴压力曲线上的 *AC* 段相对应，它所隐含的注射压力与熔体温度之间的关系可在喷嘴处进行实验检测来证实，表 4-6 就是一组实验值。由该表可知，喷嘴直径对流经喷嘴的熔体温升影响不大，引起温升的主要原因是注射压力增大。对此问题需要在生产中予以注意，尽量避免采用过大的注射压力，否则会导致熔体热降解。

表 4-6 注射压力、喷嘴直径与熔体温升的关系

注射压力/MPa	喷嘴直径/mm	熔体温升/℃	注射压力/MPa	喷嘴直径/mm	熔体温升/℃
50	0.5	26	100	1.0	45
100	0.5	46	50	1.46	23
50	0.7	26	100	1.46	43
100	0.7	47	50	2.0	19
50	1.0	25	50	3.0	18

③ 注射压力与熔体充模特性。有关熔体在充模期的流动特性，第 2 章已有阐述，即充模流动形式与充模速度有关，充模速度同时受注射工艺条件和模具结构的影响。注射成型时，一般都不希望充模期发生高速喷射流动，而相反的倒是希望能够获得中速或低速的扩展流动，在此情况下，需要通过分析充模期的流动取向情况，才能了解注射压力对于熔体充模特性的影响。

熔体以中速或低速的扩展形式进行流动时，如果注射压力（或浇口处的充模压力）也不太大，则熔体内的剪切作用就不显著，流动取向效应也比较小。但实际情况往往与此不同，这是因为扩展流动时，料头前沿低温熔膜对熔体的阻滞作用一般都比较大，再加上先进入模腔的熔体温度会下降得很快，黏度也会随之增大，这更会加剧后面熔体进入模腔时的流动阻力。如果此时的注射压力不大，就很容易使充模流动中止，导致注射成型出现废品。为了解决这一问题，往往需要提高注射压力。很显然，注射压力提高后，熔体内的剪切作用加强，于是流动取向效应将会增大，最终可能导致制品出现比较明显的各向异性并引起热稳定性变差。除此之外，在这种情况下生产出的制品，若在温度变化大的环境中工作，很有可能发生与取向一致的裂纹。综上所述，生产中应当注意在一定的模具结构条件下，只要能够保证充模时不发生高速喷射流动，充模速度应尽量取快一些，这样不仅可以避免使用较大的注射压力导致制品使用性能不良，而且对提高生产率也有好处。

（2）保压补缩　保压补缩阶段指从熔体充满模腔至柱塞或螺杆在机筒中开始后撤为止，在图 4-11 中相当于时间 $t_2 \sim t_3$ 段。其中，保压是指注射压力对模腔内的熔体继续进行压实的过程，而补缩则是指保压过程中，注射机对模腔内逐渐开始冷却的熔体因体积收缩而出现的空隙进行补料动作。在保压补缩阶段，如果柱塞或螺杆停止在原位保持不动，模腔压力曲线会略有下降（如图 4-11 中的 *EF* 段）；反之，若要使模腔压力保持不变，则需要柱塞或螺杆在保压过程中继续向前少许移动，这时压力曲线将与时间坐标轴平行。

保压力和保压时间对于模腔压力有着重要影响。如果保压力不足，补缩流动受浇口摩擦阻力限制不易进行，模腔压力将会因补料不足而迅速下降（见图 4-14）。如果保压时间不充分，也会造成模腔压力迅速下降（见图 4-15），这是因为模腔内熔体倒流。如果保压时间足够长，可使浇口或模腔内的熔体完全固化，倒流不易发生，模腔压力将会随着图 4-15 中虚线缓慢下降。

由上述可知，保压力、保压时间与模腔压力之间的关系，将会对冷却定型时的制品密度、收缩及表面缺陷等问题产生重要影响。除此之外，由于保压补缩阶段熔体仍有流动，且其温度亦在不断下降，故此阶段也是大分子取向以及熔体结晶的主要时期，保压时间的长短

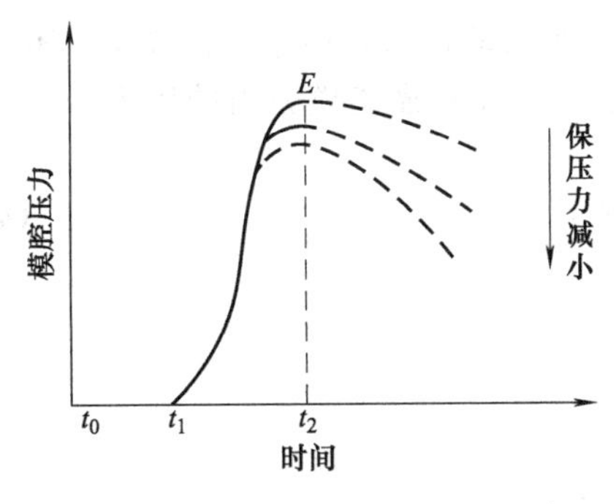

图 4-14　保压力对模腔压力的影响

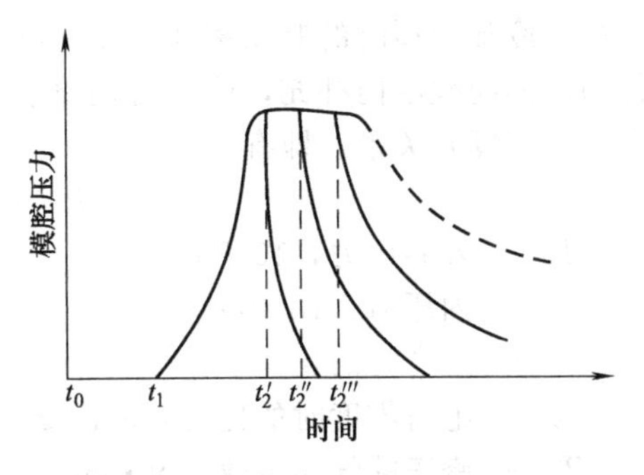

图 4-15　保压时间对模腔压力的影响

和冷却速度的快慢均对取向和结晶程度有影响。

(3) 倒流　倒流指柱塞或螺杆在机筒中向后倒退时（即撤除保压力以后），模腔内熔体朝着浇口和流道进行的反向流动。很明显，整个倒流过程将从注射压力撤出开始，至浇口处熔体冻结（简称浇口冻结）时为止，在图 4-11 中与时间 $t_3 \sim t_4$ 对应。引起倒流的原因主要是注射压力撤除后，模腔压力大于流道压力，且熔体与大气相通所造成的结果。如果撤除压力时，浇口已经冻结或喷嘴带有止逆阀，则倒流现象就不会存在。由此可见，倒流是否发生或倒流的程度如何，均与保压时间有关。一般来讲，保压时间较长时，保压力对模腔的熔体作用时间也长，倒流较小，制品的收缩情况会有所减轻；而保压时间短时，情况则刚好相反。

一般说来，倒流对于注射成型是不利的，它将使制品内部产生真空泡或表面出现凹陷等成型缺陷。

4.3.2.3　冷却定型

冷却定型从浇口冻结时间开始，到制品脱模为止，与图 4-11 中的时间 $t_4 \sim t_5$ 对应，是注射成型工艺过程的最后阶段。在此阶段中需要注意的问题有模腔压力、制件密度、熔体在模内的冷却情况以及脱模条件等。

(1) 冷却定型时的模腔压力　冷却定型时的模腔压力与保压时间有很大关系，如图 4-16 所示的温度-压力曲线，图中曲线 1 代表模腔压力很低的情况，曲线 2 为正常工艺条件下的情况。F 和 F'是保压力撤除的位置，很明显，从 F 处撤除保压力时，保压时间要长一些；从 F'处撤除保压力时，保压时间就会短一些。G、G'分别是与 F、F'对应的浇口冻结位置；H、H'分别是与 G、G'对应但模腔压力相同时的脱模位置。

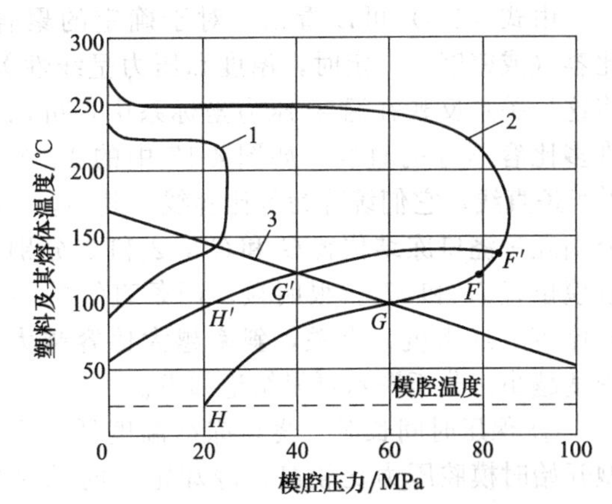

图 4-16　注射成型时的温度-压力曲线
1—模腔压力很低；2—正常工艺条件；3—浇口冻结曲线

分析图 4-16 可以推论，如果保压时间短，则保压作用终止时模内熔体温度较高，浇口冻结温度也高，但开始冷却定型时的模腔压力低，否则情况相反。由图 4-16 还可推论，保压时间不同时，若在模腔压力相同的条件下脱模，则保压时间短时，脱模温度高，制件在模内冷却时间短（从浇口冻结算起），容易因刚度不足而变形；如果保压时间长，情况则相反。另外还需注意，若将温度-压力曲线中因保压时间不同而产生的浇口冻结位置连成曲线，则该曲线为浇口冻结曲线，在注射工艺条件正常和稳定的条件下，冻结曲线呈直线状。

(2) 冷却定型时的制品密度　注射成型进入冷却定型阶段以后，由于浇口冻结，不再会有任何熔体向模腔内补充，此时可用聚合物状态方程式（4-5）描述模腔内的压力、温度和比容（或密度）关系。即有：

$$(P+\pi)(v-\omega)=R'T \tag{4-5}$$

式中　P——外界压力，10^4 Pa；

π——内压力，10^4 Pa；

v——聚合物的比体积，cm^3/g；

ω——绝对零度时的比容，cm^3/g；

R'——修正的气体常数，$N \cdot cm^3/(cm^3 \cdot g \cdot K)$；

T——绝对温度，K。

一些聚合物的 π、ω 和 R' 值列于表 4-7 中，这些常数仅与聚合物的性质有关，而与实验条件无关。

表 4-7　聚合物状态方程中 π、ω 和 R' 值

聚合物	π /10^4 Pa	ω /(cm^3/g)	R' /[$N \cdot cm^3/(cm^3 \cdot g \cdot K)$]	t /℃
聚苯乙烯(PS)	19010	0.822	8.16	
通用聚苯乙烯(GPS)	34840	0.807	18.90	160
聚甲基丙烯酸甲酯(PMMA)	22040	0.734	8.49	175
乙基纤维素(EC)	24510	0.720	14.05	195
乙酸-丁酸纤维素(CAB)	29080	0.688	15.62	181
低密度聚乙烯(LDPE)	33520	0.875	30.28	178
高密度聚乙烯(HDPE)	34770	0.956	27.10	180
聚丙烯(PP)	25300	0.922	22.90	220
聚甲醛(POM)	27550	0.633	10.60	190
聚酰胺-610(PA610)	13510	0.860	18.50	25～121

由式（4-5）可以看出，对于确定的聚合物，比容（或密度）一定时，温度和压力呈线性关系。将这种关系反映在温度-压力坐标系中，可以得到许多比容不等的直线，如图 4-17 中的 1、1′、2、2′四条直线，它们统称为等比容线。其中，1 和 1′分别经过浇口冻结位置 G 和 G'，2 和 2′分别经过脱模位置 H 和 H'。很明显，四条直线的斜率均与比容（或密度）有关，斜率越大比容越大，而密度越小。分析图示可得结论如下。

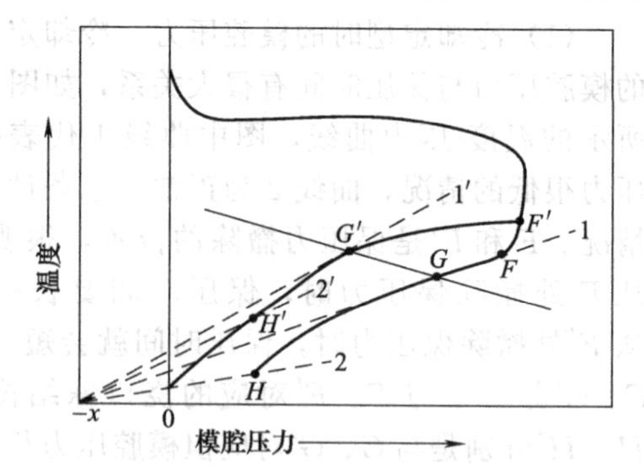

图 4-17　冷却定型时的压力、温度和比体积

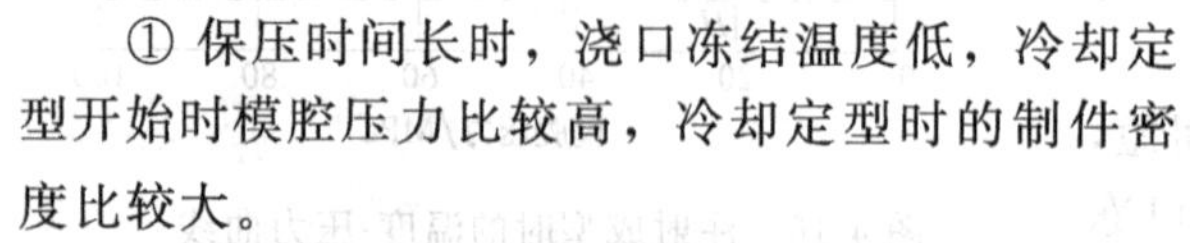

① 保压时间长时，浇口冻结温度低，冷却定型开始时模腔压力比较高，冷却定型时的制件密度比较大。

② 保压时间一定时，若采用较高的脱模温度，虽然冷却定型时模腔压力比较大，但脱模后制件将会进行较大的收缩，故脱模时制件密度较低，尚待在模外继续收缩，因此，制件将会因为这种模外收缩而在其内部产生较大的残余应力，并同时发生翘曲变形。

(3) 熔体在模腔内的冷却情况　冷却定型时熔体在模腔中的冷却情况可用图 4-18 表示。图中，H 为模腔厚度；h 为固化层厚度，冷却过程中 h 不断加大；θ_M 为模腔表壁温度；θ_s 为固化层与熔体之间的界面温度；模腔内的温度分布如 $\theta(y)$ 曲线所示，y 是模腔厚度坐标。

假设熔体密实，h 增长很慢，固化层内温度呈直线变化，热传导限定在固化层范围内，则温度分布曲线用下式表达：

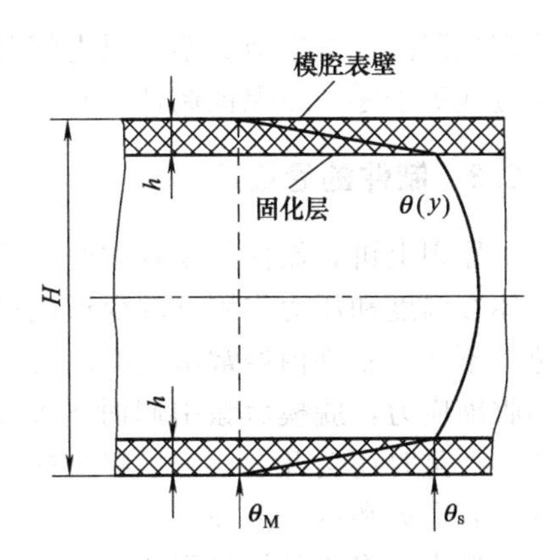

图 4-18　模腔冷却温度分布

$$\theta=\theta_M+\frac{\theta_s-\theta_M}{h}y \tag{4-6}$$

若再设熔体在固化过程中的面密度变化速度为 V_c，则有平衡方程：

$$V_c q_m=\lambda_s\left(\frac{\partial \theta}{\partial y}\right)=\frac{\lambda_s}{h}(\theta_s-\theta_M) \tag{4-7}$$

式中　q_m——熔融潜热；

λ_s——固化层的热导率。

其中

$$V_c=\rho_s\frac{dh}{dt_c} \tag{4-8}$$

式中　ρ_s——固化层密度；

t_c——冷却时间。

将式（4-8）代入式（4-7）得：

$$h\frac{dh}{dt_c}=\frac{\lambda_s}{\rho_s q_m}(\theta_s-\theta_M) \tag{4-9}$$

利用初始条件 $t_c=0$ 时，$h=0$，将上式积分后可得固化层厚度与冷却时间的关系为：

$$h^2=\frac{2\lambda_s t_c}{\rho_s q_m}(\theta_s-\theta_M) \tag{4-10}$$

上式实际上隐含熔体在模腔内的冷却速度，利用它可以计算冷却时间。例如，在 $\rho_s=0.91g/cm^3$、$q_m=100J/g$、$\theta_s=100℃$、$\lambda_s=0.23W/(m\cdot K)$、$H=3mm$、$\theta_M=30℃$的条件下利用式（4-10）可求出 $h=\frac{H}{2}=1.5mm$ 时的冷却时间 $t_c=6.36s$。

（4）脱模条件　分析聚合物状态方程式（4-5）可知，冷却定型阶段有压力、比容和温度三个可变参数，但因此时外部再无熔体向模腔补给，比容只与温度变化引起的体积收缩有关，所以独立的参数只有模腔压力和温度两个，它们均与脱模条件有关。

一般来讲，脱模温度不易太高，否则，制件脱模后不仅会产生较大的收缩，而且还容易在脱模后发生热变形。当然，受模具温度限制，脱模温度也不能太低。因此，适当的脱模温度应在塑料的热变形温度和模具温度之间，即图 4-19 中的温度 θ_H和 θ_M区间，其中 θ_H低于热变形温度。

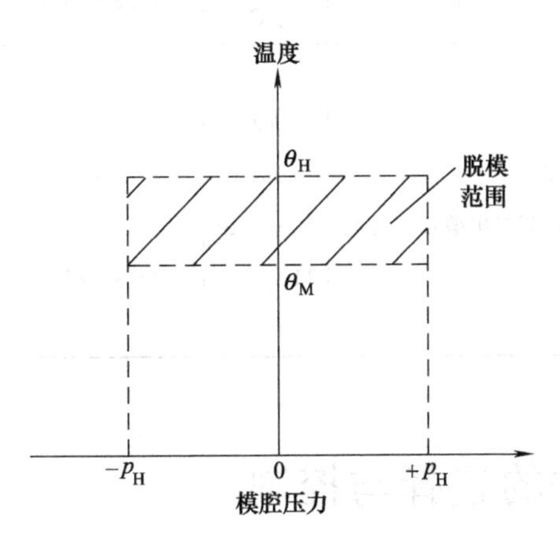

图 4-19　脱模时的温度和压力范围
θ_H—允许的最高脱模温度；θ_M—模具温度；
$\pm p_H$—允许的最大与最小脱模压力

正常脱模时，模腔压力和外界压力的差值不要太大，否则容易使制件脱模后在内部产生较大的残余应力，导致制件在以后的使用过程中发生形状尺寸变化或产生其他缺陷。图 4-19 中的压力区间 $-p_H$～$+p_H$表示正常的脱模压力范围，其数值可由经验或试验确定。一般来讲，保压时间较长时，模腔压力下降慢，脱模时的残余应力偏向 $+p_H$一边，如果残余应力超过 $+p_H$，则开启模具时可能产生爆鸣现象，制件脱模时容易被刮伤或破裂；反之，未进行保压或保压时间较短时，模腔压力下降快，倒流严重，模腔压力甚至可能下降到比外界压力要低的水平，这时残余应力偏向 $-p_H$一边，制品将会因此产生凹陷或真空泡。鉴于以上情况，生产中应尽量调整好保压时间，使脱模时的残余应力接近或等于零，以保证制件具有良好质量。

4.3.3 制件的后处理

原则上讲，制件从模具中脱出后，注射成型过程即告结束。但是，由于成型过程中塑料熔体在温度和压力作用下的变形流动行为非常复杂，再加上流动前塑化不均以及充模后冷却速度不同，制件内经常出现不均匀的结晶、取向和收缩，导致制件内产生相应的结晶、取向和收缩应力，脱模后除引起时效变形外，还会使制件的力学性能、光学性能及表观质量变坏，严重时还会开裂。为了解决这些问题，可对制件进行一些适当的后处理。常用的后处理方法有退火和调湿两种。

退火是将制品加热到 $\theta_g \sim \theta_H$（热变形温度）之间某一温度后，进行一定时间保温的热处理过程。利用退火时的热量，能加速塑料中大分子松弛，从而消除或降低制件成型后的残余应力。对于结晶形塑料制件，利用退火对它们的结晶度大小进行调整，或加速二次结晶和后结晶的过程，此外，退火还可以对制品进行解取向，并降低制件硬度和提高韧度。生产中的退火温度一般都在制件的使用温度以上 10～20℃至 θ_H 以下 10～20℃之间进行选择和控制。保温时间与塑料品种和制件厚度有关，如无数据资料，也可按每毫米厚度约需半小时的原则估算。退火热源或加热保温介质可采用红外线灯、鼓风烘箱以及热水、热油、热空气和液体石蜡等。退火冷却时，冷却速度不易过快，否则还有可能重新产生温度应力。

调湿处理是一种调整制件含水量的后处理工序，主要用于吸湿性很强且又容易氧化的聚酰胺等塑料制件，它除了能在加热和保温条件下消除残余应力之外，还能促使制件在加热介质中达到吸湿平衡，以防止它们在使用过程中发生尺寸变化。调湿处理所用的加热介质一般为沸水或醋酸钾溶液（沸点为 121℃），加热温度为 100～120℃（热变形温度高时取上限，反之取下限），保温时间与制件厚度有关，通常约取 2～9h。

表 4-8 列出了部分热塑性塑料的后处理工艺条件。但应指出，并非所有塑料制件都要进行后处理，通常，只是对于带有金属嵌件、使用温度范围变化较大、尺寸精度要求高和壁厚大的制品才有必要。

表 4-8 部分热塑性塑料的后处理工艺条件

塑料	加热温度/℃	保温时间/h	塑料	加热温度/℃	保温时间/h
ABS	70	2～4	聚苯醚	150	4
聚酰胺-1010	90～100	4～10	聚苯乙烯	70	2～4
增强聚酰胺-66	100～110	4～10	聚酰亚胺	150	4
聚甲基丙烯酸甲酯	70	4～6	增强聚对苯二甲酸乙二醇酯	130～140	0.33～0.5
聚碳酸酯	100～130	2～8(或 1～2h/mm)	聚砜	110～130	2～8(空气)
聚甲醛	90～145	4			

4.4 注射成型工艺条件的选择与控制

通常认为影响注射成型质量的因素很多，但在塑料原材料、注射机和模具结构确定之后，注射成型工艺条件的选择与控制，便是决定成型质量的主要因素。一般来讲，注射成型具有三大工艺条件，即温度、压力和时间。

4.4.1　温度

注射成型时的温度条件主要指料温和模温两方面的内容，其中料温影响塑化和注射充模，而模温则影响充模和冷却定型。

4.4.1.1　料温

料温指塑化物料的温度和从喷嘴注射出的熔体温度，其中，前者称为塑化温度，而后者称为注射温度。因此，料温主要取决于机筒和喷嘴两部分的温度。一般来讲，料温太低时不利于塑化，物料熔融后黏度也较大，故流动与成型比较困难，成型后的制件容易出现熔接痕、表面无光泽和缺料等缺陷。提高料温有利于塑化并会降低熔体黏度、流动阻力或注射压力损失，于是熔体在模内的流动和充模状况随之改变（流速增大、充模时间缩短）。另外提高料温还能对制件的一些性能带来许多好的影响。但是料温过高又很容易引起热降解，最终反而导致制件的物理和力学性能变差。表 4-9 列出了部分塑料可以使用的注射温度与模具温度范围，图 4-20 的曲线表示出了注射温度对塑化能力、充模压力、流动性能和制件性能的影响。

表 4-9　部分塑料的注射温度与模具温度

塑　料	注射温度(熔体温度)/℃	模腔表壁温度/℃	塑　料	注射温度(熔体温度)/℃	模腔表壁温度/℃
ABS	200～270	50～90	GRPA-66	280～310	70～120
AS(SAN)	220～280	40～80	矿纤维 PA-66	280～305	90～120
ASA	230～260	40～90	PA-11,PA-12	210～250	40～80
GPPS	180～280	10～70	PA-610	230～290	30～60
HIPS	170～260	5～75	POM	180～220	60～120
LDPE	190～240	20～60	PPO	220～300	80～100
HDPE	210～270	30～70	GRPPO	250～345	80～110
PP	250～270	20～60	PC	280～320	80～100
GRPP	260～280	50～80	GRPC	300～330	100～120
TPX	280～320	20～60	PSF	340～400	95～160
CA	170～250	40～70	GRPBT	245～270	65～110
PMMA	170～270	20～90	GRPET	260～310	95～140
聚芳酯	300～360	80～130	PBT	330～360	约 200
软 PVC	170～190	15～50	PET	340～425	65～175
硬 PVC	190～215	20～60	PES	330～370	110～150
PA-6	230～260	40～60	PEEK	360～400	160～180
GRPA-6	270～290	70～120	PPS	300～360	35～80、120～150
PA-66	260～290	40～80			

各种塑料适用的机筒和喷嘴温度，除可参考表 4-10 或表 4-19 之外，也可按照下述原则选择或控制。

① 制件注射量大于注射机额定注射量 75%或成型物料不预热时，机筒后段温度应比中段、前段低 5～10℃。另外，对于含水量偏高的物料，也可使机筒后段温度偏高一些；对于螺杆式机筒，为了防止热降解，可使机筒前段温度略低于中段。

② 机筒温度应保持在塑料的黏流温度 θ_f(θ_m) 以上和热分解温度 θ_d 以下某一个适当范围。对于热敏性塑料或相对分子质量较低、分布又较宽的塑料，机筒温度应选较低值，只要稍高于 θ_f(θ_m) 即可，以免发生热降解。

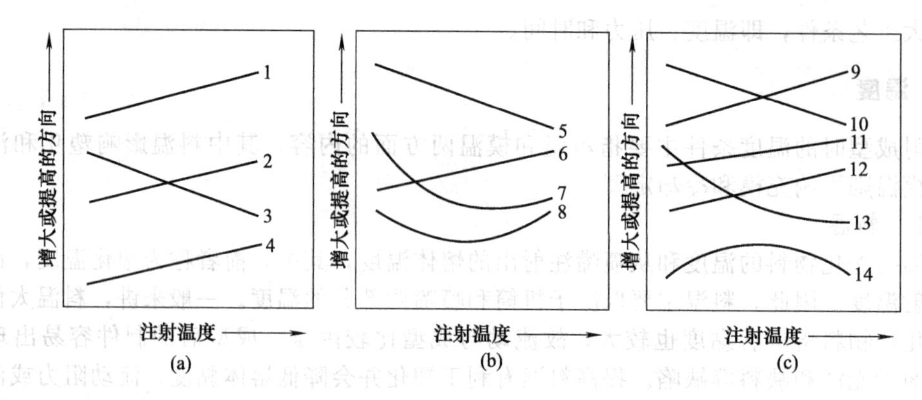

图 4-20 注射温度对注射成型的影响

1—低压缩比螺杆塑化量；2—高压缩比螺杆塑化量；3—充模压力；4—料流长度（等效流动性能）；5—料流方向的冲击韧度；6—与料流垂直方向的冲击韧度；7—料流方向的收缩率；8—与料流方向垂直的收缩率；9—结晶形塑料密度；10—通过浇口的压力损失；11—热变形温度；12—熔接痕强度；13—料流方向的挠曲强度和拉伸强度；14—取向程度

表 4-10 部分塑料适用的机筒和喷嘴温度

塑 料	机筒温度/℃			喷嘴温度/℃	塑 料	机筒温度/℃			喷嘴温度/℃
	后段	中段	前段			后段	中段	前段	
PE	160～170	180～190	200～220	220～240	PA-66	220	240	250	240
HDPE	200～220	220～240	240～280	240～280	PUR	175～200	180～210	205～240	205～240
PP	150～210	170～230	190～250	240～250	CAB	130～140	150～175	160～190	165～200
ABS	150～180	180～230	210～240	220～240	CA	130～140	150～160	165～175	165～180
软 PVC	125～150	140～170	160～180	150～180	CP	160～190	180～210	190～220	190～220
硬 PVC	140～160	160～180	180～200	180～200	PPO	260～280	300～310	320～340	320～340
PCTFE	250～280	270～300	290～330	340～370	PSU	250～270	270～290	290～320	300～340
PMMA	150～180	170～200	190～220	200～220	TPX	240～270	250～280	250～590	250～300
POM	150～180	180～205	195～215	190～215	线型聚酯	70～100	70～100	70～100	70～100
PC	220～230	240～250	260～270	260～270	醇酸树脂	70	70	70	70
PA-6	210	220	230	230					

③ 机筒温度与注射机类型及制件和模具的结构特点有关。例如，注射同一塑料时，螺杆式机筒温度可比柱塞式低 10～20℃。又如，对于薄壁制件或形状复杂以及带有嵌件的制品，因流动较困难或容易冷却，应选用较高的机筒温度；反之，对于厚壁制件、形状简单制件及无嵌件制件，均可选用较低的机筒温度。

④ 为了避免成型物料在机筒中过热降解，除应严格控制机筒最高温度之外，还必须控制物料或熔体在机筒内的停留时间，这样做对于热敏性塑料尤为重要。通常，机筒温度提高以后，都要适当缩短物料或熔体在机筒中的停留时间。

⑤ 为了避免流延现象，喷嘴温度可略低于机筒最高温度，但不能太低，否则会使熔体发生早凝，其结果不是堵塞喷嘴孔，便是将冷料带入模腔，最终导致成型缺陷。

⑥ 判断料温是否合适，可采用对空注射法观察，或直接观察制件质量好坏。对空注射时，如果料流均匀、光滑、无泡、色泽均匀，则说明料温合适；如料流毛糙、有银丝或变色现象，则说明料温不合适。

4.4.1.2　模具温度

模具温度指与制件接触的模腔表壁温度，它直接影响熔体的充模流动行为、制件的冷却速度和成型后的制件性能等。图 4-21 定性描述了模具温度对保压时间、充模压力和制件部分性能质量的影响。

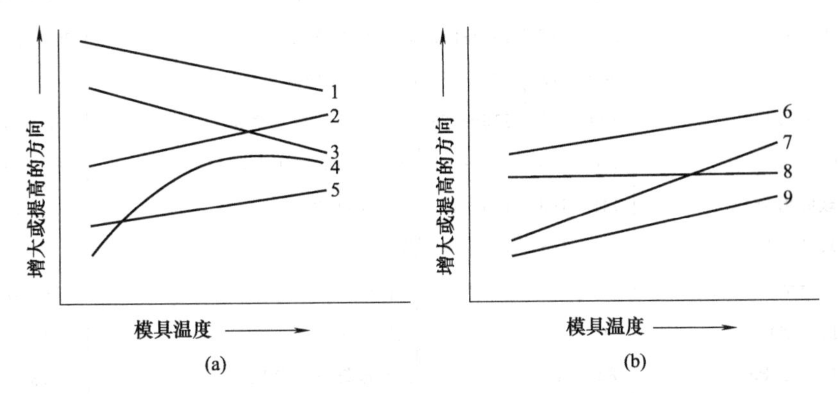

图 4-21　模具温度对注射成型的影响

1—制品的取向程度；2—结晶形塑料密度；3—料流方向的冲击韧度；4—制品表面光洁程度；5—与料流方向垂直的冲击韧度；6—料流方向的收缩率；7—需用的保压时间；8—充模压力；9—与料流方向垂直的收缩率

根据塑料品种不同，注射成型过程中需用的模具温度也不相同。如果模具温度选择的合理、并且分布均匀，可以有效地改善熔体的充模流动性能、制件的外观质量以及一些主要的物理和力学性能。另外，如果模温控制得好，波动幅度较小，还会促使制件收缩趋于均匀，防止脱模后发生较大的翘曲变形。

一般来讲，提高模具温度可以改善熔体在模内的流动性、增强制件的密度和结晶度以及减小充模压力和制件中的压力。但制件的冷却时间、收缩率和脱模后的翘曲变形将会延长或增大，且生产率也会因冷却时间延长而下降。反之，若降低模温，虽能缩短冷却时间和提高生产率，但在温度过低的情况下，熔体在模内的流动性能将会变差，并使制件产生较大的应力或明显的熔接痕等缺陷。此外，除了模腔表壁的粗糙度之外，模温还是影响制件表面质量的因素，适当地提高模温，制件的表面粗糙度值也会随之减小。

模具温度 θ_M 依靠通入其内部的冷却或加热介质控制，其具体数值是决定制品冷却速度的关键。冷却速度分为缓冷（$\theta_M \approx \theta_{c,max}$）、中速冷却（$\theta_M \approx \theta_g$）和急冷（$\theta_M < \theta_g$）三种方式。采用何种方式与塑料品种和制件的形状尺寸及使用要求有关，需要在生产中灵活掌握。例如，对于结晶形塑料采取缓冷或中速冷却时有利于结晶，可提高制件的密度和结晶度，制件的强度和刚度较大，耐磨性也会比较好，但韧度和伸长率却会下降，收缩率也会增大，而急冷时的情况则与此相反；对于非结晶形塑料，如果流动性较好且容易充模，通常可采用急冷方式，这样做可缩短冷却时间，提高生产效率。

各种塑料适用的模具温度，除可参考表 4-9 或表 4-19 之外，也可按照下面原则选择或控制。

① 为了保证制件具有较高的形状和尺寸精度，避免制件脱模时被顶穿或脱模后发生较大的翘曲变形，模温必须低于塑料的热变形温度（见表 4-11）。

② 为了改变聚碳酸酯、聚砜和聚苯醚等高黏度塑料的流动和充模性能，并力求使它们获得致密的组织结构，需要采用较高的模具温度。反之，对于黏度较小的聚乙烯、聚丙烯、聚氯乙烯、聚苯乙烯和聚酰胺等塑料，可采用较低的模温，这样可缩短冷却时间，提高生产效率。

表 4-11 常用热塑性塑料的热变形温度

塑料	压力/℃		塑料	压力/℃	
	1.82MPa	0.45MPa		1.82MPa	0.45MPa
聚酰胺-66(PA-66)	82～121	149～176	聚酰胺-6(PA-6)	80～120	140～176
30%玻纤增强 PA-66	245～262	292～265	30%玻纤增强 PA-6	204～259	216～264
聚酰胺-610(PA-610)	57～100	149～185	聚酰胺-1010(PA-1010)	55	148
40%玻纤增强 PA-610	200～225	215～226	PMMA 和 PS 共聚物	85～99	
聚碳酸酯(PC)	130～135	132～141	聚甲基丙烯酸甲酯(PMMA)	68～99	74～109
20%～30%长玻纤增强 PC	143～149	146～157	聚苯醚(PPO)	175～193	180～204
20%～30%短玻纤增强 PC	140～145	146～149	聚氯乙烯(PVC)	54	67～82
聚苯乙烯 PS(一般型)	65～96		聚丙烯(PP)	56～67	102～115
聚苯乙烯 PS(抗冲型)	64～92.5		聚砜(PSU)	174	182
20%～30%玻纤增强 PS	82～112		30%玻纤增强 PSU	185	191
丙烯腈-氯化聚乙烯-苯乙烯(ACS)	85～100		聚四氟乙烯(PTFE)填充 PSU	100	160～165
丙烯腈-丁二烯-苯乙烯共聚物(ABS)	83～103	90～108	丙烯腈-丙烯酸酯-苯乙烯(AAS)	80～102	106～108
高密度聚乙烯(HDPE)	48	60～82	乙基纤维素(EC)	46～88	
聚甲醛(POM)	110～157	138～174	醋酸纤维素(CA)	44～88	49～76
氯化聚醚	100	141	聚对苯二甲酸丁二醇酯(PBT)	70～200	150

③ 对于厚壁制件，因充模和冷却时间较长，若模温过低，很容易使制件内部产生真空泡和较大的应力，所以不宜采用较低的模具温度。

④ 为了缩短成型周期，确定模具温度时可采用两种方法。一种方法把模具温度取得尽可能低，以加快冷却速度，缩短冷却时间。另一种方法则使模温保持在比热变形温度稍低的状态下，以求在比较高的温度下将制品脱模，而后由其自然冷却，这样做也可以缩短制品在模内的冷却时间。具体采用何种方法，需要根据塑料品种和制件的复杂程度确定。

4.4.2 压力

注射成型时需要选择与控制的压力包括注射压力、保压力和背压力。其中，注射压力又与注射速度相辅相成，对塑料熔体的流动和充模具有决定性作用；保压力和保压时间密切相关，主要影响模腔压力以及最终的成型质量；背压力的大小影响物料的塑化过程、塑化效果和塑化能力，并与螺杆转速有关。

4.4.2.1 注射压力与注射速度

(1) 注射压力 注射压力指螺杆（或柱塞）轴向移动时，其头部对塑料熔体施加的压力。注射压力在注射成型过程中主要用来克服熔体在整个注射成型系统中的流动阻力，同时还对熔体起一定程度的压实作用。注射压力在注射成型过程中的损失包括动压损失和静压损失两部分。动压损失消耗在喷嘴、流道、浇口和模腔对熔体的流动阻力以及塑料熔体自身内部的黏性摩擦方面，与熔体温度及体积流量成正比，受各段料流通道的长度、截面尺寸及熔体的流变学性质影响。静压损失消耗在注射和保压补缩流动方面，与熔体温度、模具温度和喷嘴压力有关。由此可知，如果注射压力选择过低，则会在注射成型过程中因其压力损失过大而导致模腔压力不足，熔体将很难充满模腔。然而，如果把注射压力选择得过大，虽然可使压力损失相对减小，但同时却有可能出现胀模、溢料等不良现象，并因此引起较大的压力波动，使生产操作难于稳定控制。另外，注射压力过大时还容易使机器出现过载现象。

注射压力对熔体的流动、充模及塑件质量都有很大影响。例如，充模时如果注射压力不太高且浇口尺寸又比较大时，熔体流动比较平稳，这时因模具温度比熔体温度低，对熔体有冷却作用，故容易使熔体在浇口附近的模腔处形成堆积，料流长度将会因此而减短，从而导致模腔难以充满。与此相反，当注射压力很大且浇口又比较小时，熔体在模腔内将会产生第 2 章所讲到的喷射流动，料流首先冲击模腔表壁而后才能扩散，于是很容易在制件中形成蛇形流、气泡和银丝，严重时还会因摩擦热过大烧伤制件。由上述可知，欲使熔体在注射过程中具有较好的流动性能和充模性能，并保证制件成型质量，一定要选择适中的注射压力，且在可能的情况下，应根据具体条件（如塑料品种和浇口类型等）尽量把注射压力选择得大一些，这样将会有助于提高充模速度及料流长度，同时还有可能使制件的熔接痕强度提高以及收缩率减小。但是应当注意，注射压力增大之后，制件中的应力也有可能随之增大，这将影响塑件脱模后的形状与尺寸的稳定性。图 4-22 所示为注射压力对注射成型的一些影响，可供选择或控制注射压力时参考。

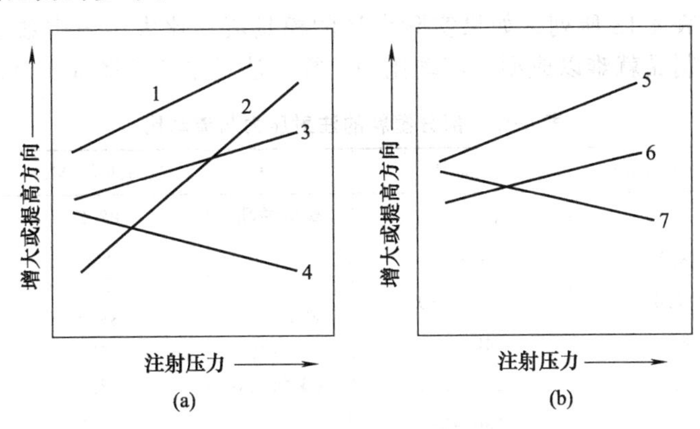

图 4-22　注射压力对注射成型的影响

1—制品的取向程度；2—料流长度（等效流动性能）；3—制品的体积质量；4—料流方向的收缩率；5—需用的冷却时间；6—熔接痕强度；7—热变形温度

注射压力的大小与塑料品种、塑件的复杂程度、塑件的壁厚、喷嘴的结构形式、模具浇口的尺寸以及注射机类型等许多因素有关，通常取 70～150MPa，部分塑料的注射压力参见表 4-12 或表 4-19。选择、控制注射压力的原则如下。

① 对于玻璃化温度和熔体黏度较高的塑料，宜用较大的注射压力。部分塑料的注射压力见表 4-12。

表 4-12　部分塑料的注射压力/MPa

塑　料	注射条件		
	易流动的厚壁制品	中等流动程度的一般制品	难流动的薄壁窄浇口制品
聚乙烯	70～100	100～120	120～150
聚氯乙烯	100～120	120～150	＞150
聚苯乙烯	80～100	100～120	120～150
ABS	80～110	100～130	130～150
聚甲醛	85～100	100～120	120～150
聚酰胺	90～101	101～140	＞140
聚碳酸酯	100～120	120～150	＞150
聚甲基丙烯酸甲酯	100～120	210～150	＞150

② 对于尺寸较大、形状复杂的制品或薄壁制件，因模具中的流动阻力较大，也需用较大的注射压力，见表 4-12。

③ 熔体温度较低时，注射压力应适当增大一些。

④ 对于流动性好的塑料及形状简单的厚壁制件，注射压力可小于 70MPa。对于黏度不高的塑料（如聚苯乙烯等）且其制品形状不太复杂以及精度要求一般时，注射压力可取70～100MPa。对于高、中黏度的塑料（如改性聚苯乙烯、聚碳酸酯等）且对其塑件精度有一定要求，但制品形状不太复杂时，注射压力可取 100～140MPa。对于高黏度塑料（如聚甲基丙烯酸甲酯、聚苯醚、聚砜等）且其塑件壁厚薄、流程长、形状复杂以及精度要求较高时，注射压力可取 140～180MPa。对于优质、精密、微型制件，注射压力可取 180～250MPa，甚至更高。

⑤ 注射压力还与制件的流动比有关。所谓流动比，是指熔体自喷嘴出口处开始能够在模具中流至最远的距离与制件厚度的比值。不同的塑料具有不同的流动比范围，并受注射压力大小的影响，如表 4-13 所列。如果实际设计的模具流动比大于表中数值，而注射压力又小于表中数值，则制品就难以成型。流动比的计算方法见第 6 章图 6-20 和式（6-4）。

表 4-13　部分塑料的注射压力与流动比

塑　料	注射压力/MPa	流动比	塑　料	注射压力/MPa	流动比
聚酰胺-6	88.2	320～200	聚碳酸酯	88.2	130～90
聚酰胺-66	88.2	130～90		117.6	150～120
	127.4	160～130		127.4	160～120
聚乙烯	49	140～100	聚苯乙烯	88.2	300～260
	68.6	240～200	聚甲醛	98	210～110
	147	280～250	软聚氯乙烯	88.2	280～200
聚丙烯	49	140～100		68.6	240～160
	68.6	240～200	硬聚氯乙烯	68.6	110～70
	117.6	280～240		88.2	140～100
				117.6	160～120
				127.4	170～130

(2) 注射速度　注射速度有两种表示方法，一种用注射时塑料熔体的体积流量 q_V 表示，另一种用注射螺杆（或柱塞）的轴向位移速度 v_i 表示，其数值可通过注射机的控制系统进行调整。q_V 和 v_i 的表达式如下：

$$q_V=\frac{2n}{2n+1}\left(\frac{p_i-p_M}{KL}\right)(WH^{\frac{2n+1}{2n}}) \tag{4-11}$$

式中 q_V——体积流量，cm^3/s；

p_i——注射压力，Pa；

p_M——模腔压力，Pa；

W——流道截面的最大尺寸（宽度），cm；

H——流道截面的最小尺寸（高度），cm；

L——流道长度，cm；

K——熔体在工作温度和许用剪切速率下的稠度系数，Pa·s；

n——熔体的非牛顿指数。

$$v_i=\frac{4q_V}{\pi D^2}\approx\frac{q_V}{0.785D^2} \tag{4-12}$$

式中 D——螺杆的基本直径。

由式（4-11）和式（4-12）可知，注射速度与注射压力密切相关，其他工艺条件和塑料品种一定时，注射压力越大，注射速度也就越快。

注射速度与注射压力相辅相成，所以它对熔体的流动、充模及其制品质量也有直接影响。例如，在较高的注射速度下，熔体因流速较快，除可使其温度维持在较高的水平之外，还可使剪切速率具有较大值，故熔体黏度较小，流动阻力相对降低，料流长度和模腔压力都会因此增大，于是制件将会比较密实和均匀，熔接痕强度也会有所提高，而且用多腔模生产出的制件尺寸误差也比较小。但是，注射速度过大时也会与注射压力过大时一样，在模腔内引起喷射流动，导致制件质量变差。另外，高速注射时还存在排气问题，即在适当的高速充模条件下（不产生喷射流动），如果排气不良，模腔内的空气将会受到严重的压缩，这不仅会使原来高速流动的熔体流速减慢，而且还会因压缩气体放热而灼伤制件或产生热降解。图 4-23 所示为注射速度对注射成型的部分影响。

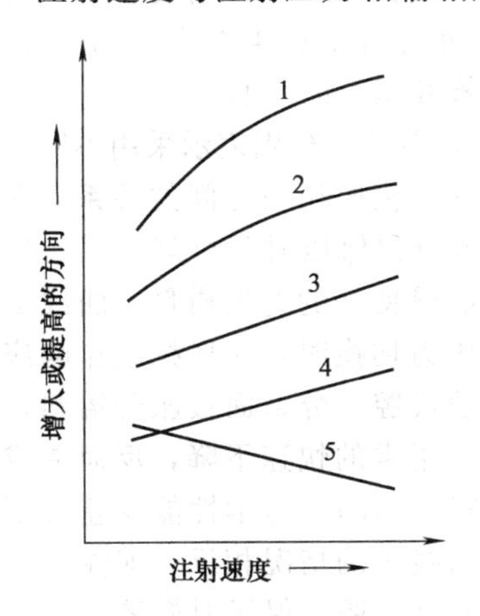

图 4-23　注射速度对注射成型的影响
1—料流长度（等效流动性能）；
2—充模压力；3—熔接痕强度；
4—制品应力；5—制品表面质量

综上所述，注射速度与注射压力一样，应选择得合理适当，既不宜过高，也不宜过低（过低时制件表层冷却快，对继续充模不利，容易造成制品缺料、分层和明显的熔接痕等缺陷）。v_i 的常用值约为 15～20cm/s。对于厚度和尺寸都很大的制件，可以使用 8～12cm/s。目前，生产中确定注射速度时常常要做现场试验，即制件和模具结构一定时，正式生产之前，先采用慢速低压注射，然后根据注射出的制件调整注射速度，使之达到合理的数值。如果生产批量较大，需要缩短成型周期，调整过程中可将注射速度尽量朝数值较高的方向调整，但必须保证制件质量不能因注射速度过快而变差。

除了下面几种情况必须尽量采用高速注射外，其他情况下一般都不要采用过快的注射速度。应尽量采用高速注射的情况有熔体黏度高、热敏性强、成型冷却速度快、纤维增强的塑料，大型薄壁塑件，精密塑件，流程长的塑件。

选择或控制注射速度时还应注意以下几点。

① 要求快速充模时，如果注射压力小于熔体流动阻力，则注射速度达不到设定值。

② 对于大、中型注射机，可对注射速度采用分段控制，其控制规律可参考图 4-24。

③ 一般情况下，螺杆式注射机比柱塞式注射机可提供较大的注射速度，故在需要采用高速高压成型的情况下（如流道长、浇口小、制件形状复杂和薄壁制品等），应尽量采用螺杆式注射机，否则难以保证成型质量。

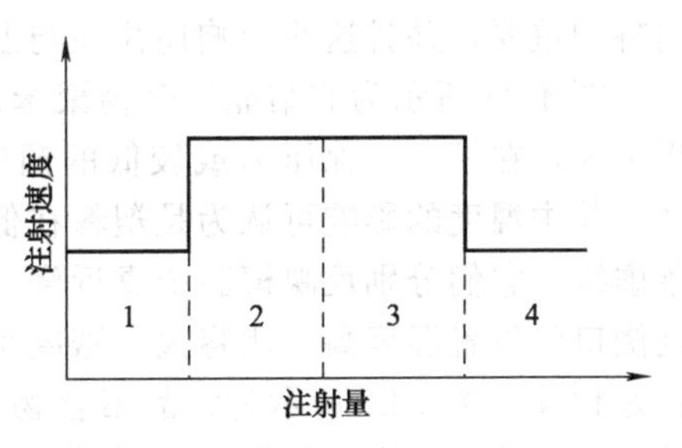

图 4-24　注射速度的分段控制

4.4.2.2　保压力和保压时间

在注射成型的保压补缩阶段，为了对模腔内的塑料熔体进行压实以及为了维持向模腔内进行补料流动所需要的注射压力叫做保压力。保压力持续的时间长短叫做保压时间。保压力和保压时间对于注射成型的影响主要体现在模腔压力和制品最终的成型质量方面，对此前面已有阐述。但是，为了能够合理地选择或控制保压力与保压时间，对有些问题仍需进一步说明。

(1) 保压力和保压时间对模腔压力的影响　前面已定性叙述过保压力和保压时间对模腔

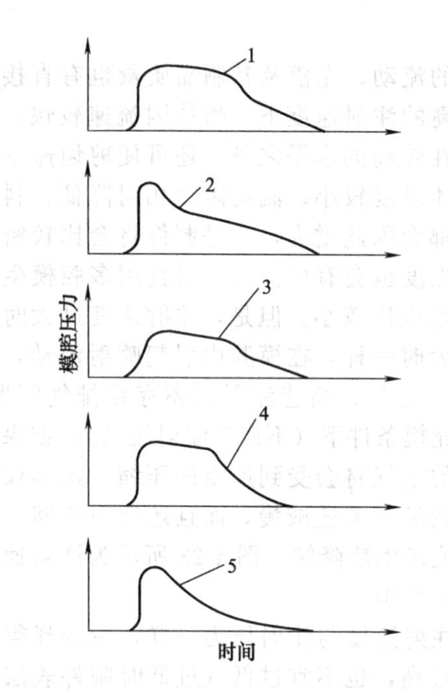

图 4-25 保压力、保压时间对模腔压力的影响
1—保压力、保压时间合理；2—熔体过量充填模腔；3—模腔充模不足（缺料）；4—保压时间太短；5—保压力太低

压力的影响，这在注射成型中是一个比较重要的问题，因为它将直接关系到制件密度和收缩的大小。为此，特别使用图 4-25 再次详细说明保压力、保压时间对模腔压力的影响。

在图 4-25 中，各曲线分别表示采用不同的保压力时，保压时间与模腔压力之间的关系。曲线 1 表示采用的保压力和保压时间合理，模腔压力变化正常，能够取得良好的充模质量。曲线 2 表示注射压力和保压力切换时，注射机动作响应过慢，熔体过量充填模腔，分型面被胀开溢料，导致模腔压力产生不正常的快速下降，反而造成制件密度减小、缺料、凹陷及力学性能变差等不良现象。曲线 3 与曲线 2 的情况相反，即注射时间过短，熔体不能充满模腔，保压时模腔压力曲线的水平部分较低。曲线 4 表示保压时间不足、保压力撤除过早、模腔压力在浇口尚未冻结之前就猛然下降，于是熔体将产生倒流，无法实现正常补缩功能，制件内部可能出现真空泡和凹陷等不良现象。曲线 5 表示保压时间足够，但采用的保压力太低，因此保压力不能充分传递给模腔中的熔体，故模腔压力也会出现不正常的迅速下降现象，使得保压流动不能有效地补缩，从而造成一些不正常的成型缺陷。

(2) 保压力、保压时间对制件密度和收缩的影响　上面已经阐述了保压力、保压时间对模腔压力及其充模情况的影响。事实上，它们对注射成型的影响是多方面的，如取向程度、补料流动长度及冷却时间等。一般来讲，这些影响的性质与注射压力的影响相似，但需注意，由于保压力和保压时间分别是补缩的动力和补缩的持续过程，所以它们对制件密度的影响特别重要，并且这些影响还往往与温度有关。为此，下面介绍一些实验曲线。

图 4-26 所示为非结晶聚合物聚苯乙烯的比容、温度和保压力之间的关系曲线。由图分析可知，在较高的保压力或较低的温度条件下，可以使制件得到较小的比容，即较大的密度，其中温度的影响可认为是塑料在低温下体积膨胀较小的结果。在图 4-26 中还有 a、b 两条虚线，它们分别反映模腔中靠近浇口和远离浇口位置的比容变化情况。很明显，塑料在靠近浇口的位置温度高、比容大、密度小，冷却后的收缩也大，而在远离浇口的位置，情况则正好相反。图 4-27 所示为结晶聚合物的比容、温度和保压力之间的关系曲线，从各条曲线的变化总趋势来讲，与图 4-26 有些相似，即在较高的保压力与较低的温度条件下，可使制件得到较小的比容或较大的密度。但是若将图 4-27 与图 4-26 详细比较，可以发现两者还有一些明显差别：一方面是结晶的聚乙烯从高温到低温变化时比容-温度曲线在 100～150℃左右具有一个明显的拐点，经此拐点之后，体积在 100～150℃左右急剧减小（聚苯乙烯无此现象）；另一方面是在相同的保压力和温度范围下，聚乙烯的比容变化幅度要比聚苯乙烯大得多。例如，在 50～250℃范围内，若取保压力为 10MPa，则聚乙烯比容的变化幅度约为 30%，而聚苯乙烯只有 10%左右；若取保压力为 160MPa，两者的比容变化幅度又分别为 22%和 3%。由以上两方面差别可知，保压力和温度对结晶聚合物的比容或密度的影响比对非结晶聚合物的影响来得强烈，而且在 100～150℃左右，无论保压力大小如何，结晶聚合物的比容都会迅速减小。所以生产中对制件密度要求较高时，同时需要选择合理的保压力和

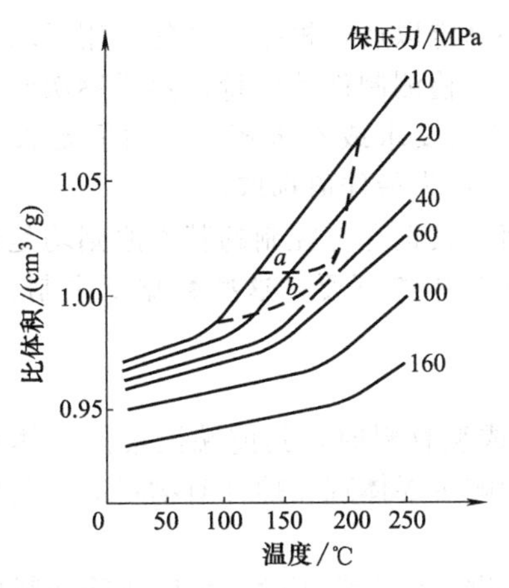

图 4-26　聚苯乙烯的比体积-温度-保压力曲线

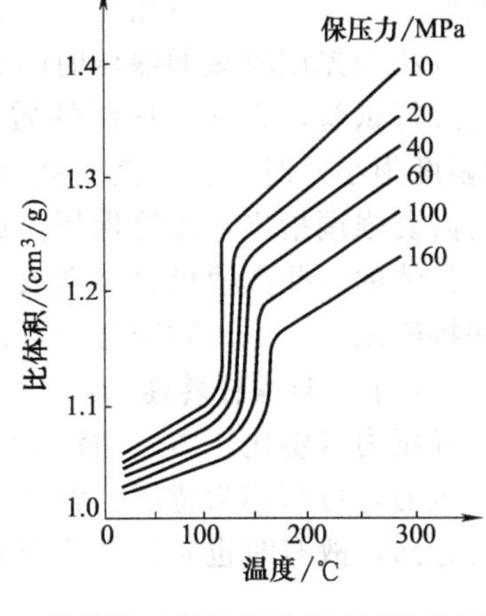

图 4-27　结晶聚乙烯的比体积-温度-保压力曲线

合理的温度条件，并且结晶聚合物的保压力和温度条件的控制尤其要严格一些。

图 4-28 所示为保压时间与制件质量的关系曲线，实际上也反映保压时间与制件密度之间的关系。从图中可知，在保压阶段初期，随着保压时间延长，制件的体积质量迅速增大，但是当保压时间达到一定数值（t_s）后，制件的体积质量就会停止增长。这一现象意味着为了提高制件密度，必须有一段保压时间，但保压时间过长，除了浪费注射机能量之外，对于提高制件密度已无效用，所以生产中应能对保压时间恰当地控制在一个最佳值。

图 4-29 所示为保压时间对制件成型收缩率的影响，从图中可以看出，保压时间长时收缩率小。结合聚合物状态方程可以认为保压力大、保压时间充分时，浇口冻结温度低（即冷冻时间晚），补缩作用强，有助于减小制件收缩。

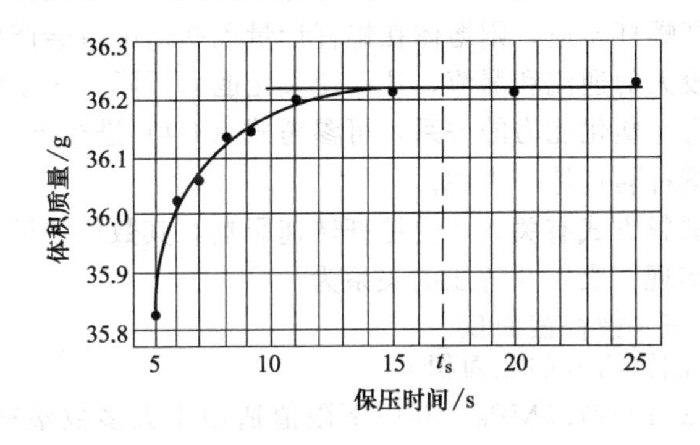

图 4-28　保压时间与制件质量的关系

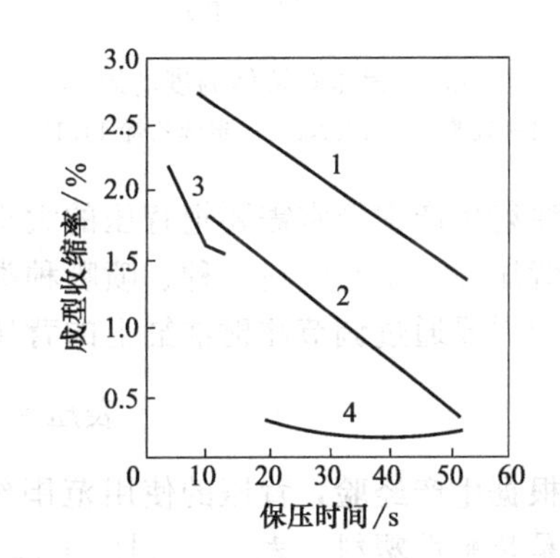

图 4-29　保压时间与成型收缩率的关系
1—聚丙烯（料流方向）；2—聚丙烯（与料流垂直的方向）；3—聚酰胺-66；4—聚甲基丙烯酸甲酯

（3）保压力和保压时间的选择与控制　保压力的大小取决于模具对熔体的静水压力，并与制件的形状、壁厚有关。一般来讲，对形状复杂和薄壁的制件，为了保证成型质量，采用的注射压力往往比较大，故保压力可稍低于注射压力。对于厚壁制件，保压力的选择比较复杂，这是因为保压力大时，容易加强大分子取向，使制件出现较为明显的各向异性，这时只能根据制件使用要求灵活处理保压力的选择与控制问题，但有一个大致规律可以参考，即保压力与注射压力相等时，制件的收缩率可减小，批量产品中的尺寸波动小，然而会使制件出现较大的应力。

保压时间一般约取 20～120s，与料温、模温、制件壁厚以及模具的流道和浇口大小有关。合理恰当的保压时间应在保压力和注射温度条件确定以后，根据制件的使用要求试验确定。具体方法为先用较短的保压时间成型制件，脱模后检测制件的质量，然后逐次延长保压时间继续进行试验，直到发现制件质量达到制件的使用要求或不再随保压时间延长而增大（或增大幅度很小）时为止，然后就以此时的保压时间作为最佳值选取。

最后需要强调指出，无论保压力或保压时间如何，其选择与控制的基本原则均是保证成型质量，具体的一些数值可以参考表 4-19，但实际生产中绝不要被这些数据所限制。例如，对于有些特厚制件，保压时间甚至可以长达数分钟。

4.4.2.3 背压力与螺杆转速

（1）背压力（塑化压力） 背压力指螺杆在预塑成型物料时，其前端汇集的熔体对它所产生的反压力，可简称为背压。背压对注射成型的影响主要体现在螺杆对物料的塑化效果及塑化能力方面，故有时也叫做塑化压力。

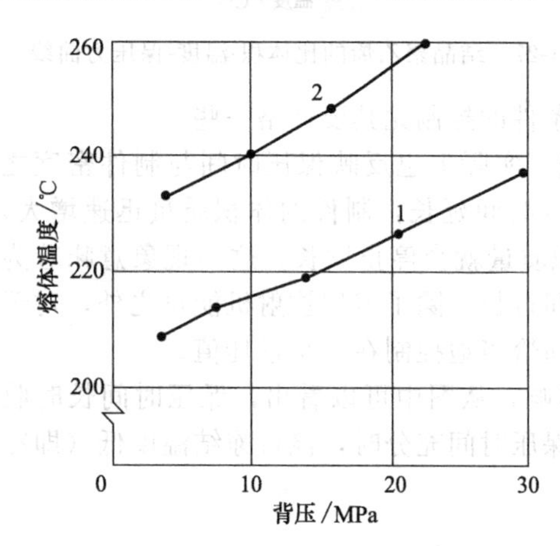

图 4-30 背压对熔体温度的影响
1—聚苯乙烯 168N；2—聚苯乙烯 143E

一般来讲，增大背压除了可以驱除物料中的空气提高熔体密实程度之外，熔体内的压力也将随之增大，螺杆后退速度减小，于是塑化时的剪切作用加强，摩擦热量增多，熔体温度上升，塑化效果提高。图 4-30 所示为背压对熔体温度影响的实验曲线，工艺条件为：曲线 1 代表聚苯乙烯 168N，机筒温度 150～220℃，螺杆直径 60mm，塑化行程 85mm，螺杆转速 120r/min；曲线 2 代表聚苯乙烯 143E，机筒温度 150～220℃，螺杆直径 45mm，塑化行程 85mm，螺杆转速 310r/min。增大背压虽然可以提高塑化效果，但是背压增大后如不相应提高螺杆转速，则熔体在螺杆计量段螺槽中将会产生较大的逆流和漏流，从而使塑化能力下降。对于背压和塑化能力的关系，可参考式（4-4）进行分析，实际注射生产中经常需要把背压的大小与螺杆转速综合考虑。

背压的大小与塑料品种、喷嘴种类和加料方式有关，并受螺杆转速影响，其数值的设定与控制需要通过调节注射油缸上的背压表实现。表压与背压的关系为：

$$表压=\frac{背压\times 螺杆截面积}{注射油缸活塞的截面积} \tag{4-13}$$

根据生产经验，背压的使用范围约为 3.4～27.5MPa，其中下限值适用于大多数塑料，尤其是热敏性塑料。表 4-14 列出了部分塑料使用的背压和螺杆转速。选择或控制背压时还应注意以下事项。

① 采用直通式喷嘴和后加料方式背压高时容易发生流延现象，因此应使用较小的背压；采用阀式喷嘴和前加料方式时，背压可取大一些。

② 对于热敏性塑料（如硬聚氯乙烯、聚甲醛、聚三氟氯乙烯等），为了防止塑化时剪切摩擦热过大引起热降解，背压应尽量取小值；对于高黏度塑料（如聚碳酸酯、聚砜、聚苯醚、聚酰亚胺等），若背压大时，为了保证塑化能力，常常会使螺杆传动系统过载，所以也不宜使用较大的背压。

③ 增大背压虽可提高塑化效果，但因螺杆后退速度减慢，塑化时间或成型周期将会延长。因此，在可能的条件下，应尽量使用较小的背压。但是过小的背压有时会使空气进入螺杆前端，注射后的制品将会因此出现黑褐色云状条纹及细小的气泡，对此必须加以避免。

表 4-14　部分塑料的背压和螺杆转速

塑　　料	背压/MPa	螺杆转速/(r/min)	喷嘴类型
硬聚氯乙烯	尽量小	15～25	△
聚苯乙烯	3.4～10.3	50～200	△
20%玻纤填充聚苯乙烯	3.4	50	△
聚丙烯	3.4～6.9	50～150	△
30%玻纤填充聚丙烯	3.4	50～75	△
高密度聚乙烯	3.4～10.3	40～120	△
30%玻纤填充高密度聚乙烯	3.4	40～60	△
聚砜	0.34	30～50	△
聚碳酸酯	3.4①	30～50①	△
聚丙烯酸酯	10.3～20.6	60～100	△
聚酰胺-66	3.4	30～50	PA 型
玻纤增强聚酰胺-66	3.4	30～50	PA 型(喉部 4.8mm)
改性聚苯醚(PPO)	3.4	25～75	△
20%玻纤填充聚苯醚	3.4	25～50	△
可注射氟塑料	3.4	50～80	△
纤维素塑料	3.4～13.8	50～300	△
丙烯酸类塑料	2.8～5.5	40～60	△
25%玻纤增强聚甲醛	0.34	40～50	△
聚甲醛	0.34	40～50	△
ABC 通用级(高冲击)	3.4～6.9	75～120	ABS 型
热塑性聚酯	1.7	20～60	△
15%～30%玻纤填充热塑性聚酯	1.7	20～60	△

① 表示数值随塑料品级发生变化。
注：△表示通用型喷嘴。

(2) 螺杆转速　螺杆转速指螺杆塑化成型物料时的旋转速度，它所产生的扭矩是塑化过程中向前输送物料发生剪切、混合与均化的原动力，所以它是影响注射机塑化能力、塑化效果以及注射成型的重要参数。通常，螺杆转速还与背压密切相关。例如，增大背压提高塑化效果时，如果塑化能力降低，则必须依靠提高螺杆转速的方法进行补偿。

图 4-31 所示为塑化能力与螺杆转速的关系，由图可知，螺杆转速增大，注射机对各种塑料的塑化能力均随着提高。图 4-32 所示为塑化效果与螺杆转速之间的关系，由图可知，螺杆转速增大，熔体温度的均化程度提高，但曳流也随着增大，故螺杆转速达到一定数值后，综合塑化效果（即物料的综合塑化质量）下降。图 4-33 所示为熔体温度、背压与螺杆转速的关系，由图可知，背压和螺杆转速增大，均能使熔体温度提高，这是两者加强物料内剪切作用的必然结果。图 4-34 可以用来说明背压增大、塑化能力下降时，螺杆转速对塑化能力具有补偿作用。

图 4-35 所示为螺杆转矩与螺杆转速之间的关系，图中表明，塑化各种成型物料时，螺杆的转矩均随螺杆转速提高而增大。图 4-36 所示为注射时加热能量、物料黏性摩擦耗散能量及熔体温度与螺杆转速之间的关系。由图分析可知，螺杆转速增大后，由于物料所受剪切作用增大，注射机耗散在黏性摩擦方面的能量也随着增大，但剪切产生的摩擦热量却会增多，于是所需的加热能量也就可以减少，至于熔体温度曲线上出现的上凹现象，是由于减少

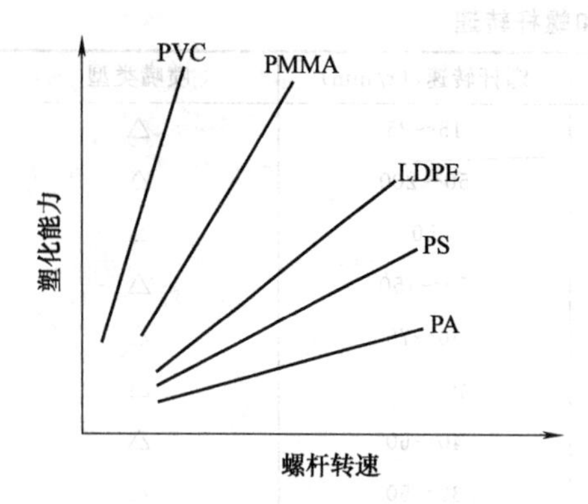

图 4-31 塑化能力与螺杆转速的关系

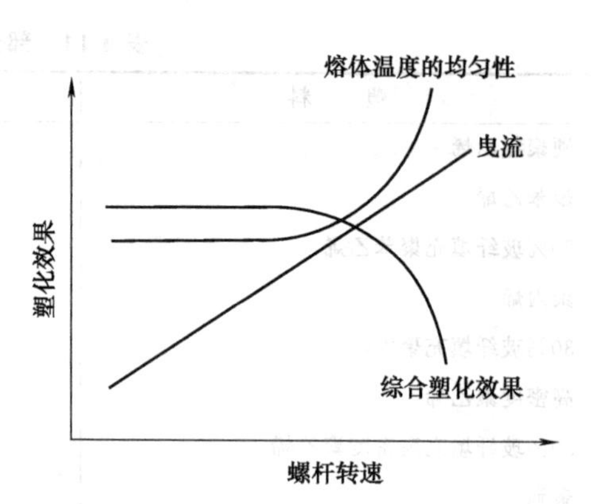

图 4-32 塑化效果与螺杆转速的关系

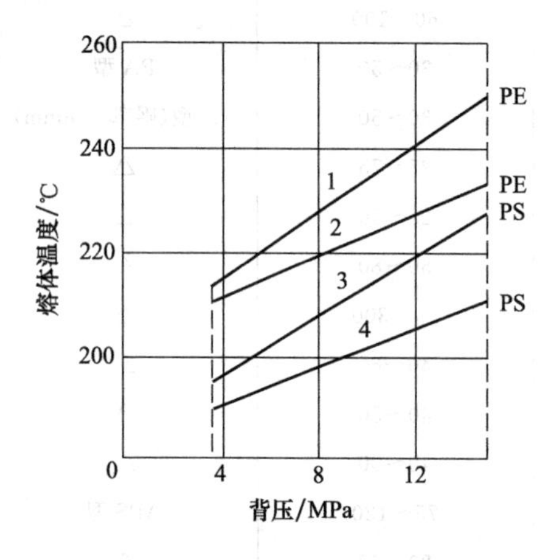

图 4-33 熔体温度、背压与螺杆转速的关系

螺杆转速 1—80r/min；2—50r/min；3—80r/min；4—50r/min

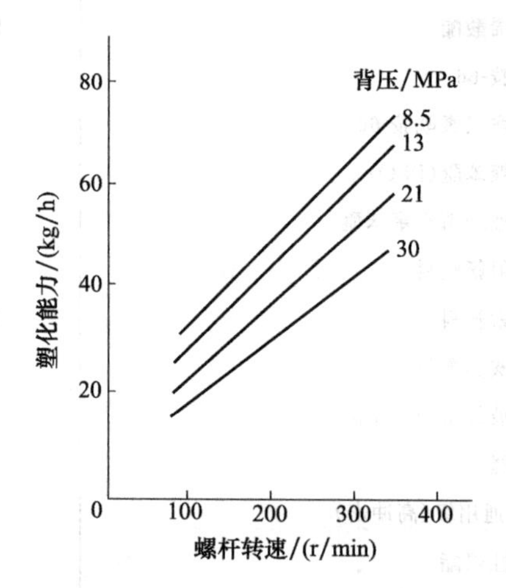

图 4-34 背压不同时的塑化能力与螺杆转速的关系（聚苯乙烯）

加热能量造成的结果。综合图 4-35 和图 4-36 可得结论：欲增大塑化能力而提高螺杆转速时，消耗的注射机机械功率较大，但可以适当地降低注射机消耗在机筒上的加热功率。

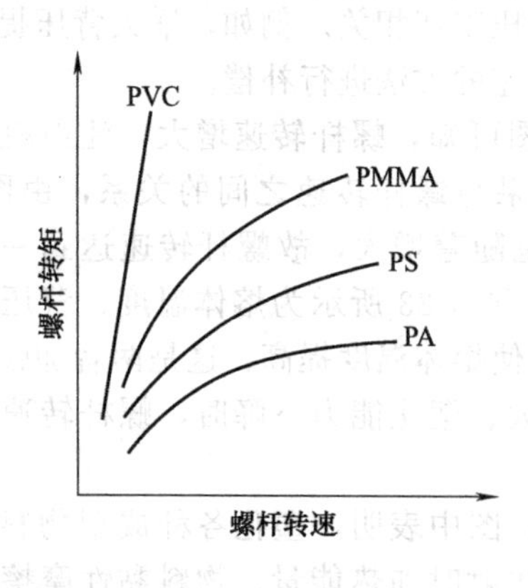

图 4-35 螺杆的转矩-转速曲线

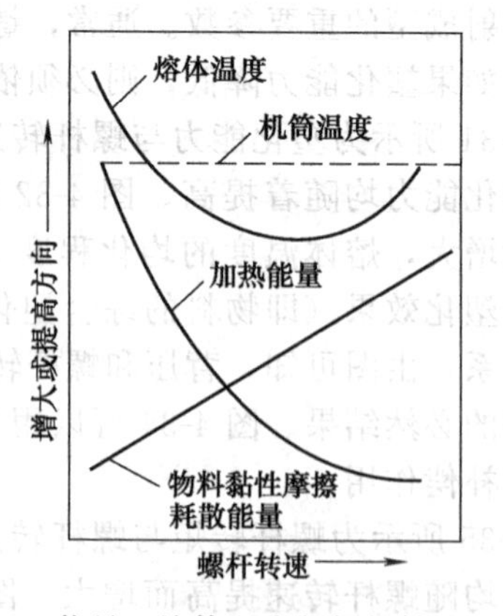

图 4-36 能量、熔体温度与螺杆转速的关系

螺杆转速除可参考表 4-14 和表 4-19 选择之外，也可按下述三种方法选择或控制。

① 对于高密度聚乙烯和聚丙烯：

$$螺杆转速=\frac{(0.5\sim0.6)注射机额定塑化能力(聚苯乙烯)}{注射机的额定螺杆转速}\times选定的塑化能力 \quad (4\text{-}14)$$

② 根据物料在机筒中允许的极限线速度确定螺杆转速（r/min）：

$$螺杆转速=\frac{v_{\lim}}{\pi D} \quad (4\text{-}15)$$

式中　D——螺杆直径；

$v_{\lim}$——物料在机筒中允许的极限速度［见式（2-63）］。

③ 根据物料在机筒中允许使用的极限剪切速率 $\dot{\gamma}_{\lim}$ 确定螺杆转速。

4.4.3　成型周期

注射成型周期指完成一次注射成型工艺过程所需的时间，它包含着注射成型过程中所有的时间问题，直接关系到生产效率的高低。注射成型周期的时间组成如图 4-37 所示，其中有些已经叙述过，下面主要阐述成型周期中最重要的注射时间、冷却时间和确定成型周期的经验方法，至于其他操作时间，可根据生产条件灵活掌握。

注射成型周期
- 注射时间
  - 流动充模时间　柱塞或螺杆向前推挤塑料熔体的时间
  - 保压时间　柱塞或螺杆停留在前进位置上保持注射压力的时间
- 闭模冷却时间　模腔内制品的冷却时间（包括柱塞或螺杆后退的时间）
- 其他操作时间　包括开模、制品脱模、喷涂脱模剂、安放嵌件和闭模时间等

（保压时间与闭模冷却时间合称：总冷却时间）

图 4-37　注射成型周期的时间组成

（1）注射时间　注射时间指注射活塞在注射油缸内开始向前运动至保压补缩结束（活塞后退）为止所经历的全部时间，它的长短与塑料的流动性能、制品的几何形状和尺寸大小、模具浇注系统的形式、成型所用的注射方式和其他一些工艺条件等许多因素有关。注射时间由流动充模时间和保压时间两部分组成，对于普通制件，注射时间大致为 5～130s，特厚制件可长达 10～15min，其中主要花费在保压方面，而流动充模时间所占比例很小，如普通制件的流动充模时间约为 2～10s。

注射时间可用下式估算：

$$t_{\mathrm{i}}=\frac{V}{nq_{\mathrm{GV}}} \quad (4\text{-}16)$$

式中　t_{i}——注射时间，s；

V——制件体积，cm^3；

n——模具中的浇口个数；

q_{GV}——熔体通过浇口时的体积流量，cm^3/s；可用下式计算：

$$q_{\mathrm{GV}}=\frac{1}{6}\dot{\gamma}bh^2 \quad (4\text{-}17)$$

式中　$\dot{\gamma}$——熔体经过浇口时的剪切速率，根据经验，约为 $10^3\sim10^4\mathrm{s}^{-1}$；

b——浇口截面宽度；

h——浇口截面高度。

除了利用上述方法计算注射时间之外，也可参考表 4-15 或表 4-19 确定注射时间。由于保压过程与闭模冷却过程穿插在一起，所以有时也将保压时间列入闭模冷却时间范畴，为了明确起见，表 4-19 单独开列了保压时间，以便与流动充模时间及制件冷却时间区分，而表中所列的注射时间单指流动充模时间。

（2）闭模冷却时间　闭模冷却时间指注射保压结束到开启模具这一阶段所经历的时间，它的长短受注进模腔的熔体温度、模具温度、脱模温度和塑件厚度等因素的影响（见图 4-38），

表 4-15 部分塑料的注射时间/s

塑 料	注射时间	塑 料	注射时间	塑 料	注射时间
低密度聚乙烯	15～60	玻纤增强聚酰胺-66	20～60	聚苯醚	30～90
聚丙烯	20～60	ABS	20～90	醋酸纤维素	15～45
聚苯乙烯	15～45	聚甲基丙烯酸甲酯	20～60	聚三氟氯乙烯	20～60
硬聚氯乙烯	15～60	聚碳酸酯	30～90	聚酰亚胺	30～60
聚酰胺-1010	20～90	聚砜	30～90		

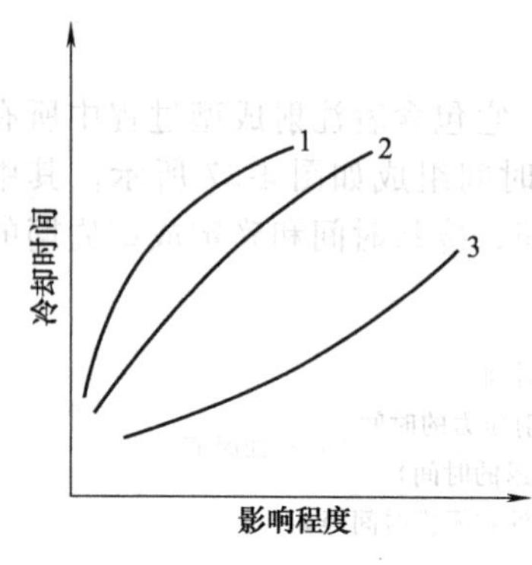

图 4-38 影响冷却时间的因素
1—制品壁厚；2—料温；3—模具温度

对于一般塑件约取 30～120s。确定闭模冷却时间终点的原则为塑件脱模时应具有一定刚度，不得因温度过高发生翘曲和变形。在保证此原则的条件下，冷却时间应尽量取短一些，否则，不仅会延长成型周期、降低生产效率，而且对于复杂塑件还会造成脱模困难。为了缩短冷却时间，生产中有时采用这样一种方法，即不待塑件全部冷却到脱模温度，而只要塑件从表层向内有一定厚度冷却到脱模温度并同时具有一定刚度可以避免塑件翘曲变形时，便可开启模具取出塑件，然后使塑件在模外自动冷却，或浸浴在热水中逐渐冷却。

最短闭模冷却时间可按下式计算：

$$t_{c,\min}=\frac{h_z^2}{2\pi\alpha}\left[\frac{\pi}{4}\left(\frac{\theta_R-\theta_M}{\theta_H-\theta_M}\right)\right] \tag{4-18}$$

式中 $t_{c,\min}$——最短冷却时间，s；

h_z——塑件的最大厚度，mm；

α——塑料的热扩散率，mm^2/s；

θ_R、θ_M、θ_H——分别为熔体充模温度、模具温度和塑件的脱模温度，℃。

生产中所用的冷却时间也可参照表 4-19 确定，但应注意，该表中所列的冷却时间数值不包括闭模保压期间的冷却时间。

(3) 确定注射成型周期的经验方法 根据生产经验，注射成型周期与塑件平均壁厚有关，所以有些工厂积累了一些经验数据用来确定成型周期，如表 4-16 所示。

表 4-16 确定注射成型周期的经验方法

制品壁厚/mm	成型周期/s	制品壁厚/mm	成型周期/s	制品壁厚/mm	成型周期/s
0.5	10	2.0	28	3.5	65
1.0	15	2.5	35	4.0	85
1.5	22	3.0	45		

4.5 几种常用塑料的注射成型特点

现将几种常用热塑性塑料的注射成型特点简介如下。

4.5.1 聚苯乙烯塑料

聚苯乙烯塑料（PS）因本身吸水率很小，成型前不一定要进行干燥。如有需要，则可在70～80℃温度下干燥2～4h。

PS为无定形塑料，黏度适宜，流动性较好，热稳定性亦较好，注射成型比较容易。用于注塑的PS相对分子质量约为7万～20万，成型温度范围较宽，在黏流态下温度的少许波动不会影响注射模塑过程。

处于黏流态的PS，其黏度对剪切速率和温度都比较敏感，在注射成型中无论是增大注射压力或升高料筒温度都会使熔融黏度显著下降。因此，PS既可用螺杆式也可用柱塞式注射机成型。料筒温度可控制在140～260℃之间，喷嘴温度为170～190℃，注射压力为60～150MPa。为了提高工作效率，也可采用提高料筒温度来缩短成型周期。具体的工艺条件应根据制件的特点、原料及设备条件等而定，模具常用水冷却。由于PS分子链刚硬，成型中容易产生分子定向和内应力。为了减少这些症状，除调整工艺参数和改进模具结构外，应对塑件进行热处理，即将塑件放入65～80℃的热水处理1～3h，然后缓慢冷却至室温。生产厚壁塑件时常因模具冷却不均匀而产生内应力，甚至发生开裂。故模具温度应尽量保持均匀，温差应低于3～6℃。

PS因性脆，力学强度差，热膨胀系数大，故制件不宜带有金属嵌件，否则容易产生应力开裂。其成型收缩率为0.5%～0.8%，为了使制件顺利脱模，模壁斜度应增大至1°～2°。

4.5.2 聚丙烯塑料

聚丙烯（PP）为结晶形高聚物，吸水率很低，约为0.03%～0.04%。注射时一般不需要进行干燥，必要时可在80～100℃下干燥3～4h。

PP的熔点为160～175℃，分解温度为350℃，所以成型温度范围较宽，约为205～315℃，其最大结晶速度的温度为120～130℃。注射成型用的PP的熔体指数为2～9g/10min，熔体流动性较好，在柱塞式或螺杆式注射机中都能顺利成型。一般料筒温度控制在210～280℃，喷嘴温度可比料筒温度低10～30℃。当生产薄壁制品时，料筒温度可提高到280～300℃；生产厚壁制件时，为了防止熔料在料筒内停留时间过长而分解，料筒温度应适当降低至200～230℃，料筒温度过低，大分子定向程度增加，制品容易产生翘曲变形。

PP熔体的流变特性是黏度对剪切速率的依赖性比温度的依赖性大。因此，在注射充模时，通过提高注射压力或注射速度来增大熔体的流动性比通过提高温度有利。一般注射压力控制在70～120MPa（柱塞式注射压力偏高，螺杆式注射压力偏低）。

PP的结晶能力较强，提高模具温度将有助于塑件结晶度的增加，甚至能够提前脱模。基于同一理由，塑件性能应与模具温度存在密切关系。生产上经常采用的模具温度约为70～90℃，在这种情况下，不仅有利于结晶，而且有利于大分子的松弛，从而减少分子的定向作用，并可降低内应力。如模温过低，冷却速度太快，浇口过早冷凝，不仅结晶度低，密度小，而且制品内应力较大，甚至引起充模不满和制件缺料的现象。

冷却速度不仅影响结晶度，还影响晶体结构。急冷时呈碟状晶结构，缓冷时呈球晶结构。晶体结构不同则制件的物理力学性能也将各异。

此外，由于PP的玻璃化温度低于室温，当制件在室温下存放时常发生后收缩现象，其原因是PP在这段时间内仍在结晶。后收缩量随制件厚度而定，越厚的，后收缩越大。后收缩总量的90%约在制品脱模后6h内完成，剩余10%约发生在随后的10天内，所以塑件在脱模24h后基本可以定型。成型时，缩短注射和保压时间，提高注射和模具温度都可减小后收缩。对尺寸稳定性要求较高的制件，应进行热处理。

4.5.3 聚酰胺塑料

聚酰胺（PA）是一类塑料，又称尼龙，品种较多。其中尼龙-6、尼龙-66、尼龙-610、尼龙-612以及我国独创品种尼龙-1010等均已在工业上广泛使用。由于它们的化学结构略有差异，所以性能不尽相同，但是其成型特点则是共同的。

PA类塑料在分子结构中因含有亲水的酰氨基，容易吸湿，是一种吸湿性材料。其中尼龙-6吸水性最大，尼龙-66次之；尼龙-610的吸水性为尼龙-66的一半；尼龙-612的吸水性较尼龙-610低8%；尼龙-1010的吸水性较小，平均吸水率为0.8%～1.0%。水分对这些塑料的物理性能常有显著的影响。为得以顺利成型，事前必须进行干燥，以使水分降至0.3%以下。水分过大时，成型中会引起熔体黏度下降，从而能使制件表面出现气泡、银丝和斑纹等缺陷，以致制品的力学强度下降。

干燥PA时应防止氧化变色，因为酰氨基对氧敏感，易发生氧化而降解。干燥时，最好用真空干燥，因为它的脱水率高，干燥时间短，干燥后的粒料质量好。干燥条件一般为真空度1333Pa（10mmHg）以上，烘箱温度90～110℃，料层厚度25mm以下。在这种条件下干燥8～12h后，水分含量可达0.1%～0.3%。如果采用普通烘箱干燥，应将干燥温度降至80～90℃，并延长干燥时间。干燥合格的料应注意保存，以免再吸湿。

PA为结晶性塑料，有明显的熔点，而且熔点较高（160～290℃，视品种不同而异），熔融范围较窄（约10℃左右），熔体的流动性大，熔体的热稳定性差而且容易降解，成型收缩率较大。因此，注射时对设备及成型工艺条件的选择都应重视以上特点。

PA可采用柱塞式或螺杆式注射机进行成型。由于尼龙塑料熔化温度范围较窄，熔化前后体积变化较大，选用螺杆式注射机时，应采用高压缩比螺杆。螺杆头应装上良好的止逆环，以免低黏度的熔体发生过多的漏流。为防止喷嘴处熔体的流延现象而浪费原料，无论哪一种类型注射机都应采用自锁喷嘴，一般以外弹簧针阀式喷嘴较好。

料筒温度主要应根据各种PA的熔点来确定。螺杆式注射机料筒温度可比塑料熔点高10～30℃，而柱塞式注射机的料筒温度应比塑料熔点高30～50℃。

模具温度（一般控制在40～100℃）对制件性能影响较大。模温高时，制件结晶度高，硬度大，耐磨性好；模温低时，则结晶度低，伸长率大，透明性和韧度好。如果模温过低时，对厚壁制件各部分的冷却速率很可能不均匀，以致制件出现空隙等弊病。

PA制件脱模后常会同时发生两种不同的变化，搁置或退火处理能使它发生收缩，而吸湿则会引起膨胀，二者相互作用之后才能决定制件的最后尺寸。作为工程零件，要求制件具有一定的尺寸稳定性。因此，为了加速制件脱模后的收缩，最好对制件进行热处理，即将制件放进热油、液体石蜡或充氮炉中，在温度100～120℃下处理一定时间，然后缓慢冷却至室温。热处理还可以收到消除内应力的效果。

为发挥PA的坚韧性、冲击强度和拉伸强度，有时还需要进行调湿处理，即将制件放置在相对湿度为65%的大气中一段时间，以使其达到4%的吸湿量。由于这一个过程进行缓慢，厚制件往往需要较长时间。为了加速吸湿，可将产品放进水或醋酸钾溶液中并控制其温度为80～100℃，而后按制件厚度大小决定处理时间的长短，这样，在数小时后即可达吸湿平衡。

4.5.4 聚碳酸酯塑料

聚碳酸酯（PC）虽然有很好的韧度和力学性能，但耐环境应力开裂性差，缺口敏感性高，因而成型带金属嵌件的制件比较困难。

PC的结晶倾向较小，无准确熔点，一般被认为是非结晶形塑料。其玻璃化温度较高，为149～150℃，熔融温度为215～225℃，成型温度可控制在250～310℃。

PC的热稳定性和力学强度随相对分子质量的增加而提高，熔融黏度也随相对分子质量的增加而明显地加大。用于注射成型的PC相对分子质量一般为2万～4万。

PC 的熔融黏度较 PA、PS、PE 大得多，这对注射充模有影响，因为流动长度随黏度增大而缩短。其流动特性接近于牛顿流体，熔融黏度受剪切速率的影响较小，对温度的变化则十分敏感，如图 4-39 和图 4-40 所示。因此，在注射成型过程中，通过提高温度来降低黏度比增大压力更有效。

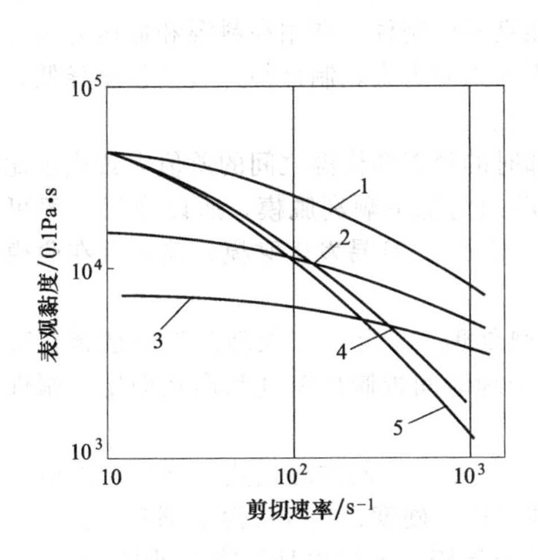

图 4-39　剪切速率与表观黏度的关系

1—聚砜（挤出用）350℃；2—聚砜（注射用）350℃；3—聚碳酸酯 315℃；4—低密度聚乙烯 210℃；5—聚苯乙烯 200℃

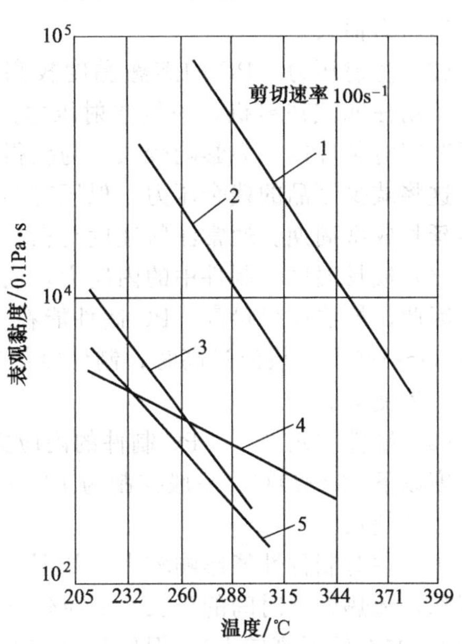

图 4-40　不同聚合物黏度和温度的关系

1—聚砜（P1700）；2—聚碳酸酯；3—聚酚氧树脂；4—高密度聚乙烯；5—聚苯乙烯

PC 主链上因有酯基的存在，所以容易吸水分解，在高温下即使对微量水分也很敏感，常会造成降解而放出二氧化碳等气体，致使树脂变色，相对分子质量急剧下降，制件性能变劣。所以原料在成型前必须严格进行干燥。由于 PC 主链上有许多苯核，使之具有刚性，尺寸稳定性好，冷流动性小（抗蠕变性能好），但在成型中产生的内应力不易自行消失。所以，脱模后的制件最好通过热处理。

现对 PC 的成型工艺和成型工艺条件讨论如下。

（1）原料的预热干燥　为了保证制件质量，成型前，必须对原料充分干燥。干燥方法可采用沸腾床干燥（温度 120～130℃，时间 1～2h）；真空干燥［温度 110℃，真空度 0.96MPa（720mmHg）以上，时间 10～25h］；普通烘箱干燥（温度 110～120℃，时间25～48h）。干燥时间不能过长，否则树脂颜色加深，容易造成性能下降。干燥后水分应小于 0.03%。注射时，料斗应是封闭的，可采用料斗式干燥器，料温允许达到 120℃，以防止干燥后的树脂再吸湿。已干燥好的物料如不立即使用，应在密闭容器内保存。使用时，应在 120℃温度下再干燥 4h 以上。含湿量是否合格，可在注射机上采用“对空注射”法检验，如果从喷嘴缓慢流出的物料是均匀无色、光亮无银丝和气泡的细条，即为合格。

（2）成型温度　成型温度的选择与树脂相对分子质量及其分布、制件的形状及壁厚、注射成型机的类型等有关，一般控制在 250～310℃范围内。注射成型宜选用相对分子质量稍低的树脂，但其韧度不免有所降低。薄壁制件，成型温度应偏高，以在 285～305℃为好；厚壁（厚度大于 10mm 的）制件的成型温度可略低，以 250～280℃为宜。由于厚壁制件成型周期长，塑料在料筒内塑化较好；再者，厚壁制件所用浇口及型腔尺寸较大，所以塑料熔体流动阻力小，在稍低温度下亦能成型。如温度超过 290℃，注射周期加长，过热分解的倾向就会增大，对制件的综合性能有损。不同类型的注射机，成型温度也不一样，螺杆式为 260～285℃，柱塞式则为 270～310℃。两类注射机上的喷嘴均应加热，温度为 260～310℃。加料口一端的料筒温度应在 PC 的软化温度以上，一般要求大于 230℃，以减少料塞的阻力和注射压力损失。

(3) 注射压力 PC 的熔融黏度较高，成型薄壁或形状复杂的制件需要较大的注射压力。使用柱塞式注射机，一般注射压力为 100～160MPa，而螺杆式注射机为 80～130MPa。保压时间对制件内应力影响较大。为获得各项性能良好的制件，选用高料温和低压力是适宜的，这将减少制品的残余压力。保压时间过长，不仅内应力大，制件易开裂使强度降低，同时会延长成型周期。通常注射速度约在 8～10m/s 之间。

(4) 模具温度 制件中的内应力，通常与冷却时的料温和模温之间的差值大致成正比关系。因此，模温应尽量高。PC 制件能在 140℃模温的情况下顺利脱模，所以模温一般可保持为 85～140℃。模温过高时，制件冷却慢，成型周期长，且易发生黏模，使制件在脱模过程中产生变形。

(5) 制件的热处理 PC 制件的内应力可通过热处理来消除，热处理温度应选择在玻璃化温度以下 16～20℃，一般控制为 125～135℃。处理时间视制件厚度和形状而定，制件越厚，时间越长。

热处理对制件性能影响较大，如图 4-41 和图 4-42 所示。制件通过热处理后，内应力基本消除，随热处理时间的延长，其拉伸强度、弯曲强度、硬度、热变形温度都有所提高（以处理 2h 左右的提高较大），但伸长率和冲击强度却有下降，不过这种下降在处理 2h 后还不明显，直到 20h 后方较显著。提高热处理温度与延长热处理时间有相似的影响，如表 4-17 所示。关于制件中的内应力随热处理温度和时间的变化如图 4-43 所示。

表 4-17 热处理温度对聚碳酸酯性能的影响

热处理温度/℃	拉伸强度/10^5Pa	伸长率/%	冲击韧度/(10^3J/m^2)	浸入四氯化碳溶液中出现开裂情况
不处理	677	133	22.6	破裂
100	660	103	19.0	大部分开裂
110	702	117	17.1	不开裂
120	690	106	10.7	不开裂
130	700	106	12.2	不开裂

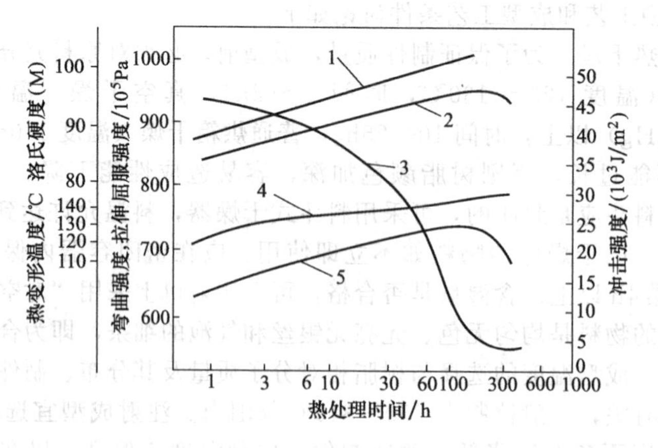

图 4-41 热处理时间对制件性能的影响（一）

1—洛氏硬度（120℃）；2—弯曲强度（130℃）；3—冲击强度（130℃）；
4—热变形温度（130℃）；5—拉伸屈服强度（130℃）

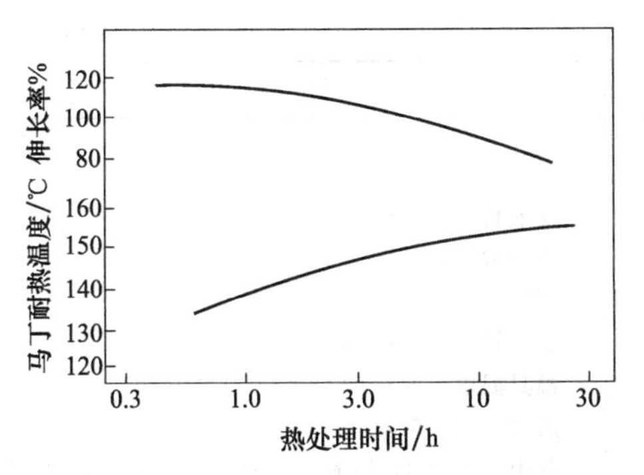

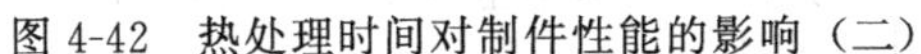

图 4-42　热处理时间对制件性能的影响（二）

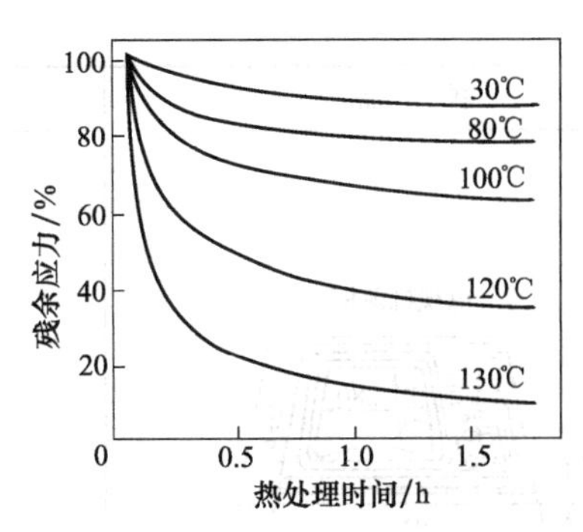

图 4-43　热处理时间对聚碳酸酯内应力降低值的影响

4.6　典型注射制件的工艺条件与各种塑料的注射工艺参数

表 4-18 和表 4-19 分别列出了一些典型注射制件的工艺条件与部分塑料的注射工艺条件或参数，可在生产中借鉴和参考。从表 4-18 和表 4-19 可以看出，制定制件的注射工艺规程（即确定注射工艺条件）时，除需要根据塑料品种选择好恰当的工艺参数外，还必须依据制件的生产纲领、形状结构、几何尺寸、体积（或质量）大小以及模腔数量等恰当地选择注射机型，使机型的规格和性能参数能与注射工艺参数得到最佳匹配。换句话说，就是机型的规格大小以及性能参数的范围都应尽量与注射工艺参数相接近，只有这样才能在保证制件质量的前提下，获得最低的能源和原材料消耗以及最高的生产效率和经济效益。

表 4-18　典型注射制品的主要工艺条件

制　　品	材料	注　射　工　艺
汽车保险杆 1600　230　150 壁厚7.5	PP+填充	注射机　J1250-8000S 模腔数　1 螺杆形式　标准型 ϕ140 螺杆转速　43r/min 模具温度　31～35℃ 成型周期　117s 其中　闭模 5s、注射 20s、塑化+冷却 80s、开模 6s、取件 6s 日产量　738 件
汽车仪表板 1270　100　250　120　350 壁厚3.2	PPO	注射机　M1600S/1080-DM 模腔数　1 螺杆形式　标准型 ϕ140 螺杆转速　45r/min 模具温度　65～80℃ 成型周期　71s 其中　闭模 7s、注射 16s、塑化+冷却 30s、开模 9s、取件 9s 日产量　1080 件

续表

制品	材料	注射工艺
电视机前框 280 210 350 68 480 壁厚2.5	HIPS	注射机 N550BⅡ 模腔数 1 螺杆形式 标准型B 螺杆转速 70r/min 模具温度 20～60℃ 成型周期 52s 其中 闭模4s、注射16s、塑化＋冷却25s、开模4s、取件3s 日产量 1661件
汽车挡泥板 400 670 430 壁厚3	PP	注射机 J1250-5400S 模腔数 1 螺杆形式 标准型 螺杆转速 60r/min 模具温度 45℃ 成型周期 47s 其中 闭模45s、注射18s、塑化＋冷却18s、开模4s、取件3s 日产量 1838件
运输箱 525 368 305 壁厚3.2	HDPE	注射机 J800-5400S 模腔数 1 螺杆形式 HDPE用螺杆RSP 螺杆转速 70r/min 模具温度 32～35℃ 成型周期 62.8s 其中 闭模6s、注射13.6s、塑化＋冷却30.1s、开模4.1s、取件9s 日产量 1375件
方向盘 23 20 380	PP	注射机 N300BⅡ 模腔数 1 螺杆形式 标准型B 螺杆转速 70r/min 模具温度 42℃ 成型周期 70s 其中 闭模4s、注射25s、塑化＋冷却30s、开模4s、取件7s 日产量 1234件

续表

制　　品	材料	注　射　工　艺
风扇叶 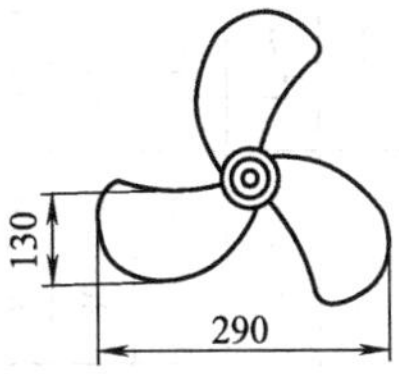 130 290 壁厚2	SAN	注射机　N200BⅡ 模腔数　1 螺杆形式　标准型A 螺杆转速　37r/min 模具温度　42℃ 成型周期　38s 其中　闭模2s、注射10s、塑化＋冷却22s、开模3s、取件1s 日产量　2273件
箱盖 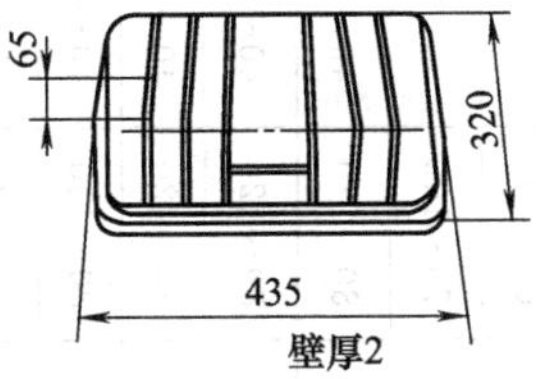 65 320 435 壁厚2	HDPE	注射机　N400BⅡ 模腔数　1 螺杆形式　HDPE用螺杆A型 螺杆转速　60r/min 模具温度　30℃ 成型周期　37s 其中　闭模3s、注射9s、塑化＋冷却19s、开模4s、取件2s 日产量　2335件
磁带盒 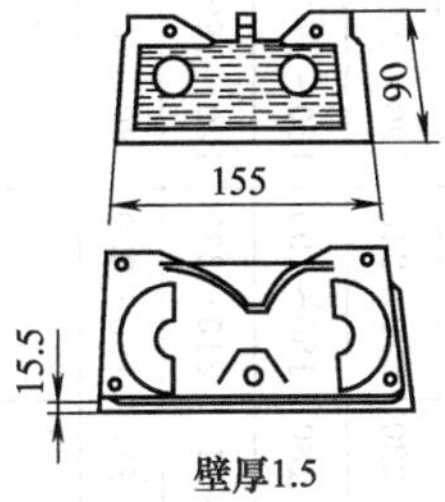 90 155 15.5 壁厚1.5	ABS	注射机　N300BⅡ 模腔数　1 螺杆形式　标准型A 螺杆转速　80r/min 模具温度　45～50℃ 成型周期　23s 其中　闭模2s、注射9s、塑化＋冷却9s、开模2s、取件1s 日产量　15026件
挡板 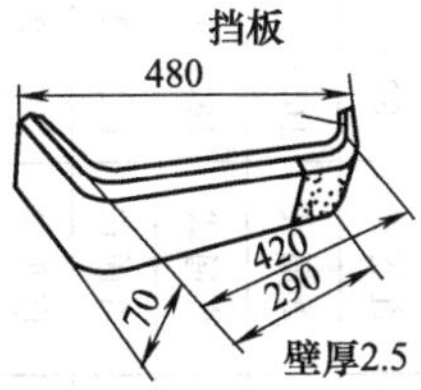 480 420 290 70 壁厚2.5	SAN	注射机　N200BⅡ 模腔数　2 螺杆形式　标准型A 螺杆转速　50r/min 模具温度　50～60℃ 成型周期　37s 其中　闭模3s、注射7s、塑化＋冷却20s、开模3s、取件4s 日产量　4760件
笔套 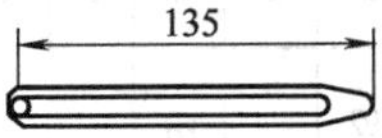 135	PS	注射机　N200BⅡ 模腔数　44 螺杆形式　标准型B 螺杆转速　100r/min 模具温度　35℃ 成型周期　30s 其中　闭模2.5s、注射7s、塑化＋冷却15s、开模3s、取件2.5s 日产量　126720件

表 4-19 部分塑料的注射工艺参数

塑料＼项目	注射机类型	螺杆转速/(r/min)	喷嘴		机筒温度/℃			模具温度/℃	注射压力/MPa	保压力/MPa	注射时间/s	保压时间/s	冷却时间/s	成型周期/s
			形式	温度/℃	前段	中段	后段							
LDPE	柱塞式	—	直通式	150～170	170～200	—	140～160	30～45	60～100	40～50	0～5	15～60	15～60	40～140
HDPE	螺杆式	30～60	直通式	150～180	180～190	180～200	140～160	30～60	70～100	40～50	0～5	15～60	15～60	40～140
乙丙共聚 PP	柱塞式	—	直通式	170～190	180～200	190～220	150～170	50～70	70～100	40～50	0～5	15～60	15～50	40～120
PP	螺杆式	30～60	直通式	170～190	180～200	200～220	160～170	40～80	70～120	50～60	0～5	20～60	15～50	40～120
玻纤增强 PP	螺杆式	30～60	直通式	180～190	190～200	210～220	160～170	70～90	90～130	40～50	2～5	15～40	15～40	40～100
软 PVC	柱塞式	—	直通式	140～150	160～190	—	140～150	30～40	40～80	20～30	0～3	15～40	15～30	40～80
硬 PVC	螺杆式	20～30	直通式	150～170	170～190	165～180	160～170	30～60	80～130	40～60	2～5	15～40	15～40	40～90
PS	柱塞式	—	直通式	160～170	170～190	—	140～160	20～60	60～100	30～40	0～3	15～40	15～30	40～90
HIPS	螺杆式	30～60	直通式	160～170	170～190	170～190	140～160	20～50	60～100	30～40	0～3	15～40	10～40	40～90
ABS	螺杆式	30～60	直通式	180～190	200～210	210～230	180～200	50～70	70～90	50～70	3～5	15～30	15～30	40～70
高抗冲 ABS	螺杆式	30～60	直通式	190～200	200～210	210～230	180～200	50～80	70～120	50～70	3～5	15～30	15～30	40～70
耐热 ABS	螺杆式	30～60	直通式	190～200	200～220	220～240	190～200	60～85	85～120	50～80	3～5	15～30	15～30	40～70
电镀级 ABS	螺杆式	20～60	直通式	190～210	210～230	230～250	200～210	40～80	70～120	50～70	0～4	20～50	15～30	40～90
阻燃 ABS	螺杆式	20～50	直通式	180～190	190～200	200～220	170～190	50～70	60～100	30～60	3～5	15～30	10～30	30～70
透明 ABS	螺杆式	30～60	直通式	190～200	200～220	220～240	190～200	50～70	70～100	50～60	0～4	15～40	10～30	30～80
ACS	螺杆式	20～30	直通式	160～170	170～180	180～190	160～170	50～60	80～120	40～50	0～5	15～30	15～30	40～70
SAN(AS)	螺杆式	20～50	直通式	180～190	200～210	210～230	170～180	50～70	80～120	40～50	0～5	15～30	15～30	40～70
PMMA	螺杆式	20～30	直通式	180～200	180～210	190～230	180～200	40～80	50～120	40～60	0～5	20～40	20～40	50～90
	柱塞式	—	直通式	180～200	210～240	—	180～200	40～80	80～130	40～60	0～5	20～40	20～40	50～90
PMMA/PC	螺杆式	20～30	直通式	220～240	230～250	240～260	210～230	60～80	80～130	40～60	0～5	20～40	20～40	50～90
氯化聚醚	螺杆式	20～40	直通式	170～180	180～200	180～200	180～190	80～110	80～110	30～40	0～5	15～50	20～50	40～110

续表

项目 \ 塑料	注射机类型	螺杆转速/(r/min)	喷嘴		机筒温度/℃			模具温度/℃	注射压力/MPa	保压力/MPa	注射时间/s	保压时间/s	冷却时间/s	成型周期/s
			形式	温度/℃	前段	中段	后段							
均聚 POM	螺杆式	20～40	直通式	170～180	170～190	170～190	170～180	90～120	80～130	30～50	2～5	20～80	20～60	50～150
共聚 POM	螺杆式	20～40	直通式	170～180	170～190	180～200	170～190	90～100	80～120	30～50	2～5	20～90	20～60	50～160
PET	螺杆式	20～40	直通式	250～260	260～270	260～280	240～260	100～140	80～120	30～50	0～5	20～50	20～30	50～90
PBT	螺杆式	20～40	直通式	200～220	230～240	230～250	200～220	60～70	60～90	30～40	0～3	10～30	15～30	30～70
玻纤增强 PBT	螺杆式	20～40	直通式	210～230	230～240	240～260	210～220	65～75	80～100	40～50	2～5	10～20	15～30	30～60
PA-6	螺杆式	20～50	直通式	200～210	220～230	230～240	200～210	60～100	80～110	30～50	0～4	15～50	20～40	40～100
玻纤增强 PA-6	螺杆式	20～40	直通式	200～210	220～240	230～250	200～210	80～120	90～130	30～50	2～5	15～40	20～40	40～90
PA-11	螺杆式	20～50	直通式	180～190	185～200	190～220	170～180	60～90	90～120	30～50	0～4	15～50	20～40	40～100
玻纤增强 PA-11	螺杆式	20～40	直通式	190～200	200～220	220～250	180～190	60～90	90～130	40～50	2～5	15～40	20～40	40～90
PA-12	螺杆式	20～50	直通式	170～180	185～220	190～240	160～170	70～110	90～130	50～60	2～5	20～60	20～40	50～110
PA-66	螺杆式	20～50	自锁式	250～260	255～265	260～280	240～250	60～120	80～130	40～50	0～5	20～50	20～40	50～100
玻纤增强 PA-66	螺杆式	20～40	直通式	250～260	260～270	260～290	230～260	100～120	80～130	40～50	3～5	20～50	20～40	50～100
PA-610	螺杆式	20～50	自锁式	200～210	220～230	230～250	200～210	60～90	70～110	20～40	0～5	20～50	20～40	50～100
PA-612	螺杆式	20～50	自锁式	200～210	210～220	210～230	200～205	40～70	70～120	30～50	0～5	20～50	20～50	50～110
PA-1010	螺杆式	20～50	自锁式	190～200	200～210	220～240	190～200	40～80	70～100	20～40	0～5	20～50	20～40	50～100
	柱塞式	—	自锁式	190～210	230～250	—	180～200	40～80	70～120	30～40	0～5	20～50	20～40	50～100
玻纤增强 PA-1010	螺杆式	20～40	直通式	180～190	210～230	230～260	190～200	40～80	90～130	40～50	2～5	20～40	20～40	50～90
	柱塞式	—	直通式	180～190	240～260	—	190～200	40～80	100～130	40～50	2～5	20～40	20～40	50～90
透明 PA	螺杆式	20～50	直通式	220～240	240～250	250～270	220～240	40～60	80～130	40～50	0～5	20～60	20～40	50～110
PC	螺杆式	20～40	直通式	230～250	240～280	260～290	240～270	90～110	80～130	40～50	0～5	20～80	20～50	50～130
	柱塞式	—	直通式	240～250	270～300	—	260～290	90～110	110～140	40～50	0～5	20～80	20～50	50～130

续表

项目 塑料	注射机类型	螺杆转速/(r/min)	喷嘴		机筒温度/℃			模具温度/℃	注射压力/MPa	保压力/MPa	注射时间/s	保压时间/s	冷却时间/s	成型周期/s
			形式	温度/℃	前段	中段	后段							
PC/PE	螺杆式	20～40	直通式	220～230	230～250	240～260	230～240	80～100	80～120	40～50	0～5	20～80	20～50	50～140
	柱塞式	—	直通式	230～240	250～280	—	240～260	80～100	80～130	40～50	0～5	20～30	20～50	50～140
玻纤增强 PC	螺杆式	20～30	直通式	240～260	260～290	270～310	260～280	90～110	100～140	40～50	2～5	20～60	20～50	50～110
PSU	螺杆式	20～30	直通式	280～290	290～310	300～330	280～300	130～150	100～140	40～50	0～5	20～80	20～50	50～140
改性 PSU	螺杆式	20～30	直通式	250～260	260～280	280～300	260～270	80～100	100～140	40～50	0～5	20～70	20～50	50～130
玻纤增强 PSU	螺杆式	20～30	直通式	280～300	300～320	310～330	290～300	130～150	100～140	40～50	2～7	20～50	20～50	50～110
聚芳砜	螺杆式	20～30	直通式	380～410	385～420	345～385	320～370	230～260	100～200	50～70	0～5	15～40	15～20	40～50
聚醚砜	螺杆式	20～30	直通式	240～270	260～290	280～310	260～290	90～120	100～140	50～70	0～5	15～40	15～30	40～80
PPO	螺杆式	20～30	直通式	250～280	260～280	260～290	230～240	110～150	100～140	50～70	0～5	30～70	20～60	60～140
改性 PPO	螺杆式	20～50	直通式	220～240	230～250	240～270	230～240	60～80	70～110	40～60	0～5	30～70	20～50	60～130
聚芳酯	螺杆式	20～50	直通式	230～250	240～260	250～280	230～240	100～130	100～130	50～60	2～8	15～40	15～40	40～90
聚氨酯	螺杆式	20～70	直通式	170～180	175～185	180～200	150～170	20～40	80～100	30～40	2～6	30～40	30～60	70～110
聚苯硫醚	螺杆式	20～30	直通式	280～300	300～310	320～340	260～280	120～150	80～130	40～50	0～5	10～30	20～50	40～90
聚酰亚胺	螺杆式	20～30	直通式	290～300	290～310	300～330	280～300	120～150	100～150	40～50	0～5	20～60	30～60	60～130
醋酸纤维素	柱塞式	—	直通式	150～180	170～200	—	150～170	40～70	60～130	40～50	0～8	15～40	15～40	40～90
醋酸丁酸纤维素	柱塞式	—	直通式	150～170	170～200	—	150～170	40～70	80～130	40～50	0～5	15～40	15～40	40～90
醋酸丙酸纤维素	柱塞式	—	直通式	160～180	180～210	—	150～170	40～70	80～120	40～50	0～5	15～40	15～40	40～90
乙基纤维素	柱塞式	—	直通式	160～180	180～220	—	150～170	40～70	80～130	40～50	0～5	15～40	15～40	40～90
F46	螺杆式	20～30	直通式	290～300	300～330	270～290	170～200	110～130	80～130	50～60	0～8	20～60	20～60	50～130

习题与思考

4-1　为什么塑料制件的收缩称为成型收缩？怎样选取？

4-2　试分析塑件实际收缩率与设计时所选用的计算收缩率不一致时，对塑件尺寸有何影响？

4-3　塑料的流动性用哪些指标衡量？对成型有何影响？

4-4　结晶形塑料与非结晶形塑料在加热熔融、冷却凝固和尺寸收缩等方面有什么差别？

4-5　简述注射成型工艺过程。

4-6　塑料常用什么着色剂？着色有哪几种方法？

4-7　为什么成型前要对某些物料进行干燥处理？料斗干燥工艺有何优点？

4-8　清洗料筒常用什么方法，应注意哪些问题？

4-9　为什么要预热嵌件？

4-10　何为塑化？塑化与熔化有何区别？

4-11　何为计量？计量的精度对注射成型有何影响？

4-12　何为塑化效果？何为塑化能力？

4-13　螺杆式注射机与柱塞式注射机相比具有哪些优点？

4-14　注射成型分为几个阶段？

4-15　作图并说明在注射成型过程中，注射压力、喷嘴压力和型腔压力与时间的关系。

4-16　简述注射压力、熔体温度和熔体剪切速率的关系。

4-17　试述保压力和保压时间对模腔压力的影响。

4-18　何为倒流？倒流对塑件质量有何影响？

4-19　何为脱模条件？影响塑件正常脱模的因素有哪些？

4-20　何为退火？其作用是什么？

4-21　何为调湿处理？其作用是什么？

4-22　注射机机筒温度分几段控制？如何确定？

4-23　模具温度对注射成型有何影响？选择模具温度的原则是什么？

4-24　注射压力的高低对熔体流动充模及制件质量有何影响？

4-25　为什么说注射速度的分段控制有利于注射成型？

4-26　何为背压？为什么增大背压须与提高螺杆转速相适应？

4-27　简述聚酰胺塑料成型工艺特点。

4-28　简述聚碳酸酯塑料成型工艺特点。

第 5 章　注射模概述

注射模是成型塑件的一种重要工艺装备，它主要用于成型热塑性塑料制件，近年来也逐渐用于成型热固性塑料。本章着重讨论热塑性塑料注射模，对热固性塑料注射模的特殊结构将在第 11 章介绍。

5.1　注射模的基本结构

5.1.1　注射模的结构组成

注射模具由动模和定模两部分组成，动模安装在注射机的移动模板上，定模安装在注射机的固定模板上。在注射成型时动模和定模闭合构成浇注系统和型腔。开模时动模与定模分离以便取出塑料制件。图 5-1 所示为典型的单分型面注射模结构，根据模具中各个部件起的作用，一般可将注射模分为以下几个基本组成部分。

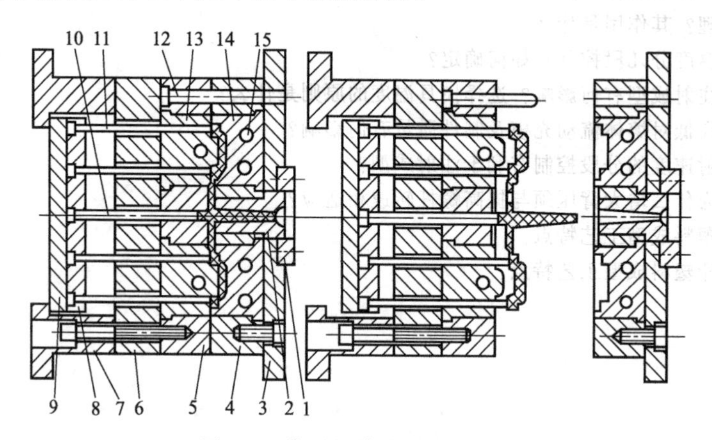

图 5-1　典型的单分型面注射模

1—定位圈；2—主流道衬套；3—定模座板；4—定模板；5—动模板；6—动模垫板；7—动模底座；8—推出固定板；9—推板；10—拉料杆；11—推杆；12—导柱；13—型芯；14—凹模；15—冷却水通道

(1) 成型部件　成型部件由型芯和凹模组成。型芯形成塑件的内表面形状，凹模形成塑件的外表面形状。合模后型芯和凹模便构成了模具的型腔（见图 5-1），该模具的型腔由型芯 13 和凹模 14 组成。按工艺和制造要求，有时型芯或凹模由若干拼块组成，有时做成整体，仅在易损坏、难加工的部位采用镶件。

(2) 浇注系统　浇注系统又称为流道系统，它是将塑料熔体由注射机喷嘴引向型腔的一组进料通道，通常由主流道、分流道、浇口和冷料穴组成。浇注系统的设计十分重要，它直接关系到塑件的成型质量和生产效率。

(3) 导向部件　为了确保动模与定模合模时能准确对中，在模具中必须设置导向部件。

在注射模中通常采用四组导柱与导套来组成导向部件，有时还需在动模和定模上分别设置互相吻合的内、外锥面来辅助定位。为了避免在塑件推出过程中推板发生歪斜现象，一般在模具的推出机构中还设有使推板保持水平运动的导向部件，如导柱与导套。

(4) 推出机构　在开模过程中，需要有推出机构将塑件及其在流道内的凝料推出或拉出。如在图 5-1 中，推出机构由推杆 11 和推出固定板 8、推板 9 及主流道的拉料杆 10 组成。推出固定板和推板用以夹持推杆。在推板中一般还固定有复位杆，复位杆在动模和定模合模时使推出机构复位。

(5) 侧向分型抽芯机构　有些带有侧凹或侧孔的塑件，在被推出以前必须先进行侧向分型抽芯，抽出侧向型芯后方能顺利脱模，此时需要在模具中设置侧向分型抽芯机构。

(6) 调温系统　为了满足注射工艺对模具温度的要求，需要有调温系统对模具的温度进行调节。对于热塑性塑料用注射模，主要是设计冷却系统使模具冷却。模具冷却的常用办法是在模具内开设冷却水通道，利用循环流动的冷却水带走模具的热量；模具的加热除可用冷却水通道通热水或蒸汽外，还可在模具内部和周围安装电加热元件。

(7) 排气槽　排气槽用以将成型过程中的气体充分排除。常用的办法是在分型面处开设排气沟槽。由于分型面之间存在微小的间隙，对于较小的塑件，因排气量不大，可直接利用分型面排气，不必开设排气沟槽，一些模具的推杆或型芯与模具的配合间隙均可引起排气作用，有时便不必另外开设排气沟槽。

(8) 标准模架　为了减少繁重的模具设计与制造工作量，注射模大多采用了标准模架结构，如图 5-1 中的定位圈 1、定模座板 3、定模板 4、动模板 5、动模垫板 6、动模底座 7、推出固定板 8、推板 9、推杆 11、导柱 12、螺钉等都属于标准模架中的零部件，它们都可以从有关厂家订购。

5.1.2 注射模具按结构特征分类

注射模的分类方法很多。例如，可按安装方式、型腔数目和结构特征等进行分类。但是从模具设计的角度上看，按注射模的总体结构特征分类最为方便。一般可将注射模具分为以下几类。

(1) 单分型面注射模具　单分型面注射模具又称为两板式模具，它是注射模具中最简单而又最常用的一类。据统计，两板式模具约占全部注射模具的 70%。如图 5-1 所示的单分型面注射模具，型腔的一部分（型芯）在动模板上，另一部分（凹模）在定模板上。主流道设在定模一侧，分流道设在分型面上。开模后由于动模上拉料杆的拉料作用以及塑件因收缩包紧在型芯上，塑件连同流道内的凝料一起留在动模一侧，动模上设置有推出机构，用以推出塑件和流道内的凝料。

单分型面注射模具结构简单、操作方便，但是除采用直接浇口和潜伏式浇口外，型腔的浇口位置只能选择在制品的侧面。

(2) 双分型面注射模具　双分型面注射模具以两个不同的分型面分别取出流道凝料和塑件，与两板式的单分型面注射模具相比，双分型面注射模具在动模板与定模板之间增加了一块可以移动的中间板（又名浇口板），故又称三板式模具。在定模板与中间板之间设置流道，在中间板与动模板之间设置型腔，中间板适用于采用点浇口进料的单型腔或多型腔模具。图 5-2所示为典型的双分型面注射模简图。从图中可见，在开模时由于弹簧 2 弹力的作用，中间板 13 与定模板 16 做定距离分开，实现定模内分型即 A—A 面分型，以便取出流道内的凝料。当中间板向左运动一定距离后，限位销 3 与定距拉板 1 接触，受定距拉板的限制，中间板不再随动模向左运动，实现动、定模分型即 B—B 面分型，以便取出塑件。动模继续向左运动，当模具推板 9 与注射机顶杆相接触后，推杆 11 推动推件板 5 将包紧在型芯上的塑件脱出。

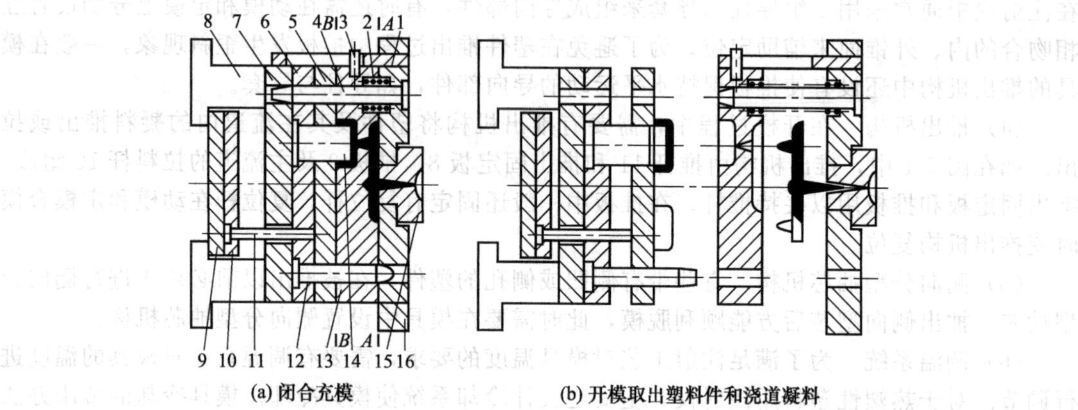

图 5-2 双分型面注射模

1—定距拉板；2—弹簧；3—限位销；4—导柱；5—推件板；6—动模板；7—动模垫板；8—动模座；9—推板；10—推出固定板；11—推杆；12—导柱；13—中间板；14—型芯；15—主流道衬套；16—定模板

双分型面注射模具能在塑件的中心部位设置点浇口，但结构复杂、制造成本较高，需要较大的开模行程。

(3) 带有活动镶件的注射模具 由于塑件的外形结构复杂，无法通过简单的分型从模具内取出塑件，这时可在模具中设置活动镶件或活动的侧向型芯或半块（哈夫块），如图 5-3 所示。开模时这些活动部件不能简单地沿开模方向与塑件分离，而是在脱模时必须将它们连同塑件一起移出模外，然后用手工或简单工具将它们与塑件分开。当将这些活动镶件嵌入模具时还应可靠地定位，因此这类模具的生产效率不高，常用于小批量或试生产。

(4) 带侧向分型抽芯的注射模具 当塑件上有侧孔或侧凹时，在模具内可设置出由斜销或斜滑块等组成的侧向分型抽芯机构，它能使侧型芯作垂直于开模方向移动。图 5-4 所示为一斜销带动抽芯的注射模具。在开模时，斜销利用开模力带动侧型芯向上移动，使侧型芯与塑件分离，然后推杆就能顺利地将塑件从型芯上推出。除斜销、斜滑块等机构利用开模力作侧向分型抽芯外，还可以在模具中装设液压缸或气压缸带动侧型芯做侧向分型抽芯动作。这类模具广泛地应用于有侧孔或侧凹的塑料制件的大批量生产中。

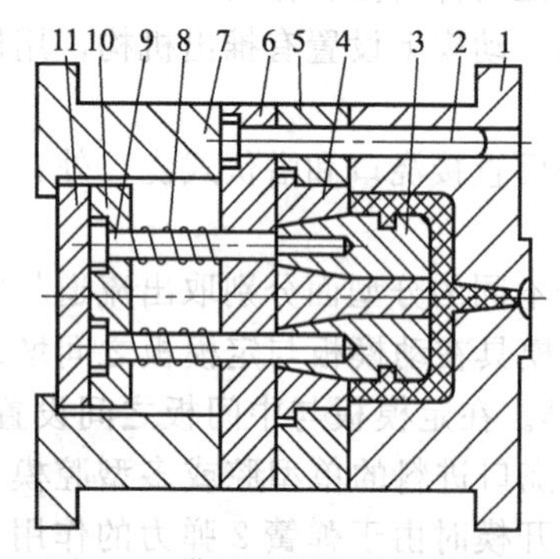

图 5-3 带活动镶件的注射模具

1—定模板；2—导柱；3—活动镶件；4—型芯；5—动模板；6—动模垫板；7—模底座；8—弹簧；9—推杆；10—推出固定板；11—推板

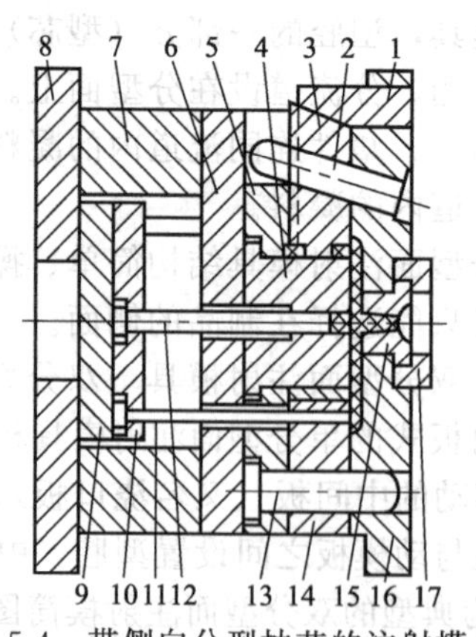

图 5-4 带侧向分型抽芯的注射模具

1—楔紧块；2—斜销；3—斜滑块；4—型芯；5—固定板；6—动模垫板；7—垫块；8—动模座板；9—推板；10—推出固定板；11—推杆；12—拉料杆；13—导柱；14—动模板；15—主流道衬套；16—定模板；17—定位圈

（5）自动卸螺纹的注射模具　当要求能自动脱卸带有内螺纹或外螺纹的塑件时，可在模具中设置能转动的螺纹型芯或型环，这样便可利用机构的旋转运动或往复运动，将螺纹塑件脱出，或者用专门的驱动和传动机构，带动螺纹型芯或型环转动，将螺纹塑件脱出。自动卸螺纹的注射模具如图 5-5 所示，该模具用于直角式注射机，螺纹型芯由注射机合模机构的丝杠带动旋转，以便与塑件相脱离。

（6）推出机构设在定模的注射模具　一般当注射模具开模后，塑料制件均留在动模一侧，故推出机构也设在动模一侧，这种形式是最常用、最方便的，因为注射机的推出机构就在动模一侧。但有时由于制件的特殊要求或形状的限制，塑件必须要留在定模内，这时就应在定模一侧设置推出机构，以便将塑件从定模内脱出。定模一侧的推出机构一般由动模通过拉板或链条来驱动。图 5-6 所示的塑料衣刷注射模具，由于塑件的特殊形状，为了便于成型采用了直接浇口，开模后塑件滞留在定模上，故在定模一侧设有推件板 7，开模时由设在动模一侧的拉板 8 带动推件板 7，将塑件从定模中的型芯 11 上强制脱出。

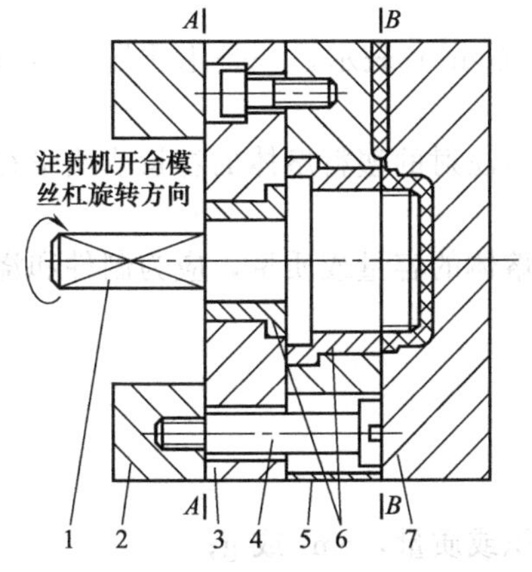

图 5-5　自动卸螺纹的注射模具

1—螺纹型芯；2—模座；3—动模垫板；4—定距螺钉；5—动模板；6—衬套；7—定模板

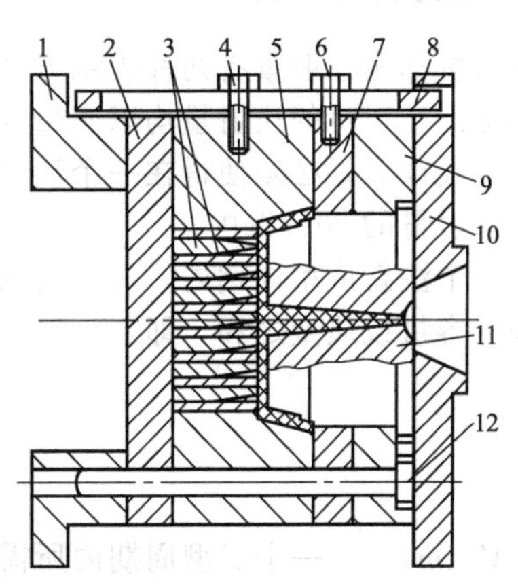

图 5-6　推出机构设在定模一侧的注射模具

1—模底座；2—动模垫板；3—成型镶片；4—螺钉；5—动模；6—螺钉；7—推件板；8—拉板；9—定模板；10—定模座板；11—型芯；12—导柱

（7）无流道凝料注射模具　无流道凝料注射模具常被简称为无流道注射模具。这类模具包括热流道（见图 5-7）和绝热流道模具，它们通过采用对流道加热或绝热的办法来保持从

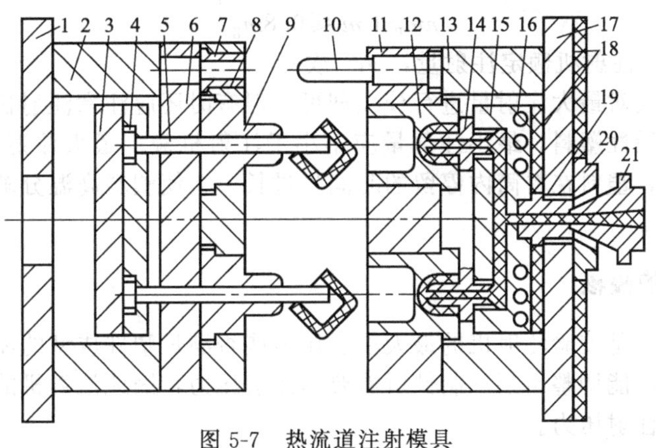

图 5-7　热流道注射模具

1—动模座板；2—垫块；3—推板；4—推出固定板；5—推杆；6—动模垫板；7—导套；8—动模板；9—型芯；10—导柱；11—定模板；12—凹模；13—支架；14—喷嘴；15—热流道板；16—加热器孔道；17—定模座板；18—绝热层；19—主流道衬套；20—定位圈；21—注射机喷嘴

注射机喷嘴到浇口之间的塑料保持熔融状态。这样在每次注射成型后流道内均没有塑料凝料，这不仅提高了生产率，节约了塑料，而且还保证了注射压力在流道中的传递，有利于改善塑件的质量。此外，无流道凝料注射模具还容易实现全自动操作。这类模具的缺点是模具成本高，浇注系统和控温系统要求高，对塑件形状和塑料种类有一定的限制。

5.2 注射模具与注射机的关系

注射模具是安装在注射机上使用的。在设计模具时，除了应掌握注射成型工艺过程外，还应对所选用注射机的有关技术参数有全面的了解，才能生产出合格的塑料制件。下面分别讨论注射模具与注射机的相互关系。

5.2.1 注射量的校核

注射机标称注射量有两种表示方法，一是用容量（cm^3）表示；一是用质量（g）表示。国产的标准注射机的注射量均以容量（cm^3）表示。

模具设计时，必须使得在一个注射成型周期内所需注射的塑料熔体的容量或质量在注射机额定注射量的80%以内。

在一个注射成型周期内，需注射入模具内的塑料熔体的容量或质量，应为制件和浇注系统两部分容量或质量之和，即：

$$\left.\begin{aligned} V &= nV_n + V_j \\ m &= nm_n + m_j \end{aligned}\right\} \tag{5-1}$$

式中 V（m）——一个成型周期内所需注射的塑料容积或质量，cm^3 或 g；

n——型腔数目；

V_n（m_n）——单个塑件的容量或质量，cm^3 或 g；

V_j（m_j）——浇注系统凝料的容量或质量，cm^3 或 g。

故应使：

$$\left.\begin{aligned} nV_n + V_j &\leqslant 0.8V_g \\ nm_n + m_j &\leqslant 0.8m_g \end{aligned}\right\} \tag{5-2}$$

式中 V_g（m_g）——注射机额定注射量，cm^3 或 g。

一般情况下，仅对最大注射量进行校核即可，但有时还应注意注射机能处理的最小注射量。例如，对于热敏性塑料，最小注射量应不小于注射机额定最大注射量的20%，因为当每次注射量过小时，塑料在料筒内停留的时间将过长，会使塑料高温分解，影响制件的质量和性能。

5.2.2 注射压力的校核

注射压力的校核是校验注射机的最大注射压力能否满足塑件成型的需要。只有在注射机额定的注射压力内才能调整出某一制件所需要的注射压力，因此注射机的最大注射压力要大于该塑件所要求的注射压力。

如第4章所述，塑料制件成型时所需要的注射压力，与塑料品种、注射机类型、喷嘴形式、塑件形状的复杂程度以及浇注系统等因素有关。在确定塑件成型所需的注射压力时可利用类比法或参考各种塑料的注射成型工艺数据，一般塑件的成型注射压力为70～150MPa。

目前，注射模模拟计算机软件（如美国的MOLDFLOW、华中理工大学的H-FLOW等）逐渐广泛应用，可以借助于这些软件对注射成型过程进行计算机模拟，以获得注射压力的预测值。

5.2.3 锁模力的校核

当高压的塑料熔体充满型腔时，会产生一个沿注射机轴向的很大推力$T_{推}$，该推力应小于注射机额定的锁模力$T_{合}$，否则在注射成型时会因锁模不紧而发生溢边跑料现象（图5-8），即有：

$$T_{合} \geqslant T_{推} \tag{5-3}$$

式中 $T_{合}$——注射机额定的锁模力，N；

$T_{推}$——型腔内塑料熔体沿注射机轴向的推力，N。

型腔内塑料熔体的推力$T_{推}$其大小等于塑件和浇注系统在分型面上的投影之和（见图5-9）乘以型腔内塑料熔体的平均压力，可按下式计算：

$$T_{推} = A \times P_{平均} \leqslant A \times P = A \times k \times P_0 \tag{5-4}$$

式中 A——塑料与浇注系统在分型面上的投影面积，mm^2；

$P_{平均}$——型腔内塑料熔体的平均压力，MPa；

P——型腔内塑料熔体的压力，MPa；

P_0——注射压力，MPa；

k——压力损耗系数，随塑料品种、注射机形式、喷嘴阻力、流道阻力等因素变化，可在0.2～0.4的范围内选取。

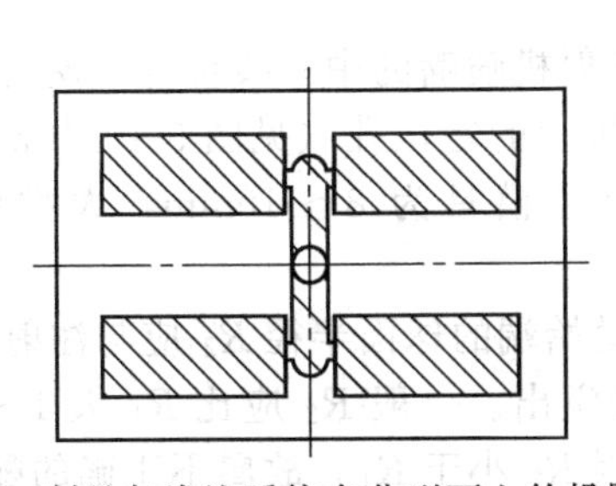
图5-8 制品与浇注系统在分型面上的投影面积

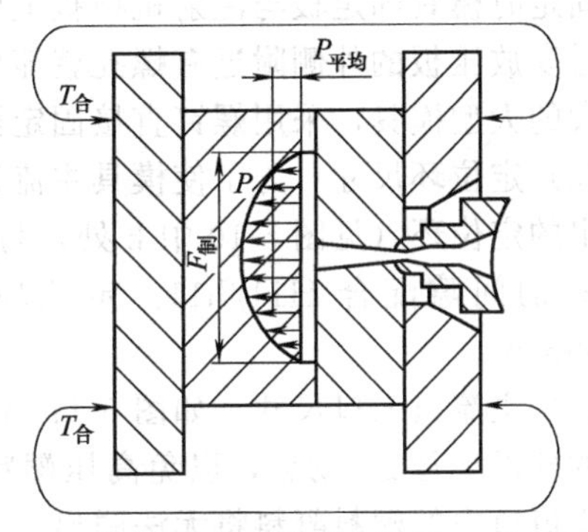

图5-9 锁模力计算

根据经验，成型中、小型塑料制品时型腔压力P可取20～40MPa。对于流动性差、形状复杂、精度要求高的制品，成型时需要较高的型腔压力。常用塑料推荐选用的型腔压力见表5-1，因塑件形状和精度不同，常选用的型腔压力见表5-2。

表5-1 常用塑料推荐选用的型腔压力

塑 料	型腔平均压力/MPa	塑 料	型腔平均压力/MPa
高压聚乙烯	10～15	AS	30
低压聚乙烯	20	ABS	30
中压聚乙烯	35	有机玻璃	30
聚丙烯	15	醋酸纤维树脂	30
聚苯乙烯	15～20		

表 5-2 不同制品形状和精度时推荐选用的型腔压力

条　件	型腔平均压力/MPa	举　例
易成型的制品	25	聚乙烯、聚苯乙烯等厚壁均匀的日用品、容器类
普通制品	30	薄壁容器类
高黏度塑料、精度高	35	ABS、聚甲醛等机械零件、精度高的制品
黏度特别高、精度高	40	高精度的机械零件

同样，可利用注射流动和保压模拟软件来预测成型时所需的锁模力，由于在模拟过程中综合考虑了多种因素的影响，故其可靠性比以上的估算方法要好得多。

5.2.4 安装部分的尺寸校核

为了使注射模具能顺利地安装在注射机上并生产出合格的塑件，在设计模具时必须校核注射机上与模具安装有关的尺寸，因为不同型号和规格的注射机，其安装模具部位的形状和尺寸各不相同（见附录 6 及附录 7）。一般情况下设计模具时应校核的部分包括模具最大和最小厚度、模具的长度和宽度、喷嘴尺寸、定位圈尺寸等。

(1) 模具厚度　注射机规定的模具最大与最小厚度是指模具闭合后达到规定锁模力时动模板和定模板的最大与最小距离。因此，所设计模具的厚度应落在注射机规定的模具最大与最小厚度范围内，否则将不可能获得规定的锁模力。当模具厚度小时，可加垫板。

(2) 模具的长度与宽度　这要与注射机拉杆间距相适应，使模具安装时可以穿过拉杆空间在动、定模固定板上固定。

模具在注射机动、定模固定板上安装的方式有用螺钉直接固定和用螺钉压板压紧两种（见图 5-10）。设计时必须使安装尺寸与动、定模板上的螺孔尺寸与位置相适应。当用螺钉直接固定时模具固定板与注射机模板上的螺孔应完全吻合；而用压板固定时，只要在模具固定板需安放压板的外侧附近有螺孔就能固定紧。因此，压板方式具有较大的灵活性。对于质量较大的大型模具，采用螺钉直接固定则较为安全。

(3) 定位环尺寸　为了使模具主流道的中心线与注射机喷嘴的中心线重合，模具定模板上凸出的定位环（见图 5-10 中 b 处）与注射机固定模板上的定位孔（见图 5-10 中 a 处）呈较松动的间隙配合 H11/h11。定位环的高度一般小型模具为 8～10mm，大型模具为 10～15mm。

(4) 主流道入口尺寸　如图 5-11 所示，模具主流道始端的球面半径 R_2 应与注射机喷嘴头部的球面半径 R_1 吻合，以免高压塑料熔体从缝隙处溢出。一般 R_2 应比 R_1 大 1～2mm，否则主流道内的塑料凝料将无法脱出。在图 5-11 中，因 R_2 小于 R_1，故属不正确的配合。

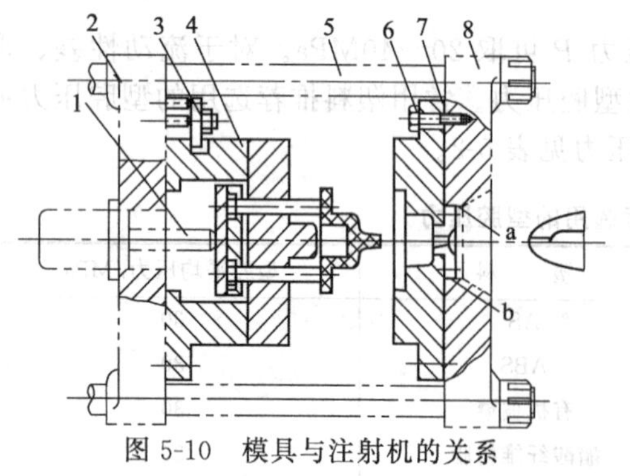

图 5-10　模具与注射机的关系

1—注射机顶杆；2—注射机动模固定板；3—压板；4—动模；5—注射机拉杆；6—螺钉；7—定模；8—注射机定模固定板

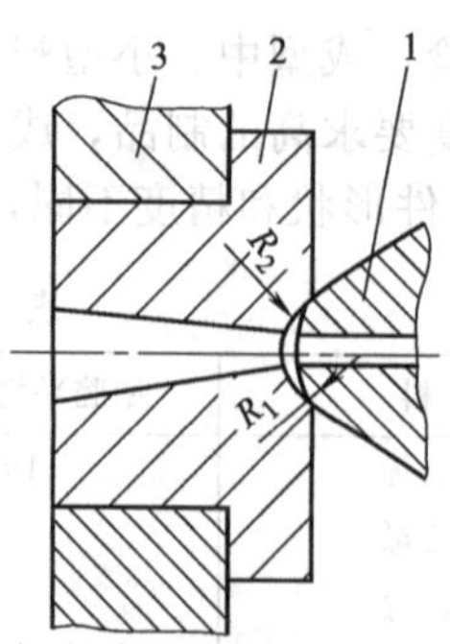

图 5-11　主流道始端与喷嘴的不正确配合

1—喷嘴；2—主流道衬套；3—定模板

5.2.5　开模行程的校核

模具开模后为了便于取出塑件，要求有足够的开模距离，而注射机的开模行程是有限的，因此模具设计时必须进行注射机开模行程的校核。对于带有不同形式的锁模机构的注射机，其最大开模行程有的与模具厚度有关，有的则与模具厚度无关。下面对两种不同情况的开模行程校核加以讨论。

(1) 注射机最大开模行程与模具厚度无关时的校核　对于具有液压-机械式合模机构的注射机（如 XS-ZY-125 型等），其最大开模行程是由肘杆机构的最大行程所决定的，而不受模具厚度的影响，当模具厚度变化时可由其调模装置调整。故校核时只需使注射机最大开模行程大于模具所需的开模距离，即

$$S_{max} \geqslant S \tag{5-5}$$

式中　S_{max}——注射机最大开模行程，mm；

S——模具所需开模距离，mm。

(2) 注射机最大开模行程与模具厚度有关时的校核　对于直角式注射机和全液压式合模机构的注射机（如 XS-ZY-250 型等），其最大开模行程等于注射机移动模板与固定模板之间的最大开距 S_k 减去模具闭合厚度 H_m。校核可按下式：

$$S_k - H_m \geqslant S \tag{5-6}$$

或

$$S_k \geqslant H_m + S \tag{5-7}$$

式中　S_k——注射机移动模板与固定模板之间的最大距离，mm；

H_m——模具闭合厚度，mm。

问题的关键在于求出模具所需开模距 S，根据模具结构类型的不同讨论下列几种情况。

(1) 单分型面注射模（见图 5-12、图 5-13）　模具所需开模行程为：

$$S = H_1 + H_2 + (5 \sim 10)\text{mm} \tag{5-8}$$

式中　H_1——塑件脱模需要的顶出距离，mm；

H_2——塑件厚度（包括浇注系统凝料），mm。

校核时，对最大行程与模厚无关的情况按下式：

$$S_{max} \geqslant H_1 + H_2 + (5 \sim 10)\text{mm} \tag{5-9}$$

对最大行程与模厚有关的情况则按下式：

$$S_k \geqslant H_m + H_1 + H_2 + (5 \sim 10)\text{mm} \tag{5-10}$$

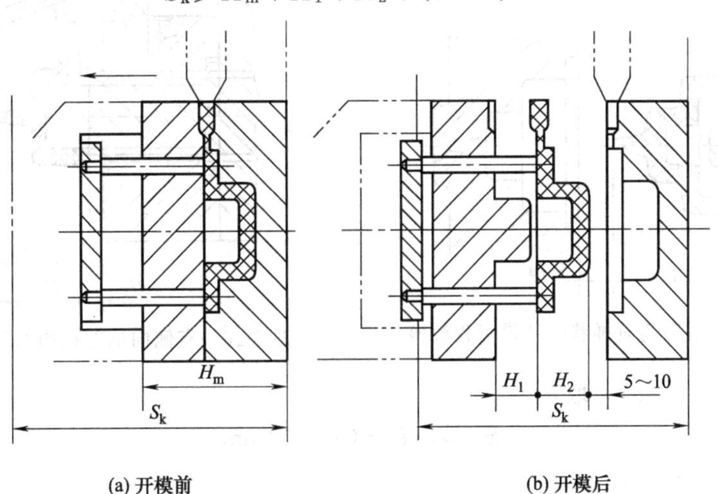

(a) 开模前　　(b) 开模后

图 5-12　角式机单分型面注射模开模行程校核

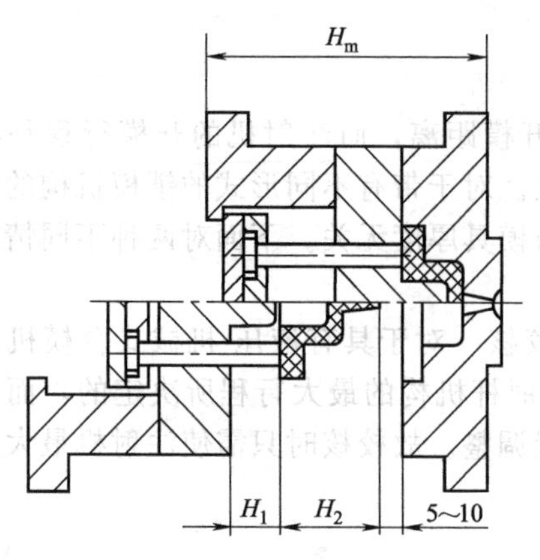

图 5-13 单分型面注射模开模行程校核

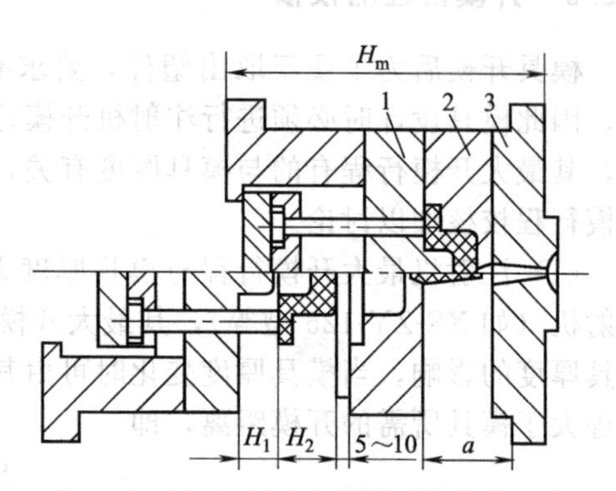

图 5-14 双分型面注射模开模行程校核
1—动模；2—浇口板；3—定模

(2) 双分型面注射模（见图 5-14） 模具所需开模行程需增加浇口板与定模板间为取出浇注系统凝料所需分开的距离 a，故：

$$S=H_1+H_2+a+(5\sim10)\text{mm} \quad (5\text{-}11)$$

式中 a——取出浇注系统凝料所需浇口板与定模板之间的距离，mm。

对最大行程与模厚无关的情况可按下式校核：

$$S_{max}\geqslant H_1+H_2+a+(5\sim10)\text{mm} \quad (5\text{-}12)$$

而对最大开模行程与模厚有关的情况则按下式校核：

$$S_k\geqslant H_m+H_1+H_2+a+(5\sim10)\text{mm} \quad (5\text{-}13)$$

必须指出，塑件脱模所需的推出距离 H_1 常常等于模具型芯高度，但对于内表面为阶梯状的塑件，有些不必推出型芯的全部高度即可取出塑件，如图 5-15 所示。

(3) 利用开模动作完成侧向分型抽芯的注射模 当模具的侧向分型抽芯或脱螺纹是依靠开模动作来实现时，如图 5-16 所示斜销侧向抽芯机构，为完成侧向抽芯距离 l，所需的开模距离设为 H_c。则当最大开模行程与模厚无关时，其校核按下述两种情况进行。

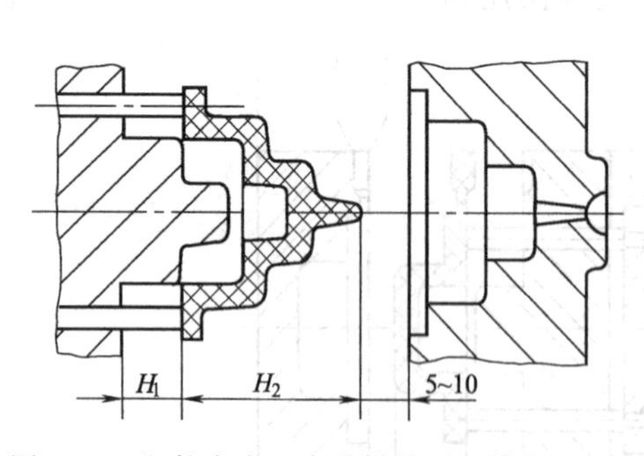

图 5-15 塑件内表面为阶梯状时开模行程校核

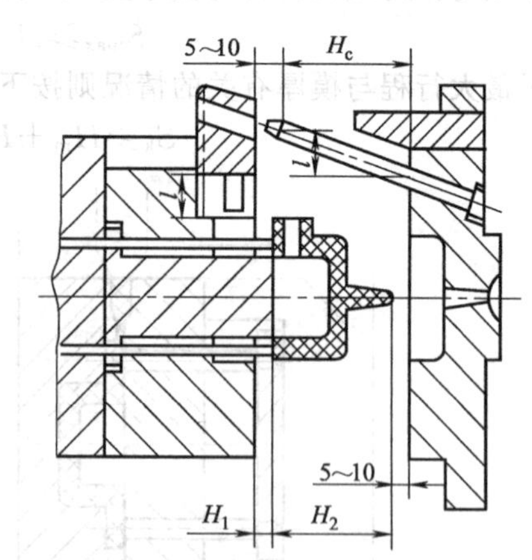

图 5-16 有侧向抽芯机构的开模行程校核

当 $H_c>H_1+H_2$ 时，取：

$$S_{max}\geqslant H_c+(5\sim10)\text{mm} \quad (5\text{-}14)$$

当 $H_c<H_1+H_2$ 时，取：

$$S_{max}\geqslant H_1+H_2+(5\sim10)\text{mm} \quad (5\text{-}15)$$

5.2.6　顶出装置的校核

注射机顶出装置的形式有多种，就国产注射机而言，顶出装置有下列四种形式。

① 中心顶杆机械顶出，如角式 SYS-45 及 SYS-60、卧式 XS-Z-60、立式 SYS-30 等注射机。

② 两侧双顶杆机械顶出，如 XS-ZY-125 注射机。

③ 中心顶杆液压顶出与两侧双顶杆机械顶出联合作用，如 XS-ZY-250、XS-ZY-500 注射机。

④ 中心顶杆液压顶出与其他开模辅助液压缸联合作用。

在设计模具推出机构时，需校核注射机顶出的顶出形式，弄清所使用的注射机是中心顶出还是两侧顶出，最大的顶出距离、顶杆直径、双顶杆中心距等，并要注意在两侧顶出时模具推板的面积应能覆盖注射机的双顶杆，注射机的最大顶出距离要保证能将塑件从模具中脱出等。

部分国产注射机的主要技术规格和合模机构图示及有关参数详见本书附录 6 和附录 7。

5.3　标准模架的选用

5.3.1　普通标准模架的优点和局限性

注射模具在结构上存在相似性，图 5-17 所示为典型的单分型面（二板式）模具的轴测装配总成。从图中可以看到，除了凹模和型芯取决于塑件以外，其余的模具零件极其相似，连各个模具零件的装配关系都有一致性。即使是较为复杂的双分型面（三板式）模具、三分型面（四板式）模具，也是在两板式模具的基础上增加了一块或两块模板，结构的相似性并未改变。正是由于注射模具结构的相似性，才使模具零件和模架的标准化成为可能。

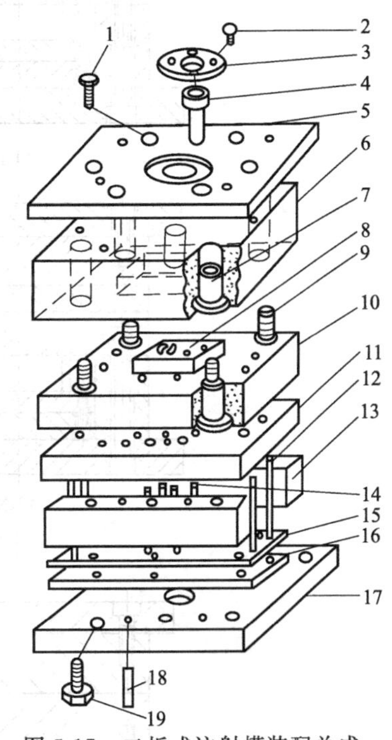

图 5-17　二板式注射模装配总成

1—紧固螺钉；2—圆柱头螺钉；3—定位圈；4—主流道衬套；5—定模座板；6—定模板；7—导套；8—型芯；9—导柱；10—动模板；11—垫板；12—复位杆；13—垫块；14—推杆；15—推出固定板；16—推板；17—动模座板；18—定位销；19—紧固螺钉

目前，国内外已有许多标准化的模架形式供用户订购。选用标准模架有如下优点。

① 简单方便、买来即用、不必库存。

② 能使模具成本下降。

③ 简化了模具的设计和制造。

④ 缩短了模具生产周期，促进了塑件的更新换代。

⑤ 模具的精度和动作可靠性得到保证。

⑥ 提高了模具中易损零件的互换性，便于模具的维修。

但采用标准模架时，也会带来某些不便，列举如下。

① 模板尺寸的局限性，在标准模架中模板的长、宽、高都只是在一定的范围内，对于一些特殊的塑件，可能无标准模架可选。

② 由于在标准模架中导柱、紧固螺钉及复位杆的位置已确定，有时可能会妨碍冷却水管道的开设。

③ 由于动模两垫块之间的跨距无法调整，在模具设计中往往需要增加支撑柱来减小模板的变形。

综上所述，采用标准模架的优越性是十分明显的，我们希望在模具设计中，要尽可能选用标准模架，不仅如此，还要能在标准模架的基础上实现模具制图的标准化、模具结构的标准化以及工艺规范的标准化。

5.3.2 标准模架简介

美国、德国、日本等工业发达国家都很重视模具标准化工作，标准模架已被模具行业普遍采用。我国于1990年颁布并实施GB/T 12556.2—90《塑料注射模中小型模架技术条件》和GB/T 12555.2—90《塑料注射模大型模架技术条件》两项国家标准。

（1）中小型模架　模架周界尺寸范围≤560mm×900mm。按结构特征可分为基本型和派生型。基本型有A1、A2、A3和A4共4个品种，如图5-18所示。派生型有P1～P9共9个品种。以导柱和导套安装方法为特征可分为正装型（代号为Z）和反装型（代号为F）。又以脚码1、2、3分别代表带头导柱、有肩导柱和有肩定位导柱的类别。中小型模架全部采用国家标准（GB 4169.1～11—84 塑料注射模零件）组成。以模板宽度B×长度L为系列主参数。按同品种、同系列所选用的模板厚度A、B和垫板厚度C组成作为每一系列的规格，供设计者任意组合和选用。

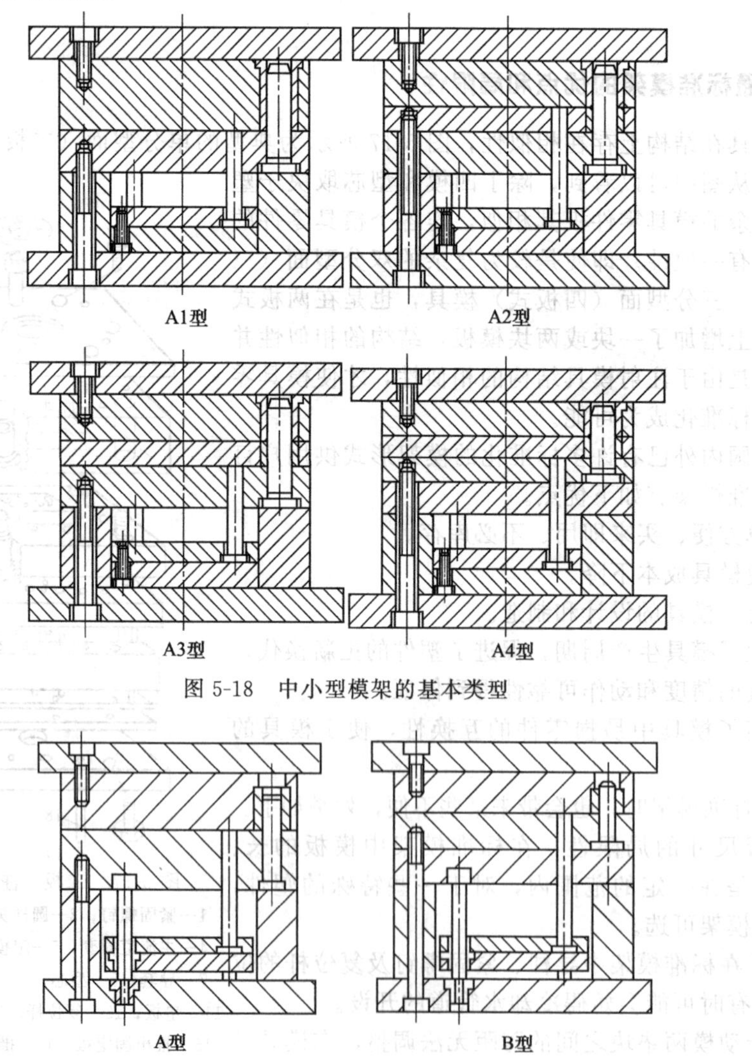

图5-18　中小型模架的基本类型

图5-19　大型模架的基本类型

（2）大型模架　周界尺寸范围（630mm×630mm）～（1250mm×2000mm）。模架品种有 A 型和 B 型两种基本型，如图 5-19 所示。还有 P1～P4 的派生型，共有 6 个品种。无导柱安装方式的表示与中小型模架一样，以模板宽度和长度为系列主参数，以模板厚度为每一系列的规格，供设计者组合和选用。

习题与思考

5-1　典型的注射模由哪几部分组成？各部分的作用何在？

5-2　注射模按总体结构特征可分为哪几大类？试比较其优缺点。

5-3　设计注射模时，为什么要对注射模与注射机的相互关系进行校核？

5-4　注射模的定位环起什么作用？

5-5　注射机锁模力的作用是什么？型腔压力怎样确定？

5-6　如图 5-20 所示塑料制件，请初选适合的注射机型号（根据注射量、注射压力和锁模力，选用国产注射机，并设定采用单型腔）。

5-7　图 5-20 所示塑件，其模具结构如图 5-21 所示，试问经过模具与注射机上安装模具的相关尺寸和开模行程的校核后，应该选用多大型号的注射机？

5-8　通过第 5-6 题、第 5-7 题的计算，试归纳出深腔塑件注射模具与选择注射机型号时的特点。

5-9　采用标准模架具有哪些优点和局限性？

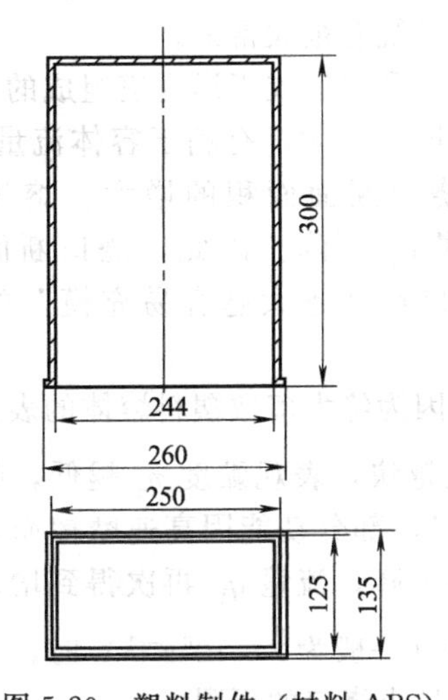

图 5-20　塑料制件（材料 ABS）

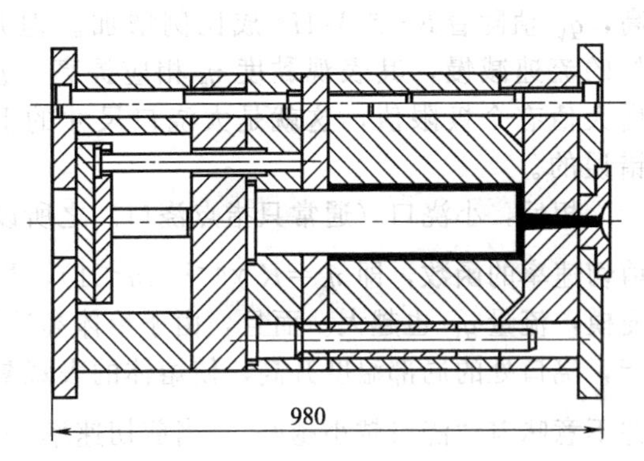

图 5-21　模具结构

第 6 章　注射模浇注系统

浇注系统是指注射模中从主流道的始端到型腔入口之间的熔体进料通道。浇注系统可分为普通流道浇注系统和无流道凝料浇注系统两类。正确设计浇注系统对获得优质的塑料制品极为重要。

6.1　流变学在浇注系统设计中的应用

注射成型对浇注系统的基本要求是在合适的温度和压力下使足量的塑料熔体尽快充满型腔。影响顺利充模的关键之一是浇注系统的设计，在浇注系统中又以浇口的设计最为重要，了解流变参量与浇口尺寸的相互影响，对正确设计浇注系统有很大帮助。

（1）浇口断面尺寸　在注射模中浇注系统大都是由圆形通道或矩形通道组成的，作为一种近似，可从式（2-31）或式（2-55）可知，浇口断面尺寸增大，有利于容体流量 q_V 的提高，q_V 值随着 R^4 或 WH^3 成比例增加。但是，随着浇口断面面积的增大，熔体在浇口处的流速减慢，其表观黏度 η_a 相应提高，反而使流量 q_V 下降。因此，浇口断面尺寸的增大值有个极限值，这就是大浇口尺寸的上限。“浇口尺寸越大越容易充模”的观点是错误的。

相反，小浇口（通常只指点浇口）之所以成功，是因为绝大多数塑料熔体的表观黏度是剪切速率的函数，即 $\eta_a = K\dot{\gamma}^{n-1}$（$n<1$），熔体的流速越快，表观黏度 η_a 越低，越有利于充模，流量 q_V 也越大。而且，由于熔体高速流过小浇口，部分动能因高速摩擦而转变为热能，浇口处的局部温度升高，使熔体的表观黏度进一步下降，流量 q_V 再次得到增加。但这并不意味着“浇口越小越好”，当剪切速率 $\dot{\gamma}$ 达到极限值（一般为 $\dot{\gamma}=10^6\,\mathrm{s}^{-1}$）时，表观黏度不再随剪切速率的增高而下降，此时浇口的断面尺寸就是小浇口的下限。

（2）浇口长度　浇口长度缩短，而熔体流经浇口的阻力减小，熔体在浇口中的流速增大，流量 q_V 值也随之增加。同时由于流速增大，剪切速率也增加，导致熔体的表观黏度 η_a 降低，有利于成型。此外，短浇口有利于保压阶段的补缩，因此在确定浇口长度时，总是以选取最小值为宜。

（3）剪切速率的选择　表观黏度 η_a 与剪切速率 $\dot{\gamma}$ 是指数函数关系，而不是线性关系，观察热塑性塑料熔体的 η_a-$\dot{\gamma}$ 曲线可知，在较低的剪切速率范围内，$\dot{\gamma}$ 的微小波动会引起 η_a 的很大变化，这将使注射过程难以控制，制品性能的稳定性得不到保证。一般而言，剪切速率的数值越大，对黏度的影响越小，故注射过程的剪切速率通常较大，在 $10^3 \sim 10^5\,\mathrm{s}^{-1}$ 的范围内，基于这种观点，采用小浇口要比采用大浇口有利。

（4）表观黏度的控制　在注射成型时，除了增大熔体体积流量或提高注射速度有利于充模外，降低塑料熔体的表观黏度也是行之有效的方法。降低黏度的措施之一是提高熔体的成型温度，但有些塑料对温度不甚敏感，仅靠提高温度来降低黏度的作用十分有限，且成型温度又不能高于塑料的分解温度，温度升高后还会增加热量的消耗并增加制件在模具内的冷却时间，故这种方法通常并不提倡采用。降低熔体表观黏度的另一种方法是提高剪切速率，这种方法比提高成型温度更为有效而适用。如前所述，$\dot{\gamma}$值不能超过临界值（$10^6 s^{-1}$），否则会引起聚合物降解，甚至发生熔体破裂等。提高剪切速率的途径既可借助于增大注射压力，又可缩小浇口尺寸，或者两者兼施。

6.2　普通流道浇注系统

如图 6-1 所示为卧式注射机用注射模的普通流道浇注系统。如图所示，普通流道浇注系统由主流道、分流道、浇口、冷料穴四部分组成。浇注系统的作用是使来自注射模喷嘴的塑料熔体平稳而顺利地充模、压实和保压。

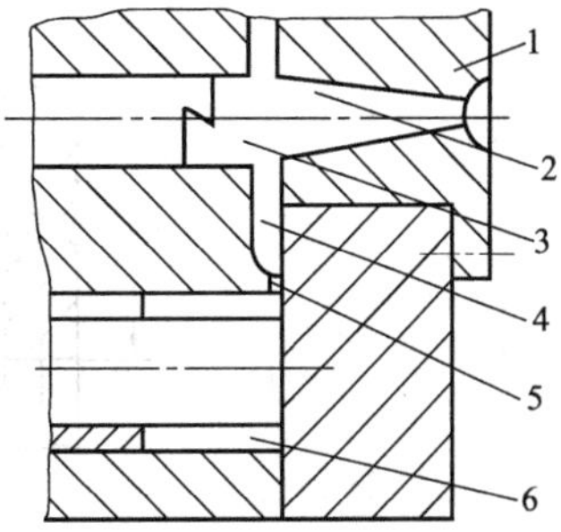

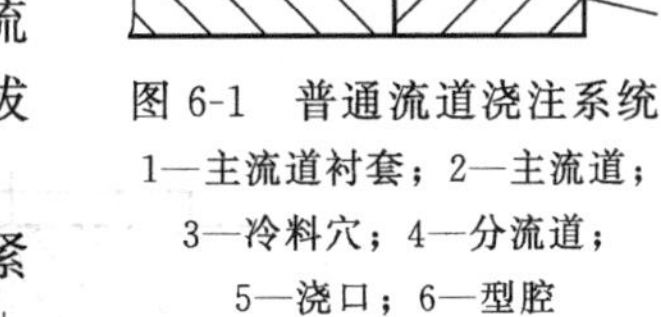

图 6-1　普通流道浇注系统
1—主流道衬套；2—主流道；3—冷料穴；4—分流道；5—浇口；6—型腔

6.2.1　主流道的设计

在卧式或立式注射机用的模具中，主流道的轴线垂直于分型面，其几何形状如图 6-2 所示。其设计要点如下。

① 主流道通常设计成圆锥形，其锥角 $\alpha=2°\sim4°$，对流动性较差的塑料可取 $\alpha=3°\sim6°$，以便于凝料从主流道中拔出。内壁表面粗糙度一般为 $R_a=0.63\mu m$。

② 为防止主流道与喷嘴处溢料，喷嘴与主流道对接处紧密对接，主流道对接处应制成半球形凹坑，其半径 $R_2=R_1+(1\sim2)$mm，其小端直径 $d_2=d_1+(0.5\sim1)$mm。凹坑深取 $h=3\sim5$mm（见图 6-2）。

③ 为减小料流转向过渡时的阻力，主流道大端呈圆角过渡，其圆角半径 $r=1\sim3$mm。

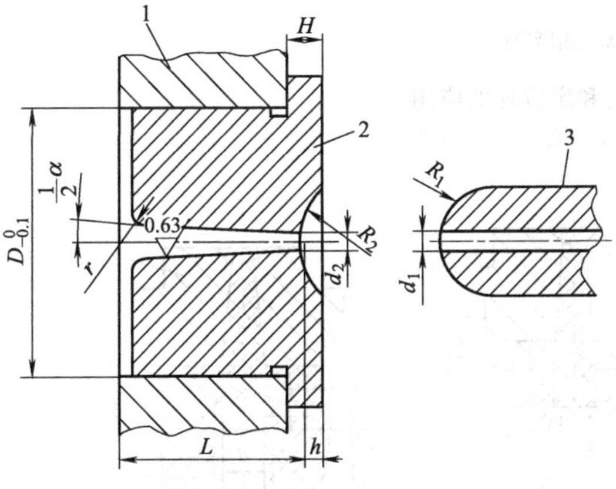

图 6-2　主流道形状及其与注射机喷嘴的配合关系
1—定模板；2—浇口注；3—注射机喷嘴

④ 在保证塑料良好成型的前提下，主流道长度 L 应尽量短，否则将增多流道凝料，且增加压力损失，使塑料降温过多而影响注射成型。通常主流道长度由模板厚度确定，一般取 $L\leqslant60$mm。

⑤由于主流道与塑料熔体及喷嘴反复接触和碰撞，因此常将主流道制成可拆卸的主流道衬套（浇口套），便于用优质钢材加工和热处理。其类型有 A 型和 B 型［见图 6-3（a)］，其中 A 型衬套大端高出定模端面 $H=5\sim10$mm，起定位环作用，与注射机定位孔呈间隙配合（见图 6-2）。

⑥ 当浇口套与塑料接触面很大时，其受到模腔内塑料的反压增大，从而易退出模具，这时可设计成如图 6-3（b）右侧所示结构，将定位环与衬套分开设计。使用时，用固定在定模上的定位环压住衬套大端台阶防止衬套退出模具。

6.2.2　冷料穴设计

冷料穴的作用是储存因两次注射间隔而产生的冷料以及熔体流动的前锋冷料，以防止熔体冷料进入型腔。冷料穴一般设计在主流道的末端，当分流道较长时，也可在分流道的末端设冷料穴。冷料穴底部常作成曲折的钩形或下陷的凹槽，使冷料穴兼有分模时将主流道凝料从主流道衬套中拉出并滞留在动模一侧的作用。常见的冷料穴有以下几种结构。

(1) 带 Z 形头拉料杆的冷料穴　这是一种较为常用的冷料穴，其底部作成钩形，尺寸如图 6-4 (a) 所示。塑件成型后，穴内冷料与拉料杆的钩头搭接在一起，拉料杆固定在推杆固定板上。开模时，拉料杆通过钩头拉住穴内冷料，使主流道凝料脱出定模，然后随推出机构运动，将凝料与塑件一起推出动模。这种冷料穴常与模具中的推杆或推管等推出机构同时使用。取塑件时需朝钩头的侧向稍许移动，即可将塑件与凝料一起取下。

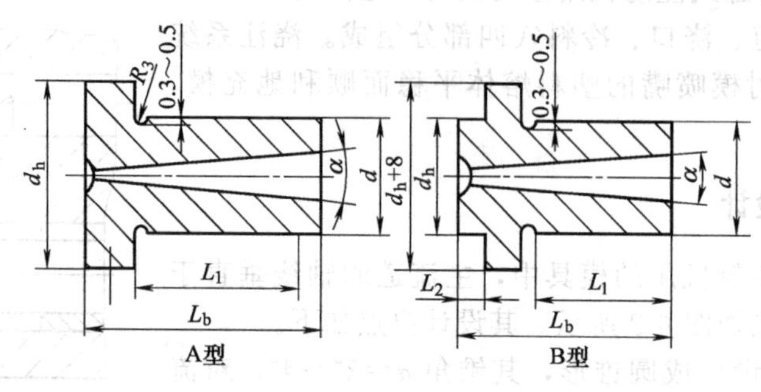

(a) 衬套类型

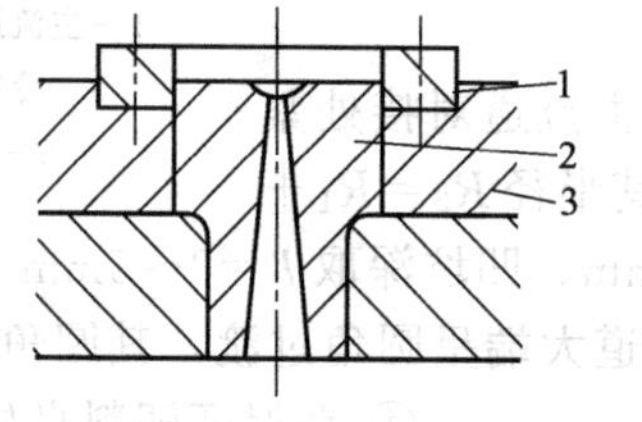

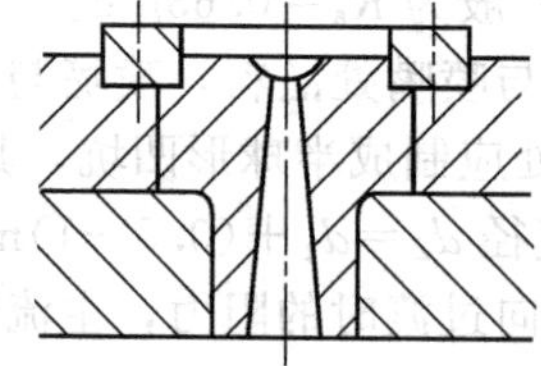

(b) 定位环应用实例

图 6-3　浇口套和定位环的应用

1—定位环；2—浇口套；3—定模板

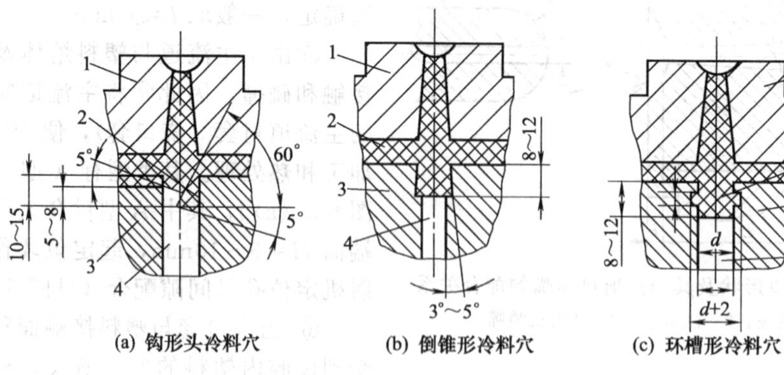

(a) 钩形头冷料穴　(b) 倒锥形冷料穴　(c) 环槽形冷料穴

图 6-4　带拉料杆的冷料穴

1—定模；2—冷料穴；3—动模；4—拉料杆

图 6-4 (b)、(c) 为倒锥形和环槽形冷料穴，其凝料推杆也都固定在推出固定板上。开模时靠倒锥或环形凹槽起拉料作用，然后由推杆强制推出。这两种冷料穴用于弹性较好的塑料品种，由于取凝料不需要侧向移动，较容易实现自动化操作。对于有些塑件，由于受其形状限制，在脱模时无法侧向移动，不宜采用 Z 形头拉料杆（见图 6-5），这时可采用倒锥形

或环槽形冷料穴。

（2）带球形头（或菌形头）的冷料穴　如图 6-6 所示，这种冷料穴专用于推板脱模机构中。塑料进入冷料穴后，紧包在拉料杆的球形头或菌形头上，拉料杆的底部固定在动模边的型芯固定板上，开模时将主流道凝料拉出定模，然后靠推板推顶塑件时，强行将其从拉料杆上刮下脱模，因此这两种冷料穴和拉料杆也主要用于弹性较好的塑料品种。

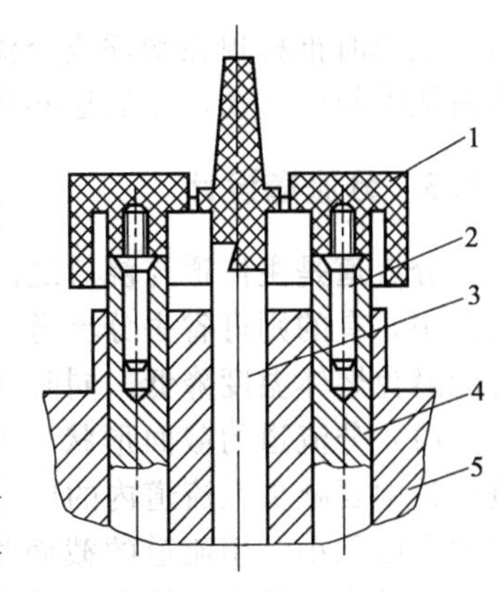

图 6-5　不宜采用 Z 形头拉料杆实例
1—塑件；2—螺纹型芯；3—拉料杆；4—推杆；5—动模

（3）带尖锥头拉料杆及无拉料杆的冷料穴　尖锥头拉料杆为球形头拉料杆的变异形式，这类拉料杆一般不配有冷料穴，而靠塑料收缩时对尖锥头的包紧力，将主流道凝料拉出定模。显然其可靠性不如前面几种，但由于尖锥的分流作用好，在单腔模成型带中心孔的塑件（如齿轮）时还常采用。为提高它的可靠性，可用小锥度或增大锥面粗糙度来增大摩擦力（见图 6-7）。

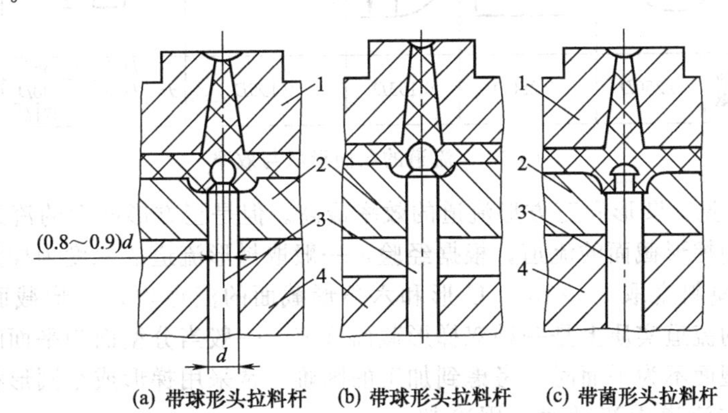

图 6-6　带球形头或菌形头拉料杆的冷料穴
1—定模；2—推板；3—拉料杆；4—型芯固定板

图 6-8 所示为无拉料杆的冷料穴，其特点是在主流道末端开设一锥形凹坑，在凹坑锥壁上垂直钻一深度不大的小盲孔；开模时靠小盲孔内塑料的固定作用将主流道凝料从定模中拉

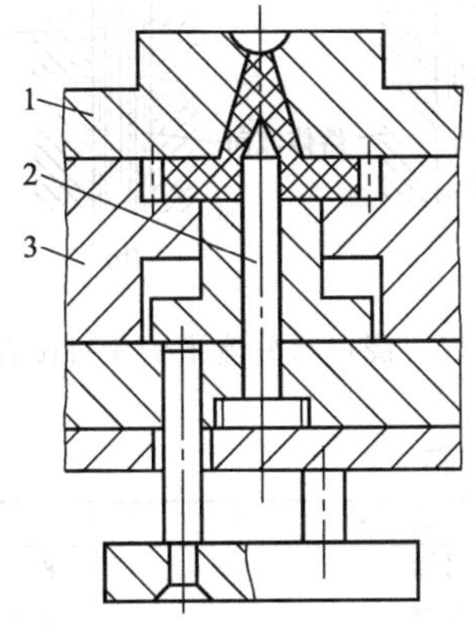

图 6-7　尖锥头拉料杆与冷料穴
1—定模板；2—拉料杆；3—动模板

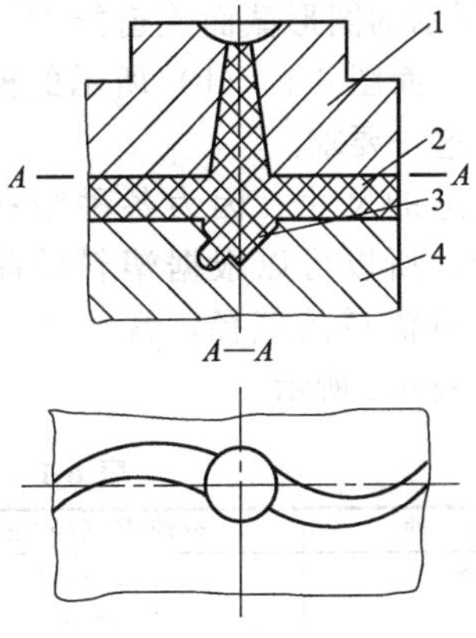

图 6-8　无拉料杆的冷料穴
1—定模；2—分流道；3—冷料穴（锥形凹槽）；4—动模

出，脱模时推杆顶在塑件或分流道上，穴内冷料先沿小盲孔轴线移动，然后全部脱出。为使冷料能沿斜向移动，分流道必须设计成S形或类似带有挠性的形状。

6.2.3 分流道设计

分流道是主流道与浇口之间的通道。在多型腔的模具中分流道必不可少，而在单型腔的模具中，有的则可省去分流道。在分流道的设计时应考虑尽量减小在流道内的压力损失和尽可能避免熔体温度降低，同时还要考虑减小流道的容积。

（1）分流道的截面形状　常用的流道截面形状有圆形、梯形、U形和六角形等。在流道设计中要减少在流道内的压力损失，则希望流道的截面积大；要减少传热损失，又希望流道的表面积小。用流道的截面积与周长的比值来表示流道的效率，该比值大则流道的效率高。各种流道截面的效率如图6-9所示。

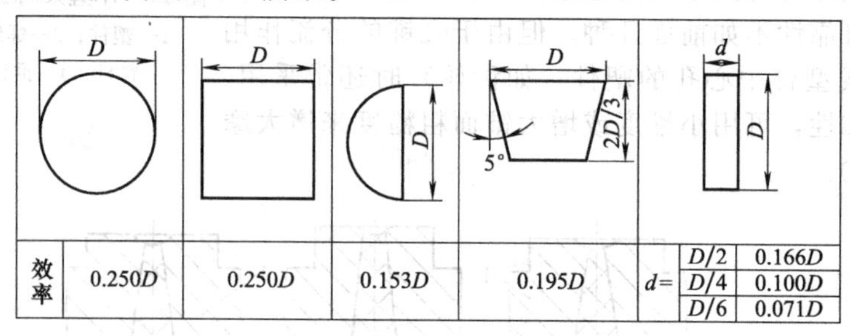

图6-9　流道的截面形状与效率

从图6-9中可见，圆形和正方形流道的效率最高。但是正方形截面的流道不易于凝料的顶出，因此常采用梯形截面的流道，根据经验，一般取梯形流道的深度为梯形截面上端宽度的2/3～3/4，脱模斜度取5°～10°。U形和六角形截面的流道均是梯形截面流道的变异形式，六角形截面的流道实质上是一种双梯形截面流道。一般当分型面为平面时，常采用圆形截面流道；当分型面不为平面时，考虑到加工的困难，常采用梯形或半圆形截面的流道。

当塑料熔体在流道中流动时，因冷却会在流道管壁形成凝固层，因塑料的导热性差，凝固层起绝热的作用，使熔体能在流道中心部畅通。以这一点考虑分流道的中心最好能与浇口中心位于同一直线上。图6-10（a）所示的圆形截面流道能与浇口位于同一直线，而图6-10（b）所示的梯形流道则达不到这一要求。

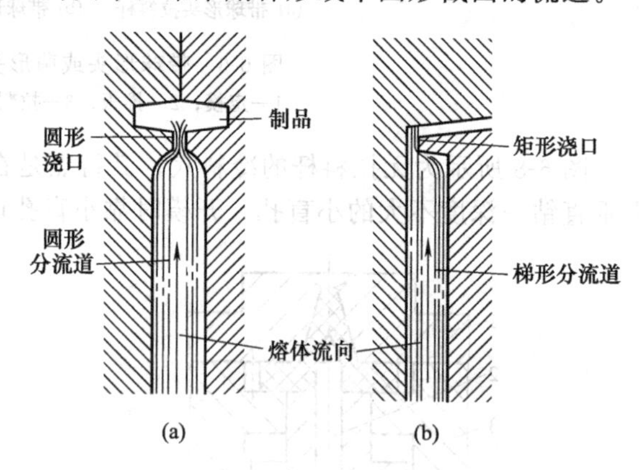

图6-10　浇口与分流道的相对位置

（2）分流道的尺寸　因为各种塑料的流动性有差异，所以可以根据塑料的品种来粗略地估计分流道的直径，常用塑料的分流道直径如表6-1所示。

表6-1　常用塑料的分流道直径

塑料品种	分流道直径/mm	塑料品种	分流道直径/mm
ABS、AS	4.8～9.5	聚丙烯	4.8～9.5
聚甲醛	3.2～9.5	聚乙烯	1.6～9.5
丙烯酸酯	8.0～9.5	聚苯醚	6.4～9.5
耐冲击丙烯酸酯	8.0～12.7	聚苯乙烯	3.2～9.5
尼龙-6	1.6～9.5	聚氯乙烯	3.2～9.5
聚碳酸酯	4.8～9.5		

从表6-1中可见，对于流动性很好的聚乙烯和尼龙，当分流道很短时，分流道可小到2mm左右；对于流动性差的塑料，如丙烯酸酯类，分流道直径接近10mm。多数塑料的分流道直径在4.8～8mm左右变动。

对于壁厚小于3mm，质量200g以下的塑料制品，还可采用如下经验公式确定分流道的直径（该式计算的分流道直径仅限于在3.2～9.5mm以内）：

$$D=0.2654\sqrt{m}\sqrt[4]{L} \tag{6-1}$$

式中　D——分流道直径，mm；

m——制品质量，g；

L——分流道的长度，mm。

实践表明，当注射模主流道和分流道的剪切速率$\dot{\gamma}=5\times10^2\sim5\times10^3\mathrm{s}^{-1}$、浇口的剪切速率$\dot{\gamma}=10^4\sim10^5\mathrm{s}^{-1}$时，所成型的塑件质量较好。因此，对于一般热塑性塑料，上面所推荐的剪切速率可作为计算模具流道尺寸的依据。在计算中可使用如下经验公式：

$$\dot{\gamma}=\frac{3.3q_V}{\pi R_e^{\ 3}} \tag{6-2}$$

式中　R_e——为表征流道断面尺寸的当量半径，cm；

q_V——体积流量，$\mathrm{cm^3/s}$。

该式既可用来计算主流道和分流道尺寸，也可用来计算浇口尺寸。

根据现有注射机的生产能力，可将式（6-2）绘制成如图6-11所示的曲线图，以便进行流道尺寸的简易计算。

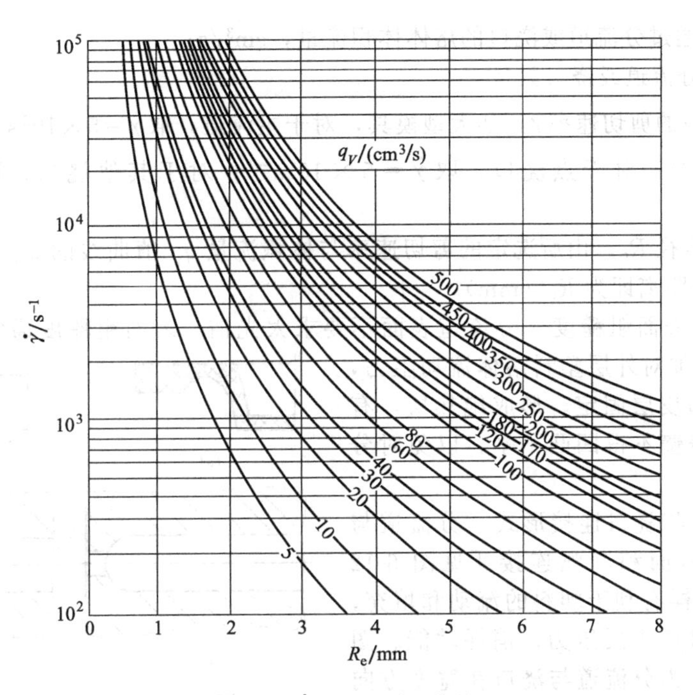

图6-11　$\dot{\gamma}$-q_V-R_e关系曲线

由图6-11可知，计算流道当量半径R_e的步骤如下。

① 根据注射机的规格和塑件体积，按下式计算熔体的体积流量：

$$q_V=\frac{V}{t} \tag{6-3}$$

式中 q_V——熔体体积流量，cm^3/s；

V——塑件体积，cm^3；通常可取 $V=(0.5\sim0.8)V_g$，V_g 为注射机公称注射量，cm^3；

t——注射时间，s；t 可由表 6-2 查出。

表 6-2 注射机公称注射量 V_g 与注射时间 t 的关系

公称注射量 V_g/cm^3	注射时间 t/s	公称注射量 V_g/cm^3	注射时间 t/s
60	1.0	4000	5.0
125	1.6	6000	5.7
250	2.0	8000	6.4
350	2.2	12000	8.0
500	2.5	16000	9.0
1000	3.2	24000	10.0
2000	4.0	32000	10.6
3000	4.6	64000	12.8

在多点进料的单型腔模具或多型腔模具中，若各分流道按平衡式布置，则各分流道及与之相连的浇口中熔体的体积流量应为：

$$q_{VN}=\frac{q_V}{n}$$

式中 q_{VN}——通过分流道或浇口的熔体体积流量，cm^3/s；

n——分流道或浇口数量。

② 确定恰当的剪切速率$\dot{\gamma}$，如大型模具，对于主流道，取$\dot{\gamma}=5\times10^3s^{-1}$；对于分流道，取$\dot{\gamma}=5\times10^2s^{-1}$；对于点浇口，取$\dot{\gamma}=5\times10^5s^{-1}$；对于其他浇口，取$\dot{\gamma}=5\times10^3\sim5\times10^4s^{-1}$。

③ 求当量半径 R_e。由所选定的剪切速率与体积流量 q_V 值曲线的交点向下作垂线，垂足与原点之间的距离即为 R_e（mm）。

(3) 分流道表面粗糙度 分流道表面不要求太光洁，表面粗糙度通常取 $R_a=1.25\sim2.5\mu m$，这可增加对外层塑料熔体流动阻力，使外层塑料冷却皮层固定，形成绝热层，有利于保温。但表壁不得凹凸不平，以免对分型和脱模不利。

(4) 分流道与浇口连接形式 分流道与浇口通常采用斜面和圆弧连接［见图 6-12 (a)、(b)］，这样有利于塑料的流动和填充，防止塑料流动时产生反压力，消耗动能。图 6-12 (c)、(d) 为分流道与浇口在宽度方向连接，因 (d) 图分流道逐步变窄，补料阶段冷却较快，产生不必要的压力损失，则以 (c) 图形式较好。

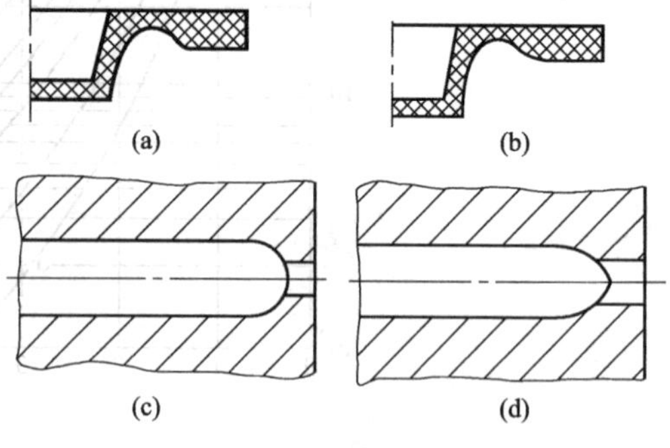

图 6-12 分流道与浇口连接形式

6.2.4 浇口设计原则

浇口是连接流道与型腔之间的一段细短通道，是浇注系统的关键部分，起着调节控制料流速度、补料时间及防止倒流等作用。浇口的形状、尺寸和进料位置等对塑件成型质量影响很大，塑件上的一些缺陷，如缩孔、缺料、白斑、熔接痕、质脆、分解和翘曲等往往是由于浇口设计不合理而产生的，因此正确设计浇口是提高塑件质量的重要环节。

浇口设计与塑料性能、塑件形状、截面尺寸、模具结构及注射工艺参数等因素有关。总的要求是使熔料以较快的速度进入并充满型腔，同时在充满后能适时冷却封闭，因此浇口截面要小，长度要短，这样可增大料流速度，快速冷却封闭，且便于塑件与浇口凝料分离，不留明显的浇口痕迹，保证塑件外观质量。此外浇口设计需遵循下述原则。

(1) 浇口尺寸及位置选择应避免熔体破裂而产生喷射和蠕动（蛇形流）　浇口的截面尺寸如果较小，且正对宽度和厚度较大的型腔，则高速熔体流经浇口时，由于受较高的切应力作用，将会产生喷射和蠕动等熔体破裂现象，在塑件上形成波纹状痕迹，或在高速下喷出高度定向的细丝或断裂物，它们很快冷却变硬，与后来的塑料不能很好地熔合，而造成塑件的缺陷或表面疵瘢。喷射还使型腔内的空气难以顺序排出，形成焦痕和空气泡。克服上述缺陷的办法有两种：一是加大浇口截面尺寸，将小浇口尺寸增大，大大降低熔体流速，避免产生喷射流动；二是改换浇口位置并采用冲击型浇口，即浇口开设方位正对型腔壁或粗大的型芯。这样，当高速料流进入型腔时，直接冲击在型腔壁或型芯上，从而降低了流速，改变了流向，可均匀地填充型腔，使熔体破裂现象消失。图6-13中A为浇口位置，图(a)、(c)、(e)为非冲击型浇口，图(b)、(d)、(f)为冲击型浇口，后者对提高塑件质量、克服表面缺陷较好，但塑料流动能量损失较大。

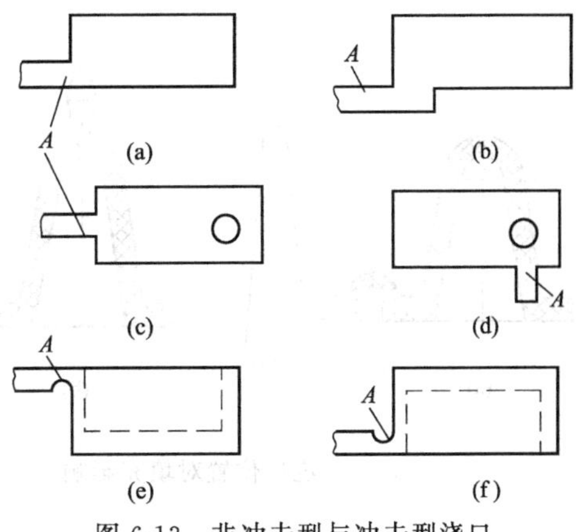

图6-13　非冲击型与冲击型浇口

(2) 浇口位置应有利于流动、排气和补料　当塑件壁厚相差较大时，在避免喷射的前提下，为减少流动阻力，保证压力有效地传递到塑件厚壁部位以减少缩孔，应把浇口开设在塑件截面最厚处，这样还有利于填充补料。如塑件上有加强筋，则可利用加强筋作为流动通道以改善流动条件。

图6-14所示塑件，选择图(a)的浇口位置，塑件因严重收缩而出现凹痕；图(b)选在塑件厚壁处，可克服上述缺陷；图(c)选用直接浇口则大大改善了填充条件，提高了塑件质量。

同时浇口位置应有利于排气，通常浇口位置应远离排气部位，否则进入型腔的塑料熔体

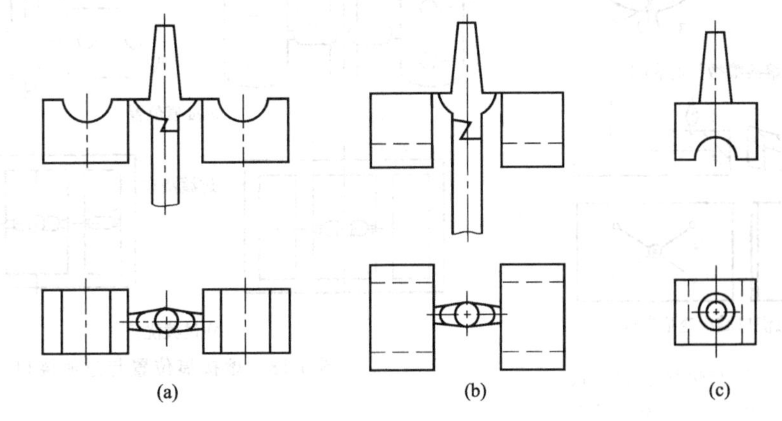

图6-14　浇口位置对收缩的影响

会过早封闭排气系统，致使型腔内气体不能顺利排出，影响塑件成型质量。如图 6-15（a）所示浇口的位置，充模时，熔体立即封闭模具分型面处的排气空隙，使型腔内气体无法排出，而在塑件顶部形成气泡，改用图（b）所示位置，则克服了上述缺陷。

（3）浇口位置应使流程最短，料流变向最少，并防止型芯变形　在保证良好充填条件的前提下，为减少流动能量的损失，应使塑料流程最短，料流变向最少。图 6-15（a）所示浇口位置，塑料流程长，流道曲折多，流动能量损失大，填充条件差。改用图 6-15（b）所示形式和位置则可克服上述缺陷。图 6-16（b）、（c）所示为防止型芯变形的进料位置。对有细长型芯的塑件，浇口位置应避免偏心进料，防止料流冲击而使型芯变形、错位和折断。如图 6-16（a）所示为单侧进料，易产生此缺陷。

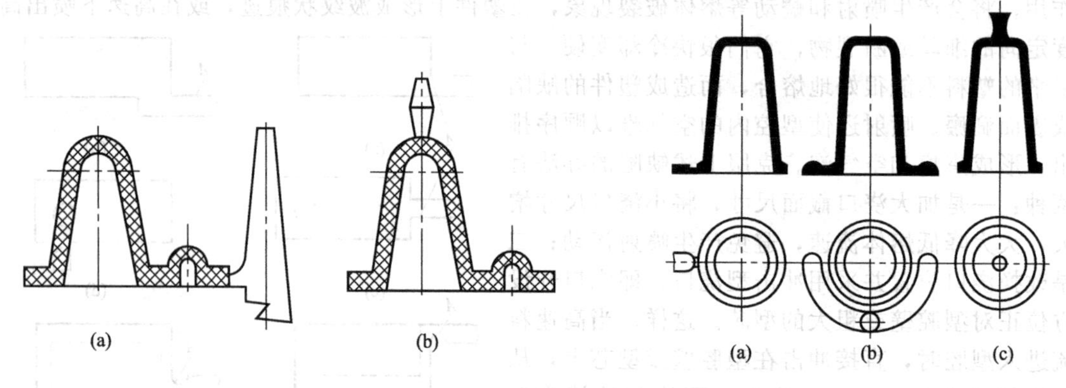

图 6-15　浇口位置对填充影响

图 6-16　改变进料位置、防止型芯变形

（4）浇口位置及数量应有利于减少熔接痕和增加熔接强度　熔接痕是熔体在型腔中汇合时产生的接缝，其强度直接影响塑件的使用性能。在流程不太长且无特殊需要时，最好不开设多个浇口，否则将增加熔接痕的数量，如图 6-17（a）所示（*A* 处为熔接痕）；但对底面积大而浅的壳体塑件，为兼顾减小内应力和翘曲变形，可采用多点进料，如图 6-17（b）所示；对于轮辐式浇口，可在熔接处外侧开冷料穴，使前锋料溢出，增加熔接强度，且消除熔接痕，如图 6-17（a）所示。对于熔接痕的位置也应注意，如图 6-18（a）所示为带圆孔的平

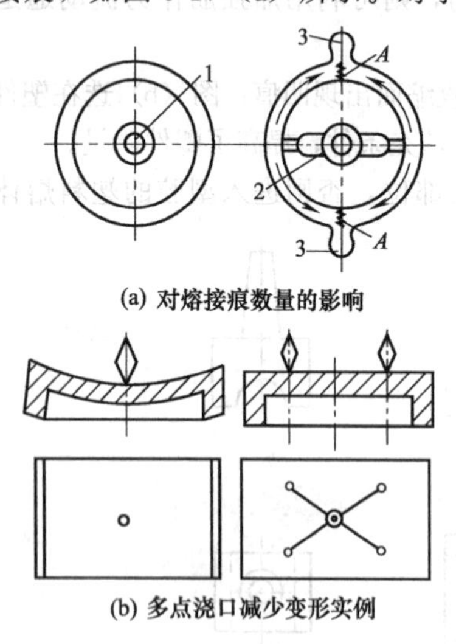

图 6-17　浇口数量与熔接痕的关系
1—单点浇口（圆环式）；2—双点浇口（轮辐式）；3—冷料穴

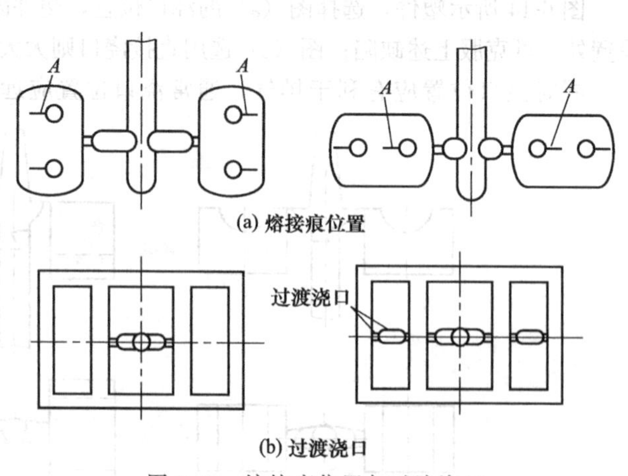

图 6-18　熔接痕位置与过渡浇口

板塑件，其左侧较合理，熔接痕（图中 A 处）短且在边上，右侧的熔接痕与小孔连成一线，使塑件强度大大削弱。图 6-18（b）所示为大型框架塑件，其左侧由于流程过长，使熔接处的料温过低而熔接不牢，且形成明显的熔接痕，而右侧增加了过渡浇口，虽然熔接痕数量有所增加，但缩短了流程，熔体温度相对提高，增加了熔接强度，且易于充满型腔。

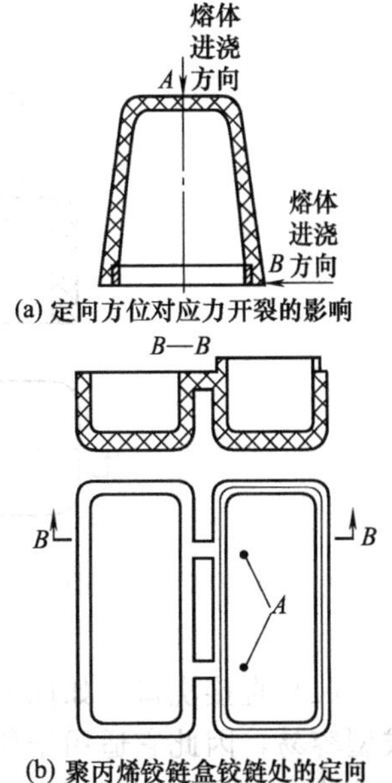

图 6-19　浇口位置与塑料取向

（5）浇口位置应考虑取向作用对塑件性能的影响　图 6-19（a）所示为带有金属嵌件的聚苯乙烯塑件，由于塑件收缩使嵌件周围塑料层中有很大周向应力，当浇口开在 A 处时，其取向方位与周向应力方向垂直，塑件使用几个月后即开裂；浇口开在 B 处，取向作用顺着周向应力方向，使应力开裂现象大为减少。在某些情况下，可利用分子高度取向作用改善塑件的某些性能。例如，为使聚丙烯铰链几千万次弯折而不断裂，要求在铰链处高度取向。因此，将两点浇口开设在 A 的位置上，如图 6-19（b）所示，浇口设在 A 处，塑料通过很薄的铰链（厚约 0.25mm）充满盖部的型腔，在铰链处产生高度取向（脱模时立即弯曲，以获得拉伸取向）。又如成型杯状塑件时，在注射适当阶段转动型芯，由于型芯和型腔壁相对运动而使其间塑料受到剪切作用而沿圆周取向，提高了塑件的周向强度。

（6）浇口位置应尽量开设在不影响塑件外观的部位　如浇口开设在塑件的边缘、底部和内侧。

（7）流动比校核　在确定大型塑料制件的浇口位置时，还应考虑塑料所允许的最大流动距离比（简称流动比）。最大流动距离比是指熔体在型腔内流动的最大长度与相应的型腔厚度之比，也就是说，当型腔厚度增大时，熔体所能够达到的最大流动距离也会长一些。

最大流动距离比随熔体的性质、温度和注射压力而变化，表 4-13 列出常用塑料流动比的经验数据，供设计浇注系统时参考。若计算得到的流动比大于允许值时，这时就需要改变浇口位置，或者增加塑件厚度，或者采用多浇口等方式来减小流动比。

当浇注系统和型腔断面尺寸各处不等时，流动比计算公式为：

$$K=\sum_{i=1}^{n}\frac{L_i}{t_i} \tag{6-4}$$

式中　K——流动比；

L_i——流动路径各段长度，mm；

t_i——流动路径各段的型腔厚度，mm；

n——流动路径的总段数。

如图 6-20 所示的塑件，当浇口形式和开设位置不同时，计算出的流动比也不相同，对于图 6-20（a）所示的直接浇口，流动比为：

$$K_1=\frac{L_1}{t_1}+\frac{L_2+L_3}{t_2}$$

对于图 6-20（b）所示的侧浇口，流动比为：

$$K_2=\frac{L_1}{t_1}+\frac{L_2}{t_2}+\frac{L_3}{t_3}+2\frac{L_4}{t_4}+\frac{L_5}{t_5}$$

6.2.5　浇口的类型

在注射模设计中常用的浇口形式有如下几种。

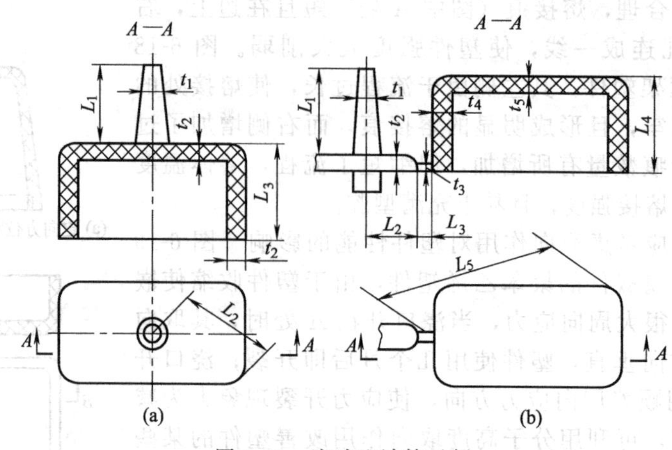

图 6-20 流动比计算示例

(1) 直接浇口 如图 6-21 所示，这种浇口由主流道直接进料，故熔体的压力损失小，成型容易，因此它适用于任何塑料，常用于成型大而深的塑件。在采用直接浇口时，为了防止前锋冷料流入型腔，常在浇口内侧开设深度为半个塑件厚度的冷料穴。直接浇口的缺点是，由于浇口处固化慢，故成型周期延长，易产生较大的残余应力；超压填充，浇口处易产生裂纹，浇口凝料切除后塑件上疤痕较大。直接浇口为非限制性浇口，而其他类型的浇口则通称为限制性浇口。直接浇口的尺寸受塑料种类和塑件质量的影响，常用塑料的经验数据见表 6-3。

表 6-3 常用塑料的直接浇口尺寸/mm

塑料种类	$m<85$g		$85\text{g}<m<340$g		$m\geqslant340$g	
	d	D	d	D	d	D
聚苯乙烯	2.5	4.0	3.0	6.0	3.0	8.0
聚乙烯	2.5	4.0	3.0	6.0	3.0	7.0
ABS	2.5	5.0	3.0	7.0	4.0	8.0
聚碳酸酯	3.0	5.0	3.0	8.0	5.0	10.0

注：d 为小端直径；D 为大端直径；m 为制品质量。

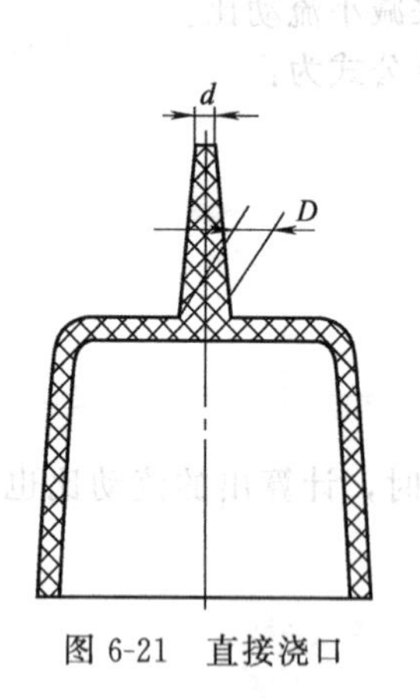

图 6-21 直接浇口

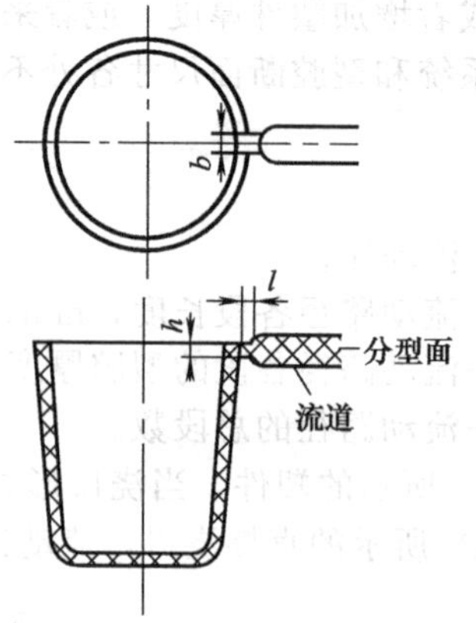

图 6-22 矩形侧浇口

(2) 矩形侧浇口 如图 6-22 所示，矩形侧浇口一般开设在模具的分型面上，从塑件的边缘进料。侧浇口的厚度决定着浇口的固化时间，在实践中通常是在容许的范围内首先将侧浇口的厚度加工得薄一些，在试模时再进行修正，以调节浇口的固化时间。

矩形侧浇口广泛应用于中小型塑件的多型腔注射模，其优点是截面形状简单、易于加工、便于试模后修正，缺点是在塑件的外表面留有浇口痕迹。

矩形侧浇口的大小由其厚度、宽度和长度决定。确定侧浇口厚度 h（mm）和宽度 b（mm）的经验公式如下：

$$h=nt \tag{6-5}$$

$$b=\frac{n\sqrt{A}}{30} \tag{6-6}$$

式中　t——塑件壁厚，mm；

n——系数，与塑料品种有关，见表 6-4；

A——为塑件外表面面积，mm^2。

根据式（6-6）计算所得的 b 若大于分流道的直径时，可采用扇形浇口。

表 6-4　系数 n 值

塑料品种	n	塑料品种	n
聚乙烯、聚苯乙烯	0.6	尼龙、有机玻璃	0.8
聚甲醛、聚碳酸、酯、聚乙烯	0.7	聚氯乙烯	0.9

一般侧浇口的厚度为 0.5～1.5mm，宽度为 1.5～5.0mm，浇口长度为 1.5～2.5mm。对于大型复杂的制件，侧浇口的厚度为 2.0～2.5mm（约为塑件厚度的 0.7～0.8 倍），宽度为 7.0～10.0mm，浇口长度为 2.0～3.0mm。从这组经验数据可以看到，侧浇口宽度与厚度的比例大致是 3∶1。

（3）扇形浇口　如图 6-23 所示，扇形浇口是矩形侧浇口的一种变异形式。在成型大平板状及薄壁塑件时，宜采用扇形浇口。在扇形浇口的整个长度上，为保持截面积处处相等，浇口的厚度应逐渐减小。

扇形浇口的宽度按式（6-6）计算，为了能够充分发挥扇形浇口在横向均匀分配料流的优点，可以采用比计算结果更大的浇口宽度。如图 6-23 所示，浇口出口厚度 h_1 的计算与矩形侧浇口厚度的计算公式相同［用式（6-5）计算］。浇口入口厚度 h_2 按下式计算：

$$h_2=\frac{bh_1}{D} \tag{6-7}$$

式中　h_1——浇口出口厚度，mm；

D——分流道直径，mm。

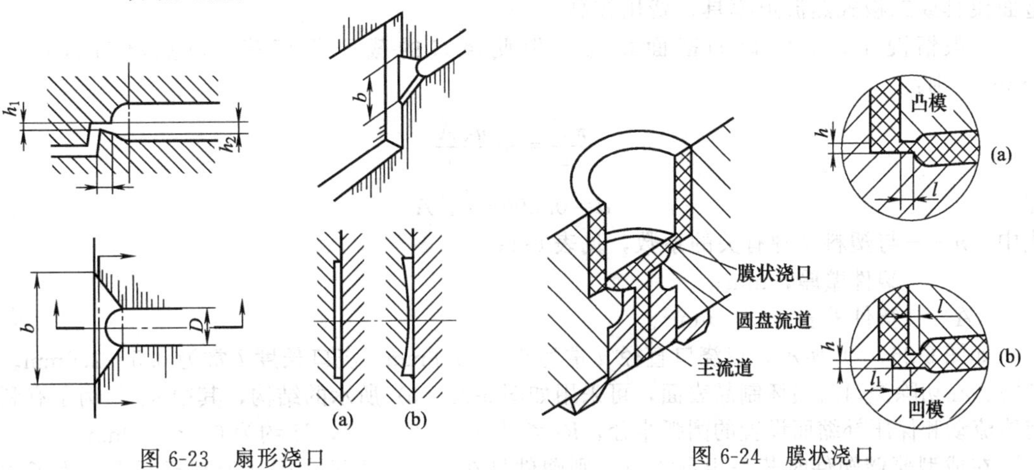

图 6-23　扇形浇口　　　　图 6-24　膜状浇口

应注意，浇口的截面积不能大于分流道的截面积，即

$$bh_1<\frac{\pi D^2}{4} \tag{6-8}$$

因为扇形浇口的中心部位与浇口边缘部位的流道长度不同，所以塑料熔体在中心部位和

两侧的压力降也不相同，为了达到一致，在图 6-23（b）中增加了扇形浇口两侧的厚度，这种做法使浇口的加工要困难一些，但有助于熔体均匀地流过扇形浇口。

扇形浇口的长度可比矩形侧浇口的长度长一些，常为 1.3～6.0mm。

（4）膜状浇口　如图 6-24 所示，膜状浇口用于成型管状塑件及平板状塑件，其特点是将浇口的厚度减薄，而把浇口的宽度同塑件的宽度作成一致，故这种浇口又称为平面浇口或缝隙浇口。若按图 6-24（a）那样设置浇口，则成型后在塑件内径处会留有浇口残留痕迹，当制品内径精度要求较高时，可按图 6-24（b）那样，将模状浇口设置在塑件的端面处，其浇口重叠长度 l_1 应不小于浇口厚度 h。

膜状浇口的长度 l 取 0.75～1.0mm，厚度 h 取 $0.7nt$ [n 和 t 见式（6-5）]，其厚度值略低于矩形侧浇口的经验值，因为膜状浇口的宽度较大。

（5）轮辐浇口　如图 6-25（a）所示，轮辐浇口将整个圆周进料改为几小段圆弧进料，这样浇口料较少，去除浇口方便，且型芯上部得以定位而增加了稳定性，缺点是增加了熔接缝线，对塑件强度有一定影响，它也适用于圆筒形塑件。

（6）爪形浇口　如图 6-25（b）所示，它在型芯头部开设流道，分流道与浇口不在同一平面内，主要用于塑件内孔较小的管状塑件和同轴度要求高的塑件，由于型芯顶端伸入定模内起定位作用，避免了弯曲变形，保证了同轴度。

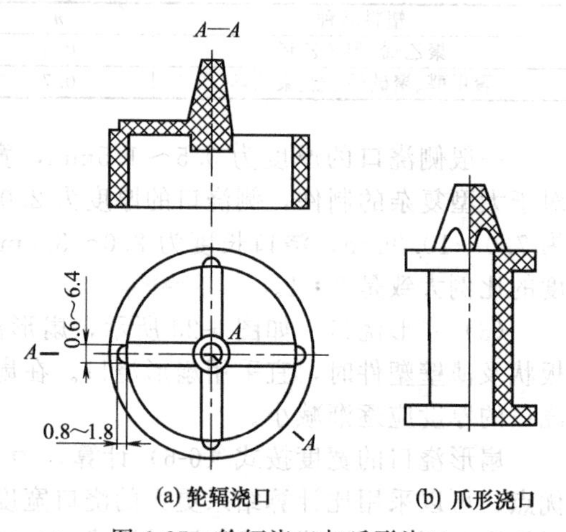

图 6-25　轮辐浇口与爪形浇口

（7）点浇口　点浇口又称针点浇口，是一种在塑件中央开设浇口时使用的圆形限制浇口，常用于成型各种壳类、盒类塑件。点浇口的优点是浇口位置能灵活地确定，浇口附近变形小，多型腔时采用点浇口容易平衡浇注系统，对于投影面积大的塑件或易变形的塑件，采用多个点浇口能够取得理想的效果；缺点是由于浇口的截面积小，流动阻力大，需提高注射压力，宜用于成型流动性好的热塑性塑料，采用点浇口时，为了能取出流道凝料，必须使用三板式双分型面模具或二板式热流道模具，费用较高。

一般情况下，点浇口的截面积与矩形侧浇口的截面积相等，设点浇口直径为 d（mm），则：

$$\frac{\pi d^2}{4}=nt\frac{n\sqrt{A}}{30}$$

即

$$d=0.206n\sqrt[4]{t^2A} \tag{6-9}$$

式中　n——与塑料品种有关的系数，见表 6-4；

t——塑件壁厚，mm；

A——塑件外表面积，mm^2。

如图 6-26（a）所示，点浇口直径 d 常为 0.5～1.8mm，浇口长度 l 常为 0.5～2.0mm。为了防止在切除浇口时损坏制品表面，可采用如图 6-26（b）所示的结构，其中 R_1 是为了有利于熔体流动和保压补缩而设置的圆弧半径，R_1 约为 1.5～3.0mm，H 约为 0.7～3.0mm。

在成型薄壁塑件时若采用点浇口，则塑件易在点浇口附近产生变形甚至开裂。为了改善这一情况，在不影响使用的前提下，可将浇口对面的壁厚增加并以圆弧 R 过渡，如图 6-27 所示，此处圆弧还有储存冷料的作用。

（8）潜伏浇口　如图 6-28 所示，从形式上看，潜伏浇口与点浇口类似，所不同的是采用潜伏浇口只需二板式单分型面模具，而采用点浇口一般需要三板式双分型面模具。

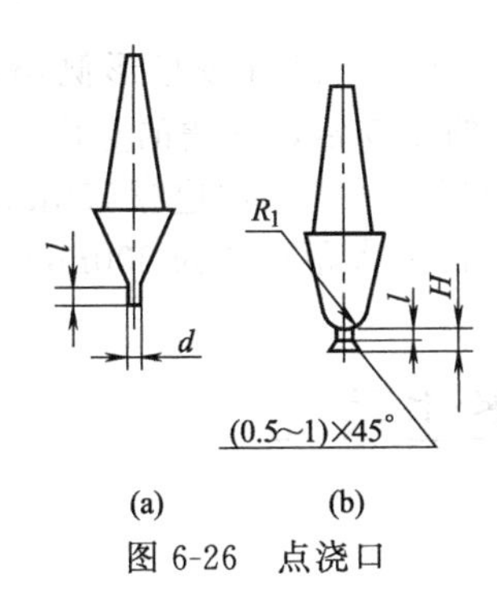

图 6-26　点浇口

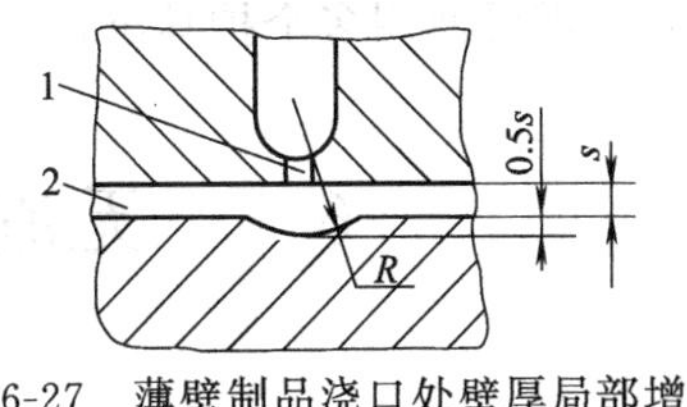

图 6-27　薄壁制品浇口处壁厚局部增厚

1—浇口；2—型腔

潜伏浇口的特点如下。

① 浇口位置一般选在制件侧面较隐蔽处，可以不影响塑件的美观。

② 分流道设置在分型面上，而浇口像隧道一样潜入到分型面下面的定模板上或动模板上，使熔体沿斜向注入型腔。

③ 浇口在模具开模时自动切断，不需要进行浇口处理，但在塑件侧面留有浇口痕迹。

④ 若要避免浇口痕迹，可在推杆上开设二次浇口，使二次浇口的末端与塑件内壁相通，具有二次浇口的潜伏浇口如图 6-29 所示，这种浇口的压力损失大，必须提高注射压力。

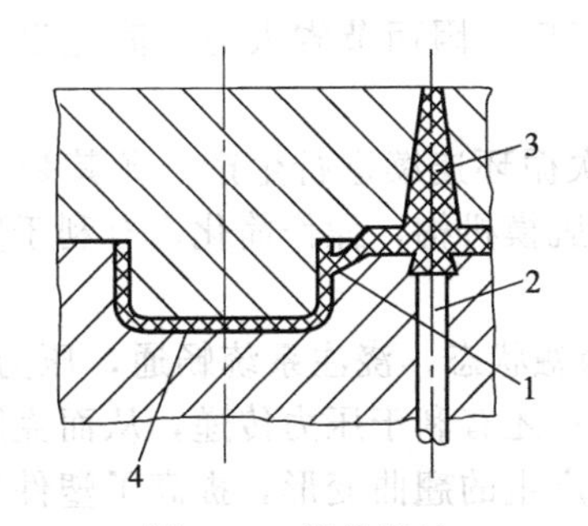

图 6-28　潜伏浇口

1—浇口；2—推杆；3—主流道；4—制品

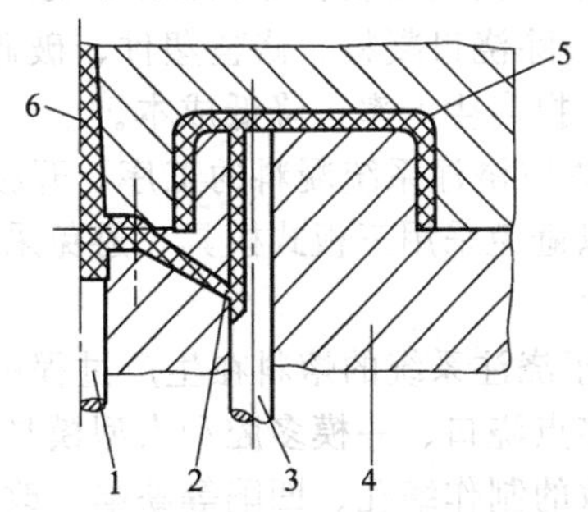

图 6-29　具有二次浇口的潜伏浇口

1，3—推杆；2—浇口；4—动模；5—制品；6—主流道

潜伏浇口与分流道中心线的夹角一般在 30°～55°左右，常常采用圆形或椭圆形截面，浇口尺寸可根据点浇口或矩形侧浇口的经验公式计算。

(9) 护耳浇口　如图 6-30 所示，护耳浇口由矩形浇口和耳槽组成，耳槽的截面积和水平面积均比较大。在耳槽前部的矩形小浇口能使熔体因摩擦发热而使温度升高，熔体在冲击耳槽后，能调整流体方向，平稳地注入型腔，因而塑件成型后残余应力小，另外依靠耳槽能允许浇口周边产生收缩，所以能减小因注射压力造成的过量填充以及因冷却收缩所产生的变形，这种浇口适用于如聚氯乙烯、聚碳酸酯等热稳定性差、黏度高的塑料或要求具有光学性能塑件的注射成型。

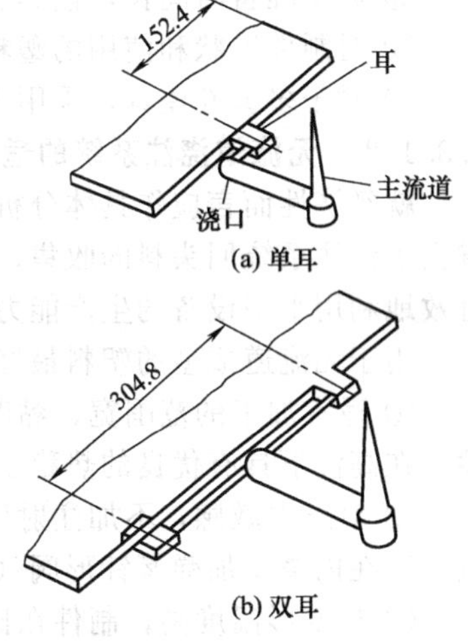

图 6-30　护耳浇口

护耳浇口需要较高的注射压力，其值约为其他浇口所需注射压力的 2 倍。另外，制品成型后增加了去除耳部余料的工序。

如图 6-30 所示，护耳浇口与分流道呈直角分布，耳部应设置在制品壁厚较厚的部分。在护耳浇口中，其矩形小浇口可按矩形侧浇口公式［式(6-5)和式(6-6)］计算。耳槽的长度可取分流道直径的1.5倍，耳槽的宽度约等于分流道的直径，耳槽的厚度可取塑件壁厚的0.9倍。耳槽的位置以距离塑件边缘150mm以内为宜；当塑件较宽时，需要使用多个护耳浇口，此时耳槽之间的最大距离约为300mm。

6.3 无流道凝料浇注系统

6.3.1 概述

无流道凝料浇注系统是指在注射成型过程中不产生流道凝料的浇注系统，简称无流道浇注系统，目前在国内外已得到广泛的应用。无流道浇注系统其原理是在注射模中采用绝热或加热的方法，使在整个生产周期中，从注射机喷嘴到型腔入口这一段流道中的塑料一直保持熔融状态，从而在开模时只需取出塑件，而没有浇道凝料取出。

6.3.1.1 无流道浇注系统的优缺点

(1) 无流道浇注系统的优点

① 基本可实现无废料加工，节约原料。

② 省去除浇口凝料、修整塑件、破碎回收料等工序，因而节省人力，简化设备，缩短成型周期，提高生产率，降低成本。

③ 省去取浇注系统凝料的工序，开模取塑件依次循环连续进行生产，尤其是针点浇口模具，可以避免采用三板式模具，避免采用顺序分型脱模机构，操作简化，有利于实现生产过程自动化。

④ 由于浇注系统的熔料在生产过程中始终处于熔融状态，浇注系统畅通，压力损失小，可以实现多点浇口、一模多腔和大型模具的低压注塑；还有利于压力传递，从而克服因补塑不足所导致的制作缩孔、凹陷等缺陷，改善应力集中产生的翘曲变形，提高了塑件质量。

⑤ 由于设有浇注系统的凝料，从而缩短了模具的开模行程，提高了设备对深腔塑件的适应能力。

(2) 无流道浇注系统的缺点

① 模具的设计和维护较难，若没有高水平的模具和维护管理，生产中模具易产生各种故障。

② 成型准备时间长，模具费用高，小批量生产时效果不大。

③ 对制件形状和使用的塑料有原则。

④ 对于多型腔模具，采用无流道成型技术难度较高。

6.3.1.2 无流道浇注系统的适应性

就经济性而言应作具体分析，无流道浇注系统模具制造费用高，需要增加附加装置，但省去了浇注系统回头料的收集、粉碎工作，自动化程度提高，一人可操作多台注射机，能更有效地利用小型设备的生产能力，当生产批量较大时，使用无流道浇注系统较合理。

用于无流道成型的塑料最好具有下述性质。

① 适宜加工的范围宽，黏度随温度改变而变化很小，在较低的温度下具有较好的流动性，在高温下具有优良的热稳定性。

② 对压力敏感，不加注射压力时熔料不流动，但施以很低的注射压力即可流动。这一点可以在内浇口加弹簧针形阀（即单向阀）控制熔料在停止注射时不流延。

③ 热变形温度高，制件在比较高的温度下即可快速固化顶出，以缩短成型周期。

表6-5列出了各种塑料与各种形式的无流道浇注系统的适用关系，供设计时参考。

表 6-5　各种塑料与各种形式的无流道浇注系统的适用表

热流道种类＼塑料	聚乙烯	聚丙烯	聚苯乙烯	ABS	聚甲醛	聚氯乙烯	聚碳酸酯
延伸式(或井坑式)喷嘴	可以	可以	可以	可以	可以	可以	可以
绝热流道	可以	可以	稍困难	稍困难	不可以	不可以	不可以
多型腔分流道	可以	可以	可以	可以	可以	可以	可以

6.3.1.3　无流道浇注系统分类

无流道浇注系统按保持流道温度的方式不同分类，可以分为绝热流道浇注系统和热流道浇注系统两大类，采用绝热方法的称为绝热流道浇注系统，采用加热方法的称为热流道浇注系统。因为绝热道模具在生产停机后流道有凝料，下次开机生产前需要拆开模具清理凝料，所以一般不采用，通常采用的无流道浇注系统也就是热流道浇注系统。本节只讨论热流道浇注系统设计。

6.3.2　热流道浇注系统类型

6.3.2.1　井坑式喷嘴

井坑式喷嘴如图 6-31 所示，适用于单型腔模具。它在注射机喷嘴和模具型腔入口之间装置主流道杯，由于杯内的物料层较厚，而且被喷嘴和每次通过的塑料熔体不断地加热，所以其中心部分保持流动状态，允许物料通过。由于浇口离热喷嘴较远，这种形式仅适用于成型周期较短（每分钟注射 3 次或 3 次以上）的模具。主流道杯的详细尺寸如图 6-32 和表 6-6 所示。杯内塑料质量应为塑件质量的 1/2 以下。

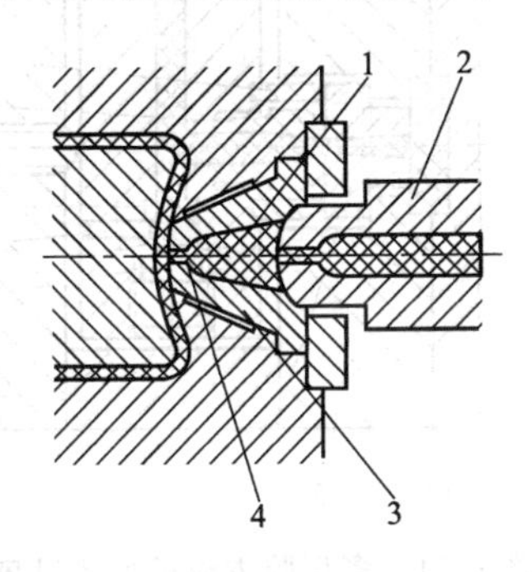

图 6-31　井坑式喷嘴
1—主流道杯；2—注塑机喷嘴；3—绝热间隙；4—浇口

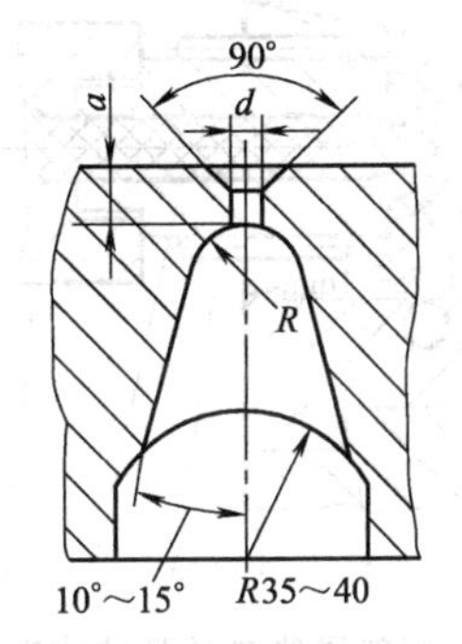

图 6-32　主流道杯的尺寸

表 6-6　主流道杯的详细尺寸

塑件质量/g	40～150	15～40	6～15	3～6
成型周期/s	20～30	15～12	10～9	7.5～6
d	1.5～2.5	1.2～1.6	1.0～1.2	0.8～1.0
R	5.5	4.5	4	3.5
a	0.8	0.7	0.6	0.5

6.3.2.2　延伸式喷嘴

延伸式喷嘴用于单型腔的热流道模具。它采用点浇口进料，特制的注射机喷嘴延伸到与型腔紧密相接的浇口处，直接注入型腔，为了避免喷嘴的热量过多地传给低温的型腔，使温度难以控制，必须采取有效的绝热措施。常见的有塑料绝热和空气绝热两种方法。

图 6-33 所示为塑料绝热的延伸式喷嘴，喷嘴延伸到模具内浇口附近，喷嘴周围与模具之间有一圆环形接触面，见图中 A 部，起承压作用，此面积宜小，以减少二者间的热传递。喷嘴的球面与模具间留有不大的间隙，在第一次注射时，此间隙即为塑料所充满，起绝热作用。间隙最薄处在浇口附近，约 0.5mm，若厚度太大则浇口容易凝固。浇口区以外的绝热间隙以不超过 1.5mm 为宜。设计时还应注意绝热间隙的投影面积不能过大，以免注射时熔料的反压力超过注射座移动油缸的推力，使喷嘴后退造成溢料。浇口尺寸一般为 0.75～1.5mm 左右，宜严格控制喷嘴温度。它与井坑式喷嘴相比，浇口不易堵塞，应用范围较广。

6.3.2.3 热分流道

热分流道主要用于多型腔或单型腔多浇口的注射模具。热分流道的结构形式很多，它们的共同特点是在模具内设有加热流道板，主流道、分流道均开设在流道板内，流道截面多为圆形，其尺寸约为 ϕ5～12mm。热流道板用加热器加热，保持流道内塑料完全处于熔融状态。流道板利用绝热材料（石棉水泥板等）或空气间隙层与模具其余部分隔热，其浇口形式有主流道浇口和针点浇口两种。

（1）主流道浇口热分流道　主流道浇口热分流道是指热流道后面带有一段冷流道，由冷流道与塑件相连，开模取件时，塑件上带有一小段凝料，见图 6-34，在浇口部分设计有外加热线圈加热，这一点对流动性差的塑料很有利。

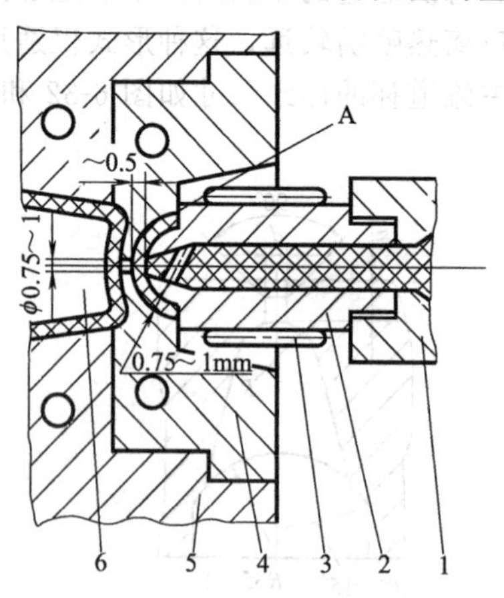

图 6-33　塑料层绝热的延伸式喷嘴

1—注射机料筒；2—延伸式喷嘴；3—加热圈；4—浇口衬套；5—定模；6—型芯；A—圆环形承压面

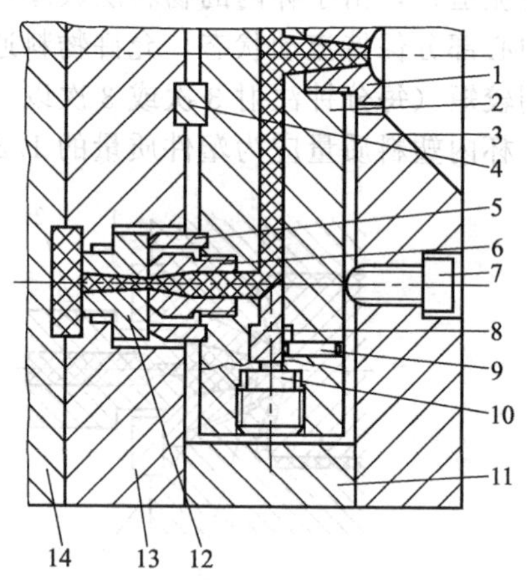

图 6-34　多型腔主流道型浇口热流道模具

1—主流道衬套；2—热流道板；3—定模底板；4—垫块；5—滑动压环；6—热流道喷嘴；7—定位螺钉；8—堵头；9—销钉；10—管式加热器；11—支架；12—浇口衬套；13—定模型腔板；14—动模型腔板

（2）针点浇口热分流道　针点浇口热分流道是热流道直接向型腔进料，能完全消除流道凝料，这时浇口的温度必须更加严格控制，热流道针点浇口是最常用的浇口形式，其结构形式很多，可分为以下几类：带塑料绝热层的导热喷嘴、空气绝热的加热喷嘴、带加热探针的喷嘴、弹簧针阀式喷嘴、液压杠杆阀式喷嘴等。

① 塑料绝热层的导热喷嘴。如图 6-35 所示，流道部分用电热棒式电热圈加热，喷嘴用导热性能优良、强度高的铍铜合金制造，以利热传导，喷嘴前端有塑料隔热层，铍铜喷嘴不与型腔板直接接触，两者通过导热性较差的滑动压环 9 隔离，且浇口衬套 8 与定模板间有空气绝热间隙。

② 空气绝热的加热式喷嘴。如图 6-36 所示，当喷嘴长度较长时就需要对喷嘴加热。

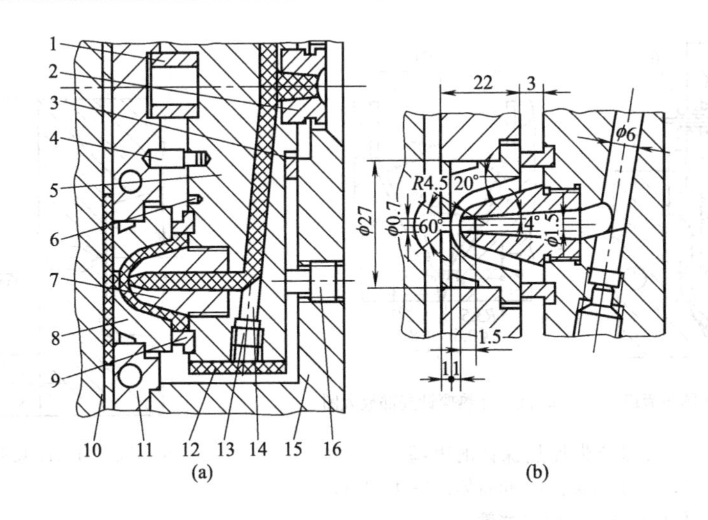

图 6-35　多型腔针点浇口热流道模具

1—定位环；2—主流道衬套；3—绝热垫圈；4—支柱；5—热流道板；6—热电耦孔；7—喷嘴；8—浇口衬套；9—滑动压环；10—动模板；11—定模板；12—加热器；13—压紧螺钉；14—堵头；15—定模底板；16—支撑螺钉

由于能分别将每个喷嘴的温度控制在最佳值，适宜生产精密的工程塑料制件。其缺点是模具与喷嘴接触区域的温度升高，但加工热变形温度高的工程塑料是可行的。

③ 带加热探针的喷嘴。这类喷嘴商品化的结构非常多，由于在探针的芯棒（分流梭、鱼雷体）内安装有小型棒状加热器，可保持该流道和浇口处的树脂不冻结。如图 6-37 所示，分流梭的前端呈针形，延伸到浇口中心，距型腔约 0.5mm 处可达到稳定的连续操作。圆锥形喷嘴头部与型腔板之间留有 0.5mm 的绝热层，为塑料所充满。图 6-38 为喷嘴与流道板配合的形式。

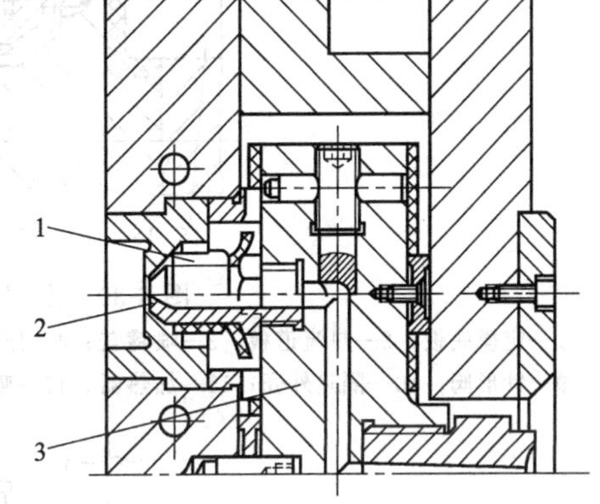

图 6-36　空气绝热的加热喷嘴

1—带式加热器；2—喷嘴；3—热流道板

④ 阀式浇口热流道喷嘴。对于熔体黏度很低的塑料，为避免流延现象，热流道模具可采用特殊的阀式浇口，在注射和保压阶段将阀芯开启，保压结束后即将阀芯关闭，在脱出塑件后不再发生流延现象，同时还可以准确控制补料时间。这种阀式浇口可以在高温下快速封闭浇口，能降低塑件的内应力，减少内应力开裂和翘曲变形，增加塑件尺寸稳定性。

弹簧针阀式喷嘴分别用弹簧力和塑料熔体压力启闭阀芯，如图 6-39 所示，其加热元件装在喷嘴和主流道周围，用环氧玻璃钢压成的罩壳进行绝热。

图 6-40 所示为模具液压机构控制的阀式浇口。液压缸通过杠杆 9 带动针形阀 8 作往复运动，完成浇口启闭动作。由于针形阀往复运动能减少浇口处冻结，如将针形阀的前端作成一个小平面伸入到浇口与型腔平齐，这时在塑件上几乎不留有浇口的痕迹。

阀式浇口的缺点是模具结构复杂，精度要求高，增加了模具制造成本。

6.3.3　热流道浇注系统的设计

(1) 热流道板加热功率的计算　图 6-41 所示为带有四个喷嘴的热流道板加热器的配置

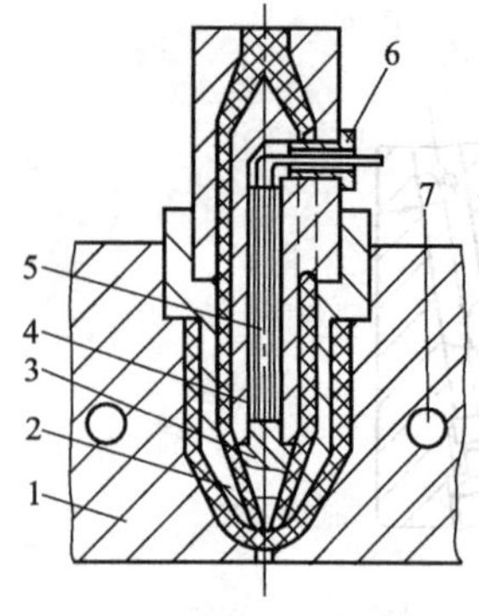

(a) 喷嘴内加热的热流道

(b) 浇口加热探针局部放大图

图 6-37 TGK 系统带加热探针的喷嘴

1—定模板；2—喷嘴；3—鱼雷头；4—鱼雷体；5—加热器；6—引线接头；7—冷却水管

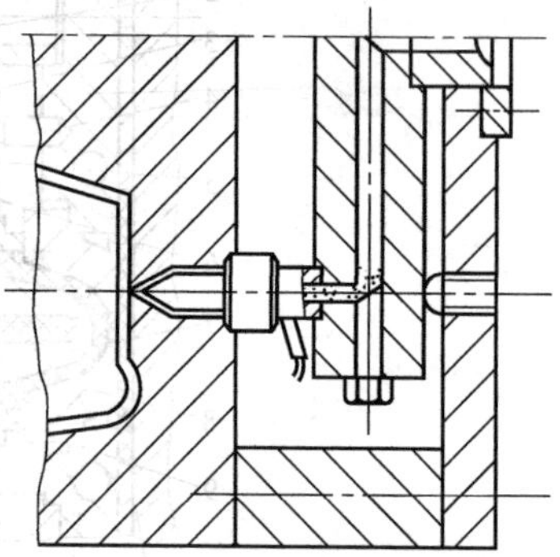

图 6-38 TGK 喷嘴与流道板配合

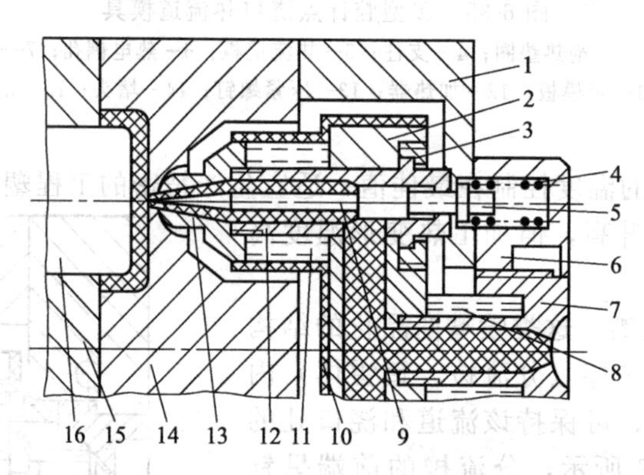

图 6-39 多型腔弹簧阀式浇口热流道模具

1—定模底板；2—热流道板；3—喷嘴盖；4—压力弹簧；5—活塞杆；6—定位环；7—主流道衬套；8—加热器；9—针形阀；10—隔热外壳；11—加热器；12—喷嘴体；13—喷嘴头；14—定模型腔板；15—脱模板；16—型芯

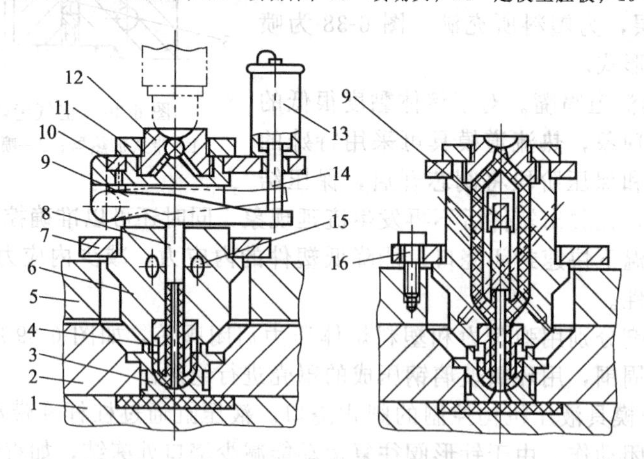

图 6-40 液压杠杆阀式浇口热流道模具

1—动模板；2—定模板；3—浇口套；4—喷嘴头；5—定模底板；6—喷嘴体；7—压板；8—针形阀；9—杠杆；10—支撑板；11—锁紧螺母；12—喷嘴盖；13—油压缸；14—活塞杆；15—加热孔道；16—压紧螺钉

情况。其热流道板加热功率可按下式进行计算：

$$P=\frac{0.115\theta m}{860t\eta} \tag{6-10}$$

式中　P——所需电功率，kW；

θ——热流道板所需温度，℃，设温度基点为0℃；

m——热流道板质量，kg；

t——升温时间（从0℃上升到θ℃），h；

η——效率，随着加热器与热流道板的密贴程度和绝热情况而变化，一般取0.2～0.3。

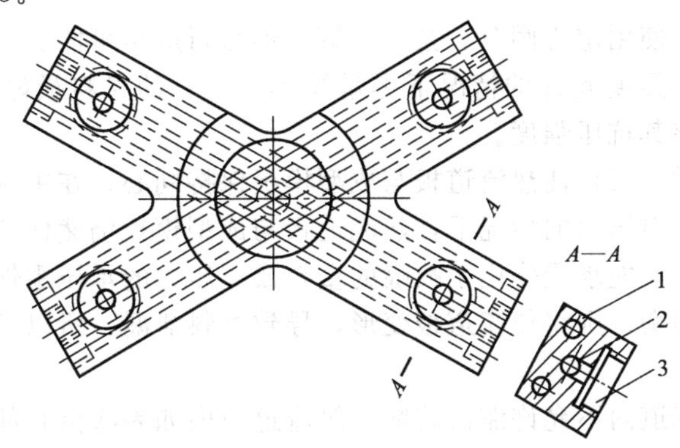

图6-41　热流道板

1—加热器孔；2—分流道；3—喷嘴连接孔

（2）热流道板质量设计　为了减少加热器的热容量，在强度允许的范围内应尽量减少热流道的尺寸，从而减轻热流道板的质量。

（3）筒式加热器的装配

① 加热器越长越易弯曲，所以不得不增加装配间隙。为了取得更高的热效率，装配孔与加热器的径向间隙最好在0.2mm以下。

② 为了便于更换，加热器的安装孔应该是通孔，因钻头加工的孔壁较粗糙，其传热效率低，所以应该再用铰刀加工后使用。

③ 为取出烧坏的加热器而扩大装配孔，不但增大了径向间隙，而且会缩短新更换的加热器的使用寿命。

④ 因为碳钢的传热系数较低，钢制热流道板用的筒式加热器的功率密度最好限定在$20W/cm^2$以下。

⑤ 加热器装在运动着的模板上时，应牢牢地夹固引出线。

⑥ 应清除加热器安装孔内的油污，这样热传导才完全不受妨碍。

⑦ 应注意出售的加热器容量有±10%的误差。为了取得热平衡，必须使用实测热容量相同的加热器。

（4）使热流道板温度均匀一致　局部高温会使塑料发生降解，所以必须把加热器配置得能均匀加热各流道。如果温度分布不均，即使塑料滞留时间比在注射机料筒内短，也会使塑料发生分解，重要的是必须保证热流道板温度的均匀一致。

热流道板和加热器孔最好与流道轴线对称，加热器孔不要过于靠近流道，加热器的数量多些为好。对于热流稳定性差且黏度高的塑料，设计热流道板时，必须注意防止产生局部过热现象。

（5）温度控制　要测量温度，热电偶的安装位置非常重要，温度测量点要尽量设在较深的部位，一般是设在距加热器和流道两者都接近的位置上，不要设在压圈和防漏环附近，以及靠近热流道外侧等有热损失的部分。

（6）热流道板的绝热和安装　必须充分考虑到注射机模板与模具座板、模具座板与热流道板、热流道板与成型模板之间的绝热问题。

注射机模板与模具座板之间的隔热一般用6～10mm厚的石棉板，而模具座板与热流道板、热流道板与成型模板之间大多数留有3～8mm的空气层间隙隔热。通常两平板之间的热对流在3mm气隙中大致为零，但热辐射依然存在，为提高绝热效果，应防止热辐射。

安装热流道板时需使用定心圆盘、紧固螺钉，但数目应尽可能少，而且热流道板与成型模板的接触面积也应在强度允许的情况下尽量缩小，使用的材料最好采用热导率低的不锈钢，当然必须充分复核其抗压强度。

在安装热流道板时，必须使热流道板与成型模板保持同心，在主流道的另一侧应设置同心圆盘，使之在承受注射压力的情况下，热流道板与成型模板仍然保持同心。各喷嘴应设有相应的浇口套，或者装设能承受作用于喷嘴的塑料成型压力的承压零件。假如这些承压零件的位置及接触状态不均衡，则将使流道板变形，导致熔料泄漏，所以必须绝对防止热流道板变形。

（7）热流道板的流道内不允许滞留熔料　热流道板内如果滞留有部分熔料，因有些熔料将发生过热分解，会导致塑料褪色或形成黑色条纹，所以无论对哪一种断面形状的流道都必须始终保持熔料畅通无阻，因此，应绝对避免流道断面发生急剧的变化，不管流道如何长，都必须从一端进行加工。如果从两端同时加工，孔中心的不重合则必然会形成熔料滞留。另外，与流动方向相垂直的刀痕也能形成滞留因素，所以对流道要进行铰削和研磨加工。总之，必须注意熔料不要在流动方向的变换处发生滞留。

（8）热流道直径　要确定热流道板的流道直径，必须考虑制件每次成型必须的塑料容量、允许的压力损失和注射时间。并按下式计算确定流道板的流道直径：

$$R=\left(\frac{8\eta L q_V}{\pi\Delta p}\right)^{\frac{1}{4}} \tag{6-11}$$

式中　R——流道半径，cm；圆环流道时，设内半径、外半径分别为r_1、r_2，则$R=r_2-r_1$；

η——表观黏度，Pa·s；

L——流道长度，cm；

q_V——注射速率，cm^3/s；

Δp——压力损失，Pa。

（9）防止流延的方法　热流道板的流道内的残余压力是造成内喷嘴流延的原因，可设缓冲回路或缓冲装置来防止流延，否则就应采用上述的阀式封闭内浇口的措施保证不流延。

（10）热流道板受热膨胀问题　热流道模具在设计热流道板长度时，必须考虑一个重要问题，即热流道板受热要发生明显的热膨胀，有热膨胀后使热流道板上的内喷嘴与型腔轴线产生偏心距，如图6-42所示。热流道板内喷嘴距离主流道值越大，热膨胀值就越大。当定模与动模间温差较大时（定模边受高温热流道板影响），也会引起热膨胀的不一致。

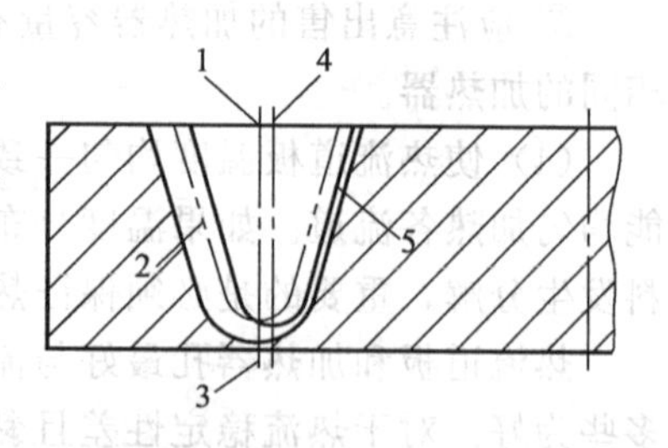

图6-42　热膨胀产生的偏心距

1—运转时喷嘴中心线；2—运转时喷嘴位置；3—浇口中心；4—常温时喷嘴中心线；5—常温时喷嘴位置

总之，在设计热流道板时，必须综合考虑上述问题，才能设计出合格的热流道板。

6.4　浇注系统的平衡进料

6.4.1　一模多腔浇注系统的平衡

当采用一模多腔的模具成型时，如果各个型腔不是同时被充满，那么最先充满的型腔内的熔体就会停止流动，浇口处的熔体便开始冷凝，此时型腔内的注射压力并不高，在一模多腔的模具成型时，只有当所有的型腔全部充满后，注射压力才会急剧升高，若此时最先充满的型腔浇口已经封闭，该型腔内的塑件就无法进行压实和保压，因而也就得不到尺寸正确和物理性能良好的塑件，所以必须对浇注系统进行平衡，即在相同的温度和压力下使所有的型腔在同一时刻被充满。

(1) 平衡式浇注系统　平衡式的浇注系统的特点是，从分流道到浇口及型腔，其形状、长宽尺寸、圆角半径、模壁的冷却条件等都完全相同，因此熔体能以相同的成型压力和温度同时充满所有的型腔，从而可以获得尺寸相同、物理性能良好的塑件。

在这种自然形式的平衡系统中，型腔采用圆周式布置［图 6-43 (a)］比横列式布置［图 6-43 (b)］好。因为圆周式布置不仅缩短了流程，而且还减少了流动时的转折和压力损失，但这种布置除圆形塑件外，加工比较困难。所以除了精密的塑件外，对于一般的矩形塑件，大多还是采用横列式布置。

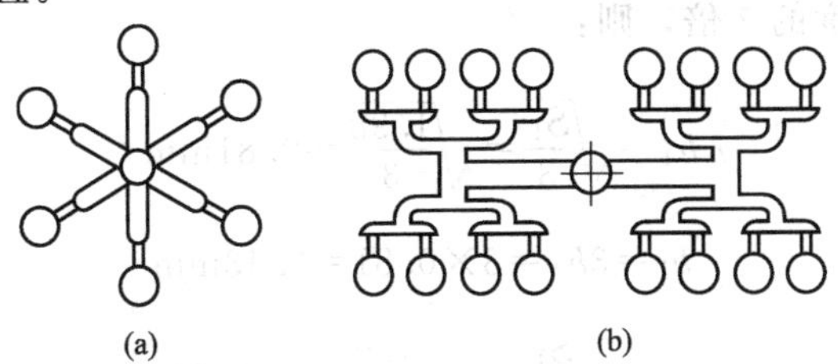

图 6-43　平衡式浇注系统

与非平衡浇注系统相比，平衡式浇注系统的流道总长度要长一些，模板尺寸要大一些，因此增加了塑料在流道中的消耗量和模具的成本。

(2) 非平衡式浇注系统　非平衡式浇注系统分两种情况，一种是各个型腔的尺寸和形状相同，只是各型腔距主流道的距离不同而使得浇注系统不平衡；另一种是型腔和流道长度均不相同而使得浇注系统不平衡。非平衡式浇注系统如图 6-44 所示。

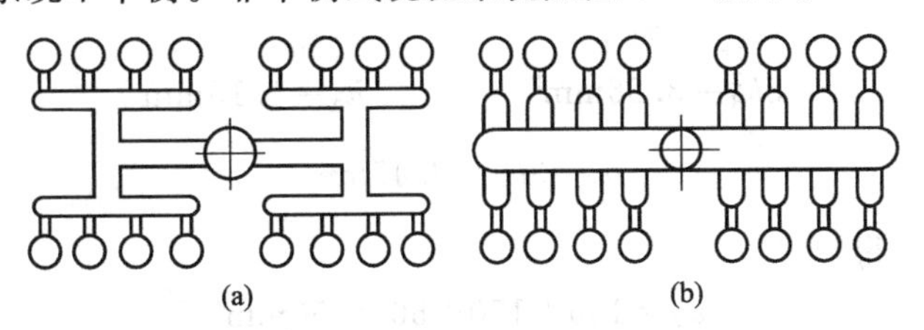

图 6-44　非平衡式浇注系统

在非平衡式浇注系统中，由于主流道到各型腔的分流道长度各不相同或者各型腔形状和尺寸不同，因此为了使各个型腔能同时均衡地充满，必须将浇口做成不同的截面形状或不同的长度，实行人工平衡。

对非平衡式浇注系统实行人工平衡常采用称为平衡系数法的一种近似计算。该法基于各个型腔的平衡系数相等或成比例，来确定各个浇口的尺寸，其公式为：

$$k=\frac{S}{L\sqrt{a}} \tag{6-12}$$

式中　k——浇口平衡系数，它与通过浇口的熔体质量成比例；

S——浇口截面积，mm^2；

L——浇口长度，mm；

a——主流道末端到型腔浇口的距离，mm。

【例】 对于如图 6-45 所示的一模十腔注射模具，若分流道直径为 6mm，浇口长度相同，为 0.5mm，为了人工平衡浇注系统，试确定各型腔的浇口截面尺寸。

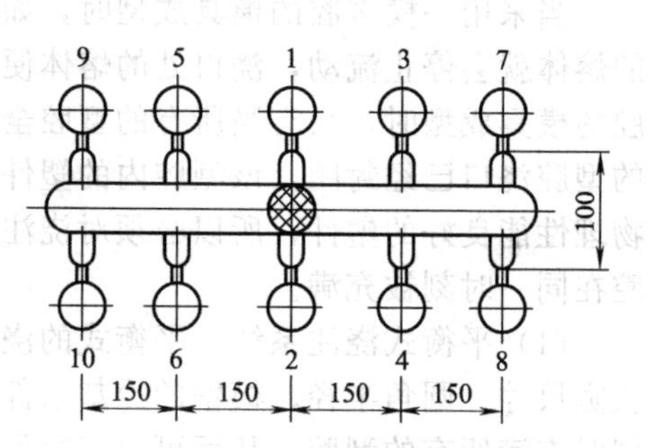

图 6-45　一模十腔非平衡式流道

解　设 b_i 为浇口 i 的宽度，h_i 为浇口 i 的厚度。由对称性得知，$S_1=S_2$，$S_3=S_4=S_5=S_6$，$S_7=S_8=S_9=S_{10}$。

(1) 根据经验，浇口截面积约为分流道截面积的 3%～9%，取浇口 1 的截面积为分流道截面积的 7%，则：

$$S_1=0.07\pi\left(\frac{6}{2}\right)^2=1.98mm^2$$

取浇口的宽度是浇口厚度的 3 倍，则：

$$h_1=\sqrt{\frac{S_1}{3}}=\sqrt{\frac{1.98}{3}}=0.81mm$$

$$b_1=3h_1=3\times0.81=2.43mm$$

(2) 平衡系数：
$$k=\frac{S_1}{L_1\sqrt{a_1}}=\frac{1.98}{0.5\sqrt{50}}=0.56$$

(3) 由图 6-45 可得：

$$a_3=150+50=200mm$$

$$S_3=kL_1\sqrt{a_3}=0.56\times0.5\times\sqrt{200}=3.96mm^2$$

由此可得：

$$3h_3^2=3.96mm^2 \qquad h_3=1.15mm$$

$$b_3=3h_3=3.45mm$$

(4) 由图 6-45 可得：

$$a_7=150+150+50=350mm$$

同样的方法可得：

$$S_7=5.24mm^2,\ h_7=1.32mm,\ b_7=3.96mm$$

从此例可知，$S_7>S_3>S_1$，即为了使各型腔能同时充模，应将靠近主流道处的浇口做得小些，而将较远的浇口做得大些。

当各型腔的大小不相同时，应采用如下近似公式来平衡浇口：

$$\frac{k_1}{k_2}=\frac{M_1}{M_2}=\frac{S_1L_2\sqrt{a_2}}{S_2L_1\sqrt{a_1}} \tag{6-13}$$

式中　M_1、M_2——分别为型腔 1 和型腔 2 的塑料熔体填充量，g。

应该指出的是，式（6-13）没有考虑浇口处熔体凝结的因素，并不总是浇口离主流道越远尺寸越大，当分流道截面尺寸较大、流程又不太长时，分流道内熔体的温度和压力都无较大的变化，此时分流道内熔体的流动阻力很小，充模时熔体首先到达离主流道最近的浇口处，开始进入型腔，但由于这时分流道尚未充满，分流道内的流动阻力比浇口处熔体所遇到的流动阻力小得多，故熔体在浇口处凝结而不再继续进入型腔。当整个分流道全被充满，分流道内熔体的压力升高后，熔体首先充满离主流道最远的型腔，然后再返回来，顺序冲开凝结时间较短的浇口，分别将各型腔充满。此时，为了使各型腔能基本上同时充满，应将靠近主流道处的浇口做得大些，而将较远处的浇口做得小些，以达到平衡的效果。这种平衡方法只适用于分流道截面大、流程短的中小型模具。各浇口的尺寸除可借助于流道平衡模拟软件初步确定外，尚无行之有效的简易定量计算办法，一般是根据试模的情况，对浇口进行 1～3 次的修正，以便得到合理的浇口尺寸。

6.4.2　一模一腔多浇口浇注系统的平衡

单型腔时多浇口浇注系统的平衡主要应用在如下几个方面。

（1）平衡浇口以减少塑件的变形　如前所述，对于薄壁的矩形塑件或其他形状的平板塑件，当采用中心浇口时，由于聚合物大分子的取向效应，沿熔体流动方向的收缩量大于垂直于熔体流动方向的收缩量，故塑件产生各向不均匀的收缩，导致塑件冷却后翘曲变形，改进的方法是采用多个点浇口。

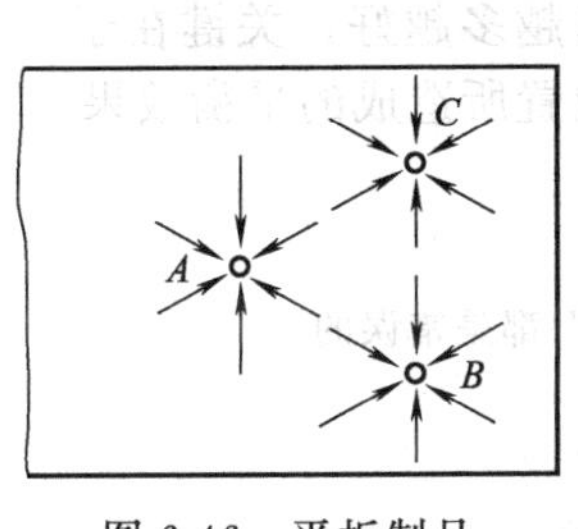

图 6-46　平板制品的多点浇口

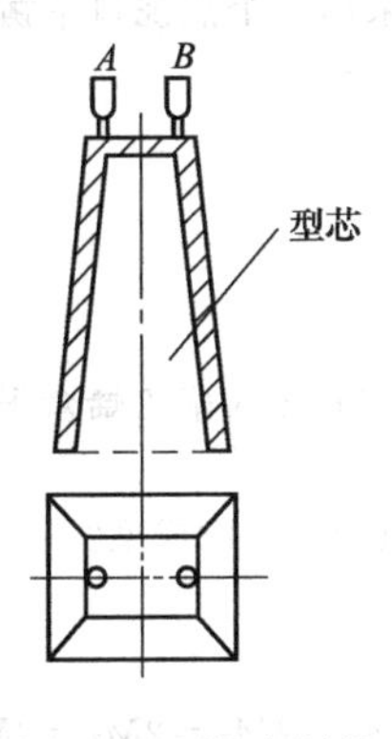

图 6-47　深腔制品的多个点浇口

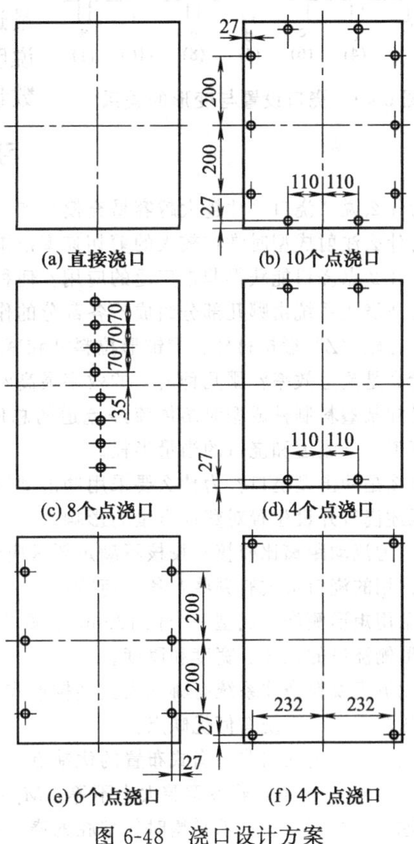

图 6-48　浇口设计方案

多个点浇口有利于消除或减小塑件的变形。如图 6-46 所示，若在平板塑件上设有三个点浇口，仅考虑点浇口，$\overrightarrow{AB}$、$\overrightarrow{AC}$沿着熔体的流动方向，故收缩较大，$\overrightarrow{BC}$垂直于流动方向，故收缩较小，但对于 B 点浇口或 C 点浇口，$\overrightarrow{AB}$、$\overrightarrow{AC}$的收缩较小，而$\overrightarrow{BC}$的收缩较大，平均的结果使得各个方向的总收缩趋于一致。

（2）平衡浇口有利于均匀进料　如图6-47所示，在深腔筒形或深矩形塑件成型时，若 A、B 两个点浇口尺寸及位置设计不当，就不能平衡熔体的流动，易使型芯因各个侧壁受力不均匀而产生偏斜，若在 A、B 两浇口处均匀进料，则熔体流动的不平衡性可得到很大的改善。

（3）平衡浇口以控制熔接痕的位置　当采用多浇口时，在型腔内熔体的汇合处将产生熔接痕，熔接痕不仅降低了塑件的强度，而且有碍美观，因此可以通过调整各个浇口的进料量来控制熔接痕形成的位置，以避免在塑件的某些部位或者受力部位产生熔接痕。

对于单型腔多浇口浇注系统的平衡，由于影响因素太多，情况又十分复杂，故目前尚无准确的计算公式，主要依靠模具设计人员的实践经验。例如，某一质量为 4.95kg 的箱形塑件，外形尺寸约为 680mm×530mm×340mm，壁厚为 4mm，四周设有许多加强筋，材料是 30%玻璃纤维增强尼龙(PA6)，为了研究浇口数量和位置对变形的影响，设计了如图 6-48 所示的 6 种浇口设置方案。实验结果表明（见图 6-49），按图 6-48（f）方案（4 个点浇口）设置的浇口效果最好，变形量约 7%，而按图 6-48（c）方案（8 个点浇口）设置的浇口效果最差，变形量达 24%，其效果甚至比单个直接浇口的还差。这就说明了并非浇口数目越多越好，关键在于一定的浇口数量和合适的浇口位置所造成的平衡效果。

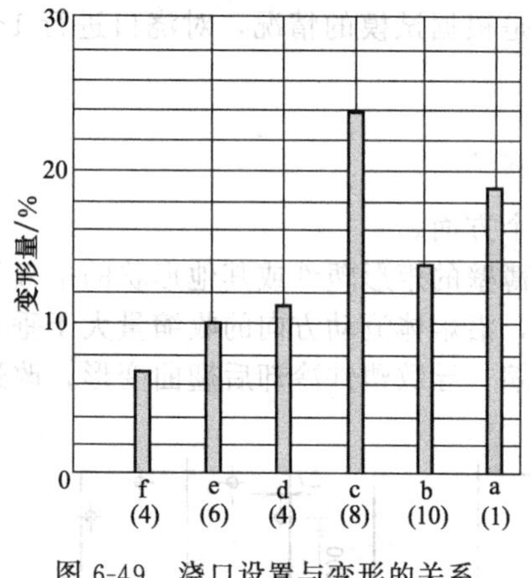

图 6-49　浇口设置与变形的关系

习题与思考

6-1　为什么说“浇口尺寸越大越容易充模”和“浇口尺寸越小越好”都是错误的？

6-2　为什么注射成型时常在较大的剪切速率范围内进行？

6-3　为什么点浇口能获得非常广泛的应用？何种情况不宜采用点浇口？

6-4　普通浇注系统由哪几部分组成？各部分的作用和设计要求是什么？

6-5　试比较“Z”形拉料杆、倒锥形拉料杆和球形头拉料杆的动作特点和适合的应用情况。

6-6　什么是流道效率？哪几种流道的效率最高？最常用的是什么流道？为什么？

6-7　已知某塑料制件成型时熔体流经流道的总体积流率为 $500cm^3/s$，采用 4 个点浇口平衡进料，试求主流道、分流道和浇口的当量半径。

6-8　什么是冲击型浇口？为什么要采用冲击型浇口？

6-9　试述浇口开设位置对塑件质量的影响。

6-10　何为流动距离比校核？校核不满足要求应怎样处理？

6-11　常用的浇口形式有哪些？各有何特点？

6-12　采用矩形侧浇口成型一个长 120mm、宽 80mm、高 50mm、壁厚 1.5mm 的聚乙烯盒子，试确定该矩形侧浇口的长度、宽度和厚度。

6-13　无流道凝料浇注系统有哪几大类结构形式？哪些塑料适用于无流道凝料注射成型？

6-14　热流道浇注系统有何优缺点？

6-15　试比较平衡式与非平衡式布置的优缺点。

6-16　如图 6-45 所示，若各型腔大小不等，$M_1=M_2=M_3=M_4=M_5=M_6=2M_7=2M_8=2M_9=2M_{10}$，其他尺寸均不变，试求平衡时各型腔的浇口截面尺寸。

第 7 章　注射模成型零部件设计

模具闭合时用来填充塑料成型制品的空间称为型腔。构成模具型腔的零部件称为成型零部件，一般包括凹模、凸模、型芯、型环和镶件等。成型零部件直接与塑料接触，成型塑件的某些部分，承受着塑料熔体压力，决定着塑件形状与精度，因此成型零部件的设计是注射模具设计的重要部分。

成型零部件的设计内容与程序如下。

首先，确定型腔总体结构，根据塑件的结构形状与性能要求，确定成型时塑件的位置，从何处分型，一次成型几个塑件，进浇点和排气位置、脱模方式等。

其次，确定成型零部件的结构类型。从结构工艺性的角度确定型腔各零部件之间的组合方式和各组成零件的具体结构。

然后，计算成型零件的工作尺寸。

最后，进行关键成型零件强度与刚度校核。

本章将就上述几方面的内容叙述如下。

7.1　型腔总体布置与分型面选择

型腔总体设计包括分型面的选择、型腔数目的确定及其配置、进浇点与排气位置的选择、脱模方式等，本节讨论分型面的选择和型腔数目的确定，其他问题将在专门章节加以研究讨论。

7.1.1　型腔数目的确定

为了使模具与注射机相匹配以提高生产率和经济性，并保证塑件精度，模具设计时应合理确定型腔数目。下面介绍常用的几种确定型腔数目的方法。

(1) 按注射机的额定注射量确定型腔数量 n　根据式 (5-2) 可得：

$$n \leqslant \frac{0.8V_g - V_j}{V_n} \tag{7-1}$$

$$n \leqslant \frac{0.8m_g - m_j}{m_n}$$

式中　$V_g(m_g)$——注射机额定注射量，cm^3 或 g；

$V_j(m_j)$——浇注系统凝料量，cm^3 或 g；

$V_n(m_n)$——单个塑件的容积或质量，cm^3 或 g。

(2) 按注射机的额定锁模力确定型腔数　根据注射机的额定锁模力应大于将模具分型面胀开的力，得：

$$F \geqslant p(nA_n + A_j)$$

则型腔数

$$n \leqslant \frac{F - pA_j}{pA_n} \tag{7-2}$$

式中 F——注射机的额定锁模力，N；

p——塑料熔体对型腔的平均压力，MPa；

A_n——单个塑件在分型面上的投影面积，mm^2；

A_j——浇注系统在分型面上的投影面积，mm^2。

（3）按制品的精度要求确定型腔数 生产经验认为，增加一个型腔，塑件的尺寸精度将降低4%。为了满足塑件尺寸精度，需使：

$$L\Delta_s+(n-1)L\Delta_s 4\%\leqslant\delta$$

式中 L——塑件基本尺寸，mm；

$\pm\delta$——塑件的尺寸公差，mm，"±"为双向对称偏差标注；

$\pm\Delta_s$——单腔模注射时塑件可能产生的尺寸误差的百分比，其数值对聚甲醛为±0.2%，聚酰胺-66为±0.3%，而对PE、PP、PC、ABS和PVC等塑料为±0.05%。

上式化简便可得型腔数目为：

$$n\leqslant 25\frac{\delta}{L\Delta_s}-24 \tag{7-3}$$

成型高精度制品时，型腔数不宜过多，通常推荐不超过4腔，因为多型腔难于使各型腔的成型条件均匀一致。

（4）按经济性确定型腔数 根据总成型加工费用最小的原则，并忽略准备时间和试生产原材料费用，仅考虑模具费和成型加工费。

模具费为：

$$X_m=nC_1+C_2$$

式中 C_1——每一型腔所需承担的与型腔数有关的模具费用；

C_2——与型腔数无关的费用。

成型加工费为：

$$X_j=N\left(\frac{yt}{60n}\right)$$

式中 N——制品总件数；

y——每小时注射成型加工费，元/h；

t——成型周期。

总成型加工费为：

$$X=X_m+X_j$$

为使总成型加工费最小，令$\frac{dx}{dn}=0$，则得：

$$n=\sqrt{\frac{Nyt}{60C_1}} \tag{7-4}$$

7.1.2 多型腔的排列

多型腔在模具上通常采用圆形排列、H形排列、直线形排列以及复合排列等，在设计时应注意如下几点。

① 尽可能采用平衡式排列，以便构成平衡式浇注系统，确保塑件质量的均一和稳定。

② 型腔布置和浇口开设部位应力求对称，以便防止模具承受偏载而产生溢料现象，如图7-1（b）的布局就比图7-1（a）的布局合理。

③ 尽量使型腔排列得紧凑一些，以便减小模具的外形尺寸。如图7-2所示，图（b）的布局优于图（a）的布局，因为图（b）的模板总面积小，可节省钢材，减轻模具质量。

④ 优先采用直线排列和H形排列。型腔的圆形排列所占的模板尺寸大，虽有利于浇注系统的平衡，但除圆形制品和一些高精度制品外，在一般情况下常用直线排列和H形排列。从平衡的角度来看应尽量选择H形排列，如图7-3（b）、（c）的布局比（a）要好。

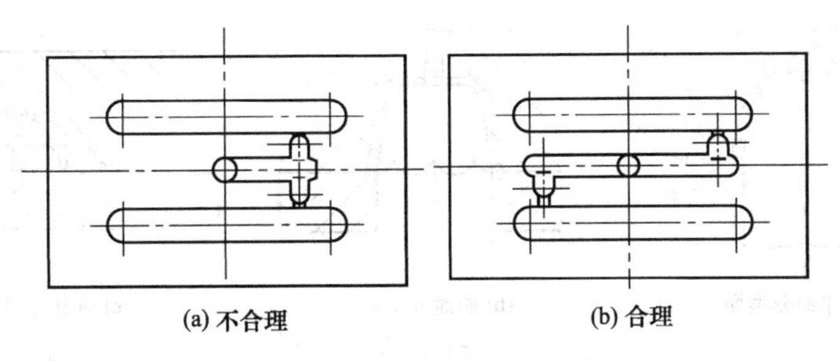

图 7-1　型腔的布置力求对称

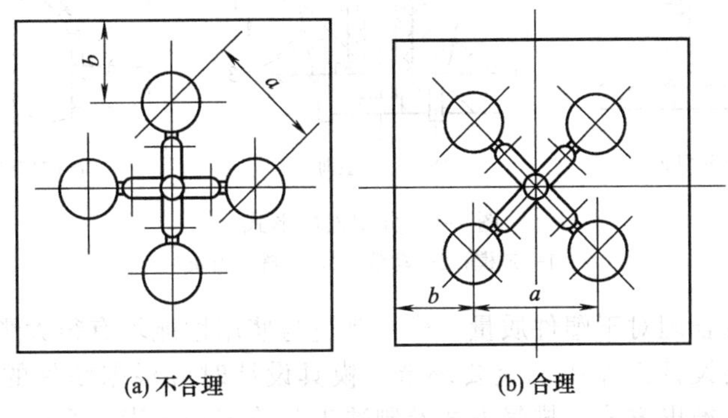

图 7-2　型腔的布置力求紧凑

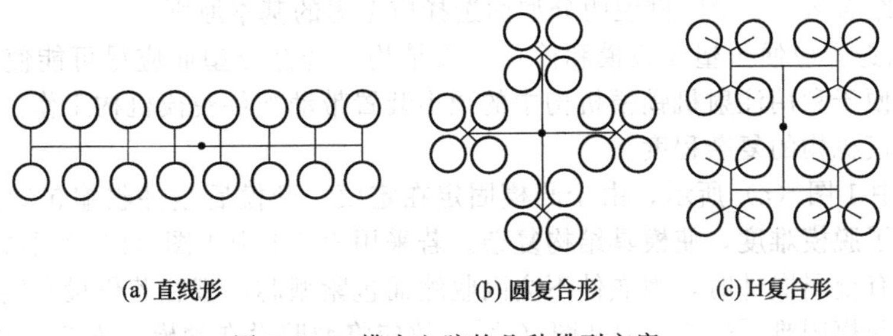

图 7-3　一模十六腔的几种排列方案

7.1.3　分型面的设计

模具上用于取出塑件和（或）浇注系统凝料的可分离的接触表面通称为分型面。

(1) 分型面的形式　图 7-4 为典型的分型面形式，图中箭头表示开模运动方向。

按分型面的位置来分，分型面有垂直于注射机开模运动方向 [图 7-4 (a)、(b)、(c)、(f)]，平行于开模方向 [图 7-4 (e)] 和倾斜于开模方向 [图 7-4 (d)]。

按分型面的形状来分，有平面分型面 [图 7-4 (a)]、曲面分型面 [图 7-4 (b)] 和阶梯形分型面 [图 7-4 (c)]。

一副模具可以有一个或一个以上的分型面，常见单分型面模具只有一个与开模运动方向垂直的分型面。有时为了取出浇注系统凝料，如采用针点浇口时，需增设一个取出浇注系统凝料的辅助分型面 [图 7-4 (f)]；有时为了实现侧向抽芯，也需要另增辅助分型面（有关内容将在第 9 章叙述）。对于有侧凹或侧孔的制品 [见图 7-4 (e) 线圈骨架]，则可采用平行于开模方向的瓣合模式分型面，开模时先使动模与定模从Ⅰ面分开，然后再使瓣合模从Ⅱ面分开。本节讨论主要分型面。

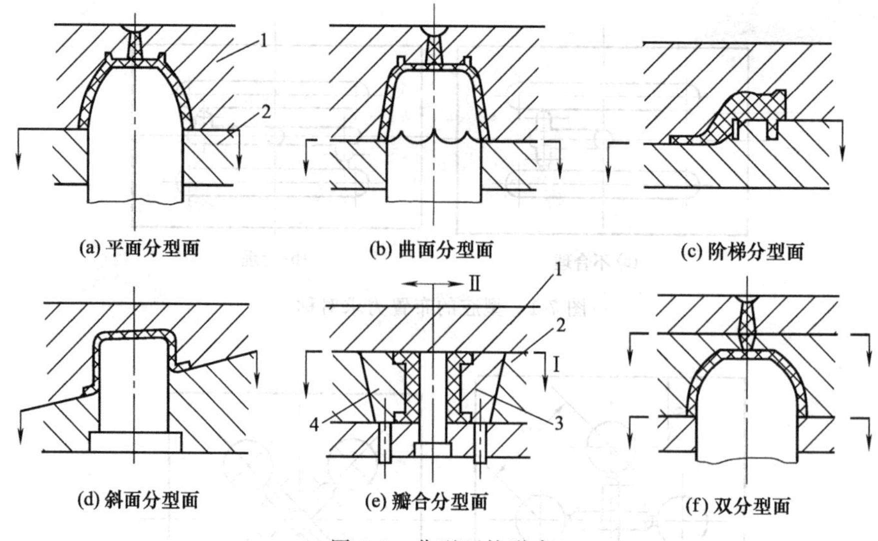

图 7-4 分型面的形式

1—定模；2—动模；3,4—瓣合模块

分型面选择是否合理对于塑件质量、模具制造与使用性能均有很大影响，它决定了模具的结构类型，是模具设计工作中的重要环节。模具设计时应根据塑件的结构形状、尺寸精度、浇注系统形式、推出方式、排气方式及制造工艺等多种因素，全面考虑，合理选择。

（2）分型面选择原则　选择分型面总的原则是保证塑件质量，且便于塑件脱模和简化模具结构。下面结合表 7-1 中图例说明分型面选择应考虑的基本原则。

① 分型面选择应便于塑件脱模和简化模具结构，选择分型面应尽可能使塑件开模时留在动模。这样便于利用注射机锁模机构中的顶出装置带动塑件脱模机构工作。若塑件留在定模，将增加脱模机构的复杂程度。

如表 7-1 中 1 图（a）所示，由于凸模固定在定模，开模后塑件收缩包紧凸模使塑件留于定模，增加了脱模难度，使模具结构复杂。若采用表 7-1 中 1 图（b）的形式就较为合理。

当塑件带有金属嵌件时，因嵌件不会因收缩而包紧型芯，型腔若仍设在定模，将使塑件留在定模，使脱模困难［表 7-1 中 2 图（a)］，故应将型腔设在动模［表 7-1 中 2 图（b)］。

在另外的情况下，如表 7-1 中 3 所示塑件外形较简单，而内形带有较多的孔或复杂的孔时，塑件成型收缩将包紧在型芯上，型腔设在动模不如设在定模脱模方便，后者仅需采用简单的推板脱模机构便可使塑件脱模。

对于带有侧凹或侧孔的塑件，选择分型面应尽可能将侧型芯置于动模部分，以避免在定模内抽芯，如表 7-1 中 4 所示，同时应使侧抽芯的抽拔距离尽量短，如表 7-1 中 5 所示。

② 分型面应尽可能选择在不影响外观的部位，并使其产生的溢料毛边易于消除或修整。

由于分型面处不可避免地要在塑件上留下溢料痕迹或拼合缝痕迹，因此分型面最好不要设在塑件光亮平滑的外表面或带圆弧的转角处。如表 7-1 中 6 所示带有球面的塑件，若采用图（a）的形式将有损塑件外观，改用图（b）的形式则较为合理。

此外，分型面还影响塑件飞边的位置，如图 7-5 所示塑件，图（a）在 A 面产生径向飞边，图（b）在 B 面产生径向飞边，若改用图（c）结构，则无径向飞边，设计时应根据塑件使用要求和塑料性能合理选择分型面。

③ 分型面的选择应保证塑件尺寸精度。如表 7-1 中 7 所示塑件，D 和 d 两表面有同轴度要求。选择分型面应尽可能使 D 与 d 同置于动模成型，如图（b）所示。若分型面选择如图（a）所示，D 与 d 分别在动模与定模内成型，这将由于合模误差不利于保证其同轴度要求。

表 7-1　分型面的选择

选择原则			示例	
			不合理	改进
便于塑件脱模和简化模具结构	尽可能使塑件留于动模	1	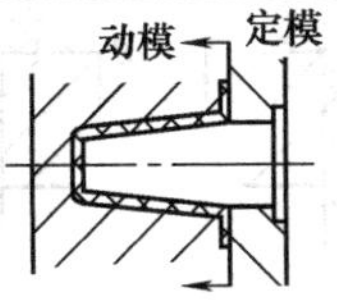 动模 定模 (a)	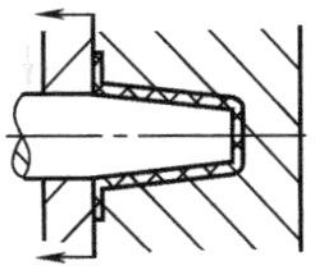 (b)
		2	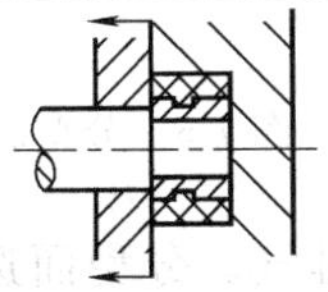 (a)	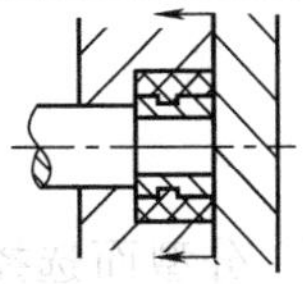 (b)
	便于推出塑件	3	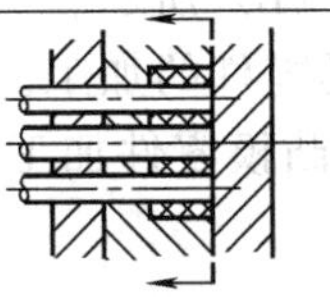 (a)	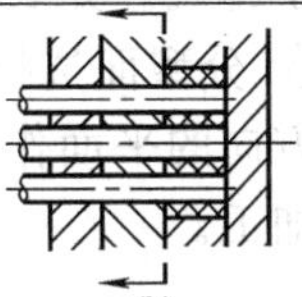 (b)
	侧孔侧凹优先置于动模	4	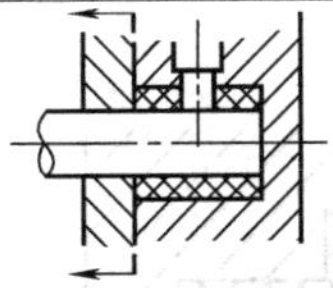 (a)	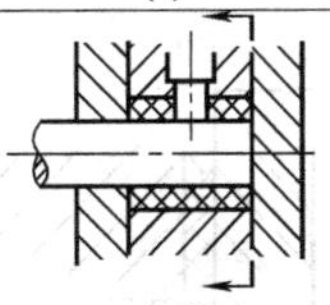 (b)
	侧抽芯距离尽量短	5	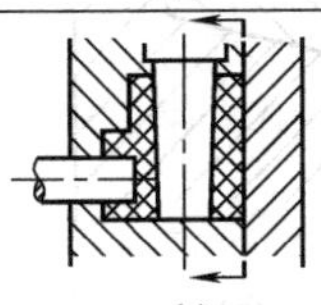 (a)	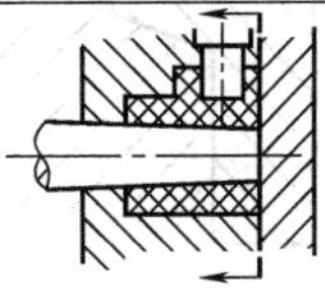 (b)
保证塑件质量	利于塑件外观	6	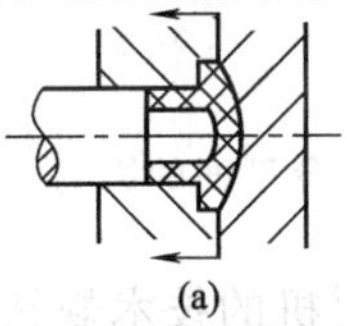 (a)	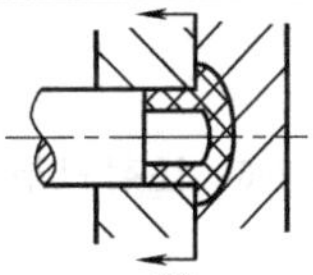 (b)
	利于保证塑件精度	7	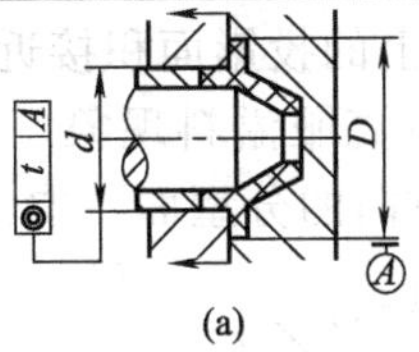 t A d D A (a)	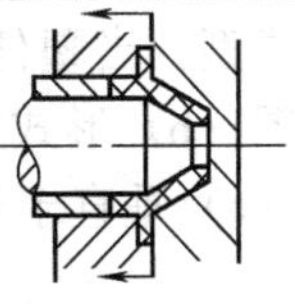 (b)
	利于排气	8	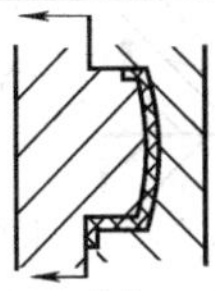 (a)	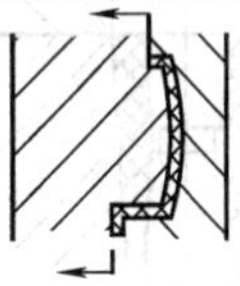 (b)
便于模具加工		9	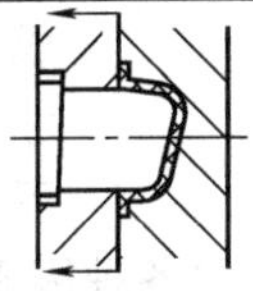 (a)	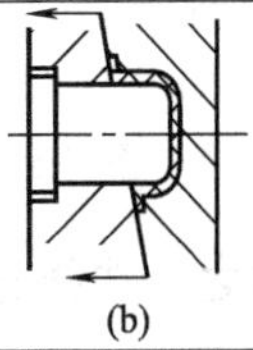 (b)

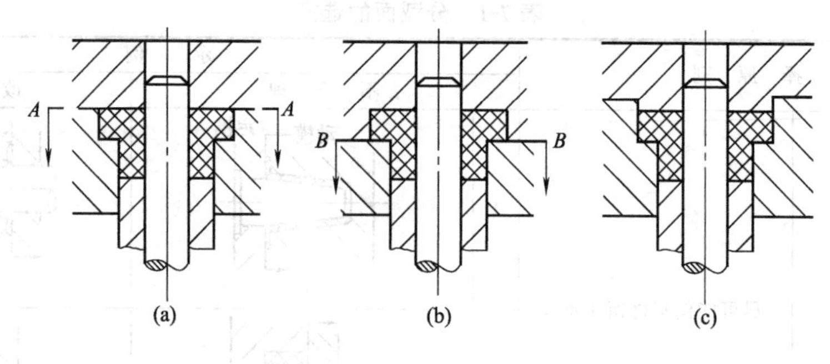

图 7-5 分型面对制品飞边的影响

④ 分型面选择应有利于排气。分型面选择应尽可能使分型面与料流末端重合，这样才有利于排气。如表 7-1 中 8 图（b）所示。

⑤ 分型面选择应便于模具零件的加工。如表 7-1 中 9 所示，图（a）采用一垂直于开模运动方向的平面作为分型面，凸模零件加工不便，而改用倾斜分型面［图（b）］，则使凸模便于加工。

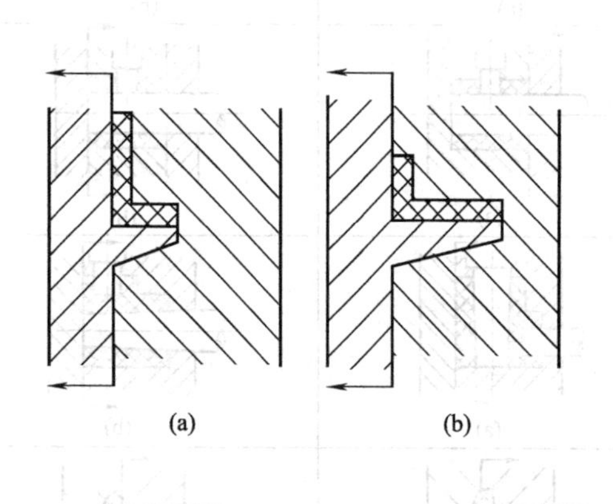

图 7-6 注射机最大成型面积对分型面的影响

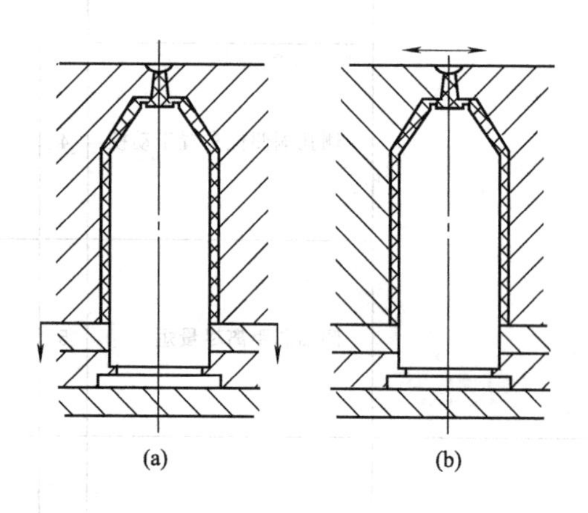

图 7-7 注射机最大开模行程对分型面的影响

⑥ 分型面选择应考虑注射机的技术规格。如图 7-6 所示的弯板翅件，若采用图（a）的形式成型，当塑件在分型面上的投影面积接近注射机最大成型面积时，将可能产生溢料，若改为图（b）形式成型，则可克服溢料现象。又如图 7-7 所示杯形塑件，其高度较大，若采用图（a）垂直于开模运动方向的分型面，取出塑件所需开模行程超过注射机的最大开模行程，当塑件外观无严格要求时，可改用图（b）所示平行于开模方向的瓣合模分型面，但这将使塑件上留下分型面痕迹，影响塑件外观。

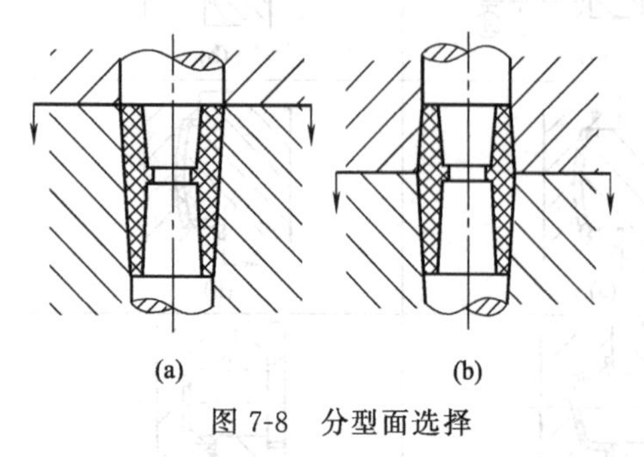

图 7-8 分型面选择

由此可见，在应用上述原则选择分型面时，有时会出现相悖情况。又如图 7-8 所示塑件，当对制品外观要求高，不允许有分型痕迹时宜采用图（a）成型，但当塑件较高时将使塑件脱模困难或两端尺寸差异较大，因此在对塑件无外观严格要求的情况下，可采用图（b）的形式分型。

总之，选择分型面应综合考虑各种因素的影响，权衡利弊，以取得最佳效果。

7.2　成型零部件的结构设计

成型零部件结构设计主要应在保证塑件质量要求的前提下，从便于加工、装配、使用、维修等角度加以考虑。

7.2.1　凹模

凹模是成型塑件外表面的零部件，按其结构类型可分为整体式和组合式两大类。

(1) 整体式　凹模由一整块金属加工而成，如图 7-9 (a) 所示。其特点是结构简单、牢固，不易变形，塑件无拼缝痕迹，适用于形状较简单的塑件。

(2) 组合式　当塑件外形较复杂时，采用整体式凹模加工工艺性差，若采用组合式凹模可改善加工工艺性，减少热处理变形，节省优质钢材。组合式凹模类型多样，如图 7-9 所示。图 (b)、(c) 为底部与侧壁分别加工后用螺钉连接或镶嵌；图 (c) 拼接缝与塑件脱模方向一致，有利于脱模。图 (d) 为局部镶嵌，除便于加工外还使磨损后更换方便。

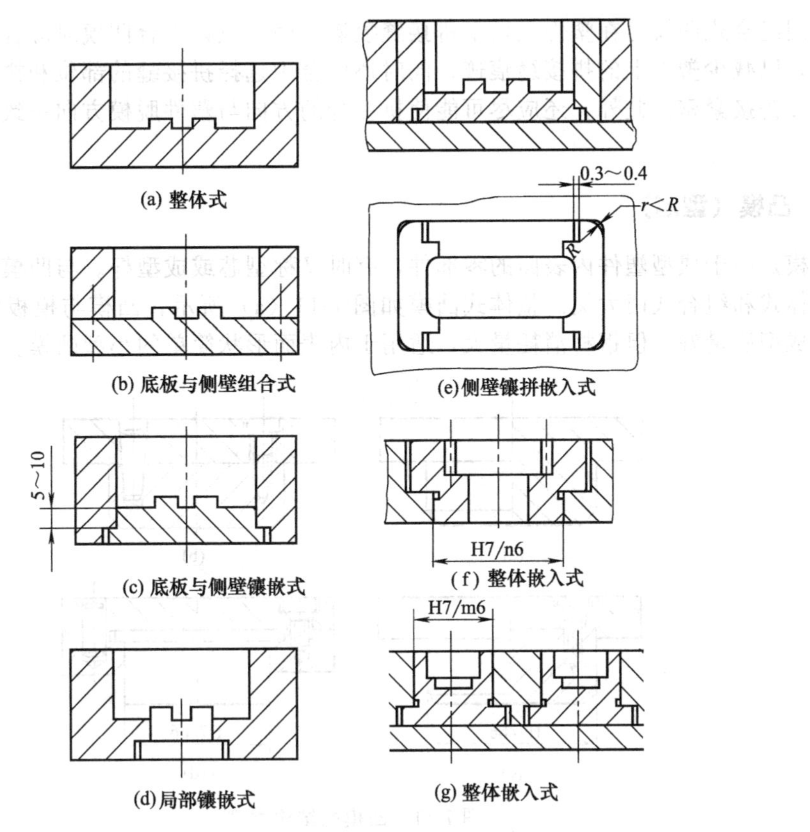

图 7-9　凹模的结构类型

对于大型和复杂的模具，可采用图 7-9 (e) 所示的侧壁镶拼嵌入式结构，将四侧壁与底部分别加工、热处理、研磨、抛光后压入模套，四壁相互锁扣连接，为使内侧接缝紧密，其连接处外侧应留有 0.3～0.4mm 间隙，在四角嵌入件的圆角半径 R 应大于模套圆角半径 r。

图 7-9 (f)、(g) 所示为整体嵌入式，常用于多腔模或外形较复杂的塑件，如齿轮等，常用冷挤压、电铸或机械加工等方法制出整体镶块，然后嵌入，它不仅便于加工，且可节省

优质钢材。

对于采用垂直分型面的模具，凹模常用瓣合式结构。例如图 7-10 所示为线圈架的凹模。

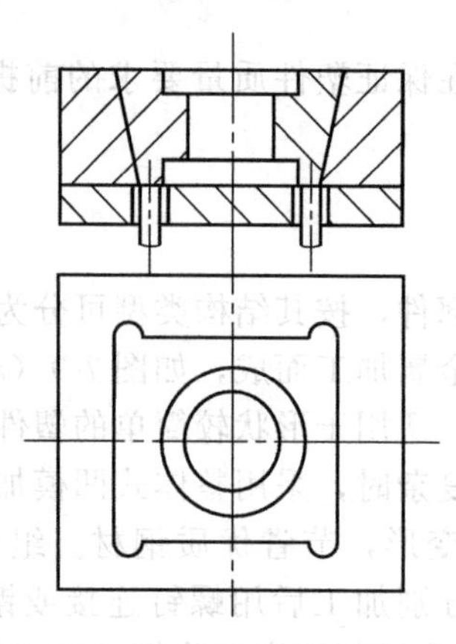

图 7-10 瓣合式凹模

采用组合式凹模易在塑件上留下拼接缝痕迹，因此设计组合凹模时应合理组合，使拼块数量少，以减少塑件上的拼接缝痕迹，同时还应合理选择拼接缝的部位和拼接结构以及配合性质，使拼接紧密。此外，还应尽可能使拼接缝的方向与塑件脱模方向一致，以免影响塑件脱模。

7.2.2 凸模（型芯）

凸模是用于成型塑件内表面的零部件，有时又称型芯或成型杆。与凹模相似，凸模也可分为整体式和组合式两大类。整体式凸模如图 7-11（a）所示，凸模与模板做成一体，结构牢固，成型质量好，但钢材消耗量大，适用于内表面形状简单的小型凸模。

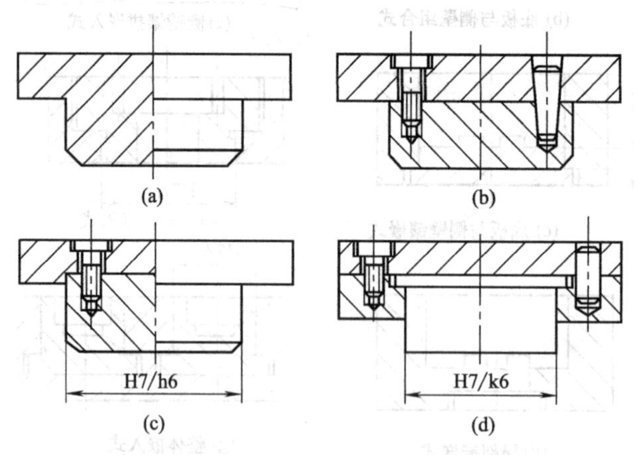

图 7-11 凸模的结构类型

当塑件内表面形状复杂而不便于机械加工，或形状虽不复杂，但为节省优质钢材、减少切削加工量时，可采用组合式凸模，将凸模及固定板分别采用不同材料制造和热处理，然后连接在一起，图 7-11（b）、（c）、（d）为常用连接方式示例。图（d）采用轴肩和底板连接；图（b）用螺钉连接，销钉定位；图（c）用螺钉连接，止口定位。

小凸模（型芯）往往单独制造，再镶嵌入固定板中，其连接方式多样。如图 7-12 所示，可采用过盈配合，从模板上压入［图 7-12（a）］；也可采用间隙配合再从型芯尾部铆接［图

7-12 (b)]，以防脱模时型芯被拔出；对细长的型芯可将下部加粗或做得较短，由底部嵌入，然后用垫板固定［图 7-12 (c)］或用垫块或螺钉压紧［图 7-12 (d)、(e)］，这样不仅增加了型芯的刚性，便于更换，且可调整型芯高度。

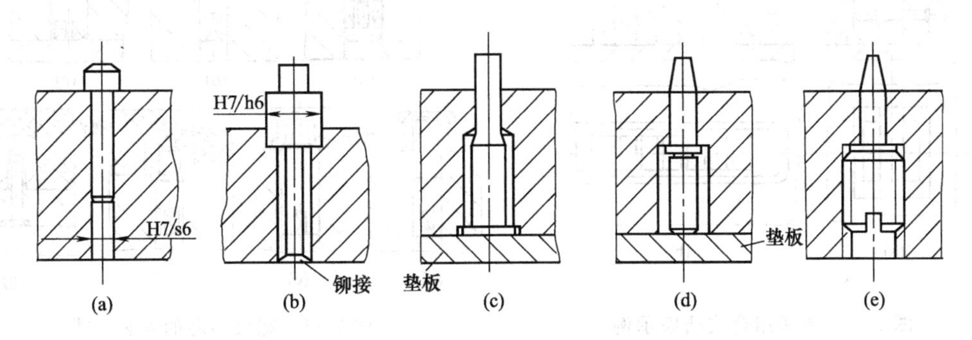

图 7-12　小型芯组合方式

对于异形型芯为便于加工，可做成如图 7-13 所示的结构，将下面部分做成圆柱形［图 7-13 (a)］，甚至只将成型部分做成异形，下面固定与配合部分均做成圆形［图 7-13 (b)］。

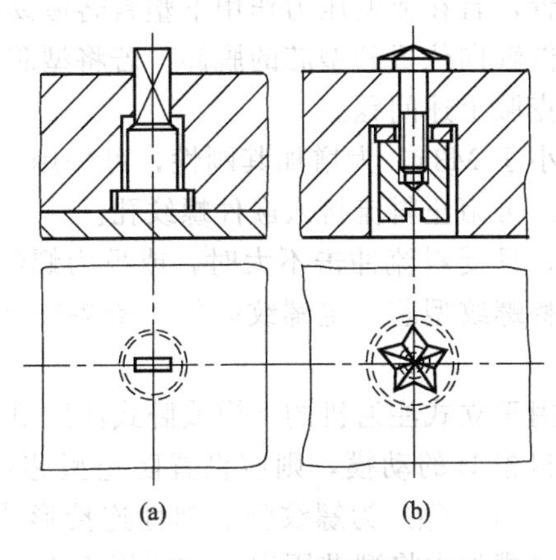

图 7-13　异形型芯

对于形状复杂的凸模，为了便于机械加工和热处理，还可采用镶拼组合式，如图 7-14 所示。

7.2.3　螺纹型芯与螺纹型环

螺纹型芯与螺纹型环分别用于成型塑件的内螺纹和外螺纹，此外它们还可用来固定塑件内的金属螺纹嵌件。

成型后塑件从螺纹型芯或螺纹型环上脱卸的方式有强制脱卸、机动脱卸和模外手动脱卸三种。此处仅介绍手动卸螺纹型芯和型环的设计，其余将在第 8 章讨论。

采用手动脱卸螺纹，要求在成型之前使螺纹型芯或型环在模具内准确定位和可靠固定，使其不因外界振动和料流冲击而移位；同时在开模后又要求型芯或型环能同塑件一起方便地从模内取出，在模外用手动的方法将其从塑件上顺利地脱卸。

(1) 螺纹型芯　螺纹型芯分别为用于成型塑件上的螺纹孔和安装金属螺母嵌件两类，其基本结构相似，差别在于工作部分前者除了必须考虑塑件螺纹的设计特点及其收缩外，还要求有较小的表面粗糙度 (R_a＜0.08～0.16μm)，且表面粗糙度只要求达到 R_a＝0.63～1.25μm。

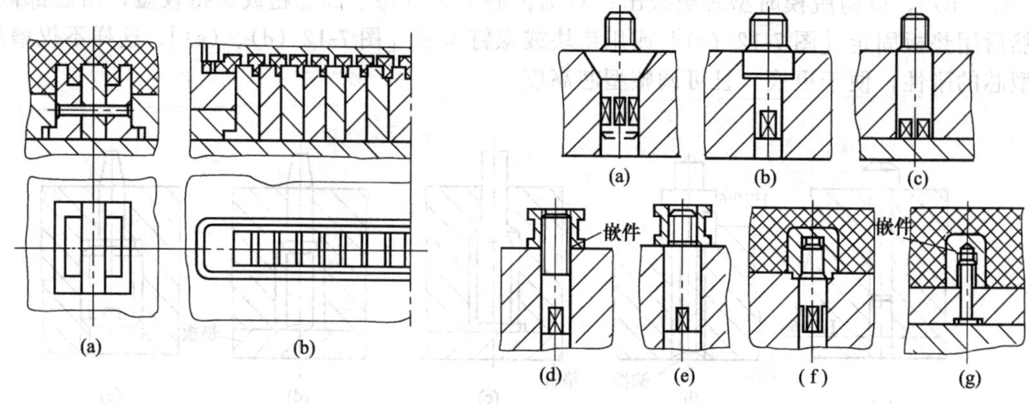

图 7-14 镶拼组合式凸模示例

图 7-15 螺纹型芯的安装方式

螺纹型芯在模具内的安装方式如图 7-15 所示。它们均采用间隙配合，仅在定位支撑方式上有所区别。前三种［图 7-15（a）、（b）、（c）］用于成型塑件上的螺纹孔，分别采用锥面、圆柱台阶面和垫板定位支撑。后面四种用于固定金属螺纹嵌件，采用图 7-15（d）结构难于控制嵌件旋入型芯的位置，且在成型压力作用下塑料熔体易挤入嵌件与模具之间和固定孔内并使嵌件上浮，影响嵌件轴向位置和型芯的脱卸。若将型芯做成阶梯状［图 7-15（e)］，嵌件拧至台阶为止，有助于克服上述问题。

对于细小的螺纹型芯（小于 M3），为增加其刚性，可采用图 7-15（f）所示结构，将嵌件下部嵌入模板止口，同时还可阻止料流挤入嵌件螺纹孔。

当嵌件上螺纹孔为盲孔，且受料流冲击不大时，或虽为螺纹通孔，但其孔径小于 3mm 时，可利用普通光杆型芯代替螺纹型芯固定螺纹嵌件［图 7-15（g)］，从而省去了模外卸螺纹的操作。

上述七种安装方式主要用于立式注射机的下模或卧式注射机的定模，而对于上模或合模时冲击振动较大的卧式注射机模具的动模，则应设置防止型芯自动脱落的结构，如图 7-16 所示，其中图 7-16（a）至图 7-16（g）为螺纹型芯弹性连接形式。图 7-16（a）、（b）为在型芯柄部开豁口槽，借助豁口槽弹力将型芯固定，它适用于直径小于 8mm 的螺纹型芯。图

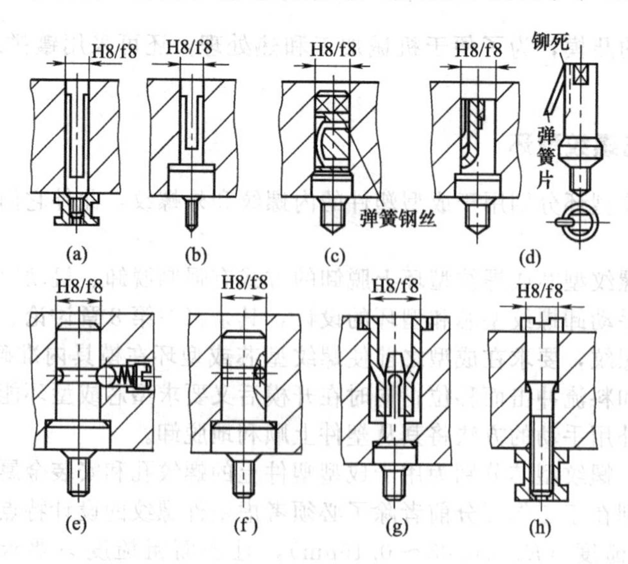

图 7-16 防止螺纹型芯脱落的结构

7-16（c)、(d）采用弹簧钢丝卡入型芯柄部的槽内以张紧型芯，适用于直径 8～16mm 的螺纹型芯。对于直径大于 16mm 的螺纹型芯可采用弹簧钢球［图 7-16（e)］或弹簧卡圈［图 7-16（f)］固定，也可采用弹簧夹头夹紧［图 7-16（g)］。图 7-16（h）则为刚性连接的螺纹型芯，使用不便。

(2) 螺纹型环　螺纹型环用于成型塑件外螺纹或固定带有外螺纹的金属嵌件。它实际上即为一个活动的螺母镶件，在模具闭合前装入凹模套内，成型后随塑件一起脱模，在模外卸下。因此，与普通凹模一样，其结构也有整体式和组合式两类。

整体式螺纹型环如图 7-17（a）所示，它与模孔呈间隙配合（H8/f8)，配合段不宜过长，常为 3～5mm，其余加工成锥状，再在其尾部铣出平面，便于模外利用扳手从塑件上取下。

图 7-17（b）为组合式螺纹型环，采用两瓣拼合，由销钉定位。在两瓣结合面的外侧开有楔形槽，以便于脱模后用尖劈状卸模工具取出塑件。

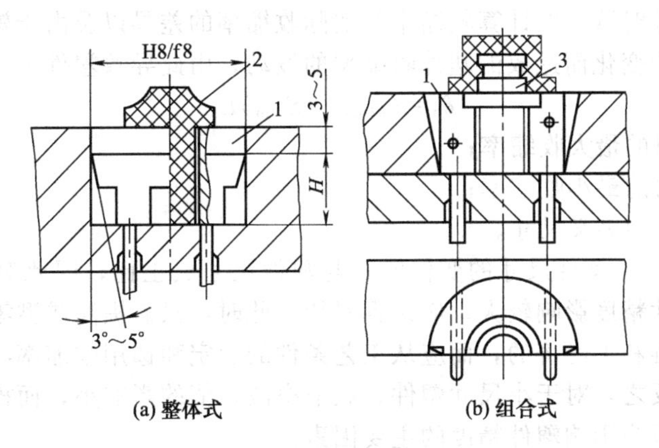

图 7-17　螺纹型环

1—螺纹型环；2—带外螺纹塑件；3—螺纹嵌件

7.3　成型零部件的工作尺寸计算

成型零部件工作尺寸是指成型零部件上与塑料接触并直接决定塑件形状的有关尺寸，主要包括型腔和型芯的径向尺寸（含长、宽尺寸）与高度尺寸，以及中心距尺寸等。为了保证塑件质量，模具设计时必须根据塑件的尺寸与精度等级确定相应的成型零部件工作尺寸与精度。

7.3.1　塑件尺寸精度的影响因素

塑件尺寸的影响因素很多，也很复杂，但主要的有以下几个因素。

(1) 成型零部件的制造误差　成型零部件的制造误差包括成型零部件的加工误差和安装、配合误差两个方面，设计时一般应将成型零件的制造公差控制在塑件相应公差的 1/3 左右，模具制造允许误差和塑件尺寸公差之间具有对应关系，见表 7-2，供设计时选用。

表 7-2　塑件公差等级与模具型腔机械制造公差等级对应关系

塑料制件公差等级 GB/T 14486—93	MT1	MT2	MT3	MT4	MT5	MT6	MT7
模具制造公差等级 GB 1800—79	IT8	IT9	IT10	IT10	IT11	IT11	IT12

(2) 成型零部件的磨损　造成成型零部件磨损的主要原因是塑料熔体在型腔中的流动以及脱模时塑件与型腔的摩擦，而以后者造成的磨损为主。因此，为简化计算，一般只考虑与塑件脱模方向平行的表面的磨损，而对于垂直于脱模方向的表面的磨损则予以忽略。磨损量值的大小与成型塑件的材料、成型零部件的耐磨性及生产纲领有关。对含有玻璃纤维和石英粉等填料的塑件、型腔表面耐磨性差的零部件应取大值。因此，设计时应根据塑料材料、成型零部件材料、热处理及型腔表面状态和模具要求的使用期限来确定最大磨损量，对中、小型塑件该值一般取 1/6 塑件公差，大型塑件则取小于 1/6 塑件公差。

(3) 塑料的成型收缩　前已述及，成型收缩不是塑料的固有特性，它是材料与条件的综合特性，随着制品结构、工艺条件等的影响而变化，如原料的预热与干燥程度、成型温度和压力波动、模具结构、塑件结构尺寸、不同的生产厂家、生产批号的变化都将造成收缩率的波动。

生产中由于设计时选取的计算收缩率与实际收缩率的差异以及由于塑件成型时工艺条件的波动、材料批号的变化而造成的塑件收缩率的波动，由此导致塑件尺寸的变化值为：

$$\delta_s=(S_{max}-S_{min})L_s \tag{7-5}$$

式中　S_{max}——塑料的最大收缩率；

S_{min}——塑料的最小收缩率；

L_s——塑件的名义尺寸。

由式 (7-5) 可见，塑件尺寸的变化值 δ_s 与塑件尺寸成正比，因此对于大尺寸塑件，收缩率波动对塑件尺寸精度影响较大，应认真对待。此时，只靠提高成型零件制造精度来减小塑件尺寸误差是困难和不经济的，而应从工艺条件的稳定和选用收缩率波动值小的塑料方面来提高塑件精度。反之，对于小尺寸塑件，收缩率波动值的影响小，而模具成型零件的制造公差及其磨损量则成为影响塑件精度的主要因素。

(4) 配合间隙引起的误差　例如，采用活动型芯时，由于型芯的配合间隙，将引起塑件孔的位置误差或中心距误差。又如，当凹模与凸模分别安装于定模和动模时，由于合模导向机构中导柱和导套的配合间隙，将引起塑件的壁厚误差。

为保证塑件尺寸精度，必须使上述各因素所造成的误差的总和小于塑件的公差值，即

$$\delta_z+\delta_c+\delta_s+\delta_j\leqslant\Delta$$

式中　δ_z——成型零部件制造误差；

δ_c——成型零部件的磨损量；

δ_s——塑料的收缩率波动引起的塑件尺寸变化值；

δ_j——由于配合间隙引起塑件尺寸误差；

Δ——塑件的公差。

7.3.2 成型零部件工作尺寸计算

成型零部件工作尺寸计算方法有平均值法和公差带法两种。

在讨论计算方法之前，对塑件尺寸和成型零部件的尺寸偏差统一规定原则标注，即对孔类（型腔和塑件内表面）尺寸采用单向正偏差标注，基本尺寸为最小。如图 7-18 所示，设 Δ 为塑件公差，δ_z 为成型零件制造公差，则塑件内径为 $l_s{}^{+\Delta}_{\ 0}$，型腔尺寸为 $L_m{}^{+\delta_z}_{\ 0}$。而对轴类（型芯和塑件外表面）尺寸采用单向负偏差标注，基本尺寸为最大，如型芯尺寸为 $l_m{}^{\ 0}_{-\delta_z}$，塑件外形尺寸为 $L_s{}^{\ 0}_{-\Delta}$。而对于中心距尺寸则采用双向对称偏差标注，例如，塑件间中心距尺寸为 $C\pm\dfrac{\Delta}{2}$，而型芯间的中心距尺寸为 $C\pm\dfrac{\delta_z}{2}$。当塑件原有偏差的标注方法与此不符合时，应按此规定换算。

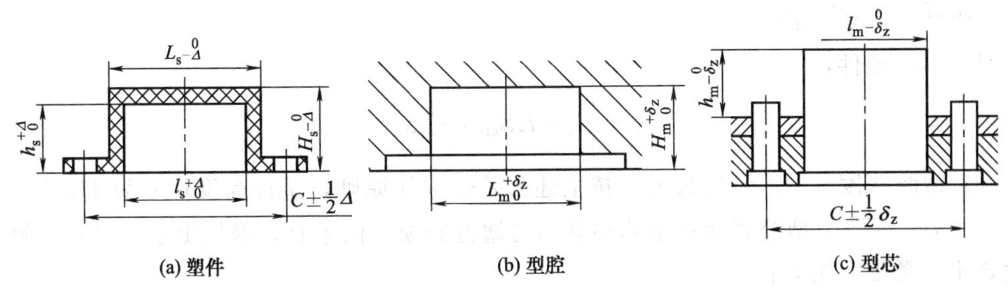

图 7-18　塑件与成型零件尺寸标注

7.3.2.1　平均值法

平均值法是按塑料收缩率、成型零件制造公差和磨损量均为平均值时，制品获得的平均尺寸来计算。

(1) 型腔与型芯径向尺寸

① 型腔。设塑料平均收缩率为 S_{cp}；塑件外形基本尺寸为 L_s，其公差值为 Δ，则塑件平均尺寸为 $L_s-\frac{\Delta}{2}$；型腔基本尺寸为 L_m，其制造公差为 δ_z，则型腔平均尺寸为 $L_m+\frac{\delta_z}{2}$。

考虑平均收缩率及型腔磨损为最大值的一半$\left(\frac{\delta_c}{2}\right)$，则有：

$$\left(L_m+\frac{\delta_z}{2}\right)+\frac{\delta_c}{2}-\left(L_s-\frac{\Delta}{2}\right)S_{cp}=L_s-\frac{\Delta}{2}$$

整理并忽略二阶无穷小量$\frac{\Delta}{2}S_{cp}$，可得型腔基本尺寸：

$$L_m=L_s(1+S_{cp})-\frac{1}{2}(\Delta+\delta_z+\delta_c)$$

δ_z和δ_c是影响塑件尺寸偏差的主要因素，应根据塑件公差来确定，成型零件制造公差 δ_z 一般取$\left(\frac{1}{3}\sim\frac{1}{6}\right)\Delta$；磨损量 δ_c一般取小于$\frac{1}{6}\Delta$，故上式写为：

$$L_m=L_s+L_sS_{cp}-x\Delta$$

标注制造公差后得：

$$L_m=[L_s+L_sS_{cp}-x\Delta]^{+\delta_z}_{\ 0} \tag{7-6}$$

式中　x——修正系数。

对于中、小型塑件，$\delta_z=\frac{\Delta}{3}$，$\delta_c=\frac{\Delta}{6}$，则得：

$$L_m=\left[L_s+L_sS_{cp}-\frac{3}{4}\Delta\right]^{+\delta_z}_{\ 0} \tag{7-7}$$

对于大尺寸和精度较低的塑件，$\delta_z<\frac{\Delta}{3}$，$\delta_c<\frac{\Delta}{6}$，于是式 (7-6) 中 Δ 前面的系数 x 将减小，一般该系数 x 值在$\frac{1}{2}\sim\frac{3}{4}$之间变化，可视具体情况而定。

② 型芯径向尺寸。设塑件内形尺寸为 l_s，其公差值为 Δ，则其平均尺寸为 $l_s+\frac{\Delta}{2}$；型芯基本尺寸为 l_m，制造公差为 δ_z，其平均尺寸为 $l_m-\frac{\delta_z}{2}$。可得：

$$l_m=[l_s+l_sS_{cp}+x\Delta]^{\ 0}_{-\delta_z} \tag{7-8}$$

式中　系数 $x=\frac{1}{2}\sim\frac{3}{4}$。

对中小型塑件：

$$l_m=\left[l_s+l_sS_{cp}+\frac{3}{4}\Delta\right]_{-\delta_z}^{0} \tag{7-9}$$

（2）型腔深度与型芯高度尺寸　按上述公差带标注原则，塑件高度尺寸为 $H_{s}{}_{-\Delta}^{0}$，型腔深度尺寸为 $H_{s}{}_{0}^{-\delta_z}$。型腔底面和型芯端面均与塑件脱模方向垂直，磨损很小，因此计算时磨损量 δ_c 不予考虑，则有：

$$H_m+\frac{\delta_z}{2}-\left(H_s-\frac{\Delta}{2}\right)S_{cp}=H_s-\frac{\Delta}{2}$$

略去 $\frac{\Delta}{2}S_{cp}$，得：

$$H_m=H_s+H_sS_{cp}-\left(\frac{\Delta}{2}+\frac{\delta_z}{2}\right)$$

标注公差后得：

$$H_m=[H_s+H_sS_{cp}-x'\Delta]_{0}^{+\delta_z} \tag{7-10}$$

对于中、小型塑件，$\delta_z=\frac{1}{3}\Delta$，故得：

$$H_m=\left[H_s+H_sS_{cp}-\frac{2}{3}\Delta\right]_{0}^{+\delta_z} \tag{7-11}$$

对于大型塑件，x'可取较小值，故公式中 x'，可在 $\frac{1}{2}\sim\frac{2}{3}$ 范围选取。

同理可得型芯高度尺寸计算公式：

$$h_m=[h_s+h_sS_{cp}+x'\Delta]_{-\delta_z}^{0} \tag{7-12}$$

对中、小型塑件则为：

$$h_m=[h_s+h_sS_{cp}+\frac{2}{3}\Delta]_{-\delta_z}^{0} \tag{7-13}$$

影响模具中心距误差的因素有制造误差 δ_z，对于活动型芯尚有与其配合孔的配合间隙 δ_j，由于塑件的中心距和模具上的中心距均以双向公差表示，如图 7-18（c）所示，塑件上中心距为 $C_s\pm\frac{1}{2}\Delta$，模具成型零件的中心距为 $C_m\pm\frac{1}{2}\delta_z$，其平均值即为其基本尺寸，同时由于型芯与成型孔的磨损可认为是沿圆周均匀磨损，不会影响中心距，因此计算时仅考虑塑料收缩，而不考虑磨损余量，于是得：

$$C_m=C_s+C_sS_{cp}$$

标注制造偏差后则得：

$$C_m=[C_s+C_sS_{cp}]\pm\frac{\delta_z}{2} \tag{7-14}$$

模具中心距制造公差 δ_z 应根据塑件孔中心距尺寸精度要求、加工方法和加工设备等确定，可参考表 7-3 选取或按塑件公差的 1/4 选取，若采用坐标镗床加工，一般小于±0.015～0.02mm。

表 7-3　孔间距的制造偏差/mm

孔　间　距	制　造　偏　差
<80	±0.01
80～220	±0.02
220～360	±0.03

必须指出，对带有嵌件或孔的塑件，在成型时由于嵌件和型芯等影响了自由收缩，故其收缩率较实体塑件为小。计算带有嵌件的塑件的收缩值时，上述各式中收缩值项的塑件尺寸应扣除嵌件部分尺寸。S_{cp}可根据实测数据或选用类似塑件的实测数据。如果把握不大，在模具设计和制造时，应留有一定的修模余量。

由于平均收缩率比较容易查得，此计算方法又比较简便，故常被采用。但对于精度较高的塑件将造成较大误差，这时可采用公差带法。

7.3.2.2　公差带法

公差带法是使成型后的塑件尺寸均在规定的公差带范围内，具体求法是先以在最大塑料收缩率时满足塑件最小尺寸要求，计算出成型零件的工作尺寸，然后校核塑件可能出现的最大尺寸是否在其规定的公差带范围内。或者反之，按最小塑料收缩率时满足塑件最大尺寸要求，计算成型零件工作尺寸，然后校核塑件可能出现的最小尺寸是否在其公差带范围内。

确定先满足塑件最小尺寸，然后验算是否满足最大尺寸，还是先满足塑件最大尺寸再验算是否满足最小尺寸的原则有利于试模和修模，有利于延长模具使用寿命。例如，对于型腔径向尺寸，修大容易，而修小则是困难的，因此应先按满足塑件最小尺寸来计算；而型芯径向尺寸则修小容易，因此应先按满足塑件最大尺寸来计算工作尺寸。对于型腔深度和型芯高度计算也先要分析是修浅（小）容易还是修深（大）容易，依此来确定先满足塑件最大尺寸还是最小尺寸。

(1) 型腔与型芯径向尺寸

① 型腔径向尺寸。如图 7-19 所示，塑件径向尺寸为 $L_{s}{}_{-\Delta}^{\ 0}$，型腔径向尺寸为 $L_{m}{}_{\ 0}^{+\delta_z}$，为了便于修模，先按型腔径向尺寸为最小，塑件收缩率为最大时，恰好满足塑件的最小尺寸，来计算型腔的径向尺寸，则有：

$$L_m-S_{max}(L_s-\Delta)=L_s-\Delta$$

整理并略去二阶微小量 ΔS_{max}，得：

$$L_m=(1+S_{max})L_s-\Delta \tag{7-15}$$

接着校核塑件可能出现的最大尺寸是否在规定的公差范围内。塑件最大尺寸出现在型腔尺寸为最大（$L_m+\delta_z$），且塑件收缩率为最小时，并考虑型腔的磨损达最大值，则有：

$$L_m+\delta_z+\delta_c-S_{min}(L_s-\Delta+\delta)\leqslant L_s \tag{7-16}$$

式中　δ——塑件实际尺寸分布范围。

略去二阶微小量 ΔS_{min}、δS_{min}得验算公式，或由式（7-15）和式（7-16）也可得验算合格的必要条件：

$$(S_{max}-S_{min})L_s+\delta_z+\delta_c\leqslant\Delta \tag{7-17}$$

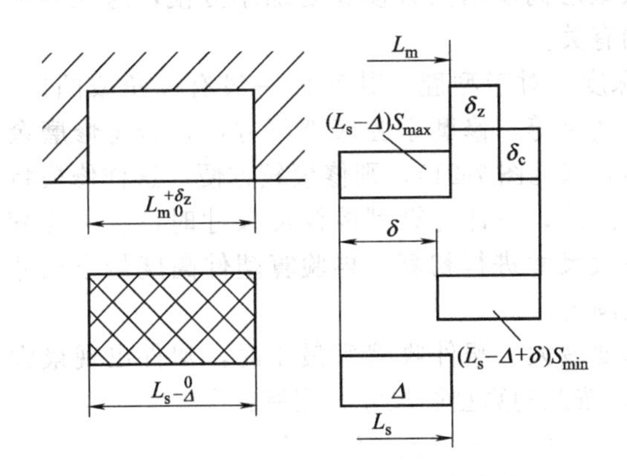

图 7-19　型腔与塑件径向尺寸关系

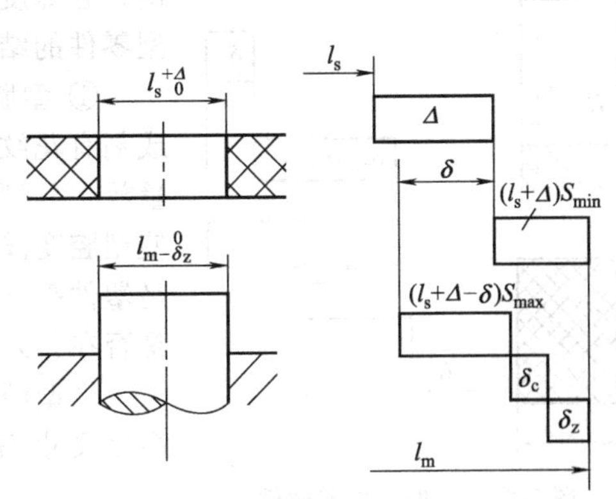

图 7-20　型芯与塑件径向尺寸关系

若验算合格，型腔径向尺寸则可表示为：

$$L_m=[L_s+L_sS_{max}-\Delta]^{+\delta_z}_{0} \tag{7-18}$$

若验算不合格，则应提高模具制造精度以减小 δ_z，或降低许用磨损量 δ_c，必要时改用收缩率波动较小的塑料材料。

② 型芯径向尺寸。如图 7-20 所示，塑件尺寸为 $l_s{}^{+\Delta}_{0}$，型芯径向尺寸为 $l_m{}_{-\delta_z}^{0}$，与型腔径向尺寸的计算相反，修模时型芯径向尺寸修小方便，且磨损也使型芯变小，因此计算型芯径向尺寸应按最小收缩率时满足塑件最大尺寸，则有：

$$l_m-S_{min}(l_s+\Delta)=l_s+l_s$$

略去二阶微小量 ΔS_{min}，并标注制造偏差，得：

$$l_m=[l_s+S_{max}l_s+\Delta]_{-\delta_z}^{0} \tag{7-19}$$

验算当型芯按最小尺寸制造且磨损到许用磨损余量，而塑件按最大收缩率收缩时，生产出的塑件是否合格，则有：

$$l_m-\delta_z-\delta_c-S_{max}l_s\geqslant l_s \tag{7-20}$$

此外也可按下面公式验算：

$$(S_{max}-S_{min})l_s+\delta_z+\delta_c\leqslant\Delta \tag{7-21}$$

为了便于塑件脱模，型芯和型腔沿脱模方向有斜度。从便于加工测量的角度出发，通常型腔径向尺寸以大端为基准斜向小端方向，而型芯径向尺寸则以小端为准斜向大端。

脱模斜度的大小由塑件精度和脱模难易程度而定，一般在保证塑件精度和使用要求的情况下宜尽量取大值，对于有配合要求的孔和轴，当配合精度要求不高时，应保证在配合面的 2/3 高度范围内径向尺寸满足塑件公差要求。当塑件精度要求很高，其结构不允许有较大的脱模斜度时，则应使成型零件在配合段内的径向尺寸均满足塑件配合公差的要求。为此，可利用公差带法计算型腔与型芯大小端尺寸。型腔小端径向尺寸按式（7-18）计算，大端尺寸可按下式求得：

$$L_m=[(1+S_{max})L_s-(\delta_z+\delta_c)]^{+\delta_z}_{0} \tag{7-22}$$

型芯大端尺寸按式（7-19）计算，其小端尺寸可按下式计算：

$$l_m=[(1+S_{min})l_s+\delta_z+\delta_c]_{-\delta_z}^{0} \tag{7-23}$$

(2) 型腔深度与型芯高度　采用公差带法计算型腔深度与型芯高度时，首先碰到的问题是先按满足塑件最大尺寸进行计算，然后验算塑件尺寸是否全部落在公差带范围内；若与之相反，则先按满足塑件最小尺寸进行初算，再验算是否全部合格。对此，主要从便于修模的角度来考虑，即修模是使型腔深度或型芯高度增大方便还是缩小方便，这就与成型零件的结构有关。

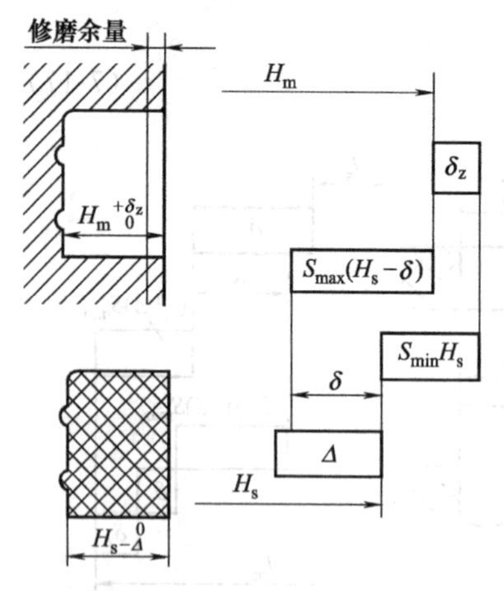

图 7-21　型腔深度与塑件高度的尺寸关系

① 型腔深度。对于型腔，其底面一般有圆角或凸凹，或刻有花纹、文字等，修磨型腔底部不方便，若将修磨余量放在分型面处（见图 7-21），则修模较方便，这样修模将使型腔变浅。因此，设计计算型腔深度尺寸时，首先应满足塑件高度最大尺寸进行初算，再验算塑件高度最小尺寸是否在公差范围内。

当型腔深度最大、塑件收缩率最小时，塑件出现最大高度尺寸 H_s，按此初算型腔尺寸，则有：

$$H_m+\delta_z-S_{min}H_s=H_s$$

整理并标注偏差得：

$$H_m = [(1+S_{min})H_s - \delta_z]^{+\delta_z}_{0} \quad (7\text{-}24)$$

接着验算当型腔深度为最小且收缩率为最大时，所得到的塑件最小高度（$H_s-\Delta$）是否在公差范围内，则：

$$H_m - S_{max}(H_s-\delta) \geqslant H_s - \Delta$$

略去二阶微小量 $S_{max}\delta$，得验算公式：

$$H_m - S_{max}H_s + \Delta \geqslant H_s \quad (7\text{-}25)$$

② 型芯高度。型芯有组合式和整体式两类，对于整体式型芯［见图 7-22（a)］，修磨型芯根部较困难，故以修磨型芯端部为宜；而对于常见的采用轴肩连接的组合式型芯［见图 7-22（b)］，则一般修磨型芯固定板较为方便。有时型芯端部形状较简单，也可能修磨端部较为方便。下面分别讨论这两种情况下的型芯高度计算公式。

对于修磨型芯端部的情况［见图 7-22（a)］，修磨将使型芯高度减小，故设计时宜按满足塑件孔最大深度进行初算，则得：

$$h_m - S_{min}(h_m+\Delta) = h_s + \Delta$$

忽略二阶微小量 $S_{min}\Delta$，并标注制造偏差，得初算公式：

$$h_m = [(1+S_{min})h_s + \Delta]^{0}_{-\delta_z} \quad (7\text{-}26)$$

验算塑件可能出现的最小尺寸是否在公差范围内：

$$h_m - \delta_z - S_{max}(h_s+\Delta-\delta) \geqslant h_s$$

略去二阶微小量，得验算公式：

$$h_m - \delta_z - h_s S_{max} \geqslant h_s \quad (7\text{-}27)$$

对于修磨型芯固定板的情况［见图 7-22（b)］，修磨将使型芯高度增大，故初算时应按满足塑件孔深度最小尺寸计算，则：

$$h_m - \delta_z - S_{max}h_s = h_s$$

得初算公式：

$$h_m = [(1+S_{max})h_s + \delta_z]^{0}_{-\delta_z} \quad (7\text{-}28)$$

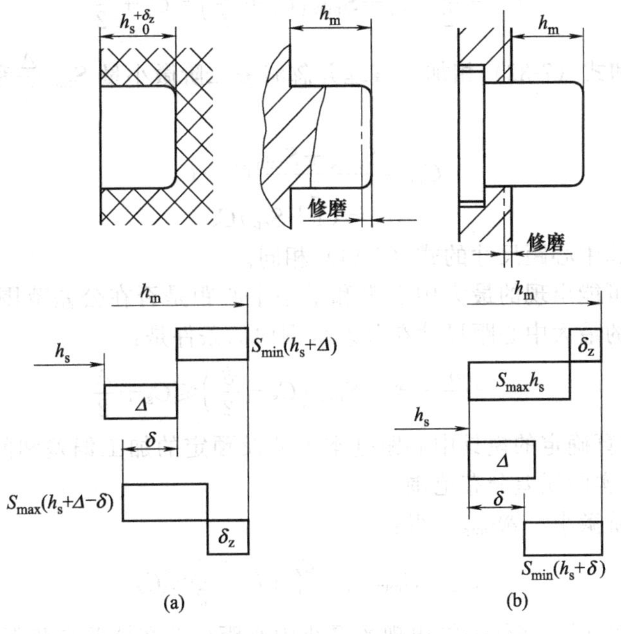

图 7-22　型芯高度与塑件孔深度尺寸关系

验算塑件可能出现的最大尺寸是否在公差范围内，则：

$$h_m - S_{min}(h_s+\Delta) \leqslant h_s + \Delta$$

整理并略去二阶微小量，得验算公式：

$$h_m - S_{min}h_s - \Delta \leqslant h_s \tag{7-29}$$

和前述一样，型芯高度也可采用下式校核：

$$(S_{max} - S_{min})h_s + \delta_z \leqslant \Delta \tag{7-30}$$

（3）中心距尺寸　如图 7-23 所示，设塑件上两孔中心距为 $C_s \pm \frac{1}{2}\Delta$，模具上型芯中心距为 $C_m \pm \frac{1}{2}\delta_z$，活动型芯与安装孔的配合间隙为 δ_j。

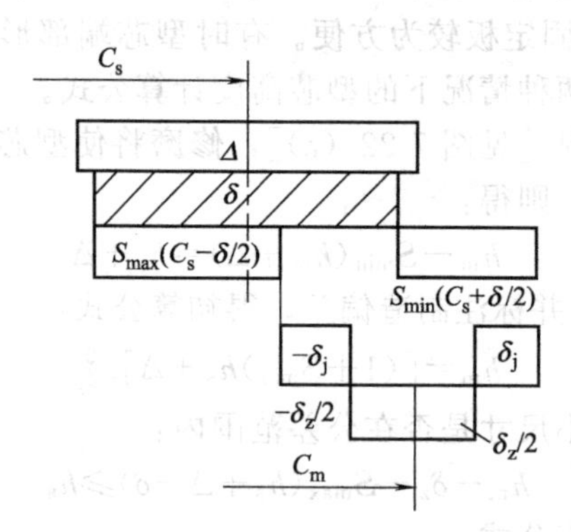

图 7-23　公差带法计算中心距尺寸

当两型芯中心距为最小，且塑料收缩率为最大时，所得塑件中心距最小，即

$$C_m - \frac{\delta_z}{2} - \delta_j - S_{max}\left(C_s - \frac{\Delta}{2}\right) = C_s - \frac{\Delta}{2} \tag{7-31}$$

当两型芯中心距为最大，且塑料收缩率为最小时，所得塑件中心距为最大，即

$$C_m + \frac{\delta_z}{2} + \delta_j - S_{min}\left(C_s + \frac{\Delta}{2}\right) = C_s + \frac{\Delta}{2} \tag{7-32}$$

将式（7-31）和式（7-32）相加，整理并忽略去二阶微小量 $S_{min}\frac{\Delta}{2}$ 和 $S_{max}\frac{\Delta}{2}$，得中心距基本尺寸：

$$C_m = \frac{S_{max} + S_{min}}{2}C_s + C_s$$

即

$$C_m = (1 + S_{cp})C_s \tag{7-33}$$

此式和按平均值计算中心距尺寸的式（7-14）相同。

接着验算塑件可能出现的最大中心距和最小中心距是否在公差范围内。由图 7-23 可得塑件实际可能出现的最大中心距尺寸在公差范围内的条件是：

$$C_m + \frac{\delta_z}{2} + \delta_j - S_{min}\left(C_s - \frac{\delta}{2}\right) \leqslant C_s + \frac{\Delta}{2}$$

式中　δ——根据初算确定的模具中心距基本尺寸及预定的加工偏差和间隙值计算所得塑件中心距实际误差分布范围。

此式整理并忽略二阶微小量 δS_{min}，得：

$$C_m - S_{min}C_s + \frac{\delta_z}{2} + \delta_j - \frac{\Delta}{2} \leqslant C_s \tag{7-34}$$

同理，由图 7-23 可得塑件可能出现的最小中心距公差在公差带范围内的条件是：

$$C_m - S_{max}C_s - \frac{\delta_z}{2} - \delta_j + \frac{\Delta}{2} \geqslant C_s \tag{7-35}$$

当型芯为过盈配合时，$\delta_j = 0$。

由于中心距尺寸偏差为对称分布，因此只需验算塑件最大或最小中心距中的任何一个不超出规定的公差范围则可，即以上两式只需校核其中任一式。当验算合格后，模具中心距尺寸可表示为：

$$C_m=[(1+S_{cp})C_s]\pm\frac{1}{2}\delta_z \tag{7-36}$$

7.3.3 螺纹型芯与螺纹型环

塑料螺纹连接的种类很多，其配合性质也各不相同，下面仅就普通紧固连接用螺纹（牙尖角为 60°的公制螺纹）型芯和型环的主要参数（大径、中径、小径、螺距和牙尖角）的计算方法加以讨论。由于塑料螺纹成型时收缩的不均匀性等，影响塑料螺纹成型的因素很复杂，目前尚无成熟的计算方法，一般多采用平均值法。

（1）螺纹型芯与型环径向尺寸　螺纹型芯与螺纹型环的径向尺寸计算方法与普通型芯和型腔的径向尺寸的计算方法基本相似。但塑料螺纹成型时，由于收缩的不均匀性和收缩率的波动等影响因素，使其螺距和牙尖角都有较大的误差，从而影响其旋入性能，因此在计算径向尺寸时，采用增加螺纹中径配合间隙的办法来补偿，即增加塑料螺纹孔的中径和减小塑料外螺纹的中径的办法来改善旋入性能。故可将一般型腔和型芯径向尺寸计算公式（7-6）和式（7-8）中的系数 x 适当增大，则得下列螺纹型芯与螺纹型环径向尺寸相应的计算公式。

螺纹型芯

中径 $$d_{m_中}=[(1+S_{cp})D_{s_中}+\Delta_中]_{-\delta_中}^{\ 0} \tag{7-37}$$

大径 $$d_{m_大}=[(1+S_{cp})D_{s_大}+\Delta_中]_{-\delta_大}^{\ 0} \tag{7-38}$$

小径 $$d_{m_小}=[(1+S_{cp})D_{s_小}+\Delta_中]_{-\delta_小}^{\ 0} \tag{7-39}$$

螺纹型环

中径 $$D_{m_中}=[(1+S_{cp})d_{s_中}-\Delta_中]_{\ 0}^{+\delta_中} \tag{7-40}$$

大径 $$D_{m_大}=[(1+S_{cp})d_{s_大}-\Delta_中]_{\ 0}^{+\delta_大} \tag{7-41}$$

小径 $$D_{m_小}=[(1+S_{cp})d_{s_小}-\Delta_中]_{\ 0}^{+\delta_小} \tag{7-42}$$

式中　$d_{m_中}$、$d_{m_大}$、$d_{m_小}$——分别为螺纹型芯的中径、大径和小径；

$D_{s_中}$、$D_{s_大}$、$D_{s_小}$——分别为塑料内螺纹的中径、大径和小径的基本尺寸；

$D_{m_中}$、$D_{m_大}$、$D_{m_小}$——分别为螺纹型环的中径、大径和小径；

$d_{m_中}$、$d_{m_大}$、$d_{m_小}$——分别为塑料外螺纹的中径、大径和小径的基本尺寸；

$\Delta_中$——塑料螺纹中径公差，目前国内尚无标准，可参考金属螺纹公差标准选用精度较低者；

$\delta_中$、$\delta_大$、$\delta_小$——分别为螺纹型芯或型环中径、大径和小径的制造公差，一般按塑料螺纹中径公差的$\frac{1}{5}\sim\frac{1}{4}$选取或参考表 7-4。

表 7-4　普通螺纹型芯和型环直径的制造公差

螺纹类型	螺纹直径 d 或 D/mm	制造公差 δ_2/mm		
		大　径	中　径	小　径
粗牙	3～12	0.03	0.02	0.03
	14～33	0.04	0.03	0.04
	36～45	0.05	0.04	0.05
	48～68	0.06	0.5	0.06
细牙	4～22	0.03	0.02	0.03
	24～52	0.04	0.03	0.04
	56～68	0.05	0.4	0.05

将上述各式与相应的普通型芯和型腔径向尺寸计算公式相比较，可见公式第三项系数 x 值增大了，普通型芯或型腔为 3/4，而螺纹型芯或型环为 1，从而不仅扩大了螺纹中径的配合间隙，而且使螺纹牙尖变短，增加了牙尖的厚度和强度。

(2) 螺距　螺纹型芯与型环的螺距尺寸计算公式与前述中心距尺寸计算公式相同：

$$P_m=[(1+S_{cp})P_s]\pm\frac{\delta_z}{2} \tag{7-43}$$

式中　P_m——螺纹型芯或型环的螺距；

P_s——塑料螺纹螺距基本尺寸；

δ_z——螺纹型芯与型环螺距制造公差，其值可参照表 7-5 选取。

表 7-5　螺纹型芯或型环螺距制造公差

螺纹直径 d 或 D/mm	螺纹配合长度/mm	螺距制造公差/mm
3～10	～12	0.01～0.03
12～22	>12～20	0.02～0.04
24～68	～20	0.03～0.05

根据式 (7-43) 计算出的螺距常为带有不规则的小数，致使机械加工较为困难。因此，对于相连接的塑料内外螺纹的收缩率相同或相近似时，两者均可不考虑收缩率；对于塑料螺纹与金属螺纹相连接，但配合长度小于极限长度或不超过 7～8 牙的情况，也可仅在径向尺寸计算时，按式 (7-37)～式 (7-42) 加放径向配合间隙补偿即可，螺距计算可以不考虑收缩率（表 7-6)。

表 7-6　不考虑收缩率的螺纹极限配合长度

螺纹直径	螺距/mm	中径公差/mm	收缩率 S/%							
			0.2	0.5	0.8	1.0	1.2	1.5	1.8	2.0
			可以使用的螺纹极限配合长度/mm							
M3	0.5	0.12	26	10.4	6.5	5.2	4.3	3.5	2.9	2.6
M4	0.7	0.14	32.5	13	8.1	6.5	5.4	4.3	3.6	3.3
M5	0.8	0.15	34.5	13.8	8.6	6.9	5.8	4.6	3.8	3.5
M6	1.0	0.17	38	15	9.4	7.5	6.3	5	4.2	3.8
M8	1.25	0.19	43.5	17.4	10.9	8.7	7.3	5.8	4.8	4.4
M10	1.5	0.21	46	18.4	11.5	9.2	7.7	6.1	5.1	4.6
M12	1.75	0.22	49	19.6	12.3	9.8	8.2	6.5	5.4	4.9
M14	2.0	0.24	52	20.8	13	10.4	8.7	6.9	5.8	5.2
M16	2.0	0.24	52	20.8	13	10.4	8.7	6.9	5.8	5.2
M20	2.5	0.27	57.5	23	14.4	11.5	9.6	7.1	6.4	5.8
M24	3.0	0.29	64	25.4	15.9	12.7	10.6	8.5	7.1	6.4
M30	3.5	0.31	66.5	26.6	16.6	13.3	11	8.9	7.4	6.7

【例 1】 图 7-24 所示为硬聚氯乙烯塑件，收缩率为 0.6%～1%，试用平均值法确定凹模直径与深度、凸模直径与高度、4-ϕ5 型芯间中心距及螺纹型环尺寸。

解　塑件平均收缩率为：

$$S_{cp}=\frac{S_{max}+S_{min}}{2}=\frac{0.6\%+1\%}{2}=0.8\%$$

(1) 凹模（型腔）直径　根据塑件尺寸 $\phi34_{-0.26}^{\ 0}$ mm，查表 3-2 得塑件尺寸精度等级为 MT2 级，查表 7-2 得模具制造公差应为 IT9 级。查标准公差 GB 1800—79 得模具制造公差 $\delta_z=0.062$mm。

$$L_m=\left[L_s+L_sS_{cp}-\frac{3}{4}\Delta\right]_0^{+\delta_z}=\left[34+34\times\frac{0.8}{100}-\frac{3}{4}\times0.26\right]_0^{+0.062}=34.08_{\ 0}^{+0.062}\ \text{(mm)}$$

因此，凹模直径为 $\phi 34.08^{+0.062}_{0}$ mm。

（2）凹模深度　根据塑件高度尺寸 $14^{0}_{-0.2}$ mm，查表 3-2 得塑件尺寸精度等级为 MT4 级，查表 7-2 得模具制造公差应为 IT10 级。查标准公差 GB 1800—79 得模具制造公差 $\delta_z = 0.070$mm。

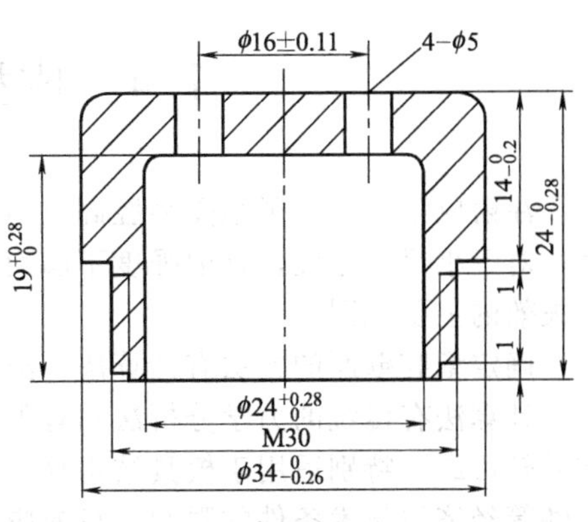

图 7-24　塑料制件

$$H_m = \left[(1+S_{cp})H_s - \frac{2}{3}\Delta\right]^{+\delta_z}_{0}$$

$$= \left[\left(1+\frac{0.8}{100}\right)\times 14 - \frac{2}{3}\times 0.2\right]^{+0.070}_{0}$$

$$= 13.98^{+0.070}_{0} \text{ (mm)}$$

凹模深度 $H_m = 13.98^{+0.070}_{0}$ mm。

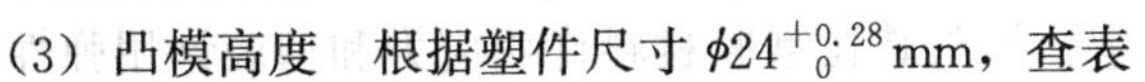

（3）凸模高度　根据塑件尺寸 $\phi 24^{+0.28}_{0}$ mm，查表 3-2 得塑件尺寸精度等级为 MT3 级，查表 7-2 得模具制造公差应为 IT10 级。查标准公差 GB 1800—79 得模具制造公差 $\delta_z = 0.084$mm。

$$l_m = \left[(1+S_{cp})l_s + \frac{3}{4}\Delta\right]^{0}_{-\delta_z} = \left[\left(1+\frac{0.8}{100}\right)\times 24 + \frac{3}{4}\times 0.28\right]^{0}_{-0.084} = 24.4^{0}_{-0.084} \text{ (mm)}$$

凸模直径为 $\phi 24.4^{0}_{-0.084}$ mm。

（4）凸模高度　根据塑件尺寸 $\phi 19^{+0.28}_{0}$ mm，查表 3-2 得塑件尺寸精度等级为 MT3 级，查表 7-2 得模具制造公差应为 IT10 级。查标准公差 GB 1800—79 得模具制造公差 $\delta_z = 0.084$mm。

$$h_m = \left[h_s(1+S_{cp}) + \frac{2}{3}\Delta\right]^{0}_{-\delta_z} = \left[19\left(1+\frac{0.8}{100}\right) + \frac{2}{3}\times 0.28\right]^{0}_{-0.084} = 19.34^{0}_{-0.084} \text{ (mm)}$$

凸模高度为 $19.34^{0}_{-0.084}$ mm。

（5）两型芯中心距　根据塑件尺寸 16 ± 0.11mm，查表 3-2 得塑件尺寸精度等级为 MT3 级，查表 7-2 得模具制造公差应为 IT10 级，查标准公差 GB 1800—79 得模具制造公差 $\delta_z = 0.070$mm。

则型芯中心距为：

$$C_m = [C_s + C_s S_{cp}] \pm \frac{\delta_z}{2}\left[16\times\left(1+\frac{0.8}{100}\right)\right] \pm \frac{0.070}{2} = 16.13\text{mm} \pm 0.035 \text{ (mm)}$$

（6）螺纹型环　M30 粗牙螺纹由有关手册查得 $d_{s_{小}} = 26.21$mm，$d_{s_{中}} = 27.73$mm，$d_{s大} = 30$mm，螺距 $P_s = 3.5$mm，由表 7-6 查得螺纹中径公差 $\Delta_{中} = 0.31$mm；由表 7-4 查得螺纹型环制造公差 $\delta_{大} = 0.04$mm，$\delta_{中} = 0.03$mm，$\delta_{小} = 0.04$mm，将上述各式代入式（7-40）、式（7-41）、式（7-42）得：

螺纹型环中径

$$D_{m_{中}} = [(1+S_{cp})d_{s_{中}} - \Delta_{中}]^{+\delta_{中}}_{0} = \left[\left(1+\frac{0.8}{100}\right)\times 27.73 - 0.31\right]^{+0.03}_{0} = 27.64^{+0.03}_{0} \text{ (mm)}$$

螺纹型环小径

$$D_{m_{小}} = [(1+S_{cp})d_{s_{小}} - \Delta_{中}]^{+\delta_{小}}_{0} = \left[\left(1+\frac{0.8}{100}\right)\times 26.21 - 0.31\right]^{+0.04}_{0} = 26.11^{+0.04}_{0} \text{ (mm)}$$

螺纹型环大径

$$D_{m_{大}} = [(1+S_{cp})d_{s_{大}} - \Delta_{中}]^{+\delta_{大}}_{0} = \left[\left(1+\frac{0.8}{100}\right)\times 30 - 0.31\right]^{+0.04}_{0} = 29.93^{+0.04}_{0} \text{ (mm)}$$

由于塑件螺纹长度很短，故不考虑螺距收缩，螺纹型环螺距直接取塑件螺距，制造公差按表 7-5 取 $\delta_z = 0.04$mm，则得螺纹型环螺距为 $P_m = 3.5\text{mm} \pm 0.02$mm。

7.4 成型型腔壁厚的计算

注射成型时，为了承受型腔高压熔体的作用，型腔侧壁与底板应该具有足够的强度与刚度，对于小尺寸型腔，常因强度不够而被破坏，而对于大尺寸型腔，刚度不足则经常成为设计失效的主要原因。

确定型腔壁厚的方法有计算法、经验法和图表法三种，本书主要讨论计算法。

计算法有传统的力学分析法和有限元法或边界元法等现代数值分析法。后者方法先进，结果较可靠，特别适用于模具结构复杂、模具精度要求较高的场合，但由于受计算机硬件和软件等经济与技术条件的限制，目前应用尚不普遍。前者则根据模具结构特点与受力情况，建立力学模型，分析计算其应力和变形量，控制其在型腔材料许用应力和型腔许用弹性变形（即刚度计算条件）范围内。成型型腔壁厚刚度计算条件有三个。

① 型腔不发生溢料。在高压塑料熔体作用下，模具型腔壁过大的弹性变形将导致某些结合面出现溢料间隙，从而产生溢料和飞边。因此，必须根据不同塑料的溢料间隙来决定刚度条件。表 7-7 为部分塑料许用的溢料间隙。

表 7-7 塑料的许用溢料间隙

塑　料	$[\delta]$/mm
低黏度 PE,PP,PA	0.025～0.04
中黏度 PS,ABS	0.04～0.06
高黏度 PVC,HPVC,PSU	0.06～0.08

② 保证塑件精度。当塑件的某些工作尺寸要求精度较高时，成型零件的弹性变形将影响塑件精度，因此应在型腔压力为最大时，使型腔壁的最大弹性变形量小于塑件公差的1/5。

③ 保证塑件顺利脱模。若型腔壁的最大变形量大于塑件的成型收缩值，则开模之后，型腔侧壁的弹性恢复将使其紧紧包住塑件，使塑件脱模困难或在脱模过程中被划伤甚至破裂，因此型腔壁的最大弹性变形量应小于塑件的成型收缩值。值得指出的是，塑件成型收缩率一般较大，因此当满足前两项刚度条件时，第三项一般就可同时满足。

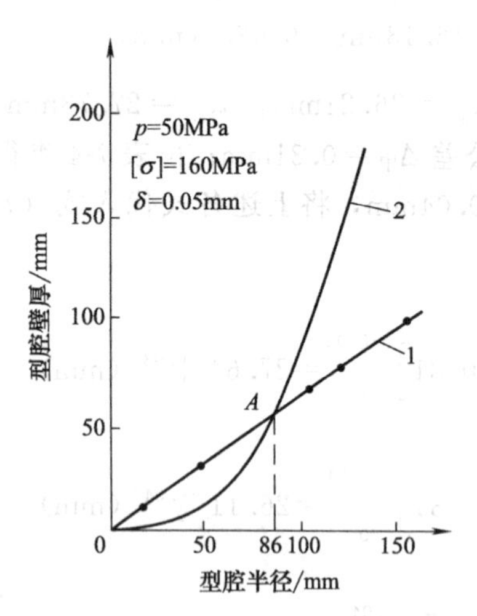

图 7-25 型腔壁厚与型腔半径的关系
1—强度曲线；2—刚度曲线
p—型腔压力；$[\sigma]$—模具材料许用应力；
δ—型腔壁许用变形量

理论分析和生产实践证明，对于大尺寸型腔，刚度不足是主要矛盾，应按刚度条件计算，而对于小尺寸型腔，在发生较大的弹性变形以前，其内应力常已超过许用应力，因此应按强度计算。如图 7-25 所示为组合圆形型腔分别按强度和刚度计算所需型腔壁厚与型腔半径的关系曲线，图中 A 点为分界尺寸，当半径超过 A 值，按刚度条件计算的壁厚大于按强度条件计算的壁厚，因此应按刚度计算。分界尺寸的值取决于型腔形状、成型压力、模具材料许用应力和型腔允许的弹性变形量。在分界尺寸不明的情况下，应分别按强度条件和刚度条件计算壁厚后，取其中较大值。

下面介绍常见的圆形和矩形型腔侧壁和底板厚度的计算方法，对于其他异形型腔可简化为这两种情况进行计算。

7.4.1　型腔侧壁厚度计算

不论是圆形型腔还是矩形型腔，均有整体式和组合式两种结构形式。组合式型腔常见的为侧壁制成整体再与底板组合。在高压塑料熔体的作用下，侧壁的弹性变形将使侧壁与底板之间出现纵向间隙，当间隙过大则可能导致溢料，下面分别讨论圆形与矩形型腔侧壁厚度的计算方法。

7.4.1.1　圆形型腔

(1) 组合式圆形型腔（图 7-26）　组合式圆形型腔其侧壁可视为两端开口、受均匀内压的厚壁圆筒，在塑料熔体的压力 P 作用下，侧壁将产生内半径增长量：

$$\delta=\frac{rp}{E}\left(\frac{R^2+r^2}{R^2-r^2}+\mu\right)$$

式中　p——塑料熔体对型腔的压力，MPa，一般为 20～50MPa；

E——型腔材料的弹性模量，MPa，一般中碳钢 $E=2.1\times10^5$ MPa，预硬化塑料模具钢 $E=2.2\times10^5$ MPa；

r——型腔内半径，mm；

R——型腔外半径，mm；

μ——型腔材料的泊松比，碳钢取 0.25。

当已知刚度条件（即许用变形量）$[\delta]$，可得按刚度条件计算的侧壁厚度：

$$S=r\left(\sqrt{\frac{\frac{E[\delta]}{rp}-(\mu-1)}{\frac{E[\delta]}{rp}-(\mu+1)}}-1\right) \tag{7-44}$$

图 7-26　组合式圆形型腔壁厚计算

按第三强度理论推算得强度计算公式：

$$S=r\left(\sqrt{\frac{[\sigma]}{[\sigma]-2p}}-1\right) \tag{7-45}$$

式中　$[\sigma]$——型腔材料的许用应力，MPa，一般中碳钢 $[\sigma]=180$MPa，预硬化钢塑料模具钢 $[\sigma]=300$MPa。

(2) 整体式圆形型腔（图 7-27）　刚度计算时，整体式圆形型腔与组合式圆形型腔的区别在于当受高压熔体作用时，其侧壁下部受底部约束，沿高度方向向上约束减小，超过一定高度极限无 h_0 后，便不再约束，视为自由膨胀，即与组合式型腔计算相同。

根据工程力学知识，约束膨胀与自由膨胀的分界点 A 的高度为：

$$h_0=\sqrt[4]{\frac{2}{3}r(R-r)^3} \tag{7-46}$$

AB 线以上部分为自由膨胀，按式（7-44）和式（7-45）计算。AB 线以下按下式计算：

$$\delta_1=\delta\frac{h_1^4}{h_0^4} \tag{7-47}$$

式中　h_1——约束膨胀部分距底部的高度，mm。

强度计算时，将整体式圆形凹模视为厚壁圆筒，其壁厚可按下列近似公式计算：

$$S=\frac{prh}{[\sigma]H} \tag{7-48}$$

式中　h——型腔深度，mm；

H——型腔外壁高度，mm。

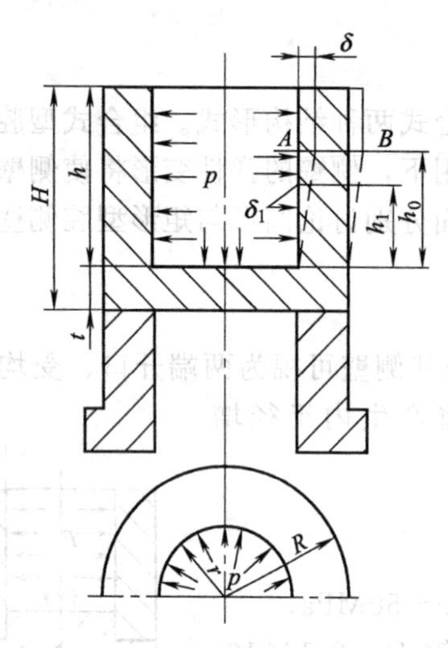

图 7-27 整体式圆形型腔壁厚计算

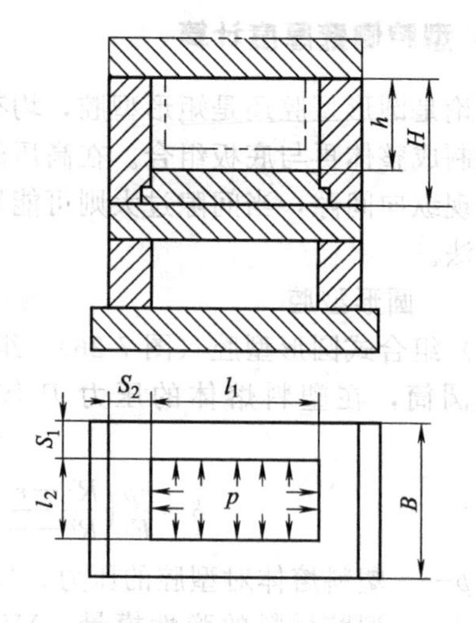

图 7-28 组合式矩形型腔壁厚计算

7.4.1.2 **矩形型腔**

(1) 组合式矩形型腔（图 7-28） 刚度计算时，将每一侧壁视为均布载荷的两端固定梁，其最大挠度发生在中点，由此得侧壁厚度的计算公式：

$$S=\sqrt[3]{\frac{phl_1^4}{32EH[\delta]}} \tag{7-49}$$

式中 h——型腔内壁受压部分的高度，mm；

H——型腔外壁高度，mm；

l_1——型腔内壁长度，mm。

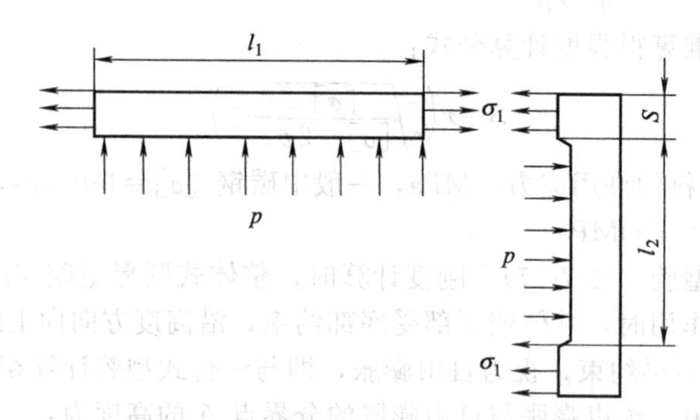

图 7-29 组合式矩形型腔侧壁强度计算

当按强度进行校核时，在高压塑料熔体压力 p 作用下，每一边侧壁受到弯曲应力和拉应力的联合作用，如图 7-29 所示。对两端固定受均布载荷的梁，其最大弯曲应力在梁两端，其值为：

$$\sigma_W=\frac{phl_1^2}{2HS^2}$$

同时由于两相邻边的作用，侧壁受到的拉应力为：

$$\sigma_1=\frac{phl_2}{2HS}$$

侧壁所受的总应力为弯曲应力和拉应力之和，且应小于许用应力，即

$$\sigma=\sigma_W+\sigma_1=\frac{phl_1^2}{2HS^2}+\frac{phl_2}{2HS}\leqslant[\sigma] \tag{7-50}$$

由此式便可求得所需的侧壁厚度 S。

（2）整体式矩形型腔（图 7-30）　整体式矩形型腔任一侧壁均可简化为三边固定、一边自由的矩形板，在塑料熔体压力下，其最大变形发生在自由边的中点，变形量为：

$$\delta=\frac{Cph^4}{ES^3} \tag{7-51}$$

式中　C——常数，随 l/h 而变化，见表 7-8。C 值也可按近似公式计算。

$$C=\frac{3l^4/h^4}{2l^4/h^4+96} \tag{7-52}$$

按刚度条件，侧壁厚度为：

$$S=\sqrt[3]{\frac{Cph^4}{E[\delta]}} \tag{7-53}$$

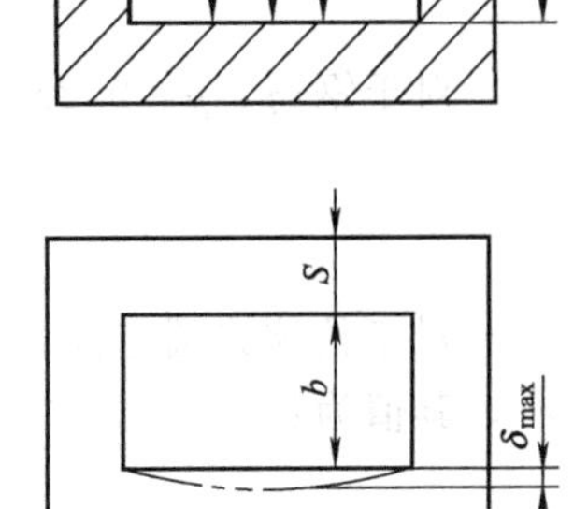

图 7-30　整体式矩形型腔壁厚计算

整体式矩形侧壁的强度计算较麻烦，因此转化为自由变形来计算。根据应力与应变的关系，当塑料熔体压力 P=50MPa，变形量 $\delta=l/6000$ 时，板的最大应力接近于 45 钢的许用应力 180MPa，变形量再大，则会超过许用应力。当许用变形量 $[\delta]=1/5\Delta=0.05$mm 时，强度计算与刚度计算的型腔长度分界尺寸为 l=300mm。如 $l>$300mm 时，按允许变形量（例如 $[\delta]=0.05$mm）计算壁厚；$l<$300mm，则按允许变形量 $[\delta]=l/6000$ 计算壁厚。

表 7-8　常数 C、C'和 C''

l/h 和 l/b	C	C'	C''	l/h 和 l/b	C	C'	C''
1.0	0.044	0.0138	0.3102	1.8	0.102	0.0267	
1.1	0.053	0.0164	0.3324	1.9	0.106	0.0272	
1.2	0.062	0.0188	0.3672	2.0	0.111	0.0277	
1.3	0.070	0.0209	0.4008	3.0	0.134		
1.4	0.078	0.0226	0.4284	4.0	0.140		
1.5	0.084	0.0240	0.4518	5.0	0.142		
1.6	0.090	0.0251					
1.7	0.096	0.0260					

7.4.2　型腔底板厚度计算

此处讨论的底板厚度计算均指底板平面不与动模板或定模板紧贴而用模脚支撑的情况，对于底板的底平面直接与定模板或动模板紧贴的情况，其厚度仅需由经验决定即可。

7.4.2.1　圆形型腔底部厚度

对于组合式圆形型腔（图 7-26）的底板，可视为周边简支的圆板，最大挠度发生在中心，且：

$$\delta=0.74\frac{pr^4}{Et^3}$$

由此按刚度条件计算的底板厚度为：

$$t=\sqrt[3]{\frac{0.74pr^4}{E[\delta]}} \tag{7-54}$$

按强度条件计算，其最大切应力也发生在底板中心，其值为：

$$\sigma_{\max}=\frac{3(3+\mu)pr^2}{8t^2}\leqslant[\sigma]$$

由此得底板厚度为：

$$t=\sqrt{\frac{3(3+\mu)pr^2}{8[\sigma]}} \tag{7-55}$$

对于钢材，$\mu=0.25$，故得：

$$t=\sqrt{\frac{1.22pr^2}{[\sigma]}}$$

对于整体式圆形型腔（图 7-27），底板可视为周边固定的圆板，其最大变形位于板中心，其值为：

$$\delta=0.175\frac{pr^4}{Et^3}$$

由此按刚度条件，底板厚度应为：

$$t=\sqrt[3]{0.175\frac{pr^4}{E[\delta]}} \tag{7-56}$$

同样，按强度条件分析，由于其最大应力发生在周边，所需底板厚度为：

$$t=\sqrt{\frac{3pr^2}{4[\sigma]}} \tag{7-57}$$

7.4.2.2 矩形型腔

（1）整体式矩形型腔（图 7-30）的底板　整体式矩形型腔的底板可视为周边固定受均布载荷的矩形板，在塑料熔体压力 p 的作用下，板的中心产生最大变形，其值为：

$$\delta=C'\frac{pb^4}{Et^3} \tag{7-58}$$

式中，C'为常数，随底板内壁两边长之比 l/b 而异，列于表 7-8。C'的值也可按近似公式计算：

$$C'=\frac{l^4/b^4}{32(l^4/b^4+1)} \tag{7-59}$$

如果已知允许的变形量，则按刚度条件计算的底板厚度为：

$$t=\sqrt[3]{\frac{C'pb^4}{E[\delta]}} \tag{7-60}$$

对底板强度计算分析发现，其最大应力集中在板的中心和长边中点处，而以长边中点处的应力最大，其应力值可按下式计算：

$$\sigma=C''p\left(\frac{b}{S}\right)^2 \tag{7-61}$$

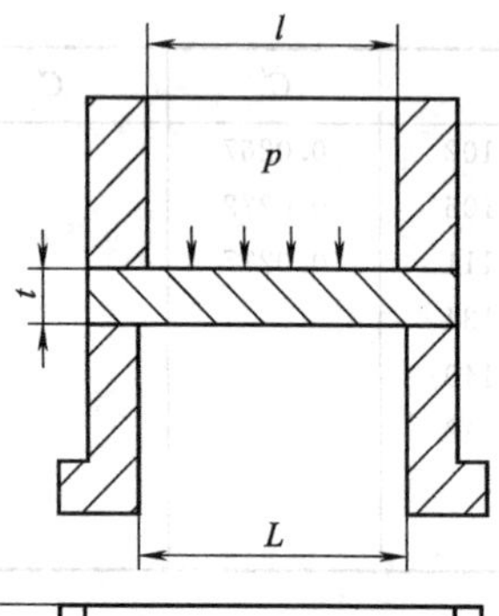

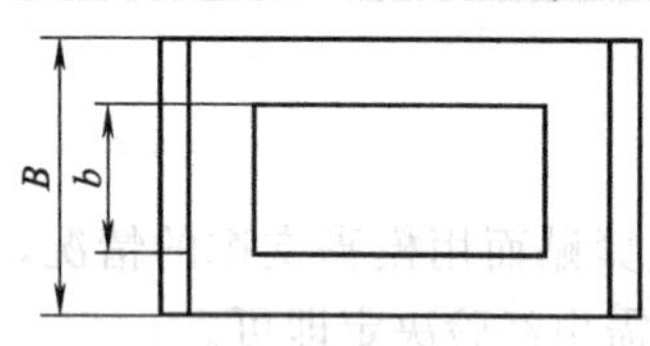

图 7-31　组合式矩形型腔底板厚度计算

按许用应力 $[\sigma]$ 计算底板最小厚度 S 为：

$$S=\sqrt{\frac{C''pb^2}{[\sigma]}} \tag{7-62}$$

式中　C''——由矩形底边内壁边长之比 l/b 决定的常数，其值可查表 7-8。

（2）组合式矩形型腔（图 7-31）底板　常见的是双支脚底板，可视为均布载荷简支梁。设支脚间距 L 与型腔长度 l 相等。刚度计算时，最大变形量：

$$\delta=\frac{5pbL^4}{32EBt^2}$$

则底板厚度为：

$$t=\sqrt[3]{\frac{5pbL^4}{32EB[\delta]}} \tag{7-63}$$

式中　L——支脚间距，mm；

　　B——底板总宽度，mm。

按强度条件计算时，简支梁最大弯曲应力也出现在中部，其值为：

$$\sigma=\frac{3pbL^2}{4Bt^2} \tag{7-64}$$

故按强度计算所得的底板厚度为：

$$t=\sqrt{\frac{3pbL^2}{4B[\sigma]}} \tag{7-65}$$

大型模具型腔支脚跨度较大，计算出的底板厚度甚大，但若改变支撑方式，如增加一中间支撑时［图 7-32（a）］，则：

$$t=\sqrt[3]{\frac{5pb(L/2)^4}{32EB[\delta]}} \tag{7-66}$$

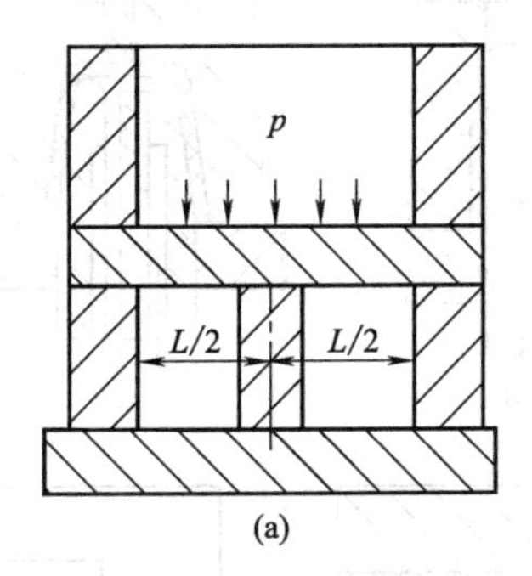

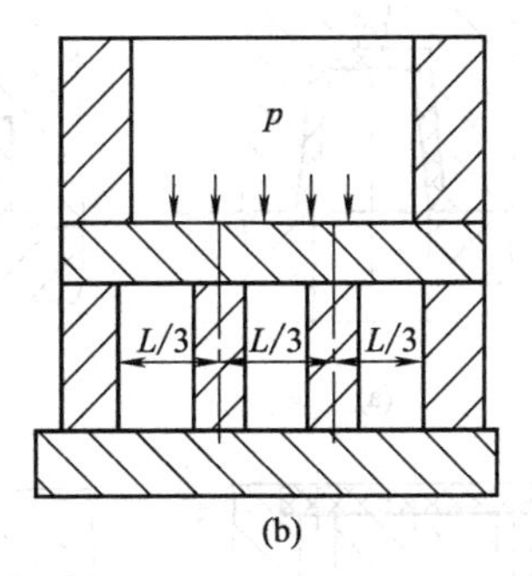

图 7-32　底板增设中间支撑

由此所得的底板厚度值为由式（7-63）所得之值的 1/2.5。

当增加两根中间支撑时［图 7-32（b）］，则有：

$$t=\sqrt[3]{\frac{5pb(L/3)^4}{32EB[\delta]}}$$

由此公式计算所得的壁厚仅为双脚支撑情况下的厚度的 1/4.3。由此可见，合理增加中间支撑可使底板厚度大大减小。

7.5　排气结构设计

排气是注射模设计中不可忽视的一个问题。在注射成型中，若模具排气不良，型腔内的气体受压缩将产生很大的背压，阻止塑料熔体正常快速充模，同时气体压缩所产生的热量可能使塑料烧焦。在充模速度大、温度高、物料黏度低、注射压力大和塑件过厚的情况下，气体在一定的压缩程度下会渗入塑料制件内部，造成气孔、组织疏松等缺陷。特别是快速注射成型工艺的发展，对注射模的排气系统要求就更加严格。

注射成型时，模内气体主要有以下四个来源。

① 型腔和浇注系统中存在空气。

② 塑料原料中含有水分，在注射温度下蒸发而成为水蒸气。

③ 由于注射温度高，塑料分解所产生的气体。

④ 塑料中某些添加剂挥发或化学反应所生成的气体。例如，热固性塑料成型时，交联反应常产生气体。

模具型腔和浇注系统积存空气所产生的气泡，常分布在与浇口相对的部位上；塑料内含有水分蒸发产生的气泡呈不规则分布在整个塑件上；分解气体产生的气泡则沿塑件的厚度分布。从塑件上气泡的分布状况，可以判断气体的来源，从而选择合理的排气部位。

(1) 排气方式　注射模排气方式可以有多种，常见排气方式如图 7-33 所示。

① 用分型面排气 [图 7-33 (a)]。

② 用型芯与模板配合间隙排气 [图 7-33 (b)]。

③ 用顶杆运动间隙排气 [图 7-33 (c)、(d)]。

④ 用侧型芯运动间隙排气 [图 7-33 (e)]。

⑤ 开设排气槽。当以上措施仍不足以满足快速、完全排气时，应在模具适当部位开设排气槽或排气孔 [图 7-33 (f)]。

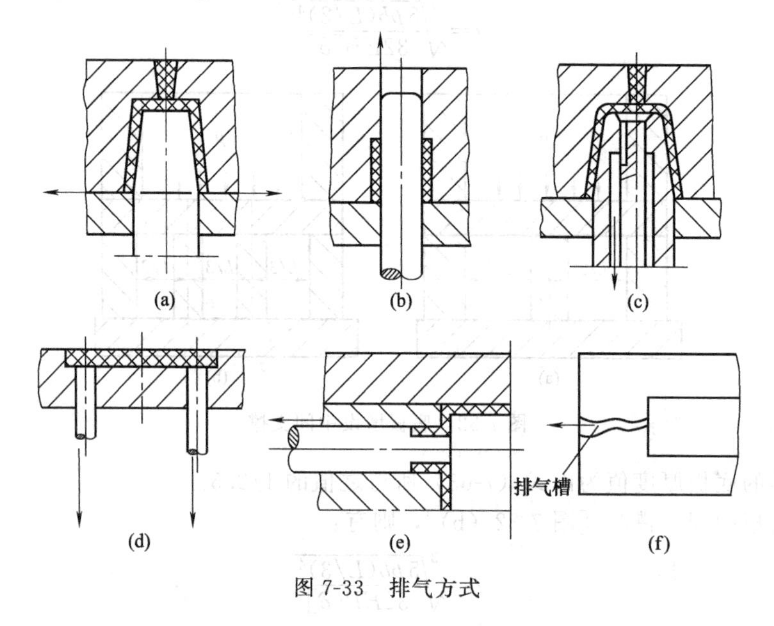

图 7-33　排气方式

(2) 排气槽设计要点　排气槽的位置和大小的选定主要依靠经验。其基本设计要点如下。

① 排气槽应尽量设在分型面上并尽量设在凹模一边。

② 排气槽尽量设在料流末端和塑件壁较厚处。

③ 排气槽排气方向不应朝向操作工人，并最好呈曲线状，以防注射时烫伤工人。

④ 排气槽尺寸根据经验常取槽宽 1.5～1.6mm，槽深 0.02～0.05mm，以塑料不进入排气槽为宜，即应小于塑料的溢料间隙。各种塑料许用的溢料间隙见表 7-7。

(3) 引气系统　在成型大型深壳形塑件时，塑料熔体充满整个型腔，模腔内的气体被排除，这时塑件的包容面和型芯的被包容面间基本上形成真空，脱模时由于大气压力将造成脱模困难，若采用强行脱模将导致塑件变形，影响塑件质量。为此，必须设置引气系统。热固性塑料注射模在操作过程中塑件黏附在型腔壁的情况较之热塑性塑料更为严重，其主要原因是塑料在型腔内收缩极小，特别是对于不加镶拼结构的深型腔，开模时空气无法进入型腔与塑料之间而形成真空，使脱模困难。

引气方式有镶拼式间隙引气［7-34（a）］和气阀式引气［图 7-34（b）、（c）］。

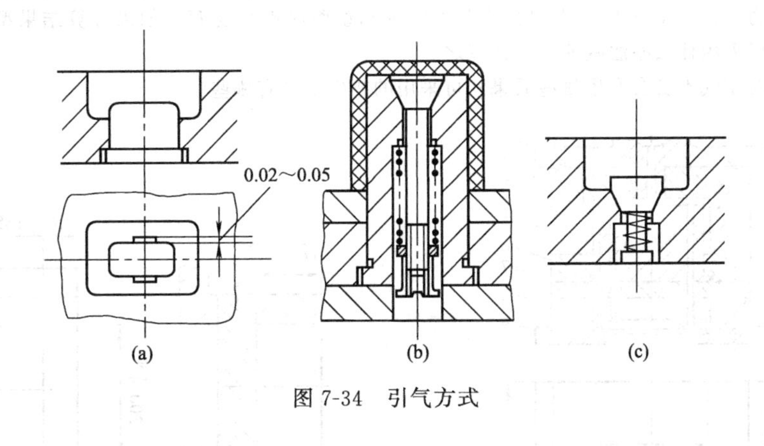

图 7-34　引气方式

习题与思考

7-1　一模多腔注射模的最佳型腔数应如何确定？

7-2　确定型腔总体布置和选择分型面时应考虑哪些方面的问题？试举例说明。

7-3　凸模、凹模以及螺纹型芯和螺纹型环有哪些结构设计方法？简述其特征。

7-4　为什么不能单纯用提高模具成型零件的制造精度的方法来提高塑件的尺寸精度？

7-5　为什么要对注射模成型零部件进行强度和刚度计算？在按刚度计算时，型腔允许变形量的确定原则是什么？

7-6　在进行成型零件型芯和型腔成型尺寸计算前，为什么首先要规范塑件尺寸标注？怎样标注才符合要求？

7-7　一塑件尺寸如图 7-35 所示，选用塑料为 PP，收缩率见表 4-2，模具成型零件工作尺寸的制造精度按表 7-2 确定。试以塑料的平均收缩率计算出凹模、凸模和两小型芯的中心距尺寸。

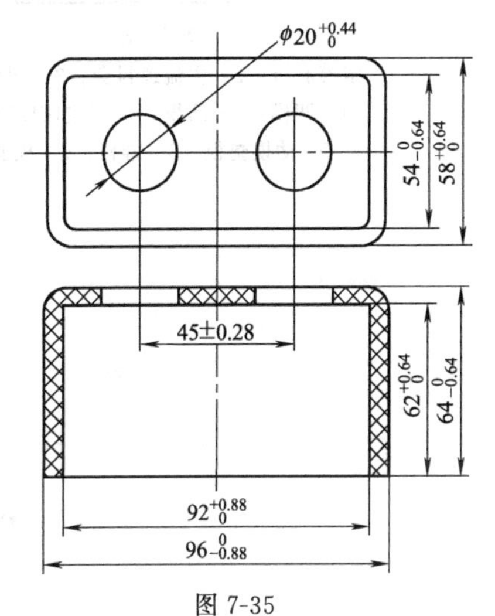

图 7-35

7-8　有一用 ABS 塑料成型的制件，其尺寸如图 7-36 所示，模具成型零件工作尺寸的制造精度按表 7-2 选取，磨损量取 0.04mm，以公差带法计算凹模和凸模的成型尺寸。

7-9　如图 7-36 所示的 PA 塑件，若采用组合式圆形型腔，模具材料为 45 钢，其许用应力［σ］=180MPa，型腔压力取 40MPa，试求其凹模侧壁厚度。

7-10　有一壳形塑件如图 7-37 所示，所用模具结构如图 7-38 所示，选用 HDPE 塑料成型，型腔压力取 40MPa，模具材料选 45 钢，其许用应力［σ］=180MPa，模具其余尺寸见图 7-38。计算定模型腔侧壁厚度 S 及型芯垫板厚度 H。

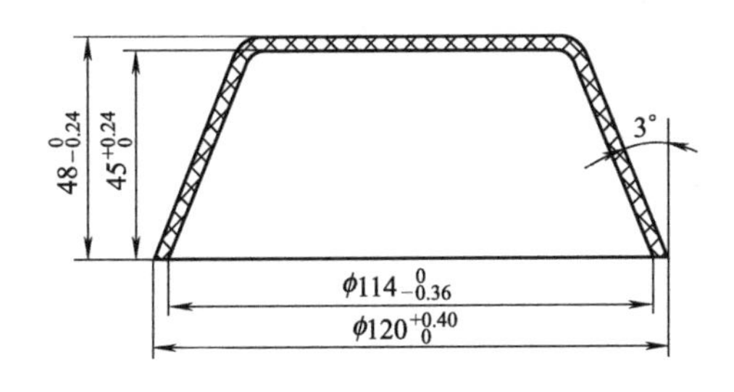

图 7-36

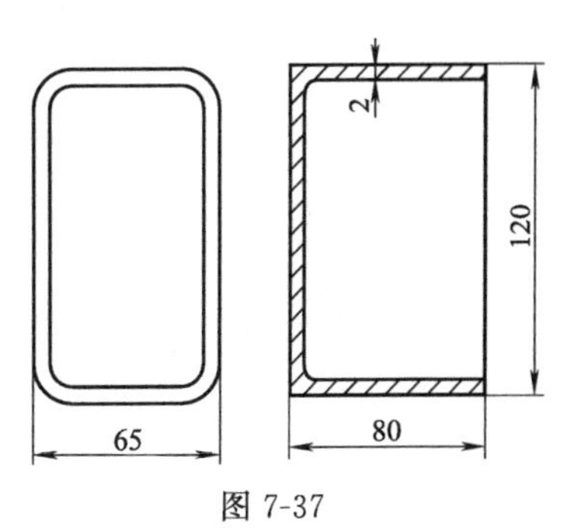

图 7-37

7-11 一材料为ABS的矩形塑件，模具型腔结构如图7-39所示，型腔压力取40MPa，模具材料为45钢，其许用应力 $[\sigma]=180\text{MPa}$。求型腔侧壁厚度 S 和型腔底板厚度 H。如果计算结果型腔底板厚度 H 太厚，可以采用什么办法减薄？并计算之。

7-12 注射成型时排气不良会产生哪些后果？可采用的排气措施有哪些？

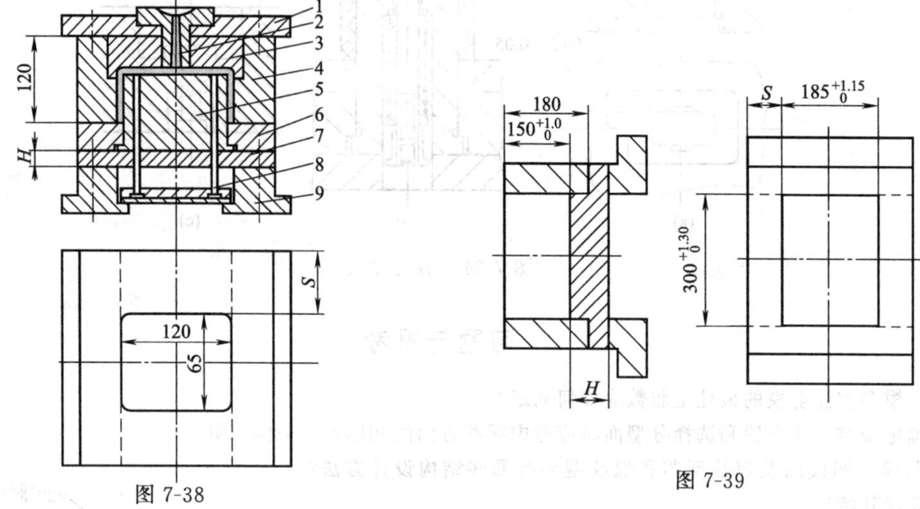

图 7-38

1—定模底板；2—主流道衬套；3—凹模镶件；4—凹模；5—凸模；6—型芯固定板；7—动模垫板；8—推杆；9—模脚

图 7-39

第 8 章　注射模的导向及脱模机构设计

8.1　导向机构设计

导向机构主要用于保证动模和定模两大部分或模内其他零部件之间的准确对合，起定位和定向作用。例如，使凸模的运行与加压方向平行，保证凸凹模的配合间隙均匀；在推出机构中保证推出机构运动定向，并承受推出时的部分侧压力；在垂直分型时，使垂直分型拼块在闭合时准确定位等。绝大多数导向机构由导柱和导套组成，称为导柱导向机构，如图 8-1 所示。此外也有锥面、销等作定位导向的结构（见图 8-6、图 8-7、图 8-8）。因此，导向机构主要有导柱导向和锥面定位两种形式，其设计的基本要求是导向精确、定位准确，并具有足够的强度、刚度和耐磨性。

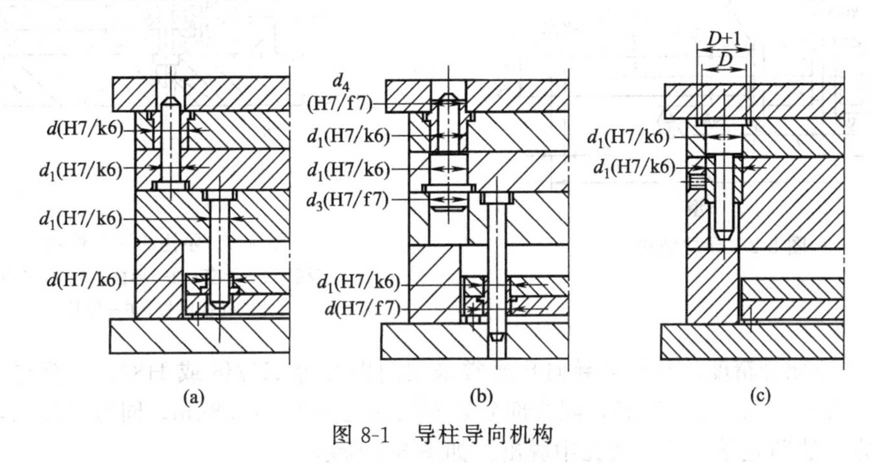

图 8-1　导柱导向机构

8.1.1　导柱导向机构

导柱导向机构是利用导柱和导向孔之间的配合来保证模具的对合精度。导柱导向机构设计内容包括：导柱和导套的典型结构、导柱与导向孔的配合以及导柱的数量和布置等。

（1）导柱　其结构类型如图 8-2 所示。其中 A 型导柱适用于简单模具和小批量生产，一般不要求配置导套；B 型导柱适用于塑件精度要求高及生产批量大的模具，通常与导套配用，以便在磨损后，通过更换导套继续保持导向精度。装在模具另一边的导套安装孔，可以和导柱安装孔以同一尺寸加工而成，保证了同轴度。导柱设计要点如下。

① 导柱直径尺寸按模具模板外形尺寸而定，见表 8-1。模板尺寸越大，导柱间中心距应越大，所选导柱直径也越大。

② 导柱的长度通常应高出凸模端面 6～8 mm（见图 8-3），以免在导柱未导正时凸模先进入型腔与其碰撞而损坏。

③ 导柱的端部常设计成锥形或半球形，便于导柱顺利地进入导向孔。

表 8-1 导柱直径 d 与模板外形尺寸关系/mm

模板外形尺寸	≤150	>150～200	>200～250	>250～300	>300～400
导柱直径 d	≤16	16～18	18～20	20～25	25～30
模板外形尺寸	>400～500	>500～600	>600～800	>800～1000	>1000
导柱直径 d	30～35	35～40	40～50	60	≥60

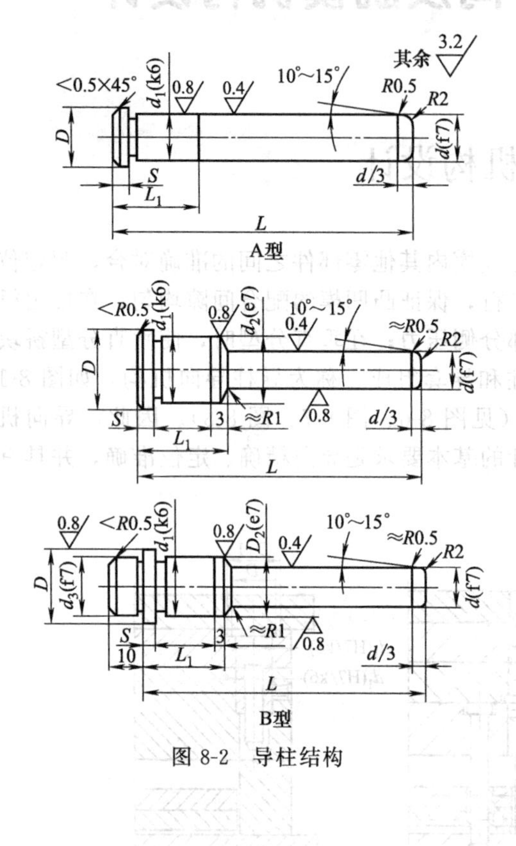

图 8-2 导柱结构

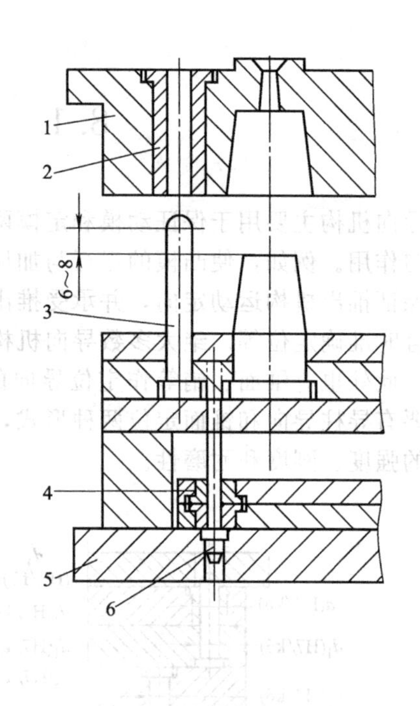

图 8-3 导柱的导向作用
1—定模；2—导套；3—导柱；4—双联导套；
5—动模座板；6—导柱

④ 导柱的配合精度。导柱与导向孔通常采用间隙配合 H7/f6 或 H8/f8，而与安装孔则采用过渡配合 H7/m6 或 H7/k6，配合部分表面粗糙度为 $R_a=0.8\mu m$。同时需注意，要采用适当的固定方法防止导柱从安装孔中脱出。如图 8-1 所示。

⑤ 导柱必须具有足够的抗弯强度，且表面要耐磨，芯部要坚韧，因此导柱的材料多半采用低碳钢（20）渗碳淬火，或用碳素工具钢（T8、T10）淬火处理，硬度为 50～55HRC。

（2）导向孔　最简单的导向孔是直接在模板上开孔，加工简单，适用于精度要求不高且小批量生产的模具。然而为了保证导向精度和检修方便，导向孔常采用镶入导套的形式，导套和导向孔的结构如图 8-4 所示。其中图 8-4（a）为台阶式导套，它主要用于精度要求高的大型模具。导向孔（包括导套）的设计要点如下。

① 导向孔最好为通孔，否则导柱进入未开通的导向孔（盲孔）时，孔内空气无法逸出，产生反压力，给导柱运动造成阻力。若受模具结构限制，导向孔必须做成盲孔时，则应在首孔侧壁增设透气孔或透气槽，如图 8-4（c）所示。

② 为使导柱比较顺利地进入导套，在导套前端应倒有圆角。通常导套采用淬火钢或铜等耐磨材料制造，但其硬度应低于导柱的硬度，以改善摩擦及防止导柱或导套拉毛。

③ 导套孔的滑动部分按 H7/f6 或 H8/f8 间隙配合，导套外径按 H7/m6 或 H7/k6 过渡配合（如图 8-1 所示）。

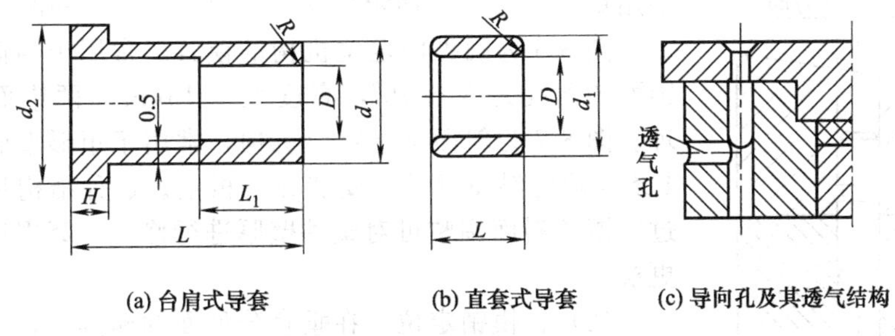

(a) 台肩式导套　(b) 直套式导套　(c) 导向孔及其透气结构

图 8-4　导套和导向孔的结构

④ 导套的安装固定方式如图 8-1 所示，其中图 8-1（a）、（b）均采用台阶式导套，利用轴肩防止开模时拔出导套；图 8-1（c）采用直导套，用螺钉起止动作用。

(3) 导柱的数量和布置　注射模的导柱一般采用 2～4 根，其数量和布置形式根据模具的结构形式和尺寸来确定，如图 8-5 所示。其中图 8-5（a）适用于结构简单、精度要求不高的小型模具，图 8-5（b）、（c）为 4 根导柱对称布置的形式，其导向精度较高。为了避免安装方位错误，可将导柱做成两大两小［如图 8-5（c）所示］，一大两小［如图 8-5（d）所示］，或导柱直径相等，但其中一根位置错开 3～10mm。

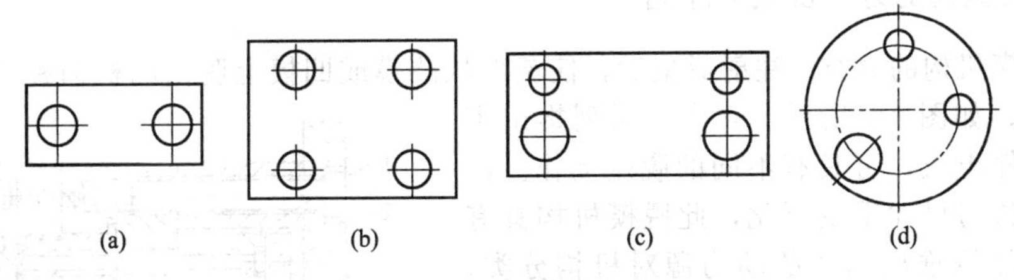

(a)　(b)　(c)　(d)

图 8-5　导柱的数量和布置

8.1.2　锥面和合模销定位机构

(1) 锥面定位　锥面定位机构多用于大型、深腔和精度要求高的塑件，特别是薄壁偏置不对称的壳体塑件。大尺寸塑件在注射时，成型压力会使型芯与型腔偏移。侧向压力会使导柱导向过早失去对合精度。过大侧压力不能让导柱单独承受。因此，当侧压力较大时，还需

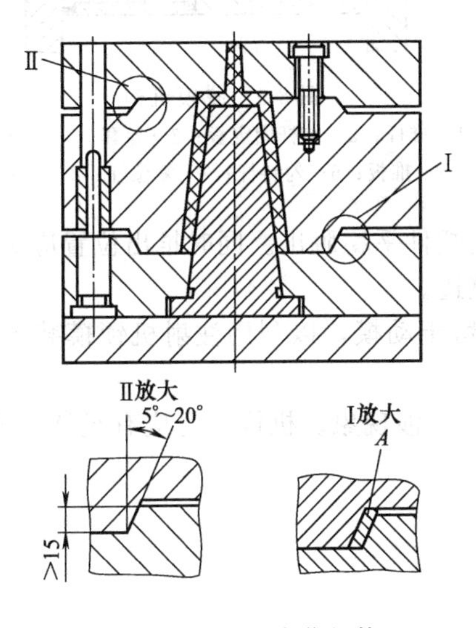

图 8-6　圆锥面定位机构

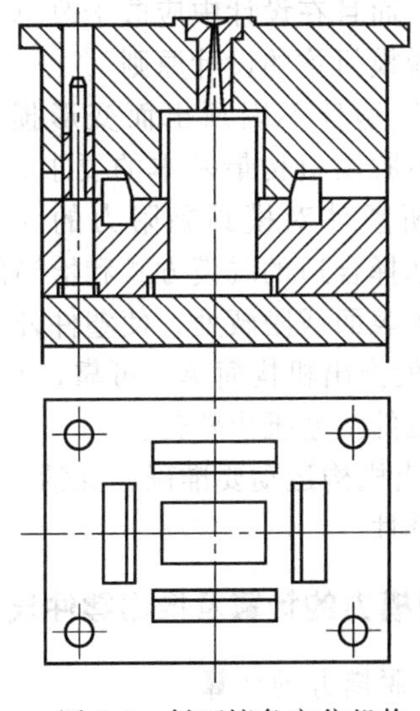

图 8-7　斜面镶条定位机构

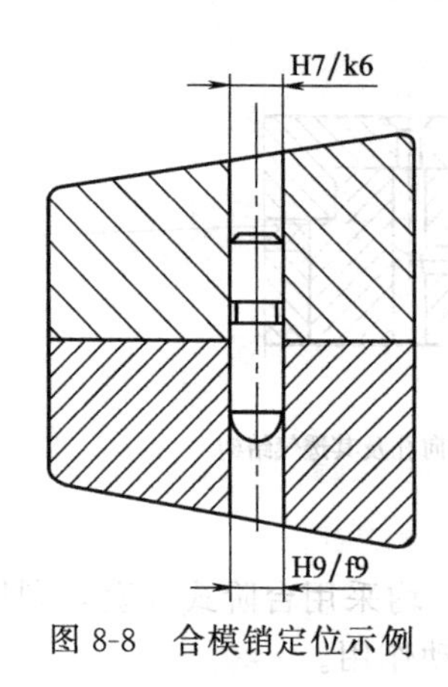

图 8-8 合模销定位示例

要用锥面定位，锥面定位同时也提高了模具的刚性。

图 8-6 为圆锥面定位机构的模具，常用于圆筒类塑件。其锥面的斜度为 5°～20°，高度大于 15mm，两锥面均需淬火处理。图 8-7 为斜面镶条定位机构，常用于矩形型腔的模具。用 4 条淬硬的斜面镶条，安装在模板上。这种结构加工简单，通过对镶条斜面调整可对塑件壁厚进行修正，磨损后镶条又便于更换。

（2）合模销定位　在垂直分型面的模具中，为保证锥模套中的对拼凹模相对位置准确，常采用两个合模销定位。分模时，为防止合模销拔出，其固定端采用 H7/k6 过渡配合，另一滑动端则采用 H9/f9 间隙配合，如图 8-8 所示。

8.2 脱模机构设计

8.2.1 脱模机构的分类及设计原则

（1）脱模机构的分类　注射成型后，使塑件从凸模或凹模上脱出的机构称为脱模机构，或推出机构，如图 8-9 所示。它由一系列推出零件和辅助零件组成，可具有不同的脱模动作。由于塑件的形状与尺寸千变万化，此脱模机构具有多种类型，如按推出动作的动力源对机构分类，有手动脱模、机动脱模、气动和液压脱模等不同类型；如按推出机构动作特点分类，又可分为一次推出（简单脱模机构）、二次推出、顺序脱模、点浇口自动脱模以及带螺纹塑件脱模等不同类型。由于脱模机构种类繁多，所以脱模机构的设计是一项既复杂而又灵活的工作，需要不断积累实践经验，而且在设计中应敢于改革创新。

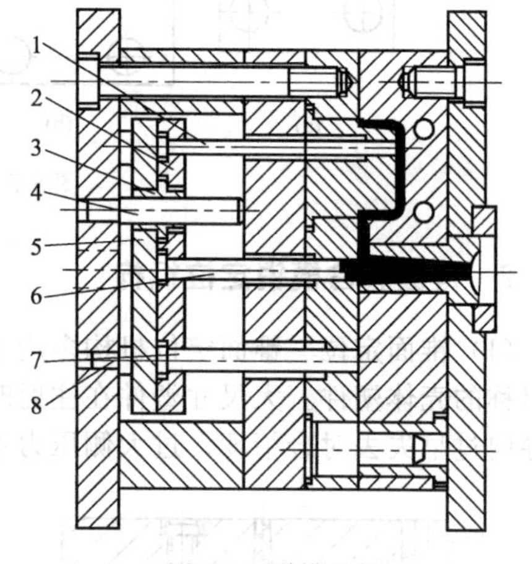

图 8-9 脱模机构

1—推杆；2—推杆固定板；3—导套；4—导柱；5—推板；6—勾料杆；7—复位杆；8—挡销

（2）脱模机构的设计原则

① 保证塑件不因顶出而变形损坏及影响外观，这是对脱模机构最基本的要求。在设计时必须正确分析塑件对模具黏附力的大小和作用位置，以便选择合适的脱模方式和恰当的推出位置，使塑件平稳脱出。同时推出位置应尽量选择在塑件内表面或隐蔽处，使塑件外表面不留推出痕迹。

② 为使推出机构简单、可靠，开模时应使塑件留于动模，以利用注射机锁模装置的顶杆或液压缸的活塞推出塑件。

③ 推出机构运动要准确、灵活、可靠，无卡死与干涉现象。机构本身应有足够的刚度、强度和耐磨性。

8.2.2 脱模力的计算及推出零件尺寸确定

8.2.2.1 脱模力的计算

将塑件从包紧的型芯上脱出时所需克服的阻力称为脱模力。计算脱模力时应考虑以下方面。

① 由收缩包紧力造成的制品与型芯的磨擦阻力，该值应由实验确定。

② 由大气压力造成的阻力。

③ 由塑件的黏附力造成的脱模阻力。

④ 推出机构运动摩擦阻力。

上述各项脱模阻力中，①与②两项起决定作用，③与④两项可用修正系数的形式包括在脱模力计算公式之中。

此外，理论分析和实验证明，脱模力的大小还与制品的厚薄及几何形状有关，因此将制件所需脱模力，按厚壁与薄壁两类加以区别，每类又按圆形和矩形制品分别进行脱模力计算。在注射模设计时，可用这些公式对一般形状的塑件作脱模力的粗略计算。

(1) 厚壁制件（$t/d>0.05$）

① 制件为圆环形截面时所需脱模力（N）为：

$$F=\frac{2\pi rESL(f-\tan\varphi)}{(1+\mu+K_1)K_2}+0.1A \tag{8-1}$$

② 制件为矩环形截面时所需脱模力（N）为：

$$F=\frac{2(a+b)ESL(f-\tan\varphi)}{(1+\mu+K_1)K_2}+0.1A \tag{8-2}$$

(2) 薄壁制件（$t/d\leqslant 0.05$）

① 制件为圆环形截面时所需脱模力（N）为：

$$F=\frac{2\pi\delta_1 ESL\cos\varphi(f-\tan\varphi)}{(1-\mu)K_2}+0.1A \tag{8-3}$$

② 制件为矩环形截面时所需脱模力（N）为：

$$F=\frac{8\delta_2 ESL\cos\varphi(f-\tan\varphi)}{(1-\mu)K_2}+0.1A \tag{8-4}$$

$$K_1=\frac{2\lambda^2}{\cos^2\varphi+2\lambda\cos\varphi} \tag{8-5}$$

$$K_2=1+f\sin\varphi\cos\varphi \tag{8-6}$$

式中 K_1——无量纲系数，其值随 λ 与 φ 而异，$\lambda=r/\delta$ $\left[\text{圆环形截面时，} r \text{为型芯平均半径(mm)，} \delta=\delta_1\text{；矩环形截面时，} r=\frac{a+b}{\pi},\ \delta=\delta_2\right]$；$K_1$ 值除可用上式计算外还可从表 8-2 中选取；

K_2——无量纲系数，随 f 和 φ 而异；K_2 值还可从表 8-3 中选取；

t/d——壁厚与直径之比；

δ_1——圆环形塑件的壁厚，mm；

δ_2——矩环形塑件的平均壁厚，mm；

a，b——矩形型芯的断面尺寸，mm；

S——塑料平均成型收缩率；

E——塑料的弹性模量，MPa（见附录 2）；

L——塑件对型芯的包容长度，mm；

f——塑件与型芯之间的摩擦因数（见附录 2）；

φ——模具型芯的脱模斜度，(°)；

μ——塑料的泊松比（见附录 2）；

A——盲孔塑件型芯在垂直于脱模方向上的投影面积，mm^2，通孔制件的 A 等于零。

表 8-2 无量纲系数 K_1 值

λ	φ															
	15′	30′	1.0°	1.5°	2°	3°	4°	5°	6°	7°	8°	9°	10°	11°	12°	13°	14°	15°
1.0	0.667	0.667	0.667	0.667	0.667	0.668	0.669	0.670	0.672	0.673	0.676	0.678	0.680	0.683	0.687	0.690	0.694	0.698
1.5	1.125	1.125	1.125	1.125	1.126	1.127	1.128	1.130	1.133	1.135	1.139	1.143	1.147	1.151	1.156	1.162	1.169	1.175
2.0	1.600	1.600	1.600	1.601	1.601	1.603	1.605	1.607	1.611	1.614	1.619	1.624	1.147	1.635	1.643	1.651	1.659	1.668
2.5	2.083	2.083	2.084	2.084	2.085	2.087	2.089	2.093	2.097	2.101	2.108	2.114	2.121	2.128	2.138	2.148	2.159	2.169
3.0	2.571	2.571	2.572	2.572	2.573	2.576	2.579	2.583	2.588	2.592	2.601	2.608	2.617	2.625	2.642	2.650	2.668	2.675
3.5	3.063	3.063	3.063	3.064	3.065	3.067	3.071	3.076	3.082	3.087	3.097	3.105	3.116	3.126	3.139	3.154	3.169	3.184
4.0	3.556	3.556	3.556	3.557	3.558	3.516	3.565	3.570	3.577	3.584	3.596	3.605	3.617	3.628	3.644	3.661	3.678	3.695
4.5	4.050	4.050	4.051	4.052	4.053	4.056	4.061	4.067	4.075	4.082	4.095	4.106	4.119	4.132	4.149	4.169	4.188	4.207
5.0	4.545	4.545	4.546	4.547	4.548	4.552	4.557	4.564	4.573	4.584	4.596	4.607	4.622	4.636	4.656	4.678	4.700	4.721
5.5	5.042	5.042	5.042	5.043	5.045	5.049	5.055	5.063	5.072	5.084	5.097	5.110	5.126	5.142	5.163	5.187	5.211	5.235
6.0	5.539	5.539	5.535	5.540	5.542	5.547	5.553	5.561	5.571	5.584	5.599	5.613	5.631	5.648	5.671	5.698	5.723	5.749
6.5	6.036	6.036	6.037	6.038	6.040	6.045	6.057	6.060	6.071	6.082	6.101	6.116	6.136	6.154	6.180	6.208	6.236	6.264
7.0	6.533	6.533	6.534	6.536	6.538	6.543	6.550	6.569	6.572	6.583	6.604	6.620	6.641	6.661	6.689	6.719	6.750	6.779
7.5	7.031	7.031	7.032	7.034	7.036	7.042	7.049	7.060	7.073	7.084	7.107	7.124	7.147	7.168	7.198	7.231	7.262	7.295
8.0	7.530	7.530	7.531	7.532	7.534	7.541	7.549	7.560	7.574	7.586	7.610	7.629	7.652	7.676	7.707	7.742	7.776	7.811
8.5	8.025	8.027	8.029	8.031	8.033	8.040	8.048	8.060	8.075	8.088	8.113	8.113	8.159	8.183	8.217	8.254	8.290	8.327
9.0	8.527	8.527	8.528	8.530	8.532	8.539	8.548	8.560	8.576	8.590	8.617	8.638	8.665	8.691	8.726	8.766	8.804	8.843

表 8-3 无量纲系数 K_2 值

f	φ												K_2 的平均值
	1°	2°	3°	4°	5°	6°	7°	8°	9°	10°	11°	12°	
0.10	1.0017	1.0035	1.0052	1.0070	1.0087	1.0104	1.0121	1.0133	1.0155	1.0171	1.0187	1.0203	1.0112
0.14	1.0024	1.0049	1.0073	1.0097	1.0122	1.0145	1.0169	1.0163	1.0216	1.0239	1.0262	1.0285	1.0140
0.15	1.0026	1.0052	1.0078	1.0104	1.0130	1.0156	1.0181	1.0207	1.0232	1.0257	1.0280	1.0305	1.0167
0.18	1.0031	1.0064	1.0094	1.0125	1.0156	1.0187	1.0218	1.0221	1.0278	1.0308	1.0337	1.0366	1.0179
0.20	1.0035	1.0070	1.0104	1.0319	1.0174	1.0208	1.0242	1.0276	1.0309	1.0342	1.0375	1.0407	1.0223
0.26	1.0052	1.0105	1.0156	1.0209	1.0260	1.0312	1.0363	1.0413	1.0464	1.0513	1.0562	1.0608	1.0335
0.33	1.0058	1.0115	1.0172	1.0230	1.0287	1.0341	1.0399	1.0454	1.0510	1.0564	1.0618	1.0671	1.0368
0.36	1.0063	1.0126	1.0188	1.0250	1.0313	1.0374	1.0435	1.0496	1.0556	1.0616	1.0674	1.0729	1.0402
0.44	1.0074	1.0153	1.0228	1.0306	1.0382	1.0457	1.0534	1.0606	1.0680	1.0752	1.0824	1.0895	1.0492

8.2.2.2 推出零件尺寸的确定

在推出机构中最主要的零件是推件板和推杆，推件板的厚度和推杆的直径的确定又是设计的关键。下面从刚度和强度计算两个方面讨论推件板厚度及推杆直径的计算公式。

（1）推件板厚度的确定　对于筒形或圆形塑料制件，当需要推件板脱模时，根据刚度计算，推件板的厚度 t（mm）公式为：

$$t=\sqrt[3]{\frac{C_3FR^2}{E[\delta]}} \tag{8-7}$$

式中　C_3——系数，随 R/r 而异，按表 8-4 选取；

R——推杆作用在推件板上所形成的几何半径，mm；

r——推件板环形内孔（或型芯）的半径，mm；

E——推件板材料的弹性模量，对于一般中碳钢：$E=2.1\times10^5$ MPa；

$[\delta]$——推件板板中心所允许的最大变形量，一般可取制件在被推出方向上的尺寸公差的$\frac{1}{5}\sim\frac{1}{10}$，mm；

F——脱模力，N。

根据强度计算，则推件板厚度 t（mm）公式为：

$$t=\sqrt[3]{\frac{K_3F}{[\sigma]}} \tag{8-8}$$

式中　K_3——系数，随 R/r 值而异，按表 8-4 选取；

$[\sigma]$——推件板材料的许用应力，MPa；

F——脱模力，N。

表 8-4　系数 C_3 与 K_3 的推荐值

R/r	C_3	K_3	R/r	C_3	K_3
1.25	0.0051	2.27	3.00	0.2090	12.05
1.50	0.0249	4.28	4.00	0.2930	15.14
2.00	0.0877	7.53	5.00	0.3500	17.45

对于横截面为矩形或异形的环状制件，若根据刚度计算，则推件板厚度 t（mm）公式为：

$$t=0.54L_0\sqrt[3]{\frac{F}{EB[\delta]}} \tag{8-9}$$

式中　L_0——推件板长度上两推杆的最大距离，mm；

B——推件板宽度，mm。

其他符号同前述。

(2) 推杆直径的确定　根据压杆稳定公式，可得推杆直径 d（mm）的公式：

$$d=K\sqrt[4]{\frac{L^2F}{nE}} \tag{8-10}$$

式中　d——推杆的最小直径，mm；

K——安全系数，可取 $K=1.5$；

L——推杆的长度，mm；

F——脱模力，N；

n——推杆数目；

E——推杆材料的弹性模量，MPa。

推杆直径确定后，还应进行强度校核，其公式为：

$$\sigma=\frac{4F}{n\pi d^2}\leqslant[\sigma] \tag{8-11}$$

式中　$[\sigma]$——推杆材料的许用应力，MPa；

σ——推杆所受的应力，MPa。

其他符号同前述。

8.2.3　一次推出脱模机构

开模后，用一次动作将塑件推出的机构称为一次推出脱模机构，又称简单脱模机构。这是最常见的结构类型，包括推杆脱模、推管脱模、推板脱模、气动脱模以及利用活动镶件或型腔脱模和多元件联合脱模等机构。

8.2.3.1　推杆脱模机构

(1) 推杆脱模机构的组成　如图 8-9 所示，它是一种最常用的脱模机构。主要由推出部件、推出导向部件和复位部件等所组成。

① 推出部件。推出部件由推杆 1、推杆固定板 2、推板 5 和挡销 8 等组成。推杆直接与塑件接触，开模后将塑件推出。推杆固定板和推板起固定推杆及传递注射机推力的作用。挡销起调节推杆位置和便于消除杂物的作用。

② 导向部件。为使推出过程平稳，推出零件不致弯曲和卡死，推出机构中设有导柱 4 和导套 3 起推出导向作用。

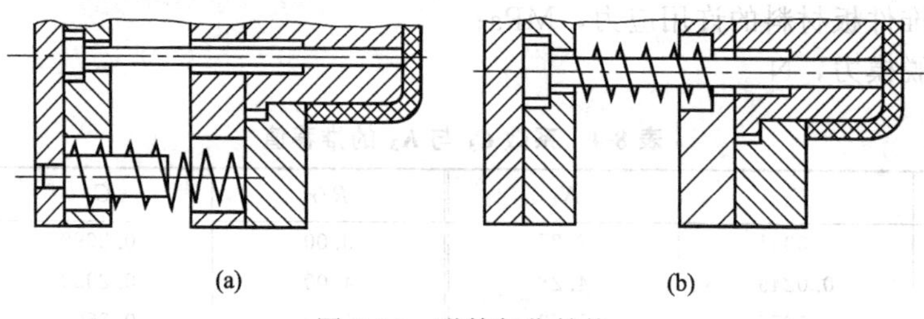

图 8-10 弹簧复位结构

③ 复位部件。其作用是使完成推出任务的推出零部件回复到初始位置。图 8-9 中是利用复位杆 7 复位。此外也有利用弹簧复位的，如图 8-10 所示。其中图 8-10（a）所示的弹簧套在一定位柱上，以免工作时弹簧扭斜，同时定位柱也起限制推出距离的作用，避免弹簧压缩过度；图 8-10（b）是当推杆固定板移动空间不够时，将弹簧套在推杆上的形式。在推杆多、复位力要求大时，弹簧常与复位杆配合使用，以防止复位过程中发生卡滞或推出机构不能准确复位的情况。

（2）推杆设计要点

① 推杆应设置在脱模阻力大的地方，如图 8-11（a）所示的壳或盖类塑件的侧面阻力最大，推杆应设在端面或靠近侧壁的部位，但也不应与型芯（或嵌件）距离太近，以免影响凸模或凹模的强度。当塑件各处脱模阻力相同时，推杆应均衡布置，使塑件脱模时受力均匀，以防止变形。图 8-11（b）所示为塑件局部带凸台或筋的情况，推杆通常设在凸台或筋的底部。推杆不宜设在塑件壁薄处，若结构需要顶在薄壁处时，可增大推出面积以改善塑件受力状况，如图 8-11（c）所示为采用推出盘的形式。当塑件上不允许有推出痕迹时，可采用推出耳形式，如图 8-11（d）所示，脱模后将推出耳剪掉。

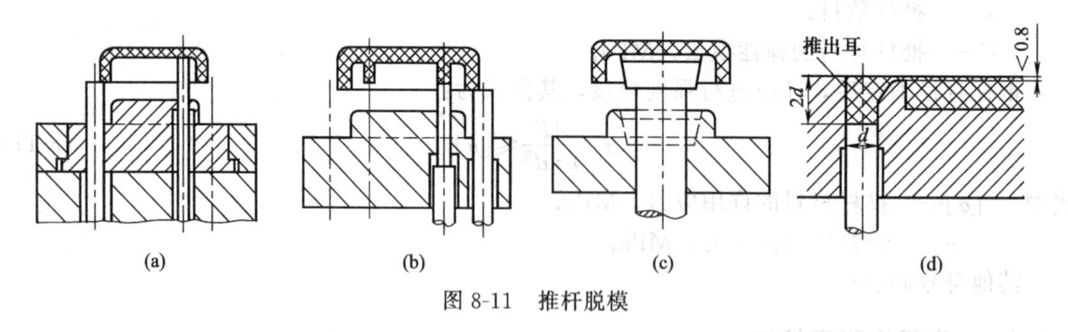

图 8-11 推杆脱模

② 推杆应有足够的强度和刚度承受推出力，以免推杆在推出时弯曲或折断。推杆直径可由计算得出，通常取 2.5～12mm，对于直径小于 3mm 的细长推杆应做成下部加粗的阶梯形（图 8-13 中 B 型）。推杆的常用截面形状如图 8-12 所示，其中圆形截面为最常用的形式，标准圆形截面推杆的结构如图 8-13 所示。

③ 推杆端面应与型腔在同一平面或比型腔的平面高出 0.05～0.10mm，如图 8-14 所示，且不应有轴向窜动。推杆与推杆孔配合一般为 H8/f8 或 H9/f9，其配合间隙不大于所用塑料的溢料间隙，以免产生飞边，常用塑料的许用溢料间隙参见表 7-7。

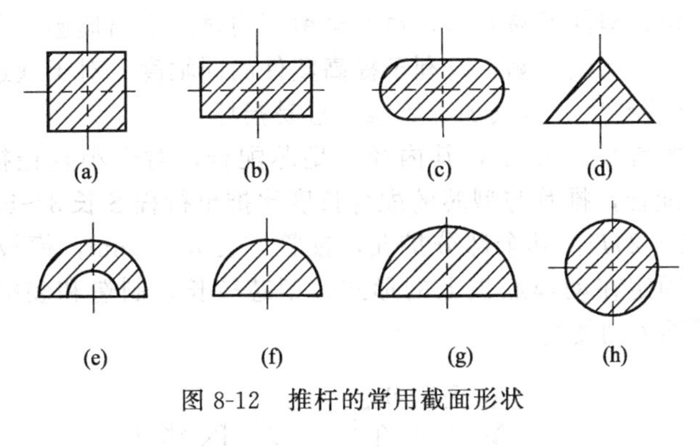

图 8-12　推杆的常用截面形状

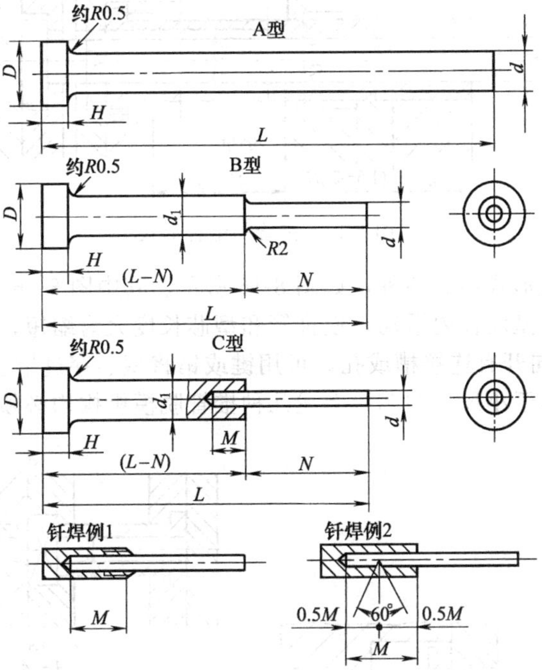

图 8-13　标准圆形截面推杆的结构

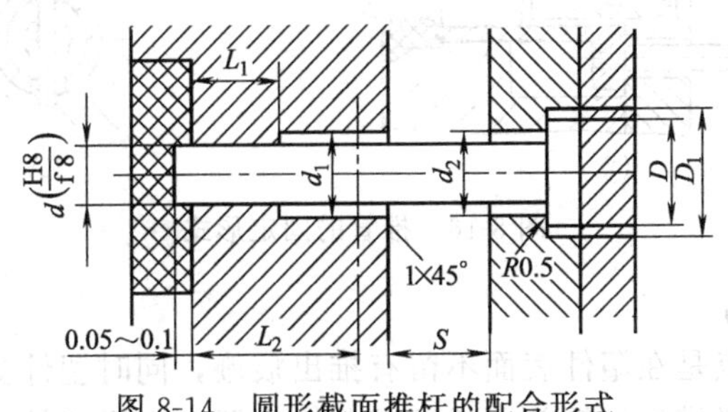

图 8-14　圆形截面推杆的配合形式

④ 对带有侧向抽芯的模具，推杆位置应尽量避开侧向型芯，否则需设置推杆先复位装置，以免与侧抽芯发生干涉。

⑤ 对于开有冷却水道的模具，应避免推杆穿过冷却水道，否则会出现漏水现象。设计时应先设计冷却系统，再设计推出机构，并与冷却水道保持一定距离，以保证加工。

8.2.3.2　推管脱模机构

推管适用于环形、筒形塑件或塑件带孔部分的推出，由于推管以环形周边接触塑件，故推顶塑件的力分布均匀，塑件不易变形，也不会留下明显的推出痕迹。采用推管推出时，主型芯和凹模可同时设计在动模一侧，以利于提高塑件的同轴度。对于壁过薄的塑件（壁厚<1.5mm），不宜采用推管推出，因其加工困难，且易损坏。

推管的组合形式如图 8-15 所示，其内径与型芯配合，对于小直径推管取 H8/f8 配合，大直径推管取 H7/f6 配合，推管与型芯的配合长度比推出行程 S 长 3～5mm，推管与模板的配合长度一般为 $(1.5\sim2)D$，其余部分扩孔，推管扩孔 $d+1$mm，模板扩孔 $D+1$mm。图 8-15 所示结构为型芯固定在动模底板上的形式，型芯较长，制造和装配较麻烦，但结构可靠，适用于推出行程不大的场合。

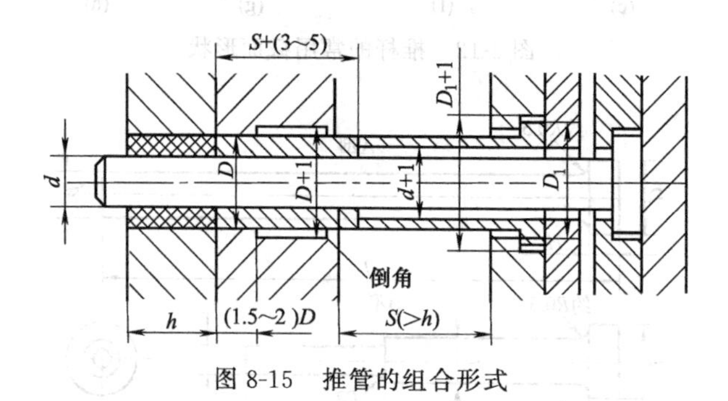

图 8-15　推管的组合形式

此外，推管的固定形式还有两种，如图 8-16 所示。其中图 8-16（a）为型芯固定在动模型芯固定板上，推管在型腔板内滑动，使推管和型芯长度大为缩短，但型腔板厚度增加；图 8-16（b）为推管在轴向开有连接槽或孔，可用键或销将型芯穿过推管固定在型芯固定板上，但因紧固力小，只适用于小尺寸型芯。上述几种推管脱模机构均必须采用复位杆复位。

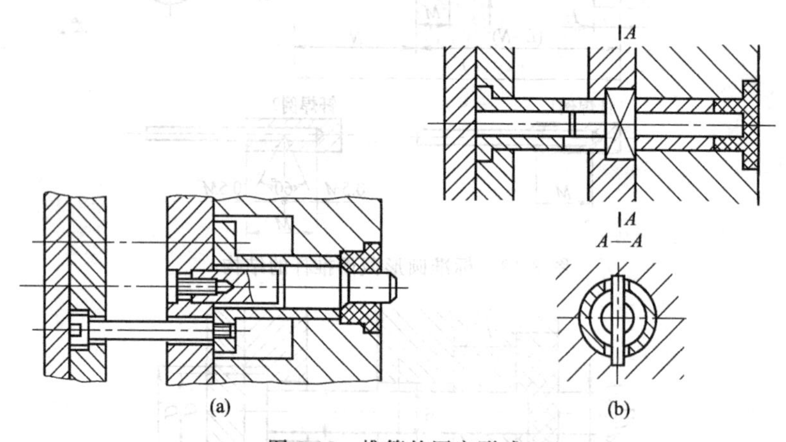

图 8-16　推管的固定形式

8.2.3.3　推板脱模机构

推板脱模机构的特点是在塑件表面不留有推出痕迹，同时塑件受力均匀，推出平稳，且推出力大，结构较推管脱模机构简单，适用于薄壁容器、壳形塑件及外表面不允许留有推出痕迹的塑件。图 8-17 所示为三种推板脱模机构，其中图 8-17（a）为推件板与推杆采用螺纹连接，以防止推件板在推出过程中脱落；图 8-17（b）为推件板与推杆无固定连接，故要求导柱足够长，且严格控制脱模行程，以防止推件板脱落；图 8-17（c）所示结构适用于两侧具有顶杆的注射机，其模具结构简单，但推件板要适当加大和加厚。

对于大型深腔薄壁或软质塑料容器，用推杆脱模，塑件内部易形成真空，使脱模困难，甚至还会使塑件变形或损坏，因此应在凸模上附设引气装置，如图 7-34 所示。

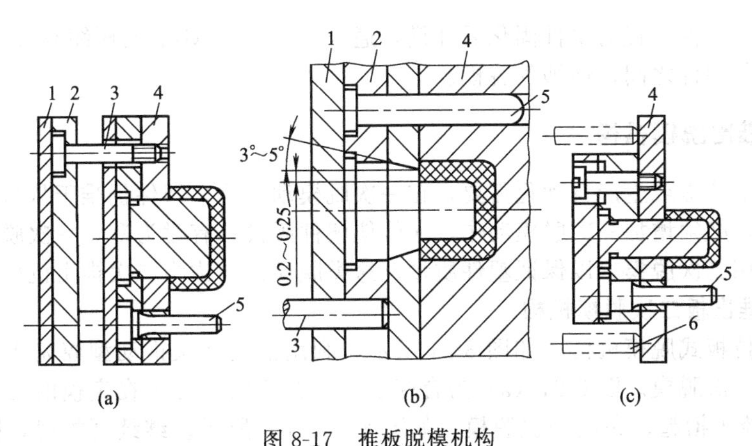

图 8-17　推板脱模机构

1—推板；2—推杆固定板；3—推杆；4—推件板；5—导柱；6—注射机顶柱

8.2.3.4　利用成型零件推出的脱模机构

某些塑件因结构和材料等关系，不适宜采用上述的脱模机构，则可利用成型镶件或型腔带出塑件，使之脱模。图 8-18（a）所示为利用螺纹型环作推出零件的例子；图 8-18（b）所示为利用活动成型镶件推出塑件的结构，推杆推出型芯镶件，塑件取出后，推杆带动镶件复位；图 8-18（c）所示为用型腔带出塑件的例子，型腔推出塑件后，人工取出塑件，该结构适用于软质塑料，但型腔数目不宜过多，否则取件困难。

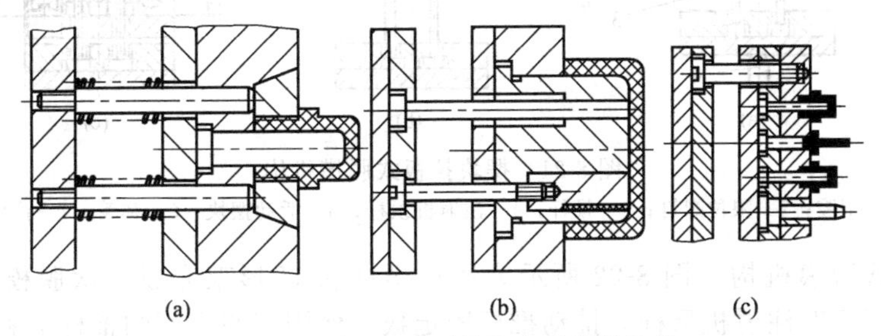

图 8-18　利用成型零件推出的脱模机构

8.2.3.5　多元件联合脱模机构

对于某些深腔壳体、薄壁塑件以及带有局部环状凸起、凸筋或金属嵌件的复杂塑件，采用单一的脱模方式，不能保证塑件顺利脱出，需采用两种以上的多元件联合推出。图 8-19 所示为推杆、推管与推板三种元件联合使用的实例。

8.2.3.6　气压脱模机构

图 8-20 所示为用于深腔塑件及软性塑件脱模的气压脱模机构，加工简单，但必须设置

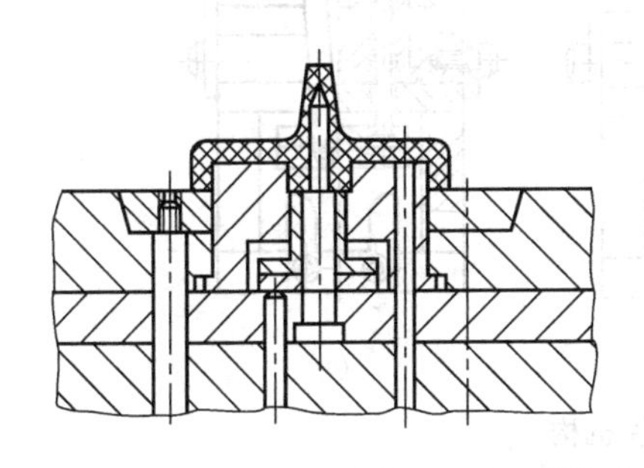

图 8-19　多元件联合脱模机构

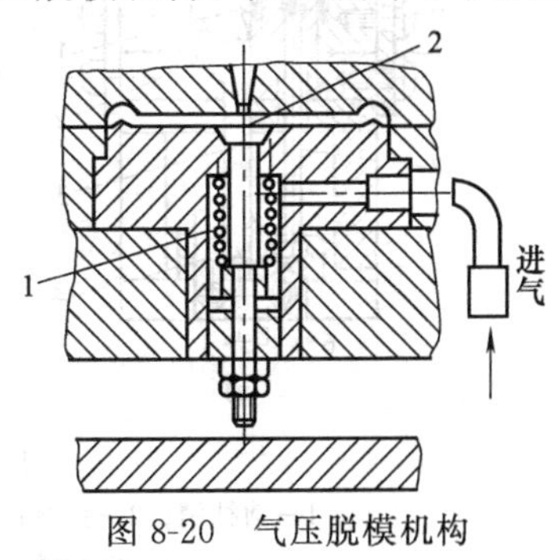

图 8-20　气压脱模机构

1—弹簧；2—阀杆

气路和气门等。脱模过程为塑件固化后开模，通入 0.1～0.4MPa 的压缩空气，将阀门打开，空气进入型芯与塑件之间，使塑件脱模。

8.2.4 二次推出脱模机构

当塑件形状特殊或生产自动化需要，在一次脱模动作后，塑件仍难于从型腔中取出或不能自动脱落时，必须增加一次脱模动作，才能使塑件脱模；有时为避免一次脱模使塑件受力过大，也可采用二次脱模，以保证塑件质量，这类脱模机构称为二次推出机构。

8.2.4.1 单推出板二次脱模机构

（1）摆块拉板式脱模机构　如图 8-21 所示，利用活动摆块推动型腔完成一次脱模，然后由推杆完成二次脱模。图 8-21（a）为合模状态。开模时，固定在定模的拉板 7 带动活动摆块 5，将型腔 1 抬起，完成一次脱模，如图 8-21（b）所示。继续开模时，限位螺钉 2 拉住型腔板，由注射机顶杆 4 通过推杆 3 将塑件从型腔中推出。弹簧 6 的作用是使活动摆块始终靠紧型腔，如图 8-21（c）所示。

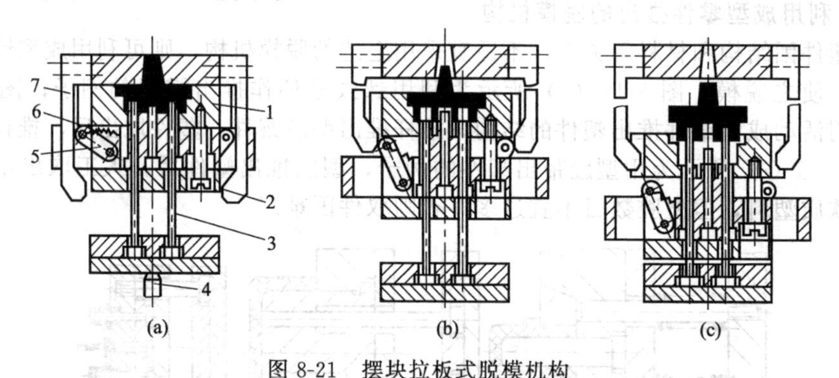

图 8-21　摆块拉板式脱模机构

1—型腔；2—限位螺钉；3—推杆；4—注射机顶杆；5—活动摆块；6—弹簧；7—拉板

（2）摆杆式脱模机构　图 8-22 所示为通过摆杆和 U 形架完成二次脱模。图 8-22（a）为合模状态。开模时注射机顶杆 5 推动推杆固定板，使固定在上面的推杆 7 和摆杆 3 一起向前运动，同时摆杆经固定在型腔上的圆柱销 1 使型腔抬起，将塑件从型芯上脱下，完成一次脱模，见图 8-22（b）。当限位螺钉 9 迫使型腔不能继续向前移动时，摆杆又脱离了 U 形限制架 4，同时圆柱销 1 将两摆杆分开，由弹簧 2 拉住摆杆紧靠在圆柱销上，当注射机顶杆继续顶出时，推杆 7 推动塑件脱离型腔，如图 8-22（c）所示。

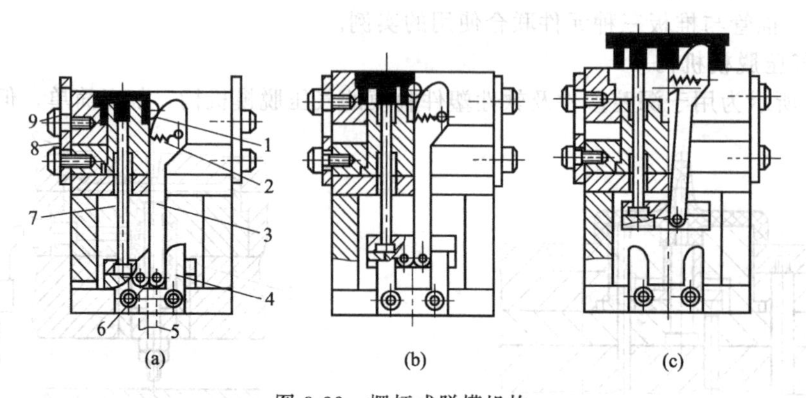

图 8-22　摆杆式脱模机构

1—圆柱销；2—弹簧；3—摆杆；4—U 形限制架；5—注射机顶杆；

6—转动销；7—推杆；8—型芯；9—限位螺钉

单推出板二次脱模机构的特点是只有一个推出板，其结构形式很多，除上述两种以外，还有气动式、液压式、弹簧式、拉杆式、滑块式及钢球式等，这里不再一一介绍。

8.2.4.2　双推出板二次脱模机构

这种类型的脱模机构有两组推出板，利用两组推出板的先后动作完成二次脱模。

（1）八字摆杆式脱模机构　如图 8-23 所示，图 8-23（a）为原始位置，开模时注射机顶杆 6 推动一次推出板，同时通过定距块 5 使二次推出板以同样速度推动塑件，使塑件和型腔一起运动而脱离动模型芯，完成一次脱模。当开模至图 8-23（b）位置时，一次推出板碰到八字形摆杆 4，由于摆杆支点到两推板接触点的距离不等，在摆杆的摆动下，使二次推出板向前运动的距离大于一次推出板前移的距离，因而使塑料制件从型腔中脱出，如图 8-23（c）所示。

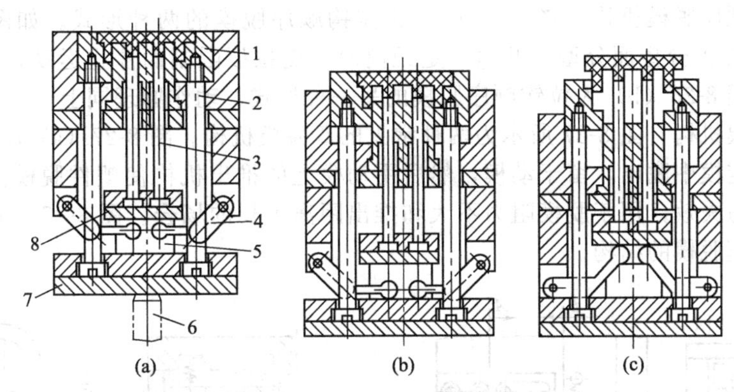

图 8-23　八字摆杆式脱模机构

1—型腔；2,3—推杆；4—八字形摆杆；5—定距块；6—注射机顶杆；7——次推出板；8—二次推出板

（2）拉钩楔块式脱模机构　如图 8-24 所示，成型推杆 7 固定在一次推出板 9 上，中心推杆 6 和拉钩 1 固定在二次推出板 10 上。闭模状态时，拉钩在弹簧 2 的作用下始终钩住圆柱销 5，如图 8-24（a）所示。开模时注射机顶杆 8 顶动二次推出板，由于拉钩的作用，一、二次推出板同时推动塑件，使塑件脱离型芯，完成一次脱模。继续开模时，在斜楔 3 的作用下，拉钩与圆柱销脱开，同时限距柱 4 碰到动模固定板，使一次推出板停止运动，如图 8-24（b）所示。注射机顶杆继续前顶，中心推杆 6 推出塑件，完成二次脱模，如图 8-24（c）所示。

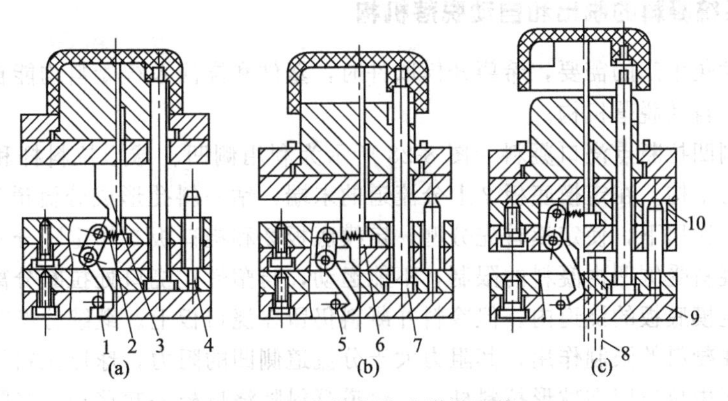

图 8-24　拉钩楔块式脱模机构

1—拉钩；2—弹簧；3—斜楔；4—限距柱；5—圆柱销；6—中心推杆；7—成型推杆；8—注射机顶杆；9——次推出板；10—二次推出板

8.2.4.3 顺序脱模和双脱模机构

一般模具设计都尽可能使塑件留在动模一侧，但由于塑件形状特殊而不一定留于动模，或因某种特殊需要，模具在分型时必须先使定模分型，然后再使动模、定模分型，这两种情况均须考虑在定模上设置脱模机构，称为顺序脱模或双脱模机构。

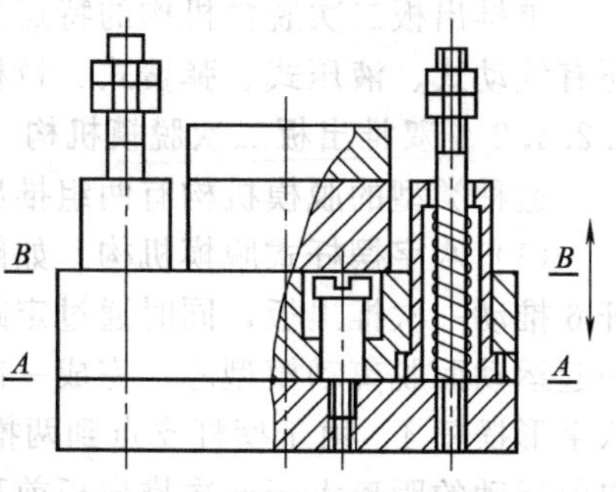

图 8-25 弹簧顺序脱模机构

(1) 弹簧顺序脱模机构 如图 8-25 所示，合模时弹簧受压缩，开模过程中，首先在弹簧作用下，使 A 分型面分型，分开至一定距离时，限位螺钉限制了定模的运动，模具便从 B 分型面分型脱模。

(2) 拉钩顺序脱模机构 图 8-26 所示为拉钩顺序脱模的两种形式。如图 8-26 (a) 所示，开模时先从 A 分型面分型，开模一定距离时，受拉板限制而停止运动，于是从 B 分型面分型脱模。图 8-26 (b) 为拉钩顺序脱模的另一种形式，动作原理同上。

(3) 双脱模机构 图 8-27 所示为两种常见的双脱模机构。图 8-27 (a) 所示为利用弹簧力使塑件先从定模中脱出，留于动模，然后用动模上的推出机构使塑件脱模。该结构紧凑、简单，但弹簧易失效，用于脱模阻力不大和推出距离不长的场合。图 8-27 (b) 为利用杠杆的作用实现定模脱模的结构。

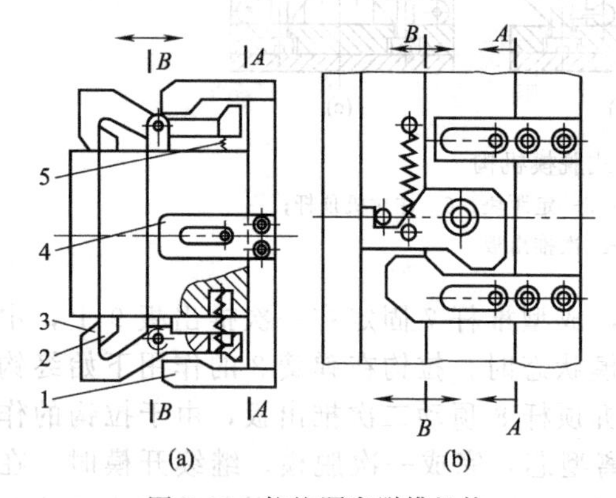

图 8-26 拉钩顺序脱模机构

1—压块；2—挡块；3—拉钩；4—拉板；5—弹簧

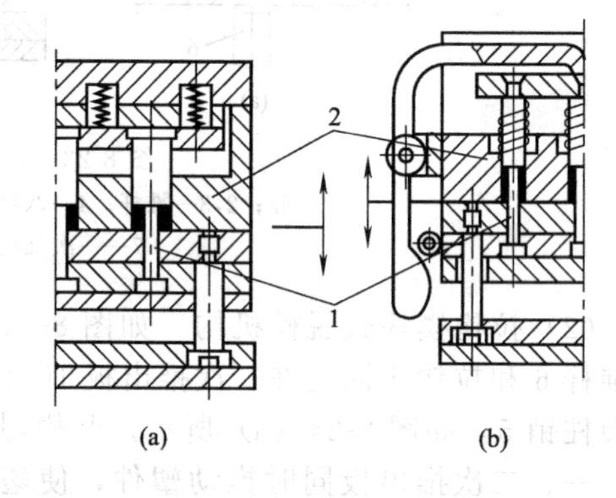

图 8-27 双脱模机构

1—型芯；2—型腔

8.2.5 浇注系统凝料的脱出和自动脱落机构

为适应自动化生产的需要，希望开模取件时，塑件和浇注系统凝料均能自动脱模。下面介绍两种点浇口自动脱落机构。

(1) 利用侧凹拉断点浇口凝料 图 8-28 所示为利用侧凹、球形拉料杆和浇口板将浇注系统凝料推出的结构。在定模底板 2 上分流道的末端，钻一斜孔形成分流道侧凹 1。模具开模时，在弹簧 4 作用下，使定模首先分型，定模底板 2 和浇口板 5 作定距分开。定模刚分型时，浇注系统凝料受侧凹内凝料的限制，不能运动，与塑件在浇口处拉断分离，浇口凝料脱出浇口板留在定模底板的浇道内。但冷料井凝料仍留在浇口板上。继续分型时，由于球形拉料杆 6 对冷料井凝料的限制作用，其阻力大于分流道侧凹的阻力，球形拉料杆将浇道凝料从定模底板的侧凹中拉出留在球形拉料杆上，浇道凝料随浇口板一起移动。当限位拉杆 3 的轴肩与浇口板的台阶接触时，定模的定距分型结束。继续开模，模具就由动模型芯固定板 8 与定模浇口板分型，塑件脱出型腔留在动模的型芯上，与此同时，浇口板与球形拉料杆分开，在浇口板的推动下，把冷料井凝料强行地从球形拉料杆上刮下来，使浇注系统凝料能自动地坠落。模具继续分型，当注射机顶杆 10 与模具推板接触时，顶杆 9 推动塑件从型芯上脱出，实现塑件的脱模。

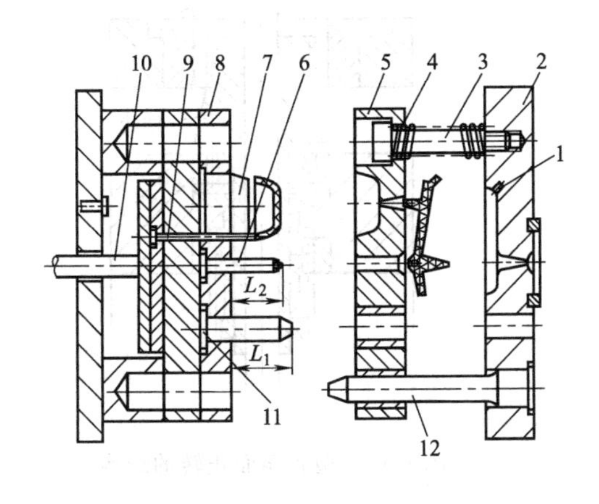

图 8-28　自动脱针点浇口凝料

1—分流道侧凹；2—定模底板；3—限位拉杆；4—弹簧；5—浇口板；6—球形拉料杆；7—型芯；8—型芯固定板；9—顶杆；10—注射机顶杆；11—导柱；12—导柱

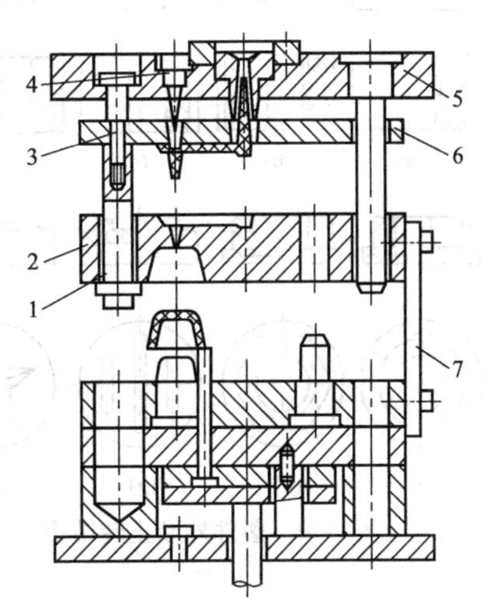

图 8-29　利用分流道推板拉断点浇口

1—拉杆；2—定模型腔板；3—限位螺钉；4—分流道拉杆；5—定模底板；6—分流道推板；7—拉板

(2) 利用定模推板拉断点浇口凝料　图 8-29 所示为在定模中加设分流道推板拉断点浇口凝料的结构。开模时，动模、定模先分型，点浇口在分型时被拉断，浇注系统凝料留在定模中，动模后退一定距离后，在拉板 7 的作用下，分流道推板 6 与定模型腔板 2 分型，浇注系统凝料脱离分流道。继续开模，由于拉杆 1 和限位螺钉 3 作用，使定模底板 5 与分流道推板 6 分型，在分型过程中，分别将浇注系统凝料从主流道及分流道拉杆上脱出。

8.2.6　塑料螺纹的脱模机构

通常，塑料上的内螺纹用螺纹型芯成型，外螺纹用螺纹型环成型。由于螺纹的特殊形状，所以带螺纹塑件脱模需设置一些特殊机构，其模具结构也较复杂。

8.2.6.1　塑料螺纹脱模机构设计注意事项

(1) 塑件外表面应带有止转结构　带有螺纹的塑件成型后，必须与螺纹型芯或型环作相对转动和移动才能脱模，因此在塑件的外表面或端面应考虑带有止转的花纹或图案，如图 8-30 所示。

(2) 对模具结构的要求　为使塑件在脱模时不跟螺纹型芯或型环一起转动，模具上必须设相应的止转结构。如图 8-31 所示，型腔与塑件端面上设有止转结构，脱模时，通过螺纹型芯的回转，推板推动塑件沿轴向移动，使塑件脱离螺纹型芯，再在推杆的作用下使塑件脱离推板。

8.2.6.2　塑料螺纹的脱模方式

(1) 强制脱螺纹

① 利用塑料弹性脱螺纹。利用某些塑料的弹性较好，如聚乙烯、聚丙烯和聚甲醛等塑件，如图 8-32 (a) 所示，可用推件板将塑件从螺纹型芯上强制脱下，如图 8-32 (b) 中 A 为推件板。这种形式的模具结构简单，用于精度要求不高的塑件。但应避免图 8-32 (c) 中用圆弧端面作为推出面，这样脱模困难。

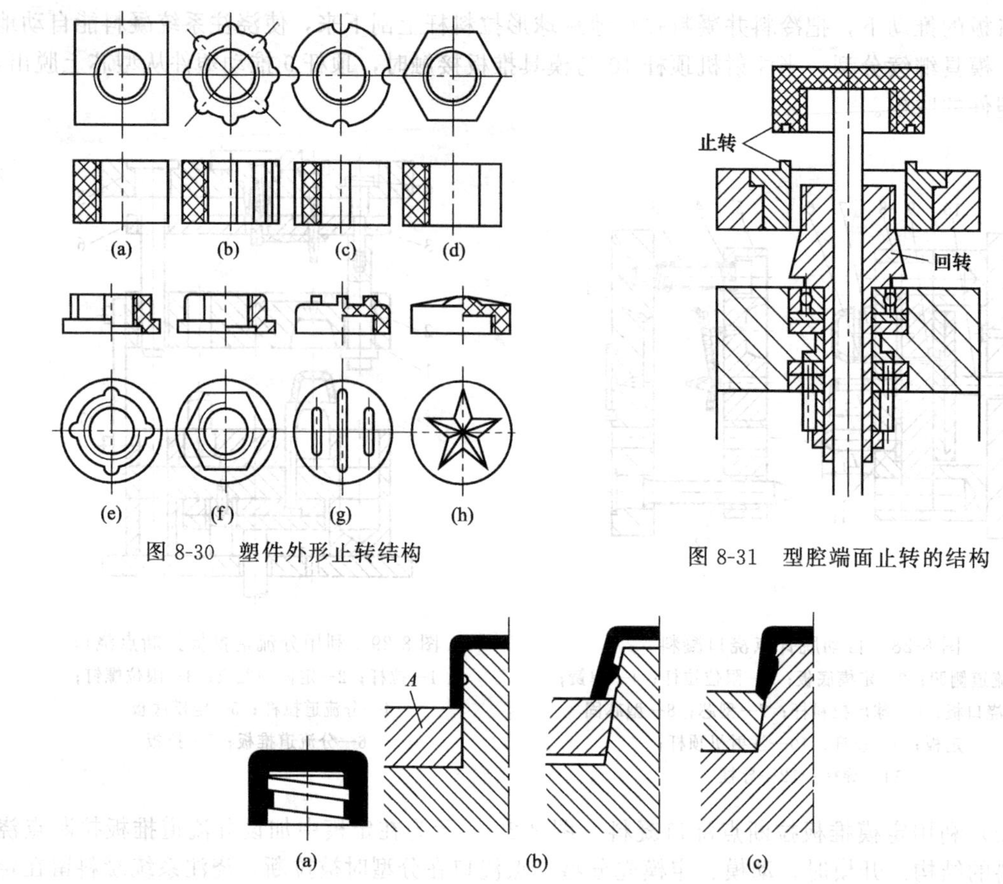

图 8-30 塑件外形止转结构

图 8-31 型腔端面止转的结构

图 8-32 利用塑件弹性脱螺纹

② 用硅橡胶作螺纹型芯强制脱模。如图 8-33（a）所示，开模时，在弹簧作用下芯杆 1 先从硅橡胶螺纹型芯 4 中退出，使硅橡胶收缩，再用推杆将塑件推出［图 8-33（b）］。该结构因硅橡胶寿命低，仅用于小批量生产。

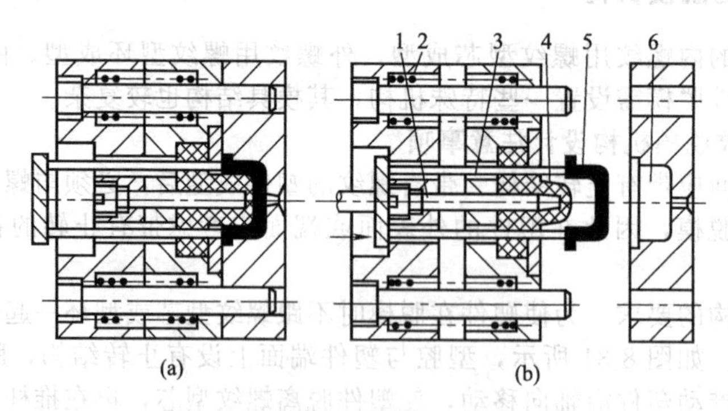

图 8-33 硅橡胶螺纹型芯脱模机构

1—芯杆；2—弹簧；3—推杆；4—硅橡胶螺纹型芯；5—塑件；6—凹模型腔

(2) 利用活动螺纹型芯或螺纹型环脱螺纹　当模具不能设计成瓣合模或回转脱螺纹结构太复杂时，可将螺纹部分做成活动型芯或活动型环随塑件一起脱模，然后在机外将它们分开。图 8-34（a）所示为活动螺纹型芯结构，图（b）为活动螺纹型环结构。这种形式的模具结构简单，但需增加机外取芯装置。

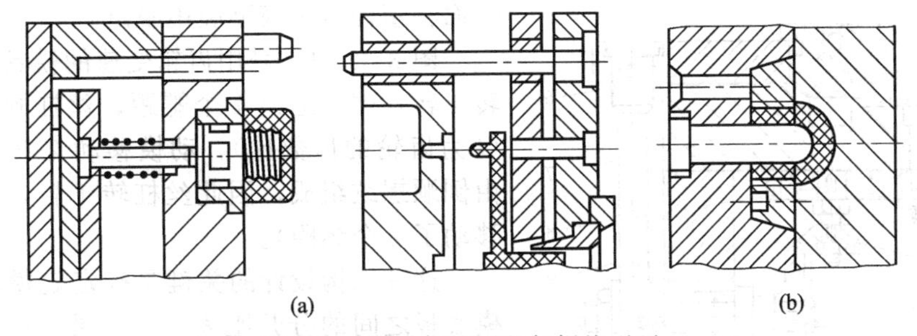

图 8-34　活动螺纹型芯与螺纹型环

(3) 螺纹部分回转的脱模机构　这种形式是利用塑件与螺纹型芯或型环相对转动与相对移动脱出螺纹。回转机构可设在动模或定模，通常模具回转机构设置在动模一侧。

螺纹脱模机构回转部分的驱动方式有人工驱动、液压或气动、电动机驱动以及利用开模运动通过齿轮齿条或大升角丝杠螺母驱动等。

① 手动脱螺纹机构。图 8-35 所示为模内设变向机构的手动脱螺纹型芯的结构。当手工摇动斜齿轮 5 时，与它啮合的斜齿轮 4 通过滑键带动螺纹型芯 7 旋转，由于凸模 3 的顶部设有止转槽 9，螺纹型芯在回转的同时向左移动（沿箭头方向），便可顺利与塑件脱离，然后开启模具从Ⅰ处分型，由推板 6 将塑件推出，推出距离由定距螺钉 8 限制。

② 机动脱螺纹机构。这种形式是利用开模时的直线运动，通过齿轮齿条或丝杠的运动使螺纹型芯作回转运动而脱离塑件。图 8-36 所示为用齿轮齿条脱出侧向螺纹型芯的机构。开模时，齿条导柱 1 带动螺纹型芯 4 旋转并沿套筒螺母 3 做轴向移动，脱离塑件。

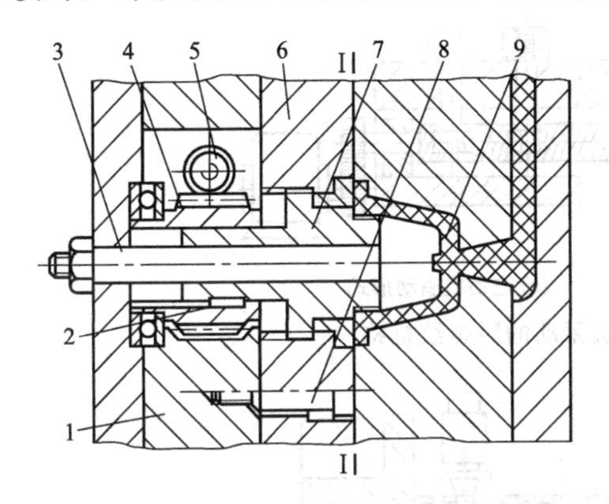

图 8-35　模内设变向机构的手动脱螺纹
1—支撑板；2—滑键；3—凸模；4,5—螺旋斜齿轮；6—推板；7—螺纹型芯；8—定距螺钉；9—止转槽

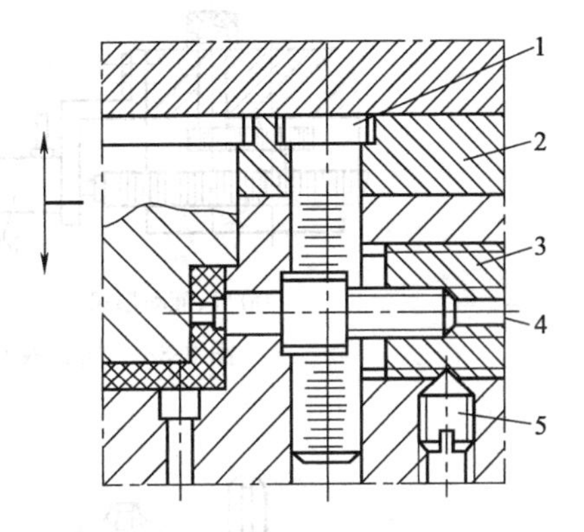

图 8-36　齿轮齿条脱螺纹机构
1—齿条导柱；2—固定板；3—套筒螺母；4—螺纹型芯；5—紧定螺钉

图 8-37 所示为锥齿轮脱螺纹型芯结构，它用于侧浇口多型腔模，螺纹型芯只要作回转运动就可脱出塑件，由于螺纹型芯与拉料杆的旋向相反，故两者的螺距应相等且做成正反螺纹。

③ 其他动力源脱螺纹机构。图 8-38 (a) 所示为靠液压缸或气缸使齿条往复运动，通过齿轮带动螺纹型芯回转的脱模机构。图 8-38 (b) 所示为靠电动机和蜗轮蜗杆使螺纹型芯回转的脱螺纹机构。角式注射机脱螺纹机构是以注射机的开合模丝杠驱动的，如图 8-39 所示。其螺纹旋出机构如图 8-40 所示，开模时，丝杠带动模具上的主动齿轮轴旋转（轴的端部为方轴，插入丝杠的方孔内），通过与啮合的齿轮脱卸螺纹型芯。而定模型腔部分在弹簧作用下随塑件移动一段距离 l' 后再停止移动（型腔板由定距螺钉限位），此时螺纹型芯一面旋转

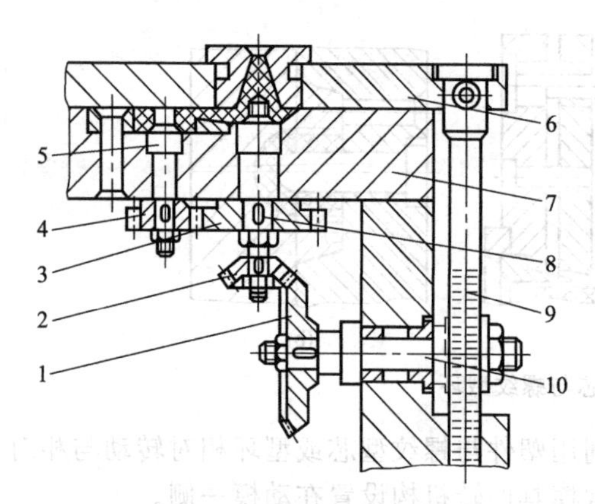

图 8-37 锥齿轮脱螺纹机构

1,2—锥齿轮；3,4—圆柱齿轮；5—螺纹型芯；6—定模底板；7—动模板；8—螺纹拉料杆；9—齿条导柱；10—齿轮轴

一面将塑件从定模型腔中脱出。

图 8-39 中是采用齿轮变速的模具，螺纹型芯转 1 转，塑件退出 1 个螺距，丝杠则需转动 i 转（i 为齿轮的齿数比），动模移动 $2iP$ 距离（丝杠由倒顺螺纹组成，因此丝杠转 1 转，动模相当于移动了 2 个螺距）。

这种结构设计的关键是确定定模型腔板与定模底板之间的分开距离 l'，如果 l' 过长，螺纹型芯已全部退出，但塑件还未拉出，使塑件留于定模型腔不易取出；如果过短，螺纹型芯还有几扣在塑件内，塑件被拉出定模型腔，失去了止转作用，型芯难以退出。因此，螺纹型芯留在塑件内的扣数 n' 很重要，可用下式计算：

$$n'=\frac{H}{2iP-P_1}$$

式中 n'——定模型腔板停止移动时，螺纹型芯在塑件内保留的扣数；

H——塑件高度；

P——注射机丝杠螺距；

P_1——塑件螺距；

i——从动齿轮与主动齿轮齿数比。

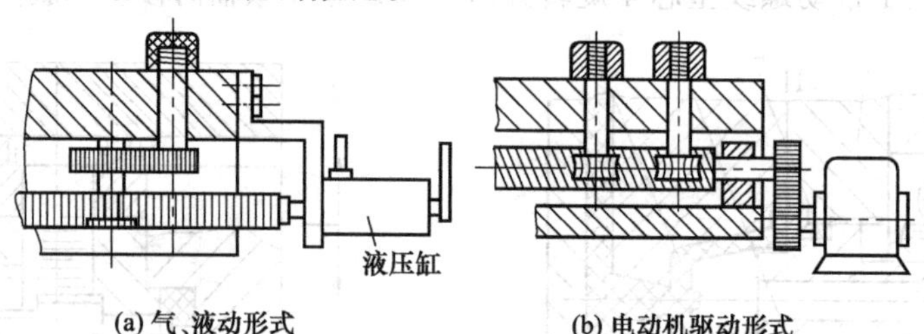

(a) 气、液动形式　　(b) 电动机驱动形式

图 8-38 气、液动与电动机驱动的脱螺纹机构

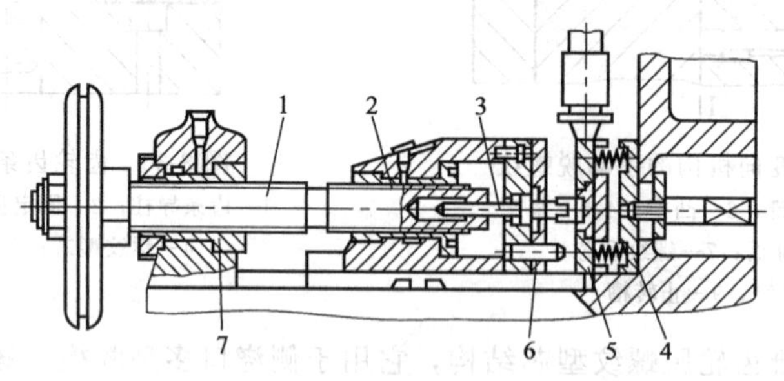

图 8-39 角式注射机开合模丝杠结构

1—合模丝杠；2—倒牙螺母；3—螺纹型芯；4—定模板；5—定模型腔板；6—动模；7—顺牙螺母

l' 的距离可用下式确定：

$$l'=(n-n')(2iP-P_1)$$
$$=2inP-h-H$$

式中 l'——定模型腔板与定模底板分开的距离；

n——塑件螺纹扣数；

h——塑件螺纹高度。

总的开模距：

$$L = l' + h + H + (5\sim10)\text{mm}$$
$$= 2inP + (5\sim10)\text{mm}$$

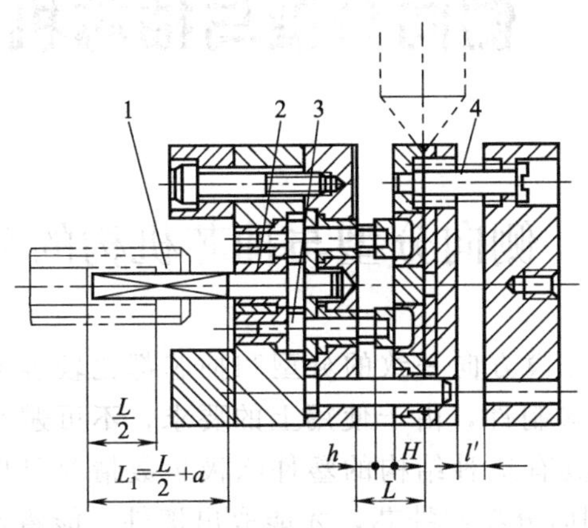

图 8-40　角式注射机多腔螺纹旋出机构

1—锁模丝杠；2—主动齿轮轴；3—从动齿轮；4—定距螺钉；

a—装配所需的距离，一般为 25mm 左右

习题与思考

8-1　为什么注射模中要设置导向机构？导向机构有几种形式？各有何特点？

8-2　怎样保证注射模合模的方向性？

8-3　采用锥面定位时，能否不要导向柱？

8-4　注射模具中为何要设置脱模机构？其设计原则是什么？

8-5　影响脱模力的因素有哪些？如何计算脱模力？

8-6　简单脱模机构有几种？每种结构的特点及适用情况如何？

8-7　推杆脱模机构由哪几部分组成？各部分的作用如何？

8-8　回程杆起什么作用？在哪些情况可以不设置回程杆？

8-9　为何要采用二次脱模机构？简述其工作原理。

8-10　顺序脱模机构应用于哪些情况？与双脱模机构和二次脱模机构有哪些区别？

8-11　螺纹塑件的脱模方式有哪几种？各有何优缺点？

8-12　成型一 HDPE 杯，已知杯上端外径为 120mm，高 120mm，脱模斜度为 3°，壁厚为 2mm。需多大的脱模力才能将塑件脱出？

8-13　若上题中，脱模机构如图 8-41 所示，推件板材料为 45 钢，推杆材料为 T8 钢，推杆作用在推件板上所形成几何半径 R 为 160mm。试确定推件板厚度和推杆直径。

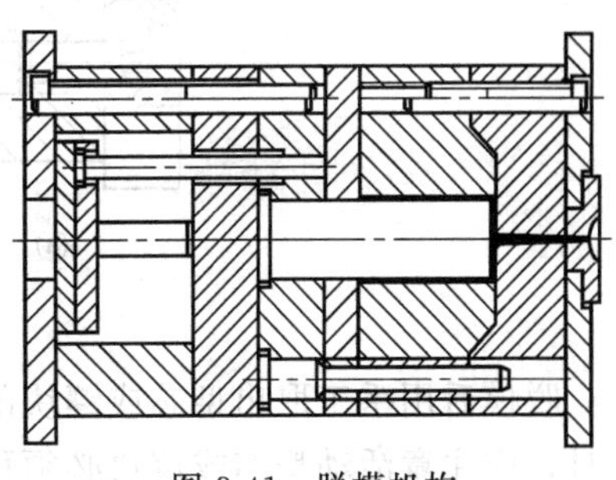

图 8-41　脱模机构

第 9 章　侧向分型与抽芯机构设计

9.1　侧向分型与抽芯机构的分类

注射模中凡与注射机开模方向一致的分型和抽芯都比较容易实现，因此模具结构也较简单。但是对于某些塑料制件，由于使用上的要求，不可避免地存在着与开模方向不一致的分型或抽芯。对于具有这种结构的塑件除极少数情况可以进行强制脱模外（见图 3-15），一般都需要进行侧向分型与抽芯，才能取出塑件。能将活动型芯抽出和复位的机构称为抽芯机构。侧向分型与抽芯机构按动力来源可分为手动、液压、气压和机动四种类型。

9.1.1　手动侧向分型与抽芯机构

在推出塑件前或脱模后用手工方法或手工工具将活动型芯或侧向成型镶块取出的方法称为手动抽芯方法。手动抽芯机构的结构简单，但劳动强度大，生产效率低，故仅适用于小型塑件的小批量生产。

图 9-1 所示为开模前用手动抽芯的两个例子。图（a）所示的结构最简单，在推出塑件前，用扳手旋出活动型芯；图（b）所示的活动型芯不像图（a）所示的那样随螺栓旋转，而是在抽芯时活动型芯只作水平移动，故适用于非圆形侧孔的抽芯。

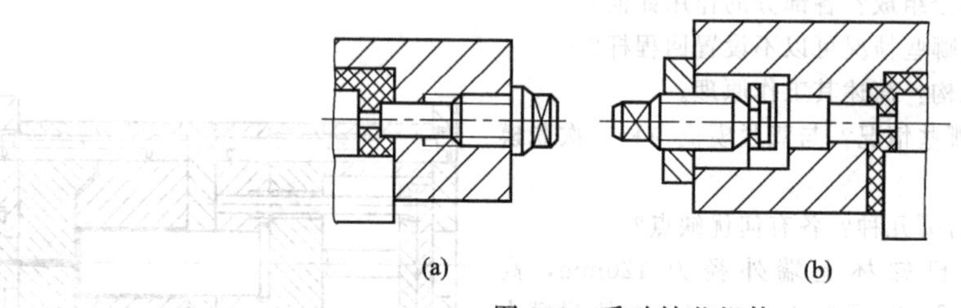

(a)　(b)

图 9-1　手动抽芯机构

脱模后用手工取出型芯或镶块的例子见图 9-2，把取出的型芯或镶块再重新装回到模具中时，应注意活动型芯或镶块必须可靠定位，合模与注射成型时不能移位，以免塑件报废或模具损坏。

9.1.2　液压或气动侧向分型与抽芯机构

侧向分型与抽芯的活动型芯可以依靠液压传动或气压传动的机构抽出。由于一般注射机没有抽芯油缸或气缸，因此需要另行设计液压或气压传动机构及抽芯系统。液压传动比气压传动平稳，且可得到较大的抽拔力和较长的抽芯距离，但由于模具结构和体积的限制，油缸的尺寸往往不能太大。与机动抽芯不同，液压或气压抽芯是通过一套专用的控制系统来控制活塞的运动实现的，其抽芯动作可不受开模时间和推出时间的影响。

图 9-3 所示为利用气动抽芯机构使侧向型芯作前后移动的例子。在图示的结构中没有锁紧装置，这在侧孔为通孔或者活动型芯仅承受很小的侧向压力时是允许的，因为气缸压力尚能使侧向的活动型芯锁紧不动，否则应考虑设置活动型芯的锁紧装置。

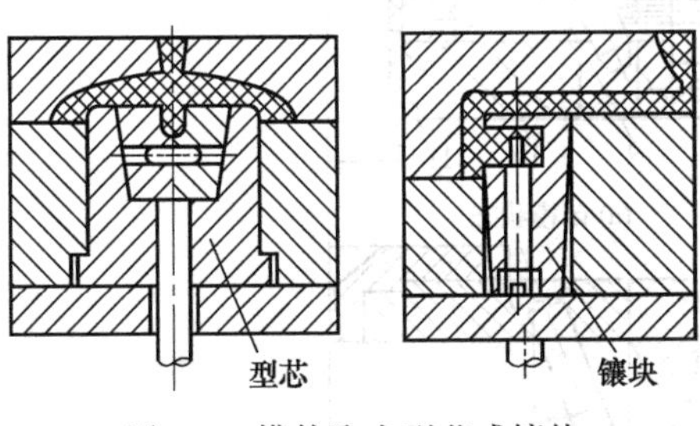

图 9-2　模外取出型芯或镶块

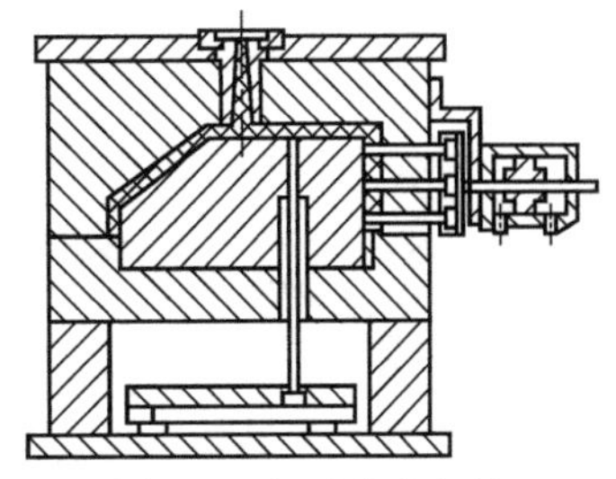

图 9-3　气动抽芯机构

图 9-4 所示为液压抽芯机构带有锁紧装置，侧向活动型芯设在动模一侧。成型时，侧向活动型芯由定模上的锁紧块锁紧，开模时，锁紧块离去，由液压抽芯系统抽出侧向活动型芯，然后再推出塑件，推出机构复位后，侧向型芯再复位。

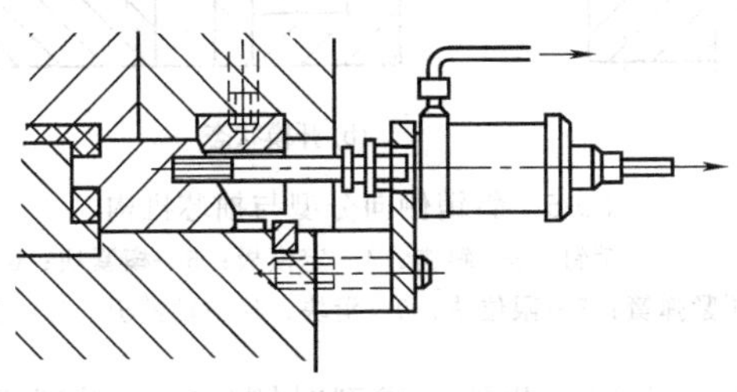

图 9-4　液压抽芯机构

9.1.3　机动侧向分型与抽芯机构

机动侧向分型与抽芯是利用注射机的开模力，通过传动机构改变运动方向，将侧向的活动型芯抽出。机动抽芯机构的结构比较复杂，但抽芯不需人工操作，抽拔力较大，具有灵活、方便、生产效率高、容易实现全自动操作、无需另外添置设备等优点，在生产中被广泛采用。

机动抽芯按结构形式可分为斜销、弹簧、弯销、斜导槽、斜滑块、楔块、齿轮齿条等多种抽芯形式，本章介绍使用最广泛的斜销、弯销、斜导槽、斜滑块和齿轮齿条五种，重点是最为常用的斜销侧向分型与抽芯机构。

9.2　斜销侧向分型与抽芯机构

9.2.1　工作原理

斜销侧向分型与抽芯机构的基本结构如图 9-5 所示，具有结构简单、制造方便、工作可靠等特点。

斜销 3 固定在定模板 4 上，侧型芯 1 由销钉 2 固定在滑块 9 上，开模时，开模力通过斜销迫使滑块在动模板 10 的导滑槽内向左移动，完成抽芯动作。为了保证合模时斜销能准确地进入滑块的斜孔中，以便使滑块复位，机构上设有定位装置，依靠螺钉 6 和压紧弹簧 7 使

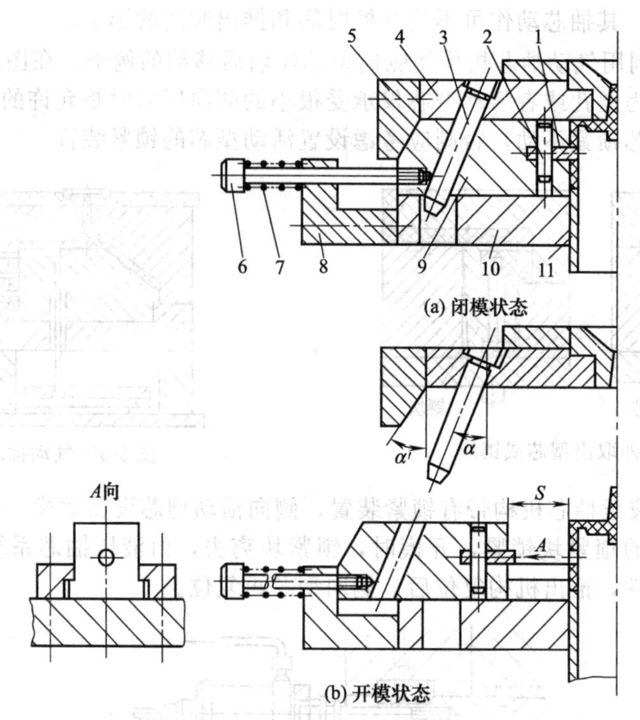

图 9-5 斜销侧向分型与抽芯机构

1—侧型芯；2—销钉；3—斜销；4—定模板；5—楔紧块；6—螺钉；7—压紧弹簧；8—限位块；9—滑块；10—动模板；11—推管

滑块退出后紧靠在限位块 8 上定位。此外，成型时侧型芯将受到成型压力的作用，从而使滑块受到侧向力，故机构上还设有楔紧块 5，以保持滑块的成型位置。塑件靠推管 11 推出型腔。

9.2.2 斜销侧向分型与抽芯机构主要参数的确定

(1) 抽芯距 S　型芯从成型位置抽到不妨碍塑件脱模的位置所移动的距离叫抽芯距，用 S 表示。一般抽芯距等于侧孔或侧凹深度 S_0 加上 2～3mm 的余量，即

$$S=S_0+(2\sim3)\text{mm}$$

当结构特殊时，如成型圆形线圈骨架（图 9-6）时，抽芯距离应为：

$$S=S_1+(2\sim3)\text{mm}=\sqrt{R^2+r^2}+(2\sim3)\text{mm} \tag{9-1}$$

式中　R——线圈骨架凸缘半径，mm；

r——滑块内径，mm；

S_1——抽拔的极限尺寸，mm。

(2) 斜销的倾角 α　斜销的倾角 α 是决定斜销抽芯机构工作效率的一个重要参数，它不仅决定了开模行程和斜销长度，而且对斜销的受力状况有着重要的影响。

如图 9-7 所示，当抽拔方向垂直于开模方向时，为了达到要求的抽芯距 S，所需的开模行程 H 与斜销的倾角 α 的关系为：

$$H=S\cot\alpha \tag{9-2}$$

斜销有效工作长度 L 与倾角 α 的关系为：

$$L=\frac{S}{\sin\alpha} \tag{9-3}$$

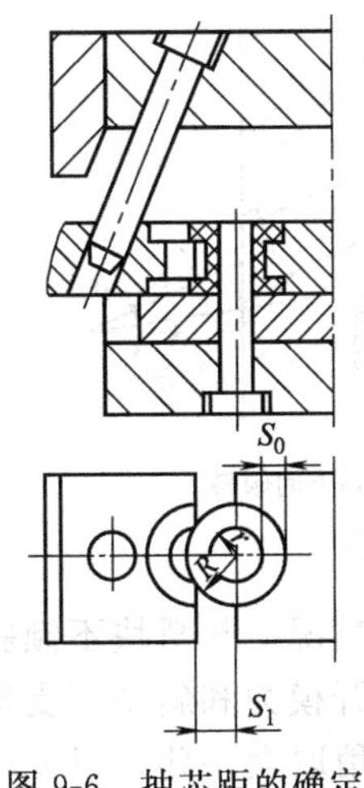

图 9-6　抽芯距的确定

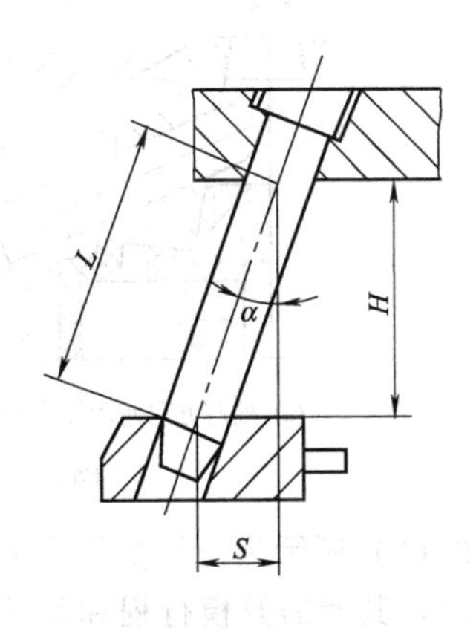

图 9-7　开模行程的计算

由式（9-2）和式（9-3）可见，倾角 α 增大，为完成抽芯所需的开模行程及斜销有效工作长度均可减小，有利于减小模具的尺寸。

但是从斜销受力角度来看，抽芯时滑块在斜销作用下沿导滑槽运动，当忽略摩擦阻力时，滑块将受到下述三个力的作用［见图 9-8（a）］：抽芯阻力 F_c、开模阻力 F_k（即导滑槽施于滑块的力）以及斜销作用于滑块的正压力 F'。由此可得抽芯时斜销所受的弯曲力 F（与 F'大小相等，方向相反）：

$$F=\frac{F_c}{\cos\alpha} \tag{9-4}$$

抽芯时所需开模力为：

$$F_k=F_c\tan\alpha \tag{9-5}$$

由此二式可知，当倾角 α 增大时，斜销所受的弯曲力 F 和开模阻力 F_k 均增大，斜销受力情况变差。

因此，决定斜销倾角 α 的大小时，应从抽芯距、开模行程和斜销受力几个方面综合考虑。生产中，一般取 $\alpha=15°\sim20°$，不宜超过 25°。

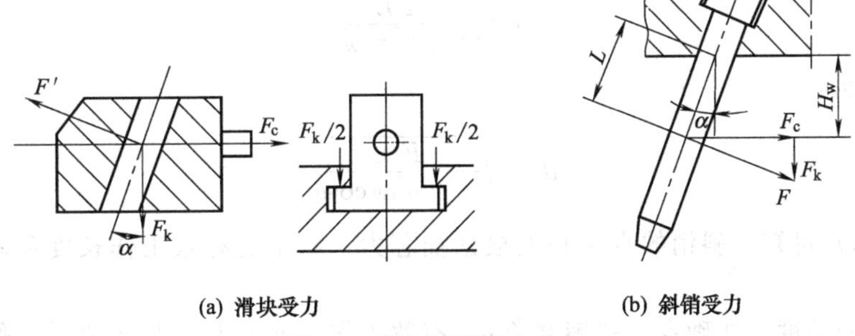

(a) 滑块受力　　(b) 斜销受力

图 9-8　滑块斜销受力分析

以上讨论均为滑块运动方向即抽芯方向垂直于开模方向的情况。当抽芯方向与开模方向不垂直时（见图 9-9），开模力和斜销所受的力都将发生变化。图 9-9（a）所示为滑块抽拔方向朝动模方向倾斜 β 角的情况，与 $\beta=0$（即抽芯方向垂直于开模方向）的情况相比，斜销倾角相同时，所需开模行程和斜销工作长度可以减小，而开模力和斜销所受的弯曲力将增加，其效果相当于斜销倾角为（$\alpha+\beta$）时的情况。由此可见，斜销的倾角不能过大，以 $\alpha+\beta\leqslant15°\sim20°$为宜，最大不能超过 25°。

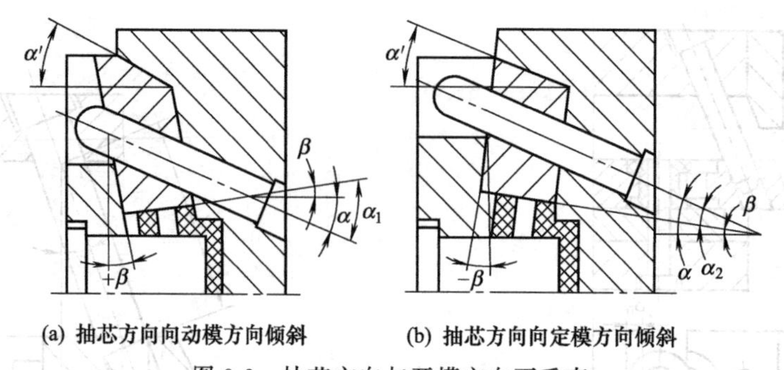

(a) 抽芯方向向动模方向倾斜　(b) 抽芯方向向定模方向倾斜

图 9-9　抽芯方向与开模方向不垂直

图 9-9（b）所示为滑块抽拔方向朝定模方向倾斜 β 角的情况，与滑块不倾斜相比，斜销倾角相同时，其所需开模行程和斜销有效工作长度增大，而开模力和斜销所受弯曲力均有所减小，其值相当于倾角变为（$\alpha-\beta$）的情况，故斜销倾角可稍取大一些，以 $\alpha-\beta\leqslant15°\sim20°$ 为宜。

此外，斜销双侧对称布置时，开模时抽芯力可相互抵消；而单侧抽芯时，模具所受的侧向力无法相互抵消。此时，斜角 α 宜取小值。

(3) 斜销的直径　由图 9-8 可以看出，抽芯时，斜销受有弯矩 M 的作用，其最大值为：

$$M=FL \tag{9-6}$$

式中　L——斜销有效工作长度。

由材料力学可知斜销的弯曲应力为：

$$\sigma_W=\frac{M}{W}\leqslant[\sigma]_W \tag{9-7}$$

式中　W——斜销的抗弯截面系数；

$[\sigma]_W$——斜销材料的弯曲许用应力。

斜销多为圆形截面，其截面系数：

$$W=\frac{1}{32}\pi d^3=0.1d^3$$

由此式可得斜销直径：

$$d=\sqrt[3]{\frac{FL}{0.1[\sigma]_W}} \tag{9-8}$$

也可表示为：

$$d=\sqrt[3]{\frac{F_cL}{0.1[\sigma]_W\cos\alpha}} \tag{9-9}$$

由式（9-9）可知，斜销的直径必须根据抽芯力、斜销的有效工作长度和斜销的倾角来确定。

(4) 斜销的长度　在确定了斜销倾角 α、有效工作长度 L 和直径 d 之后，便可按图 9-10 所示几何关系计算斜销的长度 $L_总$。

$$L_总=L_1+L_2+L_3+L_4+L_5$$

$$=\frac{D}{2}\tan\alpha+\frac{t}{\cos\alpha}+\frac{d}{2}\tan\alpha+\frac{S}{\sin\alpha}+(10\sim15)\text{mm} \tag{9-10}$$

式中　L_5——锥体部分长度，一般取（10～15)mm；

D——固定轴肩直径；

t——斜销固定板厚度。

9.2.3　斜销侧向分型与抽芯机构结构设计要点

(1) 斜销　斜销形状多为圆柱形，为了减小与滑块的摩擦，可将圆柱面铣扁，如图 9-11 所示。斜销端部常成半球状或锥形，锥角应大于斜销的倾角，以避免斜销有效工作长度部分脱离滑块斜孔之后，锥体仍有驱动作用。

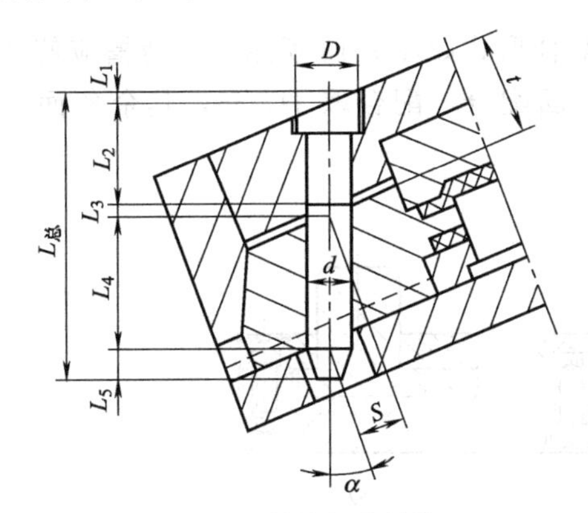

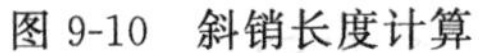

图 9-10　斜销长度计算

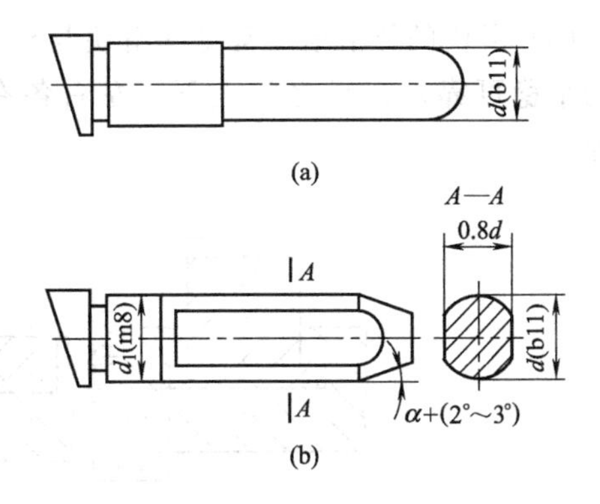

图 9-11　斜销形状

与导柱相似，斜销常采用 45 钢、T10A、T8A 及 20 钢渗碳淬火，热处理硬度在 55HRC 以上，表面粗糙度 R_a 不大于 0.8μm。斜销与其固定板采用 H8/m8 或 H8/k8 配合。与滑块斜孔采用较松的间隙配合，如 H11/b11，或留有 0.5～1mm 间隙，此间隙使滑块运动滞后于开模动作，且使分型面处打开一缝隙，使塑件在活动型芯未抽出前获得松动，然后再驱动滑块抽芯。

(2) 滑块　滑块上装有侧型芯或成型镶块，在斜销驱动下，实现侧抽芯或侧向分型，因此滑块是斜销抽芯机构中的重要零部件。

滑块与型芯有整体式和组合式两种结构。整体式适用于形状简单便于加工的场合；组合式便于加工、维修和更换，并能节省优质钢材，故被广泛采用，图 9-12 列举了几种常见的

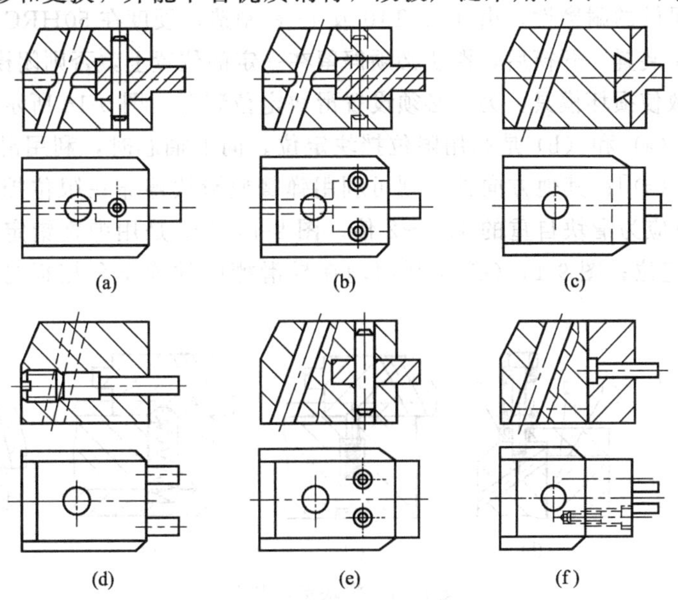

图 9-12　侧型芯与滑块的连接

滑块与侧型芯的连接方式。对于尺寸较小的型芯，往往将型芯嵌入滑块部分，用中心销［图 9-12（a）］或骑缝销［图 9-12（b）］固定，也可用螺钉钉紧的形式［图 9-12（d）］；大尺寸型芯可用燕尾槽连接［图 9-12（c）］；薄片状型芯可嵌入通槽再用销固定［图 9-12（e）］；多个小型芯采用压板固定［图 9-12（f）］。

滑块常用 45 钢或 T8、T10 制造，淬硬至 40HRC 以上，而型芯则要求用 CrWMn、T8、T10 或 45 钢制造，硬度在 50HRC 以上。

（3）滑块的导滑槽　常见的滑块与导滑槽的配合形式如图 9-13 所示。导滑槽应使滑块运动平稳可靠，二者之间上下、左右各有一对平面配合，配合取 H7/f6，其余各面留有间隙。

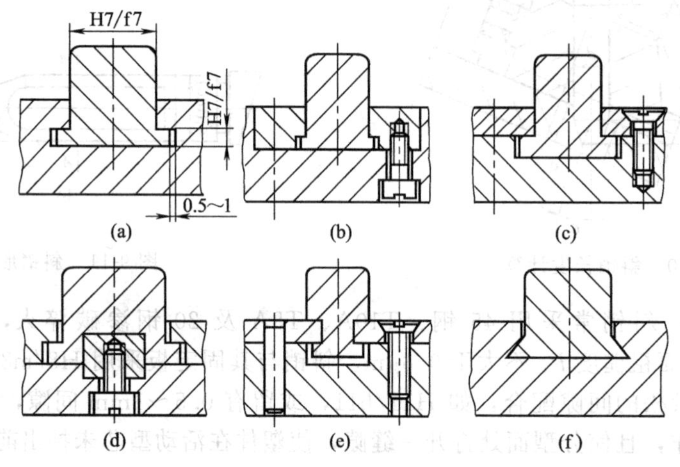

图 9-13　滑块的导滑形式

滑块的导滑部分应有足够的长度，以免运动中产生歪斜，一般导滑部分长度应大于滑块宽度的 2/3，否则滑块在开始复位时容易发生倾斜。因此，导滑槽的长度不能太短，有时为了不增大模具尺寸，可采用局部加长的措施来解决。

导滑槽应有足够的耐磨性，由 T8、T10 或 45 钢制造，硬度在 50HRC 以上。

（4）滑块定位装置　开模后，滑块必须停留在一定的位置上，否则闭模时斜销将不能准确地进入滑块，致使损坏模具，为此必须设置滑块定位装置。图 9-14 所示为常见的滑块定位装置。图 9-14（a）和（b）是利用限位挡块定位。向上抽芯时，利用滑块自重靠在限位挡块上［图 9-14（a）］；其他方向抽芯则可利用弹簧使滑块停靠在限位挡块上定位［图 9-14（b）］，弹簧力应为滑块自重的 1.5～2 倍。图 9-14（c）是用弹簧销定位；图 9-14（d）是利用弹簧钢球定位；图 9-14（e）是利用埋在导滑槽内的弹簧和挡板与滑块的沟槽配合定位。

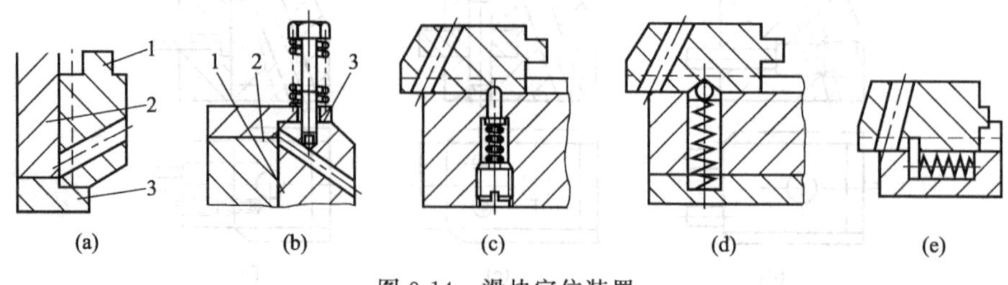

图 9-14　滑块定位装置

1—滑块；2—导滑槽板；3—限位挡块

（5）锁紧块　锁紧块用于在模具闭合后锁紧滑块，承受成型时塑料熔体对滑块的推力，防止滑块产生位移使斜销弯曲变形和塑件产生溢料；但开模时，又要求锁紧块迅速让开，以免阻碍斜销驱动滑块抽芯。因此，锁紧块的楔角 α' 应大于斜销的倾斜角 α，一般取：

$$\alpha'=\alpha+(2^\circ\sim3^\circ) \tag{9-11}$$

图 9-15 所示为常见几种锁紧块的结构形式。图 9-15（a）为整体式结构，这种结构牢固可靠，可承受较大的侧向力，但金属材料消耗大；图 9-15（b）为采用螺钉与销钉固定的结构形式，结构简单，使用较广泛；图 9-15（c）为利用 T 形槽固定锁紧块，销钉定位；图 9-15（d）为采用锁紧块整体嵌入板的连接形式；图 9-15（e）、图 9-15（f）采用了两个锁紧块，起增强作用。后面几种形式适用于侧向力较大的场合。

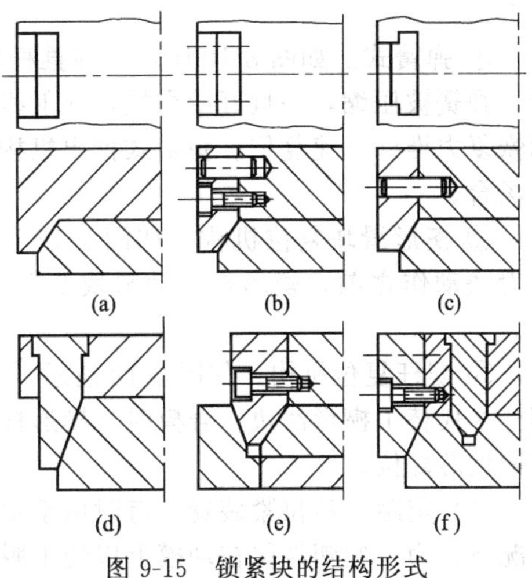

图 9-15　锁紧块的结构形式

（6）复位机构　对于斜销安装在定模、滑块安装在动模的斜销侧向分型与抽芯机构，同时采用推杆脱模机构，并依靠复位杆使推杆复位的模具，必须注意避免在复位时侧型芯与推杆（或推管）发生干涉。如图 9-16 所示，当侧型芯与推杆在垂直于开模方向的投影时出现重合部位 S'，而滑块复位先于推杆复位，致使活动型芯与推杆相撞而损坏。为避免产生干涉，可采取如下措施。

① 在模具结构允许的情况下，应尽量避免将推杆布置于侧型芯在垂直于开模方向的投影范围内。

② 使推杆的推出距离小于滑动型芯最低面。

③ 采用推杆先复位机构，即优先使推杆复位，然后才使侧型芯复位。

由图 9-16（b）可知，满足侧型芯与推杆不发生干涉的条件是：

$$h'\tan\alpha\geqslant S' \tag{9-12}$$

式中　h'——合模时，推杆端部到侧型芯的最短距离；

S'——在垂直于开模方向的平面内，侧型芯与推杆的重合长度。

一般情况下，$h'\tan\alpha$ 只要比 S' 大 0.5mm 即可避免干涉。可见，适当加大斜销的倾角 α 对避免干涉是有利的。如果适当增加 α 角仍不满足式（9-12）的条件，则应采用推杆先行复位机构。下面介绍几种典型的先行复

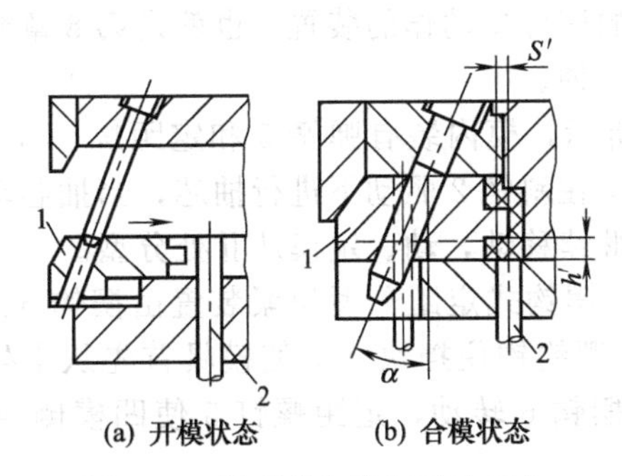

图 9-16　侧型芯与推杆干涉现象
1—侧型芯滑块；2—推杆

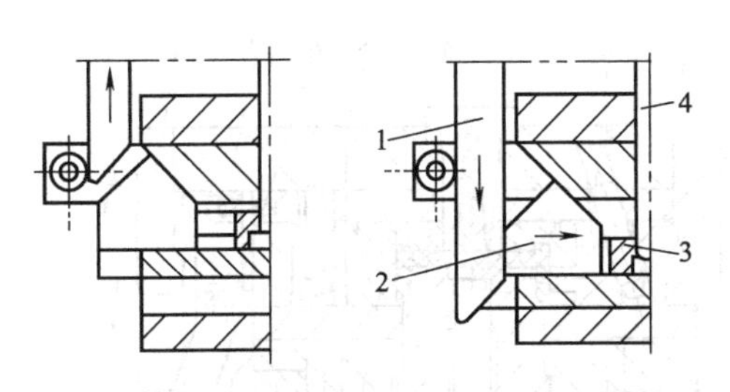

图 9-17　楔形滑块复位机构
1—楔形杆；2—滑块；3—推出板；4—推杆

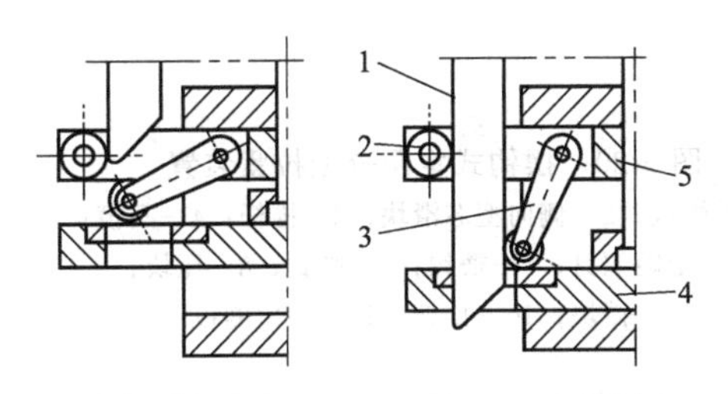

图 9-18　摆杆复位机构
1—楔形杆；2—滚轮；3—摆杆；4—推出板；5—推杆

位机构。

① 弹簧式。如图 8-10 所示，在推杆固定板与动模板之间设置压缩弹簧，开模推出塑件时，弹簧被压缩，一旦开始合模，注射机推顶装置与模具推出脱模机构脱离接触，依靠弹簧的恢复力推杆迅速复位。弹簧式推出机构结构简单，但可靠性较差，一般适用于复位力不大的场合。

② 楔形滑块复位机构。如图 9-17 所示，楔形杆 1 固定在定模上，合模时，在斜销驱动滑块动作之前，楔形杆推动滑块 2 运动，同时滑块 2 又迫使推出板 3 后退带动推杆 4 复位。

③ 摆杆复位机构。如图 9-18 所示，与楔形滑块复位机构的区别在于，摆杆复位机构由摆杆 3 代替了楔形滑块。合模时，楔形杆推动摆杆 3 转动，使推出板 4 向下并带动推杆 5 先于侧型芯复位。

(7) 定距分型拉紧装置　有时由于塑件结构特点，滑块也可能安装在定模一侧，在这种情况下，为了使塑件留在动模上以便于脱模，在动、定模分型之前，应先将侧型芯抽出。为此需在定模部分增设一个分型面，使斜销驱动滑块抽出型芯。新增设的分型面脱开的距离必须大于斜销能使活动型芯全部抽出塑件的长度。达到这个距离后，才能使动、定模分型，然后推出塑件。定距分型拉紧装置就是可以实现上述顺序分型动作的装置，也就是第 8 章介绍的顺序分型机构。常见的定距分型拉紧装置有如下几种。

① 弹簧螺钉式定距分型拉紧装置。如图 9-19 所示，模内装有弹簧 5 和定距螺钉 6。开模时，在弹簧 5 的作用下，首先从Ⅰ处分型，滑块 1 在斜销 2 驱动下进行抽芯，当抽芯动作完成后，定距螺钉 6 使凹模不再随动模移动。动模继续移动，动、定模从Ⅱ处分型。

② 摆钩式定距分型拉紧装置。如图 9-20 所示，摆钩式定距分型拉紧装置由摆钩 6、弹簧 7、压块 8、挡块 9 和定距螺钉 5 组成。开模时，摆钩钩住挡块 9 迫使模具首先从Ⅰ处分型，进行侧抽芯。当抽芯结束，压块 8 的斜面迫使摆钩 6 转动，定距螺钉 5 使凹模侧板 11 不再随动模移动。继续开模，动模由Ⅱ处分型。

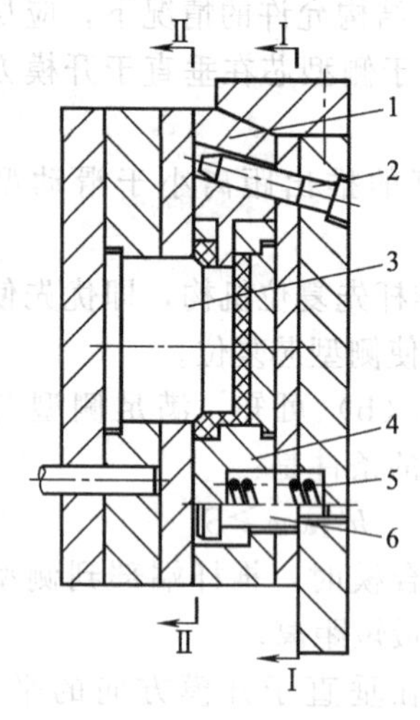

图 9-19　弹簧螺钉式定距分型拉紧装置

1—滑块；2—斜销；3—凸模；4—凹模；5—弹簧；6—定距螺钉

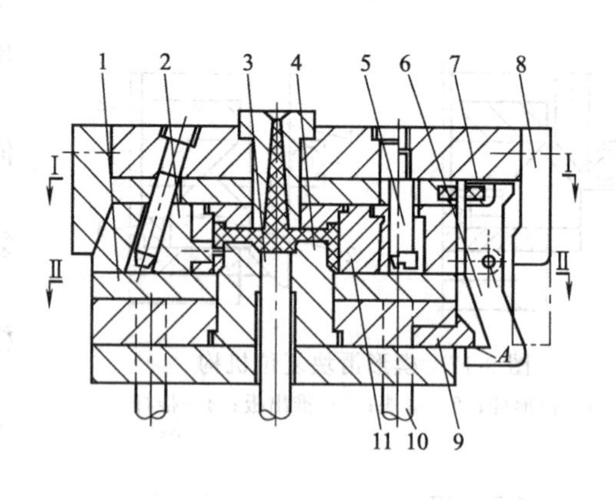

图 9-20　摆钩式定距分型拉紧装置

1—脱模板；2—侧向型芯滑块；3—推杆；4—凸模；5—定距螺钉；6—摆钩；7—弹簧；8—压块；9—挡块；10—推杆；11—凹模侧板

③ 滑板式定距分型拉紧装置。如图 9-21 所示，开模时，拉钩 4 紧紧钩住滑板 3，使模具首先从Ⅰ处分型，并进行抽芯。当抽芯动作完成后，在压板 6 的斜面作用下，滑板 3 向模

内移动而脱离拉钩 4。由于定距螺钉的作用，当动模继续移动时，动模与定模在Ⅱ处分型。

④ 导柱式定距分型拉紧装置。如图 9-22 所示，开模时，由于弹簧力的作用，止动销 4 压在导柱 3 的凹槽内，模具首先从Ⅰ处分型。当斜销 5 完成抽芯动作后，与定距螺钉 11 挡住导柱拉杆 9 使凹模 10 停止运动。当继续开模时，开模力将大于止动销 4 对导柱槽的压力，止动销退出导柱槽，模具便从Ⅱ处分型。这种机构的结构简单，但拉紧力不大。

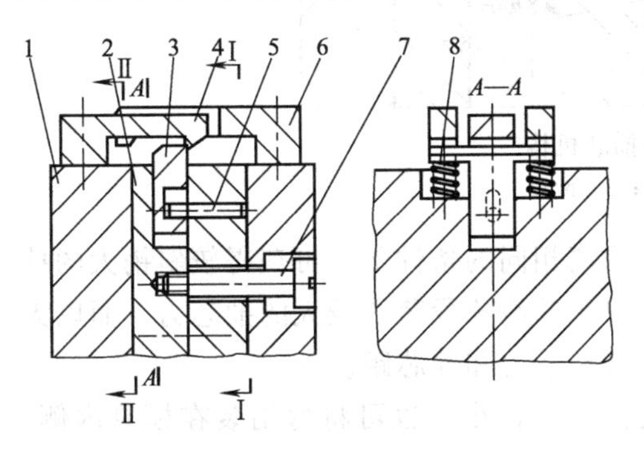

图 9-21 滑板式定距分型拉紧装置

1—动模；2—定模型板；3—滑板；4—拉钩；5—滑板定位销；6—压板；7—定距螺钉；8—弹簧

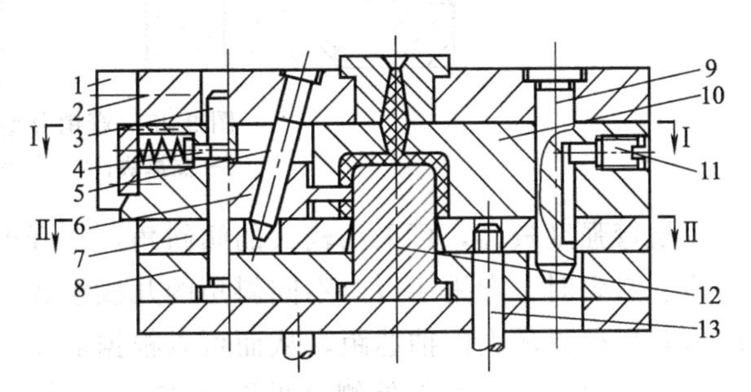

图 9-22 导柱式定距分型拉紧装置

1—锁紧块；2—定模板；3—导柱；4—止动销；5—斜销；6—滑块；7—推板；8—凸模固定板；9—导柱拉杆；10—凹模；11—定距螺钉；12—凸模；13—推杆

斜销侧向分型与抽芯机构除了上述斜销安装在定模、滑块安装在动模，以及斜销和滑块均安装在定模一侧之外，根据塑件结构特点，还有另外两种安装形式。

斜销与滑块均安装在动模一侧的，如图 9-23 所示。开模时，脱模机构中的推杆 1 推动推板 2，使瓣合式凹模滑块 4 沿斜销 5 侧向分型。

斜销固定在动模而滑块安装在定模上的，如图 9-24 所示。开模时，先从Ⅰ处分型进行侧抽芯，当间隙 a 消失，便从Ⅱ处分型，塑件包紧在凸模 6 上，再依靠推板推出。

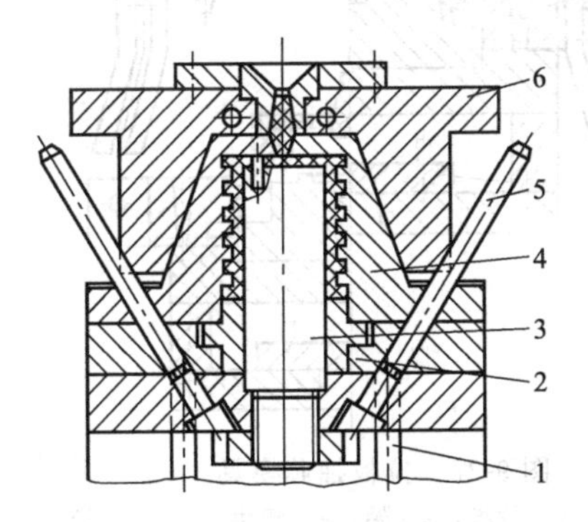

图 9-23 斜销与滑块同在动模一侧

1—推杆；2—推板；3—凸模；4—瓣合式凹模滑块；5—斜销；6—定模

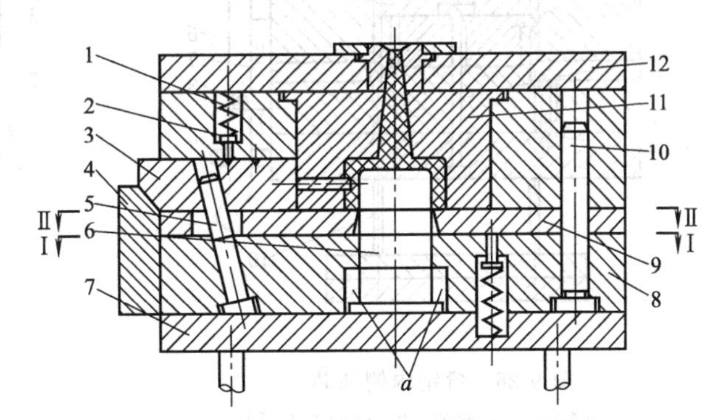

图 9-24 斜销在动模、滑块在定模的抽芯机构

1—弹簧；2—定位钉；3—滑块；4—锁紧块；5—斜销；6—凸模；7—支撑板；8—导柱固定板；9—推板；10—导柱；11—凹模；12—定模板

9.3 弯销侧向分型与抽芯机构

弯销侧向分型与抽芯机构是斜销侧向分型与抽芯机构的一种变形，如图 9-25 所示。其工作原理与斜销侧向分型与抽芯机构相同，其差别在于用弯销代替斜销。弯销常为矩形截

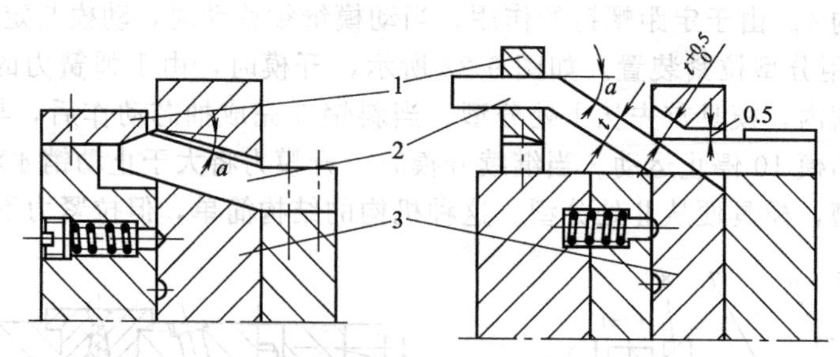

图 9-25　弯销分型抽芯机构
1—支撑块；2—弯销；3—滑块

面，抗弯强度较高，可采用较大的倾斜角，在开模距离相同的条件下，可获得较斜销大的抽芯距。必要时，弯销还可由不同斜角的几段组成。以小的斜角段获得较大的抽芯力，而以大的斜角段获得较大的抽芯距，从而可以根据需要控制抽芯力和抽芯距。

通常弯销装在模板外侧（见图 9-25），可使模板尺寸较小，也可将弯销装在模具内侧。此外，还可利用弯销进行内侧抽芯，如图 9-26 所示，开模时先从Ⅰ处分型，弯销 2 带动滑块 3 完成内侧抽芯。

设计弯销抽芯机构应使弯销和滑块孔之间间隙稍大一些（通常为 0.5mm 左右），以免闭模时发生碰撞。

弯销抽芯机构由于是矩形截面，斜孔的加工较困难，故不如斜销抽芯机构应用普遍。为了避免滑块上弯销孔的加工，可以采用在弯销中间开滑槽，滑块上装销子，如图 9-27 所示的拉板抽芯模具，开模时，滑块 4 在拉板 2 作用下实现侧向抽芯。

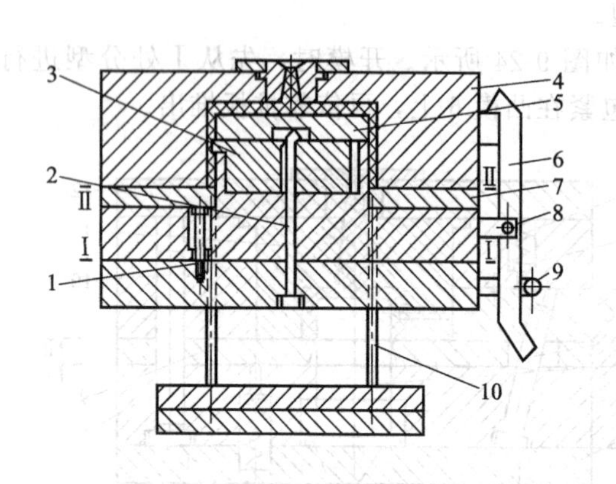

图 9-26　弯销内侧抽芯
1—定距螺钉；2—弯销；3—侧向型芯滑块；4—凹模；5—组合凸模；6—摆钩；7—脱模板；8—摆钩转轴；9—滚轮；10—推杆

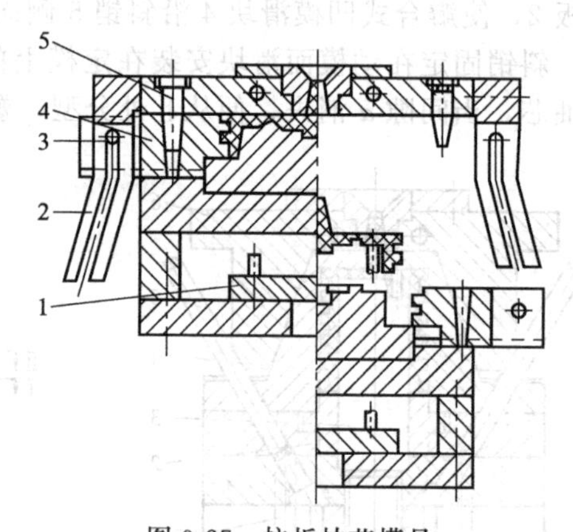

图 9-27　拉板抽芯模具
1—推板；2—拉板；3—销；4—滑块；5—止动销

9.4　斜滑块侧向分型与抽芯机构

斜滑块分型与抽芯机构适用于塑件侧孔或侧凹较浅、所需抽芯距不大但成型面积较大的场合，如周转箱、线圈骨架、螺纹等。由于其结构简单、制造方便、动作可靠，故应用广泛。

9.4.1　斜滑块侧向分型与抽芯机构的结构形式

斜滑块侧向分型与抽芯机构可分为滑块导滑和斜滑杆导滑两种形式。

(1) 滑块导滑的斜滑块侧向分型与抽芯机构　如图 9-28 所示，模具采用了斜滑块外侧分型与抽芯机构。开模时，推杆 7 推动斜滑块 1 沿模套 6 上的导滑槽方向移动，在推出的同时向两侧分开，从而使塑件脱离型芯和抽芯动作同时进行。导滑槽的方向与斜滑块的斜面平行，定距螺钉 5 用以防止斜滑块从模套中脱出。

图 9-29 所示为成型带有直槽内螺纹塑件的斜滑块内侧分型与抽芯机构的模具。开模后，推杆固定板 1 推动推杆 5 并使滑块 3 沿型芯 2 的导滑槽方向移动，实现塑件的推出和内侧分型与抽芯。

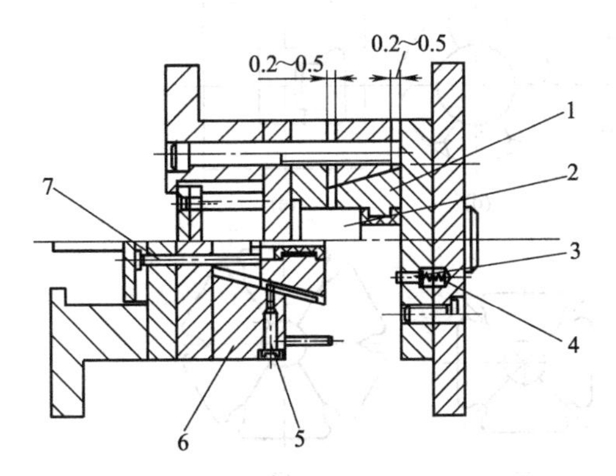

图 9-28　斜滑块外侧分型与抽芯机构
1—斜滑块；2—型芯；3—止动钉；4—弹簧；
5—定距螺钉；6—模套；7—推杆

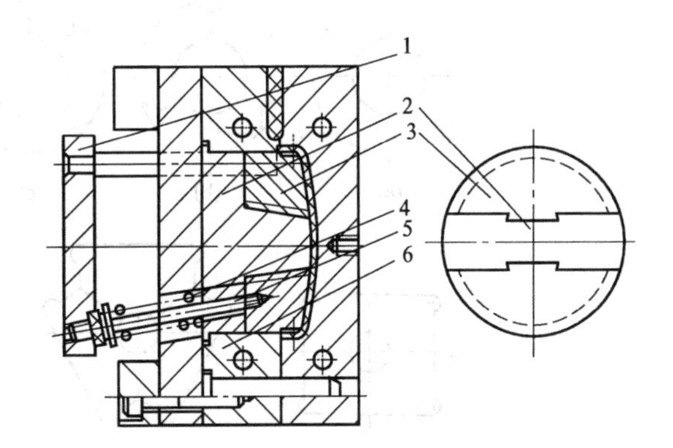

图 9-29　斜滑块内侧分型与抽芯机构
1—推杆固定板；2—型芯；3—滑块；
4—弹簧；5—推杆；6—动模板

(2) 斜滑杆导滑的斜滑块侧向分型与抽芯机构　图 9-30 所示为利用斜滑杆带动斜滑块 1 沿模套 2 的锥面方向运动来完成分型抽芯动作。斜滑杆是在推板 5 的驱动下工作的，滚轮 4 是为了减小摩擦。

图 9-31 所示为利用斜滑杆导滑的斜滑块内侧分型与抽芯机构，斜滑杆头部即为成块，凸模 1 上开有斜孔，在推出板 5 的作用下，斜滑杆沿斜孔运动，使塑件一边抽芯，一边脱模。

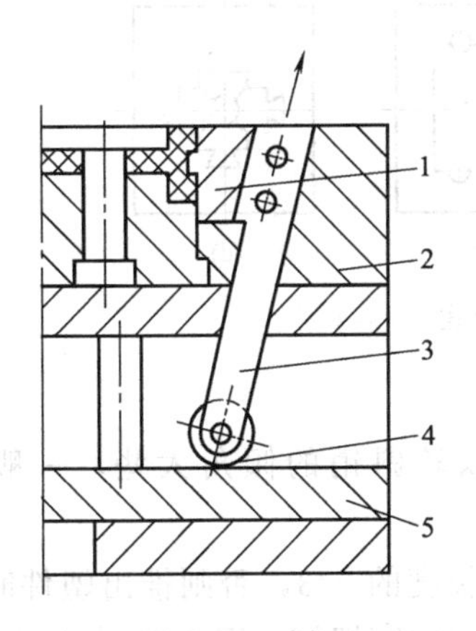

图 9-30　斜滑杆导滑的斜滑块外侧分型与抽芯机构
1—斜滑块；2—模套；3—斜滑杆；
4—滚轮；5—推板

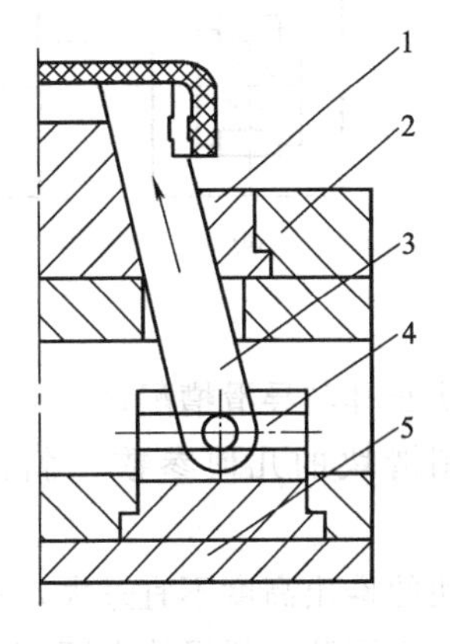

图 9-31　斜滑杆导滑的斜滑块内侧分型与抽芯机构
1—凸模；2—模套；3—斜滑杆；
4—滑座；5—推出板

斜滑杆导滑的斜滑块侧向分型与抽芯机构由于受斜滑杆刚度的限制，故多用于抽芯力较小的场合。

9.4.2 斜滑块侧向分型与抽芯机构设计要点

(1) 斜滑块的导滑和组合形式　根据塑件成型要求，常由几块斜滑块组合成型。图9-32所示为斜滑块常用组合形式，设计时应根据塑件外形、分型与抽芯方向合理组合，以满足最佳的外观质量要求，避免塑件有明显的拼合痕迹。同时，还应使组合部分有足够的强度，使模具结构简单、制造方便、工作可靠。

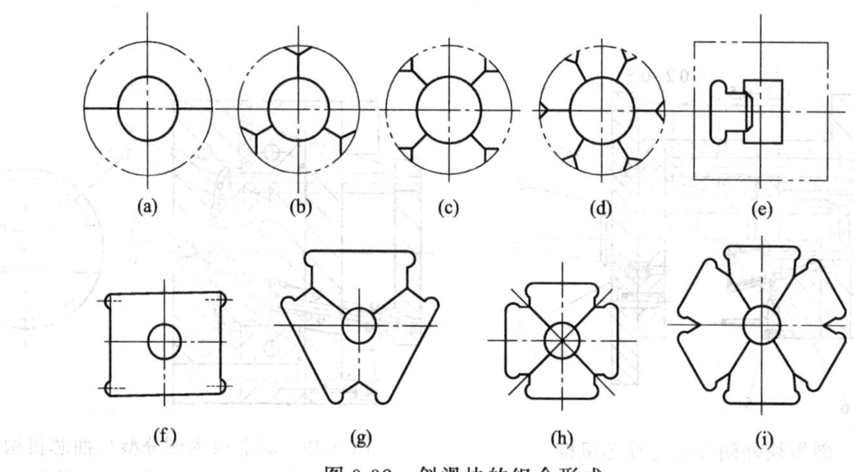

图 9-32　斜滑块的组合形式

斜滑块的导滑形式按导滑部分的形状可分为矩形［图 9-33 (a)］、半圆形［图 9-33 (b)、(c)］和燕尾形［图 9-33 (d)］三种形式。矩形和半圆形导滑制造简单，故应用广泛；而燕尾形加工较困难，但结构紧凑，可根据具体情况加工选用。

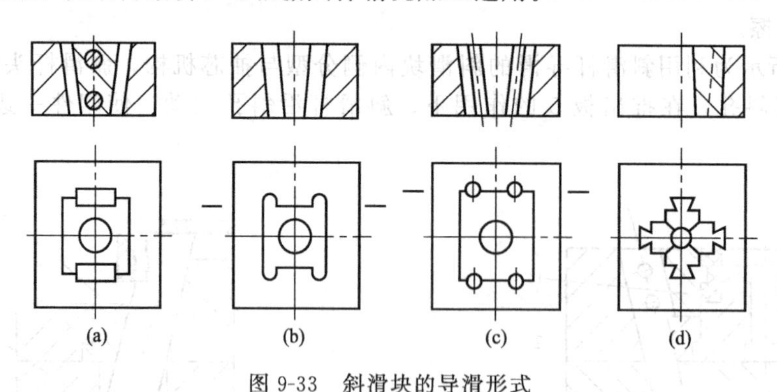

图 9-33　斜滑块的导滑形式

斜滑块凸耳与导滑槽配合采用 IT9 级间隙配合。

(2) 斜滑块的几何参数　斜滑块的导向斜角可以较斜销的倾角大些，一般不超过 26°～30°。

斜滑块的推出高度不宜过大，一般不宜超过导滑槽长度的 2/3，否则推出塑件时斜滑块容易倾斜。为了防止斜滑块在开模时被带出模套，应设有定距螺钉（图 9-28 中件 5）。

为了保证斜滑块分型面在合模时拼合紧密，在注射时不发生溢料，减少飞边，斜滑块底部与模套之间要留有 0.2～0.5mm 间隙（见图 9-28)，同时还必须使斜滑块顶部高出模套

0.2～0.5mm，以保证当斜滑块 1 与模套 6 的配合面磨损后，仍保持拼合紧密。

内侧抽芯时，斜滑块的端面不应高于型芯端面，而应在零件允许的情况下，低于型芯端面 0.05～0.1mm，如图 9-34 所示。否则，由于斜滑块端面陷入塑件底部，在推出塑件时将阻碍斜滑块的径向移动。

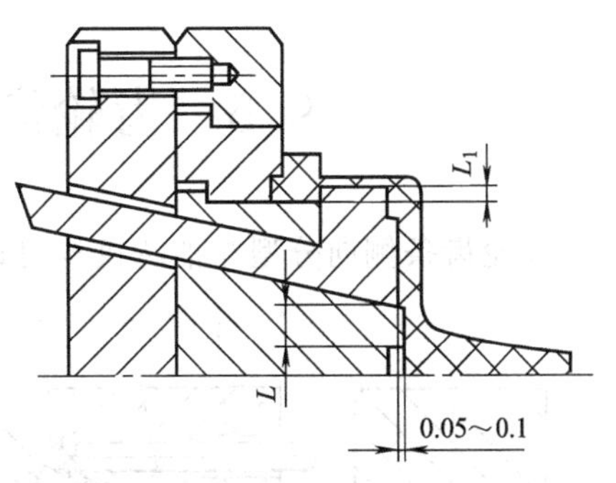

图 9-34　内斜滑块端面结构

(3) 滑块的止动　为了使塑件留在动模，希望塑件对动模部分的包紧力大于定模部分，但有时由于塑件形状特点，成型时塑件对定模部分的包紧力大于动模部分，开模时可能出现斜滑块随定模而张开，导致塑件损坏或滞留在定模，如图 9-35 (a) 所示。为了强制塑件留在动模一边，需设有止动装置，如图 9-35 (b) 所示，开模后止动销 5 在弹簧作用下压紧斜滑块 3 的端面，使其暂时不从模套脱出后，再由推杆 1 使斜滑块侧向分型并推出塑件。

图 9-36 所示为斜滑块的另一种止动方式。在斜滑块上钻一小孔，与固定在定模上的止动销 2 呈间隙配合，开模时，在止动销的约束下无法向侧向运动，起到止动作用。只有开模至止动销脱离斜滑块的销动，斜滑块才在推出机构作用下侧向分型并推出塑件。

(4) 主型芯位置的选择　为了使塑件顺利脱模，必须合理选择主型芯的位置。如图 9-37 (a) 所示，当主型芯位置设在动模一侧，在塑件脱模过程中，主型芯起了导向作用，塑件不至于黏附在斜滑块的一侧。若主型芯位置设在定模一侧，如图 9-37 (b) 所示，为了使塑件留在动模，开模后，在止动销作用下，主型芯先从塑件抽出，然后斜滑块才能分型，塑件很容易黏附在附着力较大的滑块上，影响塑件顺利脱模。因此，设计时应合理选择塑件位置，使主型芯尽可能位于动模一侧。

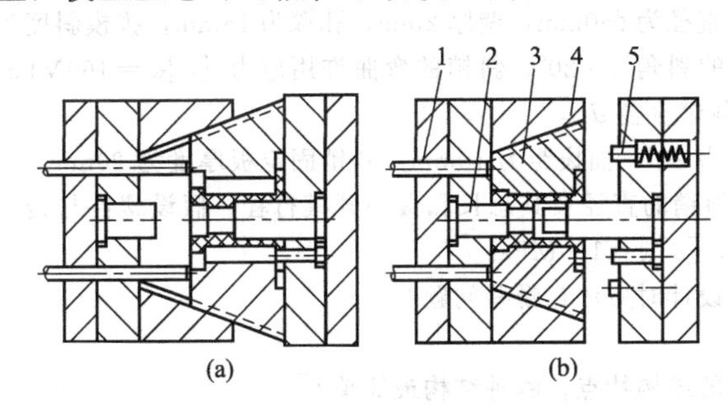

图 9-35　斜滑块止动结构（一）

1—推杆；2—动模型芯；3—斜滑块（瓣合式凹模镶块）；4—模套；5—止动销

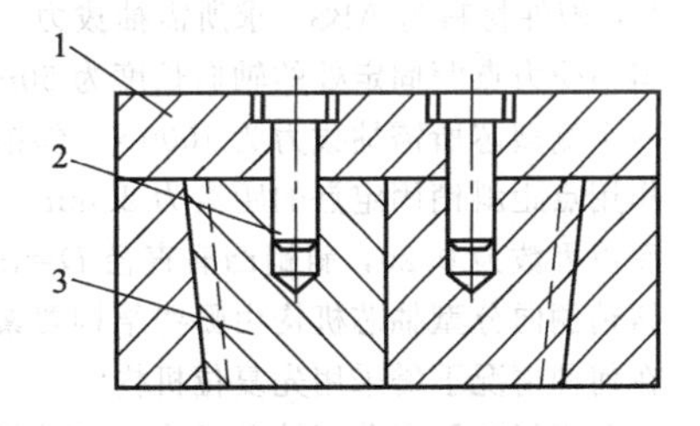

图 9-36　斜滑块止动结构（二）

1—定模板；2—止动销；3—斜滑块

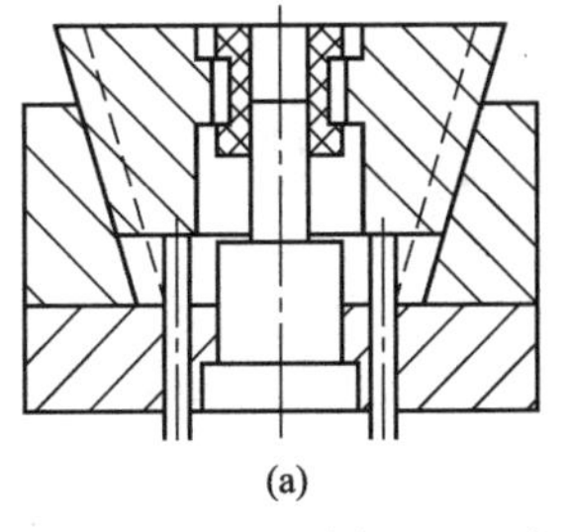

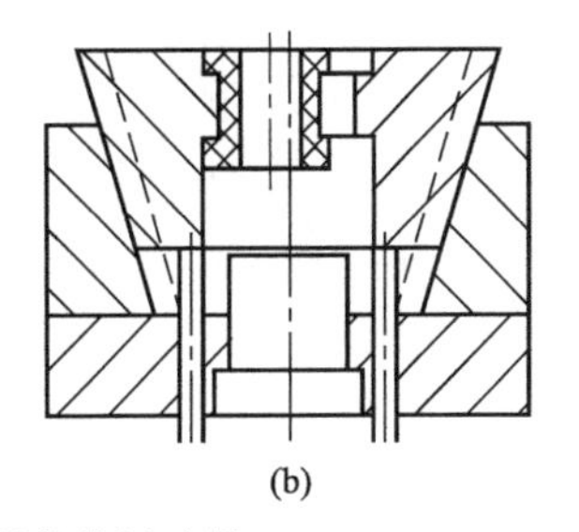

图 9-37　主型芯位置选择

9.5 齿轮齿条侧向分型与抽芯机构

齿轮齿条侧向分型与抽芯机构可以获得较大的抽芯距和抽芯力。图9-38所示为齿条固定在定模的侧向分型与抽芯机构。塑件孔由齿条型芯1成型，传动齿条3固定在定模上，开模时，齿条3通过齿轮2带动齿条型芯1实现抽芯。开模到终点位置时，传动齿条3脱离齿轮2。为了防止再次合模时齿条型芯1不能恢复原位，机构中设置了弹簧定位销4，在开模运动结束时插入齿轮轴的定位槽中，以实现定位。

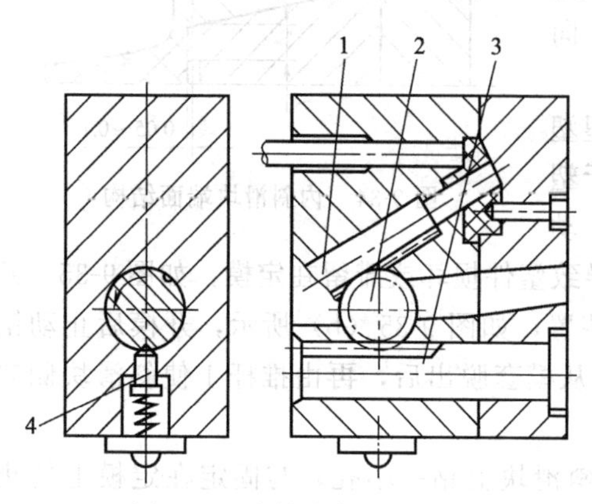

图9-38 齿轮齿条抽芯机构
1—型芯；2—齿轮；3—齿条；4—弹簧定位销

齿轮齿条抽芯机构还可将齿条固定在推出板上，利用推出动作实现转动与抽芯。这种侧向分型与抽芯机构除了可以实现直线抽芯外，还可实现弧形抽芯。

侧向分型与抽芯机构的形式多样，除上述几种外，还有斜槽侧向分型与抽芯机构，楔块侧向分型与抽芯机构和弹簧侧向分型与抽芯机构等，在此不一一列举了。

习题与思考

9-1 模具中侧向分型抽芯机构的作用是什么？侧向分型抽芯机构有几大类？各类的主要优缺点是什么？

9-2 怎样计算抽拔力和抽拔距？其根据是什么？

9-3 怎样计算斜销直径、斜销长度和开模行程？

9-4 设有一侧型芯，成型一个侧向通孔，其孔小端直径为ϕ50mm，壁厚2mm，孔深为15mm，拔模斜度为1°，塑件材料为ABS，求所需抽拔力。若斜销的斜角$\alpha=20°$，斜销的弯曲许用应力$[\sigma]_W=160$MPa，斜销受力点距固定处的轴向长度为50mm，求斜销直径d。

9-5 一个侧型芯所需抽拔力为1000N，斜销的斜角为20°，抽拔距为10mm，斜销固定板厚度为20mm，若作用点距斜销固定点的距离为20mm，求所需斜销的直径及其总长和最小开模行程。假设塑件与钢的摩擦因数为0.20，斜销凸肩直径$D=d+4$mm，$[\sigma]_W=160$MPa。

9-6 斜销侧向分型抽芯机构由哪些结构要素组成？设计时应注意哪些问题？

9-7 在何种情况下需采用先复位机构？

9-8 试分析斜销侧向分型抽芯机构的四种使用形式的结构特点，哪种结构最简单？

9-9 滑块导滑和斜杆导滑的斜滑块侧向分型抽芯机构有何区别？设计时应分别注意哪些结构特点？各适用于什么场合？

9-10 液压抽芯有何特点？齿轮齿条抽芯有何特点？

第 10 章　注射模温度调节系统

在注射成型中，模具的温度直接影响到塑件的质量和生产效率。由于各种塑料的性能和成型工艺要求不同，对模具温度的要求也不同。对于要求较低模温（一般低于 80℃）的塑料，如聚乙烯、聚丙烯、聚苯乙烯、ABS 等，仅需要设置冷却系统即可，因为通过调节水的流量就可以调节模具的温度。对于要求较高模温（80～120℃）的塑料，如聚碳酸酯、聚砜、聚苯醚等，若模具较大，模具散热面积广，有时仅靠注入高温塑料来加热模具是不够的，因此需要设置加热装置。

有些塑件的物理性能、外观和尺寸精度的要求很高，对模具的温度要求十分严格，为此要设置专门的模温调节器，对模具各部分的温度进行严格的控制。

模具的冷却主要采用循环水冷却方式，模具的加热有通入热水、蒸汽、热油和电阻丝加热等方式。本章专门介绍注射模的冷却系统的设计。用热油或水蒸气加热也需在模具中开设加热通道，因此与冷却通道设计基本相同，故不再赘述。关于电阻丝加热装置的设计可参阅热固性塑料模具的有关章节。

10.1　温度调节的必要性

10.1.1　温度调节对塑件质量的影响

温度调节对塑件质量的影响表现在如下几个方面。

（1）变形　模具温度稳定，冷却速度均衡，可以减小塑件的变形。对于壁厚不一致和形状复杂的塑件，经常会出现因收缩不均匀而产生翘曲变形的情况。因此，必须采用合适的冷却系统，使模具凹模与型芯的各个部位的温度基本上保持一致，以便型腔里的塑料熔体能同时凝固。

（2）尺寸精度　利用温度调节系统保持模具温度的恒定，能减少制件成型收缩率的波动，提高塑件尺寸精度的稳定性。在可能的情况下采用较低的模温能有助于减小塑件的成型收缩率。例如，对于结晶形塑料，因为模温较低，制件的结晶度低，较低的结晶度可以降低收缩率。但是，结晶度低不利于制件尺寸的稳定性，从尺寸的稳定性出发，又需要适当提高模具温度，使塑件结晶均匀。

（3）力学性能　对于结晶形塑料，结晶度越高，塑件的应力开裂倾向越大，故从减小应力开裂的角度出发，降低模温是有利的。但对于聚碳酸酯一类高黏度无定形塑料，其应力开裂倾向与塑件中的内应力的大小有关，提高模温有利于减小制件中的内应力，也就减小了其应力开裂倾向。

（4）表面质量　提高模具温度能改善制件表面质量，过低的模温会使制件轮廓不清晰并产生明显的熔接痕，导致制件表面粗糙度增大。

以上几个方面对模具温度的要求有互相矛盾的地方，在选择模具温度时，应根据使用情况着重满足塑件的主要性能要求。

10.1.2 温度调节对生产效率的影响

在注射模中熔体从200℃左右降低到60℃左右，所释放的热量中约有5%以辐射、对流的方式散发到大气中，其余95%由冷却介质（一般是水）带走，因此注射模的冷却时间主要取决于冷却系统的冷却效果。据统计，模具的冷却时间约占整个注射循环周期的2/3，因此，缩短注射循环周期的冷却时间是提高生产效率的关键。

在注射模中，冷却系统是通过冷却水的循环将塑料熔体的热量带出模具的。冷却通道中冷却水是处于层流还是湍流状态，对于冷却效果有显著影响。湍流的冷却效果比层流的好得多，据资料表明，在湍流下的热传递比层流下的高10～20倍。这是因为在层流中冷却水作平行于冷却通道壁的诸同心层运动，每一个热同心层都如一个绝热体，妨碍了模具通过冷却水进行散热过程。一旦冷却水的流动达到了湍流状态，冷却水便在通道内呈无规则的运动，层流状态下的“同心层绝热体”不复存在，从而使传热效果明显增强。为了使冷却水处于湍流状态，希望水的雷诺数 Re（动量与黏度的比值）达到6000以上，表10-1列出当稳定在10℃、Re 为 10^4 时，产生稳定湍流状态中冷却水应达到的流速与流量。

表10-1 冷却水的稳定湍流速度与流量

冷却水管直径 d/(mm)	最低流速 v_{min} /(m/s)	流量 q_V/(m³/min)	冷却水管直径 d/(mm)	最低流速 v_{min} /(m/s)	流量 q_V/(m³/min)
8	1.66	5.0×10^{-3}	20	0.66	12.4×10^{-3}
10	1.32	6.2×10^{-3}	25	0.53	15.5×10^{-3}
12	1.10	7.4×10^{-3}	30	0.44	18.7×10^{-3}
15	0.87	9.2×10^{-3}			

根据牛顿冷却定律，冷却系统从模具中带走的热量为：

$$Q=\frac{hA\Delta\theta t}{3600} \tag{10-1}$$

式中 Q——模具与冷却系统之间所传递的热量，kJ；

h——冷却通道孔壁与冷却介质之间的传热膜系数，kJ/(m²·h·℃)；

A——冷却介质的传热面积，m²；

$\Delta\theta$——模具温度与冷却介质温度之间的差值，℃；

t——冷却时间，s。

由式（10-1）可知，当所需传递的热量 Q 不变时，可以通过如下三条途径来缩短冷却时间。

（1）提高传热膜系数　当冷却介质在圆管内呈湍流流动状态时，冷却管道孔壁与冷却介质之间的传热膜系数 h 为：

$$h=\frac{4.187f(\rho v)^{0.8}}{d^{0.2}} \tag{10-2}$$

式中 f——与冷却介质温度有关的物理系数（具体计算方法见下节）；

ρ——冷却介质在一定温度下的密度，kg/m³；

v——冷却介质在圆管中的流速，m/s；

d——冷却管道的直径，m。

由式（10-2）可知，当冷却介质温度和冷却管道直径不变时，增加冷却介质的流速 v，可以提高传热膜系数 h。

(2) 提高模具与冷却介质之间的温度差　当模具温度一定时，适当降低冷却介质的温度，有利于缩短模具的冷却时间 t。一般注射模具所用的冷却介质是常温水，若改用低温水，便可提高模具与冷却介质之间的温差 $\Delta\theta$，从而可提高注射成型的生产率。但是，当采用低温水冷却模具时，大气中的水分有可能在型腔表面凝聚而导致制件的质量下降。

(3) 增大冷却介质的传热面积　增大冷却介质的传热面积 A，就需在模具上开设尺寸尽可能大和数量尽可能多的冷却管道，但是，由于在模具上有各种孔（如推杆孔、型芯孔）和缝隙（如镶块接缝）的限制，因此只能在满足模具结构设计的情况下尽量多开设冷却水管通道。

10.2　冷却管道的工艺计算

10.2.1　冷却时间的计算

塑件在模具内的冷却时间，通常是指塑料熔体从充满型腔时起到可以开模取出塑件时的这一段时间。可以开模的标准是塑件已充分固化，具有一定的强度和刚度，在开模推出时不致变形开裂。目前主要有三种衡量塑件已充分固化的准则。

① 塑件最大壁厚中心部分的温度已冷却到该种塑料的热变形温度以下。

② 塑件截面内的平均温度已达到所规定的塑件的出模温度。

③ 对于结晶形塑料，最大壁厚的中心层温度达到固熔点，或者结晶度达到某一百分比。

目前尚无精确的冷却时间计算公式，只能借助于一些简化公式或经验公式对冷却时间作粗略的计算。例如，对于上述的第一条准则，可假定塑件的温度只沿着垂直于模壁的方向传递，即简化成一维导热问题，如图 10-1 所示，并假定塑料的注射温度不变，而且塑件内、外表面的温度在充模时降低到模具的温度并维持恒定，由此建立一维导热微分方程为：

$$\frac{\partial\theta}{\partial t}=\alpha_1\frac{\partial^2\theta}{\partial x^2} \tag{10-3}$$

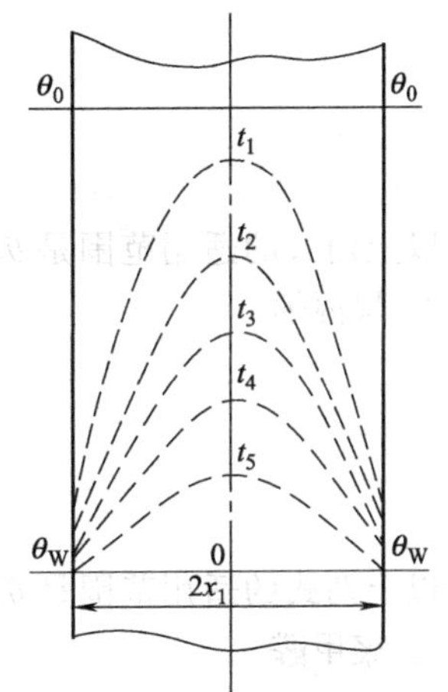

图 10-1　制品在型腔中的一维导热
$t_1\sim t_5$—不同时刻的冷却时间；x_1—制品的半个厚度；θ_0—熔体温度；θ_W—模壁温度

求解式 (10-3)，并经简化，便可得到冷却时间 t_1 的解析表达式。同理可以获得第二条准则的冷却时间 t_2 的简化公式。第三条准则中的冷却时间 t_3 依靠经验获得。

对应以上三种固化准则的冷却时间计算公式分别如下。

(1) 塑件最大壁厚中心部分温度达到热变形温度时所需的冷却时间 t_1 (s)。

$$t_1=\frac{S^2}{\pi^2\alpha_1}\ln\left[\frac{4}{\pi}\left(\frac{\theta_c-\theta_M}{\theta_h-\theta_M}\right)\right] \tag{10-4}$$

式中　S——塑件的壁厚，mm；

α_1——塑料热扩散率，mm^2/s；某些常用塑料的 α_1 值见表 10-2；

θ_c——塑料注射温度，℃；

θ_M——模具温度，℃；

θ_h——塑料的热变形温度，℃；附录 3 给出了在一定温度下塑料试样的热变形温度，但不是生产应用时的热变形温度，确定θ_h时还应根据经验。

(2) 塑件截面内平均温度达到规定的塑件出模温度时所需要的冷却时间 t_2 (s)。

$$t_2=\frac{S^2}{\pi^2\alpha_1}\ln\left[\frac{8}{\pi^2}\left(\frac{\theta_c-\theta_M}{\theta_p-\theta_M}\right)\right] \tag{10-5}$$

式中 θ_p——截面内平均温度,℃。

表 10-2 常用塑料的热扩散率 α_1

无定形塑料		结晶形塑料		模温/℃
塑料代号	α_1/(mm²/s)	塑料代号	α_1/(mm²/s)	
PC	0.105	PBTP	0.090	80～100
CA	0.085	PA-66	0.085	80～100
CAB	0.085	PA-6	0.070	80～100
CP	0.085	PP	0.065	20～80
PS	0.080	LDPE	0.090	20
SAN	0.080		0.075	60
ABS	0.080	HDPE	0.095	20
PMMA	0.075		0.055	80
PVC	0.070		0.065	60
		POM	0.050	100

(3) 结晶形塑料制件的最大壁厚中心温度达到固熔点时所需的冷却时间 t_3(s)。

① 聚乙烯

$$t_3=123.93R^2\frac{\theta_c+28.9}{185.6-\theta_M}(\text{棒类}) \tag{10-6}$$

$$t_3=79.98S^2\frac{\theta_c+28.9}{185.6-\theta_M}(\text{板类}) \tag{10-7}$$

以上两式的适用范围是$\theta_c=193.3\sim248.9$℃，$\theta_M=4.4\sim79.4$℃。

② 聚丙烯

$$t_3=65.66R^2\frac{\theta_c+490}{223.9-\theta_M}(\text{棒类}) \tag{10-8}$$

$$t_3=37.85S^2\frac{\theta_c+490}{223.9-\theta_M}(\text{板类}) \tag{10-9}$$

以上两式的适用范围是$\theta_c=232.2\sim282.2$℃，$\theta_M=4.4\sim79.4$℃。

③ 聚甲醛

$$t_3=71.61R^2\frac{\theta_c+157.8}{157.8-\theta_M}(\text{棒类}) \tag{10-10}$$

$$t_3=36.27S^2\frac{\theta_c+157.8}{157.8-\theta_M}(\text{板类}) \tag{10-11}$$

以上两式的适用范围是$\theta_c>190$℃，$\theta_M<125$℃。式 (10-6) ～式 (10-11) 中，θ_c为棒类或板类塑件的初始成型温度,℃；θ_M为模具温度,℃；R 为棒类塑件的半径，cm；S 为板类塑件的厚度，cm。

10.2.2 冷却管道传热面积及管道数目的简易计算

如果忽略模具因空气对流、热辐射以及与注射机接触所散发的热量，则模具冷却时所需冷却介质的体积流量可按下式计算：

$$q_V=\frac{WQ_1}{\rho c_1(\theta_1-\theta_2)} \tag{10-12}$$

式中　q_V——冷却介质的体积流量，m^3/min；

W——单位时间（每分钟）内注入模具中的塑料质量，kg/min；

Q_1——单位重量的塑件在凝固时所放出的热量，kJ/kg；

ρ——冷却介质的密度，kg/m^3；

c_1——冷却介质的比热容，kJ/(kg·℃)；

θ_1——冷却介质出口温度,℃；

θ_2——冷却介质进口温度,℃。

Q_1可表示为：

$$Q_1=[c_2(\theta_3-\theta_4)+u] \tag{10-13}$$

式中　c_2——塑料的比热容，kJ/(kg·℃)；

θ_3、θ_4——分别为塑料熔体的温度和推出前塑件的温度,℃；

u——结晶形塑料的熔化潜热，kJ/kg。

常用塑料的比热容和潜热见表 10-3，Q_1也可从表 10-4 中选取。

表 10-3　常用塑料的热扩散系数、热导率、比热容及熔化潜热

塑料品种	热扩散系数/(m^2/h)	热导率/[kJ/(m·h·℃)]	比热容/[kJ/(kg·℃)]	熔化潜热/(kJ/kg)
聚苯乙烯	3.2×10^{-4}	0.452	1.340	—
ABS	9.6×10^{-4}	1.055	1.047	—
硬聚氯乙烯	2.2×10^{-4}	0.574	1.842	—
低密度聚乙烯	6.2×10^{-4}	1.206	2.094	1.30×10^{2}
高密度聚乙烯	7.2×10^{-4}	1.733	2.554	2.3×10^{2}
聚丙烯	2.4×10^{-4}	0.423	1.926	1.80×10^{2}
尼龙	3.9×10^{-4}	0.837	1.884	1.30×10^{2}
聚碳酸酯	3.3×10^{-4}	0.695	1.717	—
聚甲醛	3.3×10^{-4}	0.829	1.759	1.63×10^{2}
有机玻璃	4.3×10^{-4}	0.754	1.465	—

表 10-4　常用塑料熔体的单位热流量 Q_1

塑料品种	Q_1/(kJ/kg)	塑料品种	Q_1/(kJ/kg)
ABS	$3.1\times10^{2}\sim4.0\times10^{2}$	低密度聚乙烯	$5.9\times10^{2}\sim8.1\times10^{2}$
聚甲醛	4.2×10^{2}	高密度聚乙烯	$6.9\times10^{2}\sim8.1\times10^{2}$
丙烯酸	2.9×10^{2}	聚丙烯	5.9×10^{2}
醋酸纤维素	3.9×10^{2}	聚碳酸酯	2.7×10^{2}
聚酰胺	$6.5\times10^{2}\sim7.5\times10^{2}$	聚氯乙烯	$1.6\times10^{2}\sim3.6\times10^{2}$

当求出冷却水的体积流量 q_V后，便可根据冷却水处于湍流状态下的流速 v 与管道直径的关系（见表 10-1），确定模具冷却水管道的直径 d。

冷却管道总传热面积 $A(m^2)$ 可用如下公式计算：

$$A=\frac{60WQ_1}{h\Delta\theta} \tag{10-14}$$

式中　h——冷却管道孔壁与冷却介质之间的传热膜系数，kJ/(m^2·h·℃)；

$\Delta\theta$——模温与冷却介质温度之间的平均温差,℃。

h 可由式（10-2）求得，其中：

$$f=0.244(4.187\lambda)^{0.6}\left(\frac{4.187c_1}{\mu}\right)^{0.4} \tag{10-15}$$

式中 λ——冷却介质的热导率，kJ/(m²·h·℃)；

c_1——冷却介质的比热容，kJ/(kg·℃)；

μ——冷却介质的黏度，Pa·s。

$$v=\frac{4q_V}{\pi d^2} \tag{10-16}$$

式中 v——冷却介质的流速，m/s；

q_V——冷却介质的体积流量，m³/s；

d——冷却管道的直径，m。

f 既可由式（10-15）计算得到，也可由表 10-5 选取。

表 10-5 不同水温下的 f 值

平均水温/℃	0	5	10	15	20	25	30	35	40	45	50	55	60	65	70	75
f	4.91	5.30	5.68	6.07	6.45	6.48	7.22	7.60	7.98	8.31	8.64	8.97	9.30	9.60	9.90	10.20

模具应开设的冷却管道的孔数为：

$$n=\frac{A}{\pi dL} \tag{10-17}$$

式中 L——冷却管道开设方向上模具长度或宽度，m。

【例 1】 某注射模成型聚丙烯塑件，产量为 50kg/h，用 20℃的水作为冷却介质，其出口温度为 27℃，水呈湍流状态，若模具平均温度为 40℃，模具宽度为 300mm，求冷却管道直径及所需冷却管道孔数。

解 ①求塑料制件在固化时每小时释放的热量 Q

查表 10-4 得聚丙烯的单位热流量 $Q_1=5.9\times10^2$ kJ/kg

故

$$Q=WQ_1=50\times5.9\times10^2=2.95\times10^4\text{kJ/h}$$

② 求冷却水的体积流量

由式（10-12）得：

$$q_V=\frac{WQ_1}{\rho c_1(\theta_1-\theta_2)}=\frac{2.95\times10^4/60}{10^3\times4.187\times(27-20)}=1.67\times10^{-2}\text{m}^3/\text{min}$$

③ 求冷却管道直径 d，查表 10-1，为使冷却水处于湍流状态，取 $d=25$mm。

④ 求冷却水在管道内的流速 v

由式（10-16）得：

$$v=\frac{4q_V}{\pi d^2}=\frac{4\times1.67\times10^{-2}}{3.14\times(25/1000)^2\times60}=0.57\text{m/s}$$

⑤ 求冷却管道孔壁与冷却介质之间的传热膜系数 h

查表 10-5，取 $f=7.22$（水温为 30℃时），再由式（10-2）得：

$$h=4.187\times\frac{f(\rho v)^{0.8}}{d^{0.2}}=4.187\times\frac{7.22\times(0.996\times10^3\times0.57)^{0.8}}{(25/1000)^{0.2}}$$

$$=1.01\times10^4\,kJ/(m^2\cdot h\cdot ℃)$$

⑥ 求冷却管道总传热面积 A

由式（10-14）得：

$$A=\frac{60WQ_1}{h\Delta\theta}=\frac{60\times2.95\times10^4/60}{1.01\times10^4\times[40-(27+20)/2]}$$
$$=0.177m^2$$

⑦ 求模具上应开设的冷却管道的孔数 n

由式（10-17）得：

$$n=\frac{A}{\pi dL}=\frac{0.177}{3.14\times(25/1000)\times(300/1000)}\approx8$$

10.2.3　冷却管道的详细计算

在一般的注射模冷却管道设计中，采用上节所介绍的简易计算已足够。但是对于精密和复杂的大型注射模，上节的计算就过于粗略，这时就有必要较全面地考察冷却过程的冷却影响因素，进行较为深入的设计计算。本节除了逐条介绍冷却管道详细计算步骤外，所提供的思路以及解决问题的方法还有助于同学们加深对注射模冷却过程实质和特点的了解。

冷却管道的详细计算可以分为如下各个步骤。

(1) 单位时间里型腔内的总热量 Q　总热量 Q（kJ/h）为：

$$Q=WQ_1=NGQ_1 \tag{10-18}$$

式中　W——单位时间内注入型腔中的塑料质量，kg/h；

N——每小时注射次数；

G——每次塑料的注射量，kg；

Q_1——单位质量的塑料制件从熔体进入型腔开始到冷却结束时所放出的热量，kJ/kg；又称为单位热流量之差或热焓之差。

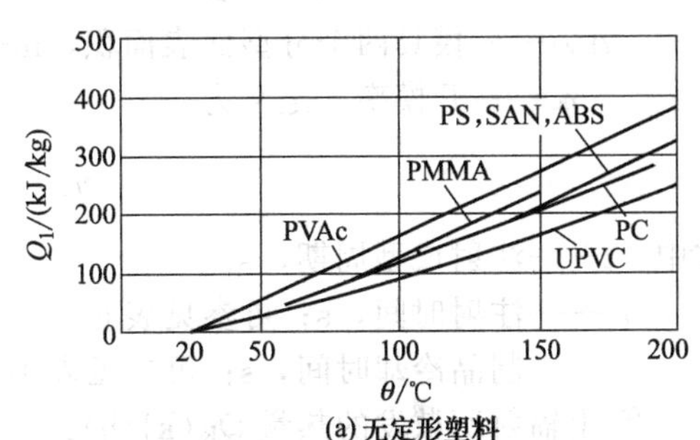

(a) 无定形塑料

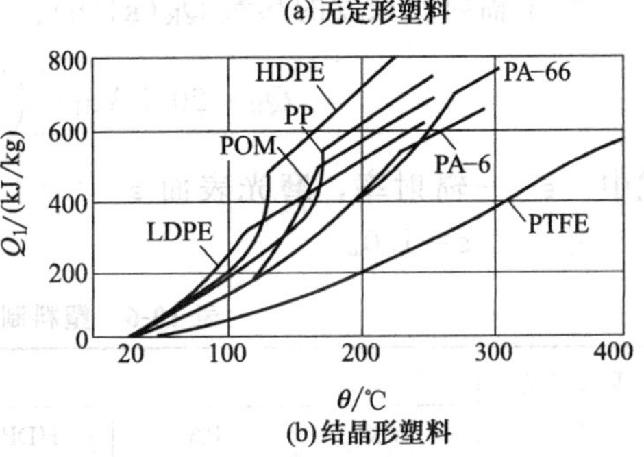

(b) 结晶形塑料

图 10-2　某些塑料的热焓量曲线

对于某些塑料，可从图 10-2 中得到不同温度下的热焓量，也可以由下式近似求得：

$$Q_1=c_2(\theta_{1max}-\theta_{1min})+u \tag{10-19}$$

式中　c_2——塑料的比热容，kJ/(kg·℃)；

u——结晶形塑料的熔化潜热，kJ/kg；c_2 和 u 可查阅表 10-3；

θ_{1max}、θ_{1min}——分别为进入型腔的熔体温度和冷却结束时塑件的温度，℃。

表 10-4 中也给出了常用塑料 Q_1 的近似值。

(2) 通过自然冷却所散发的热量 Q_C、Q_R、Q_L　通过自然冷却所散发的热量由三部分（Q_C、Q_R 和 Q_L）组成。

① 由对流所散发的热量 Q_C（kJ/h）：

$$Q_C=h_1A_M(\theta_{2M}-\theta_0) \tag{10-20}$$

式中　A_M——模具表面积，m^2；

θ_{2M}——模具平均温度，℃；

θ_0——室温，℃；

h_1——传热系数，kJ/(m^2·h·℃)。

当 0℃<θ_{2M}<300℃时，由实验得：

$$h_1=4.187\left(0.25+\frac{360}{\theta_{2M}+300}\right)(\theta_{2M}-\theta_0)^{\frac{1}{3}} \tag{10-21}$$

将式（10-21）代入式（10-20）中得到：

$$Q_C=4.187\left(0.25+\frac{360}{\theta_{2M}+300}\right)A_M(\theta_{2M}-\theta_0)^{\frac{4}{3}} \tag{10-22}$$

应该指出的是，上式中 A_M 除了模具暴露在空气中的四个侧表面积外，还应包括动模和定模两个分型面的表面积，由于只有在开模状态下，动、定模两个分型面才会散发热量，故有：

$$A_M=A_{M1}+\eta_h A_{M2} \tag{10-23}$$

式中 A_{M1}——模具的四个侧表面积，m^2；

A_{M2}——模具两个分型面表面积，m^2；

η_h——开模率，定义为：

$$\eta_h=\frac{t-(t_1+t_2)}{t} \tag{10-24}$$

式中 t——注射成型周期，s；

t_1——注射时间，s；可参见表 6-2；

t_2——制品冷却时间，s；可参见表 10-6。

② 由辐射所散发的热量 Q_R(kJ/h)：

$$Q_R=20.8A_{M1}\varepsilon\left[\left(\frac{273+\theta_{2M}}{100}\right)^4-\left(\frac{273+\theta_0}{100}\right)^4\right] \tag{10-25}$$

式中 ε——辐射率，磨光表面 ε=0.04～0.05，一般加工面 ε=0.80～0.90，毛坯表面 ε=1.0。

表 10-6 塑料制品厚度与冷却时间的关系

制品厚度 /mm	冷却时间/s						
	ABS	PA	HDPE	LDPE	PP	PS	PVC
0.5			1.8		1.8	1.0	
0.8	1.8	2.5	3.0	2.3	3.0	1.8	2.1
1.0	2.9	3.8	4.5	3.5	4.5	2.9	3.3
1.3	4.1	5.3	6.2	4.9	6.2	4.1	4.6
1.5	5.7	7.0	8.0	6.6	8.0	5.7	6.3
1.8	7.4	8.9	10.0	8.4	10.0	7.4	8.1
2.0	9.3	11.2	12.5	10.6	12.5	9.3	10.1
2.3	11.5	13.4	14.7	12.8	14.7	11.5	12.3
2.5	13.7	15.9	17.5	15.2	17.5	13.7	14.7
3.2	20.5	23.4	25.5	22.5	25.5	20.5	21.7
3.8	28.5	32.0	34.5	30.9	34.5	28.5	30.0
4.4	38.0	42.0	45.0	40.8	45.0	38.0	39.8
5.0	49.0	53.9	57.5	52.4	57.5	49.0	51.1
5.7	61.0	66.8	71.0	65.0	71.0	61.0	63.5
6.4	75.0	80.0	85.0	79.0	85.0	75.0	77.5

③ 向注射机工作台所传递的热量 Q_L（kJ/h）：

$$Q_L = h_2 A_{M3}(\theta_{2M} - \theta_0) \tag{10-26}$$

式中　A_{M3}——模具与工作台接触面积，m^2；

h_2——传热系数，可以使用如下经验值。

对于普通钢　$h_2 = 502kJ/(m^2 \cdot h \cdot ℃)$；

对于合金钢　$h_2 = 377kJ/(m^2 \cdot h \cdot ℃)$；

对于铜合金　$h_2 = 586kJ/(m^2 \cdot h \cdot ℃)$。

某些模具（如热流道模具等）在模具固定板与工作台板之间使用隔热垫时，传热系数为：

$$h_{2s} = \frac{h_2}{1 + \dfrac{\delta_s \lambda_M}{H_M \lambda_s}} \tag{10-27}$$

式中　h_{2s}——采用隔热垫后的传热系数，$kJ/(m^2 \cdot h \cdot ℃)$；

h_2——不采用隔热垫时的传热系数，$kJ/(m^2 \cdot h \cdot ℃)$；

δ_s——隔热垫厚度，m；

λ_s——隔热材料的热导率，石棉板约为 $0.561kJ/(m \cdot h \cdot ℃)$；

λ_M——模具材料的热导率，$kJ/(m^2 \cdot h \cdot ℃)$；参见表 10-7；

H_M——模具总高度的一半，m。

表 10-7　某些模具材料的热导率

模具材料	$\lambda_M/[kJ/(m^2 \cdot h \cdot ℃)]$	模具材料	$\lambda_M/[kJ/(m^2 \cdot h \cdot ℃)]$
纯铜	1390	碳素钢(C 1%)	155
铍青铜(20℃)	392	SKD61	122
铝青铜	292	不锈钢(SUS304)	58
纯铝	796	不锈钢(Cr 12%)	94
硬铝(Al 95%,Cu 4%)	590	铬钢(Cr 1%)	216
铸铝(Al 87%,Cu 13%)	590	锌合金(Al 4%,Cu 3%)	392
碳素钢(C 0.5%)	191	铸铁(C 4%)	187

（3）模板的热传导阻力　型腔内塑件的绝大部分热量 Q_2 是通过模板由型腔壁传递给冷却水管壁的。在两个平面间流动的热量可用傅里叶方程予以描述：

$$Q_2 = \frac{\lambda}{\delta} \Phi \Delta\theta \tag{10-28}$$

上式可改写成如下实用形式：

$$\Delta\theta = \theta_{3M} - \theta_{4M} = Q_2 \left(\frac{\delta}{\Phi\lambda}\right) \tag{10-29}$$

式中　λ——模板的热导率，$kJ/(m \cdot h \cdot ℃)$；

δ——模具型腔壁与冷却水管壁之间的距离，m；

Φ——型腔与冷却水管壁之间的传热面积，m^2；

θ_{3M}——型腔壁的平均温度，℃；

θ_{4M}——冷却水管壁的平均温度，℃；

$\Delta\theta$——两平行平面间的温差，℃。

从式（10-29）可知，当 Q_2 一定时，$\frac{\delta}{\Phi\lambda}$ 的值越大，温差越大，因此可将 $\frac{\delta}{\Phi\lambda}$ 定义为热传

导阻力，以 R_v(h·℃/kJ) 表示，即

$$R_v=\frac{\delta}{\Phi\lambda} \tag{10-30}$$

值得注意的是，式（10-29）仅适用于具有相同进口及出口截面的两平行平面的传热情况，在注射模中型腔壁并不一定与冷却水管壁的面积相等。为此，以型腔壁（$a\times b$）为热表面，冷却水管壁（$A\times B$）为冷表面，如图 10-3 所示，建立热阻数学模型如下：

$$\mathrm{d}R_v=\frac{1}{\lambda}\times\frac{\mathrm{d}x}{\Phi(x)} \tag{10-31}$$

则型腔壁与冷却水管壁之间的热阻为：

$$R_v=\frac{1}{\lambda}\int_0^{\delta}\frac{\mathrm{d}x}{\Phi(x)} \tag{10-32}$$

求解式（10-32），可得：

$$R_v=\frac{1}{\lambda}\left[\frac{2.3\delta}{(A-a)b-(B-b)a}\right]\lg\left(\frac{Ab}{aB}\right)\quad (A/B\neq a/b\text{ 时}) \tag{10-33}$$

或者

$$R_v=\frac{1}{\lambda}\times\frac{2.3\delta}{aB}\quad (A/B=a/b\text{ 时}) \tag{10-34}$$

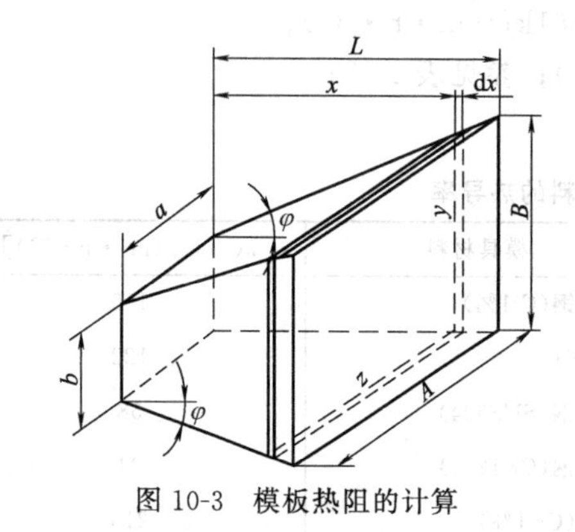

图 10-3 模板热阻的计算

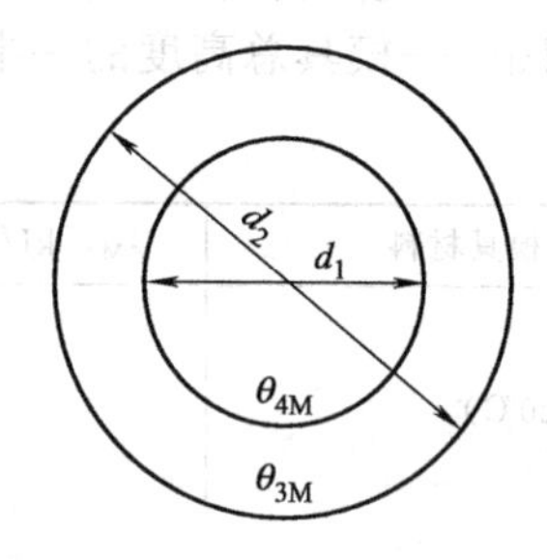

图 10-4 内冷式型芯热阻的计算

对于型芯内部的冷却水管，如图 10-4 所示，用类似方法可得 R_v 为：

$$R_v=\frac{2.3}{2\pi\lambda l_c}\lg\left(\frac{d_2}{d_1}\right) \tag{10-35}$$

式中 l_c——型芯长度，m；

d_1、d_2——分别为型芯内、外径，m；型芯内径在这时即为冷却水管的直径。

在注射模中，围绕着型腔往往有多个冷却水管，该型腔与每一个冷却水管之间热阻均需单独计算，则相应的总热阻为：

$$\frac{1}{R_v}=\sum_{i=1}^{n}\frac{1}{R_{vi}} \tag{10-36}$$

式中 R_v——总热阻；

R_{vi}——型腔与每个水管之间的热阻；

n——型腔所对应的冷却管道数。

因此，此时可将式（10-29）改写为：

$$\theta_{4M}=\theta_{3M}-Q_2R_v \tag{10-37}$$

式中 Q_2——每小时冷却水应带走的热量，kJ/h；

R_v——总热阻，h·℃/kJ；

θ_{3M}——型腔壁的平均温度，℃；

θ_{4M}——冷却水管壁的平均温度，℃。

(4) 由冷却管道带走的热量 Q_2　由以上分析可知，在单位时间内制件中由冷却水管带走的热量 Q_2 应为：

$$Q_2 = Q - (Q_C + Q_R + Q_L) \tag{10-38}$$

式中　Q——型腔内需传递的总热量。

根据模具实际的工作过程，Q_2 应分别由凹模和型芯的冷却系统所带走，因此应将 Q_2 分解为 Q_{2G} 和 Q_{2K} 两部分，其表达式分别为：

$$Q_{2G} = Q_G - (Q_C + Q_R + Q_L)_G \tag{10-39}$$
$$Q_{2K} = Q_K - (Q_C + Q_R + Q_L)_K$$

仿照式 (10-18) 有：

$$Q_G = NG_G Q_1 \tag{10-40}$$
$$Q_K = NG_K Q_1$$

式中　Q_G、Q_K——凹模和型芯所要带走的热量；

G_G、G_K——凹模和型芯所要承担的制件重量，kg。

一般常以塑件壁厚的中性面作为凹模和型芯冷却的交界面来计算 G_G 和 G_K。对于圆筒形塑件，实验表明，约 $\frac{1}{3}Q_2$ 被凹模带走，$\frac{2}{3}Q_2$ 被型芯带走。也有资料采用如下分配方案：

$$Q_{2G} = 0.4Q_2 \tag{10-41}$$
$$Q_{2K} = 0.6Q_2$$

另外，还可根据塑件形状、凹模与型芯的冷却管道设置的情况，结合自己的经验和冷却原则的指导，来分配 Q_{2G} 和 Q_{2K}，以符合实际情况。

(5) 冷却过程中塑件和模壁的温度　设在冷却过程中塑件的温度为 θ_1、模壁的温度为 θ_3，正是因为 θ_1 与 θ_3 之间存在着温度差，Q_2 才从模具中通过冷却系统散发出去，Q_1 与 $(\theta_1 - \theta_3)$ 的关系可由下式确定：

$$Q_1 = h_2 f_z (\theta_1 - \theta_3)_M \beta$$

即

$$(\theta_1 - \theta_3)_M = \frac{Q_2}{h_2 f_z \beta} \tag{10-42}$$

式中　f_z——塑件的表面积，m^2；

β——有效传热率；$\beta = \frac{t_1 + t_2}{t}$，$t_1$ 为内注射时间，s；t_2 为冷却时间，s；t 为该注射周期；

h_2——塑件与模具间的传热系数，h_2 可取 1549kJ/(m^2 · h · ℃)；

$(\theta_1 - \theta_3)_M$——塑件与型腔壁温差的平均值。

值得注意的是，式 (10-42) 用的是 $(\theta_1 - \theta_3)_M$，而不是 $(\theta_1 - \theta_3)$。这是因为注射过程呈周期性变化，在一个周期内 θ_1 从 $\theta_{1max} \to \theta_{1min}$，而 θ_3 从 $\theta_{3min} \to \theta_{3max} \to \theta_{3min}$，必须采用平均温度的概念来表征该冷却过程的温度水平。

如果凹模和型芯与塑件的接触面积分别为 f_G 和 f_K，则有：

$$(\theta_1 - \theta_3)_{MG} = \frac{Q_{2G}}{1549 f_G \beta}$$
$$(\theta_1 - \theta_3)_{MK} = \frac{Q_{2K}}{1549 f_K \beta} \tag{10-43}$$

由传热学可知，当两种介质进行热变换时，一处温度升高，另一处温度降低，它们的温差平均值应采用对数平均值，即

$$(\theta_1-\theta_3)_{\mathrm{M}}=\frac{[(\theta_{1\max}-\theta_{3\min})-(\theta_{1\min}-\theta_{3\max})]}{\ln\left(\frac{\theta_{1\max}-\theta_{3\min}}{\theta_{1\min}-\theta_{3\max}}\right)}$$

也即

$$(\theta_1-\theta_3)_{\mathrm{M}}=\frac{0.4343[(\theta_{1\max}-\theta_{3\min})-(\theta_{1\min}-\theta_{3\max})]}{\lg\left(\frac{\theta_{1\max}-\theta_{3\min}}{\theta_{1\min}-\theta_{3\max}}\right)} \quad (10\text{-}44)$$

式中 $\theta_{1\max}$——塑料熔体注入温度,℃；

$\theta_{1\min}$——塑件脱模温度,℃；

$\theta_{3\max}$——型腔壁温度波动的上限,℃；

$\theta_{3\min}$——型腔壁温度波动的下限,℃。

从式（10-37）可知，$\theta_{3\mathrm{M}}$为型腔壁的平均温度，设型腔壁温度的波动值为$\theta_{3\mathrm{a}}$，则有：

$$\theta_{3\min}=\theta_{3\mathrm{M}}-\theta_{3\mathrm{a}} \quad (10\text{-}45)$$

$$\theta_{3\max}=\theta_{3\mathrm{M}}+\theta_{3\mathrm{a}} \quad (10\text{-}46)$$

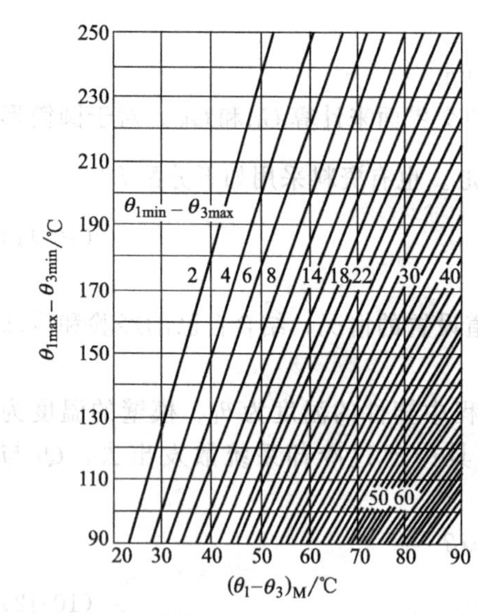

图 10-5 确定（$\theta_{1\min}-\theta_{3\max}$）的曲线

在式（10-44）中，塑料熔体注入温度$\theta_{1\max}$由注射工艺确定，每一种塑料的型腔壁最佳平均温度$\theta_{3\mathrm{M}}$可以选定，型腔壁中实际温度波动值$\theta_{3\mathrm{a}}$（比如±10℃）也可以设定，这样便可以由式（10-45）和式（10-46）得到$\theta_{3\min}$和$\theta_{3\max}$（注意$\theta_{3\min}$应大于冷却水入口温度），$(\theta_1-\theta_3)_{\mathrm{M}}$可由式（10-42）或式（10-43）求得，于是可利用式（10-44）求出制件脱模温度$\theta_{1\min}$。

由于式（10-44）不便于计算，图 10-5 给出了基于式（10-44）的曲线图，由横坐标$(\theta_1-\theta_3)_{\mathrm{M}}$上与纵坐标（$\theta_{1\max}-\theta_{3\min}$）上两数值的交点，就可找到差值（$\theta_{1\min}-\theta_{3\max}$），从而也就得到了$\theta_{1\min}$。

由上法获得的制件脱模温度$\theta_{1\min}$若过高（高于合理的推出温度），可改变$\theta_{3\mathrm{a}}$的值，重新计算，以减小$\theta_{1\min}$。

（6）所需冷却水量q_V、管径d和流速v 由冷却水管带走的热量Q_2将使冷却水温度上升，由传热公式：

$$Q_2=q_V c_1\rho(\theta_{5\mathrm{out}}-\theta_{5\mathrm{in}})$$

有

$$q_V=\frac{Q_2}{c_1\rho(\theta_{5\mathrm{out}}-\theta_{5\mathrm{in}})} \quad (10\text{-}47)$$

式中 q_V——所需冷却水的体积流量，$\mathrm{m^3/h}$；

$\theta_{5\mathrm{out}}$——冷却水出口温度,℃；

$\theta_{5\mathrm{in}}$——冷却水入口温度,℃；

ρ——冷却水平均温度$\theta_{5\mathrm{M}}$时水的密度，$\mathrm{kg/m^3}$；

c_1——冷却水平均温度$\theta_{5\mathrm{M}}$时水的比热容，kJ/(kg・℃)；

Q_2——单位时间冷却水带走的热量，kJ/h。

$\theta_{5\mathrm{out}}$和$\theta_{5\mathrm{in}}$根据经验设定，在精密模具中，冷却水出口温差（$\theta_{5\mathrm{out}}-\theta_{5\mathrm{in}}$）应在 2℃以内。

根据q_V值，可由表 10-1 查找所需冷却水管直径d和最低流速$v_{\min}$。

冷却水平均流速（m/s）为：

$$v=\frac{4q_V}{3600\pi d^2} \quad (10\text{-}48)$$

实际上，管径 d 在 0.008～0.025m 之间，此时流速 v 的变化范围是 0.5～5m/s。

(7) 冷却水管壁与冷却水交界面传热膜系数 h_3　在雷诺数 $Re>6000$ 时，冷却水处于稳定湍流状态，这时冷却水管壁与冷却水交界面传热系数 h_3 [kJ/(m^2·h·℃)] 可用如下公式计算：

$$h_3=7348(1+0.015\theta_{5M})\frac{v^{0.87}}{d^{0.13}} \tag{10-49}$$

式中　θ_{5M}——冷却水的平均温度,℃；

v——冷却水的平均流速，m/s；

d——冷却水管直径，m。

$d^{0.13}$ 与 $v^{0.87}$ 的值可从图 10-6 和图 10-7 中查到。对于常用的 d 和 v 值，可认为 $d^{0.13}\approx 0.55$，$v^{0.87}\approx v$，故式 (10-49) 可简化为：

$$h_3=7348(1+0.015\theta_{5M})\frac{v}{0.55} \tag{10-50}$$

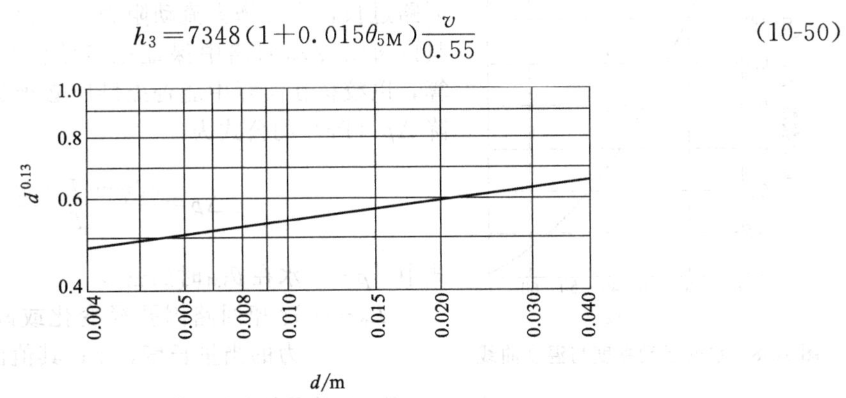

图 10-6　确定 $d^{0.13}$ 值的曲线

当然，也可以利用式 (10-2) 求 h_3，当平均水温在 20℃以上，雷诺数 $Re=6000\sim10000$ 时，式 (10-49) 与式 (10-2) 之间的误差在 ±2% 以内。

(8) 所需冷却水管的表面积 Φ　由于冷却水是以对流方式进行热传递的，故有：

$$Q_2=h_3\Phi(\theta_{4M}-\theta_{5M})$$

将式 (10-49) 代入上式，并求出 Φ(m^2)，则有：

$$\Phi=\frac{Q_2 d^{0.13}}{7348(1+0.015\theta_{5M})(\theta_{4M}-\theta_{5M})v^{0.87}} \tag{10-51}$$

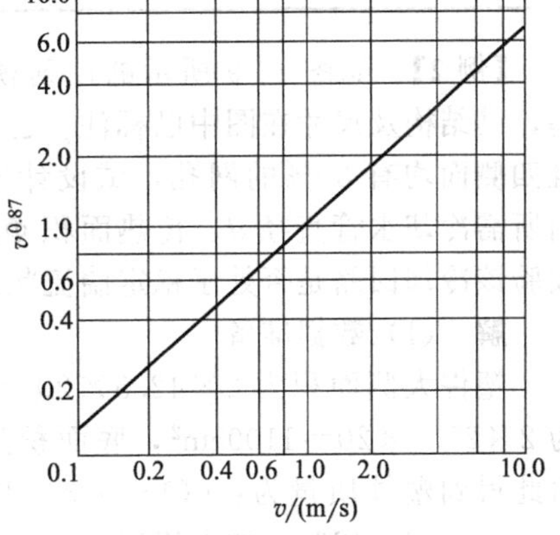

图 10-7　$v^{0.87}$ 值的曲线

或采用简化公式：

$$\Phi=\frac{Q_2}{13360(1+0.015\theta_{5M})(\theta_{4M}-\theta_{5M})v} \tag{10-52}$$

式中　Q_2——单位时间内冷却水带走的热量，kJ/h；

θ_{4M}——冷却水管壁的平均温度,℃；由式 (10-37) 所求；

θ_{5M}——冷却水平均温度,℃。

由式 (10-51) 或式 (10-52) 计算得到的冷却水管的表面积 Φ 值，其大致标准应接近于或大于制件与型腔相接触的面积。

(9) 所需冷却水管的总长度 L (m)　由式 $\Phi=\pi dL$ 可得：

$$L=\frac{Q_2}{7348\pi(1+0.015\theta_{5M})(vd)^{0.87}(\theta_{4M}-\theta_{5M})} \tag{10-53}$$

式中，各符号含义皆同式（10-51）。

（10）冷却水流动状态的校核　冷却水的流动状态是处于层流还是湍流，其冷却效果会相差10～20倍。因此，在设计中，应对凹模和型芯的冷却水流动状态进行校核，其校核公式为：

$$Re=\frac{vd}{\eta}\geqslant 6000\sim 10000 \tag{10-54}$$

式中　η——水的运动黏度，m^2/s；其数值可由图10-8查出。

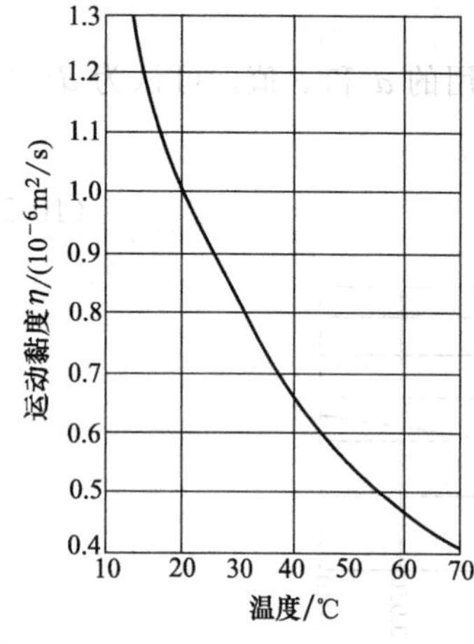

图10-8　水的运动黏度与温度曲线

（11）冷却水压降的计算　由前所述，为使冷却水处于稳定的湍流状态，在其他条件不变时，提高冷却水的流速v最为有效。但当流速v过大时，流动阻力大增；冷却回路过长，也会增大流动阻力。因此，在设计时必须对模具内每组冷却回路中保证稳定湍流所需的压力降进行计算，以校核在实际中能否提供所必须的压力降。计算压力降Δp（Pa）的公式为：

$$\Delta p=\frac{32\eta\rho v(L+L_e)}{d^2} \tag{10-55}$$

式中　ρ——水在θ_{5M}时的密度，kg/m^3；

L_e——冷却回路因孔径变化或改变方向引起局部阻力的当量长度，m；其值由表10-8确定。

表10-8　湍流时当量长度与孔径之比

湍流状态	L_e/d	湍流状态	L_e/d
45°转弯	15	180°回弯头	60
90°转弯	30	三通改向	60～90

【例2】　如图10-9所示的注射模，用以生产HDPE筐篓，其结构及尺寸在图中已标注。已知制件厚度为1.5mm，且四侧面均有30%的网孔，试设计该模具的冷却系统，求出所需冷却水管直径d、传热面积Φ、冷却回路长度L，并校验该冷却回路是否处于稳定湍流状态？

解　（1）数据准备

塑件大侧面积为$2\times42.5\times20=1700cm^2$，塑件小侧面为$2\times27.5\times20=1100cm^2$，底面积为：$40\times25=1000cm^2$，由此得到塑件质量为：$[(1-0.3)(1700+1100)+1000]\times0.15\times0.96=426g$，加上流道凝料的消耗，故一次注射量$G$取为0.50kg。

查得HDPE的单位热流量$Q_1=755kJ/kg$。

设注射时间$t_1=5s$，冷却时间$t_2=8s$，开模取件时间为7s，得注射周期$t=20s$，由此得到每小时注射次数$N=3600/20=180$。

将以上数据代入式（10-18）得单位时间内型腔总热量为：

$$Q=180\times755\times0.50=67950kJ/h$$

由图中尺寸可知，模具四侧面积$A_{M1}=1.08m^2$，分型

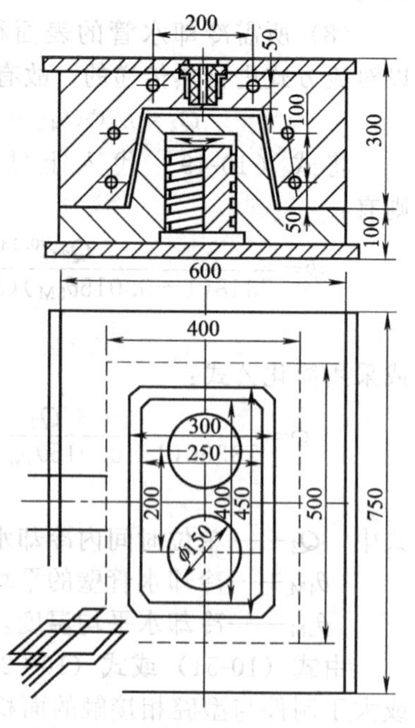

图10-9　筐篓形制品的注射模

面面积 $A_{M2}=0.90m^2$，开模率 η_h 为：

$$\eta_h=\frac{20-(5+8)}{2}=0.35$$

故散热表面积为：

$$A_M=1.08+0.90\times0.35=1.40m^2$$

设模具平均温度 $\theta_{2M}=60℃$，室温 $\theta_0=20℃$，根据式（10-22），对流所散发的热量 Q_C 为：

$$Q_C=4.187\left(0.25+\frac{360}{60+300}\right)\times1.40\times(60-20)^{\frac{4}{3}}\approx1000kJ/h$$

根据式（10-25），辐射所散发的热量 Q_R 为：

$$Q_R=20.8\times1.08\times0.05\left[\left(\frac{273+60}{100}\right)^4-\left(\frac{273+20}{100}\right)^4\right]\approx55kJ/h$$

根据式（10-26），注射机工作台所传递的热量 Q_L 为：

$$Q_L=504\times(2\times0.75\times0.60)(60-20)\approx18144kJ/h$$

根据式（10-38），应由冷却系统从模具中带走的热量 Q_2 为

$$Q_2=[67950-(1000+55+18144)]=48751kJ/h$$

Q_2 应分别由凹模和型芯的冷却回路带走，采用式（10-41）的分配方案，有：

$$Q_{2G}=19500kJ/h$$

$$Q_{2K}=29251kJ/h$$

（2）计算凹模冷却回路的有关参数

① 制件与型腔壁温度差的平均值。根据式（10-43），有：

$$(\theta_1-\theta_3)_{MG}=\frac{Q_{2G}}{1549f_G\beta}=\frac{19500}{1549\times0.38\times\frac{5+8}{20}}=51℃$$

设 $\theta_{1max}=230℃$，$\theta_{3max}=70℃$，$\theta_{3min}=50℃$，则 $\theta_{3M}=60℃$，由 $(\theta_1-\theta_3)_{MG}=51℃$，$(\theta_{1max}-\theta_{3min})=180℃$，查图 10-5 所示曲线，得 $(\theta_{1min}-\theta_{3max})=6℃$，即得 $\theta_{1min}=76℃$。

② 凹模所需冷却水管直径。设 $\theta_{5in}=18℃$，$\theta_{5out}=23℃$，则 $\theta_{5M}=20.5℃$，据式（10-47）有：

$$q_V=\frac{19500}{4.187\times998.2\times(23-18)}\times\frac{1}{60}$$

$$=15.5\times10^{-3}m^3/min$$

由 q_V 查表 10-1 得水管直径 $d=25mm$，冷却水最低流速 $v=0.53m/s$。据式（10-48）可知，同样可以算得：

$$v=\frac{4\times15.5\times10^{-3}\times60}{3600\times3.14\times(25\times10^{-3})^2}=0.53m/s$$

③ 热阻计算。用式（10-33）分别计算型腔壁与每一个冷却水管之间的模具热阻，这里对计算过程不作详细讨论，结果有：

$$\frac{1}{R_v}=4\left(\frac{\lambda}{1.2}+\frac{\lambda}{1.57}\right)+2\frac{\lambda}{1.02}=7.84\lambda$$

取钢材的热导率 $\lambda=176kJ/(m\cdot h\cdot℃)$，则：

$$\frac{1}{R_v}=1380kJ/(h\cdot℃)，也即\quad R_v=0.000725h\cdot℃/kJ$$

④ 冷却水管壁的平均温度。据式（10-37），有：

$$\theta_{4M}=\theta_{3M}-Q_2R_v=(60-19500\times0.000725)=45.5℃$$

⑤ 凹模冷却水管回路的总传热面积。据式（10-51）可知：

$$\Phi_G=\frac{19500\times0.025^{0.13}}{7348\times(1+0.015\times20.5)(45.5-20.5)\times0.53^{0.87}}$$

$$=0.0873m^2$$

⑥ 凹模所需冷却水管长度。据式（10-53）可知：

$$L_G=\frac{19500}{7348\times3.14\times(1+0.015\times20.5)(45.5-20.5)(0.53\times0.025)^{0.87}}$$
$$=1.124\text{m}$$

据图 10-9 中冷却水管的设计，凹模中水管实际总长约 5m，故完全能满足冷却要求。

⑦ 雷诺数 Re 值的校核。当 $\theta_{5M}=20.5$℃时，由图 10-8 查得水的运动黏度 $\eta=1.0\times10^{-6}\text{m}^2/\text{s}$，由计算已知 $v=0.53\text{m/s}$，$d=0.025\text{m}$，据式（10-54）可知：

$$Re=\frac{0.53\times0.025}{1.0\times10^{-6}}=13250>10^4$$

故水的流动属于稳定湍流，有良好的冷却效果。

⑧ 冷却回路压降计算。由图 10-9 可知，凹模的冷却回路有 12 次 90°的转弯，得 $L_e=12\times30d=9.0\text{m}$，再将其他已知数据代入式（10-55）得：

$$\Delta p=32\times1.0\times10^{-6}\times998.2\times0.53(1.124+9.0)/0.025^2$$
$$=274.23\text{Pa}$$

该压力远小于一般自来水压力，故该方案可靠。

（3）计算型芯冷却回路的有关参数（略）

10.3 冷却系统的设计原则

为了提高冷却系统的效率和使型腔表面温度分布均匀，在冷却系统的设计中应遵守如下原则。

① 在设计时冷却系统应先于推出机构，不要在推出机构设计完毕后才考虑冷却回路的布置，而应尽早将冷却方式和冷却回路的位置确定下来，以便能得到较好的冷却效果。将该点作为首要设计原则提出来的依据是：在传统设计中，往往推出机构的设计先于冷却系统，冷却系统的重要性未能引起足够的认识。

② 注意凹模和型芯的热平衡。有些塑件的形状能使塑料散发的热量等量地被凹模和型芯所吸收。但是绝大多数塑件的模具都有一定高度的型芯以及包围型芯的凹模，对于这类模具，凹模和型芯所吸收的热量是不同的。这是因为塑件在固化时因收缩包紧在型芯上，塑件与凹模之间会形成空隙，这时绝大部分的热量将依靠型芯的冷却回路传递，加上型芯布置冷却回路的空间小，还有推出系统的干扰，使型芯的传热变得更加困难。因此，在冷却系统的设计中，要把主要注意力放在型芯的冷却上。

③ 对于简单模具，可先设定冷却水出入口的温差，然后计算冷却水的流量、冷却管道直径、保证湍流的流速以及维持这一流速所需的压力降便已足够。但对于复杂而又精密的模具，则应按上节所介绍的方法做详细计算。

④ 生产批量大的普通模具和精密模具在冷却方式上应有差异，对于大批量生产的普通塑件，可采用快冷以获得较短的注射循环周期。所谓快冷，就是使冷却管道靠近型腔布置，采用较低的模具温度。精密塑件需要有精确的尺寸公差和良好的力学性能，因此须采用缓冷，即模具温度较高，冷却管道的尺寸和位置也应适应缓冷的要求。

⑤ 模具中冷却水温度升高会使热传递减小，精密模具中出入口水温相差应在 2℃以内，普通模具也不要超过 5℃。从压力损失观点出发，冷却回路的长度应在 1.2～1.5m 以下，回路的弯头数目不希望超过 5 个。如图 10-10 所示的大型模具，图 10-10（a）采用一条冷却回路，冷却不均匀；图 10-10（b）仍采用一条冷却回路，但较图 10-10（a）有改进；图 10-10

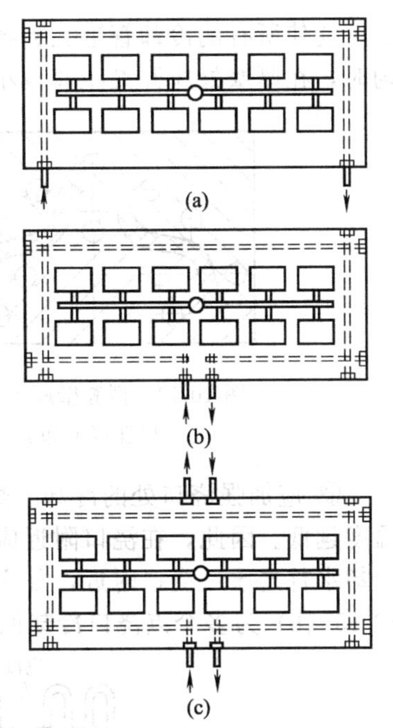

图10-10 冷却回路的布置

(c) 采用双冷却回路，一条回路的进口位于另一条回路的出口附近，效果最好。

⑥ 由于凹模与型芯的冷却情况不同，一般应采用两条冷却回路分别冷却凹模与型芯。

⑦ 当模具仅设一个入水接口和一个出水接口时，应将冷却管道进行串联连接，若采用并联连接，由于各回路的流动阻力不同，很难形成相同的冷却条件。当需要并联连接时，则需在每个回路中设置水量调节泵及流量计。

⑧ 采用多而细的冷却管道，比采用独根大冷却管道好。因为多而细的冷却管道扩大了模温调节的范围，但管道不可太细，以免堵塞，一般管道的直径为8～25mm。

⑨ 在收缩率大的塑料制件的模具中，应沿其收缩方向设置冷却回路。如图10-11所示的方形PE塑料制件，由于采用中心直接浇口，从浇口的放射线及与其垂直的方向上引起收缩。此时应在和收缩相对应的中心部通冷却水，而对外侧通经漩涡状冷却回路热交换过的温水。

⑩ 普通模具的冷却水应采用常温下的水，通过调节水流量来调节模具温度。对于小型塑件，由于其注射时间和保压时间都较短，成型周期主要由冷却时间决定，为了提高成型效率，可以采用经过冷却的水进行冷却，目前常用经冷冻机冷却过的5～10℃的水。用冷水进行冷却时，大气中的水分会凝聚在型腔表面易引起塑件的缺陷，对此要加以注意。对于流动距离长、成型面积大的塑件，为了防止填充不足或者变形，有时还得通热水。总之，模温最好通过冷却系统或者专门的装置能任意调节。

⑪ 合理地确定冷却管道的中心距以及冷却管道与型腔壁的距离。如图10-12所示，图10-12 (a) 所布置的冷却管道间距合理，保证了型腔表面温度均匀分布，而图10-12 (b) 开设的冷却管道直径太小、间距太大，所以型腔表面的温度变化很大（53.33～61.66℃）。冷却管道与型腔壁的距离太大会使冷却效率下降，而距离太小又会造成冷却不均匀。根据经验，一般冷却管道中心线与型腔壁的距离应为冷却管道直径的1～2倍，冷却管道的中心距约为管道直径的3～5倍。

⑫ 尽可能使所有冷却管道孔分别到各处型腔表面的距离相等。当制件壁厚均匀时，应

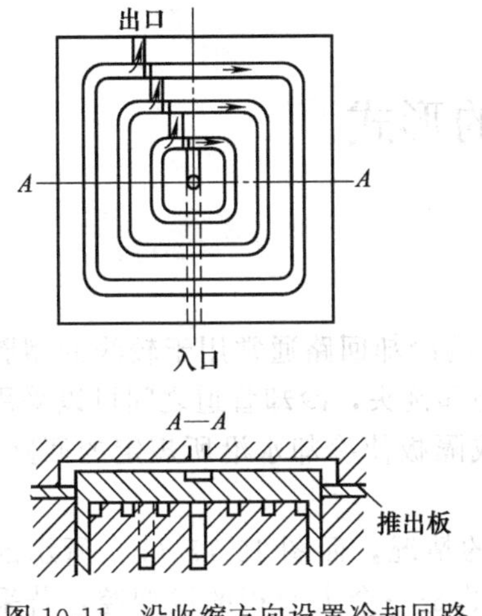

图10-11 沿收缩方向设置冷却回路

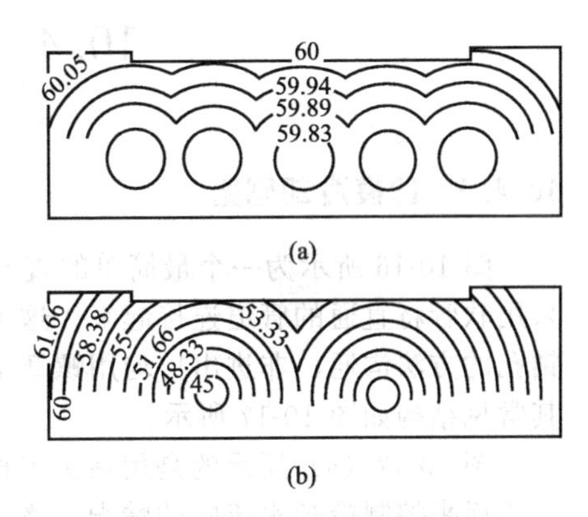

图10-12 型腔表面的温度变化/℃

尽可能使所有的冷却管道孔到各处型腔表面的距离相等，如图 10-13 所示。当塑件壁厚不均匀时，在厚壁处应开设距离较小的冷却管道，如图 10-14 所示。

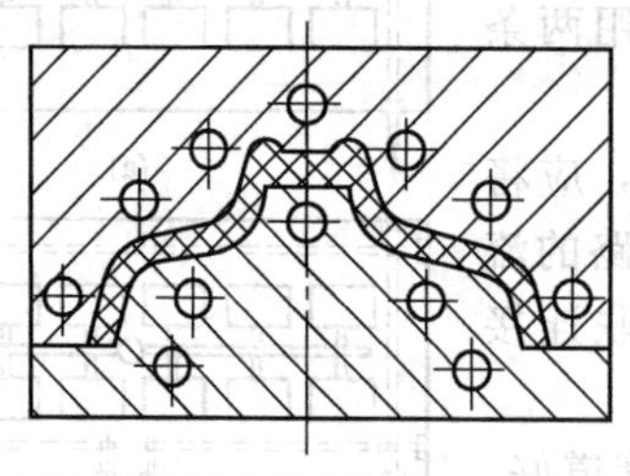
图 10-13 型腔壁厚均匀时冷却管道的布置

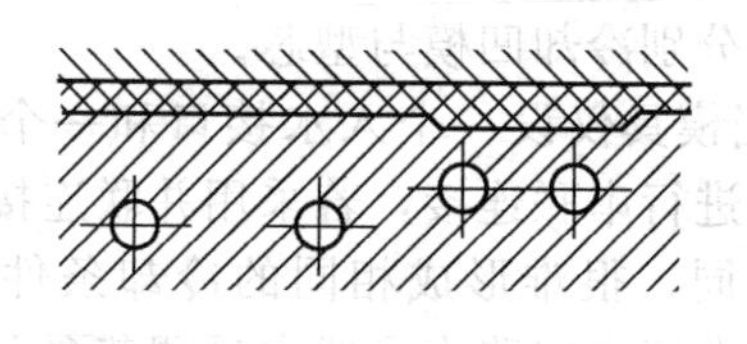
图 10-14 型腔壁厚不均匀时冷却管道的布置

⑬ 应加强浇口处的冷却。熔体充模时，浇口附近的温度最高。一般来说，距浇口越远温度越低。因此，在浇口附近应加强冷却，一般可将冷却回路的入口设在浇口处，这样可使冷却水首先通过浇口附近，如图 10-15 所示。图 10-15（a）为侧浇口冷却回路的布置，图 10-15（b）为多个点浇口冷却回路的布置。

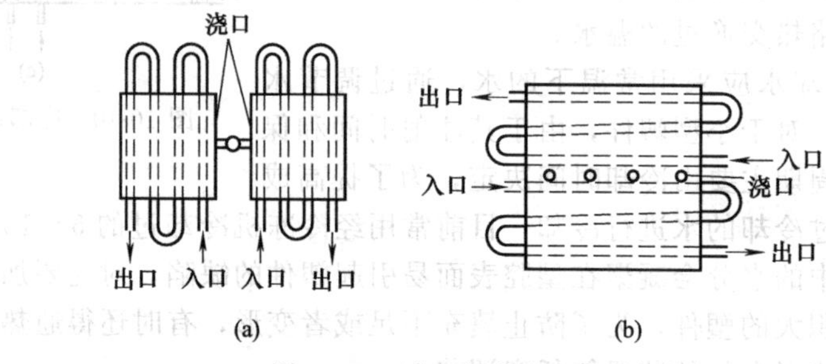

图 10-15 冷却回路入口的选择

⑭ 应避免将冷却管道开设在塑件熔合纹的部位。当采用多浇口进料或者型腔形状较复杂时，多股熔体在汇合处将产生熔合纹。在熔合纹处的温度一般较其他部位的低，为了不致使温度进一步下降，保证熔合质量，应尽可能不在熔合纹部位开设冷却管道。

⑮ 注意水管的密封问题，以免漏水。一般情况下，冷却管道应避免穿过镶块，否则在接缝处漏水，若必须通过镶块时，应加设套管密封。

⑯ 进口、出口水管接头的位置应尽可能设在模具的同一侧。为了不影响操作，通常应将进口、出口水管接头设在注射机背面的模具一侧。

10.4 冷却回路的形式

10.4.1 凹模冷却回路

图 10-16 所示为一个最简单的直流冷却回路，单层的冷却回路通常用于较浅的型腔。它采用软管将直通的管道连接起来。这种为了避免设置外部接头，冷却管道之间可以采用内部钻孔的方法沟通，非进出口均用螺塞堵住，并用堵头或隔板使冷却水沿所规定的回路流动，其常见结构如图 10-17 所示。

图 10-17（a）所示的是用堵头来控制冷却水流向的情况，而图 10-17（b）所示的是采用隔板来控制冷却水流向的情况。图 10-17（b）所示的是一个大面积的浅型腔，若采用单

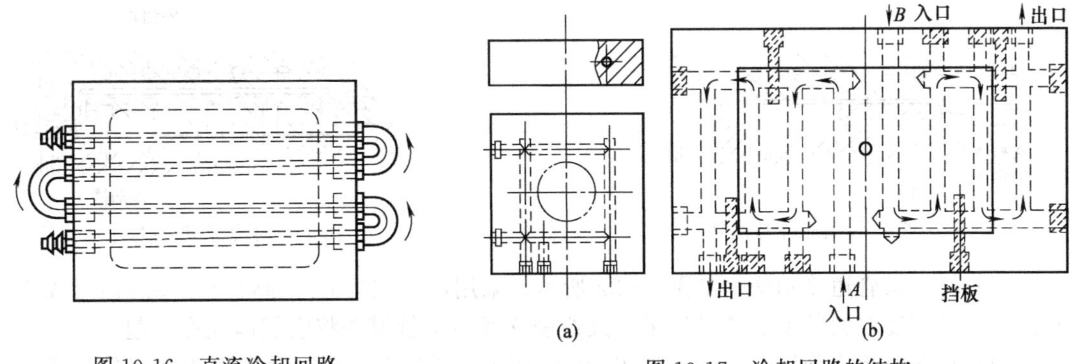

图 10-16　直流冷却回路

图 10-17　冷却回路的结构

一的冷却回路，则型腔左右两侧会产生明显的温差，因为冷却水从型腔一侧流向另一侧时温度会逐渐增加。改进的方法是采用两条左右对称的冷却回路，且两条冷却回路的入口均靠近浇口处，以保证型腔表面的温度分布均匀。

冷却回路应尽可能按照型腔的形状布置，对于侧壁较厚的型腔，如圆筒形和矩形塑料制件的凹模型腔，通常分层设置布局相同的矩形冷却回路，对型腔侧壁进行冷却，如图 10-18 所示。

凹模通常是以镶块的形式镶入模板中的。对于矩形镶块，仍可像上述的例子在模板上或者在镶块上用钻孔的方法得到矩形冷却回路。对于圆形镶块，一般不宜在镶块上钻出冷却孔道，此时可在圆形镶块的外圆上开设环形冷却水沟槽，这种结构如图 10-19 所示。图 10-19（a）的结构比图 10-19（b）的好，因为在图 10-19（a）中冷却水与三个传热表面相接触，而在图 10-19（b）中冷却水只与一个传热表面接触。

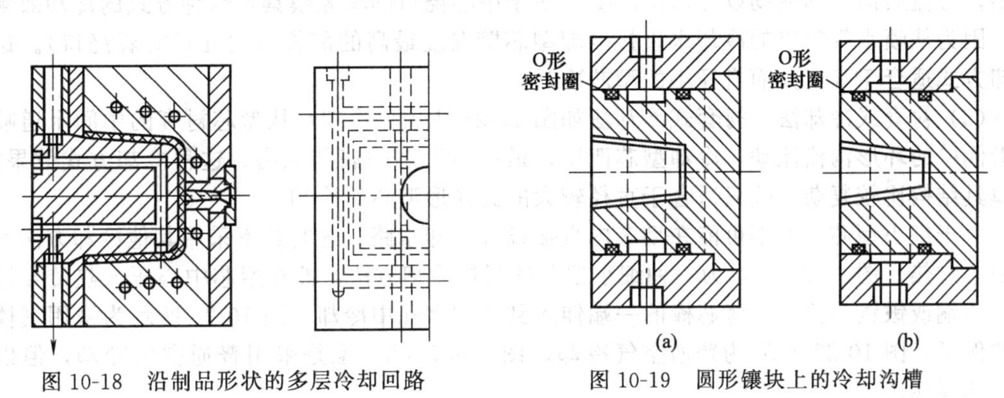

图 10-18　沿制品形状的多层冷却回路

图 10-19　圆形镶块上的冷却沟槽

10.4.2　型芯冷却回路

对于很浅的型芯，可将上述单层冷却回路开设在型芯的下部，如图 10-20 所示。

对于中等高度的型芯，可在型芯上开出一排矩形冷却沟槽构成冷却回路，如图 10-21 所示。

对于较高的型芯，用单层冷却回路已不能使冷却水迅速地冷却型芯的表面，因此应设法使冷却水在型芯内循环流动。下面列举一些在实际中常用的冷却方法。

（1）台阶式管道冷却法　如图 10-18 所示，在型芯内靠近表面的部位开设出冷却管道，形成台阶式冷却回路。由于需要在型芯的侧壁开设平行于型芯上表面的管道以沟通回路，不得不从型芯侧壁表面开孔，然后用螺塞将孔道封住，因此这将影响型芯的表面粗糙度，这是台阶式冷却管道的缺点。

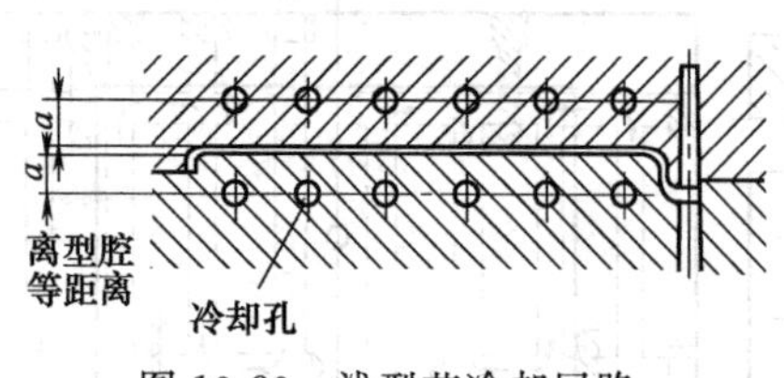

图 10-20 浅型芯冷却回路

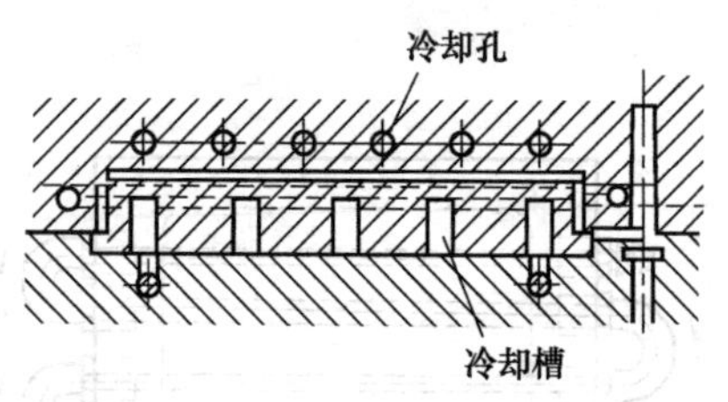

图 10-21 中等高度型芯冷却回路

(2) 斜交叉管道冷却法 如图 10-22 所示，采用斜向交叉的冷却管道在型芯内形成冷却回路。对于宽度较大的型芯还可以采用几组斜交叉冷却管道并将它们串联在一起。

(3) 直孔隔板式管道冷却法 如图 10-23 所示，采用多个与型芯底面相垂直的管道与底部的横向管道形成冷却回路，同时为了使冷却水沿着冷却回路流动，在每一个直管道中均设置了隔板。

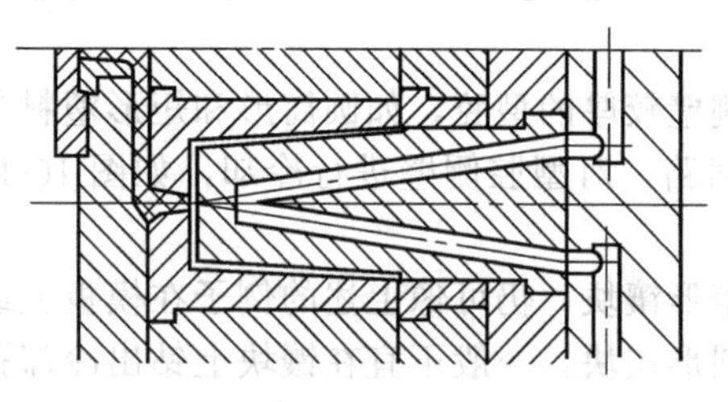

图 10-22 斜交叉管道冷却回路

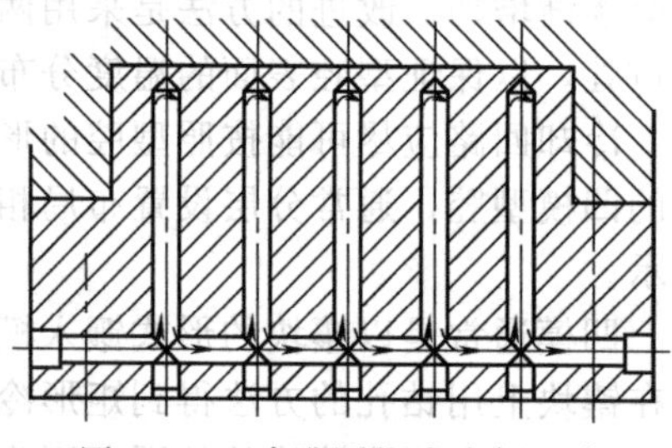

图 10-23 直孔隔板式冷却回路

(4) 喷流式冷却法 如图 10-24 所示，在型芯中间装有一个喷水管，冷却水从喷水管中喷出，分流后向四周流动以冷却型芯壁。对于中心浇口的单腔模具，这种方式的冷却效果很好，因为从喷水管喷出的冷却水直接冷却型芯壁温度最高的部位（此处正对着浇口）。这种冷却方式适合于高度大而直径小的型芯冷却。

(5) 衬套式冷却法 衬套式冷却法如图 10-25 所示，冷却水从型芯衬套的中间水道喷出后沿侧壁的环形沟槽流动，冷却型芯四周，最后沿型芯的底部流出。这种冷却方式效果好，但模具结构比较复杂，故只适合于直径较大的圆筒形型芯的冷却。

对于细小型芯，就不可能在型芯内直接设置冷却水路，这时若不采用其他冷却方法就会使型芯过热。图 10-26 所示为一种细小型芯的间接冷却方法，即在型芯中心压入热传导性能好的软铜或铍铜芯棒，并将芯棒的一端伸入到冷却水孔中冷却。图 10-27 所示为采用气体冷却的例子，图 10-27 (a) 为普通空气冷却，图 10-27 (b) 也是采用普通空气冷却，但以软铜作热媒体。

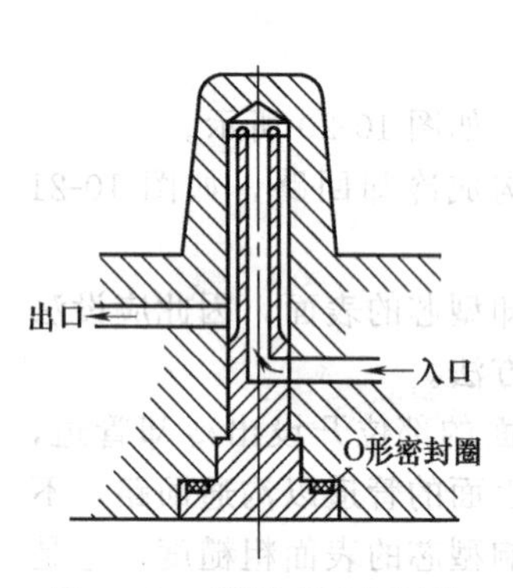

图 10-24 喷流式冷却回路

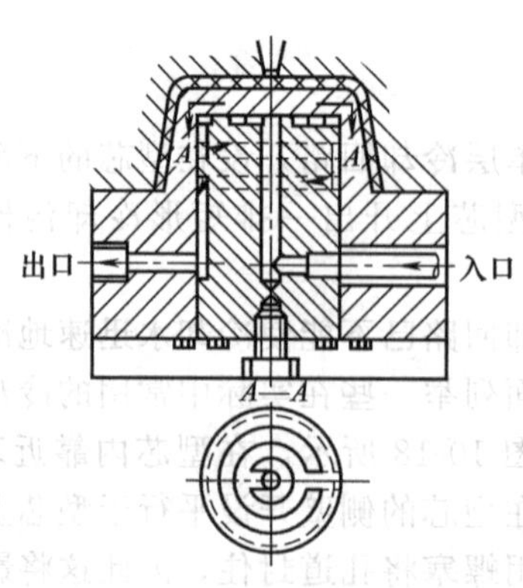

图 10-25 衬套式冷却回路

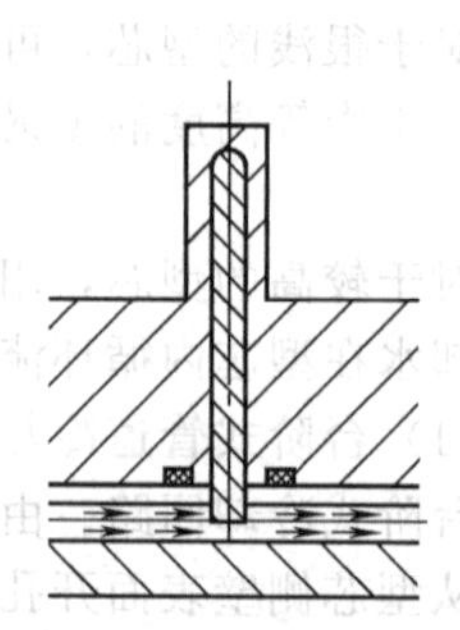

图 10-26 细小型芯的间接冷却

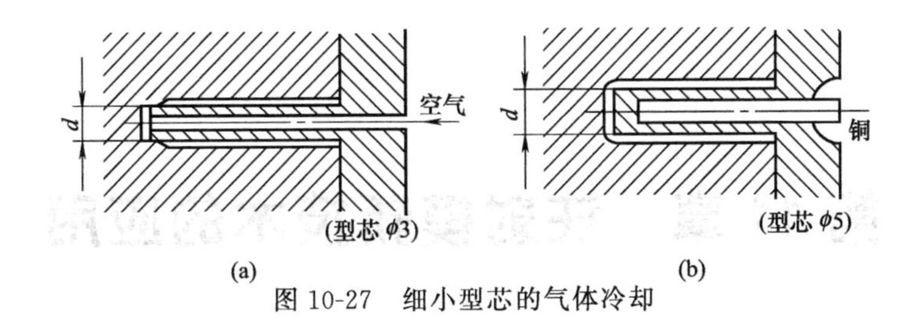

图 10-27　细小型芯的气体冷却

习题与思考

10-1　为什么要对模具温度进行调节？

10-2　怎样实现对模具温度的调节？

10-3　试述设计模具冷却系统时所应遵守的原则。

10-4　一块已加热的塑料板放在室温的金属块上，塑料板冷却后向上翘曲还是向下翘曲？为什么？

10-5　设有一成型 HDPE 塑件的模具，产量为 15kg/h，用常温水（20℃）作为模具冷却介质，冷却水出口温度为 25℃，且在管内呈湍流状态，若模具平均温度为 45℃，模具宽度为 300mm，求冷却水管直径及模具上应开设的冷却水孔数。

10-6　若质量 2t 的模具从室温 20℃升至 60℃，取模具的比热容为 0.4187kJ/(kg・℃)，试问需要给模具提供多少热量？若该模具在没有预热的情况下，仅依靠注入的塑料熔体供热，设每小时能成型 60kg，比热容为 1.047kJ/(kg・℃) 的塑料，问需要几小时模具才能达到正常工作温度 60℃？从计算结果你能得出什么结论？

第 11 章　注射模新技术的应用

随着塑料工业的发展和进步，人们对注射成型制件的要求越来越高。如何缩短成型周期、降低生产成本、提高塑件精度和使用范围，一直是塑料行业孜孜以求的目标。近三十年来，注射成型工艺及模具新技术发展很快，新工艺和新结构层出不穷，下面介绍应用越来越广泛的热固性塑料注射模、共注射成型、气体辅助成型以及注射模计算机辅助设计（CAD)、辅助工程（CME）与辅助制造（CAM)。

11.1　热固性塑料注射成型工艺及模具

11.1.1　发展概况

像酚醛塑料这一类热固性塑料与热塑性塑料相比，具有如下一系列优点。

① 热固性塑料中含有大量填料，价格低廉，仅为热塑性塑料的$\frac{1}{2}\sim\frac{1}{5}$。

② 热固性塑料制件外观有热塑性塑料制件不能相比的光泽。

③ 热固性塑料制件具有变形小、耐高压、抗老化、耐燃烧等一系列特点。

④ 热固性塑料在水润滑条件下具有较低的摩擦系数（0.01～0.03)。

从以上所列举的优点来看，热固性塑料可用来填补热塑性塑料和金属制件之间的不足。

在 20 世纪 60 年代以前，热固性塑料制件一直是用压缩和压注方法成型，其工艺周期长、生产效率低、劳动强度大、模具易损坏、成本较高。进入 20 世纪 60 年代后，热固性塑料注射成型得到迅速发展，压缩成型工艺在欧洲、美国、日本等先进工业国家和地区已逐渐被注射成型工艺所取代。日本在这方面成绩最显著，目前 85%以上的热固性塑料制件都是以注射成型方法获得的。

中国虽然自 20 世纪 70 年代开始推广应用热固性塑料注射成型工艺，但发展缓慢，目前只有 3%～4%的热固性塑料制件采用了注射成型方法。其主要原因是用于热固性塑料注射成型的原料需要具有特殊的工艺性能（流动与固化的特殊要求)，在这方面我国与西方发达国家之间还存在着一定的差距。

由于热固性塑料只能一次性加热变软而具有流动性，废品和凝料不能回收再次利用，所以热固性塑料注射成型工艺的最大缺点是塑料原料的利用率低。为此，国外自 20 世纪 70 年代以来已开始研制应用无流道凝料的热固性塑料注射成型工艺，并已取得了很好的成绩。目前国外已有能够快速固化的无流道注射成型专用的热固性塑料原料出售。同时，国外还开发成功了热固性塑料注压成型新工艺。注压成型将注射和压缩成型两者优点结合起来，熔体在不闭模时低压注射，充模结束时模具完全闭合，型腔中的物料在高压、高温下固化。20 世纪 80 年代国外又在注压工艺上进一步发展为无流道注压成型工艺。1982 年美国的 Durez 塑料公司已获得四项无流道注压工艺的专利。

11.1.2　工艺要点及模具简介

热固性塑料注射成型需采用专门的热固性塑料注射机。成型时将粉状或粒状塑料加入注射机料斗内，在螺杆推动下进入料筒，料筒外通热水或热油进行加热，加热温度在料筒前段为 90℃左右，后段为 70℃左右。物料通过注射机喷嘴孔喷出时，由于剧烈摩擦，料温可达 110～130℃。模具温度通常保持在 160～190℃（视塑料品种不同而异），物料在此温度下迅速固化。

热固性塑料注射成型工艺的要点如下。

① 热固性注射原料在注射机料筒中应处于黏度最低的熔融状态。熔融的塑料高速流经截面很小的喷嘴和模具流道时，温度从 70～90℃瞬间提高到 130℃左右，达到临界固化状态，这也是物料流动性最佳状态转化点，此时注射压力在 118～235MPa 之间，注射速度一般为 3～4.5m/s。

② 因热固性塑料中含有 40%以上的填料，黏度与摩擦阻力较大，注射压力也应相应增大，注射压力的一半要消耗在浇注系统的摩擦阻力上。

③ 热固性注射原料在固化反应中，产生缩合水和低分子气体，型腔必须要有良好的排气结构，否则在注射制件表面会留下气泡和流痕。

典型的热固性塑料注射模结构如图 11-1 所示。它与热塑性塑料的注射模类似，包括浇注系统、凹模、型芯、导向、推出机构等，在注射机上也采用同样的安装方法。热固性塑料注射模的温度通常需要保持在 160～190℃的高温，模具多采用电加热法。热固性塑料注射模在设计时应注意如下几点。

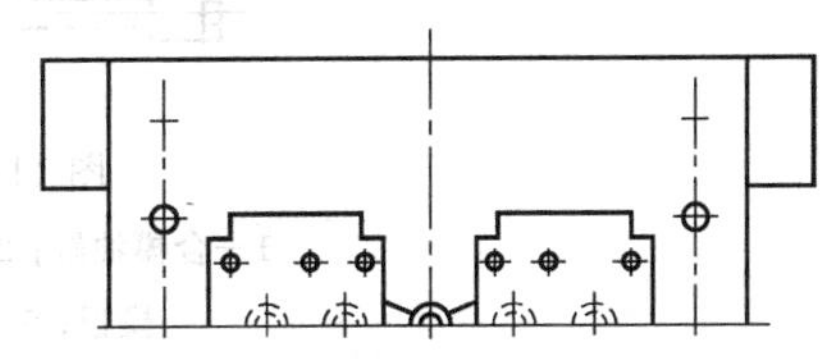

图 11-1　典型的热固性塑料注射模

1—推杆；2—主流道衬套；3—凹模；4—导柱；5—型芯；6—加热元件；7—复位杆

① 因热固性塑料成型时在料筒内没有加热到足够温度，因此希望使主流道断面面积小一些以增加摩擦热，由于凝料不能回收，减小主流道在经济上也有好处。

② 热塑性塑料注射模常利用分型面和推杆等的配合间隙排气即可，而热固性塑料成型时排出的气体多，仅利用配合间隙排气往往不能满足要求，在模具上要开设专门的排气槽。

③ 热固性塑料由于熔融温度比固化温度低，在一定的成型条件下熔料的流动性较好，可以流入细小的缝隙中成为毛边，因此要提高模具分型面合模后的接触精度，避免采用推件板式结构，尽量少用镶拼的成型零件结构。

④ 热固性塑料注射成型工艺要求模具温度高于注射机料筒温度，容易造成塑件与型芯之间有较大的真空吸力，使塑件脱模困难，因而要提高模具的推出能力。

⑤ 因热固性塑料中填料的冲刷作用，要求模具成型部位具有较好的耐磨性及较低的表面粗糙度。

⑥ 由于热固性塑料注射模是在高温、高压下工作，应严格控制模具零件的尺寸精度，特别是活动型芯、推杆等一类零件。

⑦ 必要时应能分别控制动模和定模的温度，减小凹模与型芯的温差。为了避免散热过多，还应在注射模与注射机之间加设石棉垫板等绝热材料。

11.2 共注射成型

共注射成型是指用两个或两个以上注射单元的注射成型机，将不同的品种或不同色泽的塑料，同时或先后注入模具内的成型方法。此法可生产多种色彩或多种塑料的复合制品。共注射成型的典型代表有双色注射和双层注射，亦可包括夹层泡沫塑料注射，不过后者通常是列入低发泡塑料注射成型中。这里只简单介绍双色注射成型。

双色注射成型这一成型方法有用两个料筒和一个公用喷嘴所组成的注射机，通过液压系统调整两个推料柱塞注射熔料进入模具的先后顺序，来取得所要求的不同混色情况的双色塑料制品；也有用两个注射装置、一个公用合模装置和两副模具制得明显分色的混合塑料制品。注射机的结构如图 11-2 所示。此外，还有生产三色、四色和五色的多色注射机。

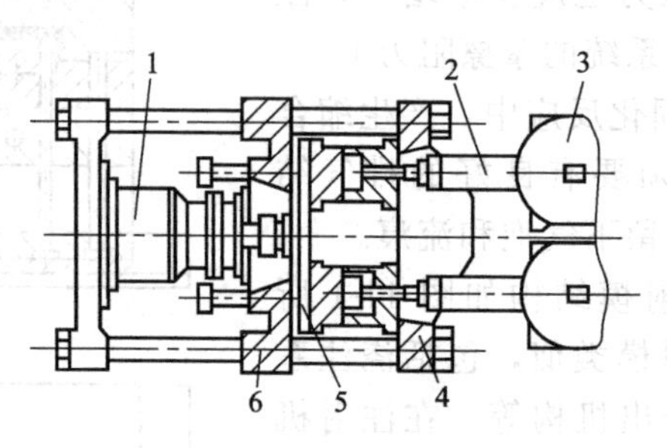

图 11-2 双色注射机结构

1—合模油缸；2—注射装置；3—料斗；4—固定模板；5—模具回转板；6—动模板

近几年来，随着汽车工业和台式计算机部件对多色花纹制品需要量的增加，又出现了新型的双色花纹注射机，其结构特点如图 11-3 所示。该机具有两个沿轴向平行设置的注射单元，喷嘴通路中还装有启闭机构。调整启闭阀的换向时间，就能制得各种花纹的塑件。不用上述装置而用花纹成型喷嘴（见图 11-4）也是可行的，此时旋转喷嘴的通路，即可得到从中心向四周辐射形成的不同颜色的花纹的塑件。

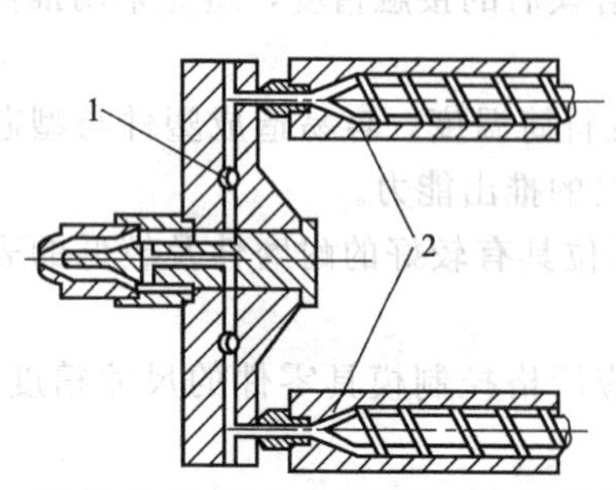

图 11-3 双色花纹注射成型机结构

1—启闭阀；2—加热料筒

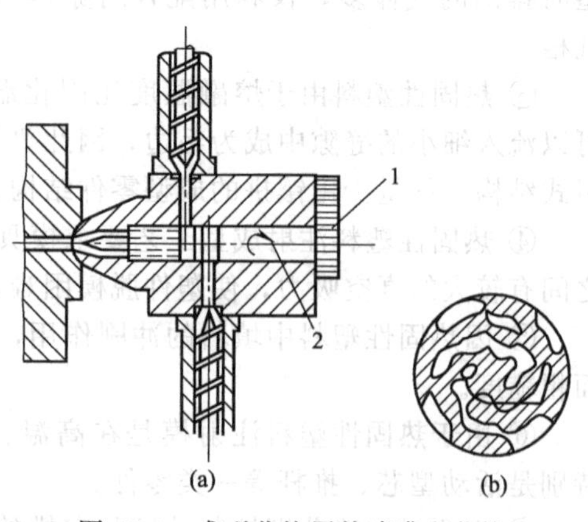

图 11-4 成型花纹用的喷嘴和花纹

1—齿轮；2—回转轴

11.3 气体辅助注射成型

11.3.1 概述

气体辅助注射成型是一种新型注射成型工艺，它是自往复螺杆式注射机问世以来，注射成型工业最重要的发展之一。这种成型工艺可以看成是注射成型与中空成型的某种复合，从这个意义上讲，也可称为“中空注射成型”。

气体辅助注射成型技术最早追溯到 1971 年，美国人 Mohrbach 尝试采用加气注射成型制造厚中空鞋跟并获得专利。1983 年，英国人从结构发泡成型制造机房装修材料衍生出“Cinpres”控制内部压力的过程，该过程在 1986 年法国国际塑料机械展览会上展出后很快就被人们作为新工艺加以接受，并称为塑料加工业的未来技术。气体辅助成型技术在 20 世纪 80 年代末得到不断完善和发展并商业化，20 世纪 90 年代作为一项成功技术开始进入实用阶段。迄今为止，美国、英国、德国、荷兰、意大利等工业发达国家的十余家公司拥有气体辅助注射设备和工艺的多项专利。

(1) 气体辅助成型原理　气体辅助注射成型的主要过程如图 11-5 所示，可将其分为如下三个阶段。

① 熔体注射。将聚合物熔体定量地注入型腔，该过程与传统的注射成型相同，但是气体辅助注射为“欠压注射”，即只注入熔体充满型腔量的 60%～70%，视产品而异，见图 11-5 (a)。

② 气体注射。把高压高纯氮气注入熔体芯部，熔体流动前缘在高压气体驱动下继续向前流动，以至于充满整个型腔，见图 11-5 (b)。

③ 气体保压。在保持气体压力情况下使塑件冷却，在冷却过程中，气体由内向外施压。保证制品外表面紧贴模壁，并通过气体两次穿透从内部补充因熔体冷却凝固带来的体积收缩，见图 11-5 (c)，然后使气体泄压，并回收循环使用。最后，打开模腔，取出塑件。

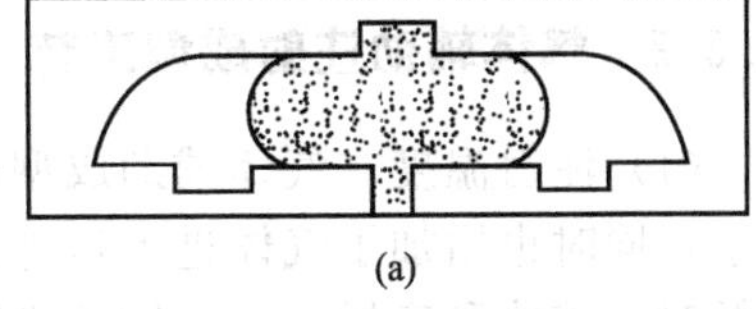
(a)

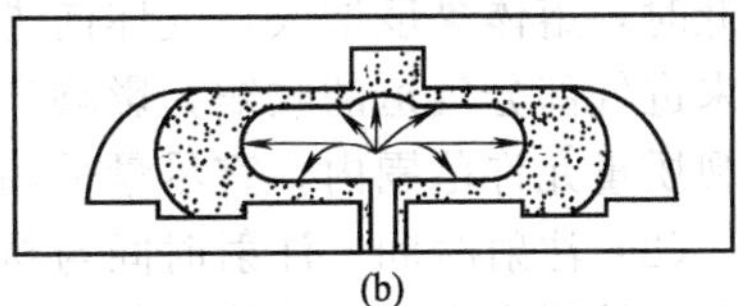
(b)

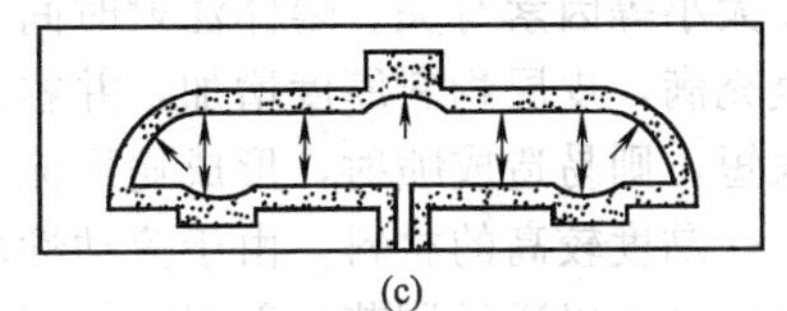
(c)

图 11-5　气体辅助注射成型工艺过程

(2) 气体辅助成型特点　与传统的注射成型方法相比，气体辅助成型有以下优点。

① 能成型壁厚不均匀的塑件，提高了塑件设计的自由度。

② 制品上可设置中空的筋和凸台结构，提高塑件的刚度和强度。

③ 气体从浇口至流动末端形成连续的气流通道，无压力损失，能够实现低压注射成型，因此，能够获得低残余应力的塑件，塑件翘曲变形小，尺寸稳定。

④ 由于气体能够起到辅助充模的作用，提高了塑件的成型性能，因此，采用气体辅助成型法有助于成型薄壁塑件，减轻塑件质量。

⑤ 由于注射压力较低，可在锁模力较小的注射机上成型尺寸较大的制件，模具凹模壁厚也可以减小。

⑥ 可完成中空成型和注射成型不能加工的三维中空塑件的成型。

气体辅助成型存在的主要缺点如下。

① 因为需要增设供气装置和充气喷嘴，提高了成型设备的成本。但几台注射机共用一套供气装置，可使成本降低。

② 采用气体辅助成型技术时对注射机的精度和控制系统有一定的要求。

③ 在气体辅助成型时，在塑件注入气体与未注入气体的表面会产生不同的光泽，虽然可以通过模具设计和调整成型工艺条件加以改善，但最好采用花纹装饰或遮盖。

(3) 气体辅助成型技术的应用　气体辅助成型技术的应用范围十分广阔，包括汽车部件、大型家具、电器、办公用品、家庭及建材用品等方面。

根据产品结构的不同可分为两类：一类是厚壁、偏壁、管状制件，如手柄、方向盘、衣架、马桶、坐垫等制件；另一类是大型平板制件，如仪表盘、踏板、保险杠及桌面等。

对于厚壁、偏壁及管状制件，由于气体导入至厚壁或掏空塑件内部，减小或完全消除了缩痕，甚至可节约材料高达50%。由于壁厚减小，制件生产时冷却时间减少，可缩短成型周期，大大提高劳动生产率。同时，因气体在气道中压力均匀传递，可降低塑件的翘曲和变形。对于大型平板塑件，传统注塑法最容易发生的问题是翘曲，而且生产时因流程长、投影面积大，使得锁模力较高。采用气体辅助成型，由于气道的引流作用和“短射”，可大大降低锁模力，使翘曲减少或完全消除，提高零件的尺寸稳定性和刚度，避免熔体堆积造成的缩痕。

11.3.2 气体辅助注射成型工艺

(1) 注射温度　气体辅助成型时，熔体温度太高，由于黏度太小，不但使气体前进阻力变小，同时也增加了气体进入塑件薄壁的可能性，这样会导致发生吹穿和薄壁穿透现象；温度低时，熔体黏度增大，气体前进阻力变大，因而气体在气道中穿透的距离缩短，这样会造成未进气部分气道的收缩，影响产品质量，造成废品。实际加工中，在物料加工温度及产品外观质量允许范围内，宜尽量采用较高温度，加快熔体运动，缩短生产时间。

(2) 注射时间　注射时间与材料性质、注射温度、注射速度、型腔大小、浇口数目和喷嘴大小等因素有关。熔体注射时间太长，对于薄壁塑件，材料在型腔中易冷却，型腔难以完全充满，皮层物料厚度增加，并容易产生迟滞痕等不良外观，影响塑件品质；熔体注射时间太短，则易造成喷射，形成蛇形流等。

黏度较高的材料，由于流动性较差，一般需要较长的注射时间。黏度随温度变化敏感的材料则可以通过调节注射温度、喷嘴大小来调节注射时间。较大的型腔、大型塑件需要熔体多，当注射速率不变时，所需要的注射时间较长；小型腔、小型塑件则所需注射时间短。对同样条件下的传统注射与气体辅助注射成型，浇口数目对注射时间的影响是一致的，即浇口数目多，则可相应减少注射时间，反之则增加注射时间。

(3) 熔体预注射量与吹穿　对于薄壁壳形塑件，用气体辅助成型结果表明：熔体注入95%时较好，低于此值，填充较晚的部分注气后易吹穿；高于此值，则气体注入量太小，充气减量没有多大意义，而且由于过多的熔体占据气道，使气体不能进入预先设定的气道，容易在气道外造成缩痕。

(4) 气体的来源与要求　气体辅助注射成型的气体来源于在注射机上增设的一个供气装置，该装置由气泵、高压气体发生装置、气体控制装置和气体喷嘴构成。气体的供气装置由特殊的压缩机连续供气，用电控阀进行控制使压力保持恒定。

一般使用的气体为氮气，气体压力和气体纯度由成型材料和塑件的形状决定。压力一般在5～32MPa，最高为40MPa。高压气体在每次注射中，以设定的压力定时从气体喷嘴注入。气体喷嘴有一个或多个，设于注射成型机喷嘴、模具的流道或型腔上。

(5) 材料的影响　材料流动性好，在同样条件下，熔体流动速率高，可实现快速充模。对于假塑性流体，其非牛顿指数 n 值越小，则越有利于对注射成型过程的控制。

各种热塑性树脂均可用于气体辅助成型，一般有PP、PE、PS、ABS、PA、PC、改性

PPO 等。但黏度高的树脂所需气体压力高，技术上有一定难度。此外，玻纤增强材料和阻燃树脂也可用气体辅助成型，但前者需要考虑材料对设备的磨损，后者需要考虑产生腐蚀性气体问题，尤其是气体回收时，更要仔细考虑。近年来又开发出了专用于热固性树脂的气体辅助注塑系统，但一般还只限于较小型的注射机。

11.3.3 气体辅助注射成型制件和模具的设计特点

(1) 壁厚 气体辅助注射成型中，塑件壁厚可以取较小尺寸，气体可利用内部加强筋等作为压力分布的通道在塑件中均匀分布压力。塑件的厚度一般为 3～6mm，只要气体能通过流道充入塑件，在流动距离较短或尺寸较小的塑件中，壁厚还可更薄（1.5～2.5mm）。

(2) 厚薄壁之间的过渡 传统的注塑制件，保持壁厚均匀是塑件设计原则，而对气辅注塑制件，在有需要时，可以在同一塑件上有不同的壁厚，在壁的厚薄交接处用气体通道作为过渡。如图 11-6 所示，是不同壁厚相交或管状边缘安置气体通道的情况。

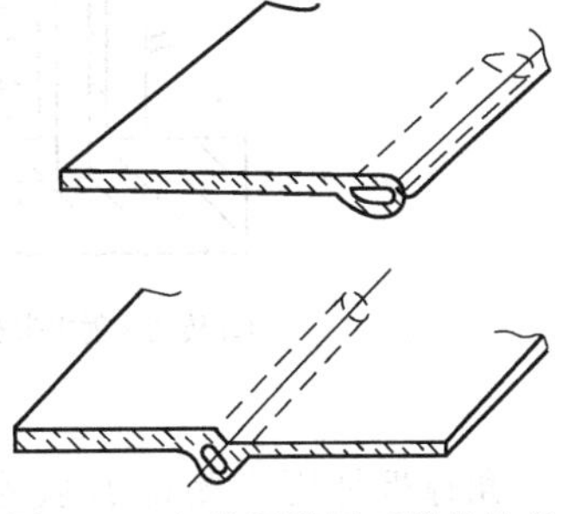

图 11-6 气体通道用于管状边缘和厚薄壁相交处

(3) 加强筋 传统注射中，为减小外表面的凹陷，在相接处，加强筋厚度一般不大于相接壁壁厚的 100%～125%，可不导致表面凹陷。注塑制件加强筋几何形状的设计如图 11-7 所示，图 11-7 (b) 和图 11-7 (c) 为气体辅助成型塑件加强筋的设计。

图 11-8 为典型的气体辅助注射制件在加强筋与所接表面处设置气体通道的例子。其中加强筋的高度（H）可以大于相连处壁厚的 3 倍，加强筋的宽度（W）可以是相连处壁厚的 2 倍，两个加强筋之间的宽度应该不小于相连处壁厚的 2 倍，加强筋两侧面的脱模斜度应为每边 1°，较深的加强筋需要更大些。

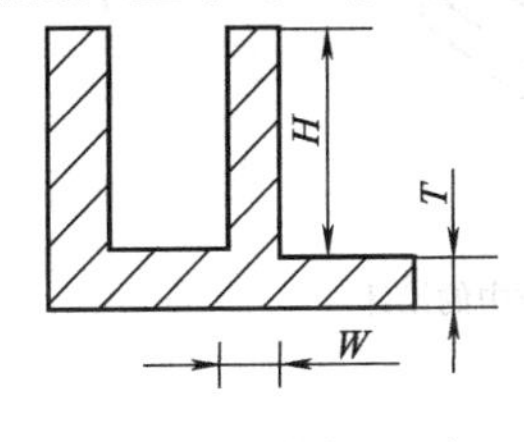

(a) 传统注射中的设计

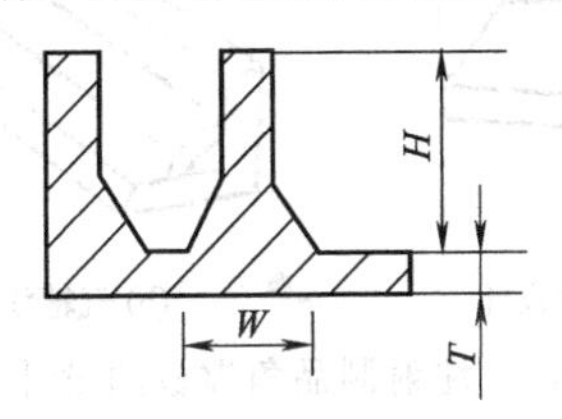

(b) 气辅注射中的设计

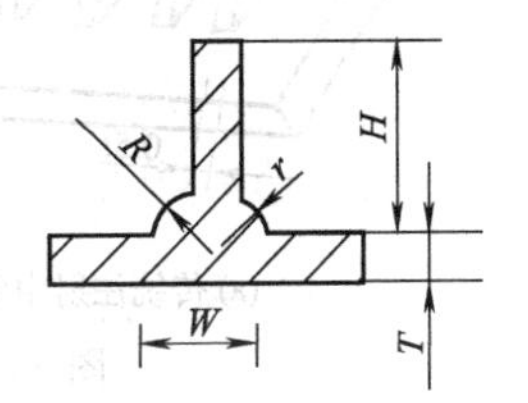

(c) 气辅注射中另一种设计形式

图 11-7 注射制品加强筋的设计

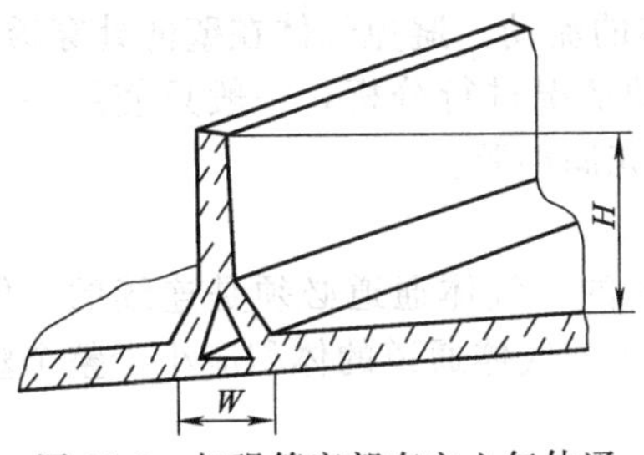

图 11-8 加强筋底部有空心气体通道的典型气体辅助注射制件

气体辅助注射制件加强筋宽度应等于或小于相连壁厚的 3 倍，加强筋高度应等于或大于相连壁厚的 3 倍。在薄壁塑件中，塑件的几何形状需使气体能较容易地通过加强筋，即加强筋附近的壁厚不应太大。

(4) 凸台和角撑板 凸台一般起塑件的定位或机械连接作用，能承受一定的应力和应变，如果壁厚不足以承受其应力，凸台会碎裂。传统注射中，一般设计准则是凸台外径是内径的 2 倍；而在气体辅助注射制件中，凸台外径可以是内径的 3 倍，而不引起表面凹陷和较高的内应力。

传统注塑制件，为减少凸台背面的表面凹陷，不削弱高应力处制件的强度，凸台的芯柱一般只能延伸到连接壁处；但在气体辅助注射制件中，较厚的凸台壁可提供更多的余量，且加强筋的厚度仍可是所连接壁厚的 100%～125%，芯柱的长度比传统注射制件的短 20%～

25%，因为气体占据了较厚截面部分，从而消除了表面凹陷，降低了塑件内应力。一些凸台设计的对比例子如图 11-9 所示。

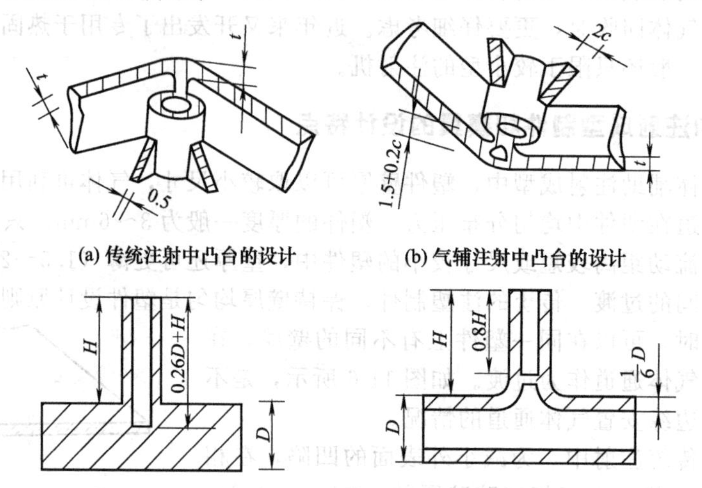

(a) 传统注射中凸台的设计　(b) 气辅注射中凸台的设计

(c) 传统注射中带有中心销的凸台设计　(d) 气辅注射中带有中心销的凸台设计

图 11-9　注射制品凸台的设计

角撑板是用于侧壁加强的，传统的注射与气体辅助注射制件角撑板的设计如图 11-10 所示。

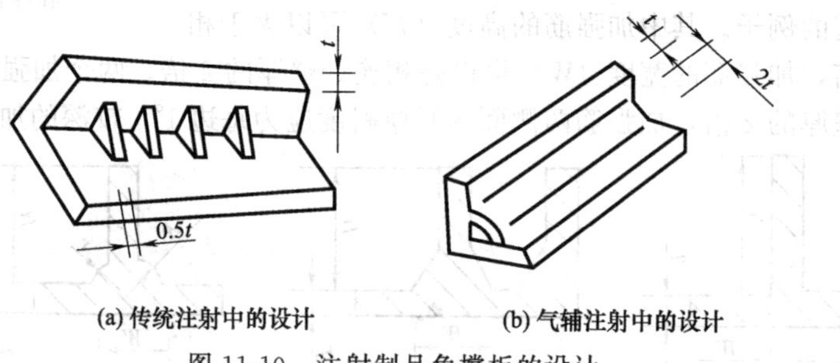

(a) 传统注射中的设计　(b) 气辅注射中的设计

图 11-10　注射制品角撑板的设计

(5) 气体辅助注射成型制件与模具设计原则　总的来说，气体辅助成型的制件与模具设计应遵循下面几个设计原则。

① 沿气体通道部位的塑件壁厚应较厚，从而限定气体的流动，避免气体在壁薄处穿透。

② 为适当选择浇口位置，应对塑料流入模具中的流动情况进行分析，一般只使用一个浇口，该浇口的设置应使“欠料注射”的熔料可以均匀地充满型腔。

③ 由气体所推动的塑料必须有去处，且应将模腔充满。

④ 气体通道的几何形状相对于浇口应是对称或单方向的；气体通道必须是连续的，但不能自成环路；最有效的气体通道是圆形截面；一般情况下，气体通道的体积应小于整个塑件体积的 10%。

⑤ 模具中应设置调节流动平衡的溢流空间，以得到理想的空心通道。

11.4　注射模计算机辅助设计、辅助工程与辅助制造

随着塑料工业的飞速发展，注射模传统的手工设计与制造已无法适应当前的形势。近二

十年来的实践表明，缩短模具设计与制造时间、提高塑料制件精度与性能的正确途径之一是采用计算机辅助设计（CAD）、辅助工程（CAE）和辅助制造（CAM）。现代科学技术的发展，特别是塑料流变学、计算机技术、几何造型和数控加工的突飞猛进为注射模设计与制造采用高技术创造了条件。20世纪80年代以来，注射模CAD/CAE/CAM技术已从实验室研究阶段进入了实用化阶段，并在生产中取得了明显的经济效益。注射模CAD/CAE/CAM技术的发展和推广被公认为CAD技术在机械工业中应用的一个典范。

11.4.1　注射模CAD/CAE/CAM技术的特点

注射模CAD/CAM的重点在于塑料制品的造型、模具结构设计、图形绘制和数控加工数据的生成。而注射模CAE包含的工程功能更为广泛。CAE将模具设计、分析、测试与制造贯穿于注射制件研制过程的各个环节之中，用以指导和预测模具在方案构思、设计和制造中的行为。注射模CAD/CAE/CAM作为一种划时代的工具和手段，从根本上改变了传统的模具设计与制造方法。

按照传统方法，制件外形设计完成后，需要制作实物模型，用以评估其外观并测定其力学性能。模具型腔或者电火花机床所需的电极若采用仿形加工，需要制作木模，然后再经过两次翻型才能获得石膏靠模。该法的主要缺点是木模的精度无法保证。由于模具设计仅依据个人经验，当模具装配完毕后，往往需要几次试模和返修才能生产出合格的塑料制件。

采用模具CAD/CAE/CAM集成化技术后，制件一般不需要再进行原型试验，采用几何造型技术，制件的形状能精确、逼真地显示在计算机屏幕上，有限元分析程序可以对其力学性能进行预测。借助于计算机，自动绘图代替了人工绘图，自动检索代替了手册查阅，快速分析代替了手工计算，模具设计师能从繁琐的绘图和计算中解放出来，集中精力从事诸如方案构思和结构优化等创造性的工作，在模具投产之前，CAE软件可以预测模具结构有关参数的正确性。例如，可以采用流动模拟软件来考察熔体在模腔内的流动过程，以此来改进浇注系统的设计，提高试模的一次成功率；可以用保压和冷却分析软件来考察熔体的凝固和模温的变化，以此来改进冷却系统，调整成型工艺参数，提高制件质量和生产效率；还可以采用应力分析软件来预测塑件出模后的变形和翘曲。模腔的几何数据能相互地转换为曲面的机床刀具加工轨迹，这样可省去木模制作工序，提高型腔和型芯表面的加工精度和效率。

由此可见，模具CAD/CAE/CAM技术是以科学、合理的方法，给用户提供一种行之有效的辅助工具，使用户在模具制造之前能借助于计算机对制件、模具结构、加工、成本等进行反复修改和优化，直至获得最佳结果。CAD/CAE/CAM技术能显著地缩短模具设计与制造时间，降低模具成本并提高制件的质量。

11.4.2　注射模具CAD/CAE/CAM的工作内容

目前，注射模具CAD/CAE/CAM的工作内容主要如下。

① 塑料制件的几何造型。采用几何造型系统，如线框架造型、表面造型和实体造型，在计算机中生成塑料制件的几何模型，这是CAD/CAE/CAM工作的第一步。由于塑料制件大多是薄壁件且又具有复杂的表面，因此常用表面造型的方法来产生制件的几何模型。

② 型腔表面形状的生成。由于塑料制件的成型收缩、模具的磨损及加工精度的影响，注射制件的内、外表面并不就是模具的型芯、型腔表面，需要经过比较复杂的转换才能获得型腔和型芯表面。目前大多数注射模设计软件并未能解决这种转换，因此，制件的形状和型腔的形状要分别地输入，比较繁琐。如何由制件形状方便、准确地生成型腔和型芯表面形状仍是当前的研究课题。

③ 模具方案布置。采用计算机软件来引导模具设计者布置型腔的数目和位置，构思浇

注系统、冷却系统及推出机构，为选择标准模架和设计动模、定模部装图做准备。

④ 标准模架的选择。一般而言，用作标准模架选择的设计软件应具有两个功能，一是能引导模具设计者输入本厂的标准模架，以建立自己的标准模架库；二是能方便地从已建好的专用标准模架库中选出在本次设计中所需的模架类型及全部模具标准件的图形及数据。

⑤ 部装图及总装图的生成，根据所选的标准模架及已完成的型腔布置，设计软件以交互方式引导模具设计者生成模具部装图和总装图。模具设计者在完成总装图时能利用光标在屏幕上拖动模具零件，以塔积木的方式装配模具总图，十分方便灵活。

⑥ 模具零件图的生成。设计软件能引导用户根据部装图、总装图以及相应的图形库、数据库来完成模具零件的设计、绘图和标注尺寸。

⑦ 注射工艺条件及塑料材料的优选。基于模具设计者的输入数据以及优化算法，程序能向模具设计者提供有关型腔填充时间、熔体成型温度、注射压力及最佳塑料材料的推荐值。有些软件还能运用专家系统来帮助模具工作者分析注射成型故障及制件成型缺陷。

⑧ 注射流动及保压过程模拟。一般常采用有限元方法来模拟熔体的充模和保压过程。其模拟结果能为模具工作者提供熔体在浇注系统和型腔中流动过程的状态图，提供不同时刻熔体及制件在型腔各处的温度、压力、剪切速率、切应力以及所需的最大锁模力等，其预测结果对改进模具浇注系统及调整注射成型工艺参数有着重要的指导意义。

⑨ 冷却过程分析。一般常采用边界元法来分析模壁的冷却过程，用有限差分法分析制件沿模壁垂直方向的一维热传导，用经验公式描述冷却水在冷却管道中的导热，并将三者有机地结合在一起分析非稳态的冷却过程。其预测结果有助于缩短模具冷却时间、改善制件在冷却过程中的温度分布不均匀性。

⑩ 力学分析。一般常采用有限元法来计算模具在注射成型过程中最大的变形和应力，以此来检验模具的刚度和强度能否保证模具正常工作。有些软件还能对制件在成型过程中可能发生的翘曲进行预测，以便模具工作者在模具制造之前及时采取补救措施。

⑪ 数控加工。如各种自动编程系统CAD/CAE/CAM软件，包括注射模中经常需要用的数控线切割指令生成，曲面的三轴、五轴数控铣削刀具轨迹生成及相应的后置处理程序等。

⑫ 数控加工仿真。为了检验数控加工软件的准确性，在计算机屏幕上模拟刀具在三维曲面上的实时加工并显示有关曲面的形状数据。

图 11-11 所示为注射模 CAD/CAE/CAM 集成系统应有的功能及其彼此之间的关系。

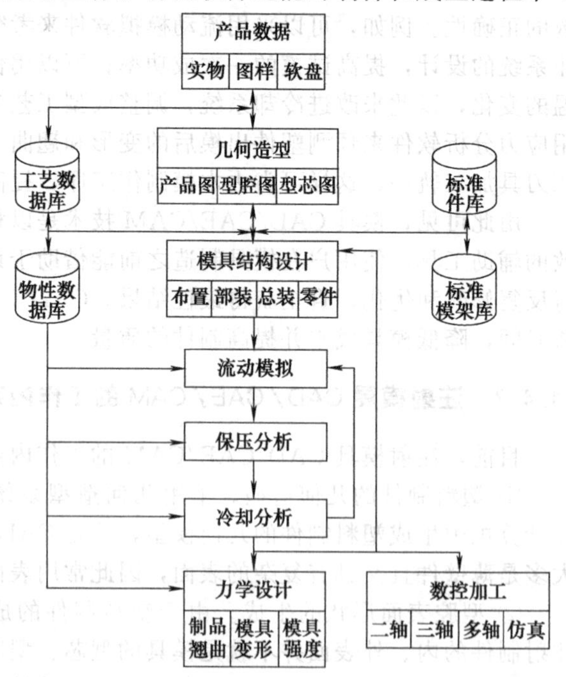

图 11-11 注射模 CAD/CAE/CAM 集成系统框图

11.4.3 国内外简况及发展趋势

自从 20 世纪 70 年代以来，注射模 CAD/CAE/CAM 技术已成为当今世界热门的研究课题。其主要标志为分散、零星的研究迅速发展为集中、系统的研制和开发，一些研究成果很快地转化为促进模具行业进步的生产力。1978 年澳大利亚的 Moldflow 公司率先推出商品化的二维流动模拟软件，在生产中发挥了作用。在以后的短短十余年间，国际软件市场便涌现出许多注射模 CAD/CAE/CAM 商品化软件，如美国 AC Tech 公司的注射模 CAE 软件 C-Mold，它包括了流动、保压、冷却、翘曲分析等程序。该公司的软件基于美国康奈尔大学的科研成果，因此具有较高的水平和可信赖性。德国亚琛工业大学 IKV 研究所的 CADmould 软件，包括模具结构设计、模具强度与刚度分析、流动模拟及冷却分析等程序。

国外的一些计算机公司将注射模的 CAE 软件与 CAD/CAM 系统结合起来，陆续在国际市场上推出了注射模 CAD/CAE/CAM 软件包（或者称为注射模 CAD/CAE/CAM 工具包），受到了用户的欢迎。比较著名的有美国 CV 公司的 CAD/CAM 软件 CAD D5、美国麦道飞机公司的 CAD/CAM 软件 UGⅡ、美国 SDRC 公司的 CAD/CAM 软件 Ideas、法国 Cisigraph 公司的 CAD/CAM 软件 STRIM 100、英国 Delcam 公司的 CAD/CAM 软件 DUCT5 等，这些 CAD/CAM 与注射模 CAE 软件一道构成了注射模的软件包。以上的系统均能在 32 位工程工作站上运行。从国外的情况看，由于模具厂的规模一般都较小，微机的使用率高于工作站的使用率。

中国在近十年来已从国外引进了不少注射模软件，以上所列举的 CAD/CAM 系统以及 CAR 软件 C-Mold、MoldFlow 等在我国都有一定的用户。这些软件对提高我国模具行业技术水平有着较强的推动作用。在 20 世纪 90 年代，注射模 CAD/CAE/CAM 技术在我国进一步推广和普及。除引进国外软件外，我国的一些科研部门，特别是高等院校，也积极地从事该领域的研究并取得了可喜的成绩，成功地开发了在微机上运行的注射模 CAD/CAE/CAM 系统。

注射模 CAD/CAE/CAM 技术仍在发展之中，目前主要的研究方向为 CAD 软件的功能扩充与改进、CAD/CAE/CAM 集成化以及注射成型人工智能的开发，如美国、加拿大、德国、澳大利亚等国家正在研究联机分析处理注射成型过程的专家系统。这种专家系统能将实测的注射成型结果与计算机的模拟结果进行联机实时比较，通过有关的控制系统自动调整正在工作中的注射成型机，及时地得到优化的注射成型工艺参数，保证注射模在最佳的状态下工作。

习题与思考

11-1　简述热固性塑料注射成型工艺和模具设计要点。

11-2　气体辅助成型具有哪些优缺点？

11-3　设计气体辅助成型制件有哪些要点？

11-4　注射模 CAD/CAE/CAM 的工作内容是什么？

第 12 章　注射模的设计步骤及材料选用

由于注射模具的多样性和复杂性，很难总结出可以普遍适用于实际情况的注射模设计步骤。本章所列出的设计步骤仅供在设计中参考。其主要目的是使学生对注射模的设计全过程有一个总体认识，同时也是对已学内容的一次总结。

12.1　注射模的设计步骤

12.1.1　设计前应明确的事项

模具设计者应以模具设计任务书为依据设计模具，模具设计任务书通常由塑料制件生产部门提出，在任务书中至少应有如下内容。

① 经过审签的正规塑件图纸，应注明所采用的塑料牌号、透明度等，若塑件图纸是根据样品测绘的，最好能附上样品，因为样品除了比图纸更为形象和直观外，还能给模具设计者许多有价值的信息，如样品所采用的浇口位置、顶出位置、分型面等。

② 塑料制件说明书及技术要求。

③ 塑料制件的生产数量及所用注射机。

④ 注射模基本结构、交货期限及价格等。

在设计前，模具设计者应明确如下事项。

① 熟悉塑件几何形状、明确使用要求。对于形状复杂的塑件，除了看懂图纸、在头脑中建立清晰的三维图像外（初学者最好能根据产品二维图绘制出塑件的三维图），特别要充分了解塑件的用途，塑件的各部分在该用途下各起什么作用，进而明确塑件的成型收缩率、透明度、尺寸公差、表面粗糙度、允许的变形范围等问题。

② 检查塑件的成型工艺性。对塑件进行成型工艺性的检查，以确认塑件的各个细节是否符合注射成型的工艺条件。优质的模具不仅取决于模具结构的正确性，还取决于塑件的结构能否满足成型工艺的要求。

③ 明确注射机的型号和规格。在设计前要确定采用什么型号和规格的注射机，这样在模具设计中才能有的放矢，正确处理好注射模与注射机的关系。

在此基础上应制定注射成型工艺卡，特别是对于批量大、形状复杂的大型模具，更有必要制定详细的注射成型工艺卡，以指导模具设计工作和实际的注射成型加工。注射成型工艺卡一般应包括如下内容。

① 塑件的概况，包括简图、质量、壁厚、投影面积、有无侧凹和嵌件等。

② 塑件所用塑料概况，如品名、出产厂家、颜色、干燥情况等。

③ 必要的注射机数据，如动模板和定模板尺寸、模具最大空间、螺杆类型、额定功率等。

④ 压力与行程简图。

⑤ 注射成型条件，包括料筒各段温度、注射温度、模具温度、冷却介质温度、锁模力、螺杆背压、注射压力、注射速度、循环周期（注射、保压、冷却、开模时间）等。

12.1.2　模具结构设计的一般步骤

注射模具的结构设计，一般按如下步骤进行。

(1) 确定型腔数目　确定型腔数目的方法的根据有锁模力、最大注射量、制件的精度要求、经济性等，在设计时应根据实际情况决定采用哪一种方法。

(2) 选定分型面　虽然在塑件设计阶段分型面已经考虑或者选定，但在模具设计阶段仍应再次校核，从模具结构及成型工艺的角度判断分型面的选择是否最为合理。

(3) 确定型腔配置　型腔配置实质上是模具结构总体方案的规划和确定。因为一旦型腔布置完毕，浇注系统的走向和类型便已确定。冷却系统和推出机构在配置型腔时也必须给予充分的注意，若冷却管道布置与推杆孔、螺栓也发生冲突时要在型腔布置中进行协调，当型腔、浇注系统、冷却系统、推出机构的初步位置决定后，模板的外形尺寸基本上就已确定，从而可以选择合适的标准模架。

(4) 确定浇注系统　浇注系统中的主流道、分流道、浇口和冷料穴的设计计算详见有关章节。浇注系统的平衡及浇口位置和尺寸是浇注系统的设计重点。另外需要强调的是浇注系统往往决定了模具的类型，如采用侧浇口，一般选用单分型面的两板模即可；如采用点浇口，往往就得选用双分型面的三板式模具，以便分别脱出流道凝料和塑料制件。

(5) 确定脱模方式　在确定脱模方式时首先要确定塑件和流道凝料滞留在模具的哪一侧，必要时要设计强迫滞留的结构（如拉料杆等），然后再决定是采用推杆结构还是推件板结构。特别要注意确定侧凹塑件的脱模方式，因为当决定采用侧抽芯机构时，模板的尺寸就得加大，在型腔配置时要留出侧抽芯机构的位置。

(6) 冷却系统和推出机构的细化　冷却系统和推出机构的设计计算详见有关章节。冷却系统和推出机构的设计同步进行有助于两者的很好协调。

(7) 确定凹模和型芯的结构和固定方式　当采用镶块式凹模或型芯时，应合理地划分镶块并同时考虑到这些镶块的强度、可加工性及安装固定。

(8) 确定排气方式　由于在一般的注射模中注射成型时的气体可以通过分型面和推杆处的空隙排出，因此注射模的排气问题往往被忽视。对于大型和高速成型的注射模，排气问题必须引起足够的重视。

(9) 绘制模具的结构草图　在以上工作的基础上绘制注射模完整的结构草图，在总体结构设计时切忌将模具结构搞得过于复杂，应优先考虑采用简单的模具结构形式，因为在注射成型的实际生产中所出现的故障，大多是由于模具结构复杂化所引起的。结构草图完成后，若有可能应与工艺、产品设计及模具制造和使用人员共同研讨直至相互认可。

(10) 校核模具与注射机有关的尺寸　因为每副模具只能安装在与其相适应的注射机上使用，因此必须对模具上与注射机有关的尺寸进行校核，以保证模具在注射机上正常工作。

(11) 校核模具有关零件的强度及刚度　对成型零件及主要受力的零部件都应进行强度及刚度的校核。一般而言，注射模的刚度问题比强度问题显得更重要一些。

(12) 绘制模具的装配图　装配图应尽量按照国家制图标准绘制，装配图中要清楚地表明各个零件的装配关系，以便于工人装配。当凹模与型芯镶块很多时，为了便于测绘各个镶块零件，还有必要先绘制动模和定模部装图，在部装图的基础上再绘制总装图。装配图上应包括必要的尺寸，如外形尺寸、定位圈尺寸、安装尺寸、极限尺寸（如活动零件移动的起止点）。在装配图上应将全部零部件按顺序编号，并填写明细表和标题栏。一般装配图上还应标注技术要求，技术要求的内容如下。

① 对模具某些结构的性能要求，如对推出机构、抽芯机构的装配要求。

② 对模具装配工艺的要求，如分型面的贴合间隙、模具上下面的平行度要求。

③ 模具的使用说明。

④ 防氧化处理、模具编号、刻字、油封及保管等要求。

⑤ 有关试模及检查方面的要求。

(13) 绘制模具零件图　由模具装配图或部装图拆绘零件图的顺序为：先内后外，先复杂后简单，先成型零件后结构零件。

(14) 复核设计图样　应按制品、模具结构、成型设备、图纸质量、配合尺寸、零件的可加工性等项目进行自我校对或他人审核。对于初学模具设计的新手，最好能参加模具制造的全过程，包括组装、试模、修模及投产过程。

12.2 注射模设计实例

12.2.1 塑料制件及模具设计依据

现以汽车散热器装饰栅板为例，说明注射模的方案构思、结构设计和计算过程。

图 12-1 所示为汽车散热器装饰栅板简图。

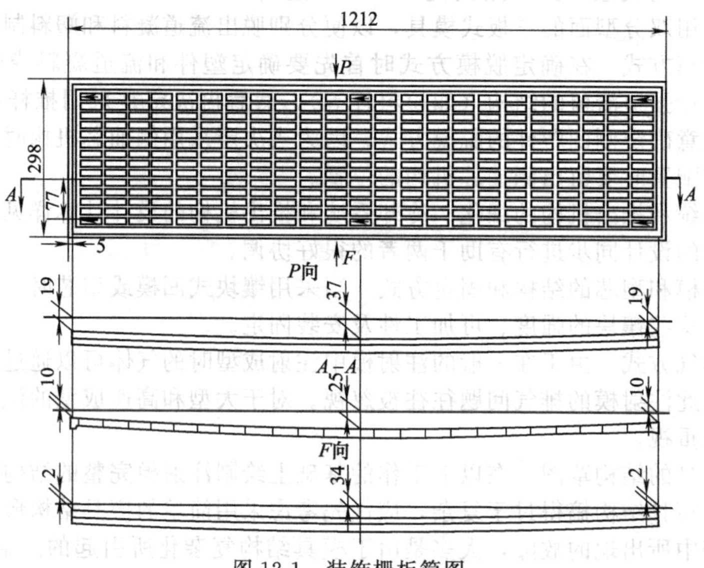

图 12-1　装饰栅板简图

该装饰栅板塑料制件用于黄河 JN162 重型汽车，此件为中装饰栅板，它和左右装饰栅板组合在一起安装在汽车车头部分。由于是组合件，因此在配合处有尺寸精度要求。其外形尺寸为 1212mm×298mm×26mm，形状为通孔矩形网络遍布的双弧形立体曲面板，四周有断面为梯形槽的凸棱，并附有直径为 6mm 的 6 个安装通孔，整个塑件的平均厚度为 4mm。

栅板选用 ABS 塑料成型，ABS 是一种具有良好综合性能的工程塑料，它具有聚苯乙烯的良好成型性、聚丁二烯的韧度、聚丙烯腈的化学稳定性和表面硬度，其拉伸强度可达 35～50MPa。ABS 的耐候性是它的另一优点，一般 ABS 塑件的使用温度范围为 －40～100℃，这正是汽车散热器装饰栅板最适宜的使用温度范围。

ABS 塑料具有一定的吸湿性（含水量为 0.3%～0.8%），成型时会在制件上产生瘢痕、云纹、银丝、气泡等缺陷，故在注射成型之前应进行干燥处理。ABS 熔体具有中等黏度特性，流动性好。设定料温在 200～240℃之间，模温在 60℃左右。用于成型生产的注射机主要技术参数：锁模力为 10000kN，最大注射压力 p_{max} 为 140MPa，最大投影面积 A_{max} 为 6665cm^2，喷嘴球头半径 R 为 48mm，喷嘴口内径为 7mm。

其他与模具设计有关的参数为塑料密度 $\rho=1.06\sim1.08g/cm^3$，弹性模量 $E=1.4\times10^3MPa$，成型收缩率 $\varepsilon=0.5\%\sim0.8\%$，泊松比 $\mu=0.35$。

12.2.2　模具结构设计

根据装饰栅板的结构特征与外观要求，模具的结构类型只能是多点浇口的三板式注射模或热流道模具。限于工厂的现有条件决定采用三板式冷流道结构，因此需要设计具有两次分型的顺序脱模机构，模具总体结构如图 12-2 所示。

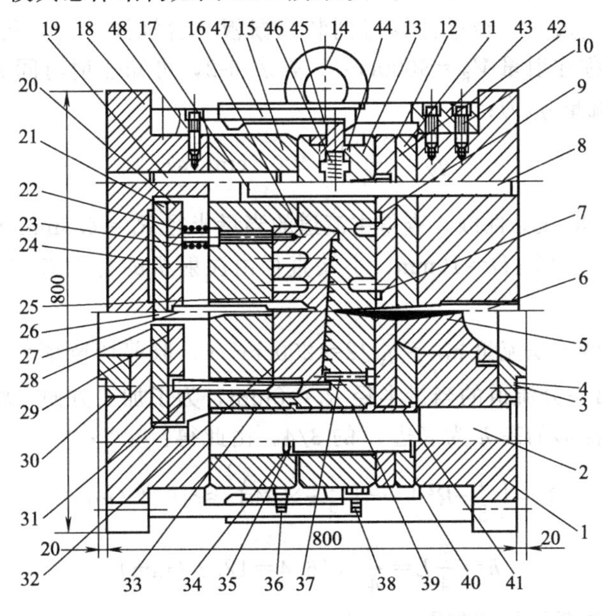

图 12-2　装饰栅板注射模总体结构

1—定模座；2—导柱；3—定位圈螺钉；4—定位圈；5—浇口衬套；6—辅助拉料杆；7—密封圈；8—限位拉杆；9—密封圈；10—紧固螺钉；11—定模垫板；12—流道中间板；13—凹模；14—吊环；15—动模固定板；16—型芯；17—垫圈螺钉；18—动模座；19—销钉；20—推杆固定板；21—推板；22—紧固螺钉；23—复位杆；24—紧固螺钉；25—密封圈；26—支撑柱；27—推杆；28—推板导套；29—弹簧；30—定位圈；31—成型推杆；32—密封圈；33—动模导套；34—螺钉；35—垫圈；36—水管接头；37—小型芯；38—水管接头；39—定模导套；40—限位拉杆；41—中间板导套；42—紧固螺钉；43—凸缘杆；44—活动销盖板；45—活动销；46—弹簧；47—拉杆；48—紧固螺钉

模具的两个分型面分别为定模垫板 11 与流道中间板 12 之间的表面和型芯 16 与凹模 13 之间的表面。模具采用拉杆机构实现顺序分型脱模。

如图所示，开模时由于紧固在动模座上的拉杆 47 勾住凹模两侧的活动销 45，因此型芯 16 与凹模 13 无法分开，模具首先从定模垫板 11 与流道中间板 12 之间分型。由于分流道两端的辅助拉料杆 6 的勾料作用，使流道凝料滞留在定模座上，点浇口被拉断，锥形第二分流道从凹模 13 中脱出，同时由于勾料与点浇口拉断的联合作用，使梯形第一分流道产生弯曲变形，使主流道凝料在浇口衬套 5 中松动，以便能够取出浇注系统凝料。

继续开模，凹模两侧的活动销 45 与固定在定模座 1 的凸缘杆 43 相碰，其凸缘上的斜面推动活动销上的斜面强迫活动销朝里运动使拉杆 47 与凹模脱开。动模继续运动，凹模 13 在限位拉杆 8 的作用下停止运动，模具在凹模 13 与型芯 16 之间分型，由于动模一侧的 38 根推杆都具有“Z”字形端部，在它们的拉料作用下，塑件滞留在型芯上。

分型后，由推板 21 带动推杆将塑件从型芯上脱落，由于推杆兼起拉杆的作用，这就要求“Z”字形方向的一致性，以便从推杆上顺利取下塑件。

针对塑件的形状，分别在型芯和凹模上设置了呈两组对称排列的 U 形冷却回路。

装饰栅板注射模具总质量约 7.8t，属于大型模具。

12.2.3 分析计算

12.2.3.1 浇注系统设计

(1) 浇口数目 为确保装饰栅板的质量，并结合其通孔矩形网格板的结构特征，决定在其长轴方向的中心线上使用 4 个浇口进料。

(2) 浇注系统断面尺寸 经过计算得到装饰栅板（含浇注系统）的体积约为 $2400cm^3$。由使用的注射机的公称注射量 $V_g=9000cm^3$，查表 6-2，可知注射时间 t_1 约为 6s，据式（6-3）ABS 熔体的体积流量 q_V 为：

$$q_V=\frac{2400}{6}=400\ (cm^3/s)$$

由图 6-11 的 $\dot{\gamma}$-q_V-R_e 关系曲线，查得主流道的当量半径 $R_e=4.3$mm（取剪切速率 $\dot{\gamma}$ 为 $5\times10^3s^{-1}$），故主流道大端直径 $D=10$mm，小端直径由注射机的特性参数决定，取小端直径 $d=8.0$mm。

第一分流道的熔体体积流量 $q_{V_1}=q_V/2=200cm^3/s$，取剪切速率 $\dot{\gamma}=5\times10^2s^{-1}$，查 $\dot{\gamma}$-q_V-R_e 关系曲线，得第一分流道的当量半径 $R_e=8$mm，为了加工方便，将第一分流道截面形状设计为梯形，并设梯形的高 h 为底边 L 的 3/4，由此得：

$$L=\left(\frac{4}{3}\pi R_e^2\right)^{\frac{1}{2}}=\left(\frac{4}{3}\pi\times8^2\right)^{\frac{1}{2}}\approx16.4\ (mm)$$

$$h=\frac{3}{4}L=\frac{3}{4}\times16.4=12.3\ (mm)$$

故取第一分流道的断面尺寸如图 12-3 所示。

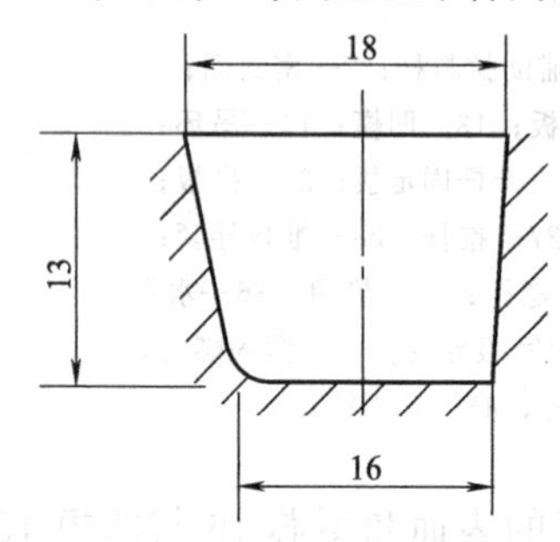

图 12-3 第一分流道的断面尺寸

第二分流道取为圆锥形，近似地按平衡进料计算，则每个第二分流道的熔体体积流量 $gv_2=q_V/4=100cm^3/s$，查 $\dot{\gamma}$-q_V-R_e 关系曲线，分别得大端半径 $R_1=7$mm（$\dot{\gamma}$ 取为 $5\times10^2s^{-1}$），小端半径 $R_2=3$mm（$\dot{\gamma}$ 取为 $5\times10^3s^{-1}$）。

点浇口的熔体体积流量为 $100cm^3/s$，取浇口处的剪切速率 $\dot{\gamma}=1\times10^5s^{-1}$，由 $\dot{\gamma}$-q_V-R_e 关系曲线得点浇口直径 $d_G=2R_e=2.0$mm。

根据模具总体结构尺寸的安排，以上面的计算为依据，可决定浇注系统的布置和尺寸，如图 12-4 所示。

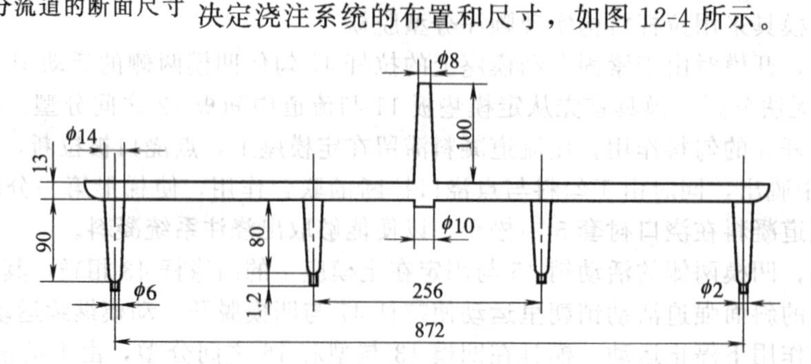

图 12-4 浇注系统的布置及尺寸

(3) 型腔压力的估算　根据 $p=Kp_0$，取压力损耗系数 K 为 0.4，并设注射机使用的注射压力 $p_0=115.0\text{MPa}$，则型腔压力 $p=Kp_0=0.4\times115.0\text{MPa}=46\text{MPa}$。

(4) 锁模力的校核　已知注射机最大锁模力为 10000kN，而胀模力为制件外形面积与通孔网络面积之差乘以型腔压力，即

$$F=(1.22\times0.3-0.0135\times0.046\times318)\times46\times10^6$$
$$=7752\ (\text{kN})<10000\ (\text{kN})$$

故满足锁模力的要求。

12.2.3.2　排气槽的设计

大型注射模的排气是不可忽视的大问题，绝不可以依靠试模时解决。该模具除了 38 根推杆间隙具有一定的排气效果外，还在塑件的熔接缝附近以及熔体流动末端的型芯上开设了 12 条排气槽。

12.2.3.3　凹模与型芯尺寸的计算

由于该塑件为装饰栅板，只需考虑与左右装饰栅板相组合的长与宽以及 6 个安装孔的尺寸，其他皆为自由公差，故可按平均收缩率尺寸计算公式分别计算型腔的长度及安装孔中心尺寸，因计算过程简单，从略。

12.2.3.4　凹模侧壁厚度的计算

该模具采用整体式矩形凹模型腔，故其长边侧壁厚度按式 (7-53) 计算：

$$S=\sqrt[3]{\frac{Cph^4}{E[\delta]}}$$

由模具结构图可知，$h=88\text{mm}$；已估算得型腔压力 $p=46\text{MPa}$；钢材的弹性模量 $E=2.1\times10^5\text{MPa}$；查表 7-7，取 ABS 的允许变形量 $[\delta]=0.04\text{mm}$；根据式 (7-52)，当 $l/h=1220/88=13.86$ 时，$C=\frac{3\times13.86^4}{2\times13.86^4+96}\approx1.5$，则：

$$S=\sqrt[3]{\frac{1.5\times46\times88^4}{2.1\times10^5\times0.04}}=79\ (\text{mm})$$

考虑到凹模的侧壁上开有 5 个直径为 130mm 的导套孔，故取凹模侧壁厚为 190mm。

12.2.3.5　动模上支撑型芯的垫板厚度计算

由式 (7-63) 可知：

$$t=\sqrt[3]{\frac{5pbL^4}{32EB[\delta]}}$$

由于垫板采用球墨铸铁，其弹性模量为 $E=1.7\times10^5\text{MPa}$，取 $[\delta]=0.04\text{mm}$，支架跨距 $L=430\text{mm}$，支撑板长度 $B=1480\text{mm}$，型芯长度 $b=1220\text{mm}$，则：

$$t=\sqrt[3]{\frac{5\times46\times1220\times430^4}{32\times1.7\times10^5\times1480\times0.04}}=310\ (\text{mm})$$

这样的厚度太大，因此需要在支架跨距间加设支撑块。根据该模具的形状特征，决定在跨距的中心线上加设一排支撑柱，则此时垫板厚度可减至：

$$t=310/2.5=124\ (\text{mm})$$

考虑到在垫板上有直径为 22mm 的推杆孔 28 个，对垫板刚性有所削弱，故取 $t=140\text{mm}$。

12.2.3.6　脱模阻力的计算

在定模一侧，有断面为 13.5mm×46mm 的矩形小型芯 318 个，可将它们视为矩环形断面的厚壁制件，另外加上直径为 6mm 的小型芯 6 个，据式 (8-1) 和式 (8-2)，在定模一侧的总脱模阻力为：

$$F_s=\left[318\times\frac{2(13.5+46)\times0.005\times1.8\times10^5\times1.2\times(0.21-0.085)}{(1+0.35+9.5)\times1.02}\right.$$
$$\left.+6\times\frac{2\times3.14\times0.3\times1.8\times10^5\times0.005\times1.3\times0.21}{(1+0.35+2.5)\times1.02}\right]$$
$$=(461613+707)=462320(\text{N})=462.32(\text{kN})$$

在动模一侧，有 4 条条形型芯，并视制件为薄壁，据式（8-4），在动模一侧的总脱模阻力为：

$$F_m=\left\{\begin{array}{l}2\left[\frac{8\times0.4\times1.8\times10^5\times0.005\times2.6\times(0.21-0)}{(1-0.35)\times1.02}+1220\times12\times0.1\right]\\+2\left[\frac{8\times0.4\times1.8\times10^5\times0.005\times2.6\times(0.21-0)}{(1-0.35)\times1.02}+300\times12\times0.1\right]\end{array}\right\}$$
$$=(4\times2371.76+2\times1824)=13135\text{N}=13.14\text{kN}$$

由以上计算可知，$F_s>F_m$，开模后制件将滞留在定模型腔内，造成脱模困难。为了确保制件在开模过程中附着在动模的型芯上，在设计时将 38 根推杆全部设计成了带有“Z”形头的拉料杆。

12.2.3.7 冷却系统的分析计算

由产品图得知，塑件的矩形网格条最厚，厚度达 5mm，故冷却时间 t_2 应以该厚度为计算依据。查表 10-6，得到塑件冷却时间 t_2 为 49s。由于该塑件开模时无法自动坠落，必须由手工取出，设开模取出制件的时间 t_3 为 15s，再加上注射时间 $t_1=6$s，故制品的成型周期为：

$$\theta=t_1+t_2+t_3=6+49+15=70\ (\text{s})$$

被 ABS 熔体带入型腔内的总热量为［见式（10-18）］：

$$Q=NGQ_1$$

$N=3600/70\approx51.4$，查表 10-4 可取 $Q_1=400$kJ/kg，$G=2400\times1.07/1000$，则：

$$Q\approx52827\text{kJ/h}$$

对流散发的热量 Q_c 根据式（10-22）计算得：

$$Q_c=2782\text{kJ/h}$$

辐射散发的热量 Q_R 根据式（10-25）计算得：

$$Q_R=177\text{kJ/h}$$

应由冷却水带走的热量 Q_2 为：

$$Q_2=Q-(Q_c+Q_R)=49868\text{kJ/h}$$

这些热量应由凹模和型芯的冷却系统带走。考虑到型芯储存的热量多，且散热条件差，故应强化冷却，采用式（10-41）的分配方案，则凹模冷却系统应带走的热量 Q_{2G} 为：

$$Q_{2G}=19950\text{kJ/h}$$

型芯冷却系统应带走的热量 Q_{2K} 为：

$$Q_{2K}=29918\text{kJ/h}$$

（1）凹模冷却系统的计算

① 塑件与型腔壁温差的平均值。据式（10-43），有：

$$(\theta_1-\theta_3)_{MG}=Q_{2G}/(1549f_G\beta)=19950\Big/\left[1549\times1.22\times0.3\times\frac{(6+49)}{70}\right]\approx45\ (℃)$$

② 塑件推出的温度。设熔体温度 $\theta_{1max}=230$℃，型腔壁最高温度 $\theta_{3max}=65$℃，型腔壁最低温度 $\theta_{3min}=60$℃，则型腔壁平均温度 $\theta_{3M}=62.5$℃。由 $(\theta_1-\theta_3)_{MG}=45$℃ 及 $(\theta_{1max}-\theta_{3min})=170$℃，查图 10-5 所示的曲线图，得 $\theta_{1min}-\theta_{3max}=4.5$℃，即得制件推出时温度 $\theta_{1min}=69.5$℃。

③ 凹模所需冷却水管直径及流速。设冷却水进、出口温度分别为 $\theta_{5in}=20$℃，$\theta_{5out}=25$℃，则冷却水的平均温度 $\theta_{5M}=22.5$℃，所需冷却水流量为［式（10-47）］：

$$q_V=\frac{Q_{2G}}{c_1\rho(\theta_{5out}-\theta_{5in})}\times\frac{1}{60}=0.016m^3/min$$

由 q_V 查表 10-1 得水管直径 $d=25mm$，冷却水最低流速 $v_{min}=0.53m/s$。

④ 凹模的热阻计算。在凹模模板中设计了两组对称排列的 U 形回路。为了便于计算，将每组回路简化成横向（长为 0.40m）与纵向（长为 0.20m）流动的管道各 4 根与 3 根，且与型腔的平均距离为 0.04m。在略去若干细节后，可分别求出横向与纵向流动管道与型腔壁之间的热阻［式（10-33）］。

$$R_{v1}=\frac{1}{193}\left[\frac{2.3\times0.04}{(0.40-0.61)\times0.30-(0.025-0.30)\times0.61}\right]\lg\left(\frac{0.40}{0.61}\times\frac{0.30}{0.025}\right)$$

$$=4.077\times10^{-3}(h\cdot℃/kJ)$$

$$R_{v2}=\frac{1}{193}\left[\frac{2.3\times0.04}{(0.20-0.30)\times0.61-(0.025-0.61)\times0.30}\right]\lg\left(\frac{0.20}{0.30}\times\frac{0.61}{0.025}\right)$$

$$=5.043\times10^{-3}(h\cdot℃/kJ)$$

总热阻为［式（10-36）］：

$$\frac{1}{R_{vG}}=\frac{8}{R_{v1}}+\frac{6}{R_{v2}}$$

求得　$R_{vG}=3.17\times10^{-4}h\cdot℃/kJ$。

⑤ 冷却水管壁平均温度。据式（10-37），有：

$$\theta_{4M}=\theta_{3M}-Q_{2G}R_{vG}=57℃$$

⑥ 所需要的凹模冷却水管回路的总传热面积。据式（10-51），有：

$$\Phi_G=\frac{Q_{2G}d^{0.13}}{7348(1+0.015\theta_{5M})(\theta_{4M}-\theta_{5M})v^{0.87}}=0.063m^2$$

在该模具的实际设计中，凹模冷却水管总传热面积为 $0.1m^2$，大于所需传热面积 $0.063m^2$，故属合理。

⑦ 所需凹模冷却水管总长。据式（10-53），有：

$$L_G=\frac{Q_{2G}}{7348\pi(1+0.015\theta_{5M})(vd)^{0.87}(\theta_{4M}-\theta_{5M})}=0.805m$$

在实际设计中，凹模冷却水管全长有 4m，故足够。

⑧ 流动状态的校核。据式（10-54），有：

$$Re=\frac{vd}{\eta}=\frac{0.53\times0.025}{1\times10^{-6}}=13250>10^4$$

故冷却水的流动处于稳定的湍流状态，冷却回路具有良好的冷却效果。

凹模冷却系统的设计简图如图 12-5 所示。

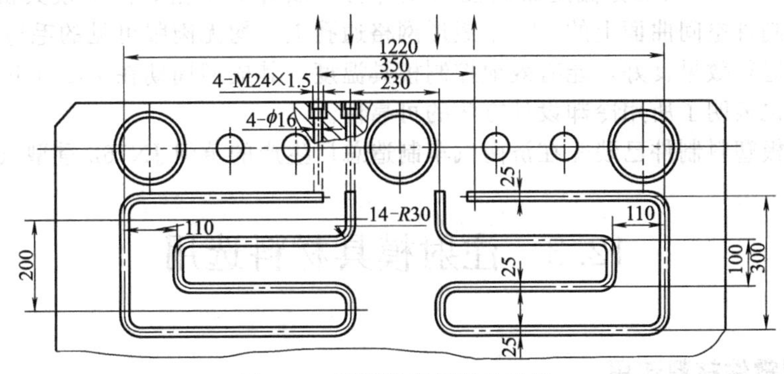

图 12-5　凹模冷却回路的布置

(2) 型芯冷却系统的计算　考虑到型芯成型面应具有与型腔壁相同的平均温度，取 $\theta_{3M}=62.5$℃，并设冷却水进口温度 $\theta_{5in}=20$℃，出口温度 $\theta_{5out}=27$℃，则冷却水平均温度 $\theta_{5M}=23.5$℃，欲从型芯中带走 29918kJ/h 的热量，所需冷却水的体积流量为：

$$q_{VK}=\frac{29918}{1000\times4.2\times(27-20)}\times\frac{1}{60}=0.017\ (\mathrm{m^3/min})$$

查表 10-1 得水管直径 $d=0.025$m，流速 $v=0.53$m/s。

型芯中仍设计有两组对称的双 U 形冷却回路，以同样方法算得热阻 $R_{VK}=3.88\times10^{-4}$h·℃/kJ，故得冷却水管壁的平均温度为：

$$\theta_{4M}=\theta_{3M}-q_{VK}R_{VK}=51.8℃$$

并算得，所需管道传热总面积为：

$$\phi_K=0.114\mathrm{m^2}\text{(实际设计为}0.11\mathrm{m^2}\text{)}$$

所需冷却水管长度为：

$$L_K=1.46\mathrm{m}\ \text{(实际设计为}4.4\mathrm{m}\text{)}$$

型芯冷却系统的设计简图如图 12-6 所示。

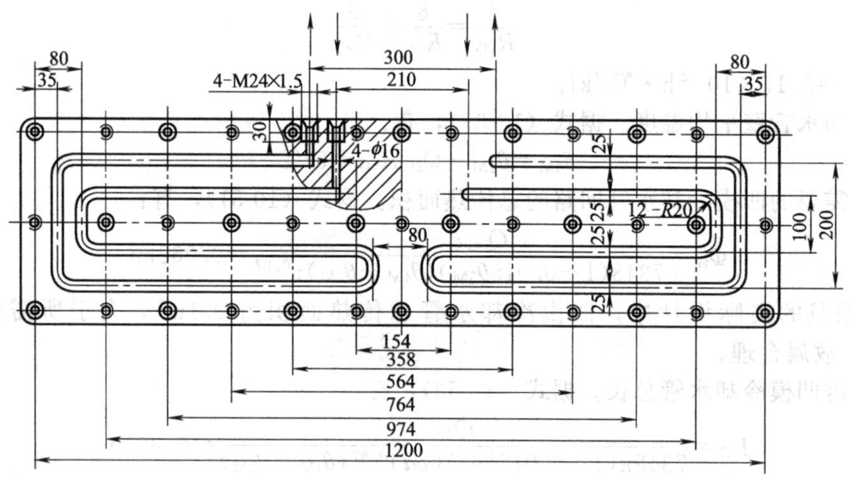

图 12-6　型芯冷却回路的布置

12.2.4 实际效果

装饰栅板注射模设计、制造、试模完毕后安装在日本东芝公司制造的 IS1300DE 注射机上投入批量生产。该模具虽属非平衡的 4 个点浇口进料，但仍能顺利充满网格型腔的各个深处与角落。含 900mm 长的分流道凝料能与塑件自动断开并坠落。由于模具机构设计合理、制造精密，在制件空间曲面上的 318 个矩形网格通孔上，均无肉眼可见的毛边。

冷却系统运行效果良好，能有效地控制模具温度，其成型周期在 70s 以下，到达了模温设计的要求，也表明了所用冷却设计方法的可靠性。

该装饰栅板塑料制件已装配在济南汽车制造总厂生产的黄河 JN162 重型汽车上。

12.3 注射模具材料选用

12.3.1 成型零件材料选用

成型零件材料选用的要求如下。

（1）机械加工性能良好　要选用易于切削，且在加工后能得到高精度零件的钢种。为此，以中碳钢和中碳合金钢最常用，这对大型模具尤其重要。对需电火花加工的零件，还要求该钢种的烧伤硬化层较薄。

（2）抛光性能优良　注射模成型零件工作表面，多需抛光达到镜面，$R_a \leqslant 0.05\mu m$，要求钢材硬度在35～40HRC为宜，过硬表面会使抛光困难。钢材的显微组织应均匀致密、较少杂质、无疵瘢和针点等。

（3）耐磨性和抗疲劳性能好　注射模型腔不仅受高压塑料熔体冲刷，而且还受冷热交变的温度应力作用。一般的高碳合金钢，可经热处理获得高硬度，但韧性差，易形成表面裂纹，不宜采用。所选钢种应使注射模能减少抛光修模的次数，能长期保持型腔的尺寸精度，达到批量生产的使用寿命期限。这对注射次数30万次以上和纤维增强塑料的注射生产尤其重要。

（4）具有耐腐蚀性能　对有些塑料品种，如聚氯乙烯和阻燃型塑料，必须考虑选用有耐腐蚀性能的钢种。

12.3.2　注射模用钢种

热塑性塑料注射模成型零件的毛坯，凹模和主型芯以板材和模块供应，常用50或55调质钢，硬度为250～280HB，易于切削加工，旧模修复时的焊接性能较好，但抛光性和耐磨性较差。

型芯和镶件常以棒材供应，采用淬火变形小、淬透性好的高碳合金钢，经热处理后在磨床上直接研磨至镜面。常用9CrWMn、Cr12MoV和3Cr2W8V等钢种，淬火后回火HRC≥55，有良好耐磨性，也有采用高速钢基体的65Nb（65Cr4W3Mo2VNb）新钢种。价廉但淬火性能差的T8A、T10A也可采用。

20世纪80年代，我国开始引进国外生产钢种来制造注射模。主要是美国P系列的塑料模钢种和H系列的热锻模钢种，如P20、H13、P20S和H13S。我国已生产专用的塑料模具用钢种，并以模板和棒料供应。

（1）预硬钢　国产P20（3Cr2Mo）钢材，将模板预硬化后以硬度36～38HRC供应，拉伸强度为1330MPa。模具制造中不必热处理，能保证加工后获得较高的形状和尺寸精度，也易于抛光，适用于中小型注射模。

在预硬钢中加入硫，能改善切削性能，适合大型模具制造。国产SM1（55CrNiMnMoVS）和5NiSCa（5CrNiMnMoVSCa）预硬化后硬度为35～45HRC，但切削性能类似中碳调质钢。

（2）镜面钢　镜面钢多数是属于析出硬化钢，也称为时效硬化钢，它用真空熔炼方法生产。国产PMS（10Ni3CuAlVS）供货硬度30HRC，易于切削加工。这种钢在真空环境下经500～550℃、以5～10h时效处理，钢材弥散析出复合合金化合物，使钢材硬化具有40～45HRC，耐磨性好且处理过程变形小的特点。由于材质纯净，可做镜面抛光，并能光腐蚀精细图案，还有较好的电加工及抗锈蚀性能。工作温度达300℃，拉伸强度达1400MPa。另一种析出硬化钢是SM2（20CrNi3AlMnMo），预硬化后加工，再经时效硬化可达40～45HRC。

还有两种镜面钢各有其特点。一种是高强度的8CrMn（8Cr5MnWMoVS），预硬化后硬度为33～35HRC，易于切削，淬火时空冷，硬度可达42～60HRC，拉伸强度达3000MPa，可用于大型注射模以减小模具体积。另一种可氮化高硬度钢25CrNi3MoAl，调质后硬度达23～25HRC，时效后硬度达38～42HRC，氮化处理后表层硬度可达70HRC以上，用于玻璃纤维增强塑料的注射模。

（3）耐腐蚀钢　国产PCR（6Cr16Ni4Cu3Nb）属于不锈钢类钢种，但比一般不锈钢有更高强度、更好的切削性能和抛光性能，且热处理变形小，使用温度小于400℃，空冷淬火后硬度可达42～53HRC，适用于含氯和阻燃剂的腐蚀性塑料。

选用钢种时应按塑件的生产批量、塑料品种及塑件精度与表面质量要求确定，见表12-1。常用模具材料的适用范围与热处理方法见表12-2。部分新型塑料模具钢的热处理及其应用见表12-3。

表12-1 注塑模具钢材的选用

塑料与制品	型腔注射次数/次	适用钢种	塑料与制品	型腔注射次数/次	适用钢种
PP、HDPE等一般塑料件	10万左右 20万左右 30万左右 50万左右	50、55正火 50、55调质 P20 SM1、5NiSCa	精密塑料件	20万以上	PMS、SM1、5NiSCa
			玻纤增强塑料	10万左右 20万以上	PMS、SMP2 25CrNi3MoAl氮化、H13氮化
			PC、PMMA、PS透明塑料		PMS、SM2
工程塑料	10万左右	P20	PVC和阻燃塑料		PCR

表12-2 常用模具材料的适用范围与热处理方法

模具零件	使用要求	模具材料	热处理		说明
导柱、导套	表面耐磨、有韧性、抗曲、不易折断	20、20Mn2B	渗碳淬火	≥55HRC	
		T8A、T10A	表面淬火	≥55HRC	
		45	调质、表面淬火、低温回火	≥55HRC	
		黄铜H62、青铜合金			用于导套
成型零部件	强度高、耐磨性好、热处理变形小，有时还要求耐腐蚀	9Mn2V、9CrSi、CrWMn、9CrWMn、CrW、GCr15	淬火、低温回火	≥55HRC	用于制品生产批量大，强度、耐磨性要求高的模具
		Cr12MoV、4Cr5MoSiV、Cr6WV、4Cr5MoSiV1	淬火、中温回火	≥55HRC	用于制品生产批量大，强度、耐磨性要求高的模具，但热处理变形小、抛光性能较好
		5CrMnMo、5CrNiMo、3Cr2W8V	淬火、中温回火	≥46HRC	用于成型温度、成型压力大的模具
		T8、T8A、T10、T10A、T12、T12A	淬火、低温回火	≥55HRC	用于制品形状简单、尺寸不大的模具
		38CrMoAlA	调质、氮化	≥55HRC	用于耐磨性要求高并能防止热咬合的活动成型零件
		45、50、55、40Cr、42CrMo、35CrMo、40MnB、40MnVB、33CrNi3MoA、37CrNi3A、30CrNi3A	调质、淬火（或表面淬火）	≥55HRC	用于制品批量生产的热塑性塑料成型模具
		10、15、29、12CrNi2、12CrNi3、12CrNi4、20Cr、20CrMnTi、20CrNi4	渗碳淬火	≥55HRC	容易切削加工或采用塑性加工方法制作小型模具的成型零部件

续表

模具零件	使用要求	模具材料	热处理		说　明
成型零部件	强度高、耐磨性好、热处理变形小，有时还要求耐腐蚀	铍铜			导热性优良、耐磨性好，可铸造成型
		锌基合金、铝合金			用于制品试制或中小批量生产中的模具成型零部件，可铸造成型
		球墨铸铁	正火或退火	正火≥200HBS 退火≥100HBS	用于大型模具
主流道衬套	耐磨性好、有时要求耐腐蚀	45、50、55 以及可用于成型零部件的其他模具材料	表面淬火	≥55HRC	
顶杆、拉料杆等	一定的强度和耐磨性	T8、T8A、T10、T10A	淬火、低温回火	≥55HRC	
		45、50、55	淬火	≥45HRC	
各种模板、推板、固定板、模座等	一定的强度和刚度	45、50、40Cr、40MnB、40MnVB	调质	≥200HBS	
		结构钢 Q235～Q275			
		球墨铸件			用于大型模具
		HT200			仅用于模座

表 12-3　部分新型塑料模具钢的热处理及其应用

钢种	国别	牌号	热　处　理	应　　用
预硬钢	中国	5NiSCa	预硬，不用热处理	用于成型热塑性塑料的长寿命模具
	日本	SCM445(改进)		
		SKD61(改进)		同 5NiSCa，以及高韧度、精密模具
		NAK55		同 5NiCa，以及高镜面、精密模具
新型淬火回火钢	日本	SKD11(改进)	1020～1030℃淬火，空冷，200～500℃回火	同 5NiSCa，以及高硬度、高镜面模具
	美国	H13+S	995℃淬火，540～650℃回火	同 5NiSCa，以及高硬度、高韧度、精密模具
		P20+S	845～857℃淬火，565～620℃回火	
马氏体时效钢	中国	18Ni(300)	切削加工后 470～520℃，3h 左右时效处理，空冷	用于成型中小型、精密、复杂的热塑性和热固性塑料的长寿命模具以及透明塑料制件的模具
	日本	MASIC		
		YAG		
	美国	18MAR300		
耐腐蚀钢	中国	PCR		用于各种具有较高耐腐蚀要求的模具零部件
	日本	NAK101	预硬，不需热处理	
		STAVAX	调质	

习题与思考

12-1 模具设计任务书应包括哪些内容？内容不全对设计有无影响？

12-2 设计前，设计者应明确哪些事项？

12-3 模具设计的一般步骤是什么？

12-4 正确选择模具材料有何重要性和实际意义？

12-5 设计一套具有中等复杂程度的塑件的注射成型工艺和模具，其具体内容是设计模具装配图一张，关键成型零件图若干张，塑件图一张，编制塑料注射成型工艺一份和编写模具设计说明书一份。

第3篇

其他塑料成型工艺及模具设计

第 13 章　热固性塑料的模塑成型

尽管热固性塑料注射成型已被普遍采用，但是压缩成型和压注成型仍是热固性塑料的主要成型方法。一些熔体黏度很高的热塑性塑料，如氟塑料、超高分子量聚乙烯和聚酰亚胺等也采用压缩模塑方法成型。微电子半导体器件的模塑封装，也要用压缩模塑成型方法成型。

13.1　工艺特征及模具

本节讨论压缩成型和压注成型的工艺和模具结构。

13.1.1　压缩成型

压缩成型又称压制成型，其典型的模具结构如图 13-1 所示。在模具开启时，热固性塑料的粉料或粒料，经计量后放入加料室内，此时上模和下模经加热达到了成型温度。油压机油缸驱动上凸模，以一定速度与下模闭合。塑料在高温和加压下熔融流动，充满型腔后保压一定时间。物料在物理和化学作用下交联固化定型，塑料由原来的线形分子结构变为三维体型结构。上模开启后，油压机机身下部的顶出杆推动模具下模的顶出机构，将塑件顶出凹模型腔。图 13-1 所示的模具有成型侧向孔的侧型芯，必须在顶出机构动作前旋退。

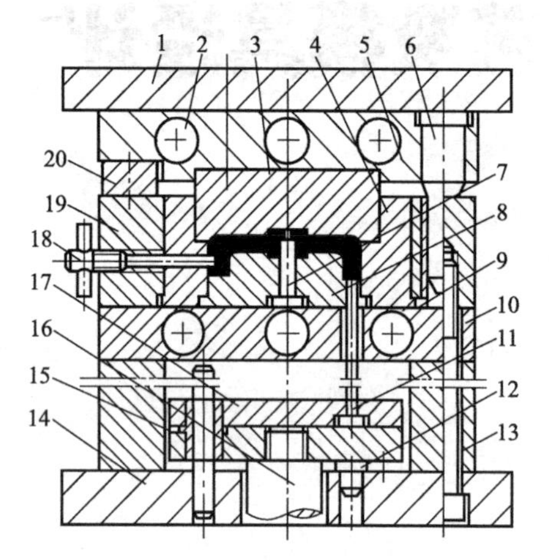

图 13-1　压缩成型模具的结构

1—上模板；2—加热棒；3—上凸模；4—凹模；5—加热板；6—导柱；7—型芯；8—下凸模；9—导套；10—加热板；11—顶杆；12—挡钉；13—垫板；14—底板；15—顶板；16—拉杆；17—顶杆固定板；18—侧型芯；19—型腔固定板；20—承压板

压缩成型热塑性塑件，加热过程较长，流动充模后，需冷却固化。一般压缩成型效率低，特别是厚壁塑件的产生周期更长。带有侧孔和深孔等形状复杂塑件难于成型，且常因加料量的波动影响塑件高度尺寸的精度。

因此，一般热塑性塑料不采用压缩或压注成型。但是，与注射成型相比，压缩成型生产控制、使用设备及模具都比较简单，适用于流动性差的塑料，宜于成型大型塑料制件，塑件的收缩率小，变形较小，各向异性性能比较均匀。

热固性塑料模压成型的工艺特性如下。

(1) 流动性　它反映了模压料在一定温度和压力下充满型腔的能力。工业生产中常用拉西格流动性测试法测定。将规定量的模压粉放入圆柱型腔中，施以一定的温度和压力，比较从小孔中流出细棒的长度。细棒长 100～130mm 的物料，只用来压制无嵌件、厚度不大而结构简单的塑件；细棒长 131～150mm 的物料，用来压制结构不特别复杂的塑件；细棒长 151～180mm 的物料，流动性好，可用来压制结构复杂、深度较大、嵌件多的薄壁塑件。

（2）成型温度 由模板加热成型物料，一方面使物料熔融，提高流动性；另一方面使活性基团发生交联反应，黏度升高至固化。它与模压压力和模压时间是压缩成型的重要工艺参数，见表 13-1。

表 13-1 常见塑料的模压工艺参数

品种与型号	模具温度/℃	模压压力/MPa	压塑时间/(min/mm)
电气类酚醛塑料D131,D133,D141,D144,	155～165	>25	0.6～1.0
D138	160～180	>25	0.6～1.0
绝缘类酚醛塑料 U1601	150～160	>25	1.0～1.5
绝缘类酚醛塑料 U2010,U8101	160～180	>30	2.0～1.5
高频类酚醛塑料	160～170	>40	2.0～2.5
高电压类酚醛塑料	165～175	>30	2.0～2.5
无氨类酚醛塑料	150～160	25	1.0～1.5
耐酸类酚醛塑料	145～155	>25	1.0～1.5
湿热类酚醛塑料	155～165	>25	1.0～1.5
耐热类酚醛塑料 E731	145～155	>30	1.0～1.5
耐磨类酚醛塑料	150～160	30±5	1.0～1.5
冲击类酚醛塑料 J1503	165～175	>25	1.0～1.5
日用类酚醛塑料	160～170	>25	0.8～1.0
薄壁脲醛塑料	140～150	25～35	0.5～1.0
厚壁脲醛塑料	125～130	25～35	1.0～1.5
三聚氰胺甲醛塑料	150～155	25～35	1.5～2.0
石棉充填 DAP 塑料	150～160	10～30	1.0～2.0
玻璃纤维充填 DAP 塑料	150～160	7～30	1.0～2.0
木粉充填 DAP 塑料	150～160	10～30	1.0～2.0
有机硅石棉模塑料 4250	165～175	40～50	1.5～2.5
环氧树脂层压板	40～100	1～20	3.0
模塑环氧树脂	160～180	20～40	—
环氧封装模塑料	160～190	1～10	2～5(min)
湿预混的聚酯塑料	140～180	3～7	0.25～0.33
聚酰亚胺压制塑料	350～380	30～40	5.0～15(min)

（3）收缩率 常用热固性塑料的成型收缩率见表 13-2。在实际生产中，常采用收缩率的平均值。热固性塑料制品收缩的原因主要如下。

表 13-2 常用塑料的模塑收缩率

树 脂	填 料	收缩率	树 脂	填 料	收缩率
酚醛塑料	玻璃纤维	0.05～0.2	聚酯塑料	干预混片状模压料	0.3～0.5
	石棉＋云母	0.2～0.4		普通聚酯料团	0.4～0.8
	石棉	0.3～0.5		湿预混聚酯料团	0～0.2
	木粉＋石棉	0.5～0.6	有机硅	石棉纤维	≤0.5
	木粉、纸屑或布屑	0.6～0.8	环氧塑封料		0.4～0.7
	合成纤维	1.0～1.4	DAP 塑料	玻璃纤维	0.1～0.4
氨基塑料	α-纤维素填充脲甲醛	0.7～0.9		石棉	0.4～0.7
	α-纤维素填充三聚氰胺甲醛	0.7～0.9		聚酯	0.8～1.0
	石棉填充三聚氰胺甲酸	0.5～0.6		木粉	0.7～0.8
	α-纤维素填充三聚氰胺酚醛	0.6～0.9			

① 化学结构的变化。塑件中的聚合物是体型结构，而原料中树脂为线型结构，密度较小。交联后密度增大，体积收缩。

② 材料的热收缩。塑料的热膨胀系数比钢材大，故塑件冷却后的尺寸比模具型腔小。

③ 热固性塑料中水分及挥发物含量较高，成型时熔体流动性好，制品的收缩增大。无机填料的塑料收缩率较小，有机填料的塑料收缩率较大。

(4) 压缩率　压缩率是指塑件与塑料模压粉两者密度或比容的比值。压缩率大的塑料不仅模具的加料容腔增大，而且携入型腔的空气也相应增多，排气量大，热量消耗大，成型周期长。常用模压粉的压缩率为 2～10。减小压缩率的最好方法是将模压物料压缩后再成型。

(5) 预压　预压是将松散或纤维状的热固性塑料模压粉在成型前用冷压方法制成质量一定、形状规则的密实实体。所压的预压物又称为压片、锭料或坯料。预压在专用的模具和液压式预压机上高效地进行。预压件的形状和尺寸应该与成型模具的加料容腔相配。某些塑料的预压件在成型前还需经过预热。

13.1.2 压注成型

压注成型又称为传递成型或压铸成型，其典型的模具结构如图 13-2 所示。在普通液压机上工作时，油缸推动压机上压板对压料柱塞加压，压料柱塞将加料室内已初步塑化的塑料经浇注系统压入型腔，然后压力经加料室传递到整个模具，使分型面闭合锁紧。为防止分型面被进入型腔的熔体压力挤开，要求加料室熔料的水平投影面积必须大于型腔熔体的投影面积。

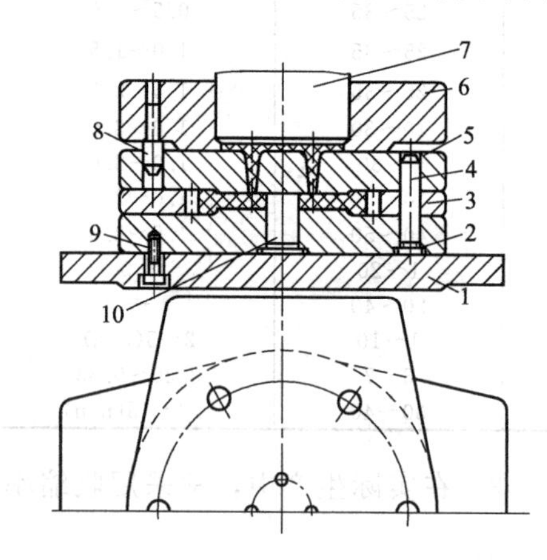

图 13-2　酚醛齿轮的移动料槽式压注模
1—下模板；2—固定板；3—型腔；4—导柱；5—上模板；6—加料室；7—压料柱塞；8—定位销；9—螺钉；10—型芯

图 13-2 所示的酚醛仪表齿轮成型后，需从模具上移开加料室，对加料室进行清理。压料柱塞是个单独的活动件，一般不连接在液压机的压板上。塑件的脱模要在专用的脱模架上，人工将上模板和型腔板卸下。这种移动料槽式压注模结构简单，生产效率低（另一种固定料槽式压注模见图 13-9）。

料槽式压注模的加料室设在型腔上方的专门零件上。模具总体结构是三板式。加料室由主流道通向型腔。也有设置分流道通向较大的型腔，或者通向多个型腔。由于可在单缸油压机上成型塑件，应用较广泛。

压注成型与压缩成型的区别如下。

① 模具的加料室不像压缩成型模具那样是型腔的延伸，而是由浇注系统与型腔分开，成为单独部分。浇注系统是塑料熔体从加料室进入型腔的必经通道。

② 塑料在加料室中经过初步加热塑化，在压料柱塞作用下迅速流经浇注系统时有摩擦升温，能快速充入型腔并加快固化，使压注成型周期比压缩成型周期短，而且塑料表面与内部固化均匀，塑件性能提高，还有利于壁厚不均匀和形状复杂的塑件以及厚壁塑件的成型。

③ 压料柱塞的压力不是直接作用在型腔，而是通过浇注系统向型腔传递压力，有利于细小嵌件、众多嵌件和有细长孔的塑件成型。

④ 型腔在塑料熔体注入前闭合，没有溢边。塑件在模具深度方向尺寸的精度有提高。

⑤ 压注成型要消耗较多的塑料。浇注系统的凝料作废料处理。

⑥ 塑料中的细长或纤维状的填料在压注过程中有取向排列，使塑件产生各向异性。

13.2　模具结构设计要点

本节分别叙述压缩模和压注模的设计原理和方法。一些与注射模相同之处，如模具成型零件尺寸计算等，这里就不再重复。

13.2.1　压缩成型模结构设计要点

压缩成型模结构形式多种多样，是由塑件本身和压机选用等因素决定的，凸凹模的配合、加料室的设计与塑件质量关系最大。

13.2.1.1　凸凹模的配合

敞开式、封闭式和半封闭式压缩模的凸凹模结构各不相同，其配合形式及该处的尺寸是压缩模设计的关键。

(1) 敞开式压缩模　图 13-3 所示为敞开式压缩模，一模多腔。该塑件带有管状金属嵌件 8。成型前，先将定位柱 4 与嵌件 8 套好一起放入模内，压塑粉或预压件加入型腔中，模具闭合，物料在模内被加热加压而熔融塑化充满型腔，交联固化后成型。成型后，上下模分型，拉杆 16 使模具顶出机构运动，顶杆 11 顶在定位柱 4 上，带动塑件一起脱出模外，在模外将塑件与定位柱 4 分离。

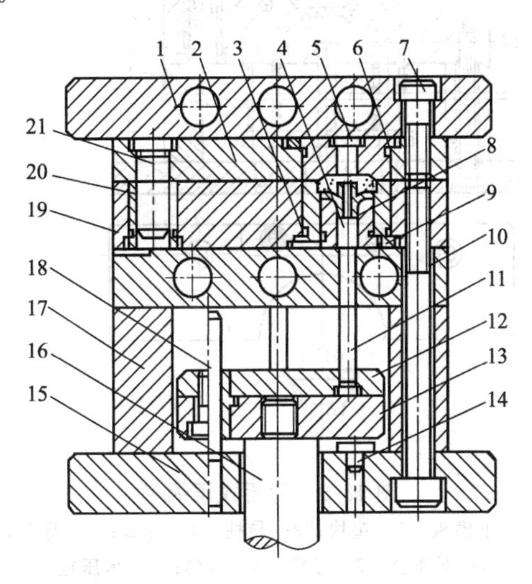

图 13-3　敞开式压缩模

1—加热板；2—型腔固定板；3—平键；4—定位柱；5—型芯；6—上型腔套；7—螺钉；8—嵌件；9—下型腔套；10—加热板；11—顶杆；12—顶杆固定板；13—垫板；14—挡钉；15—底板；16—拉杆；17—垫块；18—小导柱；19—型腔固定板；20—导套；21—导柱

敞开式压缩模的型腔就是加料室，型腔的封闭在凹凸模完全闭合时形成，加压后余料从分型面处溢出。敞开式压缩模凹凸模配合形式如图 13-4 所示，这种配合形式结构简单，加料量应大于塑件质量的 5%，适用于压缩成型高度不大、外形简单、品质要求不高的塑件。设计时，可一模设置多个形腔，每个形腔都有对应的单独的加料室，其特点是个别型腔损坏时，可以停止其加料而不妨碍整个模具工作，但要求各加料室加料均衡。

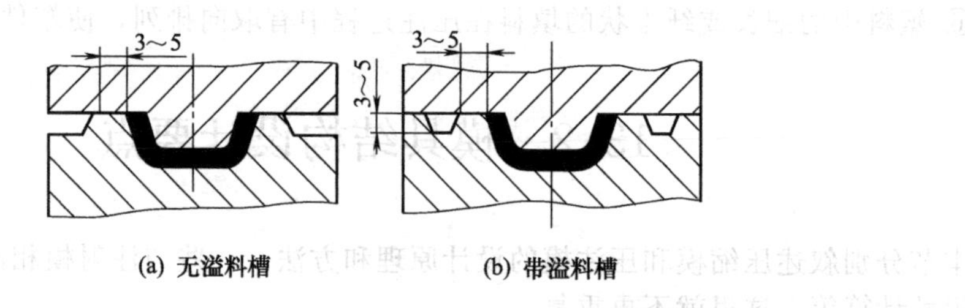

图 13-4 敞开式压缩模凹凸模配合形式

(2) 封闭式压缩模 图 13-5 所示为封闭式单腔的压缩模，成型一个碗状塑件。加料室是型腔的延续部分，压机压力由凸模全部传递到塑件上，塑料的溢出量很小，能获得材料致密的塑件。但要求称量准确，塑件脱模时会擦伤加料室内壁。适用于形状复杂、壁厚、长流程和深腔塑件的成型，也可用于流动性差，单位比压高，比容大的棉布、玻璃布或长纤维作填料的挤压塑件。

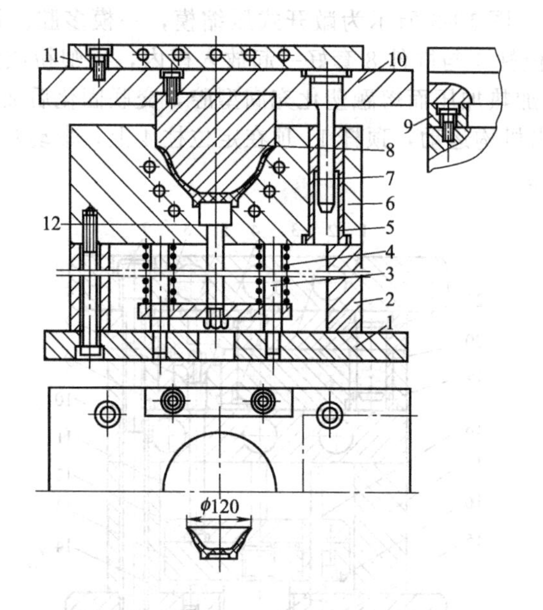

图 13-5 封闭式压缩模

1—下模板；2—垫块；3—导柱；4—弹簧；5—导套；6—下模套；7—导柱；8—凸模；9—承压板；10—上模板；11—上加热板；12—顶杆

其凹凸模的典型配合结构如图 13-6 (a) 所示。加料室的深度，即形腔深度 H，由所需的塑料容积计算确定。加料室凸模一般按 H8/f8 配合，通常取单边间隙 0.025～0.075mm 为宜。配合间隙过小，在高温下极易咬合；但过大间隙会造成严重溢料。配合长度常取 10mm 左右，加料室的入口应有 $R=1.5$mm 的倒角。除塑件的型腔高度外，加料室深度方向配合长度超过 10mm 部分，应设置 15′～20′的斜度作为引导。同理，图示顶杆的配合长度 h 也取 4～10mm。为减小塑件脱模顶出时与加料室内壁的摩擦，如图 13-6 (b) 和 (c) 所示，采用在塑件周边添加外伸小飞边的方法。图 13-6 (b) 中飞边总高 $l_1=1.8$mm，厚只有 0.1mm，容易剔除，外凸部分 0.3～0.5mm，使塑件周边与加料室脱离接触。图 13-6 (c) 中飞边结构，适用于带斜边的塑件。这种附加环形飞边还具有排除和

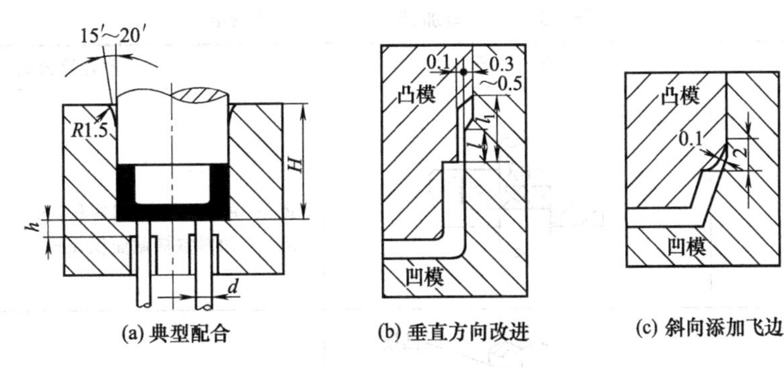

图 13-6　封闭式压缩模凹凸模配合形式

储存余料的作用。

凸模传递压机压力，又是模具的成型零件。它与加料室的配合长度又起导向功能。此外，它还具有排除废气和控制余料的功能。在凸模的侧面上开有纵向排气槽，从凸模的成型面一直开至模板。这种排气槽深为0.3～0.5mm，宽为5～6mm，兼作溢料槽。凸模、凹模和加料室零件均需淬火处理，以防咬合。

(3) 半封闭式压缩模　图13-7是半封闭式压缩模，成型具有侧孔和中心孔的矩形盒。半封闭压缩模的特点是在加料室中设有挤压环，见图13-7 (a) 中的B，并相应在上下模闭合面上设置承压块即承压面A。加料室也是型腔的延续，能获得较紧密并高度尺寸较为精确的塑件。对流动性较差的纤维填充的塑料，必须提高压制时单位压力。以布片或长纤维为填料的塑料不宜采用此方法成型。

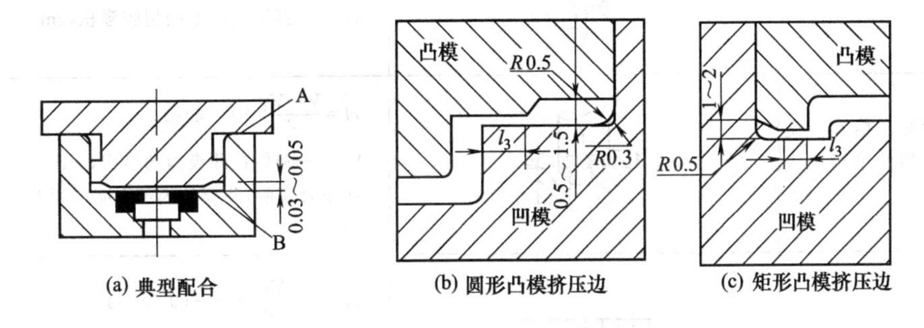

图 13-7　半封闭式压缩模凹凸模配合形式

设计挤压边时，最薄的边缘l_3对于中小塑件取2～4mm，较大塑件取3～5mm。模具装配时修磨承压面，使边缘l_3处留有间隙0.03～0.05mm。塑件上留有这样的毛边易于去除。而上模对下模的压机压力由承压面A接触承受，保护了挤压边的成型零件。承压面的修磨也同时调节了塑件深度方向尺寸。半封闭式的凸模的导向与封闭式相同，而排气和溢流由挤压边后部的空间承担。

13.2.1.2　加料室设计

加料室是存放塑料并使之加热塑化的进入型腔前的一个腔体。对压缩成型模，加料室就是型腔开口端的延续部分。

敞开式压缩模其型腔就是加料室，而半封闭或封闭式压缩模，加料室截面面积等于塑件水平投影面积加挤压边面积或塑件水平投影面积。当已知成型该塑件所需塑料容积时，不同加料室的高度 H 的计算公式见表13-3。

表 13-3 不同加料室的计算公式/cm

模具类型	简图	高度计算公式
封闭式压模	凸模 H	$H=\frac{V}{A}+(1\sim2)$ V——所需塑料原料容积，cm^3 A——加料室横截面积，cm^2
有凸出型芯的封闭式压模	凸模 型腔 V_1 型芯 H	$H=\frac{V+V_1}{A}+(0.5\sim1)$ V_1—下模凸出部分的容积，cm^3
薄壁深腔的封闭式压模	1.5～2 凹模	$H=h+(1\sim2)$ h—塑料件的高度，cm
塑件在凹模成型的半封闭式压模	A B	$H=\frac{V-V_0}{A}+(0.5\sim1)$ V_0——挤压边以下的型腔容积，cm^3
塑件同时在凹模和凸模的空间中成型的半封闭式压模	A B	$H=\frac{V-V_2}{A}+(0.5\sim1)$ V_2——塑件在凹模内的容积，cm^3 在未合模前，凸模的内部空间容积 V_3 并不起盛料作用
有中心导柱的半封闭式压模	A B	$H=\frac{V+V_1-V_2}{A}+(0.5\sim1)$ V_1——挤压边以上导向柱的容积，cm^3 V_2——塑料件在凹模内的容积，cm^3 在未合模前，凸模的内部空间容积 V_3 并不起盛料作用
多型腔半封闭式压模	A H B V_0	$H=\frac{V-nV_0}{A}+(0.5\sim1)$ n——型腔数

表 13-3 所列公式适用于粉状塑料。对于比容比粉状塑料大得多的纤维状塑料，加料室高度不能用上述公式计算。对于纤维状塑料可采用预先压实方法，再加入型腔；或者几次加料，第一次加料后压实，然后再加料。

13.2.1.3　压模与压机的关系

模具的结构一定要适应压机的结构和性能。压机的工作能力、塑件的脱模取出和模具安装必须保证顺利实施。

(1) 压机工艺参数校核　常用液压机的型号有 45、100、300、500 等，即为压机最大总压力 450kN、3000kN 等。模压时所需的压力 p_s（kN），应为此最大总压力 p 的 0.75～0.90 倍。

模压成型所需压力计算式：

$$p_s = K p_p A n \tag{13-1}$$

式中　p_p——根据塑料种类、塑件的形状和尺寸、成型型腔等拟定的单位压力，MPa；

A——压制面积，对于半封闭式压模等于加料室截面积；对于封闭式和敞开式压模等于每个塑件的水平投影面积，mm^2；

n——对于封闭式或敞开式压模，为型腔数目；但对于半封闭式压模，即使多个型腔也取 1；

K——考虑机械摩擦等阻力的增大系数，取 1.1～1.2。

模压的单位压力 p_p 可参考表 13-1。主要由树脂种类和填料性状决定，粉状填料的塑料模压时 p_p 值较小，布、石棉和纤维填料的塑料模压时 p_p 为前者的 2 倍左右。对于高度大又是薄壁的筒形塑件以及不易成型塑件均应取较大 p_p 值。此外，物料预热程度好，也可减压。

(2) 压模高度和开模行程的校核　模具的高度和所要求的开模距离必须与压机上下模板之间的最小距离、最大距离及上模板的最大行程相适应，如图 13-8 所示。图中 $h_{上}$ 为上模部分全高，mm；$h_{下}$ 为下模部分全高，mm；$h_{凸}$ 为凸模压入凹模部分的全高，mm；$h_{制}$ 为塑件高度，mm；L 为最小开模距离，mm。

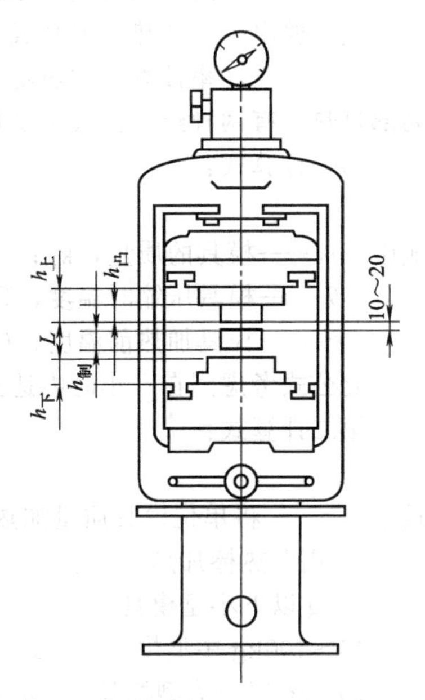

图 13-8　固定式模具与压机安装关系

模具闭合时，压模的闭合总高度 $h = h_{上} + h_{下} - h_{凸}$。

对于压机外装卸的移动式模具，需满足：

$$h > H_{min} \tag{13-2a}$$

若不能满足，可在压机上下模板间加垫模板解决。

对于压机内装卸的固定式模具，应使：

$$H_{max} \geqslant h + L \tag{13-2b}$$

即
$$H_{max} \geqslant h + h_{制} + h_{凸} + (10\sim20)\text{mm}$$

或
$$H_{max} \geqslant h_{上} + h_{下} + h_{制} + (10\sim20)\text{mm}$$

式中　H_{min}——压机上下模板间最小距离，mm；

H_{max}——压机上下模板间最大距离，mm。

而
$$L = h_{制} + h_{凸}$$

即为模具所要求的最小开模距离。

(3) 脱模和顶出　压缩成型时从凹模中顶出塑件视液压机的条件，大致有三种情况。

① 压机下模板具有液压顶出装置，压缩模具的顶出机构要适应压机推出杆的行程和推出力。压机顶出装置有自动控制和手工操纵两种。模具所需的顶出行程应小于压机推出杆的

最大行程。

② 利用压机上模板的升举运动，驱动框架和拉杆来拉动压缩模具的顶出机构。此顶出脱模运动，应该在开模至一定位置时才能启动。

③ 对于无顶出装置的压机，只适用于移动式压缩模具，要在压机外应用卸模架或顶出器将塑件从模具内顶出。

脱模力应小于压机的推出力。脱模力可由经验公式计算：

$$F_t = A_c p \tag{13-3}$$

式中 F_t——所需的脱模力，N；

A_c——塑件包紧型芯的总面积，cm^2；

p——单位面积的脱模阻力，N/cm^2。

脱模阻力 p 可取：木粉填充酚醛塑料 $p=50N/cm^2$；玻璃纤维填充酚醛塑料 $p=150N/cm^2$；纤维填充的氨基塑料 $p=50\sim80N/cm^2$。

13.2.1.4 压模加热

热固性塑料的压缩成型，一般在较高的模具温度 150～180℃下进行，虽然成型时的化学反应要放出一定的热，但其成型主要靠模具加热来保证。

(1) 加热功率计算 加热功率过大，模具温度升高快，而且模具温度波动大，又易造成局部过热。有两种经验公式可供计算加热模具所需电功率。

第一计算式：

$$P = 0.24m(\theta_1 - \theta_2) \tag{13-4}$$

式中 m——模具的质量，kg；

θ_1——模具压缩时温度，℃。

θ_2——模具加热前温度，℃；

此公式考虑到在一小时内达到加热温度，且提供塑料加热热量和补充模具热量耗散。

第二计算式：

$$P = m\omega \tag{13-5}$$

式中 ω——将单位模具质量加热到压缩温度所需功率，W/kg。

① 用电热棒加热

40kg 以下小型模具 $\omega=35W/kg$

40～100kg 中型模具 $\omega=30W/kg$

100 kg 以上大型模具 $\omega=20\sim25W/kg$

② 用电热圈加热

小型模具 $\omega=40W/kg$

大型模具 $\omega=60W/kg$

对固定式的热压模应按上、下模分别计算电功率，选择电热棒或电热圈，安排安装位置和尺寸，并进行电工计算。

(2) 模压温度控制 模压温度的高低和均匀程度影响模压制品的质量。模压温度过低时，塑料熔体的流动性差，固化交联反应不充分，因此，塑件强度不高，介电性能差，脱模困难，制品表面暗淡无光，易产生肿胀和起泡等缺陷，且模塑周期较长。模压温度过高时，会产生过早和局部固化，造成缺料。由于外层过早固化，内层的水分及低分子挥发物不能排出，会造成塑件有气泡、翘曲变形甚至开裂，也使塑件的电性能下降，表面出现失色、斑点和花纹等缺陷。

模温控制目的是减小温度随时间的波动并使温度在模具内分布均匀。这就要求合理安装热电偶测量温度，并正确使用先进的模温调节器或调压器。

13.2.2　料槽式压注成型模结构设计要点

图 13-2 是一种加料室可移动的料槽式压注模，适用于质量较小的塑件。图 13-9 是固定料槽式压注模。它将模具的压料柱塞 2 与压机的上模板 1 相连，而将加料室 3 与模具上模连接为一体，模具的下模固定在压机下模垫板 13 上，模具打开时，加料部分悬挂在压料柱塞和下模之间，以便清理加料室。固定料槽式压注模适用于较大制品的生产。

图 13-9 所示模具在开模时，上模板 1 和压料柱塞 2 开启，加料室 3 敞开，可拨出主流道凝料。为防止上模与下模领先启开，妨碍加料室开模，设置有拉钩 14，只有在拉杆 12 作用下拉钩 14 与下模脱钩后，定距拉杆 17 才能打开主分型面，取出塑件和流道凝料。

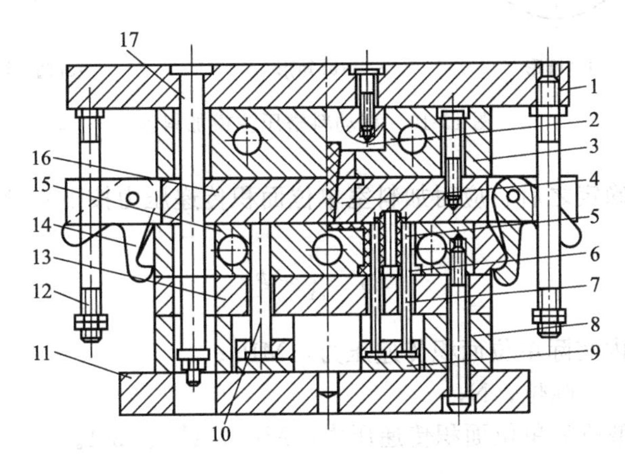

图 13-9　固定料槽式压注模

1—上模板；2—压料柱塞；3—加料室；4—主流道套；5—型芯；6—型腔嵌件；7—顶杆；8—垫块；9—顶板；10—复位杆；11—下模固定板；12—拉杆；13—下模垫板；14—拉钩；15—型芯固定板；16—上凹模板；17—定距拉杆

13.2.2.1　料槽式压注模加料室

(1) 移动料槽式　移动料槽式压注模加料室是一个位于主体部分之外的单独零件，放置在上模之上，操作时可以从模具上取下，见图 13-2 所示。

加料室横截面一般应取圆形，加工容易。但对于一模多腔加料室，为便于开设多个主流道，也可取矩形截面加料室，此矩形的四角应有较大圆弧。因此，有些将矩形短边设计成半圆，如图 13-10 所示。

加料室可以与主流道设计在同一零件上，也可以分别设计在两个零件上。圆形加料室多采用与主流道分设在两个零件上。矩形加料室多采用与主流道设计在同一零件上的方法，这时加料室底部为平面，只有转角处带有圆角。

加料室容积应能保证成型所需的加料量，并留有余量，应考虑到成型中浇注系统和加料室底部残料对塑料的消耗。加料室上口应留有适当高度的导向段。

加料室水平投影面积应大于模具主分型面处型腔加浇注系统的水平投影面积，方可保证型腔的紧密闭合。加料室截面面积应按经验公式计算：

$$A=(1.1\sim1.25)A_M \tag{13-6}$$

式中　A——加料室截面面积，mm^2；

A_M——主分型面处型腔与浇注系统投影面积之和，mm^2。

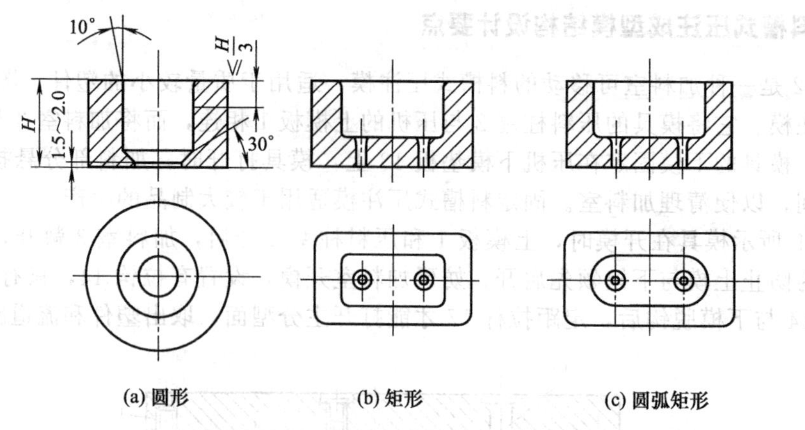

图 13-10　移动料槽压注模加料室

加料室水平面积确定之后，应对加料室单位面积传递压力按下式校核：

$$p_q=\frac{F}{A}\geqslant p_i \tag{13-7}$$

式中　p_q——加料室内实际单位面积传递压力，MPa；

F——所选液压机吨位，N；

p_i——塑料成型所需单位面积传递压力，MPa，见表 13-4。

表 13-4　几种热固性塑料所需单位面积传递压力

塑料名称	填　料	单位面积压力 p_i/MPa
酚醛塑料	木粉 玻璃纤维 碎布	60～70 80～100 70～80
三聚氰胺塑料	矿物 石棉纤维	70～80 80～100
脲醛塑料	纤维素	70
DAP		50～60
聚硅氧烷塑料、环氧塑料		40～100

由加料室截面积 A 按下式计算加料室高度：

$$H=\frac{(V_1n+V_2)\rho v}{A}+(0.8\sim1.5)\ \text{cm} \tag{13-8}$$

式中　V_1——每个塑件体积，cm^3；

n——每模成型塑件数量；

V_2——浇注系统与加料室底部残料体积之和，cm^3；

ρ——塑件密度，g/cm^3；

v——塑料原料的比体积，cm^3/g。

加料室应具有足够的壁厚，能保证柱塞对加料室物料施压时的强度和刚度。所有移动料槽式压注模的加料室都应位于模具中央，使模具承受均匀的压力。加料室必须与上模板有可靠定位，其定位可采用销钉、外形或内孔等配合方式。

（2）固定料槽式　固定料槽式压注模加料室与上模连接成一体，加料室内底部开设主流道穿过上模板通向型腔。由于加料室与上模板是两个零件，应增设主流道衬套，如图 13-11 所示。

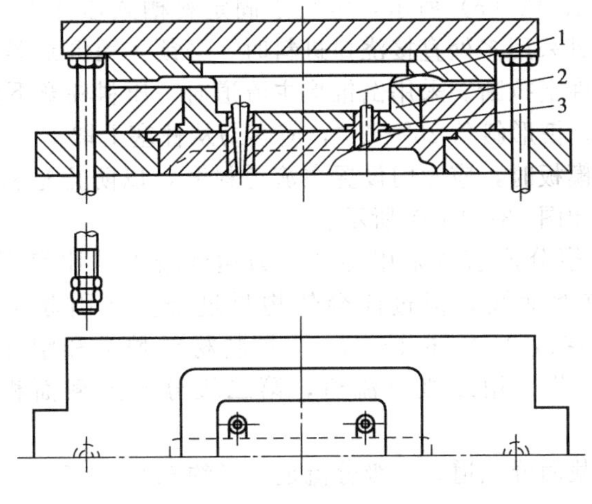

图 13-11　固定料槽式压注模加料室

1—压料柱塞；2—加料室；3—主流道衬套

固定料槽压注模的加料室截面积 A、高度尺寸 H 以及单位面积传递压力 P 的计算和校核与移动式相同。

13.2.2.2　浇注系统

浇注系统是将已初步塑化的物料压入型腔的通道。浇注系统由主流道、分流道和浇口组成。浇注系统的要求是尽可能减小压力损失，同时进一步加热塑化，以最佳流动状态进入型腔。

（1）主流道　为了成型后将固化的主流道废料从模具中脱出，在长度方向上设计成圆锥形。压注模的主流道有正锥形，也有倒锥形。正锥形主流道可以带分流道。

正锥形主流道的小端朝向加料室，大端朝向模具主分型面，如图 13-12（a）所示。正锥

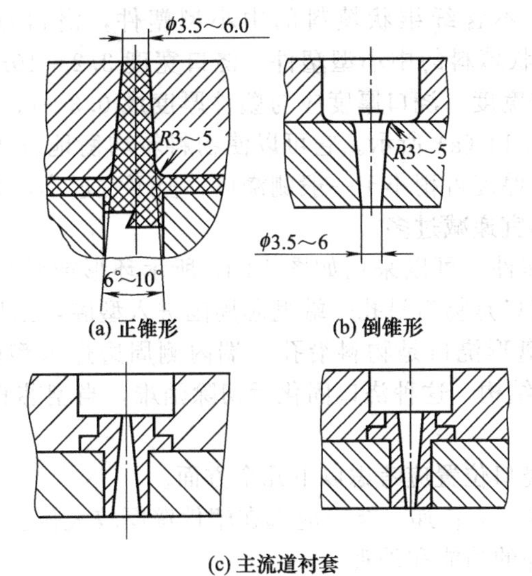

图 13-12　压注模的主流道

形主流道一般在移动料槽式压注模中采用，多用于一模多腔，由拉料杆拉出，脱模时与分流道及塑件一同脱出。

主流道小端直径 3.5～6mm，锥角 6°～10°。主流道应尽可能短些，以减少物料消耗。主流道与分流道过渡处应带有半径 3～5mm 的圆角。

倒锥形主流道如图 13-12 (b) 所示，常用于固定料槽式压注模。当一模多件的模具采用直接浇口或单型腔模具采用多处直接浇口进料时，必须采用倒锥形主流道，这样容易使固化的主流道开模时从塑件上拉断。采用倒锥形主流道时，压料柱塞下面开设楔形燕尾槽，深 3～5mm，宽 6～10mm，楔形斜角 25°～30°，应容易从柱塞上取下。

当主流道穿越几块模板时，应专门设置主流道衬套，以防止塑料熔体进入各板间间隙，造成脱下主流道困难，如图 13-12 (c) 所示。

(2) 分流道　压注模分流道常采用梯形。为达到较大的比表面积，提高对塑料熔体的加热效果，分流道宜宽而浅，但过浅会使物料过分受热引起早期固化。一般分流道的宽度6.5～9.5mm，深度 3.2～6.5mm，与塑料材料种类和塑件大小直接相关。梯形两斜边斜角不小于 5°。若采用二级分流道，第二级分流道截面积约取上游流道的 0.7 倍左右。

压注模也可采用圆截面分流道，一级分流道直径约 6.9～9.5mm，二级分流道为一级分流道直径的 0.6～0.7 倍。

流道长度应尽可能短些，并减少急剧的弯折。一模多腔的流道布置应尽可能实现平衡布置，以获得质量一致的塑件。流道凝料和塑件应留在下模一侧，以便于顶出。

(3) 浇口　压注模中最常用的是直接浇口和侧浇口，也可采用环形浇口和盘状浇口。

① 采用倒锥形主流道时，其小端就成为浇口，称为直接浇口。小端直径一般在 2～4mm 之间，为避免从小端浇口拉下主流道时损伤塑件表面，应在浇口与塑件表面间设置一凸台。凸台高度 1.5～5mm，锥角 20°～50°，如图 13-13 所示。

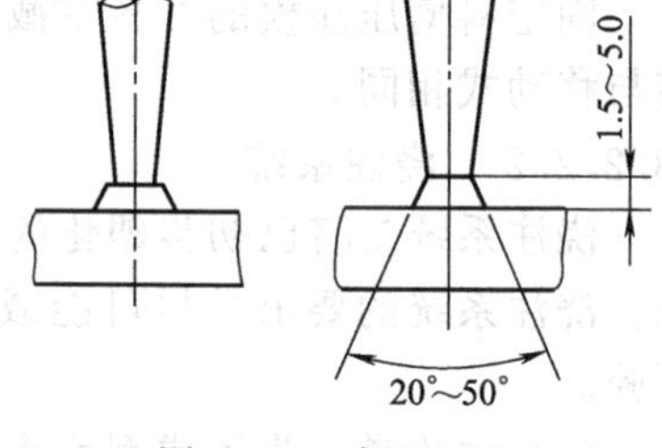

图 13-13　倒锥形主流道的直接浇口

② 一模多腔的压注模。最常用的是侧浇口，其结构简单，调节修正方便。对于不含纤维状填料的中小型塑件，浇口宽度 1.6～3.2mm，厚度 0.4～1.6mm。含有纤维状填料的中小型塑件，浇口宽度 3.2～10mm，厚度 1.6～6.5mm。大型塑件可适当放大浇口宽度，浇口厚度应与塑件厚度成 0.3～0.5 倍的比例，侧浇口长度一般为 2～3mm，如图 13-14 (a) 所示。它可以使物料较均衡地进入型腔，适用于薄壁且侧边很长的塑件。扇形浇口厚度可稍小于一般侧浇口，但不宜过小，尤其是含填料较多时。沿浇口的流动方向的厚度不宜递减过多。

③ 带孔塑件或管状塑件，可以采用如图 13-15 所示环形或盘形浇口，使物料沿孔周围均衡地进入型腔。环形浇口是物料沿孔一端型芯周围进入型腔，当型芯伸出孔时，采用如图 13-15 (a) 所示的结构。盘形浇口是物料沿孔一端内侧周边进入型腔，当型芯未伸出孔时，采用如图 13-15 (b) 所示结构。这种浇口固化后切除困难，当型芯直径较大时，可采用轮辐式浇口代替。

④ 浇口位置。设计浇口位置应考虑以下几个方面。

a. 有利于充模流动和压力传递，浇口应选在塑件壁厚较大位置。

b. 尽量避免损害塑件的功能和外观。

c. 考虑有利于塑件的总体强度和性能，应注意以下问题：

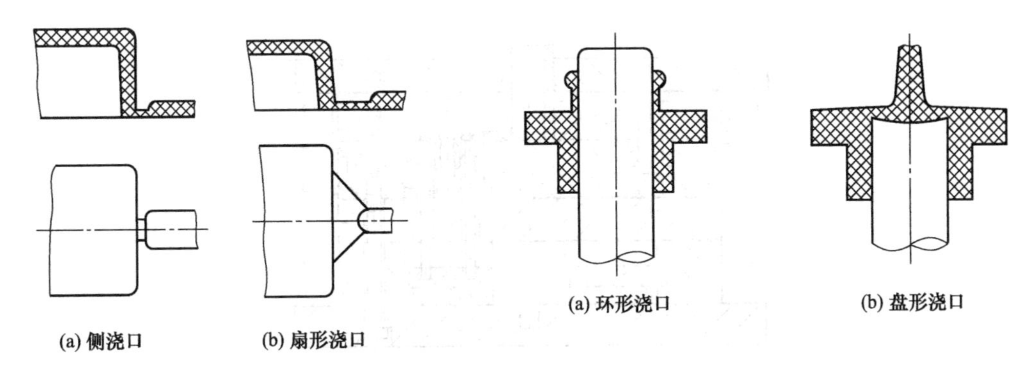

图 13-14　侧浇口和扇形浇口

图 13-15　环形浇口和盘形浇口

ⓐ 热固性塑料的最大流动距离一般不超过 100mm，较大型塑件采用多浇口；

ⓑ 各浇口的流程不能相差太大，避免引起固化程度差异；

ⓒ 含有纤维状填料的塑料由于取向会造成收缩率和力学性能的各向异性，应使纤维取向的方向对塑件工作性能有利；

ⓓ 有利于模内气体的排除。

13.2.2.3　排气槽

压缩模和压注模的排气槽，不仅需要有效排出型腔内原有的空气，还要排出热固性塑料在型腔内固化交联放出的低分子挥发物，有比热塑性塑料成型时更多的排气量。所需的排气槽横截面面积计算式为：

$$A=5\times10^{-3}\frac{V_0}{t} \tag{13-9}$$

式中　A——排气量的截面积，mm^2；

V_0——包括浇注系统的型腔体积，cm^3；

t——排气时间，s；$t=0.5\sim1.5s$。

虽然模具中的顶杆配合间隙、活动型芯、分型面的闭合间隙和凸模或压料柱塞与加料室的间隙都有排气作用，但还必须设置专用的排气槽。排气槽开设在料流末端的型腔边缘的分型面上。一般深度 0.05～0.13mm，宽度 3.2～6.5mm，常有多个排气槽。注意热固性塑料压缩模的排气槽往往也被设计成溢料槽，把它设置在熔合缝的汇合处，导出余料，保证塑件的品质。

13.2.3　柱塞式压注成型模结构设计要点

图 13-16 所示为柱塞式压注成型模。塑料在加料室用压料柱塞推挤入型腔时，无流经主流道的阻力，但也没有摩擦生热作用。因此，须采用预热和预压的坯料，可增加物料的流动性和进入型腔后的固化速率。采用柱塞式压注成型比料槽式压注成型有较高的生产率。

柱塞式压注成型所用液压机是专用的。锁紧模具和挤压物料分别由两个独立的油缸完成，压料柱塞与传递油缸相连，加料室嵌入上模内。

柱塞式压注模的结构与料槽式压注模的主要区别如下。

① 推挤物料力与模具闭合锁紧力各有油缸作用，加料室不在模具主体之外，模具总体结构由料槽式压注模的三板式变更为两板式。

② 加料室位置的改变使主流道消失，将原来的主流道扩大成加料室。主流道的取消减少了材料的消耗，也减少了清除加料室底部的时间。

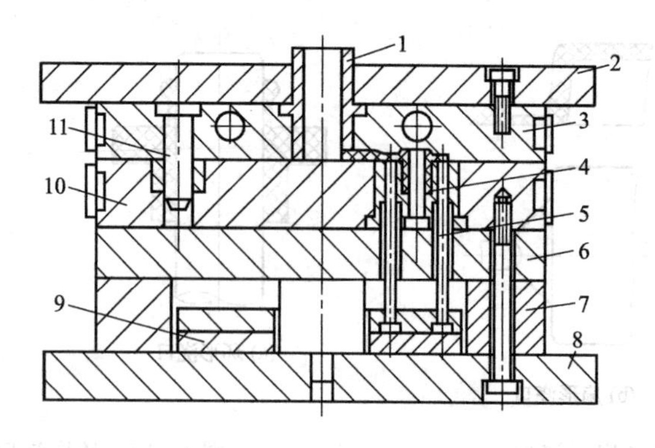

图 13-16 柱塞式压注成型模

1—加料室；2—上模板；3—上型腔板；4—塑料件；
5—顶杆；6—下模垫板；7—垫块；8—下模底板；
9—顶出板；10—下型腔板；11—导柱

③ 对加料室的截面积无特殊要求，只要求容积满足成型塑件的质量。主分型面的锁模力只需主油缸的压力大于型腔的内压力。

13.2.3.1 加料室

柱塞式压注模的加料室的横截面皆为圆形。一般而言，柱塞式压注模的加料室的截面积比料槽式压注模的加料室小，而高度大。首先要对辅助压料油缸进行压力校核：

$$Ap \leqslant F_a \tag{13-10}$$

式中 A——加料室的截面积，mm^2；

p——加工塑料要求的单位面积传递压力，MPa，由表 13-4 查取；

F_a——辅助压料油缸压力，N。

确定了截面面积 A 后，加料室高度 H 由式（13-8）计算。

柱塞式压注模还需对锁模主油缸进行压力校核：

$$A_m p \leqslant kF_c \tag{13-11}$$

式中 A_m——浇注系统和塑件型腔在分型面上的投影面积，mm^2；

p——型腔内塑料的单位面积成型压力，MPa，近似按表 13-4 取最小值；

F_c——锁模主油缸压力，N；

k——安全系数，$k=0.8 \sim 0.9$。

柱塞式压注模的加料室是单独零件，紧嵌在上模中央，如图 13-17 所示，图 13-17（a）用螺母紧固在模具上，图 13-17（b）用凸肩紧压在两模板之间。

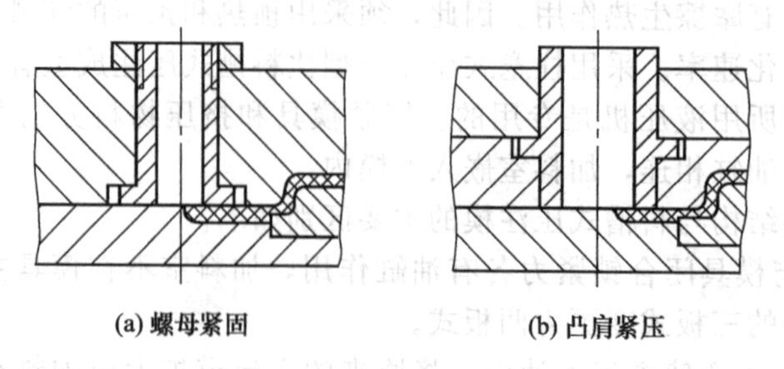

(a) 螺母紧固　　(b) 凸肩紧压

图 13-17 柱塞式压注模加料室

13.2.3.2　柱塞

压料柱塞如图 13-18 所示，柱塞以螺纹与辅助压料油缸的活塞杆连接。较小直径柱塞与加料室的径向单边配合间隙为 0.05～0.08mm，直径较大时为 0.10～0.13mm。间隙过大时塑料溢出，过小时摩擦磨损严重。图 13-18（b）所示为具有环形溢料密封槽的柱塞结构，可以有 1～2 个环槽，密封槽宽度 4～5mm，深度 1.5～2mm。在首次模压塑件时，塑料充满密封槽，以后此嵌入的塑料环就起密封作用。

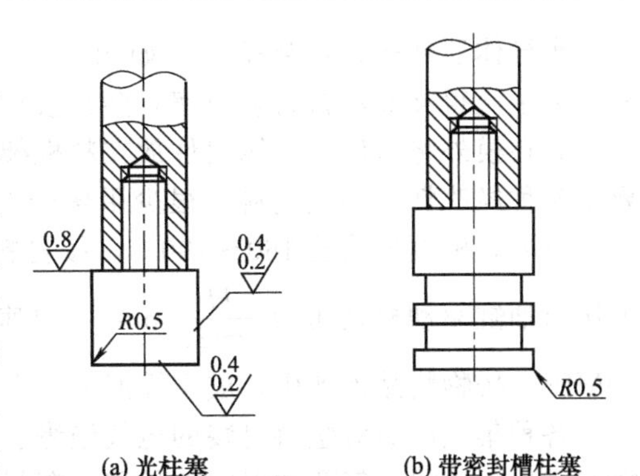

图 13-18　柱塞式压注模的压料柱塞

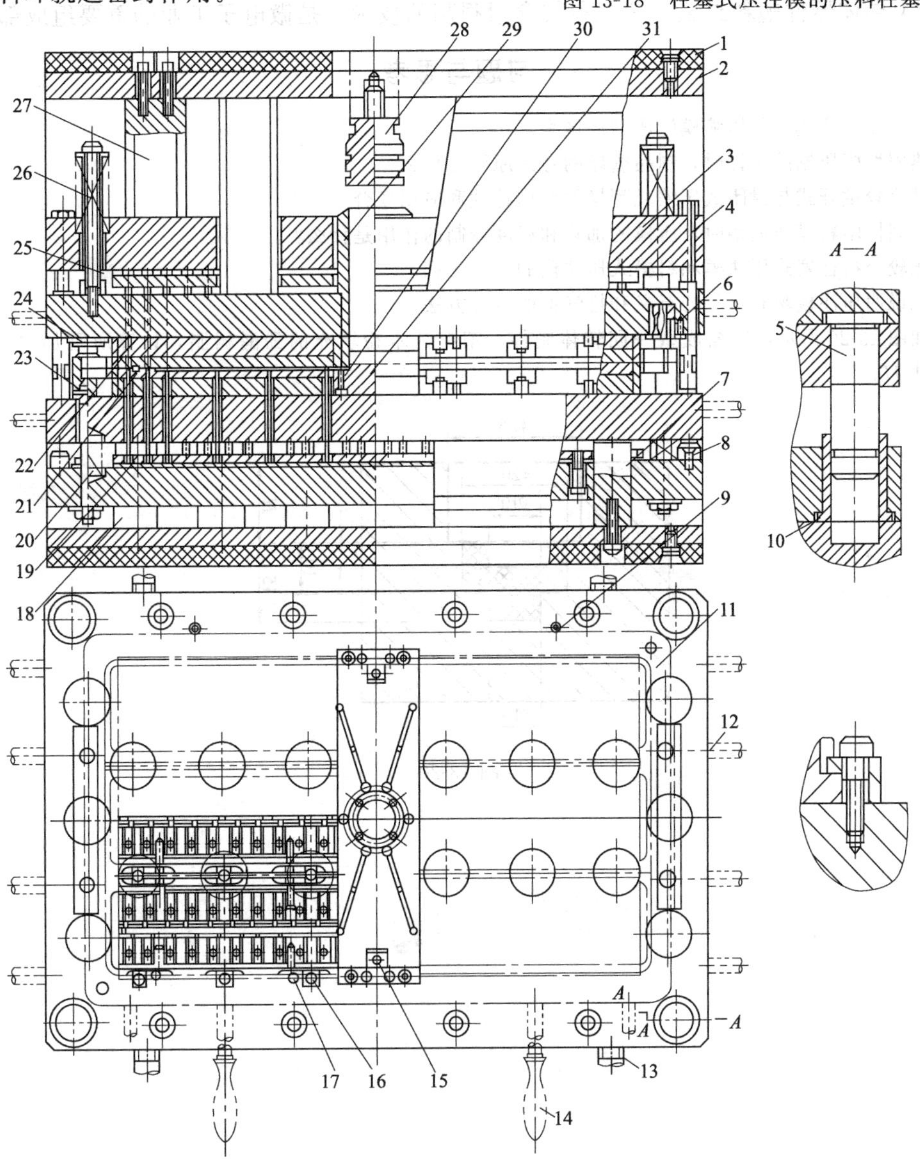

图 13-19　半导体器件塑料封装模具

1—石棉垫板；2—上垫板；3—上推件板；4—复位杆；5—导柱；6—弹簧；7—下垫板；8—下限柱；9—导钉；10—导套；11—框架；12—加热棒；13—螺钉；14—手柄；15—定位柱；16—压板；17—销钉；18—下垫柱；19,25—托板；20—弹簧；21—下模腔；22—上模腔；23—浮动支架；24—压柱；26—上推出机构；27—上垫柱；28—柱塞；29—加料室；30—止料柱；31—中流道板半导体器件塑料封装模具，如图 13-19 所示，是一种专用的热固性塑料的柱塞式压注模。为了获得高效塑料封装效率，塑封模均为多腔模，上百个甚至几百个器件同时塑封。

先在模外将器件与引线组件放在料框架上，然后放置并定位在各自型腔内。塑料用料主要是各种经改性的环氧塑料，很少用聚硅氧烷塑料。经预压和预热至 70～75℃的坯料置于加料室内，模具加热至 160～190℃，按材料品种加热，且温度控制精度应达到±0.5℃。辅助压料油缸驱动柱塞可以$\frac{H}{5\sim20}$ min/s 的速度压注，H 为坯料高度。柱塞压料压力为 2～10MPa，按物料品种施压，成型周期大致在2～5min。

各种集成电路对塑料封装的电气绝缘、耐热、阻燃和力学性能要求很高。封装件表面不能有飞边、砂眼、气孔和引线的偏移。塑料封装模是模具温度控制严格、制造精度高的昂贵模具。半导体器件塑料封装工艺是科技含量很高的技术，是微电子工业的重要组成部分。

习题与思考

13-1 试比较压注模塑与压缩模塑成型的区别。

13-2 热固性模压制品设计时，制品壁厚的考虑原则是什么？

13-3 试比较敞开式与封闭式压缩成型模的结构特性和应用场合。

13-4 热固性塑料模塑成型时，压模的加热和温度控制的作用是什么？

13-5 比较分析柱塞式压注模和料槽式压注模的主要区别。

13-6 试说明压注模塑时排气的意义和排气槽的设计方法。

13-7 如图 13-20 所示，压缩成型一回转体制件，塑料为木粉填充的酚醛树脂，计算所需加料室高度尺寸 H。

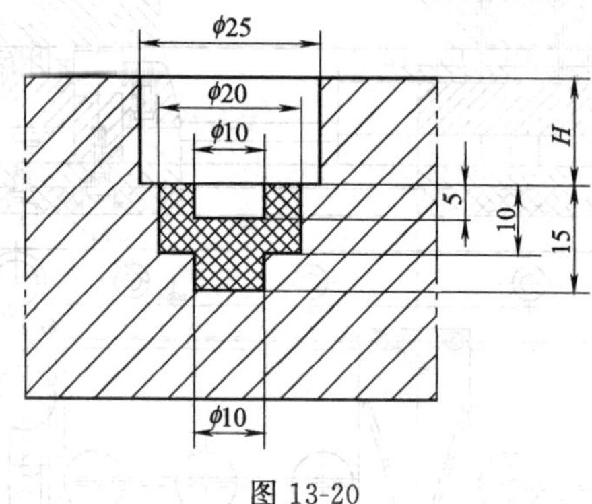

图 13-20

第 14 章 塑料的其他成型方法

14.1 挤出成型

挤出成型是在挤出机上使塑料受热呈熔融状态，在一定压力下通过挤出成型模具而获得连续型材的一种成型方法。挤出成型几乎能加工所有的热塑性塑料。可采用挤出成型的制件种类很多，如管材、薄膜、棒材、板材、电缆包层、异形材等。图 14-1 所示为可采用挤出成型的各种异形材截面。

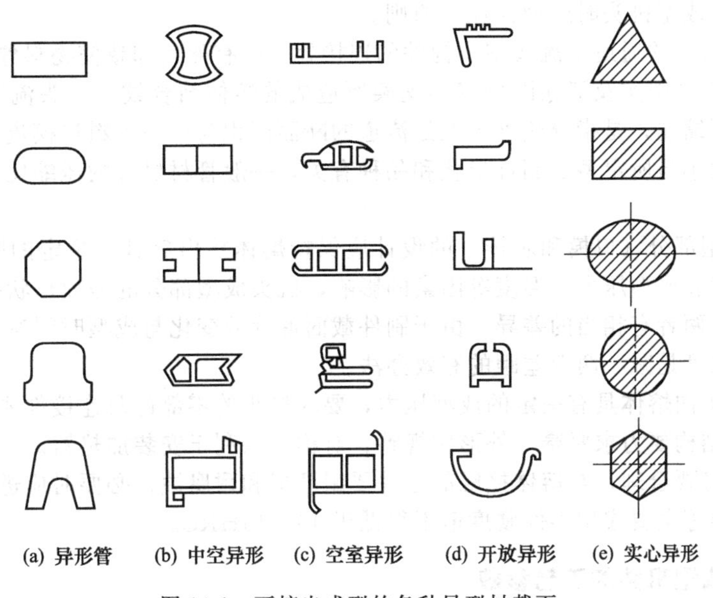

图 14-1 可挤出成型的各种异型材截面

挤出成型过程可分为如下三个阶段。

① 塑化阶段。即在挤出机上进行塑料的加热和混炼，使固态原料变为均匀的黏性流体。

② 成型阶段。在挤出机螺杆的作用下，熔融塑料以一定的压力和速度连续通过装在挤出机上的成型机头，获得一定的截面形状。

③ 定形阶段。通过冷却等方法使熔融塑料已获得的形状固定下来，成为固态塑件。

14.1.1 挤出成型机头的典型结构及设计原则

挤出成型机头是挤出成型的关键部件，它有如下四种作用。

① 使塑料的螺旋运动变为直线运动。

② 产生必要的成型压力，使挤出的塑料熔体密实。

③ 使塑料得到进一步塑化。

④ 成型塑料制件。

图 14-2 所示为管材的挤出成型机头。从图中可知，管材挤出成型机头主要由如下零件组成。

① 口模和芯棒。口模成型塑料制件的外表面，芯棒成型制件的内表面，所以口模和芯棒的成型部分决定了塑件的横截面形状。

② 多孔板。多孔板的作用是将塑料熔体由螺旋运动变为直线运动，同时还能防止未塑化的塑料及其他杂质进入机头。

③ 分流器和分流器支架。分流器又称鱼雷头，塑料通过分流器被分为薄环状，以便进一步均匀加热和塑化。除了外部有加热装置外，大型挤出机分流器的内部还设有加热装置。分流器支架用来支撑分流器及芯棒，同时还可对料流束增强搅拌作用。

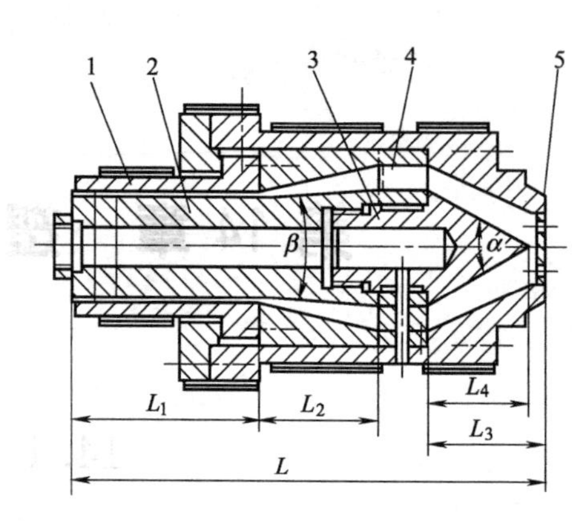

图 14-2 管材挤出成型机头
1—口模；2—芯棒；3—分流器；
4—分流器支架；5—多孔板

机头内成型压力一般为 4～50MPa。

在设计挤出成型机头时应遵循如下原则。

① 机头内料流的通道呈流线型，构件的连接处不应有死角和致使物料停滞的区域。

② 为了使制件密实及消除因分流器支架所造成的熔体结合纹，机头流道应具有一定的压缩比。所谓压缩比，是指分流器支架处流道的断面面积与机头出料口模流道的断面面积之比。压缩比的大小与所定型的制件形状和品种有关，一般管材机头的压缩比在 3～10 的范围内选取。

③ 机头成型部分（口模和芯棒）的设计应保持熔体挤出后具有规定的断面形状。由于塑料的物理特性和成型压力、温度等因素的影响，机头成型部分的截面形状并非就是制件相应的截面形状，两者有相当的差异。由于制件截面形状的变化与成型时间有关，因此控制口模必要的成型长度是减小两者差距的有效办法。

④ 由于机头内熔体具有一定的成型压力，要求机头的零部件及连接件要有足够的强度。

⑤ 机头的结构要力求紧凑，外形应规整、对称，以利于安装加热器。

⑥ 机头选材要合理，与熔体接触的零件要耐磨损和耐腐蚀，必要时应进行镀铬处理。

口模和芯棒等主要成型零件硬度值不得低于 40～45HRC。

14.1.2 挤出成型机头的工艺参数

如前所述，挤出成型机头的种类很多，如管材挤出机头、棒材挤出机头、吹塑薄膜机头、电线电缆挤出成型机头、板材挤出机头、异型材挤出机头、塑料造粒用机头等。每一种挤出机头的结构和工艺参数都有不同，限于篇幅，仍以管材挤出为例，初步建立有关挤出成型机头工艺参数的基本概念。

(1) 口模的拉伸比和定型长度　口模是成型制件外表面的零件，管材挤出成型机头所用的口模如图 14-3 所示。

塑料熔体通过口模后只能得到一定的形状和尺寸，并不符合制件的最终要求。因为管材离开口模后，由于压力降低，塑料出现因弹性回复而膨胀的现象，管材截面面积将增大，但又由于牵引和冷却收缩的关系，管材截面面积也有缩小的趋势。膨胀和收缩的大小与塑料性

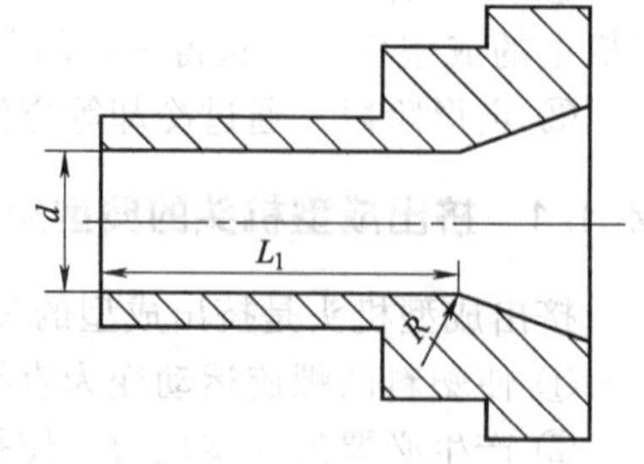

图 14-3 管材挤出成型口模

质、口模温度、压力等都有直接关系，目前理论计算尚未成熟，一般凭经验来确定。将口模与芯棒所形成的空间的截面面积与挤出管材截面面积之比称为拉伸比，即

$$L=\frac{\pi R_1^2-\pi R_2^2}{\pi r_1^2-\pi r_2^2}=\frac{R_1^2-R_2^2}{r_1^2-r_2^2} \tag{14-1}$$

式中　L——拉伸比；

R_1——口模内径，mm；

R_2——芯棒外径，mm；

r_1——管材外径，mm；

r_2——管材内径，mm。

常用塑料较合适的拉伸比如表 14-1 所示。

表 14-1　常用塑料挤出成型的拉伸比

塑料品种	拉　伸　比	塑料品种	拉　伸　比
聚酰胺	1.5～5.0	低密度聚乙烯	1.2～1.5
聚氯乙烯	1.0～1.5	高密度聚乙烯	1.0～1.2

如图 14-3 所示，口模定型长度 L_1，为口模平直部分的长度，塑料通过这一段定型部分，阻力增加，使制件密实，同时也使料流稳定均匀。定型长度的确定与制件的壁厚、直径、塑料性能以及牵引速度等有关。定型长度不宜过长或过短。过长时，料流阻力增加很大；定型长度过短时，则起不到定型作用。口模的定型长度可按如下的两种经验公式确定。

① 按管材外径计算：

$$L_1=(0.5\sim3.0)D \tag{14-2}$$

式中　D——管材外径，mm。

通常当管子直径 D 较大时定型长度 L_1 取小值，因为此时管材的被定型面积较大，反之取大值。同时考虑到塑料的性质，挤软管时取大值，挤硬管时取小值。

② 按管材壁厚计算：

$$L_1=(8\sim14)t \tag{14-3}$$

式中　t——管材壁厚，mm。

同样，挤软管时取大值，挤硬管时取小值。

(2) 芯棒的有关参数　芯棒是成型管材内表面的零件，芯棒与分流器之间一般用螺纹连接，形状如图 14-4 所示。

塑料流过分流器支架后，先经过一定的收缩，为使多股物料能很好地汇合，芯棒上的收缩角 β 应小于分流器上的扩张角 α。收缩角一般是 45°～60°，黏度低的塑料取大值。芯棒的定型长度与口模相同，L_2 的长度（见图 14-2）一般取（1.5～2.5）D_0，D_0 为多孔板出口处直径。

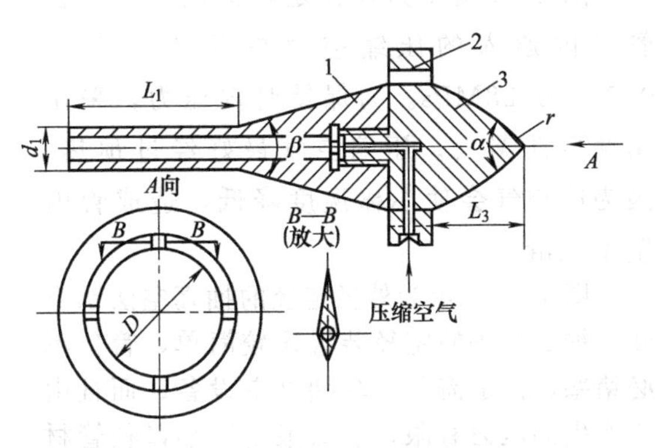

图 14-4　分流器、分流器支架与芯棒

1—芯棒；2—分流器支架；3—分流器

(3) 分流器的有关参数　分流器使料层变薄，使得塑料均匀加热，以利于进一步塑化。如图 14-5 所示，分流器与多孔板之间的空腔起着汇集料流、补充塑化的作用，其距离 K 不宜过大或过小，一般取 10～20mm。

分流器上的扩张角 α 不宜过大，α 越大则塑料流动阻力越大，原则上 α 不大于 60°。分流器长度 L_3 一般取（1.0～1.5）D_0。分流器头部圆角半径不宜过大，一般取 0.5～2.0mm。

（4）分流器支架形状及数量　分流器支架主要用来支撑分流器及芯棒。如图 14-4 所示，芯棒与分流器支架一般做成组合式。为了消除塑料通过分流器支架后形成的熔合纹，如图 14-4 中 B—B 剖面，支架上的分流筋做成流线型，出料端的角度应小于进料端的角度，其宽度和长度应尽可能小，数量也应尽可能少，分流筋一般为 4～8 根。

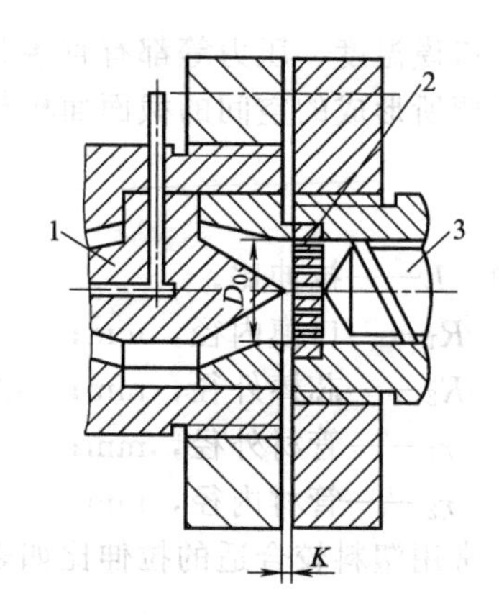

图 14-5　分流器与多孔板的相对位置

1—分流器；2—多孔板；3—螺杆

分流器支架设有进气孔和导线孔，进气孔用以通入压缩空气。通入的压缩空气对管材的外径定径和冷却都会有良好的作用。

（5）管材壁厚的调节　为了获得壁厚均匀的制件，口模和芯棒的中心线应严格地保证同心。一般是用芯棒固定，由调节螺钉（4 个以上）调节口模的位置来保证二者的同心。

14.1.3 挤出制件的冷却定型

制件被挤出口模时，还具有相当高的温度，如硬聚氯乙烯可达 180℃左右，因此，必须定型冷却，对于管状制件，通常采用定径套和冷却水槽实现定型冷却。

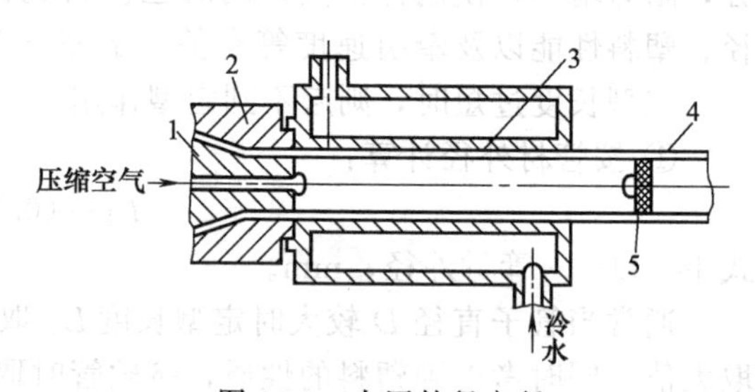

图 14-6　内压外径定径

1—芯棒；2—口模；3—定径套；4—塑料管材；5—塞子

一般而言，管材的定径有外径定径和内径定径两种方法。外径定径是使管材和定径套内壁相接触，常采用内部通压缩空气（称为内压法）或者在管材外壁抽真空（称为抽真空法）的手段来实现。

图 14-6 所示为外径定径的内压法。在管材内通入的压缩空气的压力一般为 0.03～0.28MPa。为保持管内压力，采用堵塞以防漏气。压缩空气最好经过预热，因为冷空气会使芯棒温度降低，造成管内壁不光滑。

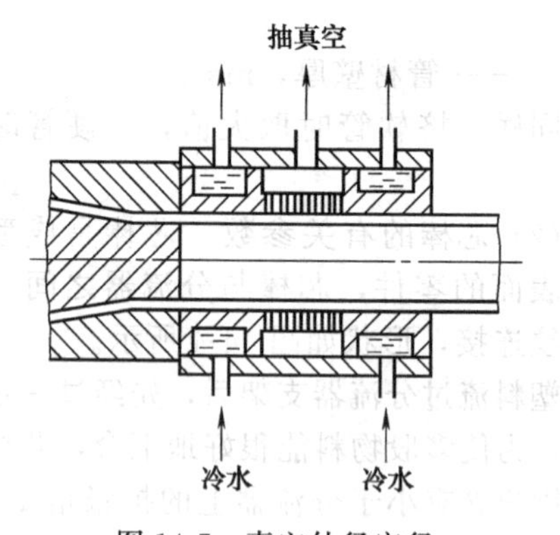

图 14-7　真空外径定径

图 14-7 所示为外径定径的抽真空法示意图。抽真空法的定径装置比较简单，管口不必堵塞，但是需要一套抽真空设备，而且由于产生的压力有限，该法限用于小口径管材的挤出。

图 14-8 所示为内径定径的内冷却方式，定径套的冷却水管可以从芯棒中伸进。采用内冷却方式时，通常在管材的外部设置冷风冷却。

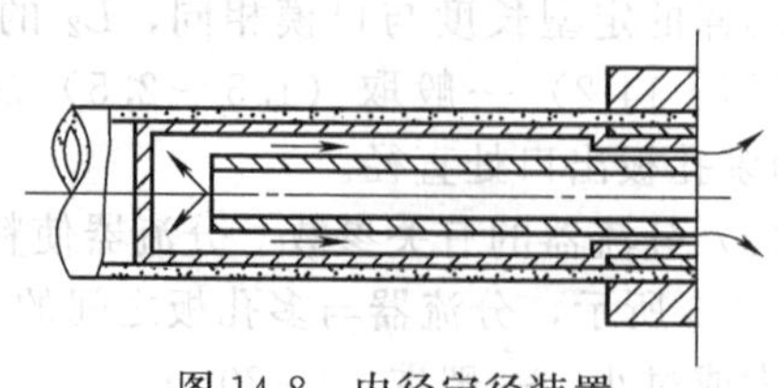
图 14-8　内径定径装置

从结构上看，外径定径比内径定径简单，操作也方便一些，但管材内径定径比外径定径时所产生的内应力要小些。

定径套的结构尺寸，一般凭经验确定。对外径定径而言，定径套过大会增大管材的表面粗糙度，过小会产生过大的阻力，使管材不易挤出。一般直径在100mm以下的管材，定径套内径比口模内径大0.5～0.8mm；直径为100～300mm的管材，定径套内径比口模内径大1mm。定径套的长度约为其内径的3倍，直径在300mm以下的管材，根据经验，定径套长度在100～140mm范围内较好。

14.2　中空成型

中空成型是在闭合的模具内利用压缩空气将熔融状态的塑料型坯吹胀，然后冷却而获得中空制件的一种加工方法。适用于中空成型的塑料为高密度聚乙烯、低密度聚乙烯、硬聚氯乙烯、软聚氯乙烯、聚苯乙烯、聚丙烯、聚碳酸酯等，但最常用的是聚乙烯和聚氯乙烯。

14.2.1　中空成型的分类和基本结构

根据成型方法的不同，中空成型主要有挤出吹塑和注射吹塑两种形式。

(1) 挤出吹塑中空成型　如图14-9所示，挤出吹塑中空成型的工艺过程是先将熔融状态的塑料用挤出机挤成型坯［图14-9 (a)］，然后将型坯引入对开的模具内［图14-9 (b)］，模具闭合后将型坯夹紧［图14-9 (c)］，再向型腔内通入压缩空气，其压力一般为0.27～0.50MPa，在压缩空气的作用下型坯膨胀并附着在型腔壁上成型［图14-9 (d)］，成型后保压、冷却、定型并排出制件内的压缩空气，最后开模取出制件［图14-9 (e)］。

挤出吹塑用的模具除在小批量生产或试制时采用手动铰链式外，在成批生产中均采用如图14-10所示的对开式结构。这种结构的模具由具有相同型腔的动模1和定模2组成，开模和闭模的动作由挤出机上的开闭机构来完成。模具中设有上刃口4和下刃口6，在闭合时它们能将型坯上多余的塑料切掉。为了使切除的余料不影响模具的闭合，在模具的相应部位(如图14-10中的5处)应开设余料槽，以便容纳余料。模具采用冷却管道通水冷却，以保证型腔内制件各部分都能均匀冷却。与其他塑料成型模具一样，挤出吹塑模具也应设置导柱

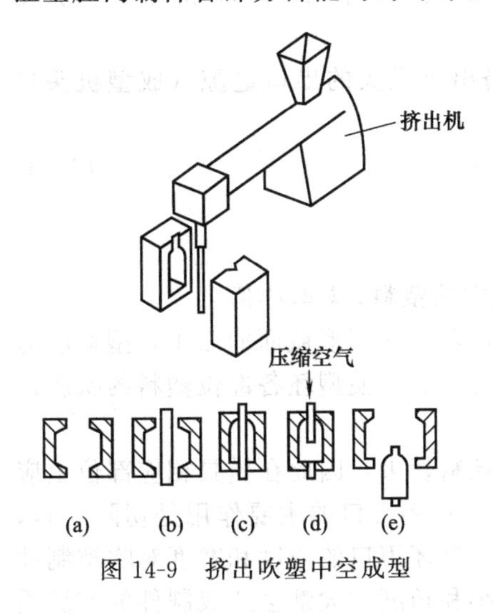

图14-9　挤出吹塑中空成型

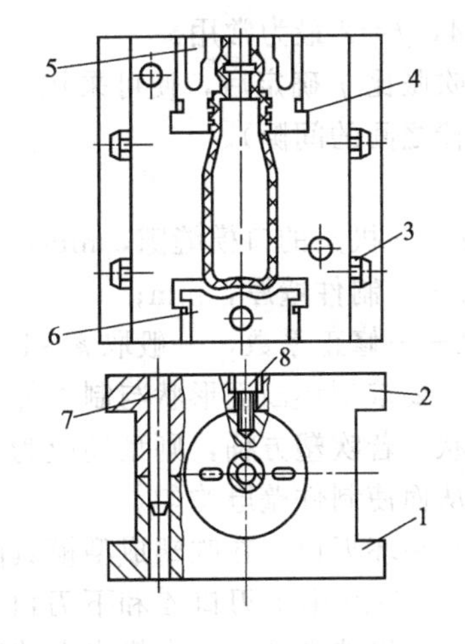

图14-10　挤出吹塑模具的结构

1—动模；2—定模；3—水管接头；4—上刃口；5—余料槽；6—下刃口；7—导柱；8—螺钉

导向机构，以保证定模和动模的对中。

挤出吹塑成型方法的优点是挤出机与挤出吹塑模的结构简单；缺点是型坯的壁厚不一致，容易造成塑料制件的壁厚不均。

(2) 注射吹塑中空成型　如图 14-11 所示，这种成型方法是先用注射机将塑料在注射模中制成型坯，然后将热塑料型坯移入中空吹塑模具中进行中空吹塑成型。这种成型方法的优点是型坯的壁厚均匀、无飞边，由于注射型坯有底面，因此，中空制件的底部不会产生拼合缝，不仅美观，而且强度高；缺点是所用的成型设备和模具价格贵，故这种成型方法多用于小型中空制件的大批量生产上，在使用上没有挤出吹塑中空成型方法广泛。

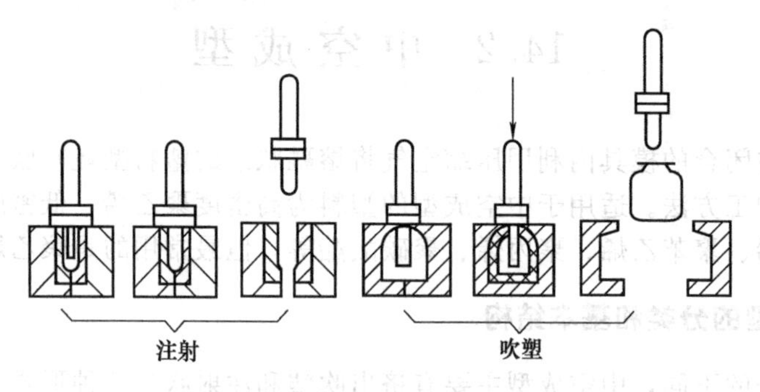

图 14-11　注射吹塑中空成型

14.2.2　中空成型模具的设计要点

中空成型模具的设计主要包括型坯尺寸的确定、夹坯刃口的设计、余料槽的布置、排气孔的开设以及冷却管道的安排，现将其设计要点分述如下。

(1) 型坯尺寸　塑料制件最大直径与型坯直径的比值称为吹胀比，吹胀比可表示为：

$$f=\frac{D_1}{d_1} \qquad (14\text{-}4)$$

式中　D_1——制件最大直径，mm；

d_1——型坯直径，mm。

吹胀比要选择适当，吹胀比过大容易造成制件壁厚不均匀，根据经验，通常取吹胀比 $f=2\sim4$，$f=2$ 最为常用。

当吹胀比 f 确定后，便可采用如下经验公式计算挤出机机头的出口缝隙（成型机头口模与芯棒之间的间隙）。

$$b=ksf \qquad (14\text{-}5)$$

式中　b——机头的口模缝隙，mm；

s——制件壁厚，mm；

k——修正系数，一般取 $k=1.0\sim1.5$，对于黏度大的塑料，k 取小值。

一般要求型坯断面形状与制件外形轮廓相似，例如，若吹塑圆形截面的瓶子，型坯应为圆管形状；若吹塑方桶，则型坯应为方管形状。这样做的目的是使型坯各部位塑料的吹胀比一致，从而使制件壁厚均匀。

(2) 夹坯刃口　在吹塑成型模具闭合时应将多余的坯料切去，因此在模具相应部位上应设置如图 14-10 中上刃口 4 和下刃口 6 那样的夹坯刃口。夹坯刃口的主要作用是切除余料，同时在吹胀以前它还起着在模内夹持和封闭型坯的作用。夹坯刃口的角度和宽度对吹塑制件的质量影响很大，特别是上刃口，如果夹坯刃口宽度太小和角度太大都会造成制件的接缝质量下降，制件甚至会出现裂缝，而且型坯上部的夹持能力也会削弱。但如果夹坯刃口宽度太大和角度太小，则可能出现模具闭合不紧和型坯切不断的现象。如图 14-12 所示，一般夹坯刃口宽度为 1～2mm，刃口角度为 14°～30°。

(3) 余料槽　夹坯刃口所切去的余料若落在模具的分型面上将影响模具的闭合，为此在上、下刃口附近应开设余料槽以容纳余料。余料槽大小应根据型坯夹持后余料的宽度和厚度来确定，以模具能够闭合严密为准。

(4) 排气孔　在型坯吹胀时，必须排出型腔内原有的气体，若排气不良会造成制件表面的质量缺陷，如斑纹和成型不完整等。排气孔应开设在型腔易存气的部位，有时也可开设在分型面上，排气孔直径通常为 0.5～1.0mm。

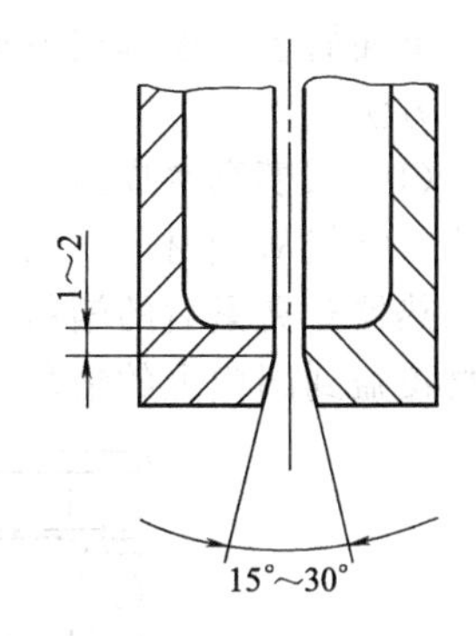

图 14-12　夹坯刃口的尺寸

(5) 冷却管道　为了缩短制件在模具内的冷却时间并保证制件的各个部位都能均匀冷却，模具冷却管道应根据制件各部位的壁厚进行布置。例如，塑料瓶口部位一般比较厚，在设计冷却管道时就应加强瓶口部位的冷却。有关冷却系统的设计与计算，可参阅第 10 章有关部分。

(6) 收缩率　对于尺寸精度要求不高的容器类塑料制件，成型收缩率对制件的影响不大，但对于有刻度的定量容器瓶类和瓶口有螺纹的制件，收缩率对制件就有相当的影响。各种常用塑料吹塑成型收缩率见表 14-2。

表 14-2　常用塑料的吹塑成型收缩率

塑料名称	收缩率/%	塑料名称	收缩率/%
聚甲醛	1.0～3.0	聚丙烯	1.2～2.0
尼龙-6	0.5～2.0	聚碳酸酯	0.5～0.8
低密度聚乙烯	1.2～2.0	聚苯乙烯	0.5～0.8
高密度聚乙烯	1.5～3.5	聚氯乙烯	0.6～0.8

(7) 型腔表面加工　对许多吹塑制件的外表面都有一定的质量要求，有的要雕刻图案文字，有的要做成镜面、绒面、皮革纹面等，因此，要针对不同的要求对型腔表面采用不同的加工方式，如采用喷砂处理将型腔表面做成绒面，采用镀铬抛光处理将型腔表面做成镜面，采用电化学腐蚀处理将型腔表面做成皮革纹面等。

对于聚乙烯吹塑制件的模具，其型腔表面常做成绒面（其表面粗糙度程度类似于磨砂玻璃），这样不但解决了聚乙烯制件光滑表面易划伤的问题，而且还有利于制件脱模，避免真空吸附现象，因为粗糙的型腔表面在吹塑过程中可以储存一部分空气。

14.3　真空成型

14.3.1　真空成型的特点和方法

真空成型是先将热塑性塑料板材固定在模具上加热至软化温度，然后抽走型腔内的空气，借助大气的压力使板材紧贴在型腔内成型，冷却后借助于压缩空气从模具内脱出塑料制件。真空成型法的主要优点是设备简单，生产效率高，能加工大尺寸的薄壁塑料制件。而采用注射成型方法加工大型薄壁制件，不仅需要昂贵的模具，而且还需要大型的注射机。可以相信，随着塑料工业的发展，塑料板材的成型加工方法会越来越广泛地得到应用。

下面简述凹模真空成型，凸模真空成型，采用凹、凸模先后抽真空成型三种主要的真空成型方法。

(1) 凹模真空成型　这种真空成型方法如图 14-13 所示。板材被固定在型腔的上方，为了防止空气从板材进入到型腔中间，在板材固定处要安放密封圈。图 14-13 (a) 所示的为辐射加热器对夹紧后的塑料板加热的情况；(b) 所示的为抽走型腔内的空气后，软化的塑料板材覆盖到凹模上的情况；(c) 所示的为冷却后用压缩空气将制件从型腔中脱出的情况。

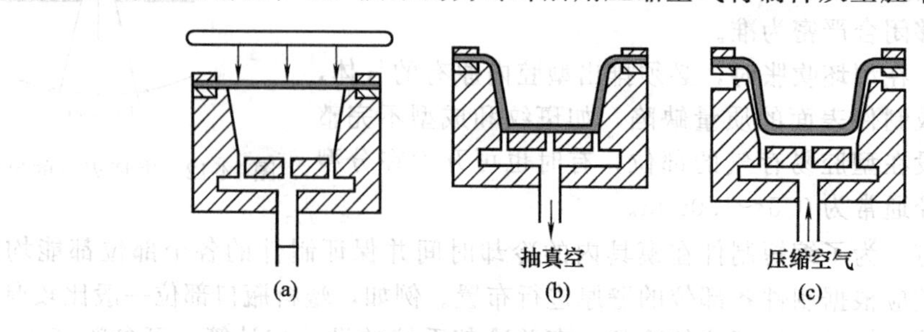

图 14-13　凹模真空成型

用凹模成型法成型的塑料制件的外表面精度较高。一般这种真空成型方法用于成型深度不大的制件，因为当深度很大时，制件底部拐角处就会显著变薄，通常当制件深度大于 50mm 时，应采用凸模真空成型法。

(2) 凸模真空成型　凸模真空成型法如图 14-14 所示。

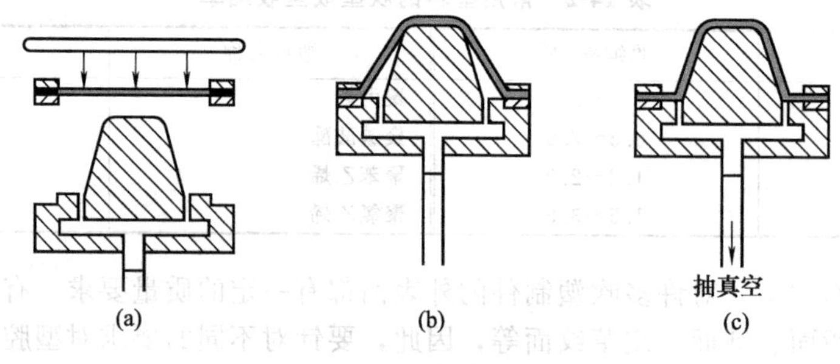

图 14-14　凸模真空成型

图 14-14 (a) 所示的为加热塑料板材的情况，这时板材被夹持在框架上；(b) 所示的为板材加热后随框架一起下降（或凸模上升）并使板材包容在凸模上的情况；(c) 所示的为抽真空后塑料板材覆盖在凸模上成型的情况。

用这种方法成型的制件壁厚不均匀。如聚乙烯板材易粘在模具接触表面上，因此制件和模具接触的那部分厚度就会大于经过弯曲、延伸的另一部分厚度。但是，在凸模真空成型时塑料板材的加热是在悬空状态下进行的，这就避免了热板材与冷模具的过早接触，所以相对凹模真空成型，凸模真空成型的制件壁厚均匀性要好些。凸模真空成型法多用于成型有凸起形状的薄壁塑料制件或对制件内表面尺寸要求较为精确的场合。

(3) 采用凹、凸模先后抽真空成型　采用凹、凸模先后抽真空成型法如图 14-15 所示。其成型过程如下。

① 先将塑料板材夹持在凹模上加热，软化后再将加热器移开［图 14-15 (a)］。

② 从凸模上吹入少量压缩空气，在凹模中抽真空，将软化了的塑料板材吹鼓［图 14-15 (b)］。

③ 从凹模上吹入压缩空气，再从凸模中抽真空，使塑料板材附着在凸模的外表面上成型［图 14-15 (c)］。

由于塑料板材经历吹鼓的过程，板材延伸后再成型，因此用这种成型法得到的制件壁厚

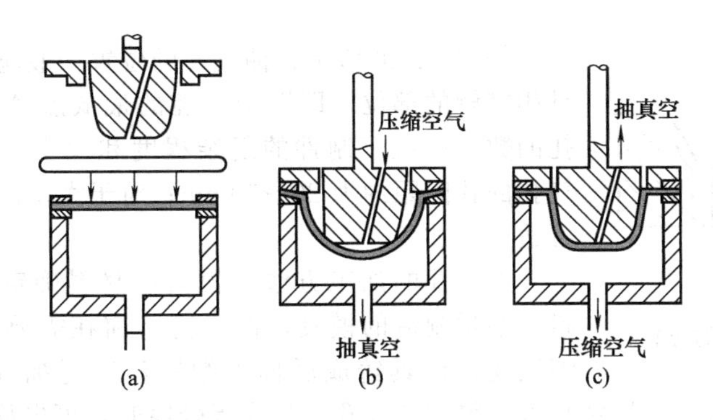

图 14-15　采用凹、凸模先后抽真空成型

比较均匀。这种成型法主要用于成型较深的制件。

14.3.2　真空成型模具的设计要点

(1) 塑料制件的引伸比　塑料制件的深度与宽度之比称为引伸比。引伸比反映了制件成型的难易程度，引伸比越大，成型越难。成型方法不同，制件所允许的引伸比也不同。引伸比还与模具斜度、塑料品种等因素有关。引伸比过大，会使塑料制件出现起皱甚至破裂现象。引起制件起皱或破裂之前的最大引伸比称为极限引伸比，在实际生产中，应在极限引伸比以内成型。一般而言，凹模成型的引伸比小于 0.5，凸模成型的引伸比可达到 1。

(2) 模具尺寸设计　真空成型型腔尺寸的计算方法与注射模型腔尺寸的计算方法相同，但不必像注射模型腔尺寸那样精确。真空成型的塑料制件的收缩量，其中约 50%是从模具中取出制件时产生的，25%是取出制件后保存在室温 1h 内产生的，另外的 25%是在以后的 8～24h 内产生的。

一般而言，在凹模上成型的制件，其收缩量比在凸模上成型的制件的收缩量大 25%～50%，这是因为在凹模上成型的制件在取出以前就产生了收缩，而在凸模上成型的制件在取出前无法产生收缩。

影响制件尺寸变化的因素很多，如成型温度、模具温度、冷却时间等都会影响到塑料制件的收缩率，要预先精确决定某一制件的收缩率是十分困难的。如果生产批量大、尺寸精度要求又高，最好先用石膏模型试制出产品，测得其收缩率，以此作为设计型腔尺寸的依据。

真空成型模具的凸模或凹模，都应具有足够的脱模斜度，凹模的脱模斜度一般为0.5°～1.0°，凸模的脱模斜度一般为 2°～3°。模具的圆角半径可取塑料板材厚度的数值，圆角半径过小会引起弯角处的应力集中，甚至无法成型。模具成型面的表面粗糙度约为 $R_a=1.6\mu m$。由于真空成型模具都没有推出机构，全靠压缩空气脱模，因此成型面的表面粗糙度不能太低，否则塑料板材黏附在型腔表面无法脱模，在这种情况下即使装有推出机构，制件脱模后也容易变形。真空成型的成型表面最好用磨料打毛或进行喷砂处理，因为打毛或喷砂后的型腔表面在成型时可储存一部分空气，避免了真空吸附现象。

(3) 抽气孔的设计　真空成型时，模具内的气体必须快速从抽气孔中排除，抽气孔的直径和数量与塑料的品种和制件的大小有关。对于流动性好、成型温度低的塑料，抽气孔直径可设计得小一些；对于硬厚的塑料板材，抽气孔直径可大一些，常用抽气孔的直径如表14-3 所示。

表 14-3　常用抽气孔的直径

塑料品种	抽气孔直径/mm	塑料品种	抽气孔直径/mm
聚乙烯 硬厚板材	0.3～0.6 <1.5	其他板材	0.6～1.0

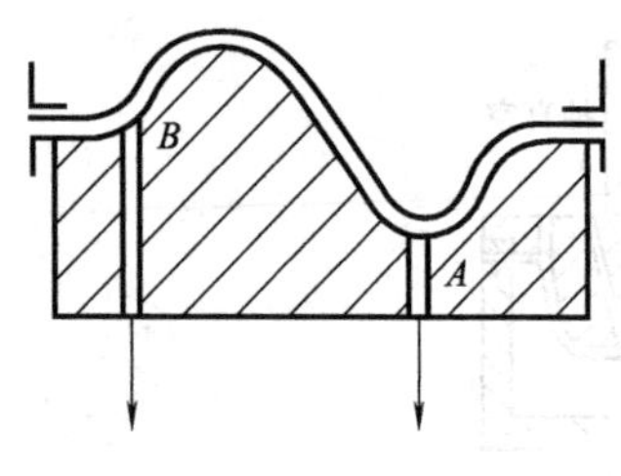

图 14-16 抽气孔的位置

如图 14-16 所示，抽气孔的位置一般应设在板材最后与模具相接触的部位，即图中型腔的最低点 A 及角落处 B。抽气孔的数量取决于制件的复杂程度和大小。对于小型制件，抽气孔的孔间距约为 20～30mm；对于大型制件，抽气孔的间距可适当增加。

抽气孔的加工方法由模具的材料确定，对于用石膏、塑料、铝材制造的模具，模具铸造前在需要抽气孔的部位放置细铜丝，模具铸成后抽去细铜丝即得抽气孔，对于用木材、钢材制造的模具，需要采用钻孔方法得到抽气孔，当模板较厚时，可先从反面钻成大孔，在距模腔 3～5mm 处改用小钻头钻进，这样在制件表面既不留下抽气孔痕迹，又能快速地排气。

(4) 加热与冷却　通常采用电阻加热器或者红外线辐射灯对需要真空成型的板材进行加热，电阻丝温度较高，通常采用调节加热器和塑料板材之间的距离来控制板材的成型温度。板材的成型温度应在玻璃化温度 θ_g 与软化温度 θ_f 之间选择，不同的塑料品种，最适宜的成型温度也不同，如在 100mm/min 的拉伸速度下，聚乙烯的最适宜的成型温度为 70℃，聚苯乙烯为 120℃，聚氯乙烯为 100℃。在实际成型过程中，因板材从加热到成型之间因工序周转会有短暂的时间间隔，板材会因散热、冷却而降低温度，特别是较薄的板材散热速度就更严重，所以板材加热时应尽可能采用较高的温度，在生产中一般由试验最后确定。

模具温度对制件的质量和生产率都有影响。模温过低，板材成型时易产生冷斑甚至开裂；模温过高，塑料板材易黏附在型腔上难以脱模，而且生产周期也长。一般真空成型模具的温度应控制在 50℃左右。模具应采用风冷或水冷装置加速模具内制件的冷却，在模具内开设冷却回路是最常用的冷却方法。

(5) 模具材料　在真空成型时模具内压力不高 (0.1MPa)，模具材料可根据生产批量和精度要求选用金属或非金属材料。非金属材料有木材、石膏等，为了改善制件的表面质量，减小模具磨损，可以在非金属材料模具的成型表面涂环氧树脂并作喷砂和抛光处理。

表 14-4 为各种材料制作的真空成型模具的有关性能比较，可作为选用真空成型或压缩空气成型模具的参考。

表 14-4　各种材料制作的真空成型模具比较

模具类型	材　料	用　途	耐久力	耐热变	制作时间	备　注
木模	槭木、桦木、桧樱、柳桉木等	主要用于试制模具及聚苯乙烯纸成型	生产量在 1000 件以下			
石膏模具	石膏	试制模具，不宜做成型收缩大的塑料凸模及有凸起部的凹模	厚 0.5mm 的硬 PVC 板成型时，生产量为 3000～5000 次	约 50～80℃	约 10 天	可用铁丝、水泥、尿素树脂、环氧树脂增强
酚醛塑料模具	酚醛塑料	使用广泛，有纤细凹凸部分时，不宜用于聚乙烯的成型	厚 0.5mm 的硬 PVC 板成型时，生产量为 5000～10000 次	约 160～180℃	约 14 天	
环氧塑料模具	环氧树脂、铁粉、铝粉	一般成型用	厚 0.5mm 的硬 PVC 板成型时，生产量为 80000～130000 次	约 90～260℃	14～20 天	价格比酚醛模具贵，比金属模具便宜
低熔点合金模具	锡、锑等	适用于薄板成型，能成型有花纹、文字等的塑料制品				

14.4　压缩空气成型

14.4.1　压缩空气成型的特点

压缩空气成型的工艺过程如图 14-17 所示。图 14-17（a）所示的为开模状态；（b）所示的为闭模状态，闭模后对塑料板材进行加热，此时向型腔内通入微压空气，使塑料板材能直接接触加热板而提高传热效率，同时加热板处于排气状态；（c）所示的为成型状态，塑料板材加热后，停止向型腔内送微压空气，而由模具上方通入压力为 0.3～0.8MPa 的预热空气，在压力作用下塑料板材贴合在模具内型腔表面上成型；（d）所示的为成型后的状态，制件在型腔内冷却定型后，加热板下降一小段距离，切除余料；（e）所示的为借助于压缩空气取出塑料制件的状态。

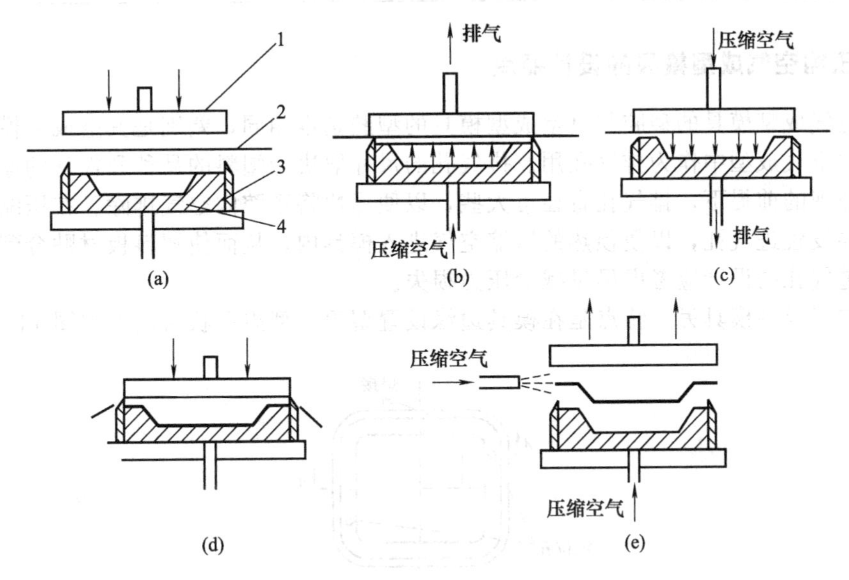

图 14-17　压缩空气成型的工艺过程

1—加热板；2—塑料板材；3—型刃；4—凹模

图 14-18 所示为压缩空气成型模具的结构简图。从图 14-18 中可知，在加热板 2 内设置有电加热棒 11，压缩空气由压缩空气管 1 经热空气室 3 穿过板上的空气小孔 5 使塑料板材在型腔 10 内成型，型刃 9 将板的余料切断。

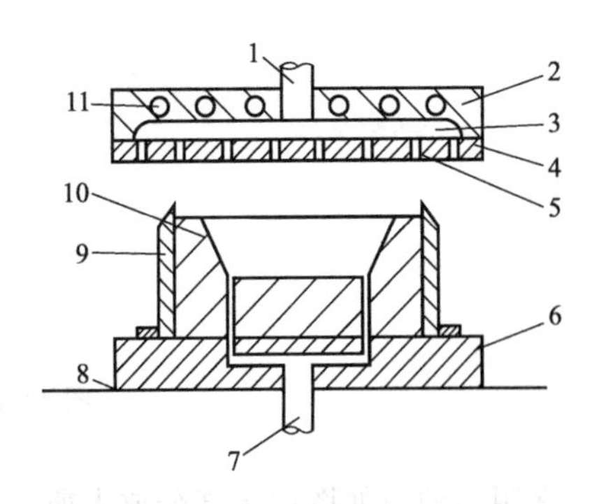

图 14-18　压缩空气成型模具的结构

1—压缩空气管；2—加热板；3—热空气室；4—面板；5—空气小孔；6—底板；7—通气孔；8—工作台；9—型刃；10—型腔；11—电加热棒

压缩空气成型与真空成型的成型原理相似，所不同的是压缩空气成型增加了模具型刃，在制件成型后，可在模具上将余料切除，并且加热板作为模具结构的一部分，塑料板材可直接接触到加热板。压缩空气成型的优点是成型周期短，塑料制件质量好；缺点是模具造价高，且需要较贵的专用设备。压缩空气成型和真空成型优缺点比较见表 14-5。

表 14-5 压缩空气成型与真空成型优缺点比较

项　目	压缩空气成型	真　空　成　型
成型原理	利用压缩空气将板材压入模具中成型	利用真空吸附使板材在模具中成型
成型压力	0.3～0.8MPa	0.1MPa
成型速度	快	慢
成型周期	短	长
加热方法	用加热板直接加热	辐射加热
加热时间	短	长
切边	制品直接在模具上切边	制品取出后再切边
制品质量	尺寸精度高,细小部位再现性好,有光泽	各方面质量均比压缩空气成型差
模具复杂程度	复杂,用凸模成型时不易设置切边装置	简单
设备价格	高	低

14.4.2 压缩空气成型模具的设计要点

压缩空气成型模具的型腔与真空成型模具的型腔基本相同，差别是真空成型模具上的抽气孔在压缩空气成型中作为排气孔用。排气孔的尺寸取决于塑料的品种和板材的厚度，在不影响制件外观的前提下，排气孔直径可大些，以便尽快将型腔内空气排除。在压缩空气成型模具中还要设置进气孔，以便预热的压缩空气进入模具内，从而使塑料板材贴合到型腔表面上成型。进气孔的设计应考虑尽量减少压力损失。

压缩空气成型模具另一特点是在模具边缘设置型刃，型刃形状与尺寸如图 14-19 所示。

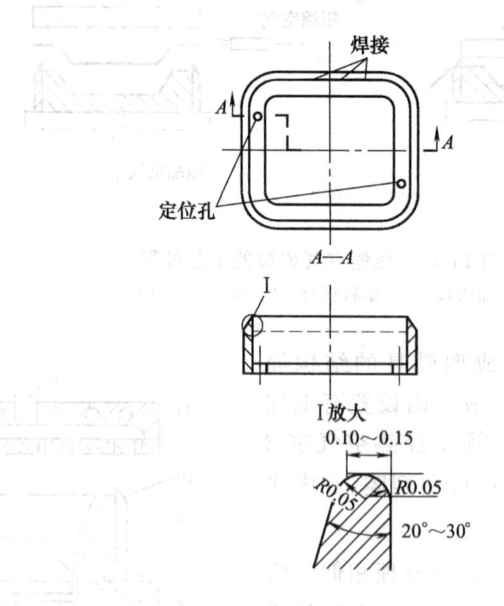

图 14-19 型刃的形状与尺寸

常用的型刃如图中Ⅰ部分放大所示，型刃不可太锋利，以避免型刃与塑料板材刚一接触就将板材切断，但也不可太钝，否则会使板料的余料切不下来。图 14-19 中将型刃顶端削平为 0.10～0.14mm，以 $R=0.05$mm 的圆角半径与型刃的两个侧面相连。型刃的角度以20°～30°为宜。

如图 14-20 所示，型刃的顶端应比型腔的端面高出一段距离 b，b 应为板材的厚度再加上 0.1mm。这样在成型时，放在型刃端面上的板材被切断后同加热板之间能形成间隙，这个间隙可使板材不再与加热板接触，避免板材过热而造成制件的缺陷。

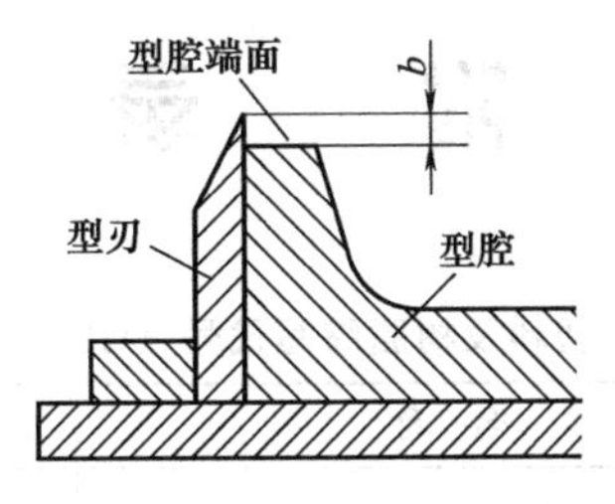

图 14-20　型刃顶端的形状

型刃的安装也应引起重视，型刃与型腔之间应有 0.25～0.50mm 的间隙，该间隙可作为空气的通路，还易于模具的安装。为了使型刃能均匀地将板材压在加热板上，要求型刃与加热板之间有很高的平行度。

习题与思考

14-1　挤出成型过程可分为哪几个阶段？

14-2　挤出成型模具主要由哪些零件组成？

14-3　中空塑件有哪几种生产方式？各有何优缺点？

14-4　真空成型与压缩空气成型有何异同点？

附　录

附录 1　塑料及树脂缩写代号（GB 1844—80）

编写代号	英 文 名 称	中 文 名 称
ABS	Acrylonitrile-butadiene-styrene	丙烯腈-丁二烯-苯乙烯三元共聚物
AS	Acrylonitrile-styrene copolymer	丙烯腈-苯乙烯共聚物
A/MMA	Acrylonitrile-methyl methacrylate copolymer	丙烯腈-甲基丙烯酸甲酯共聚物
A/S/A	Acrylonitrile-styrene-acrylate copolymer	丙烯腈-苯乙烯-丙烯酸酯共聚物
CA	Cellulose acetate	醋酸纤维素
CAB	Cellulose acetate butyrate	醋酸-丁酸纤维素
CAP	Cellulose acetate propionate	醋酸-丙酸纤维素
CF	Cresol-formaldehyde resin	甲酚-甲醛树脂
CMC	Carboxymethyl cellulose	羧甲基纤维素
CN	Cellulose nitrate	硝酸纤维素
CP	Cellulose propionate	丙酸纤维素
CPE	Chlorinated polyethyene	氯化聚乙烯
CPP	Chlorinated polypropylene	氯化聚丙烯
CS	Casein plastics	酪素塑料
CTA	Cellulose triacetate	三乙酸纤维素
EC	Ethyl cellulose	乙基纤维素
EP	Epoxide resin	环氧树脂
E/P	Ethylene-propylene copolymer	乙烯-丙烯共聚物
EPDM	Ethylene-propylene-diene monomer	三元乙丙橡胶
E/TFE	Ethylene-tetrafluoroethylene copolymer	乙烯-四氟乙烯共聚物
E/VAC	Ethylene-vinylacetate copolymer	乙烯-乙酸乙烯酯共聚物
E/VAL	Ethylene vinylalcohol copolymer	乙烯-乙烯醇共聚物
FEP	Perfluorinated ethylene-propylene copolymer	全氟(乙烯-丙烯)共聚物
GPS	General polystyrene	通用聚苯乙烯
GRP	Glass fibre reinforced plastics	玻璃纤维增强塑料
HDPE	High density polyethylene	高密度聚乙烯
HIPS	High impact polystyrene	高冲击强度聚苯乙烯
LDPE	Low density polyethylene	低密度聚乙烯
MC	Methyl cellulose	甲基纤维素
MDPE	Medium density polyethylene	中密度聚乙烯
MF	Melamine-formaldehyde resin	三聚氰胺-甲醛树脂
MPF	Melamine-phenol formaldehyde resin	三聚氰胺-苯酚甲醛树脂
PA	Polyamide	聚酰胺
PAA	Polyacrylic acid	聚丙烯酸
PAN	Polyacrylonitrile	聚丙烯腈
PB	Poly(1-butene)	聚-1-丁烯
PBTP	Polycbutylene terephthalate	聚对苯二甲酸丁二(醇)酯
PC	Polycarbonate	聚碳酸酯
PCTFE	Polychlorotrifluoroethylene	聚三氟氯乙烯
PDAP	Poly diallyl phthalate	聚邻苯二甲酸二烯丙酯
PDAIP	Poly diallyl isophthalate	聚间苯二甲酸二烯丙酯
PE	Polyethylene	聚乙烯

续表

编写代号	英 文 名 称	中 文 名 称
PEO	Polyethylene oxide	聚环氧乙烷
PETP	Polyethylene glycol terephthalate	聚对苯二甲酸乙二(醇)酯
PF	Phenol-formaldehyde resin	酚醛树脂
PI	Polyimide	聚酰亚胺
PMCA	Polymethyl-α-chloroacrylate	聚-α-氯代丙烯酸甲酯
PMI	Polymethacrylimide	聚甲基丙烯酰亚胺
PMMA	Polymethyl methacrylate	聚甲基丙烯酸甲酯
POM	Polyoxymethylene	聚甲醛
PP	Polypropylene	聚丙烯
PPO	Polyphenylene oxide	聚苯醚
PPOX	Polypropylene oxide	聚环氧丙烷
PPS	Polyphenylene sulfide	聚苯硫醚
PPSU	Polyphenylene sulfone	聚苯砜
PS	Polystyrene	聚苯乙烯
PSU	Polysulfone	聚砜
PTFE	Polytetrafluoroethylene	聚四氟乙烯
PUR	Polyurethane	聚氨酯
PVAc	Polyvinyl acetate	聚乙酸乙烯酯
PVAL	Polyvinyl alcohol	聚乙烯醇
PVB	Polyvinyl butyral	聚乙烯醇缩丁醛
PVC	Polyvinyl chloride	聚氯乙烯
PVCA	Polyvinyl chloride acetate	氯乙烯-乙酸乙烯酯共聚物
PVCC	Chlorinated polyvinyl chloride	氯化聚氯乙烯
PVDC	Polyvinylidene chloride	聚偏二氯乙烯
PVDF	Polyvinylidene fluoride	聚偏二氟乙烯
PVF	Polyvinyl fluoride	聚氟乙烯
PVFM	Polyvinyl formal	聚乙烯醇缩甲醛
PVK	Polyvinyl carbazole	聚乙烯基咔唑
PVP	Polyvinyl pyrrolidone	聚乙烯基吡咯烷酮
RF	Resorcinol-formaldehyde resin	间苯二酚-甲醛树脂
RP	Reinforced plastics	增强塑料
SAN	Styrene-acrylonitrile copolymer	苯乙烯-丙烯腈共聚物
SI	Silicone	聚硅氧烷
SMS	Styrene-α-methylstyrene copolymer	苯乙烯-α-甲基苯乙烯共聚物
UF	Urea-formaldehyde resin	脲醛树脂
UHMWPE	Ultrahigh molecular weight polyethylene	超高分子量聚乙烯
UP	Unsaturated polyester	不饱和聚酯
VC/E	Vinyl chloride-ethylene copolymer	氯乙烯-乙烯共聚物
VC/E/MA	Vinyl chloride-ethylene-methyl acrylate copolymer	氯乙烯-乙烯-丙烯酸甲酯共聚物
VC/E/VAc	Vinyl chloride-ethylene-vinyl acetate copolymer	氯乙烯-乙烯-乙酸乙烯酯共聚物
VC/MA	Vinyl chloride-methyl acrylate copolymer	氯乙烯-丙烯酸甲酯共聚物
VC/MMA	Vinyl chloride-methyl methacrylate copolymer	氯乙烯-甲基丙烯酸甲酯共聚物
VC/OA	Vinyl chloride-octyl acrylate copolymer	氯乙烯-丙烯酸辛酯共聚物
VC/VAc	Vinyl chloride-vinyl acetate copolymer	氯乙烯-乙酸乙烯酯共聚物
VC/VDC	Vinyl chloride-vinylidene chloride copolymer	氯乙烯-偏氯乙烯共聚物

附录 2　热塑性塑料的某些性能

塑料名称		拉伸弹性模量/MPa	压缩比	成型收缩率/%	与钢的摩擦因数	泊松比
聚乙烯	HDPE	840～950	1.73～1.9	1.5～3.0	0.11	0.38
	LDPE		1.8～2.3	1.5～3.6	0.23	
聚丙烯	PP	1100～1600	1.92～1.96	1.0～3.0	0.14～0.34	0.32
	GFR			0.4～0.8		
有机玻璃	PMMA	3160		0.5～0.7		
	与苯乙烯共聚	3500				0.35
聚氯乙烯	硬 PVC	2400～4200	2.3	0.2～0.4		
	软 PVC		2.3	1.5～3.0		
聚苯乙烯	GPS	2800～3500		0.2～0.8	0.12	
	HIPS	1400～3100	1.9～2.2	0.2～0.8	0.45	0.32
	GFR(20%～30%)	3200		0.3～0.6		
ABS	抗冲型	2900		0.5～0.7		
	耐热型	1800	1.8～2.0	0.4～0.5	0.21	
	GFR(30%)	1800		0.1～0.14		
聚甲醛	POM	2800	1.8～2.0	2.0～3.5		
	F-4 填充			2.0～2.5	0.1～0.2	
聚碳酸酯	PC	1440	1.75	0.5～0.7	0.35	0.38
	GFR(20%～30%)	3120～4000			0.37	0.38
尼龙-1010	PA1010	1800	2.0～2.1	1.0～2.5	0.31	
	GFR(30%)	8700		0.3～0.6		
尼龙-6	PA6	2600	2.0～2.1	0.7～1.5	0.26	
	GFR(30%)			0.35～0.45		
尼龙-66	PA66	1250～2880	2.0～2.1	1.0～2.5		
	GFR(30%)	6020～1260		0.4～0.55		

附录 3　常用塑料的连续耐热温度和热变形温度

塑料名称		连续耐热温度/℃	热变形温度(ASTM D648 法)/℃	
			载荷 1.85MPa	载荷 0.46MPa
ABS	高抗冲击	60～99	92～103	99～107
	高耐热	88～110	102～118	107～122
	20%～40%玻璃纤维	93～110	99～116	104～121
聚苯乙烯	耐热耐化学级	77～104	82～113	91～116
	20%～30%玻璃纤维	82～104	91～104	97～111
聚乙烯	低密度	82～100	32～41	38～49
	中密度	104～121	41～49	49～74
	高密度	121	43～54	60～88
聚丙烯	未改性	107～127	52～60	93～121
	共聚	88～116	46～60	85～113
	玻璃纤维	1212～138	110～149	142～144
聚酰胺	尼龙-66	82～121	75	190
	尼龙-6	82～121	68	185
聚砜		149～174	174	181
聚氯乙烯	硬质	54～79	60～77	82
	软质	66～79	—	—
聚甲醛	无填料	121	129～141	132～143
	10%玻璃纤维	135	142	146
酚醛	无填料	121	116～127	—
	木粉	149～177	149～183	—
	石棉	177～260	149～260	—
	玻璃纤维	177～288	149～316	—

附录4 热塑性塑料制品的缺陷及产生的原因

制品缺陷	产生的原因
1. 制品填充不足	(1)料筒、喷嘴及模具的温度偏低 (2)加料量不足 (3)料筒内的剩料太多 (4)注射压力太小 (5)注射速度太慢 (6)流道和浇口尺寸太小，浇口数量不够，且浇口位置不恰当 (7)型腔排气不良 (8)注射时间太短 (9)浇注系统发生堵塞 (10)塑料的流动性太差
2. 制品有溢边	(1)料筒、喷嘴及模具温度太高 (2)注射压力太大，锁模力太小 (3)模具密合不严，有杂物或模板已变形 (4)型腔排气不良 (5)塑料的流动性太好 (6)加料量过大
3. 制品有气泡	(1)塑料干燥不够，含有水分 (2)塑料有分解 (3)注射速度太快 (4)注射压力太小 (5)模温太低，充模不完全 (6)模具排气不良 (7)从加料端带入空气
4. 制品凹陷	(1)加料量不足 (2)料温太高 (3)制品壁厚处与壁薄处相差过大 (4)注射和保压时间太短 (5)注射压力太小 (6)注射速度太快 (7)浇口位置不恰当
5. 制品有明显的熔合纹	(1)料温太低、塑料的流动性差 (2)注射压力太小 (3)注射速度太慢 (4)模温太低 (5)型腔排气不良 (6)塑料受到污染
6. 制品的表面有银丝及波纹	(1)塑料含有水分和挥发物 (2)料温太高或太低 (3)注射压力太小 (4)流道和浇口的尺寸太大 (5)嵌件未预热或温度太低 (6)制品内应力太大
7. 制品的表面有黑点及条纹	(1)塑料有分解 (2)螺杆的转速太快，背压太大 (3)喷嘴与主流道吻合得不好，产生积料 (4)模具排气不良 (5)塑料受污染或带进杂物 (6)塑料的颗粒大小不均匀
8. 制品翘曲变形	(1)模具温度太高，冷却时间不够 (2)制品厚薄悬殊 (3)浇口位置不恰当，且浇口数量不合适 (4)推出位置不恰当，且受力不均匀 (5)塑料分子定向作用太大
9. 制品的尺寸不稳定	(1)加料量不稳定 (2)塑料的颗粒大小不均匀 (3)料筒和喷嘴的温度太高 (4)注射压力太小 (5)充模和保压的时间不够 (6)浇口和流道的尺寸不恰当 (7)模具的设计尺寸不准确 (8)推杆变形或磨损 (9)注射机的电气、液压系统不稳定
10. 制品黏模	(1)注射压力太大，注射时间太长 (2)模具温度太高 (3)浇口尺寸太大，且浇口位置不恰当 (4)型腔的表面粗糙度太高 (5)脱模斜度太小 (6)推出位置不恰当
11. 主流道黏模	(1)料温太高 (2)冷却时间太短，主流道内的塑料尚未凝固 (3)喷嘴温度太低 (4)主流道无冷料井 (5)主流道衬套的表面粗糙度太高 (6)喷嘴的孔径大于主流道的直径 (7)主流道衬套的弧度与喷嘴的弧度不吻合 (8)主流道的脱模斜度不够
12. 制品分层脱皮	(1)不同塑料混杂 (2)同一种塑料不同级别相混 (3)塑化不均匀 (4)塑料受污染或混入异物
13. 制品褪色	(1)塑料受污染或干燥不够 (2)螺杆的转速太快、背压过大 (3)注射压力太大 (4)注射速度太快 (5)注射和保压的时间太长 (6)料筒温度过高，致使塑料、着色剂或填充剂分解 (7)流道和浇口的尺寸不恰当 (8)模具排气不良
14. 制品的强度下降	(1)塑料有分解 (2)成型温度太低 (3)塑料熔接不良 (4)塑料潮湿 (5)塑料混入杂物 (6)浇口位置不恰当 (7)制品设计不恰当，有锐角缺口 (8)围绕金属嵌件的塑料厚度不够 (9)模具温度太低 (10)塑料回料的次数太多

附录5 热固性塑料制品的缺陷及产生的原因

制品缺陷	产生的原因
1.制品表面起泡或鼓起	(1)塑料中水分和挥发物的含量太大 (2)模具过热或过冷 (3)模具成型压力不够 (4)成型时间过短 (5)塑料压缩率过大,所含空气太多 (6)加热不均匀
2. 制品翘曲	(1)塑料的固化程度不够 (2)模具温度过高,或凹、凸模表面温差过大,致使制品各部分的收缩不一 (3)制品结构的刚度不够 (4)制品壁厚不均匀且形状过于复杂 (5)塑料的流动性太好 (6)闭模前塑料在模内停留的时间过长 (7)塑料中水分和挥发物的含量太大
3. 制品欠压(成型不完全,全部或局部疏松)	(1)成型压力太小 (2)加料量不足 (3)塑料的流动性太好或太差 (4)闭模太快或排气太快,使塑料自模具内溢出 (5)闭模太慢或模具温度过高,使部分塑料发生过早的固化
4. 制品有裂缝	(1)金属嵌件的结构不正确或体积过大、数量过多 (2)模具的结构设计不恰当或顶出机构不好 (3)制品各部分的壁厚相差太大 (4)塑料中水分和挥发物的含量太大 (5)制品在模内的时间过长
5. 制品的表面灰暗	(1)型腔的表面粗糙度太高 (2)润滑剂的质量差或用量不够 (3)模具温度过高或过低
6.制品表面出现斑点或小缝	(1)塑料含有杂物,尤其是油类物质 (2)模具没有好好清理
7.制品变色	模具温度过高
8.制品黏模	(1)塑料中可能无润滑剂或用量不恰当 (2)型腔表面粗糙度太低
9.制品的毛边太高	(1)加料量太大 (2)塑料的流动性太差 (3)模具的设计不恰当 (4)导柱的套筒被堵塞
10.制品表面呈橘皮状	(1)闭模速度太快 (2)塑料的流动性太好 (3)塑料的颗粒太粗 (4)塑料的水分过多(在空气中暴露太久)
11.制品脱模时呈柔软状	(1)塑料的固化程度不够 (2)塑料的水分过多 (3)模具上润滑油用得太多
12.制品尺寸不符要求	(1)加料质量不准确 (2)模具不精确或已磨损 (3)塑料不符合规格
13.制品的机械强度低	(1)塑料的固化程度不够,模具温度太低 (2)加料量不足 (3)成型压力太小

附录 6 热塑性塑料注射机型号和主要技术规格

型号			SYS-10（立式）	SYS-30（立式）	YS-ZY-45（直角式）	C4730-1（直角式）	XS-Z-30	XS-Z-60
螺杆（柱塞）直径/mm			$\phi22$	$\phi28$	$\phi28$	$\phi25$	$\phi28$	$\phi38$
注射容量/（cm^3 或 g）			10g	30g	45	30	30	60
注射压力/10^5Pa			1500	1570	1250	1700	1190	1220
锁模力/10kN			15	50	40	38	25	50
最大注射面积/cm^2			45	130	95		90	130
模具厚度/mm	最大		180	200		325	180	200
	最小		100	70	70	165	60	70
模板行程/mm			120	80		225	160	180
喷嘴	球半径/mm		12	12		15	12	12
	孔直径/mm		$\phi2.5$	$\phi3$			$\phi4$	$\phi4$
定位孔直径/mm			$\phi55^{+0.06}_{0}$	$\phi55^{+0.10}_{0}$			$\phi63.5^{+0.064}_{0}$	$\phi55^{+0.03}_{0}$
推出	中心孔径/mm		$\phi30$	$\phi50$		$\phi30$		$\phi50$
	两侧	孔径/mm					$\phi20$	
		孔距/mm					170	

型号			XS-ZY-125	XS-ZY-250	XS-ZY-500	XS-ZY-1000	XS-ZY-2000
螺杆（柱塞）直径/mm			$\phi42$	$\phi50$	$\phi65$	$\phi85$	$\phi100$
注射容量/（cm^3 或 g）			125	250	500	1000	2000
注射压力/10^5Pa			1190	1300	1040	1210	1210
锁模力/10kN			90	180	350	450	600
最大注射面积/cm^2			320	500	1000	1800	2000
模具厚度/mm	最大		300	350	450	700	700
	最小		200	250	300	300	300
模板行程/mm			300	350	700	700	700
喷嘴	球半径/mm		12	18	18	18	18
	孔直径/mm		$\phi4$	$\phi4$	$\phi7.5$	$\phi7.5$	$\phi7.5$
定位孔直径/mm			$\phi100^{+0.054}_{0}$	$\phi125^{+0.06}_{0}$	$\phi150^{+0.06}_{0}$	$\phi150^{+0.06}_{0}$	$\phi150^{+0.06}_{0}$
推出	中心孔径/mm				$\phi150$		
	两侧	孔径/mm	$\phi22$	$\phi40$	$\phi24.5$	$\phi20$	$\phi20$
		孔距/mm	230	280	530	850	850

附录7 热塑性塑料注射机锁模机构与装模尺寸

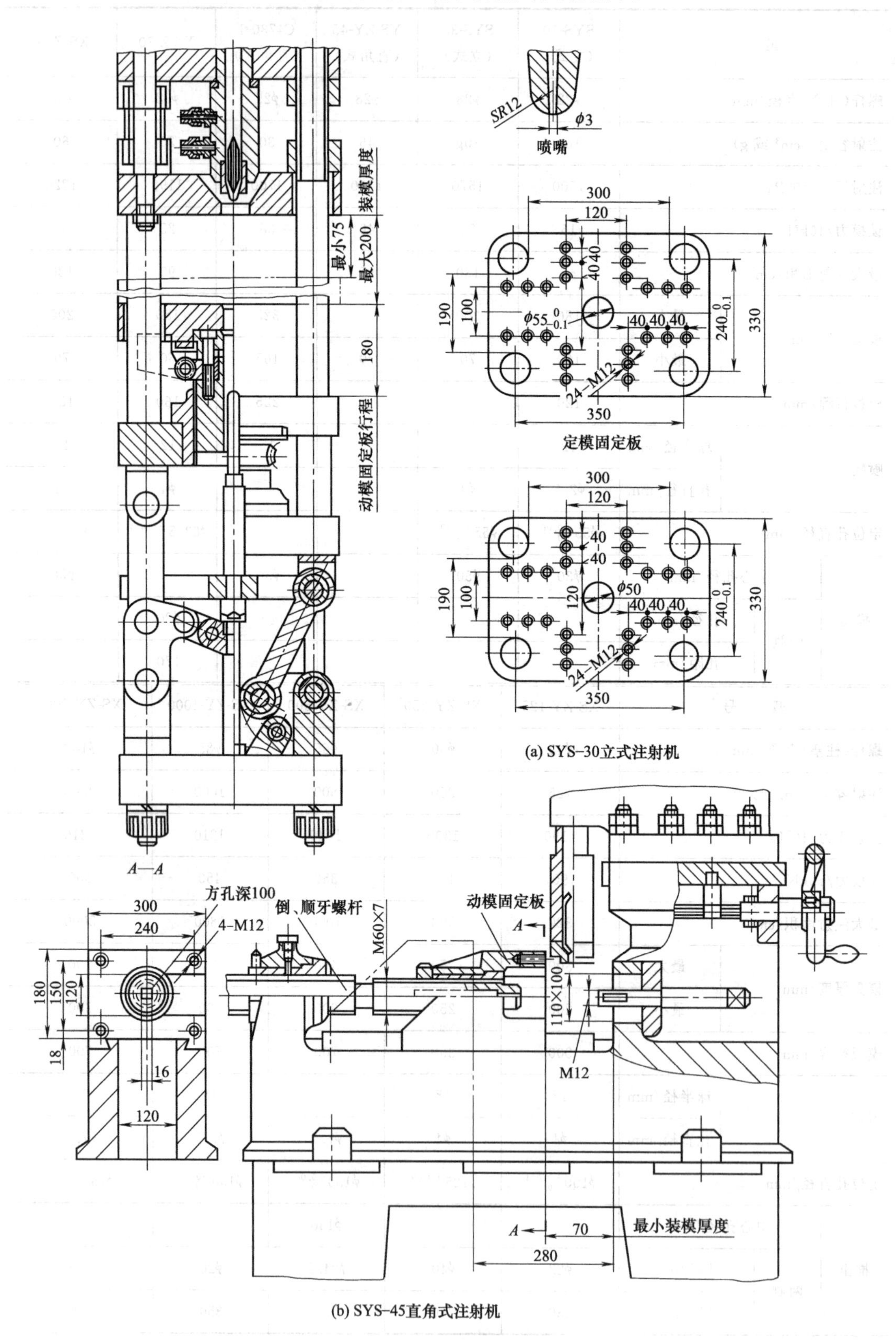

(a) SYS-30立式注射机

(b) SYS-45直角式注射机

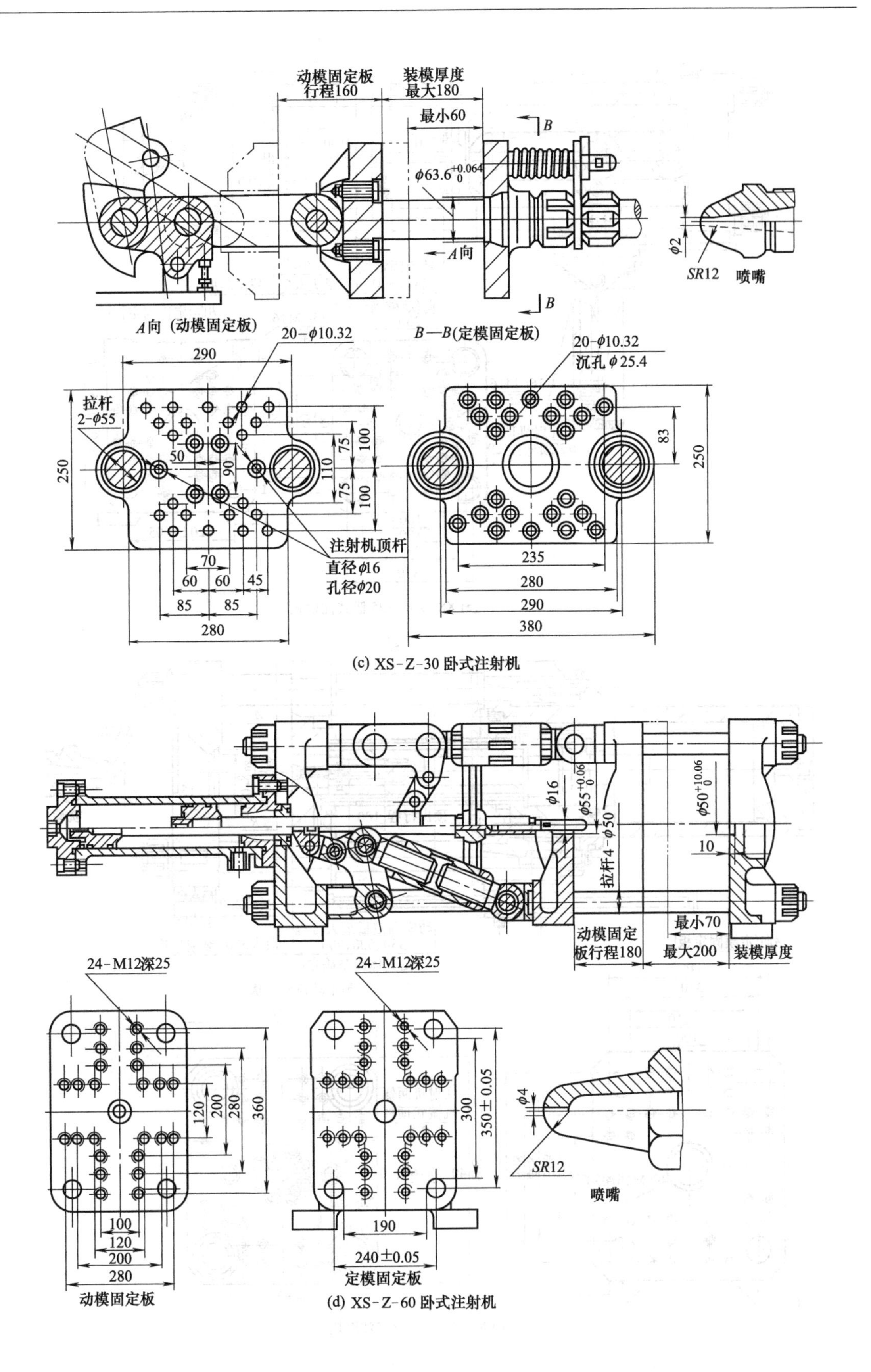

(c) XS-Z-30 卧式注射机

(d) XS-Z-60 卧式注射机

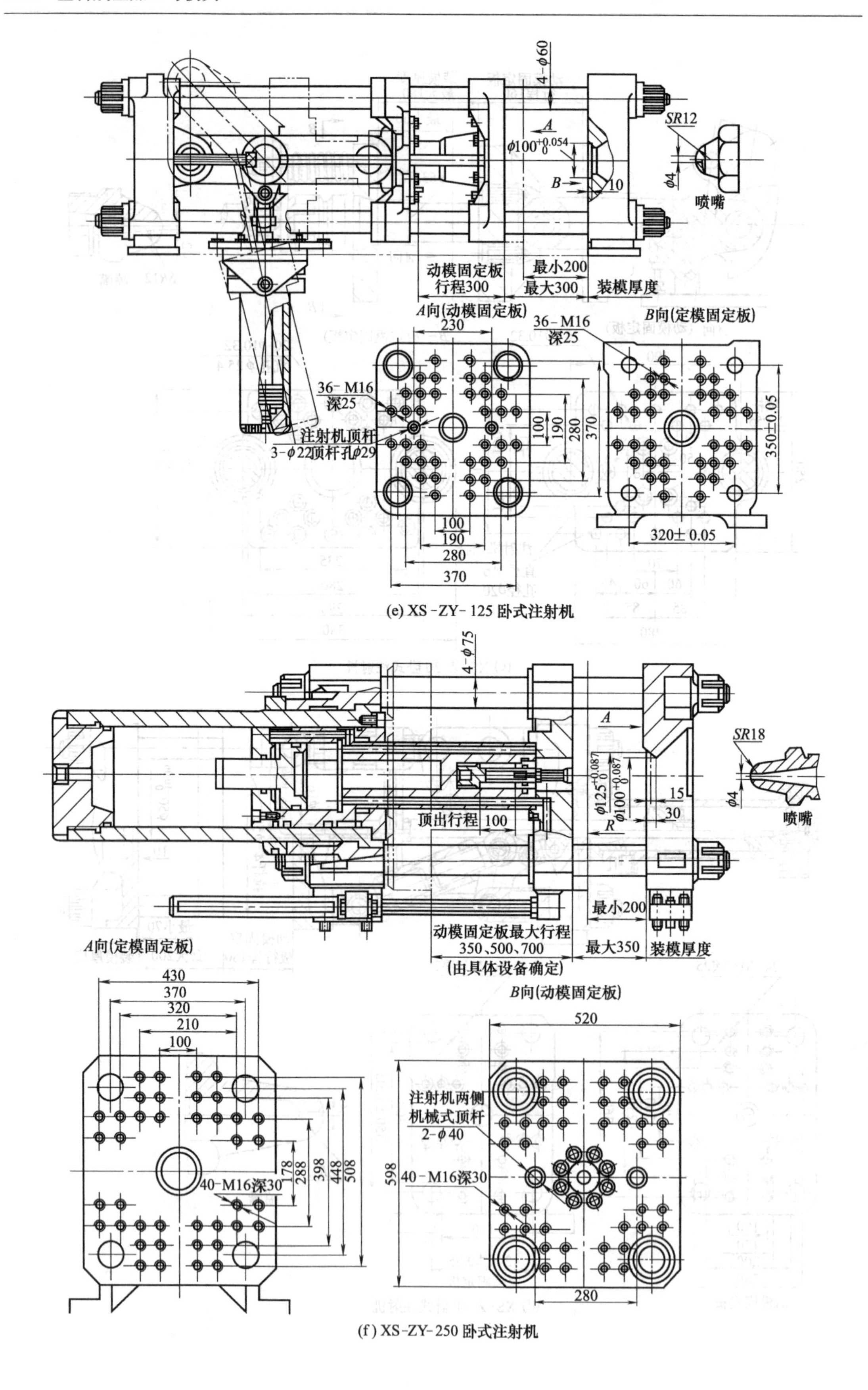

(e) XS-ZY-125 卧式注射机

(f) XS-ZY-250 卧式注射机

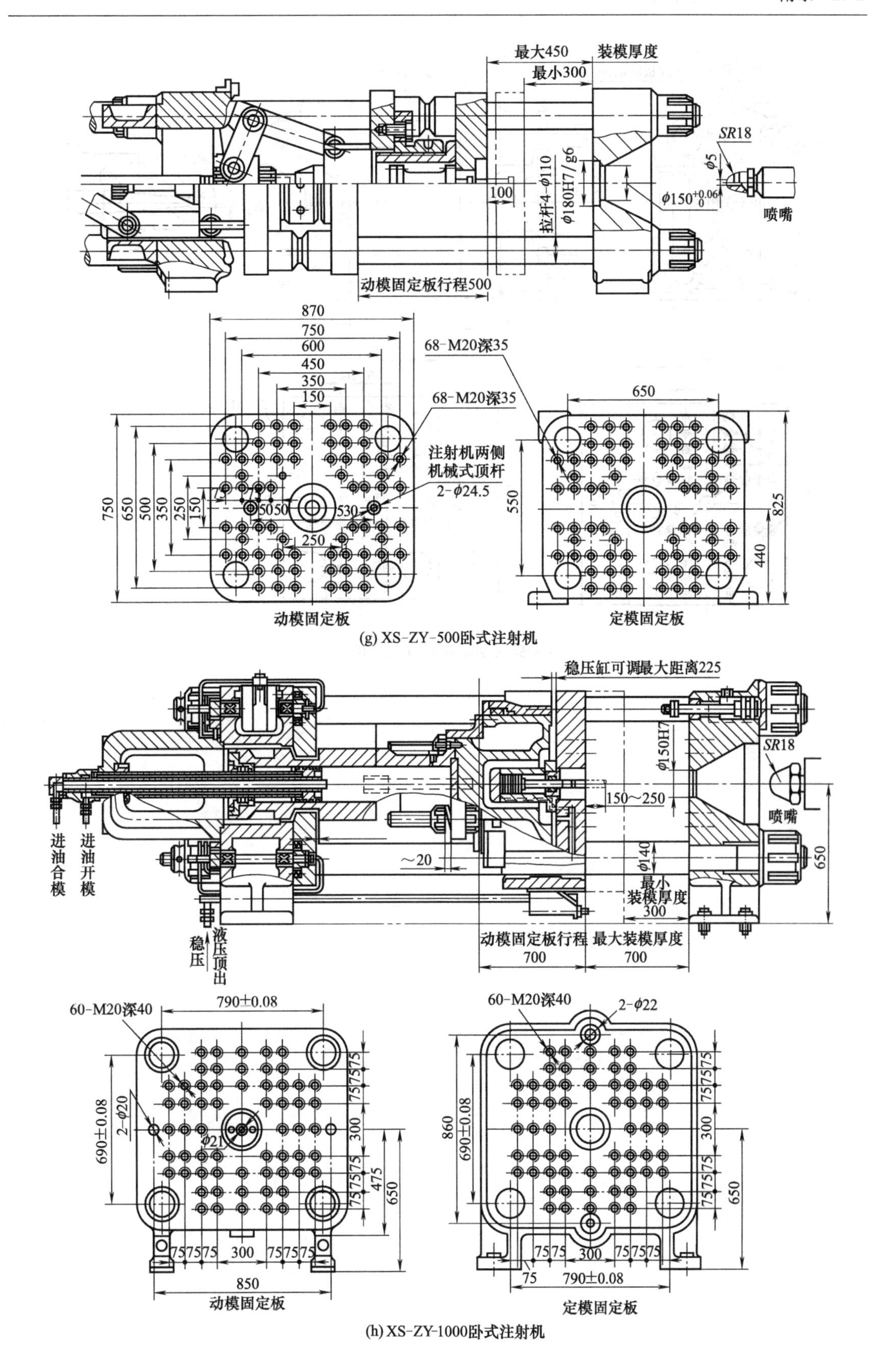

(g) XS-ZY-500卧式注射机

(h) XS-ZY-1000卧式注射机

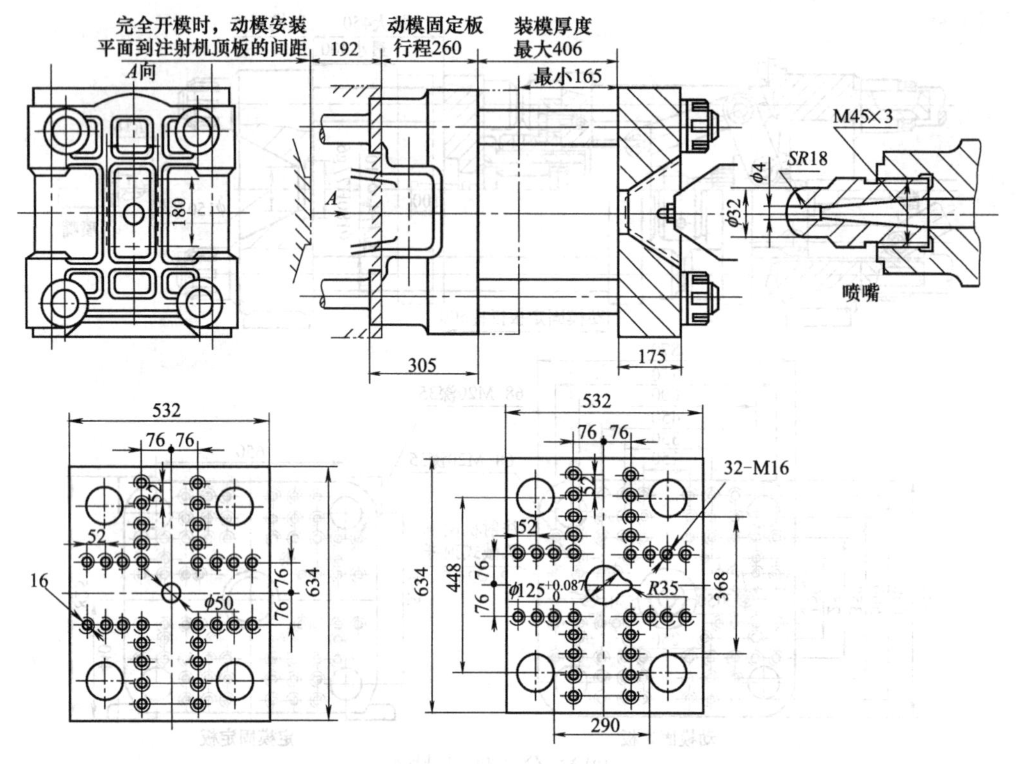

(i)G54-S-200/400卧式注射机

参 考 文 献

[1] 申开智主编. 塑料成型模具（第二版）. 北京：中国轻工业出版社，2002.

[2] 黄锐主编. 塑料成型工艺学. 北京：中国轻工业出版社，1997.

[3] 丁浩主编. 高分子材料成型加工基础. 北京：化学工业出版社，1982.

[4] 王兴天主编. 注塑成型技术. 北京：化学工业出版社，1989.

[5] 曹宏深，赵仲治主编. 塑料成型工艺与模具设计. 北京：机械工业出版社，1992.

[6] 李德群主编. 塑料成型工艺及模具设计. 北京：机械工业出版社，1994.

[7] 陈嘉真主编. 塑料成型工艺及模具设计. 北京：机械工业出版社，1995.

[8] 徐佩弦. 塑料制品与模具设计. 北京：中国轻工业出版社，2001.

[9] 赵素合主编. 聚合物加工工程. 北京：中国轻工业出版社，2001.

[10] 奚永生. 精密注塑模具设计. 北京：中国轻工业出版社，1997.

[11] 邱明恒主编. 塑料成型工艺. 西安：西北工业大学出版社，1994.

[12] [日] 森隆. 塑料成型加工入门. 陈星，王梦译. 北京：中国石化出版社，1992.

[13] 唐志玉. 大型注塑模具设计技术原理与应用. 北京：化学工业出版社，2004.

[14] 黄锐主编. 塑料工程手册. 北京：机械工业出版社，2000.

[15] 黄虹. 深腔塑件的注射模设计. 模具工业. 2002，(3)：39-40.

[16] [瑞典] 丹尼尔·弗伦克勤，[波兰] 享里克·扎维斯托夫斯基著；热流道模具技术. 徐佩弦译. 北京：化学工业出版社，2005.

[17] 黄虹. 自动脱出针点浇口凝料的注射模具. 中国实用新型专利. 专利号. ZL2005 2 0033 737X. 2006.4.12.